国家科学技术学术著作出版基金资助出版

空间微波遥感研究与应用丛书

高光谱遥感图像解混理论与方法

——从线性到非线性

王斌　杨斌　著

科学出版社

北京

内 容 简 介

高光谱遥感图像解混技术作为从高光谱遥感数据中有效提取有用信息的重要途径，近年来格外受到重视，其相应的研究也一直是高光谱遥感领域的研究前沿和热点。本书简要介绍了高光谱遥感图像的特点，在总结国内外相关研究基础上，结合著者所在团队多年来取得的研究成果，从线性到非线性，系统地整理和介绍了高光谱遥感图像解混这一研究方向的理论与方法，反映了当前该研究方向的研究现状和最新进展。

本书可以作为高等院校遥感专业及相关专业本科、研究生的专业参考书，也可供从事高光谱遥感与应用研究、信号与信息处理等相关学科的科研与专业人员参考。

图书在版编目(CIP)数据

高光谱遥感图像解混理论与方法：从线性到非线性/王斌，杨斌著. —北京：科学出版社，2019.10

（空间微波遥感研究与应用丛书）

ISBN 978-7-03-062162-7

Ⅰ. ①高… Ⅱ. ①王…②杨… Ⅲ. ①遥感图像-图像处理-谱分析（数学）-研究 Ⅳ. ①TP75

中国版本图书馆 CIP 数据核字(2019)第 181924 号

责任编辑：彭胜潮/责任校对：何艳萍

责任印制：肖 兴/封面设计：黄华斌

科 学 出 版 社 出版

北京东黄城根北街 16 号

邮政编码：100717

http://www.sciencep.com

三河市春园印刷有限公司 印刷

科学出版社发行 各地新华书店经销

*

2019 年 10 月第 一 版 开本：787×1092 1/16

2019 年 10 月第一次印刷 印张：17

字数：400 000

定价：158.00 元

（如有印装质量问题，我社负责调换）

《空间微波遥感研究与应用丛书》

编 委 会

丛 书 序

空间遥感从光学影像开始，经过对水汽特别敏感的多光谱红外辐射遥感，发展到了全天时、全天候的微波被动与主动遥感。被动遥感获取电磁辐射值，主动遥感获取电磁回波。遥感数据与图像不仅是获得这些测量值，而是通过这些测量值，反演重构数据图像中内含的天地海目标多类、多尺度、多维度的特征信息，进而形成科学知识与应用，这就是“遥感——遥远感知”的实质含义。因此，空间遥感从各类星载遥感器的研制与运行到天地海目标精细定量信息的智能获取，是一项综合交叉的高科技领域。

在 20 世纪七八十年代，中国的微波遥感从最早的微波辐射计研制、雷达技术观测应用等开始，开展了大气与地表的微波遥感研究。1992 年作为“九五”规划之一，我国第一个具有微波遥感能力的风云气象卫星三号 A 星开始前期预研，多通道微波被动遥感信息获取的基础研究也已经开始。当时，我们与美国早先已运行的星载微波遥感差距大概是 30 年。

自 20 世纪“863”高技术计划开始，合成孔径雷达的微波主动遥感技术调研和研制开始启动。

自 2000 年之后，中国空间遥感技术得到了十分迅速的发展。中国的风云气象卫星、海洋遥感卫星、环境遥感卫星等微波遥感技术相继发展，覆盖了可见光、红外、微波多个频段通道，包括星载高光谱成像仪、微波辐射计、散射计、高度计、高分辨率合成孔径成像雷达等被动与主动遥感星载有效载荷。空间微波遥感信息获取与处理的基础研究和业务应用得到了迅速发展，在国际上已占据了十分显著的地位。

现在，我国已有了相当大规模的航天遥感计划，包括气象、海洋、资源、环境与减灾、军事侦察、测绘导航、行星探测等空间遥感应用。

我国气象与海洋卫星近期将包括星载新型降水测量与风场测量雷达、新型多通道微波辐射计等多种主被动新一代微波遥感载荷，具有更为精细通道与精细时空分辨率，多计划综合连续地获取大气、海洋及自然灾害监测、大气水圈动力过程等遥感数据信息，以及全球变化的多维遥感信息。

中国高分辨率米级与亚米级多极化多模式合成孔径成像雷达 SAR 也在相当迅速地发展，在一些主要的技术指标上日益接近国际先进水平。干涉、多星、宽幅、全极化、高分辨率 SAR 都在立项发展中。

我国正在建成陆地、海洋、大气三大卫星系列，实现多种观测技术优化组合的高效全球观测和数据信息获取能力。空间微波遥感信息获取与处理的基础理论与应用方法也得到了全面的发展，逐步占据了世界先进行列。

如果说，21 世纪前十多年中国的遥感技术正在追赶世界先进水平，那么正在到来的二三十年将是与世界先进水平全面的“平跑与领跑”研究的开始。

为了及时总结我国在空间微波遥感领域的研究成果，促进我国科技工作者在该领域研究与应用水平的不断提高，我们编撰了《空间微波遥感研究与应用丛书》。可喜的是，丛书的大部分作者都是在近十多年里涌现出来的中国青年学者，取得了很好的研究成果，值得总结与提高。

我们希望，这套丛书以高质量、高品位向国内外遥感科技界展示与交流，百尺竿头，更进一步，为伟大的中国梦的实现贡献力量。

主编：**姜景山**（中国工程院院士　中国科学院国家空间科学中心）
吴一戎（中国科学院院士　中国科学院电子学研究所）
金亚秋（中国科学院院士　复旦大学）

2017 年 6 月 10 日

序 一

遥感技术自诞生之日起，便作为一种科学、技术与应用紧密结合的对地观测手段快速发展和壮大起来。高光谱遥感技术起源于多光谱遥感，是20世纪80年代开始发展的一种新兴遥感技术，其突出的优势在于提供了丰富的地物光谱信息，较高的光谱分辨率可以解决许多在全色和多光谱遥感中无法解决的问题，并成为当前遥感技术的前沿。然而，相对于高光谱遥感图像的获取和其所提供的巨大数据量，高光谱遥感图像的处理与分析仍是制约高光谱遥感应用的重要瓶颈。

高光谱遥感图像的解混研究是高光谱遥感图像处理与分析领域中独特且最为重要和本质的研究方向，它既有非常现实和紧迫的应用需求，与此同时，高光谱遥感图像也在解决此问题上具有其他遥感数据所不具备的优势。高光谱遥感图像解混技术作为从高光谱遥感数据中有效提取有用信息的重要途径，近年来格外受到重视，其相应的研究一直是高光谱遥感数据处理领域的重要前沿。在过去的二三十年里，虽然其相关研究已经和正在取得令人鼓舞的进展，但是总体上看仍有大量的理论和技术问题有待深入研究。

《高光谱遥感图像解混理论与方法》一书正是围绕高光谱遥感图像解混的问题和难点展开讨论的。自2005年以来，王斌教授及其团队承担了多项高光谱遥感图像解混这一研究分支的科研项目，取得了一批重要研究成果，为该书的出版打下了坚实的基础并提供了丰富的素材。著者紧密结合国际前沿，对目前的高光谱遥感图像的解混研究进行了认真、全面的提炼、归纳和总结，在该书中系统地整理和介绍了高光谱遥感图像解混这一重要研究方向的理论与方法，反映了当前该研究分支的研究进展和现状。该书在内容上全面、深刻，且图文并茂，与此同时还兼顾了深入浅出。该书的出版，必将较大地推动高光谱遥感图像解混研究的进一步发展。

在此，我特别推荐该书的出版。同时，也期待著者所在的团队继续深化高光谱遥感图像处理与分析领域的研究，并不断取得新成就。

中国科学院院士

2018年8月14日

序　二

高光谱遥感技术是20世纪80年代初出现的新型对地观测技术。所谓高光谱，是指传感器获取的数据光谱分辨率很高（高达5～10 nm）。高光谱遥感技术的发展始于成像光谱技术的发展。成像光谱仪是新一代“图谱合一”的光学遥感器，它具有获取地物目标详细光谱信息的能力，是当前监测地球环境动态变化、遥感定量反演等遥感应用最有效的空间遥感仪器。高光谱遥感技术是当前遥感技术发展的前沿技术之一。

高光谱遥感技术为遥感信息的定量应用开辟了新的前景。高光谱遥感技术是一门新型的交叉学科，其发展得益于卫星技术、传感器技术和计算机技术的高速发展。随着国内外一系列空间计划的实施，以及系列高光谱传感器的研制成功和星载高光谱传感器的发射升空，将极大地满足人们对高光谱数据的需求，这必将进一步推动遥感信息实用化的进程。然而，目前高光谱遥感的信息处理能力仍远远落后于高光谱遥感的数据获取能力。如何从海量的高光谱遥感数据中有效地提取有用信息，仍是目前高光谱遥感应用中迫切需要得到很好解决的突出问题。

高光谱遥感图像的处理与分析仍是制约高光谱遥感应用的重要瓶颈，而高光谱遥感图像解混的研究则是伴随高光谱成像技术发展的新型数据处理问题，是高光谱数据处理的重要任务之一，也是区别于其他成像数据处理的独特任务。特别是对于高光谱遥感，解混是图像亚像元分析、地物精细分类、微弱目标检测等的基础。目前国内外尽管有少量有关高光谱信息处理方面的学术著作，但是还没有一本专门和完整地讨论高光谱遥感图像解混（特别是非线性解混）的学术著作。因此，王斌教授等撰写的这本专著是非常及时和必要的。

该书有几个比较突出的特点：

(1) 系统地构建和整理了高光谱遥感图像解混这一重要研究方向的基本理论体系。由于高光谱图像解混是伴随高光谱成像技术发展的新型数据处理问题，涉及多个学科，因此，如何构建和整理高光谱图像解混的基本理论体系，是困难但又极为必要的工作。本专著从线性和非线性信号处理出发，系统地梳理和介绍了高光谱图像解混的基本理论和方法，对于高光谱数据处理技术的发展具有重要意义。

(2) 在注重高光谱遥感图像解混基础理论和技术的同时，强调了对当前该领域前沿研究成果的归纳、总结和介绍，使之不仅为读者提供了扎实的理论知识体系，覆盖了解混的主要技术和方法，也提供了最新的研究思路和发展方向。该专著对于刚刚踏入这一领域的大学生和研究生是非常好的教材，对于有经验的专业研究人员也是很好的参考书。

(3) 该书的著者长期从事信号、图像处理的研究，理论基础扎实，有很高的学术造诣。著者本身是国内最早从事高光谱成像信息处理研究的学者之一，在高光谱图像解混、降维、分类、目标探测、图像恢复等方面做了大量创新性的工作，有较大的国际影响力。该专著内容也包含了著者自身的研究成果，以及对于高光谱图像解混问题的深入思考。

(4) 该书在内容上深入浅出，论述清楚，图表规范；在结构上，安排合理，脉络清晰。

作为一名高光谱遥感领域的研究者，在阅读该书初稿中深切感受到著者为该书所花费的心血，真诚感谢他们为读者奉献了一本好书，在此，我特别推荐该专著尽早出版。相信该书的出版将在高光谱数据处理与分析领域中发挥引领和推动作用，为我国高光谱遥感应用的深入发展添砖加瓦，做出重要贡献。同时，也期待著者所在的团队继续深化高光谱遥感图像处理与分析领域的研究，并不断取得新成就。

测绘遥感信息工程国家重点实验室
武汉大学

2018 年 8 月 22 日

前　言

常见的星载多光谱遥感图像，由少数几个宽的波段组成，包含有空间、辐射、光谱三维信息，已在军事和民用等领域得到广泛应用。自 20 世纪 80 年代以来，高光谱遥感技术取得了重要发展。高光谱遥感图像将传统的遥感成像技术与物理中的光谱分析技术有机结合起来，是具有“图谱合一”优势的空间对地观测数据源，在对地表目标获取空间信息的同时，获得高分辨率的光谱信息(高达 5～10 nm)。波段数的急增蕴含了巨大的质变，它使本来在宽波段遥感中不可探测的物质，在高光谱遥感中能被探测，具有对地物目标进行识别和精细分类的能力。随着机载高光谱成像设备的实用化和产业化以及星载仪器的发射，高光谱遥感数据已进入应用领域，并成为当前遥感技术的前沿。然而，随着波段数的增多，也必然导致信息的冗余和数据处理复杂性的增加。面对如此多的波段(数百甚至上千)、如此多的光谱图像信息，如何处理、如何从中有效地提取有用信息，仍是目前急需解决的一个突出问题。

通常，遥感图像像元记录的是探测单元瞬时视场角所对应的地面范围内目标辐射能量的总和。如果探测单元的瞬时视场角所对应的地面范围仅包含了同一类性质的目标，则该像元记录的是同一性质地面目标辐射能量的总和，这样的像元称为纯像元(又称端元)；如果单元的瞬时视场角所对应的地面范围包含了不同性质的目标，则该像元记录的是多类不同性质的地面目标辐射能量的总和，这样的像元称为混合像元。由于空间分辨率的限制，中低空间分辨率遥感数据的像元很少是由单一均匀地表覆盖类组成的，一般都是几种地物的混合像元。另外，不依赖于遥感图像空间分辨率的提高，由不同性质的物质组成的均匀的混合物，也构成混合像元。混合像元的产生给遥感解译造成了困扰，同时也是影响地物目标检测和分类精度的最主要因素之一。

在遥感成像系统的设计中，空间分辨率和光谱分辨率的提高是相互制约的。因为高光谱成像系统的光谱带宽很窄，必须用较大的瞬时视场才能收集足够多的光量子，以维持可接受的信噪比；同样，高空间分辨率系统(瞬时视场很小)则必须加宽光谱通道。因此，在高光谱遥感图像中，由于空间分辨率的限制，存在着大量混合像元，而混合像元分解技术是从高光谱数据中有效提取有用信息的一个重要途径，可实现亚像元信息的解译、软分类等应用。事实上，高光谱遥感的出现有利于对混合像元的光谱分解，其原因是，像元光谱能较完整地描述给定地物光谱特征。在实际应用中，混合像元分解技术是比以像元为单位的分类更为精确的一种数据处理方法，它能够将高光谱遥感图像在亚像元级上进行分类，可以满足更高的应用需求。

光谱混合模型本质上可分为线性混合和非线性混合两类模型。线性混合模型适用于地物分布，本质上就属于或者基本属于线性混合，以及在大尺度上可以认为是线性混合的类型。该模型由于其简单、易于处理，而且其对应的理论研究开展得较早，其发展较为成熟，因此，已得到广泛应用，目前是高光谱数据的主要处理方法。然而，在真实条件下，地物之间的光谱响应复杂，很少为纯线性组合，更多的是复杂的非线性关系，尤其是在对一些微观尺度上地物进行精细光谱分析时，就需要非线性光谱混合模型来解释。从物理角度来讲，当传感器瞬时视场内存在多种地物时，入射的光子之间将会产生多重散射，从而导致非线性混合现象。相对于线性光谱解混来说，非线性光谱解混在原理及实现上需要考虑更多更复杂的影响因素，其相关研究总体上都还处于探索阶段。例如，在非线性光谱解混中，即便是目前较为广泛采用的双线性或多线性混合模型，用端元光谱间的哈达玛积来表示二次散射或多次散射的作用这一基础表达，仍受到一些专家的质疑。

在当前的高光谱遥感发展中，相对于其所提供的巨大数据量，高光谱遥感图像的处理与分析仍是制约高光谱遥感应用的重要瓶颈，其核心在于如何结合各种地物特征以及不同的探测要求，从海量且高度相关的高光谱数据中精确地进行地物属性信息的提取。更进一步，从高光谱遥感图像处理与分析研究领域来看，其包括了图像恢复(降噪和修复)、降维(波段选择和特征提取)、像元分类、光谱解混、目标探测(光谱匹配和光谱异常目标探测)、图像融合、超分辨、亚像元制图等多个研究方向。其中，高光谱遥感图像的光谱解混研究是高光谱遥感图像处理与分析领域中独特且最为重要和本质的研究方向，它既有非常现实和紧迫的应用需求，与此同时高光谱遥感图像也在解决此问题上具有其他遥感数据所不具备的优势。在过去的二三十年里，高光谱遥感图像的解混研究一直是遥感领域的重要前沿，虽然已经和正在取得令人鼓舞的进展，但是总体上看仍有大量的理论和技术问题有待深入研究。本书正是围绕这些问题，在总结国内外相关研究基础上，结合著者所在团队多年来取得的研究成果，从线性到非线性，系统地整理和介绍了高光谱遥感图像解混这一重要研究方向的理论与方法，反映了当前该研究方向的研究进展和现状。特别是，国内外至今仍没有一部涉及系统介绍非线性光谱解混内容的专著。希望本书能够抛砖引玉，推动高光谱遥感图像解混研究的进一步发展。

本书旨在梳理高光谱遥感图像解混研究的脉络，并介绍各个阶段和方面的理论、模型和算法。全书共分 8 章。第 1 章概括地介绍高光谱遥感技术，重点阐述高光谱遥感图像的特点、高光谱遥感图像处理的研究现状和高光谱遥感图像处理中的解混问题；第 2 章详细讨论线性光谱解混的理论与方法；第 3 章详细讨论无监督线性光谱解混的理论与方法；第 4 章详细讨论线性光谱解混的其他方法；第 5 章详细描述非线性光谱混合理论与模型；第 6 章详细讨论非线性光谱解混方法；第 7 章详细讨论无监督的非线性光谱解混方法；第 8 章详细讨论非线性光谱解混的其他方法。限于本书篇幅，我们只选取了主要的典型、有代表性的算法进行介绍。当然，这种选取具有较强的主观性，其选取也只能算是一家之言。

本书是在著者承担国家自然科学基金项目(60672116、41371337、61572133)、国家高技术研究计划(863 计划)项目(2009AA12Z115)、上海市自然科学基金项目(04ZR14018)以及北京师范大学地表过程与资源生态国家重点实验室项目所取得成果的基础上撰写而成。在本书的撰写过程中，一批优秀的青年科技工作者提供了巨大的支持，他们是普晗晔(复旦大学优秀博士学位论文获得者)、夏威(复旦大学优秀博士学位论文获得者)、智通祥、刘雪松(上海市优秀硕士学位论文获得者)、金晶、刘力帆(上海市优秀硕士学位论文获得者)、陶雪涛、周昊等，感谢他们的辛勤付出。在本书撰写过程中，参阅了有关书籍和文献，同时向这些作者致以诚挚的感谢。

本书的研究工作是在复旦大学电磁波信息科学教育部重点实验室完成的。在本书完成之际，谨向中国科学院院士金亚秋教授致以由衷的谢意，感谢他对著者及其团队开展相关研究一直给予的热情关怀和指导。同时，著者在高光谱遥感图像处理领域中的研究工作也一直得到武汉大学测绘遥感信息工程国家重点实验室张良培教授的大力支持和帮助，特致以衷心的感谢。最后，感谢科学出版社对本书出版给予的配合与支持。

由于著者水平有限，书中难免存在差错和遗漏，加之高光谱遥感图像解混研究的理论和技术还在发展之中，在理论和技术方面还有很多不足，衷心希望广大读者批评指正和不吝赐教，著者将在后续工作中进一步完善。

著　者

2018 年 8 月于复旦大学邯郸校区

目　录

第 1 章 概 述

1.1 高光谱遥感

1.1.1 成像光谱遥感技术简介

人类社会的发展实际上是一个伴随着对未知事物不断探索和认知的过程，也就很直接地需要了解地球表面自然资源和环境各方面性质与变化，以及人类活动在其中带来的影响。而遥感(remote sensing，RS)技术则提供了使这些需求得以较好满足的重要手段。遥感发展始于 20 世纪 60 年代，是指不直接接触研究目标、区域或现象，而利用仪器设备和媒介，在一定的远距离上实施探测并采集所需的信息(梅安新等，2001；赵英时，2003)的技术。对地遥感乃至行星太空遥感的开展，极大地丰富和改善了人们对地球和宇宙的认知，并已经在科学研究、商业民用和军事等诸多领域中被广泛应用。

对地遥感以地球表面的物质为观测目标，一般从空中对地表进行观测，传感器可以搭载于不同高度的工作平台之上，如气球、飞机、人造地球卫星、航天飞机等(赵春晖等，2016)。遥感仪器通过采集并记录与地物发生作用后的物理媒介信息(如电磁波、力、声波等)来达到观测目的。其中，电磁辐射(electromagnetic radiation)是一种非常重要的被动遥感采集数据的形式，而太阳是被动遥感最主要的辐射源。在太阳光的传播过程中，经过地球的大气层时，首先会部分被大气吸收、反射和散射，然后那些透过大气层的辐射光，将会传播到地面继续与地表物质发生进一步相互作用(吸收、反射和透射)，最后有部分光会被地物重新反射回天空。另一方面，地物的种类和理化性质取决于构成它们的最基本的分子和原子，也就造成了不同地物间的本质差异性。这些差异性会在光子入射物质内部时，于辐射能量对电子跃迁、分子及原子振动的作用中被反映出来。同种物质对于不同波长的电磁辐射会有明显不同的吸收和反射特征，而不同物质间由于其组成、内部结构和表面形态等不同，它们的电磁波谱特性间往往更会具有相当大的差异(赵英时，2003；Borengasser et al.，2007)。因此，遥感仪器通过接收太阳辐射和来自地表物体的反射辐射，就能很好地揭示这些物质本质所蕴含的生理、物理、地学等详细信息。

电磁波谱按波长从短到长的划分包括 γ 射线、X 射线、紫外线、可见光、红外线，并最后延伸至无线电波的多个谱段。然而，绝大多数的太阳辐射能量却集中在紫外—中红外(0.31～5.6 μm)的波长范围内，其中可见光(0.38～0.72 μm)与近红外(0.72~1.5 μm)两者则占了最主要的部分(张兵和高连如，2011)。在光学被动遥感中，太阳的可见光—反射红外谱段常作为稳定的辐射源被航天和航空遥感平台广泛采用。遥感传感器接收到各类地物的反射辐射后，会将其以遥感图像的数据载体形式记录下来。历经几十年的发展，遥感已度过了全色(黑白)、彩色摄影、多光谱扫描成像等不同阶段。如常见的 Landsat

TM、SPOT，以及我国的“风云”系列和中巴地球资源卫星等多光谱遥感平台早已在资源环境检测和土地调查等方面发挥着重要的作用。

空间分辨率和光谱分辨率的提高一直是遥感技术发展的两个重要方面(童庆禧等，2006)。空间分辨率指的是瞬时视场角(instantaneous field of view，IFOV)内单个像元所对应的地面面积大小。而光谱分辨率反映的是遥感仪器所选用的波段数量的多少、各波段的波长位置以及波长间隔的大小(赵英时，2003)。空间分辨率越高则分辨物体的能力一般会越强，如 QuickBird 和 WorldView 等商业卫星已将遥感图像的空间分辨率大幅提升到非常精细的亚米级，但仍受背景环境等复杂因素的影响。另一方面，较高的光谱分辨率可有助于更好地捕捉到各种物质特征波长的微小差异，从而改善识别精度与应用分析的效果。传统的多光谱遥感相对摄影遥感而言，扩充了些许波段，但它们通常也只会采集地物在可见光—近红外光谱域中非常少量波段上的离散光谱响应特征，而且波段间隔较大，如图 1.1 所示。这样就在一定程度上限制了对地表物质真实光谱反射辐射特性细微差异的准确反映，而且给地物类别的精细识别和定量遥感应用(如植被生化参量提取等)的顺利开展带来了困难(童庆禧等，2006)。

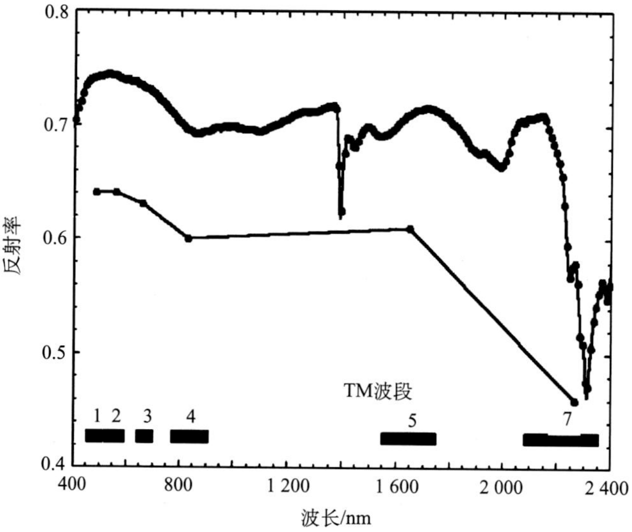

图 1.1　多光谱(下)与高光谱(上)(Goetz，2009)

20 世纪 80 年代初，遥感技术开始进入高光谱遥感(hyperspectral remote sensing)阶段(童庆禧等，2006)。高光谱遥感也称成像光谱(imaging spectrometry)技术，其最显著的特点在于实现了遥感图像光谱分辨率的突破性提高。多光谱遥感的光谱分辨率一般在1/10 波长数量级范围内，而高光谱遥感的光谱分辨率则可达到1/100 波长的纳米数量级(张良培和张立福，2011)。如此高的光谱分辨率来源于成像光谱仪对一定波长范围内不同波段上详细电磁波谱信息的密集采样。成像光谱技术具有较为广泛的应用，涉及包括物质的理化结构分析、食品检测、医疗成像等的不同方面(Bioucas-Dias et al.，2013；Ghamisi et al.，2017)。自 Goetz 等(1985)在著名的《科学》杂志上刊文提出将成像光谱技术用于对地观测后，数十年的发展也已经使高光谱遥感逐步成为光学遥感领域一项具有革命性的重要技术。

成像光谱技术实际上是遥感成像技术与分光谱技术的有机结合。从图1.2和图1.3可以看出，与传统的多光谱遥感在限定的大气窗口内对地物反射光谱特征进行零散采样的观测方式不同，高光谱成像光谱仪获取的是地物在整个可见光、近红外、短波红外及热红外波长区间内多至数十甚至数百个窄波段数据(Vane and Goetz，1993；Green et al.，1998)。在0.4~2.5 μm的波长范围内，高光谱遥感图像的光谱分辨率一般能小于10 nm，同时在相邻波段上往往有光谱重叠区,因而高光谱遥感图像中的每个像元都对应有一条如图1.2所示的完整而连续的光谱曲线。这也是高光谱遥感区别于传统遥感的显著特征，而且因为多数地表物质在吸收峰深度一半处的宽度为20~40 nm (Hunt，1979)，所以高光谱数据能够在空间成像基础上，以足够的光谱分辨率区分出那些具有诊断性光谱特征的地表物质，使原本在多光谱遥感中无法有效探测的地物得以被探测到(浦瑞良和宫鹏，2003；童庆禧等，2006)。例如，植被的光谱反射或发射特征与其发育、健康状况以及生长条件密切相关。多光谱遥感由于受到波段数目的限制，难以准确反映植被的长势与不同时期的生理变化。而高光谱遥感则能很好地描述植被光谱在可见光与近红外间的“红边”谱段(0.7~0.75 μm)，通过监测“红移”来了解植被的健康状况。此外，由于植被光谱的相似性，绿色植物与其他干枯植物间的细微光谱差异，也只有利用高光谱遥感数据才能得到有效区分(赵英时，2003)。类似于植被，岩石矿物、土壤、水体、城市目标等光谱特性同样也都会受到本身组成、理化性质与外界环境等一系列复杂因素的影响，这就需要通过分析高光谱数据所提供的完整探测谱段的地物光谱信息，使精细的地物成分反演与识别等定量应用与数据处理得到成功的开展。

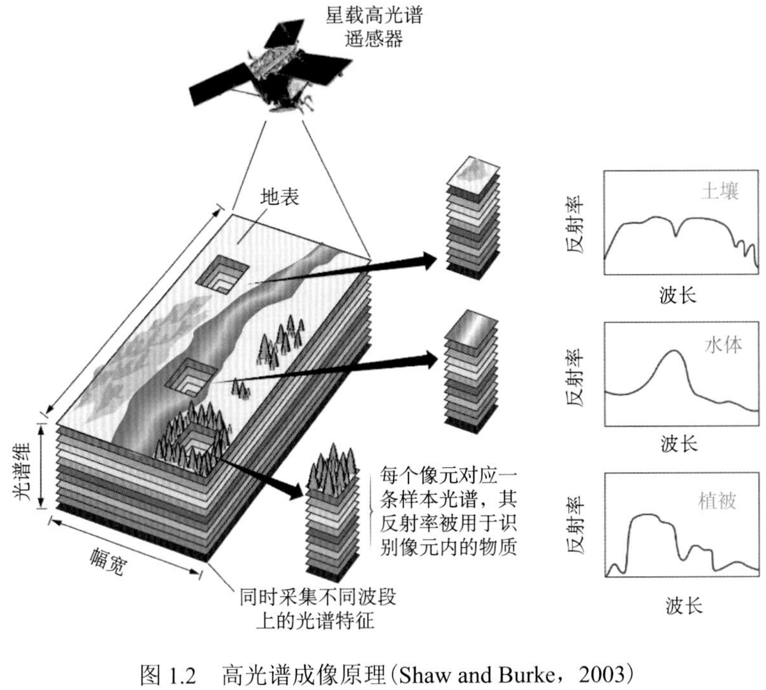

图1.2 高光谱成像原理(Shaw and Burke，2003)

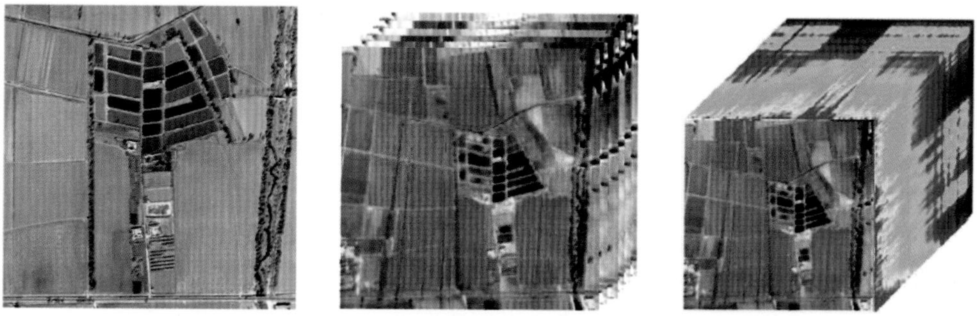

(a) 全色　(b) 多光谱　(c) 高光谱

图 1.3　常见遥感图像的示意图

高光谱遥感图像的突出特点通常可以概括为“波段多且连续、光谱分辨率高”与“图谱合一”两方面(童庆禧等，2006；张兵和高连如，2011)。图 1.4 中描述的“图谱合一”性质也正体现了高光谱遥感图像对地表二维空间成像和光谱一维成像的有机结合，形成了图 1.3(c)中同时包含地面物质丰富空间和光谱信息的三维数据立方体。为了更好地得到这些满足要求的高质量高光谱遥感图像，首先自然对成像光谱仪的研发和改良工作提出了较高的要求。地物反射辐射光进入高光谱仪器后会先通过前置光学系统，然后被光谱分光系统分解为不同波长近似连续的光谱信号，再由对应的光电探测器接收并转变成电信号，经过光电转换后再进行模数转换，输出得到原始的数字量化值(digital number，

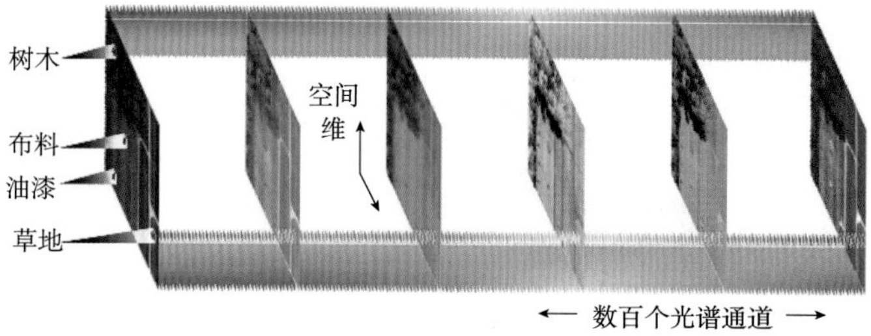

(a) 按波段划分

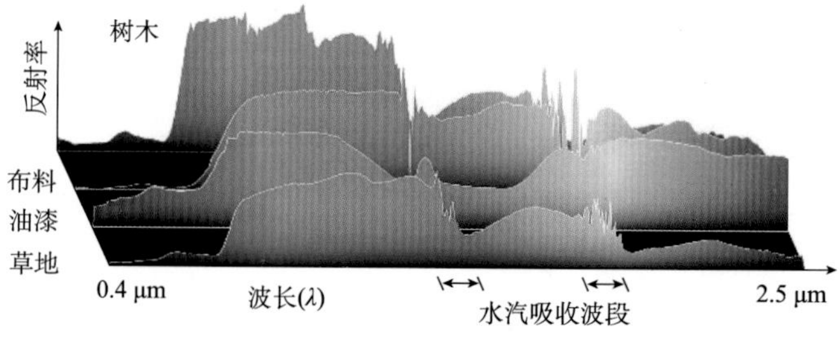

(b) 按像元划分

图 1.4　高光谱遥感图像的“图谱合一”(Shaw and Burke, 2003)

DN)形式的高光谱遥感图像。目前成像光谱仪的空间维成像包括摆扫式、推扫式、框幅式和窗扫式，而光谱成像的分光技术则包括色散性、干涉型和滤光片型(张兵和高连如，2011；王立国和赵春晖，2013)。

高光谱遥感起步于机载成像光谱仪，美国国家宇航局NASA的喷气推进实验室JPL于1983年研制成功了世界上第一台成像光谱仪AIS-1(Aero Imaging Sepctrometer-1)，并应用于矿物填图、植被调查等领域。此后，美国又在1987年开展机载可见光红外成像光谱仪(airborne visible/infrared imaging spectrometer，AVIRIS)项目(Vane et al.，1993)，可获取400~2500 nm区间内的224个光谱波段，标志着第二代高光谱成像仪的问世(杨国鹏等，2008)。进入20世纪90年代后，开始出现越来越多的先进仪器，如加拿大的荧光线成像光谱仪FLI、美国Deadaulus公司的MIVIS、德国的反射式成像光谱仪(ROSIS-10和-22)、美国海军研究所实验室的超光谱数字图像采集试验HYDICE(Basedow and Zalewski，1995)和澳大利亚的高光谱制图仪HyMap(Cocks et al.，1998)等。

2000年左右，高光谱遥感开始进入航天观测时期，主要的星载成像光谱仪有美国的中分辨率成像光谱仪MODIS、搭载于EO-1卫星的Hyperion、欧洲空间局的CHRIS等(Goetz，2009；Tong et al.，2014；Bioucas-Dias et al.，2013)。其中EO-1上搭载的高光谱遥感器Hyperion是新一代航天成像光谱仪的代表，空间分辨率为30 m，在400~2500 nm共有220个波段，其中涵盖可见光和近红外范围内的60个波段，而在短波红外范围则有160个波段(Ungar et al.，2003)。

在过去的30年中，我国高光谱遥感领域的研究也得到了巨大发展，成功研制了包括模块化机载成像光谱仪MAIS、推扫型成像光谱仪PHI、OMIS等航空成像光谱仪，以及神舟3号搭载的CMODIS、嫦娥1号搭载的IIM、风云3号的MERSI等航天成像光谱仪(张良培等，2014；Tong et al.，2014)。2018年5月9日2时28分，我国在太原卫星发射中心用长征四号丙运载火箭成功发射了高分五号卫星。高分五号卫星是世界上首颗实现对大气和陆地综合观测的全谱段高光谱卫星，也是我国高分专项中一颗重要的科研卫星。它填补了国产卫星无法有效探测区域大气污染气体的空白，可满足环境综合监测等方面的迫切需求，是我国实现高光谱分辨率对地观测能力的重要标志。

高光谱遥感图像最重要的优势在于具有很高的光谱分辨率，能弥补传统多光谱遥感图像难以描述地物精细光谱信息的不足。因此，高光谱遥感早已被广泛应用于诸多领域，包括地质调查、矿物和能源探测、农业和林业、环境监测、灾害监测、植被信息提取以及军事领域等(杨哲海等，2003；杨国鹏等，2008；张达和郑玉权，2013)。在地质勘测领域，利用具备多波段、高光谱分辨率特点的高光谱遥感数据可以很好地诊断识别不同岩石矿物具有的细微光谱特性差异，在岩石矿物识别和制图上具有广泛应用前景(Tong et al.，2014)。在农业中，高光谱数据被用于检测农业灾害以节省时间和财政上的开销，而且在识别植被种类上也有较好的应用。高光谱遥感用于城市调查，能弥补用传统数据源处理日益复杂多样城市环境的不足，有助于对地表覆盖的精细分类，对于光谱特征非常相似的城市地物及人工目标，以及水体、路面、屋顶、阴影、植被等主要地表覆盖类型能够有效区分。生态环境与人类生存发展密切相关，随着经济的快速发展，环境问题已经逐渐开始凸显并影响着人们的生活。近些年，我国投入了相当大的人力物力用于水体和空气污染的整治工作，高光谱遥感本身的特点与优势也使其在这些方面发挥着巨大的作用。利用成像光谱仪采集的数据可以提供较好的精度来反演水体中的叶绿素与悬浮物质含量，从而对如太湖等典型水域的污染情况进行监测。高光谱遥感图像也可用于如干旱、洪水、火灾、地震等自然灾害的监测。此外，在军事领域高光谱遥感图像也常用于目标侦察与伪装识别等。

1.1.2 高光谱遥感图像的表达与特征

1. 高光谱遥感数据预处理

太阳辐射在传递过程中，先后会与地球的大气层以及地表发生相互作用，最后成像光谱仪再将接收到的富含大量地表信息的反射辐射经过分光与 CCD 响应成像，并以 DN 值的形式记录为初始的高光谱遥感图像。然而，该高光谱数据是较为粗糙的，不仅包含了目标信息，同时也包含了来源于遥感仪器、大气、观测条件和地形因素所来的各种误差和干扰(张良培和张立福，2011；童庆禧等，2006)。此外，探测元器件记录的 DN 值与对应地面观测目标的实际辐射能量亮度值之间存在一定差异，而且大气对地物的反射发射信号同时具有吸收作用。这样，为了反演获取对应场景中与观测条件无关，并且表征地物本质物理特性的表观反射率(apparent surface reflectance)，从而用于进一步的信息提取和定量分析，就必须对高光谱遥感数据进行预处理，消除大气效应等的影响(Bioucas-Dias et al.，2013)。图 1.5 中简要描述了高光谱遥感图像采集与反演过程。

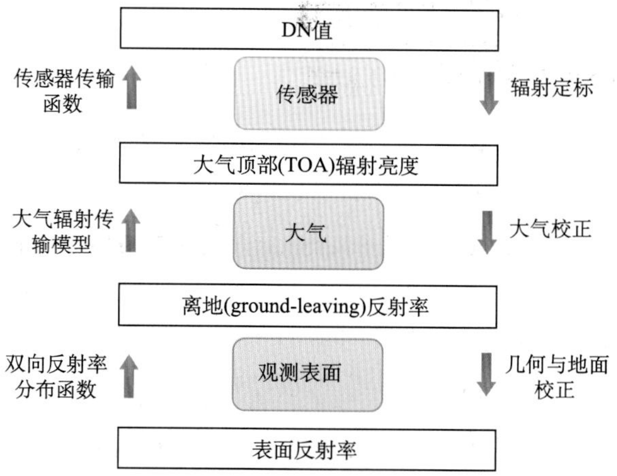

图 1.5 高光谱遥感图像采集与反演示意图 (Bioucas-Dias et al., 2013)

首先，需要对成像光谱仪进行定标，建立每个探测元件输出的 DN 值与其对应视场中输出辐射亮度值之间的定量关系，主要包括光谱定标和辐射定标两个方面内容。高的定标精度有助于从辐射图像中提取真实的地物物理参量(童庆禧等，2006)。光谱定标通常在辐射定标前进行，用于确定系统各个波段的光谱响应函数，从而确定对应的光谱响应范围、中心波长和光谱分辨率等，且多在实验室完成。辐射定标则主要是要建立进入成像光谱仪或大气顶部(Top-Of-Atmosphere，TOA)的光谱辐射亮度与输出的 DN 值间的定量关系，以及计算各像元、各波段等辐射量间的相对值。辐射定标的过程主要分为实验室定标、机上和星上定标以及辐射校正场地定标。

其次，在太阳光从大气到地表物质，再被传感器接收的路径上，大气会对电磁辐射吸收和散射产生辐射误差。传感器接收到的太阳光实际包括太阳光直射地表的反射辐射、被大气散射的太阳光在地表的反射辐射以及大气上行散射辐射(童庆禧等，2006)。大气辐射校正就是要消除这些影响，反演得到表面反射率。光线与大气的相互作用极其复杂，辐射传输理论(radiative transfer theory)常被用于构建相关模型以描述该过程。其中，双向反射率分布函数(bidirectional reflectance distribution functions，BRDF)将反射光描述为入射与出射方向的函数，它的一阶近似称为反照率(albedo)，是反射率与太阳辐照度的比值(Bioucas-Dias et al.，2013)。BRDF 经常与其他复杂的地表结构模型结合使用来反演得到反射率。如图 1.5 所示，对大气辐射传输过程的建模实际上可看作是大气校正的逆过程，许多大气校正方法也正是基于此。实际中，常见的大气校正的模型方法包括基于影像特征的校正模型、地面线性回归经验模型、基于波段特性的校正和大气辐射传输模型(5S、6S 模型，LOWTRAN 模型，MODTRAN 模型)等(张良培和张立福，2011)。

最后，还需考虑光照效应、观测角度、表面的结构与光学性质进行几何校正，得到符合要求的高光谱遥感表面反射率图像。

2. 高光谱遥感图像的数据描述

地物在一系列连续波段上光谱反射率的变化反映着它们各自的本质特征，高光谱遥感获取的地物反射率图像通常被作为高光谱遥感图像处理方法研究与定量应用的数据基础。由前面可知，高光谱遥感图像实际上是一个包含空间域和光谱域的三维数据立方体，具有“图谱合一”的特点。如图 1.6 所示，该高光谱图像在观测区域的横纵方向上共含有 $l\times c$ 个像元，而每个像元都具有 n 个波段；从数学上来看，它可以理解为一个三阶张量 $\boldsymbol{\chi}\in\mathbb{R}^{l\times c\times n}$ (Veganzones et al.，2016)。概括来讲，高光谱遥感图像具有下列不同角度的表达形式。

1) 图像空间域

传感器对观测场景中的地表物质进行扫描，把真实地面上的无限连续多维信息转化并记录为有限离散二维平面中的像元排列。在该空间域中，像元代表的地物分布情况由横纵两个坐标维度联合描述。由此，人们可以直观地观测各个像元的空间位置关系，并了解地物之间的几何邻域关系。这也是高光谱图像类似于其他二维图像的地方。而在这基础上，高光谱图像还进一步采集了这些像元内的地物在不同波段上的光谱响应特征。所以，若将高光谱图像立方体按波段进行切割，则第 k ($k=1,2,\cdots,n$) 个波段对应的切片就是一个二维灰度图(如图 1.6 所示)，灰度值的大小是各像元在此波段上的反射率。高光谱数据整体可以看作是如图 1.4(a)和图 1.6 中按波段排列的 n 个大小为 $l\times c$ 的二维灰度图的叠加。另一方面，因为自然界中近距离分布的地物实际上很可能属于相似的类别，所以遥感图像的邻近像元间也具有高度的空间相关性。但不同地物通常呈稀疏分布，即强空间相关性一般出现于局部观测区域内，致使从整幅图像来看各类物质分布常是分段平滑的。

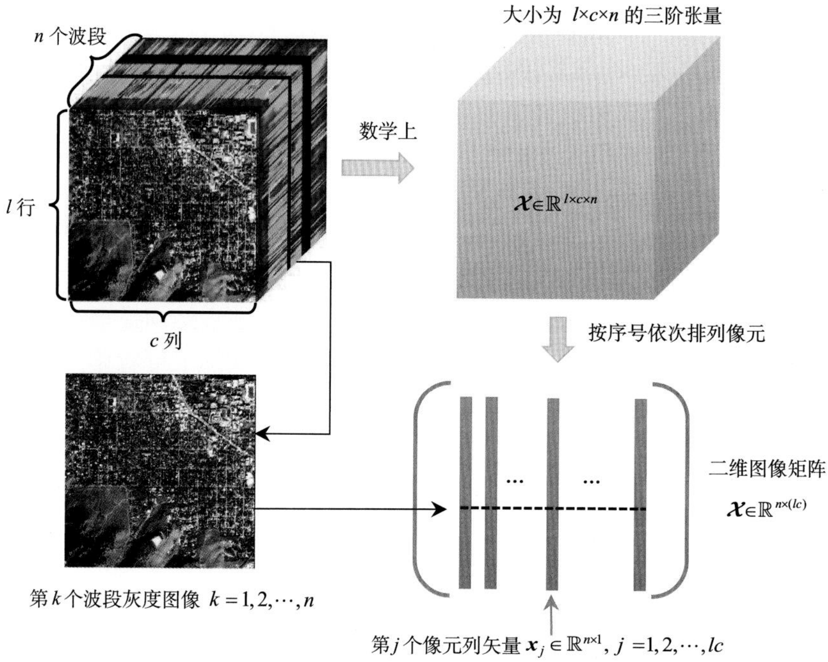

图 1.6　高光谱遥感图像的数学表示

2) 图像光谱域

高光谱遥感图像波段多且连续、光谱分辨率高的特点使得图像中的每一个像元都可以被定义为光谱域中的一个 n 维列向量 $\boldsymbol{x}_j\in\mathbb{R}^n$，$j=1, 2, \cdots, lc$。如图 1.4(b)所示，若以波长为横轴、反射率为纵轴定义一个二维坐标系，则每个像元都对应为一条独立的光谱曲线，体现了物质光谱反射率随着波长的变化。同类地物的光谱曲线近似，而不同地物间的光谱曲线一般差异较大。所以，可以建立代表地物特性的“指纹光谱”来匹配识别每个像元的光谱曲线，进行分类和定量反演(张兵和高连如，2011)。但是，还必须考虑噪声、混合像元以及与光照、环境等因素相关的光谱变异性等问题。在高光谱遥感图像处理方法的研究中，因为常需利用图像和信号处理等领域的理论技术，所以为了计算方便和构建简易的数学表达形式，经常会把图像中所有像元按照一定的次序排列构成一个二维的图像矩阵 $\boldsymbol{X}\in\mathbb{R}^{n\times(lc)}$ 的形式，如图 1.6 所示。该矩阵 $\boldsymbol{X}$ 的每一个列向量都对应于一个像元，而矩阵 $\boldsymbol{X}$ 的任意行向量实际就是单个波段上的地物观测反射率。值得注意的是，相对于三阶张量 $\mathcal{X}$ 来说，在矩阵 $\boldsymbol{X}$ 中像元只按序号进行单方向重排列，此时的高光谱图像空间信息实际上已经间接丢失了，这样就使得继续考虑图像空间信息变得十分必要。

3) 特征空间及空谱(spatial-spectral) 关联性

高光谱遥感图像的波段数目较多，而且相邻波段之间是强相关的，使得像元的光谱曲线总是平滑变化的。但如此多的波段也带来了信息冗余程度高等问题，易产生“休斯效应”影响应用精度。实际上，高维光谱空间的绝大部分是“空的”，这些像元数据点很可能位于如图 1.7 描述的光谱空间中一个低维子流形(manifold)上(Bioucas-Dias et al.，2013；Ghamisi et al.，2017)。所以，很多高光谱遥感图像处理方法(如分类等)常在数据降维后的特征空间中进行，而降维方法本身的研究也是高光谱数据处理中的重要一环。只考虑高光谱遥感图像的光谱或者空间信息，都不能很好地挖掘和利用图像的本质物理特性。在对图像空间信息作处理的时候，还需要考虑其他波段的影响；而在光谱空间处理像元数据点时，也需要联系这些像元在二维空间分布中的位置关系。高光谱遥感图像的空谱信息联合对于图像处理方法与应用的改善具有重要的现实意义。

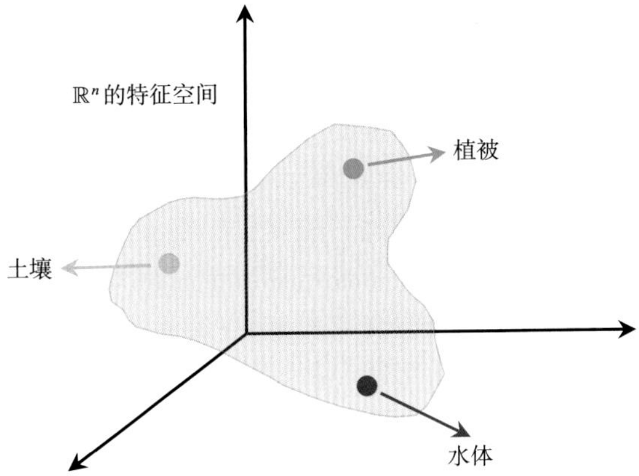

图 1.7　高光谱遥感数据在低维特征空间流形上的分布

1.2　高光谱遥感图像处理方法

航天和航空高光谱成像技术的成功开展为对地观测的定量分析与应用提供了丰富而有效的数据源。然而，高光谱数据的固有特点也不可避免地带来了许多不同的图像处理问题。如果要从遥感仪器获取的这些多维数据中提取出真实有效的地物信息，并将其付诸各类实际应用中，就必须要构建精确而且高效的技术方法对高光谱遥感图像进行深入的处理，以挖掘出图像数字信号中隐藏的地物本质特征和属性。除了 1.1 节中所述的将图像原始 DN 值转化为各像元反射率值的预处理过程之外，还需面对更多制约着对高光谱图像进行有效处理与分析的复杂因素。此时，传统的基于单波段、多光谱遥感数据的方法在高光谱遥感图像信息提取中变得难以适用(张良培等，2014)。从高光谱数据集本身的角度来看，主要难点一般有：①由于遥感仪器自身、观测过程以及大气干扰等带来的噪声误差影响；②高光谱遥感图像自身的高维属性(波段多、数据量大)所带来的信息过度冗余和处理方法复杂程度显著增加等负面效应；③高光谱遥感图像十分有限的空间分辨率与对地表物质进行精细区分的需求间的矛盾。针对这些问题，大量机器学习与模式识别、图像与信号处理、统计推断等相关领域中的理论和方法已被应用于高光谱图像中(Ma et al.，2014)，而且通过与高光谱数据本身特点的相互结合，逐渐形成了高光谱遥感图像处理方法整体框架下对应于不同问题类别分支的技术方法。

高光谱遥感图像处理与分析的主要目的是基于目标或地物的光谱特征，实现目标探测、地物分类与识别及成分反演等(张兵和高连如，2011)。在完成这些进一步处理前，常需要先了解数据中噪声的存在情况，并用相关的降噪方法对图像进行处理，以降低高光谱遥感观测数据中的噪声误差影响，恢复图像的本真信号。经过降噪可以有效提高其他处理方法的性能。而针对高光谱遥感图像的光谱信息冗余问题，则要利用降维的方法对数据的主体信息进行挖掘，在类似于图 1.7 的图像低维子空间中，以较少的特征来表达原图像的绝大部分信息。高光谱遥感图像的融合技术是从方法上提升图像空间分辨率的重要途径，通过利用不同位置的同源高光谱数据、同一区域但不同源(全色、多光谱和高光谱)的数据等途径，可以得到图像场景在亚像元尺度上的超分辨率(super-resolution)信息，从而大幅增强高光谱遥感图像中地物分布的空间细节与可分性。这三类技术方法可以理解为主要是以改善高光谱数据本身质量来达到更好服务应用的目的。

从应用的层面来说，高光谱遥感图像的分类是要在同时对图像空间和光谱信息最优利用和挖掘的基础上，尽可能准确地去标定每个像元所对应的不同类别地物的类别标签，并量化区分这些物质的分布。而高光谱遥感图像目标与异常探测可看作是分类的一种特例，即二分类问题，其目的在于从图像中找出对应于目标光谱的像元或者与绝大多数背景像元差异较大的异常像元。高光谱混合像元分解(即光谱解混)技术针对与高光谱遥感图像较低空间分辨率相关的混合像元问题，从图像的空谱与子空间特征出发，反演得到每个像元在亚像元尺度上所存在的各类纯物质光谱，以及它们在像元对应观测区域内所占的分布比例。可以认为，高光谱混合像元分解是一种更加精细和泛化的分类方法，可以弥补基于像元分类方法的不足，对于高光谱遥感的定量研究具有十分重要的意义。

如图 1.8 所示，这些高光谱数据处理的不同方向不仅针对自身研究目的构成了相互区分的各类体系方法，而且相互之间也有着紧密的联系，形成了高光谱遥感图像处理的主体框架。例如，高光谱图像的去噪与降维一般密切相关，降维的过程中通常会在令噪声干扰尽可能小的同时，以更少特征去保留更多的干净图像信息。部分降维方法也可看作是数据的光谱融合。去噪、降维和融合都对于分类、目标与异常探测以及解混精度的提高发挥着重要的作用。分类的很多方法同样可以应用于目标探测，而光谱解混则通过获取亚像元尺度上的地物信息，不但可用于生成超分辨率图像，而且混合像元问题的改善也会促进分类和目标探测的精度提高。最近数十年，高光谱遥感图像处理方法得到了广泛的研究和发展(Ghamisi et al.，2017)，除去图 1.8 中所展示的六类方法分支外，还有利用高性能硬件模块如图像处理器(graphics processing unit，GPU)等来加快这些方法运行速度的快速计算方法，以及利用某区域不同时期高光谱遥感图像进行地物变化检测的方法等。然而，目前高光谱遥感图像处理方法，特别是混合像元分解方法中还存在很多重要的问题尚待解决，方法性能还有较大的进步空间。本节我们将简要介绍高光谱遥感图像常见的去噪、降维、融合、分类和目标探测方法，然后讨论它们和光谱解混技术间的联系。

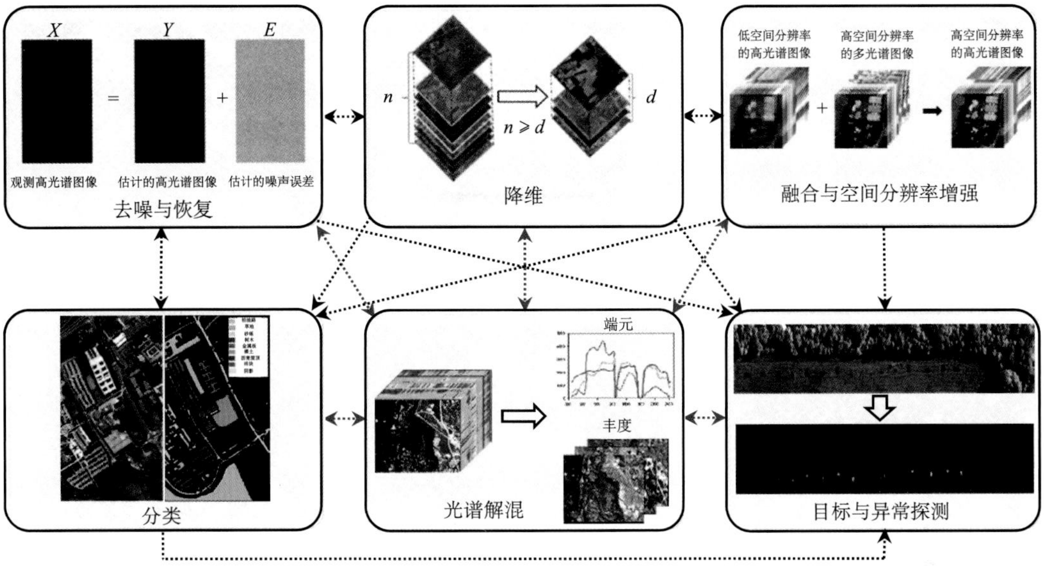

图 1.8　高光谱遥感图像处理方法框架

1.2.1　高光谱遥感图像降噪与恢复

1. 问题与方法描述

在实际应用中，采集到的高光谱遥感图像不可避免地会受到噪声的污染，从而会引起图像处理结果的误差。大气与光照条件的变化、复杂地形几何变化、传感器自身扰动等一系列复杂因素是产生噪声的主要原因(Viggh and Staelin，2003)。人们一般采用信噪比(signal to noise ratio，SNR)来衡量图像质量，成像光谱仪的多个密集波段通道设计常会造成成像能量的不足，从而使得提升高光谱遥感图像的 SNR 相对困难(张兵和高连如，2011)。部分波长的波段因为被噪声严重影响，导致其所对应的物质光谱特征无法被有效利用，需要在进行其他处理前移除而造成信息丢失。因此，去除高光谱遥感图像中的噪声，并恢复本真信号提高图像的 SNR 是十分必要的。

噪声的产生及影响的复杂多变性时常令高光谱遥感图像中的噪声难以准确估计。一般来说，遥感图像的噪声可以分为与信号独立的噪声、信号依赖的噪声、稀疏噪声和条带噪声等。在对噪声进行评估和数学建模的时候，根据噪声信号与图像信号的关系，人们也常将噪声概括为加性噪声、乘性噪声和混合噪声(Li et al.，2015)。其中，加性噪声可用来描述光学遥感中总是存在的随机噪声，如图 1.8 所示，观测图像 $\boldsymbol{X}$ 表示为真实图像 $\boldsymbol{Y}$ 与噪声 $\boldsymbol{E}$ 的叠加。在高光谱遥感图像中，热噪声和量化噪声被认为是与信号无关的高斯加性噪声。高斯假设下的加性白噪声由于方便推导和计算，在高光谱图像处理的许多情况中被使用(Landgrebe and Malaret，1986；Aiazzi et al.，2006)。信号依赖噪声中的散粒噪声被建模成泊松分布，其方差与信号相关，使得该类噪声更加难以准确估计。而稀疏噪声的范围较为宽泛，主要有冲击噪声、像元和扫描线缺失以及其他异常点等，它们的典型特点在于分布呈现明显的稀疏性，即仅存在于图像的小部分区域内(Ghamisi，2017)。条带噪声与高光谱成像系统的逐行扫描方式相关，当探测器出现敏感性变化时造成该噪声误差。

传统的噪声评估方法如均匀区域、地学统计和局部均值等只对高光谱遥感图像的二维空间域进行建模，通过像元在空间上的变化来度量噪声，这些方法因为没有考虑高光谱数据特殊的光谱域信息而效果不太理想。实际上，高光谱遥感图像各个波段是高度相关的，这就促使了多元线性回归(Bioucas-Dias and Nascimento，2008)等方法对于噪声估计的成功应用。因为可以假设每个波段都是由其他所有波段线性组合而成，所以利用最小二乘(least squares，LS)估计能够很容易地得到噪声参数的估计值，从而恢复图像。由此看来，高光谱遥感图像的去噪(denoising)过程非常依赖于图像空谱信息的综合使用。

现有的高光谱图像去噪方法可以分为四类(Yuan et al.，2015)：基于变换的方法、基于滤波的方法、正则化的方法和基于核(kernel)的方法。最大噪声分数(maximum noise fraction，MNF)，主成分分析(principal component analysis，PCA)和小波等方法通过将观测的高光谱图像转换到特征空间，然后建立阈值实现去噪。其中，PCA 与 MNF 利用数据的统计信息来表示有用的信号，而小波变换则更关注于信号中的异常点。基于滤波的方法通过构建一个多维滤波器来降低高光谱图像中的噪声，为了同时考虑空谱信息，部分方法也将高光谱遥感图像视为一个三阶张量，而将传统一维或二维的滤波器扩展后进行去噪。正则化的方法在高光谱去噪领域使用较多，图像的各种先验信息如光谱平滑性、稀疏性、空间变化的总变差(total variation，TV)和流形(manifold)特征等被广泛用来构建约束项，然后通过求解对应的约束最小二乘解实现去噪。基于核的方法以加权的邻域像元来重塑像元，从而在去噪的同时可以保证局部空间内像元的一致性。近些年，高光谱遥感图像在光谱维上的低秩特性也被用在降噪中。对高光谱三阶张量进行低秩表示，可以确定该张量的最低秩分解，相比全秩的建模，低秩建模过程能更好地抓住光谱冗余信息，进而提高图像的 SNR 和重塑效果。此外，目前很多降噪方法都假设噪声为高斯白噪声且各个波段的噪声方差一致，然而该假设在实际情况中并不能很好地成立，因而相应地出现了一些同时考虑多种噪声源的混合噪声估计方法。例如，Acito 等(2011)给出了一种对信号依赖的噪声建模方法。Zhang 等(2014)把低秩和稀疏矩阵分解用于高光谱图像降噪和恢复，能够同时移除高斯和稀疏噪声等干扰。

2. 降噪与解混

由于高光谱遥感图像中的噪声会使光谱解混精度下降，并且令结果变得不够稳定，因此，在光谱解混中减少噪声的影响在近些年内开始受到关注。为了改善解混中对高斯白噪声假设的不足，He 等(2016)对线性混合模型进行扩展，引入了表示稀疏噪声的变量，使高斯噪声和稀疏噪声能被同时顾及，然后采用稀疏约束的非负矩阵分解实现解混。针对同样的混合噪声问题，Aggarwal 等(2016)分别对丰度和稀疏噪声构建联合稀疏约束，并在解混时利用 TV 约束使丰度保持平滑变化。Li 等(2015)建立了用于高光谱解混的抗噪模型，该方法能够有效降低解混中加性、乘性和混合噪声的影响。另一方面，光谱解混实际上也能反过来有效地用于图像的降噪与恢复。Yang 等(2016)认为，高光谱遥感图像的去噪与解混能够相互促进，在构建的去噪与稀疏解混的耦合算法中，解混结果被用于抑制稀疏去噪过程中的光谱扰动，而更好地去噪结果则反过来进一步改善了解混。Cerra 等(2012)和 Ertürk(2015)则更直接把解混的重构结果用于降噪。

1.2.2　高光谱遥感图像降维

1. 问题与方法描述

高光谱遥感图像的波段多、光谱分辨率高的特点，一方面赋予了其能够根据地物不同连续波长上的诊断性光谱特征进行更精细的分类与识别的能力；另一方面过多的光谱维数却也同时造成了信息冗余。以指数增长的特征组合方式所带来的复杂性，对方法的效率和性能都提出了较高的要求。特别地，分类应用的精度很多时候会受到波段数目和所采用的数据特征影响，该问题可在描述广义测量数据复杂度、训练样本的数目和分类精度三者关系的 Hughes 现象中得到解释。高光谱数据的分类精度会呈现随着波段数的增加先升高后降低的趋势；当波段数目很多时，就必须要利用更多的训练样本才能保证足够分类精度，否则冗余的波段反而会对应用产生负面效应，陷入“维度灾难”。然而，在高光谱遥感的实际应用中，训练样本的数目通常却是非常有限的，要标定有效的训练样本也需要花费大量的资源和时间。因此，降低高光谱遥感图像的光谱维度，减少像元的光谱冗余，并以低维的数据特征尽可能多地有效表达原始高维数据，具有重要的意义。除了分类，降维(dimensionality reduction，DR)方法也常为高光谱遥感图像目标探测以及光谱解混精度与速度的改善服务。

降维的主要难点在于如何在低维特征空间有效地重塑像元，在较少丢失原始数据本质光谱信息的同时，更多地凸显那些与应用相关的地物特征。对于高光谱遥感图像蕴含的丰富光谱信息，人们可以选择那些与应用相关的重要波段子集，或者以保持像元可分性与唯一性的方式将数据投影到低维子空间中。也就是说，降维方法一般能分为波段选择和特征提取两大类(张良培等，2014)。波段选择是指按照某种规则，从原始波段数据中选取对应的波段子集实现降维，该方法通常针对于提高特定应用的性能。而特征提取则是要建立一种变换函数(线性或非线性)，将高维空间中的像元数据点转换到低维子空间中，同时保留原始高维数据绝大多数的信息。而根据是否使用类别标签，又可以把降维方法分为有监督、无监督和半监督三类。

(1)有监督的降维方法依赖于有标签的样本来提升类的可分性，如线性判别分析(linear discriminant analysis，LDA)及正则化、核化改进的 LDA 和互信息方法等方法已有大量应用实例。高光谱遥感图像的结构特性如稀疏性、光谱与空间平滑性等常在降维中被考虑来生成符合要求的特征。此外，人工智能和机器学习中的方法如粒子群优化算法、遗传算法和最近的深度学习中的卷积神经网络等也逐步在降维中发挥作用。

(2)过去也出现了许多无监督的降维方法，这些方法无须考虑有标签的样本来优化对应的分类精度。例如之前介绍过的用于降噪的最小噪声分数方法(Green et al.，1988)旨在获取能够提升图像 SNR 的特征；独立成分分析(independent component analysis，ICA)则以最大化数据的统计独立性的方式把原始空间数据投影到低维特征空间中；而 PCA 方法对数据进行线性变换后保留大方差对应的互不相关特征来达到降维的目的。PCA 因为具有明确的统计特性和良好的效果，在高光谱遥感中得到了广泛应用(Chang，2012)，但它忽略了观测数据的全局和局部性质，并且难以在特征空间中有效反映非线性数据的结构。因此，一部分非线性降维的方法被提出来，如将核函数方法与传统方法结合的 kernel PCA、kernel ICA 等。它们使传统线性降维方法能很好地被用于经过核函数隐式映射后的线性可分数据。其他还有基于流形学习的非线性降维方法如局部线性嵌入(locally linear embedding，LLE)、ISOMAP、拉普拉斯特征图等。最近，Rasti 等(2016)利用正交总变差成分分析，在降维的同时以 TV 正则化项保持空间分段平滑性，获取的低维特征不仅对噪声更鲁棒而且更有利于分类。Ren 等(2017)为保持图像的空谱信息，给出了一种提取特征的张量主成分分析方法。

(3)由于有标签数据的有限性，半监督降维方法关注于同时利用有标签和无标签的数据进行降维并常将结果用于分类。

2. 降维与解混

将高光谱遥感图像的降维方法与具体的应用在统一的框架下进行联合，会十分有利于获取适合于对应应用的最优特征。对于光谱解混来说，很多时候不仅需要对数据降维，而且希望得到的低维特征能直接被用于提升解混精度。例如基于几何的端元提取算法顶点成分分析(Nascimento and Bioucas-Dias，2005)需要在降维后的特征空间中，利用反复投影的方式寻找单形体的那些顶点作为端元。Li(2014)将离散小波变换(discrete wavelet transform，DWT)的特征用于线性的丰度最小二乘估计。与利用所有波段以及 PCA 降维的特征进行解混的结果相比，丰度估计的偏差降低了 30%至 50%。Ball 等(2007)利用低通滤波器移除光谱高频成分，并以此选择更有利于解混的重要波段得到了较为准确的线性解混丰度。Dópido 等(2012)给出了一种基于解混的降维方法，由于利用了亚像元尺度上的光谱与空间信息，所得特征用于分类能比其他降维方法得到的特征性能更好。Chang 和 Liu(2014)认为用于解混的不同端元都具有对应自身光谱特征的判别性波段，他们利用波段优先级和波段去相关给出了一种先进的波段选择方法，可允许不同波段数的各种端元用于解混。线性混合模型虽然简单，但难以解释场景中的非线性混合效应，促使基于核函数的非线性混合模型在近些年也被用于解混。但这些基于核的非线性解混方法具有很高的计算量，需要降维来进行优化。基于相关性准则，Imbiriba 等(2017)在再生核希尔伯特空间(reproducing kernel Hilbert space，RKHS)中利用字典测度进行用于非线性解混的波段选择，只需设定波段数目就可以利用降维后的特征更加快速地得到与全波段解混相同的结果。

1.2.3 高光谱遥感图像融合

1. 问题与方法描述

特征提取方法其实可视为一种光谱域上的波段间融合(fusion),而为了改善高光谱遥感图像空间分辨率、获取更多物质分布细节，面向空间、空谱等方面的融合方法在近些年受到越来越多的关注(Schmitt and Zhu，2016)。Ghamisi 等(2017)对目前的高光谱数据融合方法做了较明确的归类。第一类是高光谱超分辨率(super-resolution)方法，根据亚像元位移类型的不同,使用相同传感器获取的多幅低空间分辨率高光谱图像(来源于重叠的航线、多角度采集等)，或者单一高光谱图像的逐波段几何误配准信息来生成高空间分辨率的高光谱图像。也有方法为得到超分辨率，会学习高分辨率图像和低分辨率图像块间的对应关系。第二类是亚像元匹配方法，将混合像元划分为多个标定了对应土地覆盖类型的亚像元来提高空间分辨率。主要由两步构成：通过软分类或光谱解混估计每种物质的丰度比例；然后假设空间相关性，确定每类物质在像元中的亚像元尺度上的位置。第三类是多源数据融合方法，将具有更高空间分辨率但波段数很少的全色图像或者多光谱遥感图像与高光谱遥感图像进行融合，从而获得更高空间分辨率的高光谱遥感图像。相比高光谱图像的全色锐化(pan-sharpening)，多光谱图像本身的光谱特点使得多光谱与高光谱数据的融合能提供更有效的光谱信息(Yokoya et al.，2017)。多光谱与高光谱数据的融合方法一般包括成分替代、多分辨率分析、超分辨率、光谱解混、贝叶斯和混合方法。其中，光谱解混和贝叶斯方法属于基于子空间的方法，旨在对以输入的两幅图像估计高空间分辨率高光谱图像的子空间基和系数的逆问题进行求解。需要指出的是，虽然融合方法能够得到具有更高空间采样和对比的图像，但并不能保证带来图像真实空间分辨率的提升，进一步的应用还需要更多的定量分析验证。

2. 融合与解混

在进行高光谱遥感图像的融合时，很多时候会需要利用亚像元尺度上的地物分布信息来提升图像的空间分辨率，而光谱解混的估计结果正是构成像元的各类地物光谱及比例，这使得将光谱解混技术用于融合总是具有自然的可行性和优势。对于亚像元匹配来说，光谱解混所估计的丰度对融合的性能有着显著的影响。Ertürk 等(2014)结合二值粒子群算法和空间正则化项直接用于高光谱遥感图像的解混,然后提高图像的空间分辨率。在高光谱与多光谱数据融合方面，光谱解混方法最近得到了相当多的关注。但是，多光谱图像有限的波段通常会令解混成为一个病态的逆问题，所以经常需要将图像划分为若干小块区域，减少所需考虑的地物类型后再分别解混(Bendoumi et al.，2014)，并加入适当的正则化约束项以求得满意的解。Zhao 等(2014)利用稀疏线性解混来学习高空间分辨率的全色和高光谱图像字典以生成高分辨率图像块。Huang 等(2014)和 Nezhad 等(2016)在解混中考虑了稀疏性正则化项，将病态逆问题转化为适定逆问题，通过解混高光谱图像得到端元，再根据多光谱图像确定端元的位置。另外，同时最优化高光谱和多光谱图像的解混误差一般可以带来更好且更稳定的性能，因而，Yokoya 等(2012)提出了一种耦合的非负矩阵分解方法分别对高光谱和多光谱图像进行解混，然后再融合成高空间分辨率的高光谱图像。该方法当高光谱和多光谱图像的光谱响应函数重叠较小时效果较好。Zhou 等(2017)在将图像分为多个小块后，把局部的低秩特性引入耦合光谱解混中，并考虑了在此基础上的多尺度融合问题。

1.2.4 高光谱遥感图像分类

1. 问题与方法描述

高光谱遥感图像分类(classification)是根据像元的光谱和空间特性，将每个像元矢量或匀质区域唯一地归属为不同的土地覆盖类型，并给予对应的类别标签的方法。为了能提高分类的精度，融合、降维等会常被用于高光谱图像分类的预处理，以提取或突出对于分类有用的信息、去除或抑制无用信息。根据所采用分类器的类型，高光谱遥感图像分类方法可分为光谱分类和空谱分类。在光谱分类器中，高光谱遥感图像的所有像元都只被当作一组没有空间结构信息的光谱序列(Ghamisi et al.，2017b)。但由于高光谱遥感图像中的邻近像元通常是高度相关的，形成局部同质区域，因此，为了有效地利用该结构信息，空谱分类器在分类时还会引入邻近像元的空间关系。这样不仅可以降低对像元标定类别的不确定性，而且能够减少噪声的干扰，提高分类精度。空谱分类的方法具有重要的研究和应用价值，一般包括三个步骤：首先，基于光谱分类器提取光谱信息；然后，提取空间邻域信息(严格的邻域或自适应邻域)；最后，结合光谱与空间信息进行分类。

另外，从先验知识是否参与分类器的参数估计这一角度考虑，可将分类方法分为无监督(unsupervised)、有监督(supervised)以及半监督(semi-supervised)三大类。其中，无监督分类(unsupervised classification)是一种无先验类别标准的分类方法，其分类的依据是不同类别的样本在数据特征空间中的差别。常用的无监督分类算法有：K-均值聚类(K-Means)、迭代自组织数据分析(iterative self-organizing data analysis technique，ISODATA)以及多目标遗传聚类算法(multi-objective genetic algorithm，MOGA)等。此外，无监督方法还可通过神经网络、随机场等方式实现。有监督分类(supervised classification)是以建立统计识别函数为理论基础，通过类别已知的典型样本(即先验知识)对分类器进行训练，进而将类别未知的样本输入训练得到的分类器进行分类的技术。样本通常由人工从图像中进行少量标定或者利用实地调查得到。该类方法包括支持向量机(support vector machine，SVM)、K 最近邻分类(K-nearest neighbor，KNN)法、最大似然(maximum likelihood，ML)估计、线性判别分析(linear discriminant analysis，LDA)法、随机森林(random forest，RF)分类法等。如 SVM 的有监督分类器已被高光谱分类的研究领域广泛应用，成为该领域内的经典算法(Maulik and Chakraborty，2017)。半监督分类(semi-supervised classification)则结合了有监督分类和无监督分类的机制，令已知类别的样本和一部分未知类别的样本同时参与分类器的训练，让两者携带的信息共同决定分类器的参数设置；主要有协同训练(co-training)、主动学习(active learning)和基于稀疏表示的方法等。

2. 分类与解混

相比高光谱遥感图像的分类方法将每个像元标定为某个单一类别，光谱解混则能够更进一步地给出每个像元中可能存在的多种地物类型及分布比例。从这个意义上来说，光谱解混可理解为一种更加精细的软分类方法。高光谱遥感图像的混合像元问题通过光谱解混可以得到较好的解决，这样就使得解混的结果经常会被用于分类精度的提高。例如，Villa 等(2011)把线性光谱解混技术用于解决分类中的混合像元影响，然后采用模拟退火方法得到了具有更精细空间信息的分类图。为了生成更有利于监督分类的先验特征，Dópido 等(2011)利用不同的光谱解混方法对高光谱遥感图像进行特征提取，然后用 SVM 对特征学习实现分类。此外，Dópido 等(2014)还进一步将半监督的分类技术与光谱解混相结合，建立了一种混合的分类策略。Liu 等(2015)给出了基于多核学习的线性光谱混合分析的框架并将其与分类的训练过程结合，利用非线性核对数据更优的描述以及多核技术的灵活性，给地物的分类带来了更强的判别性。Chen 等(2017)采用一种稀疏的贝叶斯蒙特卡洛随机场方法对高光谱遥感图像中像元的空间关系建模，并同时用于光谱解混和分类。另一方面，高光谱遥感图像分类的方法和结果也能用于光谱解混。Mianji 和 Zhang(2011)将光谱解混转换为基于 SVM 的分类问题，从而能有效地考虑端元如光谱变异性的统计特性问题，改善丰度估计的精度。Iordache 等(2014)为了改善稀疏线性光谱解混中光谱库的高相关性和计算量大的问题，首先用多信号分类方法得到光谱库包含端元的子集，然后在后续的联合稀疏回归中利用该子集解混。

1.2.5　高光谱遥感图像目标探测

1. 问题与方法描述

目标探测(target detection，TD)是高光谱遥感图像应用的又一个重要方向，在军事和民用上如目标侦察与定位、矿物勘探、搜救等领域中都有着丰富的应用(Nasrabadi，2014)。高光谱遥感图像目标探测本质上属于一个二分类问题，即将图像中的各个像元区分为目标和背景两类，并且只关心该像元中是否存在待探测的目标。根据先验光谱的有无，目标探测问题一般可以分为光谱匹配目标探测和光谱异常目标探测。然后，再根据背景信息的有无进一步地划分；在实际情况中，由于通常无法获得完整而且准确的背景信息，因此在未知背景下的匹配目标探测和异常探测问题受到较多关注。相比于异常探测，先验的目标光谱信息使得匹配目标探测算法具有更好的探测效果，然而准确的目标光谱并不易得，有效的异常探测算法的研究重要性也逐渐凸显出来。

高光谱目标探测算法通常先将高光谱数据的各个像素投影到一维空间中，其中，每个像素都有自己所对应的探测统计量，有效的探测算法会尽量保证目标和背景能够区别开来，然后通过设定阈值实现目标的探测输出。根据算法模型的不同，目标探测算法大致分为：原始光谱距离、子空间投影、概率统计模型、稀疏表示模型和低秩模型。其中基于原始光谱距离的目标探测算法通过计算各像素与先验目标光谱之间的距离(光谱角、欧氏距离等)来进行判别。基于子空间投影的目标探测是将像素信号投影到与各个背景端元相关的子空间来抑制背景并突出目标，从而实现目标探测。其中比较有代表性的是正交子空间投影(orthogonal subspace projection，OSP)算法和目标约束下的干扰最小化滤波(target-constrained interference-minimized filter，TCIMF)算法。基于子空间投影的目标探测算法要求比较准确的先验目标子空间和背景子空间，其算法的精度取决于这些先验知识的准确性。然而，由于高光谱遥感图像中广泛存在的光谱变异性问题，导致这些先验的光谱信息与实际图像中的光谱信息一般有着一定的偏差，对此类别的目标探测算法具有较大的影响。

基于概率统计模型的目标探测方法主要包括约束能量最小化(constrained energy minimization，CEM)算法、自适应余弦一致性评估器(adaptive coherence/cosine estimator，ACE)算法、自适应匹配滤波器(adaptive matched filter，AMF)算法以及Reed-Xiaoli(RX)异常探测算法，等等。其中CEM、ACE和AMF算法主要用于匹配目标探测，而RX算法主要针对异常探测问题。这一类算法往往依赖于一些特定的统计假设，根据对应的假设来估计背景的统计特性。近年来，有稀疏表示模型被引入到目标探测中，该模型假设目标样本和背景样本可以分别由一系列的目标字典和背景字典进行线性表示，对于图像中任意的未知像元，都可以由目标字典和背景字典所构造的过完备字典来表达，同时假设其表示系数向量中只包含有少量的非零元素。基于稀疏表示的目标探测算法巧妙地回避了估计图像数据分布的问题，同时立足于线性光谱混合模型，具有比较坚实的物理基础，并受到了广泛关注，如基于稀疏表示的匹配目标探测算法、基于稀疏表示的二元假设检验模型的目标探测算法等。为了深入挖掘高光谱遥感图像中的空谱信息，联合稀疏表示模型被用于目标探测，以充分利用空间邻域中像元的高度相关性。此外，依据高光谱遥感图像背景和异常分别对应的低秩与稀疏特点，低秩矩阵分解模型可以有效地将背景和异常分离开来，实现异常目标探测。

2. 目标探测与解混

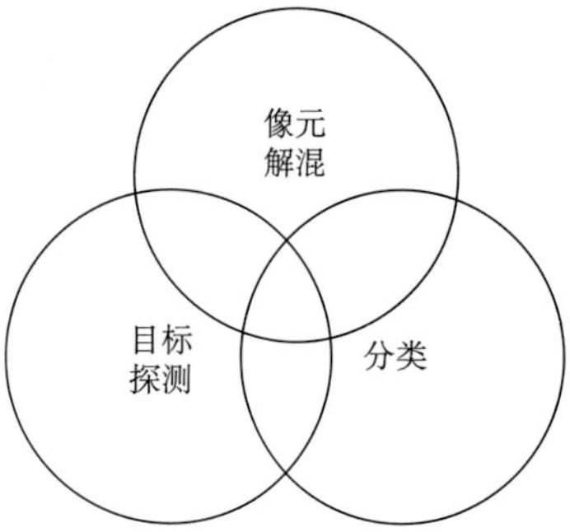

图 1.9　目标探测、分类和像元解混之间的关系

在高光谱图像目标探测中，需探测的目标往往是人工目标，具有出现概率低、个体面积较小的特点，这使得目标样本的采集异常困难。关于目标的先验知识经常仅局限于一条或者数条目标光谱，甚至没有先验的目标光谱。而一方面，大部分高光谱遥感图像的分类算法需要较多的类别样本来进行训练，在目标探测问题上并不完全适用，因此目标探测需要与之对应的处理算法。像元光谱解混则是对图像中各个像素进行分解，得到各个端元所占的比例，其分解的准确程度与端元信息的准确程度十分相关，因而解混算法一般会较难直接用于目标探测。如图1.9所示，目标探测、分类和像元解混三者之间互有关联但又各不相同。

另一方面，高光谱遥感图像的混合像元问题会对探测的精度产生较大影响，目标地物的光谱在实际的图像中很可能是与其他地物光谱混合后，存在于混合像元中的。因此，经常就需要在目标探测的同时考虑光谱解混技术来检测出在亚像元尺度上的目标信息。Duran 和 Petrou（2009）通过聚类得到图像的背景像元后，将无约束的线性解混用于异常探测。如果将背景类别对异常像元进行线性表示，则会产生较大的残差和负丰度，而对纯像元则相反，然后在此基础上用 RX 方法实现异常探测。Ziemann（2016）对高光谱遥感图像划分后的小块进行局部光谱解混，然后实现基于区域而非像元的目标探测，从而降低虚警率。最近，Qu 等（2018）针对异常探测中的不确定性和噪声干扰问题，首先对高光谱遥感图像进行线性解混，得到较多与背景差异大的特征，并将得到的丰度矢量聚类得到字典，最后利用对构造的字典进行低秩矩阵分解后的残差进行异常探测。该方法能在探测中有效移除噪声的影响，更好地表示背景和异常，提高探测精度。另外，还有一部分方法关注于目标或异常探测与光谱解混的同时实现。Altmann 等（2015）利用蒙特卡洛随机场根据异常的空间与结构进行探测，并在同一个贝叶斯算法框架下进行解混与探测的参数估计。Akhter 等（2015）针对整幅图像中可能会有多处目标存在的情况，将凸几何理论与标准的匹配滤波器 MF 结合，同时进行目标探测和解混。在目标与背景端元的单形体中，背景像元相对于目标的贡献比例应该为零，以此确定背景像元然后实现探测。类似地，Nakhostin 等（2016）将基于非负矩阵分解的无监督线性解混方法与异常探测结合用于处理复杂的行星高光谱遥感图像。

1.3　混合像元和光谱解混技术

近些年，高光谱遥感图像数据本身的显著特点，使得光谱解混技术在高光谱遥感图像处理领域中扮演着越来越重要的角色。一方面，从前面所述的各类方法与光谱解混之间的紧密联系来看，光谱解混方法既独立发展构成了自身的研究体系分支，常作为如分类和目标探测等其他方法性能改善的重要途径；但又同时需要依靠如去噪、降维等数据预处理方法来提升自身的解混性能。另一方面，通过包括地学、信号处理、机器学习、优化等一系列交叉学科领域中的理论方法和技术在高光谱解混中的广泛应用，使得解混新方法与新思路的层出不穷。光谱解混最主要的目标是解决混合像元问题对像元级应用的突出影响，需要从像元内部出发，准确地挖掘在亚像元尺度上的地物光谱与分布的详细信息。解决混合像元问题，有利于提高地物的分类精度，增强小目标的辨别能力，并进一步提高高光谱遥感图像处理的自动化与智能化水平，同时改善遥感的定性和定量应用精度（赵春晖等，2016）。

1.3.1　混合像元问题

1. 相关定义与描述

高光谱遥感图像内的每一个像元是记录地表物质发射或反射光谱信号的基本单位，

反映的是遥感仪器在对地观测过程中，瞬时视场角 IFOV 所对应覆盖区域内所有物质的综合光谱信息(张兵和孙旭，2015)。由此，很自然地可以想到，高光谱遥感图像中可能会存在如图 1.10 所示的两种典型的像元情形，即纯像元和混合像元。如果图像中某些像元只由其对应观测区域内单一物质的光谱特征构成，那么它们就被称为纯像元。例如，在图 1.10 水体覆盖的局部区域内的像元常可以认为是纯像元。反之，由观测区域内两种或更多种不同土地覆盖类型的光谱响应特征综合叠加而成的像元就是所谓的混合像元，如图 1.10 中植被与土壤的混合。混合像元只用一个信号、一条光谱曲线来记录这些不同物质光谱信息的共同作用。由于自然界中地物分布的复杂多样性以及高光谱遥感仪器自身较低的空间分辨率等因素的影响，高光谱遥感图像中像元普遍会以混合像元的形式存在，而很少会是单一地表覆盖类型组成。

成像光谱仪在获取大量光谱波段的同时，也导致其每个窄波段的辐射信号较弱；为了提高波段的信噪比、保障图像数据的质量，就需要保证一定大小的 IFOV(张兵和高连如，2011)。受到较大 IFOV 的影响，高光谱遥感图像的空间分辨率一般会比全色和多光谱遥感图像要低，导致其中的混合像元现象通常也更为严重。例如，受到飞机距离地面高度的影响，机载的 AVIRIS 数据的空间分辨率可为 20m，而其他星载高光谱传感器获取的图像空间分辨率会更低。实际上，由于自然界地物分布的复杂特点，即便是空间分辨率很高的遥感图像中，混合像元问题依然广泛存在。如对于野外实地测得的无植被或很少植被的裸露土壤地表光谱，也是由不同类型土壤、矿物质等构成的混合光谱(童庆禧等，2006)。这就意味着提高空间分辨率并不是解决混合像元问题很好的途径。

混合像元的存在是传统像元级分类等应用精度难以提高的重要原因，若将混合像元分为某一类，则必然会带来一定的分类误差，导致分类精度的降低，难以反映真实的地表覆盖情况(张兵和高连如，2011)。因此，要提高高光谱遥感应用的精度，就必须对混合像元进行分解，提取其中构成像元的各类基本物质组成成分的光谱特征并且得到这些物质在像元内所占的比例，该过程也称为光谱解混(spectral unmixing)。从这个意义上来说，光谱解混主要包括了两个方面：获取组成混合像元的各类纯物质成分的光谱特征，即端元提取(endmember extraction)；此外，还需估计这些端元在构成像元时所占的比例系数，即丰度反演(abundance inversion)。例如，在图 1.10 中，植被与土壤构成了红色实线方框中的混合像元，对应的空间尺寸为 5 m×5 m，图右边虚线方框中的光谱曲线则由该区域内所覆盖的草地、树木和土壤三种纯地物端元光谱混合而成，且它们所占的比例丰度分别为 0.6、0.25 和 0.15。对该像元进行解混，就是要得到构成它的三种纯地物的完整光谱响应特征以及对应的比例系数。高光谱遥感图像一方面受到混合像元问题的严重影响；而另一方面数据本身多波段、高光谱分辨率的特点也使得高光谱遥感图像在混合像元分解方面具有较大的优势。相比多光谱图像，较多的光谱波段特征在数学上带来了更多的自由度，使得不同物质端元间不仅能够得到有效区分，而且促进了从混合光谱中提取更多且更精细的端元。

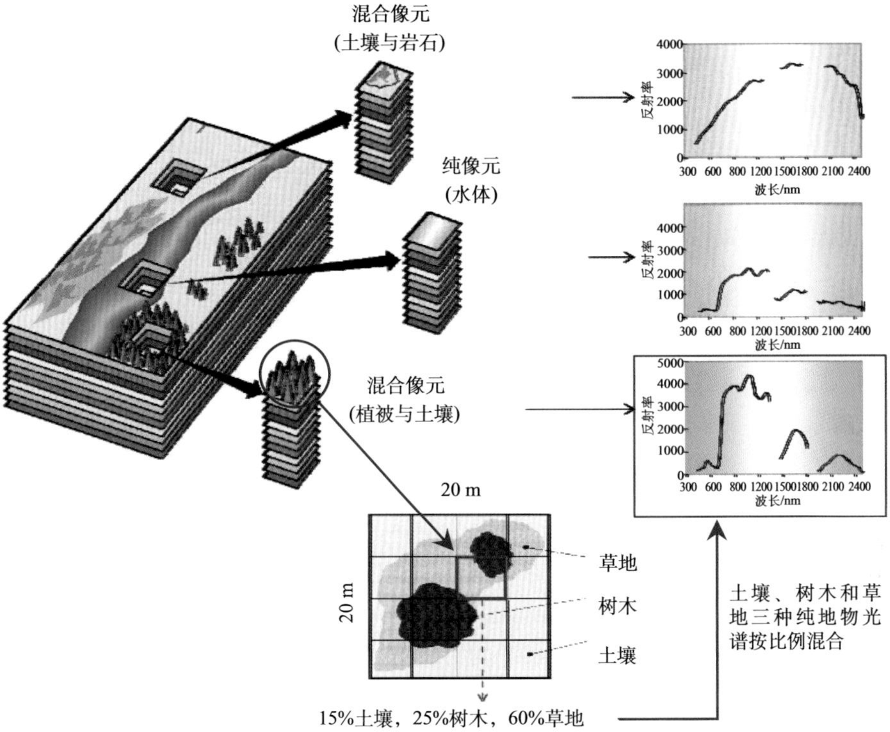

图 1.10　高光谱遥感图像的混合像元问题

需要说明的是，人们经常会为了简便而将图像中的端元与某种单一纯物质光谱相联系，实际上端元也可以是几种物质混合而成的。对端元的定义可以说是种主观的行为，并且是依赖于具体应用的(Bioucas-Dias et al.，2012)。例如，假设某像元观测区域内覆盖主要由两种树木和非常少的土壤构成，一般而言会忽略土壤的存在而只考虑两种树木对应的端元进行区分。而如果应用中需要准确知道土壤的比例成分时，则又可能忽略两种具有近似光谱的树木，以树木和土壤两大类作为端元。另一方面，丰度表示的是端元物质在像元内部所占的面积比例，但是观测像元的反射率却一般不会是与物质质量或面积相关的线性函数。像元的反射率实际上会更多地受到其中那些具有更高反射率的小目标物质影响，丰度估计的结果对应的是不同物质光谱的贡献大小，而不是严格的物质所占的面积比例，从而导致估计偏差。

2. 像元的光谱混合形式

光谱解混是一个难求解的逆问题，要实现光谱解混，不仅需要从物理上了解并阐释像元中各类物质的混合方式与机理，也需要建立观测像元光谱与端元和丰度间的准确数学关系。然而，对于一定的 IFOV，地表的地物类型、空间分布结构、光照条件以及应用需求等因素的差异都会造成混合方式与解混中需要考虑的模型与方法的不同。因此，高光谱遥感图像中像元的建模过程会受到许多因素的影响，包括：观测场景中的地物类型，地物的物理混合以及构成场景的拓扑方式，光线与地物相互作用、反射后被仪器接收的方式和观测环境的三维地形结构特征等(Ma et al., 2014)。可以看出，建立真实的混合模型是十分困难和复杂的，著名的辐射传输理论(radiative transfer theory, RTT; Chandrasekhar, 1960)常被认为是可用来较为准确地描述光线与物质的相互作用过程。从光线与物质发生作用的本质上，可以简单划分像元为线性和非线性的两种混合模式。一般来说，大尺度的光谱混合可以被认为是一种线性混合，而小尺度的内部物质混合是非线性的(张兵和孙旭，2015)。

1)线性光谱混合

线性混合模型(linear mixture model, LMM)是较为简单且具有代表性的模型，它假设反射表面的物质呈棋盘式的分布结构(Keshava and Mustard, 2002; 吕长春等，2003)，入射辐射光每次只与一种物质发生作用后就被遥感仪器所接收，而不考虑辐射光在不同地表物质间的多次散射(multiple scattering)作用，如图 1.11 所示。所以在 LMM 的假设下，混合像元光谱就是由一组端元光谱分别按其对应的丰度比例线性组合而成的。端元丰度表示的是该端元在像元内的实际面积比例；而丰度则需要满足两个约束条件：丰度非负约束(abundance nonnegative constraint, ANC)及“和为一”约束(abundance sum-to-one constraint, ASC)，也就意味着负值的丰度是不被允许的，并且构成一个像元内的所有物质对应丰度之和等于为 1。过去数十年中，LMM 被广泛用于高光谱解混主要是因为(Bioucas-Dias et al., 2013)：①LMM 不但简单而且是被接受的对许多真实场景中光线散射的近似过程；②在合适的数据集条件下，LMM 能够产生适定的逆问题；③在 LMM 的假设下，高光谱解混也对应为信号处理领域中的一个热点的盲分离问题，具有较多的参考理论方法。一般来说，LMM 适用于本质上就属于或者基本属于线性混合的地物场景，以及在宏观尺度上可以认为是线性混合的地物(童庆禧等，2006)。然而，LMM 对某些特殊地物分布的描述却难以得到精确的结果，需要根据实际情况使用更为复杂的非线性混合模型(nonlinear mixture model, NMM)。

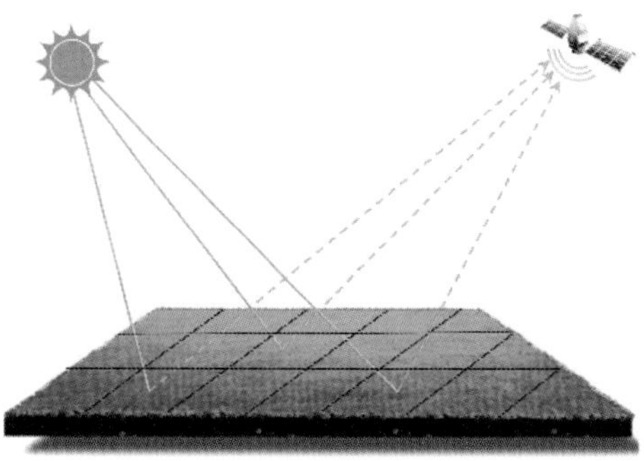

图 1.11　线性光谱混合(杨斌和王斌，2017)

2)非线性光谱混合

常见的非线性混合地物类型主要包括微观尺度上的紧密混合[如图 1.12(a)]和具有

较大三维几何结构的地物混合[如图 1.12(b)]两类。在这两类地物中，非线性光谱混合主要会表现为光线在不同地物间的多次散射和吸收作用。

紧密混合的代表地物主要包括沙地、矿物混合区域以及浅水环境等，此时光线在不同粒子间进行多次交互传播产生复杂的非线性混合效应(Dobigeon et al.，2014；Heylen et al.，2014)。例如在矿物分布地区，测得的矿物光谱可反映多种具有不同物理和光学特性的矿物构成，入射辐射光在矿物粒子间发生了复杂的交互作用。这些混合物的光学特性建立在许多参数的基础上，如每种物质成分的数量及比例，颗粒的大小、形状、方向与分布，每种物质的吸收和散射特性以及双向反射率分布函数 BRDF 等(Hapke，1981)。紧密混合的现象一般发生于微观尺度上，此时物体的空间尺度比光线通过的路径要小得多，光线在不同粒子间进行多次交互传播，每一次交互过程中，光线可能会被吸收或者被散射到一个随机的方向上，要对该过程进行准确建模是非常困难的(Heylen et al.，2014)。

第二种典型的非线性混合物出现在植被覆盖地区以及更为复杂的城市建筑的多层非线性混合情形中，此时阴影的作用也会很明显。例如在植被覆盖地区，由于树木冠层具有复杂的三维几何结构，入射光在这种结构中的传播通常十分复杂，观测光谱往往为光线在不同地物间多次散射的结果。光线在入射到该类型区域某种地物后，很可能不会被遥感仪器立刻接收，而是在不同高度上与周边地物进行再次散射，如在植被冠层与土壤间，植被冠层与植被冠层间等进行多次散射。另一方面，多次散射强度还会受到树木的类型、高度和间距，树木冠层的覆盖度与叶片的透光性，土壤的类型与理化特性，太阳高度角等因素的显著影响，而且由于光的散射作用是与波段相关的，不同波段间的非线性散射强度也存在一定差异，例如在近红外区域的光线通常会透过植物叶片而与地面土壤发生再次散射，因而在该波段范围的非线性混合一般更为严重(Somers et al.，2014；Dobigeon et al.，2014；森卡贝尔等，2015)。

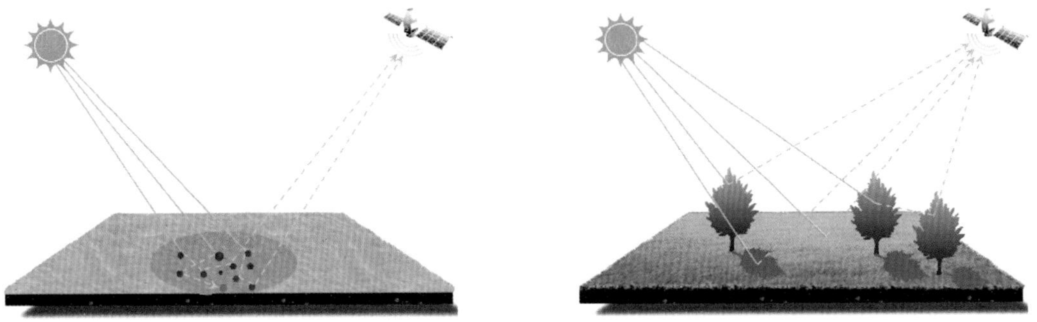

(a) 紧密混合　　(b) 多层次混合

图 1.12　非线性光谱混合（杨斌和王斌，2017）

相对于简单的线性混合来说，非线性解混在原理及实现上需要考虑更多复杂的影响因素，因此，虽然相关的研究一直在进行，但目前国内外在该领域的研究都还处于探索阶段。随着线性解混算法的逐步成熟和为满足更高的应用要求，非线性光谱解混问题逐步引起越来越多的学者关注并已成为高光谱遥感的研究热点(Dobigeon et al.，2014)。目前的非线性光谱解混算法基本上可分为两类：基于模型的方法和数据驱动的方法。

前者先根据辐射传输理论建立描述光子与物体接触时能量传递的数学模型以表达复杂的非线性混合现象再用相关方法对模型求解，比较典型的模型有 Hapke 模型、Kubelk-Munk 模型、SAIL 模型和 PROSPECT 模型等(童庆禧等，2006)。Hapke 模型是其中具有较大影响力的理论模型，定量地分析了辐射传输物理特性，但是 Hapke 模型最初是针对星球表面提出的，存在难以适用于有植被覆盖的地表，实地数据搜集困难，折射与散射系数难以确定等不足。这些基于辐射传输的物理模型，通常建立在特定的地物类型基础上，需要获取与地表情况相关的先验参数，但这些先验知识需要对特定地物进行大量研究而往往难以获取，给将这些模型直接应用于解混，增加了难度。最近十年中，许多研究在保持这些模型物理意义的基础上使其简化，得到了不同形式的可以求解的非线性光谱混合模型，如图 1.13 所示。本书的部分后续章节主要讨论的也是由这些方便计算的模型衍生出的非线性光谱解混算法。

在考虑紧密混合的非线性效应时，为了将 Hapke 模型有效地用于非线性解混，部分学者在多个假设基础上去除了原模型中许多依赖于场景的参数，然后将物质的反射率转换为单次散射反照率构建线性问题实现解混(Heylen and Gader，2014)。另一方面，对于多层次的非线性混合，理论上包含从二阶到无穷阶的物质间光线相互作用的影响。Borel 和 Gerst (1994)首先用辐射传输的方法建立模型，考虑植被冠层的层次结构，增加额外的端元来描述植被与土壤混合物的多次散射现象。Ray 和 Murray(1996)对干旱区植被非线性混合进行研究，考虑最简单的树木与土壤两种地物，分析植物冠层叶片水平与非水平分布时反射率交互形式差异，并以不同土壤背景分析非线性混合的影响。这些研究说明非线性混合因素并不仅是噪声的干扰误差，而是以往被 LMM 忽略的光线在地物间传输所产生的成分。

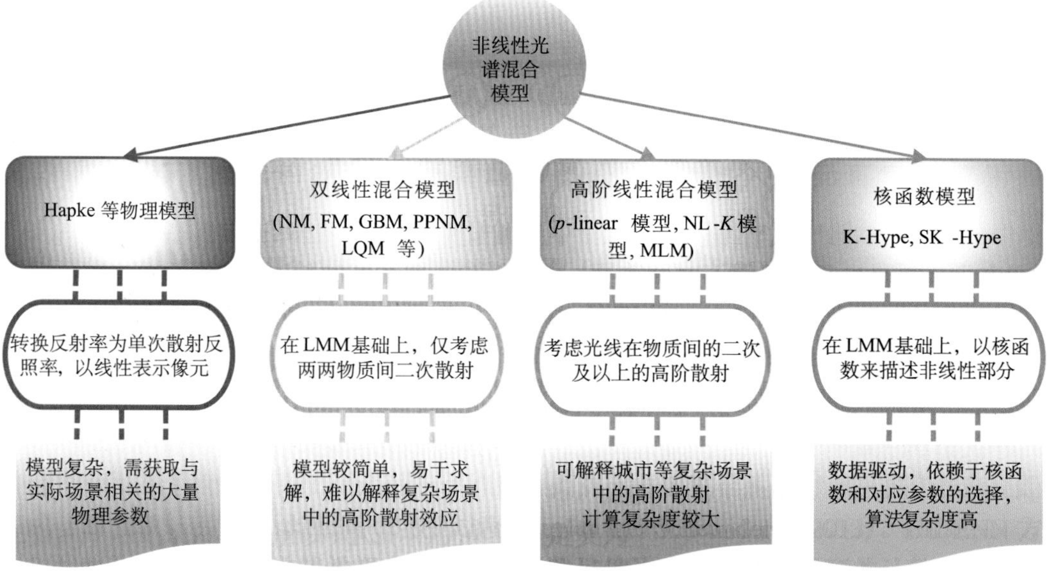

图 1.13　常用的非线性光谱混合模型

为避免复杂的物理模型并减少对场景相关参数的依赖，同时在保证模型物理意义基础上尽可能以简单灵活的方式描述非线性，不同形式的双线性混合模型(bilinear mixture model，BMM)也在近几年被提出。这些模型的共同点在于，都只考虑了物体间的二次散射作用，并以端元光谱间的 Hadamard 积(每个维度上元素对应乘积)和非线性系数来表示该散射效应。BMM 仅考虑两两物体间二次散射的原因在于反射率的值小于 1，此时三次以上的高阶散射项乘积的值将远小于 1，对混合像元的贡献相对而言很小，所以一般可将其忽略使模型简化。BMM 主要由线性混合与非线性混合两部分构成(Heylen et al.，2014)，根据后者的不同分为：Nasimento 模型(Nasimento model，NM)、Fan 模型(fan model，FM)、广义双线性模型(generalized bilinear model，GBM)、多项式后验非线性模型(polynomial post-nonlinear model，PPNM)、线性二次混合模型(linear-quadratic mixing model，LQM)等。另一方面，由于 BMM 忽略了高阶散射的影响而只考虑端元间的二次散射，这导致其难以解释更为复杂的高阶多次散射效应。而对于一些特殊的场景尤其是在更为复杂的城市建筑三维结构中，多次散射在观测像元光谱中是占主要部分的，此时端元间的高阶散射项就不能简单地舍去(杨斌和王斌，2017)。目前考虑高阶多次散射的光谱混合模型有多线性混合模型(multi-linear mixing model，MLM)，p 阶线性混合模型和 NL-K 模型等，但计算复杂度较高也是多线性混合模型常需考虑的问题。

此外，Chen 等(2013)利用不同形式的核函数对像元中的非线性成分进行拟合，提出了更为鲁棒的核函数模型 K-Hype 和 SK-Hype。该模型方法属于数据驱动的类型，仅依赖于核函数和对应参数的选择，算法复杂度高。也有学者利用测地线距离来考虑非线性数据的流形结构，进而用于解混。类似的数据驱动方法避免了对复杂非线性混合模型的建立与求解，采用如核函数、流形学习等机器学习的理论方法将原始数据映射到高维或低维的线性特征空间中，然后可以在特征空间中利用相关的线性算法解混。这里所提到的模型方法将在后续章节中进行详细地介绍。

1.3.2 光谱解混的一般流程与重要问题

估计组成高光谱遥感图像像元的端元光谱以及对应的丰度比例是光谱解混最重要的两个目标。如图 1.14 所示，在对遥感仪器获取的高光谱数据进行大气校正等预处理得到地物的反射率图像后，后续的光谱解混过程通常会包含降维(估计端元数目)、端元提取和丰度反演几个步骤。其中，数据降维有助于提高后续解混算法的性能，降低计算复杂度。同时，确定高光谱数据的内在信号子空间，即端元数目的估计也常与降维过程紧密关联。高光谱解混可以看作是一个多元回归的数学问题，这里的像元对应于观测矢量，端元矢量是解释变量，而丰度就是这些解释变量关于观测矢量的回归系数。要估计回归系数，就得先确定对应的解释变量。如果能够预先知道准确的端元光谱，那么就只需估计丰度，解混的难度也将有效降低。然而，实际场景中分布的物质光谱通常是无法预先准确获知的，这就导致光谱解混很多时候需要同时处理端元提取和丰度反演两个任务。因此，根据端元是否已知，光谱解混方法大体上可以分为有监督和无监督两种类型。

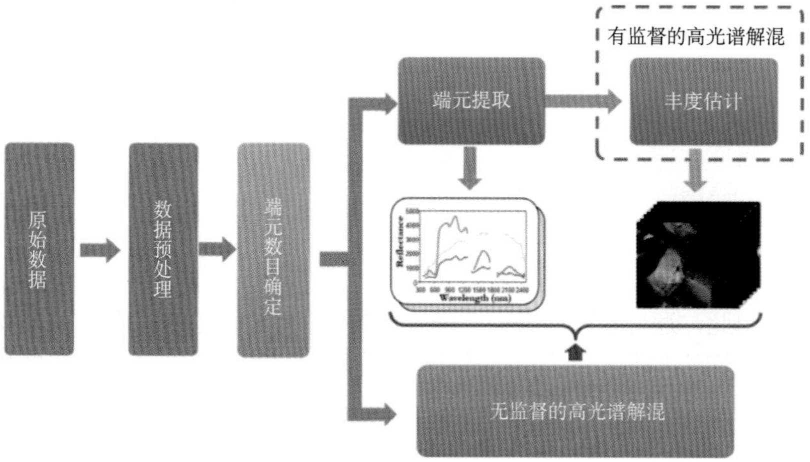

图 1.14　光谱解混流程框架

目前，有监督的光谱解混方法包含了端元提取和丰度估计两个分开的步骤。对复杂程度不同的数据，端元提取方法的性能也存在具有一定差异，包括三种情形：①高光谱数据内对于每类端元都至少含有一个纯像元；②数据中不存在纯像元但是在端元单形体每个面上都有足够多的像元；③高光谱数据是高度混合的。对应地，端元的提取方法常会建立在单形体几何、图像空间信息和统计学理论等基础上。在求得端元后，丰度可以通过最小二乘和稀疏回归等方法进行估计。另一方面，由于性质上相似性，信号处理领域的盲源分离方法常用于无监督的光谱解混，包括基于凸几何的方法、基于字典的稀疏回归方法和非负矩阵分解方法等。

在非线性光谱解混方面，由于问题的复杂性，大多算法目前都是有监督的，主要关注在端元已知的条件下估计丰度及非线性参数。但无监督非线性解混的研究也在近些年受到越来越多的关注。这些方法也可以分为基于模型和数据驱动的方法两个类别。基于 BMM 的非线性解混方法是目前研究的热点，其一般求解算法主要有一阶泰勒展开的全约束最小二乘方法、梯度下降方法、贝叶斯方法、与非负矩阵分解结合的无监督解混方法等(杨斌和王斌，2017)。数据驱动的方法在地物的非线性混合具体形式未知情况下只需利用数据就可实现端元提取与丰度反演，而流形学习、神经网络和核方法是其中最常用的方法。

光谱解混技术经过多年的发展，已经产生了大量有效的理论方法(Plaza et al.，2011)。根据这些方法所考虑的高光谱遥感图像以及解混中的问题，可以总结如下。

(1)端元数目的确定实际上是所有解混算法必须考虑的问题，然而多数方法设计时常忽略该因素，在默认端元数目已知的基础上解混。因此，结合端元数目估计与解混框架是必要的。

(2)许多有监督或无监督的解混方法，包括各种端元提取算法在内，都会有一个共同的简单假设，即整幅图像是由固定的单一端元光谱子集混合而成的。但是，这在实际场景中往往不能成立，因为受到光照条件、地形和地物本身理化性质差异等复杂因素的影响，“同物异谱”和“同谱异物”的现象广泛存在。这就给端元的准确确定和丰度估计带来了较大的影响，而需要在解混时建立与每个像元对应的多个不同端元子集。

(3) 目前的线性或非线性混合模型在构建过程中常以高斯白噪声作为模型的误差项，而其他如稀疏噪声、条带噪声等在高光谱遥感图像中也是经常存在的。去噪与光谱解混的结合，具有一定的研究价值。

(4) 高光谱遥感图像较多的波段光谱特征有助于解混，然而在实际解混过程中并不会总需要利用所有的波段。例如，在 LMM 假设下，只需要波段数不小于端元数目减一就可求取丰度。因此，通过提取数据子空间中有效的特征或者选择那些能准确反映地物显著吸收与反射特征的光谱波段子集，无论对于线性或者非线性光谱解混精度和速度的提升都是非常有意义的。

(5) 高光谱遥感图像除了具有丰富的波段光谱特征外，也富含详细的地物分布空间信息。在图像的局部区域内，物质分布通常呈现均匀变化，其中的邻近像元不但由类似的端元构成，而且对应的丰度也十分相似。因此，无论是线性还是非线性解混，若能有效地利用图像的空间域相关信息实现空谱解混都将有利于解混精度的提高。

(6) 高光谱遥感图像还具有显著的稀疏特性，可以在解混方法中利用。例如，假设某种地物只分布在图像的小块局部区域内，那么大部分像元中是不存在该物质的。由此可知，地物分布会具有较强的稀疏性，反映在丰度上是多数像元中某端元的丰度很可能为 0。

(7) 高光谱数据的特点决定了像元点总是分布在数据特征空间的低维子流形上的，图像整体也通常是低秩的。利用机器学习等领域的方法，挖掘数据在特征空间中的结构与关系，也是提高解混精度的有效途径。

(8) 由于高光谱遥感数据的多维复杂性高，光谱解混算法不仅常常需要消耗大量的时间，而且难以求得满意的全局最优解。可以看出，利用如并行计算等方式来加速解混，以及采取如遗传算法、粒子群算法和进化算法等智能启发式算法寻找复杂优化问题的更好的解，也是很重要的。

(9) 非线性光谱解混的研究目前国内外还处于初始阶段，除了需要考虑传统线性解混中的问题外，自身还有许多方面值得进一步探究。例如，BMM 等模型一般只考虑了给定像元内的多次散射，而没有考虑与其空间邻近像元的非线性贡献；BMM 和多线性混合模型目前都是利用端元间简单的 Hadamard 乘积来表示多次散射效应，然而实际非线性混合过程总是更为复杂的，这样也必然会带来一定的模型误差；非线性混合程度与端元的数目是密切相关的，随着端元数目的增加模型需要求解的参数也随之增多，同时端元与表示多次散射的虚拟端元间的共线性效应显著，可能导致结果过拟合并对噪声敏感；部分常用的非线性解混模型都具有一个隐式假设，即所有波段上具有相同的非线性混合模式和强度，但实际上光谱混合是波长的函数，不同波段上的混合差异必然会造成基于模型的解混误差；另外，高光谱图像的所有像元经常是在同一个非线性混合模型下进行解混，而实际中不同像元的非线性强度可能存在较大差异。预先对像元的非线性混合程度进行探测，然后采用适合的模型解混，将有助于获取更好的结果。

大多数的这些问题以及相关改进的解混方法将在本书的后续章节中详细介绍。

1.3.3 解混算法评估常用的高光谱遥感图像

在光谱解混的研究中，利用解混得到高光谱遥感图像的端元与丰度后，往往还需要对方法的性能进行验证并评价精度。因此，就需要采用恰当的模拟数据以及真实的高光谱遥感图像，在实验中同时从定性和定量的角度来综合分析结果。

1. 光谱解混的模拟数据

模拟数据的构造不但要尽可能地贴近真实情况，同时还应该在数据中尽量凸显与方法所需要解决的问题相关的特性。合理的模拟数据对验证解混方法的有效性很重要。一般而言，模拟数据的生成可以建立在如 LMM 等数学模型的基础上，其中最为简单的方法是：端元从现有的地物光谱库中选取，丰度利用相关数学函数等随机生成，把端元和丰度代入模型得到像元光谱后，再加上适当的随机噪声。美国地质调查局(United States Geological Survey，USGS)提供的数字光谱库(http://speclab.cr.usgs.gov/spectral-lib.html)在以往的研究文献中被广泛作为端元光谱来源，其中每条物质的光谱都具有覆盖了 0.4～2.5 μm 波长范围内的 224 个波段，并具有 10 nm 的光谱分辨率。另外，为了使生成的模拟高光谱图像具有近似于真实情况的像元空间分布信息，可以采用低通滤波等方式来构造在二维平面上分布的像元丰度。例如，图 1.15(a)是由西班牙巴斯克大学计算智能研究组提供的(http://www.ehu.es/ccwintco/index.php/Hyperspectral_Imagery_Synthesis_tools_for_ MATLAB)基于高斯随机场(Gaussian random field)方法生成的模拟数据，而图 1.15(b)描述的规则方块图像是在底面混合背景基础上，从上至下设置每行小方块对应一类端元，从左至右每列小方块中的像元从纯像元、两端元构成的混合像元到 5 端元的混合像元变化。

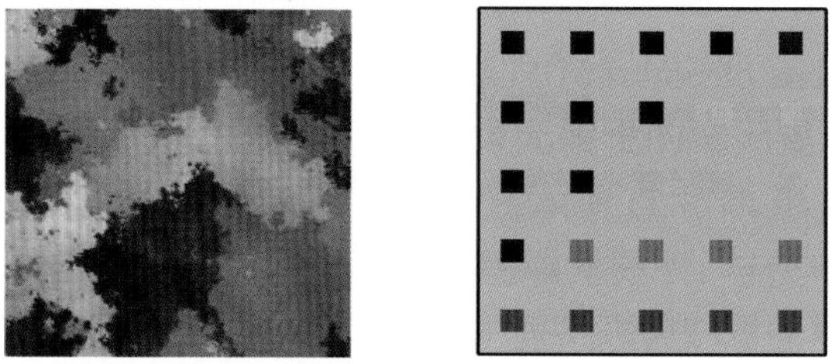

(a) 高斯随机场生成　　(b) 规则方块分布

图 1.15　模拟高光谱混合图像

2. 基于物理的虚拟植被覆盖场景数据

真实观测环境中的非线性混合效应和其他复杂干扰因素通常是非线性光谱解混的难题。如果要有效地定量评估解混算法的性能，尤其是非线性解混算法，不但需要知道地物真实的端元与丰度，还需要知道每个像元内实际混合情况。例如，由于真实场景中的光线传播过程一般是未知的，为了客观而准确地评价非线性光谱解混算法，人们可以模拟非线性混合效应显著的植被覆盖代表性区域的光谱混合情形。因而，也就需要知道植被几何结构与光学特性、光子详细的传播路径，并量化光传播路径的真实非线性混合效应。为了解决该问题，有学者(Somers et al.，2014；Dobigeon et al.，2014；Stuckens et al.，2009)利用计算机仿真的方法构建了虚拟植被覆盖场景，然后在该场景内利用各种物理模型模拟光线的传播及其与地物相互作用的过程，在此基础上生成了可以有效用于非线性光谱解混评估的数据集(http://www.biw.kuleuven.be/nonlinearmixing/)。其中，详细的光线传播路径和多次散射效应都被真实地建模，并且经过与实地测量数据的定标，这些虚拟场景数据在部分研究中已成功被用于非线性解混算法性能的评估与比较。

基于扩展的物理光线跟踪器(physically based ray-tracer, PBRT)(Pharr and Humphreys，2004；Stuckens et al.，2009)，模拟生成了包括柑橘园和森林两种虚拟场景的数据。PBRT可以渲染从光源到传感器的每条光线完整传播路径，以真实反映内在的非线性混合现象；适用于不同表面反射、照明和拍摄类型的模型；而且已通过 RAMI Online Model Checker (ROMC)定标验证。虚拟观测场景主要由 PBRT 几个不同组成成分下的多个子模型渲染而成。在表 1.1 中列出了构成场景要素的照明源、传感器平台、几何描述和物质光学性质所对应的详细设置。而图 1.16 则描绘了所构建的虚拟场景情况，以及所采用的树木与叶片图形渲染素材。最后，得到了如图 1.17 和图 1.18 中两类虚拟植被场景解混数据。其中，图 1.17(c)中的端元光谱曲线是定标后的结果，例如对于树木端元光谱的定标，是用全吸收的黑色背景替换果园中的土壤，然后对一个大小为 4 m×4 m，分辨率为 5 cm 的图像树冠进行渲染，并保留所有树木丰度大于 0.95 的像素，取均值作为纯树木光谱，这样就可以融合光照和阴影处的叶片和枝干光谱。草地和土壤的端元光谱也通过类似的方法标定。另一方面，虚拟森林的数据共包括 6 个子场景，榉树的场景比例从 100%到 20%变化，每次 20%的榉树被替换为 3×3 大小的白杨。由于真实的端元以及丰度已知，该虚拟植被场景数据集实际上可以视为一种次真实的高光谱遥感数据，对于非线性光谱解混方法的研究和验证具有非常重要的实际价值。

(a) 虚拟柑橘园中视角　　(b) 柑橘树仿真素材　　(c) 榉树和白杨仿真素材

图 1.16　虚拟场景的渲染

3. 真实的高光谱遥感图像

下面将介绍几种目前常用于光谱解混算法性能验证的真实高光谱遥感图像的公开数据集，它们包含植被、土壤、矿物和各种人工建筑等在内的具有典型代表性的地物。

表 1.1　虚拟植被场景数据集

<table>
<tr><th>场景</th><th>柑橘园</th><th>森林</th></tr>
<tr><td>照明源</td><td colspan="2">模拟总体直射光和漫射光辐射；采用中纬度北半球 4 月到 9 月的平均昼夜照明</td></tr>
<tr><td rowspan="2">传感器平台</td><td colspan="2">以没有几何扰动的正射投影相机作为虚拟的完美传感器；覆盖 350～2 500 nm 间 216 个波段，光谱分辨率 10 nm；忽略传感器噪声、偏移、杂光和空谱点分布函数；</td></tr>
<tr><td>尺寸：20×20 个像元；空间分辨率：2 m</td><td>尺寸：36×12 个像元；空间分辨率：30 m</td></tr>
<tr><td rowspan="2">物质光学性质</td><td colspan="2">双向散射分布函数(bidirectional scattering distribution functions，BSDF)被用于描述光线与叶片相互作用；基于波长的反射透射值被用于定义叶片的近远轴向；朗伯反射模型(Lambertian reflectance model)被用于树干和树枝；SOILSPECT BRDF 模型用于土壤</td></tr>
<tr><td>地表覆盖类型：树木(实地测量定标的柑橘树光谱)；草地(Lolium sp)；土壤(dry Luvisol)</td><td>地表覆盖类型：两类西欧常见树种：榉树(Fagus sylvatica L)、白杨(Populus nigra L. var.“italic” Muench)以及土壤(dry luvisol)；所有叶片的反射透射光谱取自 leaf optical properties experiment (LOPEX)数据集；并允许逐像元的光谱变异性</td></tr>
<tr><td rowspan="2">几何描述</td><td colspan="2">构建 3D 树木结构(叶片、树枝、茎干等)和空间分布，如植被冠层会由一组简单的几何图元(三角形、圆形等)整合而成</td></tr>
<tr><td>果园行间距 4.5 m，树间距 2 m，行方位角 7.3°，平均树高 3 m</td><td>平均树龄：20 年；榉树的树距为 5 m；白杨的树距为 1 m</td></tr>
</table>

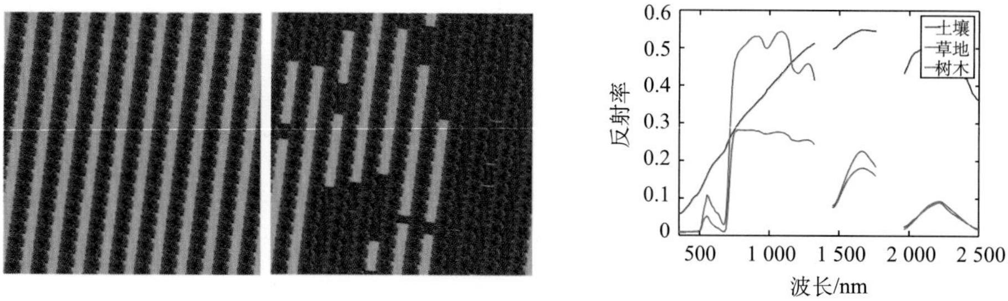

(a) 树木和土壤两端元的高分辨率图像　(b) 树木、土壤和草地三端元的高分辨率图像　(c) 三种地物端元的光谱曲线

图 1.17　虚拟果园数据

1) 美国内华达州铜矿开采区的 AVIRIS 遥感图像

图 1.19(a)所示的是美国机载可见光/红外成像光谱仪 AVIRIS 于 1997 年 6 月 19 日获取的美国内华达州铜矿开采区(Cuprite， Nevada)的高光谱遥感图像(http://aviris.jpl.nasa.gov/html/aviris.freedata.html)。图像中共含有 512×614 个像元，在 0.4～2.5 μm 的波长区间内有 224 个光谱波段，光谱分辨率为 10 nm，空间分辨率为 20 m。去除水汽吸收波段后常剩余 188 个波段用于实验。该地区由于经常被用于遥感地质光谱研究，存在详细而准确的地表信息。由图 1.19(b)中此区域物质实地调查图可知，整幅图像中主要包含铵长石、高岭石、蒙脱石在内的数十种矿物。其中，图 1.19(a)中的红色方框中的地区也是解混实验中常被截取的子区域。USGS 光谱库可以为这个数据提供端元估计精度评价的参考端元。

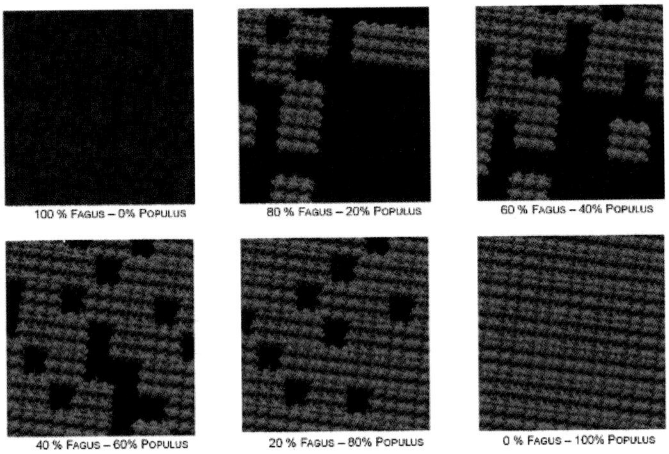

(a) 不同榉树和白杨覆盖比例的子场景

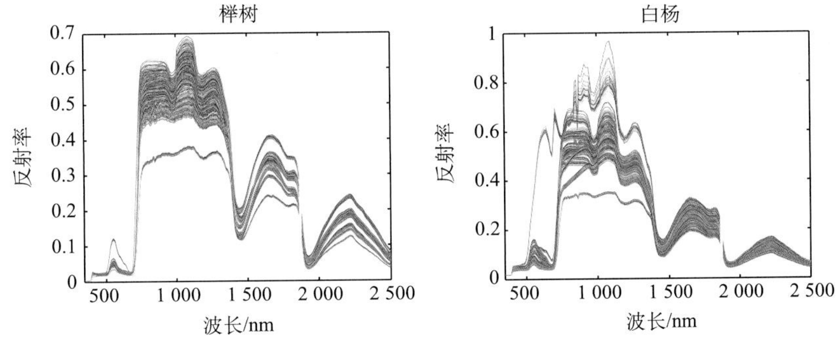

(b) 每个像元中榉树的光谱曲线　　(c) 每个像元中白杨的光谱曲线

图 1.18　虚拟森林数据

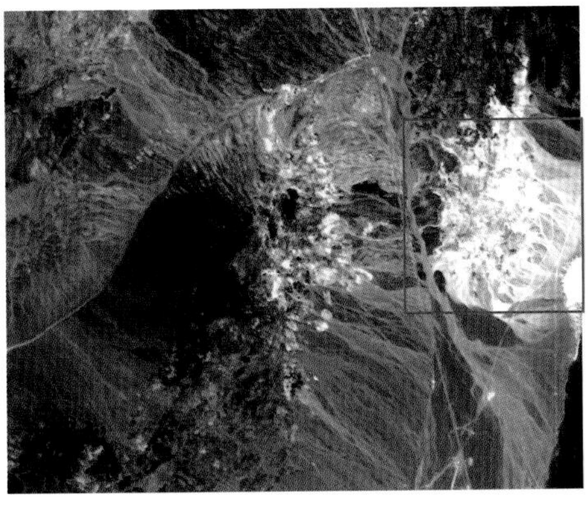

(a) 观测区域图像 (合成波段 R:35, G:18, B:13)

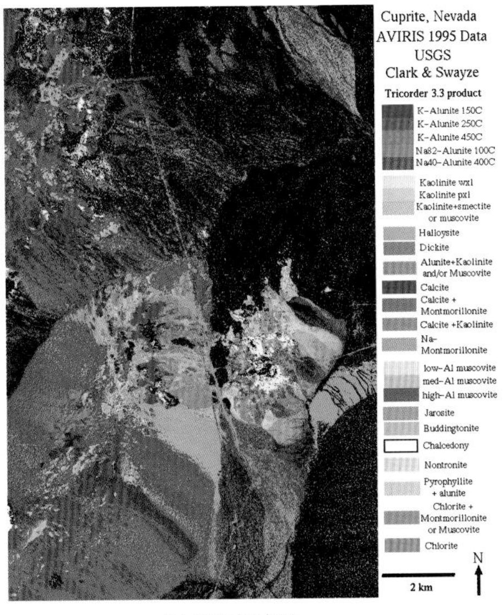

(b) 地物调查图

图 1.19　美国内华达州铜矿开采区 AVIRIS 数据

2）美国加州莫菲特地区的 AVIRIS 遥感图像

图 1.20 所示的是 AVIRIS 传感器于 1997 年获取的美国加州旧金山南端莫菲特地区（Moffett Field，CA）的高光谱遥感图像（http://aviris.jpl.nasa.gov/html/aviris.freedata.html）。由同一传感器采集，该图像与 Cuprite 地区的图像具有相同的大小。图中红色方框区域常作为解混的子数据集，主要包含水体、土壤和植被三种地物。

图 1.20　美国加州莫菲特地区的 AVIRIS 遥感图像（合成波段 R:35，G:18，B:13）

3）美国华盛顿国家广场的 HYDICE 遥感图像

在图 1.21 中，描绘的是高光谱数字图像采集实验（hyperspectral digital imagery collection experiment，HYDICE）传感器获取的美国华盛顿国家广场（Washington DC Mall）的遥感图像（https://engineering.purdue.edu/～biehl/MultiSpec/hyperspectral.html）。图像中共含有 1208×307 个像元，在 0.4～2.4 μm 的波长区间内有 210 个光谱波段，剔除受大气和水汽影响严重波段后剩余 191 个波段，光谱分辨率为 10 nm，空间分辨率为 2 m。在该图像的观测区域中主要存在屋顶、街道、小路、草地、树木、水体和阴影等地表覆盖类型。

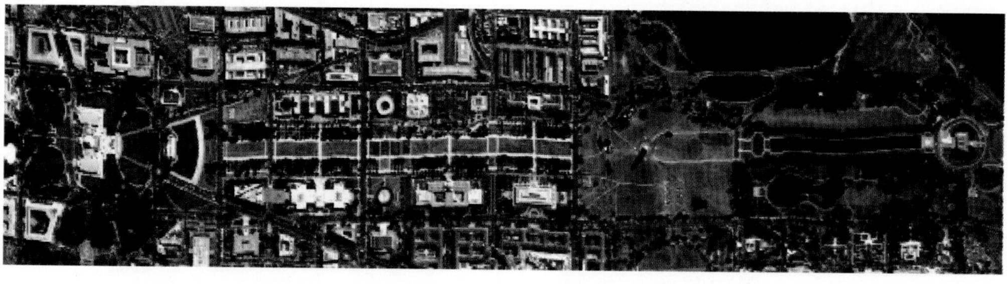

图 1.21　美国华盛顿国家广场的 HYDICE 遥感图像（合成波段 R:50，G:35，B:22）

4) 美国得克萨斯州城市区域的 HYDICE 遥感图像

HYDICE 传感器于 1995 年 10 月获取的美国得克萨斯州胡德堡附近的城市地区(Urban)高光谱遥感图像(http://www.erdc.usace.army.mil/Media/FactSheets/FactSheetArticleView/tabid/9254/Article/476681/hypercube.aspx)如图 1.22 所示。该图像共含 307×307 个像元，在 0.4～2.4 μm 的波长区间内有 210 个光谱波段，去除低信噪比波段后，剩余 162 个波段用于实验。光谱分辨率为 10 nm，空间分辨率为 2 m。该图像主要覆盖了沥青、树木、草地和屋顶等地物。

图 1.22 美国得克萨斯州城市区域的 HYDICE 遥感图像(合成波段 R:50，G:35，B:22)

5) HYDICE 获取的陆地图像

图 1.23 中是 HYDICE 传感器获取的陆地(TERRAIN)高光谱遥感图像(http://www.agc.army.mil/Missions/Hypercube.aspx)。该图像尺寸大小为 500×307，去除低信噪比波段后，剩余 166 个波段用于实验。该图像主要覆盖有土壤、树木、草地、湖泊和阴影。

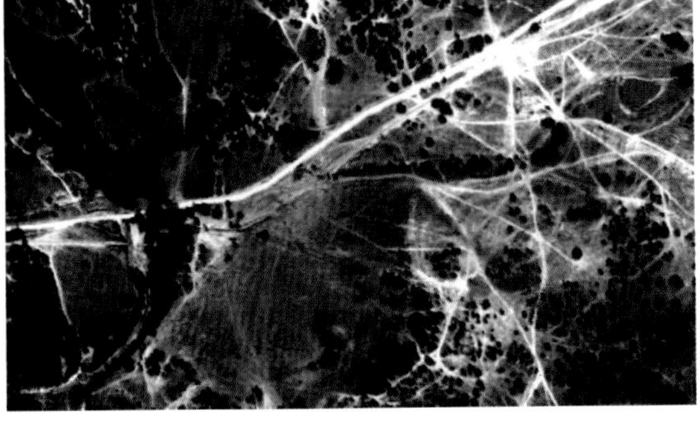

图 1.23 HYDICE 获取的陆地图像(合成波段 R:50，G:35，B:22)

参 考 文 献

吕长春, 王忠武, 钱少猛. 2003. 混合像元分解模型综述. 遥感信息, 3: 55-60.

梅安新, 彭望琭, 秦其明, 刘慧平. 2001. 遥感导论. 北京: 高等教育出版社: 1-13.

浦瑞良, 宫鹏. 2003. 高光谱遥感及其应用. 北京: 高等教育出版社: 1-122.

森卡贝尔 P S, 里昂 J G, 韦特 A. 2015. 高光谱植被遥感. 刘海启, 李召良译. 北京: 中国农业科学出版社: 1-539.

童庆禧, 张兵, 郑兰芬. 2006. 高光谱遥感——原理、技术与应用. 北京: 高等教育出版社: 1-407.

王立国, 赵春晖. 2013. 高光谱图像处理技术. 北京: 国防工业出版社: 1-146.

杨斌, 王斌. 2017. 高光谱遥感图像非线性解混方法研究综述. 红外与毫米波学报, 36(2): 173-185.

杨国鹏, 余旭初, 冯伍法, 刘伟, 陈伟. 2008. 高光谱遥感技术的发展与应用现状. 测绘通报, 10: 1-4.

杨哲海, 韩建峰, 宫大鹏, 李之歆. 2003. 高光谱遥感技术的发展与应用. 海洋测绘, 23(6): 55-58.

张兵, 高连如. 2011. 高光谱图像分类与目标探测. 北京: 科学出版社: 1-173.

张兵, 孙旭. 2015. 高光谱图像混合像元分解. 北京: 科学出版社: 1-134.

张达, 郑玉权. 2013. 高光谱遥感的发展与应用. 光学与光电技术, 11(3): 67-73.

张良培, 杜博, 张乐飞. 2014. 高光谱遥感影像处理. 北京: 科学出版社: 1-113.

张良培, 张立福. 2011. 高光谱遥感. 北京: 测绘出版社: 1-215.

赵春晖, 王立国, 齐滨. 2016. 高光谱遥感图像处理方法与应用. 北京: 电子工业出版社: 1-112.

赵英时. 2003. 遥感应用分析原理与方法. 北京: 科学出版社: 1-334.

Acito N, Diani M, Corsini G. 2011. Signal-dependent noise modeling and model parameter estimation in hyperspectral images. IEEE Transactions on Geoscience and Remote Sensing, 49(8): 2957-2971.

Aggarwal H K, Majumdar A. 2016. Hyperspectral unmixing in the presence of mixed noise using joint-sparsity and total variation. IEEE Journal of Selected Topics in Applied Earth Observations and Remote Sensing, 9(9): 4257-4266.

Aiazzi B, Alparone L, Barducci A, Baronti S, Marcoionni P, Pippi I, Selva M. 2006. Noise modelling and estimation of hyperspectral data from airborne imaging spectrometers. Annals of Geophysics, 49(1): 1-9.

Akhter M A, Heylen R, Scheunders P. 2015. A geometric matched filter for hyperspectral target detection and partial unmixing. IEEE Geoscience and Remote Sensing Letters, 12(3): 661-665.

Altmann Y, McLaughlin S, Hero A. 2015. Robust linear spectral unmixing using anomaly detection. IEEE Transactions on Computational Imaging, 1(2): 74-85.

Ball J E, Bruce L M, Younan N H. 2007. Hyperspectral pixel unmixing via spectral band selection and DC-insensitive singular value decomposition. IEEE Geoscience and Remote Sensing Letters, 4(3): 382-386.

Basedow R W, Zalewski E. 1995. Characteristics of the HYDICE sensor. AVIRIS Proceedings, JPL Publication, 95(1): 9.

Bendoumi M A, Mingyi He, Shaohui Mei. 2014. Hyperspectral image resolution enhancement using high-resolution multispectral image based on spectral unmixing. IEEE Transactions on Geoscience and Remote Sensing, 52(10): 6574-6583.

Bioucas-Dias J M, Nascimento J M P. 2008. Hyperspectral subspace identification. IEEE Transactions on Geoscience and Remote Sensing, 46(8): 2435-2445.

Bioucas-Dias J M, Plaza A, Camps-Valls G, Scheunders P, Nasrabadi N M, Chanussot J. 2013. Hyperspectral remote sensing data analysis and future challenges. IEEE Geoscience and Remote Sensing Magazine, 1(2): 6-36.

Bioucas-Dias J M, Plaza A, Dobigeon N, Parente M, Du Q, Gader P, Chanussot J. 2012. Hyperspectral unmixing overview: geometrical, statistical, and sparse regression-based approaches. IEEE Journal of Selected Topics in Applied Earth Observations and Remote Sensing, 5(2): 354-379.

Borel C C, Gerstl S A. 1994. Nonlinear spectral unmixing models for vegetative and soil surfaces. Remote Sensing of Environment, 47: 403-416.

Borengasser M, Hungate W S, Watkins R. 2007. Hyperspectral remote sensing: principles and applications. United States: CRC Press. 1-101.

Cerra D, Muller R, Reinartz P. 2014. Noise reduction in hyperspectral images through spectral unmixing. IEEE Geoscience and

Remote Sensing Letters, 11(1): 109-113.

Chandrasekhar S. 1960. Radiative Transfer. New York: Dover.

Chang C. 2012. Hyperspectral data processing: algorithm design and analysis. United States: John Wiley & Sons, Inc. 201-539.

Chang C, Liu K H. 2014. Progressive band selection of spectral unmixing for hyperspectral imagery, 52(4): 2002-2017.

Chen G, Qian S E. 2011. Denoising of hyperspectral imagery using principal component analysis and wavelet shrinkage. IEEE Transaction on Geoscience and Remote Sensing, 49(3): 973-980.

Chen J, Richard C, Honcine P. 2013. Nonlinear unmixing of hyperspectral data based on a linear-mixture/nonlinear-fluctuation model. IEEE Transactions on Signal Processing, 61(2): 480-492.

Chen P, Nelson J D B, Tourneret J. 2017. Toward a sparse bayesian markov random field approach to hyperspectral unmixing and classification. IEEE Transactions on Image Processing, 26(1): 426-438.

Cocks T, Jenssen R, Stewart A, et al. 1998. The HymapTM airborne hyperspectral remote sensor: the system, calibration and performance. Proceeding of 1st Earsel Workshop on Imaging Spectroscopy, 5: 37-45.

Dobigeon N, Tits L, Somers B, Altmann Y, Coppin P. 2014. A comparison of nonlinear mixing models for vegetated areas using simulated and real hyperspectral data. IEEE Journal of Selected Topics in Applied Earth Observations and Remote Sensing, 7(6): 1869-1878.

Dobigeon N, Tourneret J Y, Richard C, Bermudez J C M, McLaughlin S, Hero A O. 2014. Nonlinear unmixing of hyperspectral images: Models and algorithms. IEEE Signal Processing Magazine, 31(1): 82-94.

Dopido I, Li J, Gamba P, Plaza A. 2014. A new hybrid strategy combining semisupervised classification and unmixing of hyperspectral data. IEEE Journal of Selected Topics in Applied Earth Observations and Remote Sensing, 7(8): 3619-3629.

Dopido I, Villa A, Plaza A, Gamba P. 2012. A quantitative and comparative assessment of unmixing-based feature extraction techniques for hyperspectral image classification. IEEE Journal of Selected Topics in Applied Earth Observations and Remote Sensing, 5(2): 421-435.

Dopido I, Zortea M, Villa A, Plaza A, Gamba P. 2011. Unmixing prior to supervised classification of remotely sensed hyperspectral images. IEEE Geoscience and Remote Sensing Letters, 8(4): 760-764.

Duran O, Petrou M. 2009. Spectral unmixing with negative and superunity abundances for subpixel anomaly detection. IEEE Geoscience and Remote Sensing Letters, 6(1): 151-156.

Erturk A, Gullu M K, Cesmeci D, Gercek D, Erturk S. 2014. Spatial resolution enhancement of hyperspectral images using unmixing and binary particle swarm optimization. IEEE Geoscience and Remote Sensing Letters, 11(12): 2100-2104.

Ertürk A. 2015. Enhanced unmixing-based hyperspectral image denoising using spatial preprocessing. IEEE Journal of Selected Topics in Applied Earth Observations and Remote Sensing, 8(6): 2720-2727.

Ghamisi P, Plaza J, Chen Y, Li J, Plaza A. 2017. Advanced spectral classifiers for hyperspectral images: a review. IEEE Geoscience and Remote Sensing Magazine, 5(1): 8-32.

Ghamisi P, Yokoya N, Li J, Liao W, Liu S, Plaza J, Rasti B, Plaza A. 2017. Advances in hyperspectral image and signal processing: a comprehensive overview of the state of the art. IEEE Geoscience and Remote Sensing Magazine, 5(4): 37-78.

Goetz A F H. 2009. Three decades of hyperspectral remote sensing of the earth: a personal view. Remote Sensing of Environment, 113: 5-16.

Goetz A F H, Vane G, Solomon J E, Rock B N. 1985. Imaging spectrometry for earth remote-sensing. Science, 228: 1147-1153.

Green A A, Berman M, Switzer P, Craig M D. 1988. A transformation for ordering multispectral data in terms of image quality with implications for noise removal. IEEE Transactions on Geoscience and Remote Sensing, 26(1): 65-74.

Green R O, Eastwood M L, Sarture C M, Chrine T G, Aronsson M, Chippendale B J, Faust J A, Pavri B E, Chovit C J, Solis M. 1998. Imaging spectroscopy and the Airborne Visible/Infrared Imaging Spectrometer (AVIRIS). Remote Sensing of Environment, 65(3): 227-248.

Hapke B W. 1981. Bidirectional reflectance spectroscopy. I. Theory. J. Geophys. Res. , 86: 3039-3054.

He W, Zhang H, Zhang L. 2016. Sparsity-regularized robust non-negative matrix factorization for hyperspectral unmixing. IEEE Journal of Selected Topics in Applied Earth Observations and Remote Sensing, 9(9): 4267-4279.

Heylen R, Gader P. 2014. Nonlinear spectral unmixing with a linear mixture of intimate mixtures model. IEEE Geoscience and

Remote Sensing Letters, 11(7): 1195-1199.

Heylen R, Parente M, Gader P. 2014. A review of nonlinear hyperspectral unmixing methods. IEEE Journal of Selected Topics in Applied Earth Observations and Remote Sensing, 7(6): 1844-1868.

Huang B, Song H, Cui H, Peng J, Xu Z. 2014. Spatial and spectral image fusion using sparse matrix factorization. IEEE Transactions on Geoscience and Remote Sensing, 52(3): 1693-1704.

Hunt G R. 1979. Near-infrared (1.3～2.4 μm) spectral of alteration minerals-potential for use in remote sensing. IEEE Transactions on Geoscience and Remote Sensing, 44(12): 1974-1986.

Imbiriba T, Bermudez J C M, Richard C. 2017. Band selection for nonlinear unmixing of hyperspectral images as a maximal clique problem. IEEE Transactions on Image Processing, 26(5): 2179-2191.

Iordache M D, Bioucas-Dias J M, Plaza A, Somers B. 2014. MUSIC-CSR: Hyperspectral unmixing via multiple signal classification and collaborative sparse regression. IEEE Transactions on Geoscience and Remote Sensing, 52(7): 4364-4382.

Keshava N, Mustard J F. 2002. Spectral unmixing. IEEE Signal Processing Magazine, 19(1): 44-57.

Landgrebe D, Malaret E. 1986. Noise in remote-sensing systems: The effect on classification error. IEEE Transactions on Geoscience and Remote Sensing, 24(3): 294-300.

Li C, Chen X, Jiang Y. 2015. On diverse noises in hyperspectral unmixing. IEEE Transactions on Geoscience and Remote Sensing, 53(10): 5388-5402.

Li J. 2004. Wavelet-based feature extraction for improved endmember abundance estimation in linear unmixing of hyperspectral signals. IEEE Transactions on Geoscience and Remote Sensing, 42(3): 644-649.

Liu K-H, Lin Y-Y, Chen C-S. 2015. Linear spectral mixture analysis via multiple-kernel learning for hyperspectral image classification. IEEE Transactions on Geoscience and Remote Sensing, 53(4): 2254-2269.

Ma W K, Bioucas-Dias J M, Chan T H, Gillis P, Gader P, Plaza A, Ambikapathi A, Chi C Y. 2014. A signal processing perspective on hyperspectral unmixing: Insights from remote sensing. IEEE Signal Processing Magazine, 31(1): 67-81.

Manolakis D, Marden D, Shaw G A. 2003. Hyperspectral image processing for automatic target detection applications. Lincoln Laboratory Journal, 14(1): 79-116.

Maulik U, Chakraborty D. 2017. Remote sensing image classification: a survey of support-vector-machine-based advanced techniques. IEEE Geoscience and Remote Sensing Magazine, 5(1): 33-52.

Mianji F A, Zhang Y. 2011. SVM-Based unmixing-to-classification conversion for hyperspectral abundance quantification. IEEE Transactions on Geoscience and Remote Sensing, 49(11): 4318-4327.

Nakhostin S, Clenet H, Corpetti T, Courty N. 2016. Joint anomaly detection and spectral unmixing for planetary hyperspectral images. IEEE Transactions on Geoscience and Remote Sensing, 54(12): 6879-6894.

Nascimento J M P, Bioucas-Dias J M. 2005. Vertex component analysis: a fast algorithm to unmix hyperspectral data. IEEE Transactions on Geoscience and Remote Sensing, 43(4): 898-910.

Nasrabadi N M. 2014. Hyperspectral target detection: an overview of current and future challenges. IEEE Signal Processing Magazine, 31(1): 34-44.

Nezhad Z H, Karami A, Heylen R, Scheunders P. 2016. Fusion of hyperspectral and multispectral images using spectral unmixing and sparse coding. IEEE Journal of Selected Topics in Applied Earth Observations and Remote Sensing, 9(6): 2377-2389.

Pharr M, Humphreys G. 2004. Physically Based Rendering: From Theory to Implementation. San Mateo, CA, USA: Morgan Kaufmann.

Plaza A, Benediktsson J A, Boardman J W, Brazile J, Bruzzone L, Camps-Valls G, Chanussot J, Fauvel M, Gamba P, Gualtieri A, Marconcini M, Tilton J C, Trianni G. 2009. Recent advances in techniques for hyperspectral image processing. Remote Sensing of Environment, 113: 110-122.

Plaza A, Du Q, Bioucas-Dias J M, Jia X, Kruse F A. 2011. Foreword to the special issue on spectral unmixing of remotely sensed data. IEEE Transactions on Geoscience and Remote Sensing, 49(11): 4103-4110.

Qu Y, Wang W, Guo R, Ayhan B, Kwan C, Vance S, Qi H. 2018. Hyperspectral anomaly detection through spectral unmixing and dictionary-based low-rank decomposition. IEEE Transactions on Geoscience and Remote Sensing, 1-15.

Rasti B, Ulfarsson M O, Sveinsson J R. 2016. Hyperspectral feature extraction using total variation component analysis. IEEE

Transactions on Geoscience and Remote Sensing, 54(12): 6976-6985.

Ray T W, Murray B C. 1996. Nonlinear spectral mixing in desert vegetation. Remote Sensing Environment, 55(1): 59-64.

Ren Y, Liao L, Maybank S J, Zhang Y, Liu X. 2017. Hyperspectral image spectral-spatial feature extraction via tensor principal component analysis. IEEE Geoscience and Remote Sensing Letters, 14(9): 1431-1435.

Schmitt M, Zhu X. 2016. Data fusion and remote sensing: an ever-growing relationship. IEEE Geoscience and Remote Sensing Magazine, 4(4): 6-23.

Shaw G A, Burke H K. 2003. Spectral imaging for remote sensing. Lincoln Laboratory Journal, 14(1): 3-28.

Somers B, Tits L, Coppin P. 2014. Quantifying nonlinear spectral mixing in vegetated areas: Computer simulation model validation and first results. IEEE Journal of Selected Topics in Applied Earth Observations and Remote Sensing, 7(6): 1956-1965.

Stuckens J, Somers B, Delalieux S, Verstraeten W W, Coppin P. 2009. The impact of common assumptions on canopy radiative transfer simulations: A case study in citrus orchards. J. Quant. Spectrosc. Radiat. Transfer, 110(1): 1-21.

Tong Q, Xue Y, Zhang L. 2014. Progress in hyperspectral remote sensing science and technology in China over the past three decades. IEEE Journal of Selected Topics in Applied Earth Observations and Remote Sensing, 7(1): 70-91.

Ungar S G, Pearlman J S, Mendenhall J A, Reuter D. 2003. Overview of the Earth Observing One (EO-1) mission. IEEE Transactions on Geoscience and Remote Sensing, 41(6): 1149-1153.

Vane G, Goetz A F H. 1993. Terrestrial imaging spectrometry: current status, future trends. Remote Sensing of Environment, 44: 117-126.

Vane G, Green R O, Chrien T G, Enmark H T, Hansen E G, MPorter W M. 1993. The Airborne Visible/Infrared Imaging Spectrometer (AVIRIS). Remote Sensing of Environment, 44: 127-143.

Veganzones M A, Cohen J E, Farias C R, Chanussot J, Comon P. 2016. Nonnegative tensor CP decomposition of hyperspectral data. IEEE Transactions on Geoscience and Remote Sensing, 54(5): 2577-2588.

Viggh H E M, Staelin D H. 2003. Spatial surface prior information reflectance estimation (SPIRE) algorithms. IEEE Transaction on Geoscience and Remote Sensing, 41(11): 2424-2435.

Villa A, Chanussot J, Benediktsson J A, Jutten C. 2011. Spectral unmixing for the classification of hyperspectral images at a finer spatial resolution. IEEE Journal of Selected Topics in Signal Processing, 5(3): 521-533.

Yang J, Zhao Y, Chan J C-W, Kong S G. 2016. Coupled sparse denoising and unmixing with low-rank constraint for hyperspectral image. IEEE Transactions on Geoscience and Remote Sensing, 54(3): 1818-1833.

Yokoya N, Grohnfeldt C, Chanussot J. 2017. Hyperspectral and multispectral data fusion: A comparative review of the recent literature. IEEE Geoscience Remote Sensing Magazine, 5(2): 29-56.

Yokoya N, Yairi T, Iwasaki A. 2012. Coupled nonnegative matrix factorization unmixing for hyperspectral and multispectral data fusion. IEEE Transactions on Geoscience and Remote Sensing, 50(2): 528-537.

Yuan Y, Zheng X, Lu X. 2015. Spectral-spatial kernel regularized for hyperspectral image denoising. IEEE Transactions on Geoscience and Remote Sensing, 53(7): 3815-3832.

Zhang H, He W, Zhang L, Shen H, Yuan Q. 2014. Hyperspectral image restoration using low-rank matrix recovery. IEEE Transactions on Geoscience and Remote Sensing, 52(8): 4729-4743.

Zhao Y, Yang J, Chan J C. 2014. Hyperspectral imagery super-resolution by spatial-spectral joint nonlocal similarity. IEEE Journal of Selected Topics in Applied Earth Observations and Remote Sensing, 7(6): 2671-2679.

Zhou Y, Feng L, Hou C, Kung S. 2017. Hyperspectral and multispectral image fusion based on local low rank and coupled spectral unmixing. IEEE Transactions on Geoscience and Remote Sensing, 55(10): 5997-6009.

Ziemann A K. 2016. Local spectral unmixing for target detection. 2016 IEEE Southwest Symposium on Image Analysis and Interpretation (SSIAI), IEEE, 77-80.

第 2 章　线性光谱解混方法

2.1　线性混合模型

线性混合模型是对描述光线与地物相互作用的辐射传输理论的一种较强的理想简化。通过适当的假设忽略了高光谱遥感图像采集过程中的多次散射效应，构建出用于解释像元中光谱混合现象十分精简的数学表达形式。简单的模型、明确的物理意义和特殊的几何特性不仅使得线性混合模型具有良好的通用性，而且大多现有的数学理论与方法也可方便地用于线性混合模型的参数求解。因此，线性混合模型在过去数十年中已经被广泛接受，并成为许多实际应用和研究中最为流行的光谱解混基础模型。本章将主要围绕有监督线性光谱解混中端元提取和丰度反演两个方面的内容来介绍相关的方法。

2.1.1　数学表达形式

线性混合模型 LMM 常适用于描述宏观尺度下的物质混合现象，即假设地球反射表面上的地物呈“棋盘格网式”的分布形式，此时入射光仅与某单一地物发生相互作用后，就直接被传感器接收。此时，每个像元在数学上就是各类纯地物端元的加权线性组合，而丰度就是对应端元的加权系数(Keshava and Mustard，2002)。

从这个意义出发，先将高光谱遥感图像以二维矩阵形式表示为 $\boldsymbol{X}=\left(\boldsymbol{x}_1,\boldsymbol{x}_2,\cdots,\boldsymbol{x}_m\right)\in\mathbb{R}^{n\times m}$，其中 n 为波段数目，m 为像元的数目。第 j $(j=1,2,\cdots,m)$ 个像元 $\boldsymbol{x}_j=\left(x_{1,j},x_{2,j},\cdots,x_{n,j}\right)^{\mathrm{T}}\in\mathbb{R}^{n\times 1}$ 就是 $\boldsymbol{X}$ 的第 j 个列向量。同时，假设像元内相同地物都有相同的光谱特征，把由 r 个不同端元构成的端元矩阵表示为 $\boldsymbol{A}=\left(\boldsymbol{a}_1,\boldsymbol{a}_2,\cdots,\boldsymbol{a}_r\right)\in\mathbb{R}^{n\times r}$，而丰度矩阵为 $\boldsymbol{S}=\left(\boldsymbol{s}_1,\boldsymbol{s}_2,\cdots,\boldsymbol{s}_m\right)\in\mathbb{R}^{r\times m}$。具体来说，像元 $\boldsymbol{x}_j$ 中各端元的丰度值就是矢量 $\boldsymbol{s}_j=\left(s_{1,j},s_{2,j},\cdots,s_{r,j}\right)^{\mathrm{T}}\in\mathbb{R}^{r\times 1}$；而 $s_{i,j}$ $(i=1,2,\cdots,r)$ 就是第 i 个端元 $\boldsymbol{a}_i=\left(a_{1,i},a_{2,i},\cdots,a_{n,i}\right)^{\mathrm{T}}\in\mathbb{R}^{n\times 1}$ 在像元 $\boldsymbol{x}_j$ 中的丰度值。最后，基于 LMM 的像元 $\boldsymbol{x}_j$ 便可写成式(2.1.1)中的数学表达形式：

$$\boldsymbol{x}_j=\sum_{i=1}^{r}\boldsymbol{a}_i s_{i,j}+\boldsymbol{\varepsilon}_j \tag{2.1.1}$$

式中，$\boldsymbol{\varepsilon}_j\in\mathbb{R}^{n\times 1}$，由包括非线性混合效应在内的模型误差以及噪声误差组成。可见，只有误差项 $\boldsymbol{\varepsilon}_j$ 小于一定的阈值，才能保证 LMM 的合理性，使得线性解混方法求得满意的结果。另一方面，根据丰度的物理意义，即丰度是各地表覆盖类型在像元中所占的面积比例，丰度一般还需要满足两个约束条件：式(2.1.2)中丰度非负约束(abundance nonnegative constraint，ANC)以及式(2.1.3)中的丰度“和为 1”约束(abundance sum-to-one constraint，ASC)。需要说明的是，由于实际地物复杂的光谱变异性，以及解混方法一般难以同时考虑像元中所有存在的物质，因此，在部分研究中会允许 ASC 不必强制满足，使得丰度之和小于 1 的情况有时被采用(Bioucas-Dias et al.，2012)。

$$s_{i,j} \geqslant 0, \qquad i=1,2,\cdots,r\ ;\ j=1,2,\cdots,m \tag{2.1.2}$$

$$\sum_{i=1}^{r} s_{i,j} = 1 \tag{2.1.3}$$

2.1.2　LMM 的模型意义

LMM 的意义可以从物理、代数和几何三个方面来说明(童庆禧等，2006)。从物理上来讲，高光谱遥感图像中的像元光谱就是其观测区域内各纯物质成分光谱按照各自所占的面积比例在所有波段上的加权平均。如图 2.1 所示，每个端元都对应整幅图像有一张丰度图，反映了该端元物质在全部观测区域中含量分布的变化；同时，这些端元的丰度图也共同指示了任一像元内各类地物的成分比例。

在代数的层面，如图 2.2 和式(2.1.4)，高光谱遥感图像表示为一个实数矩阵，像元和端元都是 n 维的列矢量，每个像元内的所有端元丰度也构成了一个 r 维的列矢量。这样，在不考虑误差项 $\boldsymbol{E}=(\boldsymbol{\varepsilon}_1,\boldsymbol{\varepsilon}_2,\cdots,\boldsymbol{\varepsilon}_m)\in\mathbb{R}^{n\times m}$ 等影响的条件下，图像矩阵 $\boldsymbol{X}$ 实际上就是图 2.2 中端元矩阵 $\boldsymbol{A}$ 与丰度矩阵 $\boldsymbol{S}$ 的乘积。如果端元矩阵 $\boldsymbol{A}$ 已知，则线性解混就是要估计丰度矩阵 $\boldsymbol{S}$；而若端元和丰度均未知，则矩阵 $\boldsymbol{A}$ 和 $\boldsymbol{S}$ 则都是线性解混中待估的未知量。

$$\boldsymbol{X}=\boldsymbol{AS}+\boldsymbol{E} \tag{2.1.4}$$

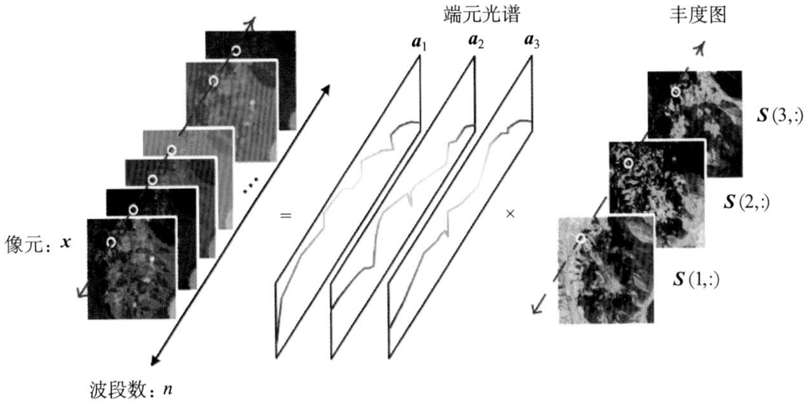

图 2.1　线性光谱混合物理意义

实际上，为了从数学上更好地满足线性解混的求解要求，LMM 往往还会考虑两个假设(张兵和孙旭，2015)：端元数目不大于波段数和像元个数，即 $r\leqslant\min\{n, m\}$；以及端元光谱向量 $\{\boldsymbol{a}_1,\boldsymbol{a}_2,\cdots,\boldsymbol{a}_r\}$ 间是仿射独立(affinely independent)的，即向量组 $\boldsymbol{a}_1-\boldsymbol{a}_r$，$\boldsymbol{a}_2-\boldsymbol{a}_r$，…，$\boldsymbol{a}_{r-1}-\boldsymbol{a}_r$ 线性无关。在此基础上，LMM 的定义赋予了该模型特殊的

几何特点，即具有凸几何(convex geometry)理论(Boyd and Vandenberghe, 2004)中的单形体(simplex)性质。

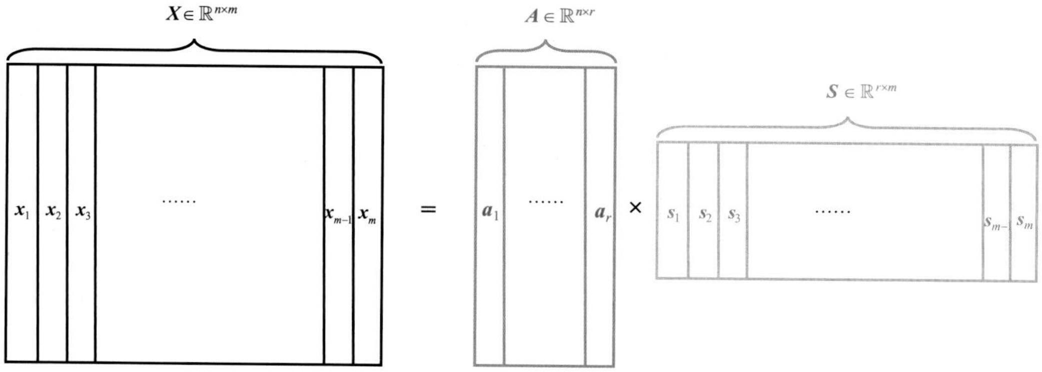

图 2.2 线性混合模型的代数形式

几何上，高光谱遥感图像中每个 n 维像元矢量都对应为 n 维空间 $\mathbb{R}^n$ 中的一个点，该空间的每个坐标分量都对应于一个波段，$\mathbb{R}^n$ 又称为遥感图像的特征空间(张兵和高连如，2011)。如果忽略式(2.1.4)中的误差项 $\boldsymbol{E}$，所有像元点首先会位于端元集 $\{\boldsymbol{a}_1,\boldsymbol{a}_2,\cdots,\boldsymbol{a}_r\}$ 在该空间中定义的一个 $(r-1)$ 维的仿射包(affine hull)中：

$$\operatorname{aff}\{\boldsymbol{a}_1,\boldsymbol{a}_2,\cdots,\boldsymbol{a}_r\}=\left\{\boldsymbol{x}=\sum_{i=1}^{r}\boldsymbol{a}_i s_i \,\middle|\, \sum_{i=1}^{r}s_i=1,\ s_i\in\mathbb{R}\right\} \tag{2.1.5}$$

当式(2.1.2)和式(2.1.3)中的丰度 ASC 和 ANC 约束同时考虑时，像元点则进一步地属于端元集构成的凸包(convex hull)中：

$$\operatorname{conv}\{\boldsymbol{a}_1,\boldsymbol{a}_2,\cdots,\boldsymbol{a}_r\}=\left\{\boldsymbol{x}=\sum_{i=1}^{r}\boldsymbol{a}_i s_i \,\middle|\, \sum_{i=1}^{r}s_i=1,\ s_i\geqslant 0\right\} \tag{2.1.6}$$

图 2.3 中描绘了三个端元情形下的仿射包与凸包关系，其中红色圆点表示端元，绿色圆点是像元。像元同时位于由 $\{\boldsymbol{a}_1,\boldsymbol{a}_2,\cdots,\boldsymbol{a}_r\}$ 定义的凸包和仿射包中，而凸包又总是位于对应的仿射包中。因为端元集 $\{\boldsymbol{a}_1,\boldsymbol{a}_2,\cdots,\boldsymbol{a}_r\}$ 是仿射无关的，所以当 $n=r-1$ 或者在数据降维后的特征子空间 $\mathbb{R}^{r-1}$ 中时，$\operatorname{conv}\{\boldsymbol{a}_1,\boldsymbol{a}_2,\cdots,\boldsymbol{a}_r\}$ 也称为端元集张成的 $(r-1)$ 维单形体 Δ^{r-1} (如图 2.3 的三角形)。端元集 $\{\boldsymbol{a}_1,\boldsymbol{a}_2,\cdots,\boldsymbol{a}_r\}$ 是单形体 Δ^{r-1} 的 r 个顶点。此时，组成像元的各端元丰度 $\boldsymbol{s}$ 也就对应为这些像元点在 Δ^{r-1} 中关于各端元顶点的规范重心坐标(normalized barycentric coordinates) (Honeine and Richard，2011)。

如图 2.4 所示，两个端元构成了一维单形体，是以它们为顶点的一条线段；三个端元则构成了二维平面上的一个三角形；在三维空间中的三维单形体是以四个端元为顶点的四面体，依次类推，可以容易理解 r 个端元时的情况(沈文选，2000)。根据单形体的几何性质，一个 $(r-1)$ 维单形体 Δ^{r-1} 总是由 r 个 $(r-2)$ 维子单形体 Δ^{r-2} 围成的，Δ^{r-2} 是 Δ^{r-1} 的一个侧面(facet)，所有像元点都分布在这些单形体的内部。LMM 的几何特征不但为端元提取提供了有效的途径(寻找单形体顶点)，而且也给几何丰度估计带来了理论基础。

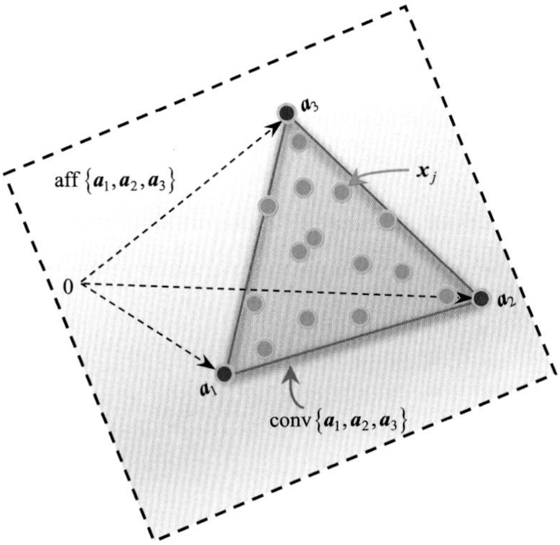

图 2.3　凸几何描述

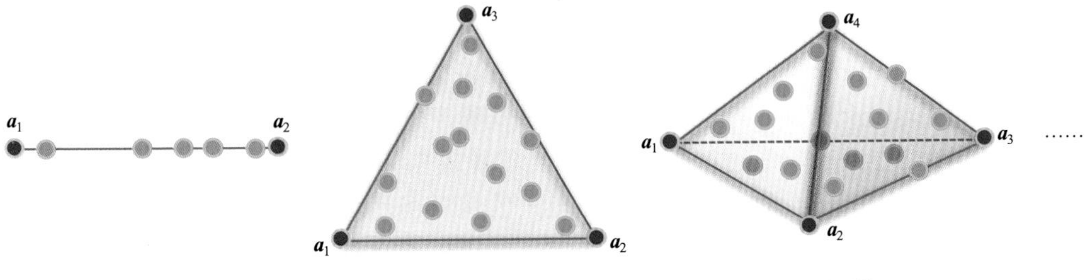

图 2.4　线性混合模型的单形体几何描述

2.1.3　解混的一般优化问题

基于式(2.1.1)～式(2.1.4)，令误差项最小化，经常可以用欧氏距离的平方来度量端元与丰度矩阵的乘积 $\boldsymbol{AS}$ 逼近观测图像矩阵 $\boldsymbol{X}$ 的程度，并可建立下面一般性的线性解混逆问题：

$$
\begin{aligned}
\min_{\boldsymbol{A},\boldsymbol{S}}\ &\frac{1}{2}\left\|\boldsymbol{X}-\boldsymbol{AS}\right\|_{\mathrm{F}}^{2}\\
&=\frac{1}{2}\sum_{j=1}^{m}\left\|\sum_{i=1}^{r}\boldsymbol{a}_i s_{i,j}-\boldsymbol{x}_j\right\|_2^2\\
&=\frac{1}{2}\sum_{j=1}^{m}\sum_{k=1}^{n}\left(\sum_{i=1}^{r}a_{k,i}s_{i,j}-x_{k,j}\right)^2\\
\text{s.t.}\ \ &\boldsymbol{S}\geqslant 0,\ \ \mathbf{1}_r^{\mathrm{T}}\boldsymbol{S}=\mathbf{1}_m^{\mathrm{T}}
\end{aligned}
\tag{2.1.7}
$$

式中，$\|\bullet\|_{\mathrm{F}}$ 表示 Frobenius 范数；$\boldsymbol{S}\geqslant 0$ 和 $\mathbf{1}_r^{\mathrm{T}}\boldsymbol{S}=\mathbf{1}_m^{\mathrm{T}}$ 分别对应于丰度的 ANC 和 ASC 约束

条件。$\mathbf{1}_r \in \mathbb{R}^{r\times 1}$ 和 $\mathbf{1}_m \in \mathbb{R}^{m\times 1}$ 都是所有元素为 1 的列向量。对于有监督的线性解混来说，端元矩阵 $\boldsymbol{A}$ 是预先假设已知的，又因为高光谱遥感图像的波段数 n 一般远大于端元数目 r，所以式(2.1.7)此时就变为只关于丰度 $\boldsymbol{S}$ 的最小化凸问题，而且最优的丰度 $\boldsymbol{S}$ 就是对应超定(over-determined)线性方程组的解(Strang，2006)。该问题很容易通过常见的线性规划及优化方法求解。从这里也可以看出，高光谱遥感图像多波段的特点有效地避免了端元数目较多时，式(2.1.7)成为求解欠定线性方程组的病态情况，促进了光谱解混的研究与应用。然而，在绝大多数的实际情况中，真实的端元矩阵 $\boldsymbol{A}$ 总是未知的，即线性光谱解混本质上就是要直接从观测的图像矩阵 $\boldsymbol{X}$ 出发，实现将其分解为最优的 $\boldsymbol{A}$ 和 $\boldsymbol{S}$ 的一种盲源分离过程。这样就需要通过其他途径提取端元光谱再估计丰度，或者考虑同时实现端元与丰度估计的无监督线性解混方法来求取式(2.1.7)中非凸优化问题的解。

2.2　端元数目估计方法

在高光谱遥感图像的解混过程中，端元数目的估计常常是一个容易被忽视的问题。目前大部分有监督或者是无监督解混算法，一般都是建立在端元数目已知的隐含假设基础之上。然而，由于地物分布的复杂多样性以及噪声的影响，要准确确定实际观测场景中的纯物质端元光谱的数量也相当困难，时常仅能根据经验及先验知识确定。在解混中，采用少于真实情况的端元数目往往会带来较大的解混误差，而过多的端元数目虽然也具有较小的优化残差，但解混的精度也会降低(Li et al.，2016)。端元数目估计方法的研究对于提高光谱解混的性能十分重要。

2.2.1　高光谱数据的虚拟维度

高光谱遥感图像的本征维度(intrinsic dimensionality, ID)指的是解释数据观测性质所需参数的最小数目。具有较多波段的高光谱数据实际分布于低维子空间中，ID 要远小于波段数，采集的波段特征并不能简单地对应为 ID。如主成分分析 PCA(Jolliffe，1986)等方法利用特征值(eigenvalue)的分布来设定区分信号与噪声的特征值截断阈值，以达到估计 ID 的目的。但相邻两特征值间的差异并不会很明显，难以有效地应用于高光谱遥感图像。Chang 和 Du (2004)引入了虚拟维度(virtual dimensionality，VD)的概念，并与 ID 进行区分。VD 是从目标探测和分类的角度上定义的描述高光谱数据所需不同光谱信号源的最小数目。VD 和 ID 的差别在于，前者认为对于包括已知与未知的图像端元、自然特征、异常和干扰在内的信号源，如果它们的光谱不同，则会被区分是不同的信号源。所以，可以将端元数目等价于虚拟维度；在以往许多研究中，VD 也是经常用于端元数目估计的经典方法。这里的主要思想在于，如果高光谱遥感图像中存在某信号源，则可以构建一个基于 Neyman-Pearson 理论的二值假设检验问题，检测出在相关光谱波段上的这种特殊信号源。通过计算高光谱图像数据的相关矩阵(correlation matrix)和协方差矩阵(covariance matrix)的特征值，根据两者间差异和虚警率(false alarm probability，FAP)来确定信号是否存在。

下面介绍三种 VD 的端元数目估计方法：Harsanyi–Farrand–Chang(HFC)、噪声白化的 HFC(noise-whitened HFC，NWHFC)和噪声子空间投影法(noise subspace projection, NSP)。算法代码可参照 MATLAB 工具包(https://github.com/isaacgerg/matlabHyperspectralToolbox)和书籍(Chang，2013)附录。NWHFC 是 HFC 的扩展，包含了一个噪声白化过程，通过噪声估计和白化分解噪声与信号源的相关性以提高信号的检测性能。NSP 是利用 NWHFC 得到一个基于 NSP 特征阈值的噪声子空间投影方法，仅使用协方差的特征值，减少了方法对样本数量的要求。

1. HFC

HFC 法最初被用于确定 AVIRIS 数据中的端元数目(Harsanyi et al.，1993)。首先计算所有像元样本的自相关矩阵 $\boldsymbol{R}_{n\times n}$ 和协方差矩阵 $\boldsymbol{\Gamma}_{n\times n}=(1/m)\sum_{j=1}^{m}(\boldsymbol{x}_j-\overline{\boldsymbol{x}})(\boldsymbol{x}_j-\overline{\boldsymbol{x}})^{\mathrm{T}}$，其中 $\overline{\boldsymbol{x}}=(1/m)\sum_{j=1}^{m}\boldsymbol{x}_j$，$n$ 是波段数目；令 $\left\{\hat{\lambda}_1\geqslant\hat{\lambda}_2\geqslant\cdots\geqslant\hat{\lambda}_n\right\}$ 与 $\left\{\lambda_1\geqslant\lambda_2\geqslant\cdots\geqslant\lambda_n\right\}$ 分别为两者的特征值。假设信号源为非随机的未知正常数，噪声是零均值的白噪声且第 $k(k=1,2,\cdots,n)$ 个光谱波段的噪声方差为 $\sigma_{n_k}^2$，则当 $k\leqslant \mathrm{VD}$ 时，$\hat{\lambda}_k\geqslant\lambda_k\geqslant\sigma_{n_k}^2$，而 $k>\mathrm{VD}$ 时，$\hat{\lambda}_k=\lambda_k=\sigma_{n_k}^2$。据此，可以构建用于确定 VD 的假设检验，零假设：$H_0:z_k=\hat{\lambda}_k-\lambda_k=0$，备择假设：$H_1:z_k=\hat{\lambda}_k-\lambda_k>0$。若 H_0 为真，则说明成分中无端元；若 H_1 为真，则表示相关特征值中除了噪声以外也有端元的贡献。

继而假设特征值 $\hat{\lambda}_k$ 和 λ_k 分别为满足渐进条件概率密度 $p_0(z_k)=p(z_k\mid H_0)\cong \mathrm{N}(0,\sigma_{z_k}^2)$ 和 $p_1(z_k)=p(z_k\mid H_1)\cong\mathcal{N}(\mu_k,\sigma_{z_k}^2)$ 的随机变量，满足 $\sigma_{z_k}^2=\mathrm{Var}(\hat{\lambda}_k-\lambda_k)=\mathrm{Var}(\hat{\lambda}_k)+\mathrm{Var}(\lambda_k)-2\mathrm{Cov}(\hat{\lambda}_k,\lambda_k)$，$\mu_k$ 是未知常数。当像元样本数目 m 足够大时，$\mathrm{Var}(\hat{\lambda}_k)\cong 2\hat{\lambda}_k^2/m$，$\mathrm{Var}(\lambda_k)\cong 2\lambda_k^2/m$。另外，根据 Schwarz 不等式，有 $\mathrm{Cov}(\hat{\lambda}_k,\lambda_k)\leqslant\sqrt{\mathrm{Var}(\hat{\lambda}_k)\mathrm{Var}(\lambda_k)}\cong 2\hat{\lambda}_k\lambda_k/m$。再假设 $\hat{\lambda}_k$ 和 λ_k 均方值一致并且方差逐渐逼近于 0，当 $m\to\infty$ 时，$\mathrm{Cov}(\hat{\lambda}_k,\lambda_k)\to 0$，同时 $\sigma_{z_k}^2\to 0$。

最后，定义虚警率 $P_F=\int_{\tau_k}^{\infty}p_0(z)\mathrm{d}z$ 和检测率 $P_D=\int_{\tau_k}^{\infty}p_1(z)\mathrm{d}z$，并在使虚警率 P_F 固定为特定值 α 的同时最大化探测率 P_D 来确定阈值 τ_k。若 $\hat{\lambda}_k-\lambda_k>\tau_k$ 则表明第 k 个波段的相关特征值 $\hat{\lambda}_k$ 存在信号能量的贡献，端元数目加一。每个波段对应的 τ_k 也不同，对所有的波段完成假设检验后就能得到最终的端元数目。

HFC 算法

1. 输入高光谱遥感图像矩阵 $\boldsymbol{X}\in\mathbb{R}^{n\times m}$ 和虚警率 P_F；
2. 计算 $\boldsymbol{X}$ 的相关矩阵 $\boldsymbol{R}_{n\times n}$ 和协方差矩阵 $\boldsymbol{\Gamma}_{n\times n}$ 的特征值 $\hat{\lambda}_k$ 和 λ_k；
3. 初始化端元数目 $\hat{r}=0$，对每个波段进行二值假设检验：

   For $k=1:n$

$\sigma_{z_k} = \sqrt{2\hat{\lambda}_k^2 / m + 2\lambda_k^2 / m - 2\hat{\lambda}_k \lambda_k / m}$

利用 0 均值和标准差 σ_{z_k} 和正态累积分布函数（norminv）计算概率为 P_F 时的阈值 τ_k

If $\hat{\lambda}_k - \lambda_k > \tau_k$

$\hat{r} = \hat{r} + 1$

End

End

4. 输出端元数目 $\hat{r}$ 。

2. NWHFC

HFC 方法会受到噪声与信号相关性的影响，导致 $\sigma_{z_k}^2$ 的估计不够准确。因此，NWHFC 就在 HFC 的基础上引入了噪声的白化操作，移除二阶统计相关性，使得相关和协方差特征值中的噪声方差保持一致。这样，噪声方差将不会影响特征值的比较，提高 VD 的准确性。在方法中，需要利用残差分析的方法进行噪声估计。将协方差矩阵 $\boldsymbol{\Gamma}$ 和它的逆矩阵分别进行分解：$\boldsymbol{\Gamma} = \boldsymbol{D}_{\boldsymbol{\Gamma}} \boldsymbol{E}_{\boldsymbol{\Gamma}} \boldsymbol{D}_{\boldsymbol{\Gamma}}$，$\boldsymbol{\Gamma}^{-1} = \boldsymbol{D}_{\boldsymbol{\Gamma}^{-1}} \boldsymbol{E}_{\boldsymbol{\Gamma}^{-1}} \boldsymbol{D}_{\boldsymbol{\Gamma}^{-1}}$，其中，$\boldsymbol{D}_{\boldsymbol{\Gamma}} = \mathrm{diag}\{\sigma_1, \sigma_2, \cdots, \sigma_n\}$ 且 $\boldsymbol{D}_{\boldsymbol{\Gamma}^{-1}} = \mathrm{diag}\{\xi_1, \xi_2, \cdots, \xi_n\}$，$\boldsymbol{E}_{\boldsymbol{\Gamma}}$ 和 $\boldsymbol{E}_{\boldsymbol{\Gamma}^{-1}}$ 是相关系数矩阵。σ_k^2 和 ξ_k^2 分别是 $\boldsymbol{\Gamma}$ 和 $\boldsymbol{\Gamma}^{-1}$ 的对角线元素，它们间的关系为 $\xi_k = \sigma_k^{-1}(1 - r_{k-1}^2)^{-1/2}$，$r_{k-1}^2$ 是数据第 k 个波段与其他波段间的多重相关系数。最后，得到噪声的协方差矩阵为 $\boldsymbol{\Gamma}_n = \mathrm{diag}\{(1/\xi_1^2), (1/\xi_2^2), \cdots, (1/\xi_n^2)\}$。

3. NSP

HFC 和 NWHFC 都是建立在当 $m \to \infty$ 时 $\mathrm{Cov}(\hat{\lambda}_k, \lambda_k) \to 0$ 基础上的，然而当像元样本数目不足时，这个条件是难以满足的。因此，只利用协方差矩阵 $\boldsymbol{\Gamma}$，NSP 被用来解决该问题以适用于小样本的情况。首先，利用 NWHFC 估计的噪声协方差矩阵 $\boldsymbol{\Gamma}_n$ 对 $\boldsymbol{\Gamma}$ 进行白化 $\bar{\boldsymbol{\Gamma}} = \boldsymbol{\Gamma}_n^{-(1/2)} \boldsymbol{\Gamma} \boldsymbol{\Gamma}_n^{-(1/2)}$，并令 $\{u_1, u_2, \cdots, u_n\}$ 为 $\bar{\boldsymbol{\Gamma}}$ 的特征值，则 $\bar{\boldsymbol{\Gamma}} = \sum_{k=1}^{\mathrm{VD}} \bar{\lambda}_k \boldsymbol{u}_k \boldsymbol{u}_k^{\mathrm{T}} + \sum_{k=\mathrm{VD}+1}^{n} \bar{\lambda}_k \boldsymbol{u}_k \boldsymbol{u}_k^{\mathrm{T}}$，且 $\{\boldsymbol{u}_k\}_{k=1}^{\mathrm{VD}}$ 和 $\{\boldsymbol{u}_k\}_{k=\mathrm{VD}+1}^{n}$ 分别张成信号和噪声子空间。由于噪声被白化，因此当 $k \leqslant \mathrm{VD}$ 时，$\bar{\lambda}_k > 1$，而 $k > \mathrm{VD}$ 时，$\bar{\lambda}_k = 1$。最后得到二值假设检验问题 $H_0 : y_k = \bar{\lambda}_k = 1;\ H_1 : y_k = \bar{\lambda}_k > 1$，其中 $p_0(y_k) = p(y_k \mid H_0) \cong \mathcal{N}(1, \sigma_{y_k}^2)$，$p_1(y_k) = p(y_k \mid H_1) \cong \mathrm{N}(\mu_k, \sigma_{y_k}^2)$，$\sigma_{y_k}^2 = \mathrm{Var}(\bar{\lambda}_k) \cong 2\bar{\lambda}_k^2 / m$。如果 H_0 成立，则 $\sigma_{y_k}^2 \cong 2/m$。最后，类似于 HFC 利用 Neyman-Pearson 探测器进行 VD 的估计。

2.2.2 最小误差信号子空间识别

HySime（hyperspectral signal identification by minimum error）基于最小误差确定高光谱数据子空间，通过特征值分解可无监督地实现端元数目的确定（Bioucas-Dias and Nascimento, 2008）。在该方法中，首先通过多元回归（multiple regression）分析估计信号和噪声的相关矩阵，相邻波段的高度相关性使得该方法能比其他基于偏移差异的方法得到更好的估计结果。

令高光谱图像 $\boldsymbol{X}\in\mathbb{R}^{n\times m}$ 的转置矩阵为 $\boldsymbol{Z}=(\boldsymbol{z}_1,\boldsymbol{z}_2,\cdots,\boldsymbol{z}_n)=\boldsymbol{X}^{\mathrm{T}}\in\mathbb{R}^{m\times n}$，并将第 k 个波段上的数据矢量 $\boldsymbol{z}_k$ 由剩余的 $(n-1)$ 个波段的矢量线性表示 $\boldsymbol{z}_k=\boldsymbol{Z}_{\partial k}\boldsymbol{\beta}_k+\boldsymbol{\xi}_k$，其中 $\boldsymbol{\xi}_k$ 是建模误差，$\boldsymbol{Z}_{\partial k}=(\boldsymbol{z}_1,\cdots,\boldsymbol{z}_{k-1},\boldsymbol{z}_{k+1},\cdots,\boldsymbol{z}_n)$。利用最小二乘法可以直接估计得到回归系数 $\hat{\boldsymbol{\beta}}_k=(\boldsymbol{Z}_{\partial k}^{\mathrm{T}}\boldsymbol{Z}_{\partial k})^{-1}\boldsymbol{Z}_{\partial k}^{\mathrm{T}}\boldsymbol{z}_k$，并求得噪声的估计值 $\hat{\boldsymbol{\xi}}_k=\boldsymbol{z}_k-\boldsymbol{Z}_{\partial k}\hat{\boldsymbol{\beta}}_k$。噪声矩阵 $\hat{\boldsymbol{E}}=(\hat{\boldsymbol{\xi}}_1^{\mathrm{T}},\hat{\boldsymbol{\xi}}_2^{\mathrm{T}},\cdots,\hat{\boldsymbol{\xi}}_n^{\mathrm{T}})^{\mathrm{T}}$ 的相关矩阵为 $\boldsymbol{R}=\hat{\boldsymbol{E}}\hat{\boldsymbol{E}}^{\mathrm{T}}/m$。最后，利用 $\boldsymbol{Z}$ 与其伪逆矩阵的关系降低计算量，移除 $(\boldsymbol{Z}^{\mathrm{T}}\boldsymbol{Z})^{-1}$ 的第 k 行可求得 $(\boldsymbol{Z}_{\partial k}^{\mathrm{T}}\boldsymbol{Z}_{\partial k})^{-1}$，并通过分块计算加快噪声估计过程。

HySime 的多元回归噪声估计算法

1. 输入高光谱遥感图像矩阵 $\boldsymbol{X}\in\mathbb{R}^{n\times m}$；
2. 计算 $\boldsymbol{Z}=\boldsymbol{X}^{\mathrm{T}}$，$\boldsymbol{Y}=\boldsymbol{Z}^{\mathrm{T}}\boldsymbol{Z}$ 和 $\hat{\boldsymbol{Y}}=(\boldsymbol{Z}^{\mathrm{T}}\boldsymbol{Z})^{-1}$；
3. 对每个波段：

   For $k=1:n$

   $\hat{\boldsymbol{\beta}}_k=(\hat{\boldsymbol{Y}}_{\partial k,\partial k}-\hat{\boldsymbol{Y}}_{k,\partial k}^{\mathrm{T}}\hat{\boldsymbol{Y}}_{k,\partial k}/\hat{\boldsymbol{Y}}_{k,k})\boldsymbol{Y}_{k,\partial k}^{\mathrm{T}}$，$\partial k=\{1,\cdots,k-1,k+1,\cdots,n\}$，

   $\hat{\boldsymbol{\xi}}_k=\boldsymbol{z}_k-\boldsymbol{Z}_{\partial k}\hat{\boldsymbol{\beta}}_k$；

   End
4. 输出噪声估计值 $\hat{\boldsymbol{\xi}}_1,\hat{\boldsymbol{\xi}}_2,\cdots,\hat{\boldsymbol{\xi}}_n$。

接下来，根据原始信号和噪声影响的信号间的最小均方误差，选择最优表示信号子空间的特征值子集。HySime 算法流程如下表所示(算法代码可由 http://www.lx.it.pt/～bioucas/publications. html 下载)。假设噪声 $\boldsymbol{\varepsilon}$ 为零均值的高斯噪声，先对去除噪声后的信号 $\tilde{\boldsymbol{x}}=\boldsymbol{x}-\boldsymbol{\varepsilon}$ 的相关矩阵进行特征分解。再以特征向量把光谱空间分为两个正交子空间，并将原始观测像元 $\boldsymbol{x}$ 向排列后的前 l 个特征向量的子空间进行投影得 $\hat{\boldsymbol{x}}$，并计算 $\hat{\boldsymbol{x}}$ 的一阶矩和二阶矩。最后，信号与投影间的均方差转换为与图像像元相关矩阵和噪声相关矩阵分别在两个正交子空间中投影的关联形式。简而言之，HySime 对端元数目的估计包括两个目标函数的最小化过程：信号投影能量误差的最小化和噪声投影能量误差的最小化；前者是子空间维度的减函数，后者是子空间维度的增函数。通过使此均方差最小化就能求得最优子空间维度，即端元数目。

HySime 子空间识别算法

1. 输入高光谱遥感图像矩阵 $\boldsymbol{X}\in\mathbb{R}^{n\times m}$ 和噪声估计 $\hat{\boldsymbol{E}}=(\boldsymbol{\varepsilon}_1,\boldsymbol{\varepsilon}_2,\cdots,\boldsymbol{\varepsilon}_m)=(\hat{\boldsymbol{\xi}}_1^{\mathrm{T}},\hat{\boldsymbol{\xi}}_2^{\mathrm{T}},\cdots,\hat{\boldsymbol{\xi}}_n^{\mathrm{T}})^{\mathrm{T}}$；
2. 计算图像、噪声、去噪后信号的相关矩阵 $\boldsymbol{R}=\boldsymbol{X}\boldsymbol{X}^{\mathrm{T}}/m$，$\boldsymbol{R}_{\varepsilon}=\hat{\boldsymbol{E}}\hat{\boldsymbol{E}}^{\mathrm{T}}/m$，$\tilde{\boldsymbol{R}}=(\boldsymbol{X}-\hat{\boldsymbol{E}})(\boldsymbol{X}-\hat{\boldsymbol{E}})^{\mathrm{T}}/m$；
3. 计算 $\tilde{\boldsymbol{R}}$ 的特征向量 $\boldsymbol{C}=(\boldsymbol{c}_1,\boldsymbol{c}_2,\cdots,\boldsymbol{c}_n)$，$\tilde{\boldsymbol{R}}=\boldsymbol{C}\boldsymbol{\Sigma}\boldsymbol{C}^{\mathrm{T}}$；
4. 计算均方误差的转换形式 $\delta_{k_i}=-p_{k_i}+2\sigma_{k_i}^2$，$p_{k_i}=\boldsymbol{c}_{k_i}^{\mathrm{T}}\boldsymbol{R}\boldsymbol{c}_{k_i}$，$\sigma_{k_i}^2=\boldsymbol{c}_{k_i}^{\mathrm{T}}\boldsymbol{R}_{\varepsilon}\boldsymbol{c}_{k_i}$，$k=1,2,\cdots,n$，$\boldsymbol{i}=1,2,\cdots,\boldsymbol{l}$；
5. 最小化均方误差等价于保留所有负的 δ_{k_i}：升序排列 δ_{k_i}，保留排序序号 $\hat{\pi}=\{\hat{k}_1,\hat{k}_2,\cdots,\hat{k}_n\}$；
6. 输出端元数 $\hat{r}$：即满足 $\hat{\delta}_{\hat{k}_i}<0$ 的数目。

2.2.3　噪声白化的特征值间隔方法

噪声白化的特征值间隔方法(noise whitened eigengap approach，NWEGA)是一种一致性的全自动高光谱遥感图像端元数目估计方法(Halimi et al.，2016)。主要思想在于，根据图像像元样本协方差的连续特征值间隔，在对噪声进行白化处理并对特征值排序后，找到其中较大的特征值间隔作为判断信号和噪声成分存在性的依据，从而进一步确定端元数目。NWEGA 方法能有效地适用于实际观测图像中更复杂的有色与互相关的高斯噪声情况，对于小图像具有较好的效果。

对于式(2.1.4)中的 LMM：$\boldsymbol{X}=\boldsymbol{AS}+\boldsymbol{E}$，假设噪声 $\boldsymbol{E}\sim N(\boldsymbol{0},\boldsymbol{\Sigma}_n)$ 是零均值高斯噪声，而且 $\boldsymbol{Y}=\boldsymbol{AS}$ 和噪声 $\boldsymbol{E}$ 独立，则 $\boldsymbol{\Gamma}_X=\boldsymbol{\Gamma}_Y+\boldsymbol{\Sigma}_n$，$\boldsymbol{\Gamma}_X$ 和 $\boldsymbol{\Gamma}_Y$ 分别是 $\boldsymbol{X}$ 和 $\boldsymbol{Y}$ 的协方差矩阵。在这个意义上，端元数目应为 $r=\operatorname{rank}(\boldsymbol{\Gamma}_Y)+1$。另外，模型 SPM(spiked population model)假设数据的协方差矩阵除了具有少数的尖锐特征值外，其他特征值都应该等于 σ^2：

$$\boldsymbol{\Lambda}=\sigma^2\boldsymbol{C}\left[\begin{array}{ccc|c}\gamma_1 & & & \\ & \ddots & & \boldsymbol{0}_{l,n-l}\\ & & \gamma_l & \\ \hline & \boldsymbol{0}_{n-l,l} & & \boldsymbol{I}_{n-l}\end{array}\right]\boldsymbol{C}^{\mathrm{T}} \tag{2.2.1}$$

式中，$\boldsymbol{\Lambda}$ 是协方差矩阵；$\boldsymbol{C}\in\mathbb{R}^{n\times n}$ 是对角阵；$\boldsymbol{I}_n$ 是单位阵；$\boldsymbol{0}_{i,j}$ 是元素全为 0 的矩阵。可见，确定端元数目等价于确定尖锐特征值的数量 l。令 $\boldsymbol{\Gamma}_X=\boldsymbol{\Lambda}$ 的特征值为 $\{\lambda_1,\lambda_2,\cdots,\lambda_n\}$，$\boldsymbol{\Sigma}_n=\sigma^2\boldsymbol{I}_n$ 并且 $\boldsymbol{\Gamma}_Y$ 有特征值向量 $(\rho_1,\cdots,\rho_l,\boldsymbol{0}_{1,n-l})^{\mathrm{T}}$，则当 $i\leqslant l$ 时，$\lambda_i=\gamma_i\sigma^2=\rho_i+\sigma^2$；当 $l<i\leqslant n$ 时，$\lambda_i=\sigma^2$。然而在实际中，$\boldsymbol{\Gamma}_Y$ 是未知的并且噪声的一致性假设也通常难以成立。

利用特征值差异估计尖锐特征值数目需考虑以下 5 点假设：① $m\to\infty,\ n\to\infty$，$d=n/m>0$ 为正常数；②高斯噪声且与信号独立；③信号协方差有固定的秩 l；④样本协方差的特征值重数为一；⑤ $\gamma_1>\cdots>\gamma_l>1+\sqrt{d}$ 为划分条件。由此，可得当 $i\leqslant l$ 时，$\lambda_i\xrightarrow[m\to\infty]{a.s.}\sigma^2\phi(\gamma_i)$，而当 $l<i\leqslant n$ 时，$\lambda_i\xrightarrow[m\to\infty]{a.s.}\sigma^2(1+\sqrt{d})^2$，这里的 $\phi(\gamma_i)=(\gamma_i+1)(1+d/\gamma_i)$。若 $\sigma^2\neq 1$，特征值需要除以 σ^2。进一步，将连续特征值间的差异(特征值间隔)定义为 $\delta_i=\lambda_i-\lambda_{i+1}$，因为当接近非尖锐特征值时，特征值间隔 δ_i 会变得很小，所以端元数目估计规则为 $\hat{l}=\min\{i\in\{1,\cdots,M\};\delta_{i+1}<q_m\}$，$M\geqslant l$ 是足够大的整数。如果阈值 $q_m\to 0$ 且 $m^{2/3}q_m\to+\infty$，可取 $q_m=\beta_d(4\sqrt{2\log(\log m)})/m^{2/3}$，$\beta_d=(1+\sqrt{d})(1+\sqrt{d^{-1}})^{1/3}$，那么上述的算子将满足一致性估计。

为了进一步考虑非独立同分布噪声条件下的端元数目估计，NWEGA 首先利用 HySime 的噪声估计算法估计噪声的协方差矩阵 $\hat{\boldsymbol{\Sigma}}_n$，并以此对图像矩阵 $\boldsymbol{X}$ 进行白化。协方差矩阵 $\boldsymbol{\Gamma}_Y$ 的估计为 $\hat{\boldsymbol{\Gamma}}_Y=\boldsymbol{\Gamma}_X-\hat{\boldsymbol{\Sigma}}_n$。若 $\boldsymbol{\Gamma}_X$ 和 $\hat{\boldsymbol{\Gamma}}_Y$ 的特征向量 $\boldsymbol{v}_i$ 和 $\boldsymbol{w}_i$ 满足 $\boldsymbol{v}_i^{\mathrm{T}}\boldsymbol{w}_i\neq 0$，则当 $i\leqslant l$ 时，$\hat{\lambda}_i=\rho_i+(\boldsymbol{v}_i^{\mathrm{T}}\hat{\boldsymbol{\Sigma}}_n\boldsymbol{w}_i)/(\boldsymbol{v}_i^{\mathrm{T}}\boldsymbol{w}_i)$；当 $l<i\leqslant n$ 时，$\hat{\lambda}_i=(\boldsymbol{v}_i^{\mathrm{T}}\hat{\boldsymbol{\Sigma}}_n\boldsymbol{w}_i)/(\boldsymbol{v}_i^{\mathrm{T}}\boldsymbol{w}_i)$。噪声项

$\hat{\sigma}_i^2 = (\boldsymbol{v}_i^{\mathrm{T}} \hat{\boldsymbol{\Sigma}}_n \boldsymbol{w}_i) / (\boldsymbol{v}_i^{\mathrm{T}} \boldsymbol{w}_i)$。最后，得到秩估计算子为

$$\begin{aligned} \hat{l} &= \min\{i \in \{1,\cdots,M\}; \theta_{i+1} < q_m\} \\ \theta_i &= \hat{\lambda}_i / \hat{\sigma}_i^2 - \hat{\lambda}_{i+1} / \hat{\sigma}_{i+1}^2 \end{aligned} \tag{2.2.2}$$

NWEGA 算法的整体流程总结如下，其源代码见 http://honeine.fr/paul/Publications.html。

NWEGA 端元数目估计算法

1. 输入高光谱遥感图像矩阵 $\boldsymbol{X} \in \mathbb{R}^{n \times m}$；
2. 计算图像样本协方差 $\boldsymbol{\Gamma}_X$ 并估计噪声协方差 $\hat{\boldsymbol{\Sigma}}_n$ 和信号协方差 $\hat{\boldsymbol{\Gamma}}_Y = \boldsymbol{\Gamma}_X - \hat{\boldsymbol{\Sigma}}_n$；
3. 计算 $\boldsymbol{\Gamma}_X$ 和 $\hat{\boldsymbol{\Gamma}}_Y$ 以特征值大小降序排列的特征向量矩阵 $\boldsymbol{V}$ 和 $\boldsymbol{W}$；
4. 计算 $\boldsymbol{\Gamma}_X$ 降序排列的特征值 $\hat{\lambda}_i$（$i=1,\cdots,n$）和 $\hat{\sigma}_i^2 = (\boldsymbol{v}_i^{\mathrm{T}} \hat{\boldsymbol{\Sigma}}_n \boldsymbol{w}_i) / (\boldsymbol{v}_i^{\mathrm{T}} \boldsymbol{w}_i)$；
5. 计算 θ_i 和 q_m，利用式(2.2.2)进行秩 $\hat{l}$ 估计；
6. 输出端元数 $\hat{r} = \hat{l} + 1$。

2.2.4　基于低秩表示的信号子空间数目估计

由于真实数据的混合本质，数据的本质结构可能包含多个不同子空间，而同时大多信号源也经常位于一个低秩(low-rank)子空间中。低秩子空间表示(low-rank subspace representation，LRSR)的方法(Sumarsono and Du，2015)通过低秩和稀疏矩阵分解实现信号子空间数目的估计。其优势在于能调节类内变异性；由于预先分离了异常，该方法对图像中的稀少成分并不敏感，而且无须复杂的参数调节。

LRSR 相比 Robust PCA 等方法更能适用于混合数据的多个子空间情况，其优化问题为

$$\begin{aligned} &\min\ \|\boldsymbol{Z}\|_* + \lambda \|\boldsymbol{E}\|_{2,1} \\ &\text{s.t.}\ \boldsymbol{X} = \boldsymbol{A}\boldsymbol{Z} + \boldsymbol{E} \end{aligned} \tag{2.2.3}$$

式中，$\boldsymbol{X} \in \mathbb{R}^{n \times m}$ 是高光谱图像矩阵；$\boldsymbol{A}$ 是线性地张成数据空间的字典；$\|\bullet\|_{2,1}$ 表示列矢量的 ℓ_2 范数之和；参数 $\lambda = 1/\sqrt{m}$。$\boldsymbol{E}$ 代表稀疏矩阵，不属于子空间的误差和异常等可由最优化 $\boldsymbol{E}$ 来解释。最优的系数矩阵 $\boldsymbol{Z}^*$ 就是 $\boldsymbol{X}$ 关于 $\boldsymbol{A}$ 的最低秩表示，在无误差等干扰的理想情况下，$\operatorname{rank}(\boldsymbol{Z}^*) = \operatorname{rank}(\boldsymbol{X})$。由于字典 $\boldsymbol{A}$ 通常是未知的，通常需取 $\boldsymbol{A} = \boldsymbol{X}$。

利用常用的增广拉格朗日乘子法，经过交替迭代可以很容易地求得 $\boldsymbol{Z}$ 和 $\boldsymbol{E}$ 的最优解，构造的拉格朗日函数 L 如下：

$$L = \|\boldsymbol{J}\|_* + \lambda \|\boldsymbol{E}\|_{2,1} + \boldsymbol{\eta}_1^{\mathrm{T}} (\boldsymbol{X} - \boldsymbol{A}\boldsymbol{Z} - \boldsymbol{E}) + \boldsymbol{\eta}_2^{\mathrm{T}} (\boldsymbol{Z} - \boldsymbol{J}) + \frac{\mu}{2} \|\boldsymbol{X} - \boldsymbol{A}\boldsymbol{Z} - \boldsymbol{E}\|_{\mathrm{F}}^2 + \frac{\mu}{2} \|\boldsymbol{Z} - \boldsymbol{J}\|_{\mathrm{F}}^2 \tag{2.2.4}$$

式中，$\boldsymbol{\eta}_1$ 和 $\boldsymbol{\eta}_2$ 是拉格朗日乘子；μ 是惩罚系数。LRSR 为了加快算法采用的是一种不严格的增广拉格朗日乘子法(inexact augmented lagrange multiplier，IALM)(Lin et al.，2009)来优化式(2.2.3)。

子空间的数目 $\hat{r}$ 可以通过计算 $\boldsymbol{Z}^*$ 或者 $\boldsymbol{AZ}^*$ 的秩或者统计显著奇异值的数目得到。由于数据信号子空间的数目对应于数据拉普拉斯矩阵 $\boldsymbol{L}$ 的零奇异值的数目，$\boldsymbol{L}$ 可被用在软阈值(soft-thresholding)的方法中，间接得到大奇异值的数目。对于实际有噪声的数据，需要统计小于一定阈值 τ 的小奇异值数目。对优化得到的矩阵 $\boldsymbol{Z}^*$ 进行 SVD 奇异值分解 $\boldsymbol{Z}^* = \boldsymbol{U\Sigma V}^{\mathrm{T}}$，令 $\boldsymbol{U}^*$ 和 $\boldsymbol{V}^*$ 分别是由 $\boldsymbol{U}$ 和 $\boldsymbol{V}$ 前 l 个列向量构成的矩阵，而 $\boldsymbol{\Sigma}^*$ 是只包含正奇异值的矩阵。从而，关联矩阵 $\boldsymbol{W}$ 可以定义为：$\boldsymbol{W}_{i,j} = \left(\tilde{\boldsymbol{U}}\tilde{\boldsymbol{U}}^{\mathrm{T}}\right)_{i,j}^2$，$\tilde{\boldsymbol{U}} = \boldsymbol{U}^*(\boldsymbol{\Sigma}^*)^{1/2}$；拉普拉斯矩阵 $\boldsymbol{L} = \boldsymbol{I} - \boldsymbol{D}^{-1/2}\boldsymbol{W}\boldsymbol{D}^{-1/2}$，$\boldsymbol{D} = \mathrm{diag}(\sum_j \boldsymbol{W}_{1,j}, \cdots, \sum_j \boldsymbol{W}_{m,j})$。利用软阈值算子 $f_\tau(\bullet)$，$\boldsymbol{L}$ 的奇异值 $\{\sigma_j\}_{j=1}^m$ 便可用于估计子空间数目：

$$\hat{r} = m - \mathrm{round}\left(\sum_{j=1}^{m} f_\tau(\sigma_j)\right), \quad f_\tau(\sigma_j) = \begin{cases} 1 & \text{if } \sigma_j \geqslant \tau \\ \log_2\left(1 + \dfrac{\sigma_j^2}{\tau^2}\right) & \text{if } \sigma_j < \tau \end{cases} \tag{2.2.5}$$

式中，阈值 τ 在区间[0,1]内取值。在实际应用中，误差水平 Error=$\|\boldsymbol{X} - \boldsymbol{AZ}_l\|_F / \|\boldsymbol{X}\|_F$（$\boldsymbol{Z}_l$ 为 l 个最大奇异值所对应的矩阵）与 $\boldsymbol{Z}^*$ 所有奇异值相匹配的最小子空间数目被用于表示真实的秩。LRSR 算法流程总结如下。

LRSR 低秩子空间表示算法

1. 输入高光谱遥感图像矩阵 $\boldsymbol{X} \in \mathbb{R}^{n\times m}$；
2. 以 0 初始化式(2.2.4)中的未知变量 $\boldsymbol{J},\boldsymbol{E},\boldsymbol{Z},\boldsymbol{\eta}_1,\boldsymbol{\eta}_2$，设置 $\mu = 0.001$，$\lambda = 1/\sqrt{m}$，利用非严格增广拉格朗日乘子法优化式(2.2.3)，得到系数矩阵 $\boldsymbol{Z}^*$；
3. 对 $\boldsymbol{Z}^*$ 进行奇异值分解，并计算关联矩阵 $\boldsymbol{W}$ 和拉普拉斯矩阵 $\boldsymbol{L}$；
4. 计算拉普拉斯矩阵 $\boldsymbol{L}$ 的奇异值 $\{\sigma_j\}_{j=1}^m$；
5. 设定阈值 τ，利用式(2.2.5)估计子空间数目 $\hat{r}$；
6. 输出端元数 $\hat{r}$。

2.2.5 基于最近邻距离比的本征维度估计

端元数目的确定在线性和非线性光谱解混中都起着重要的作用。但是由于数据中噪声和异常等因素影响，即使对于简单的线性混合，要准确估计端元数目也是较为困难的。除了以往大多数基于 LMM 的端元数目估计方法，流形(manifold)技术将数据的流形本征维度 ID 与解混所需的端元数目相联系，可以同时适用于线性流形和非线性混合的数据。基于最近邻距离比的高光谱本征维度估计方法(Hyperspectral Intrinsic Dimensionality Estimation with Nearest-Neighbor- distance-ratios，HIDENN)利用数据流形的最近邻几何性质，计算两个最近邻(nearest neighbor，NN)距离的比值实现维度估计，只需包括 NN 距离的计算和取各像元 ID 均值两个主要过程(Heylen and Scheunders，2013)。HIDENN 方法的优势在于能适用于非线性混合数据的端元数目估计，并且 NN 距离的计算也可容易地与如降维、分类和端元提取等多数现有的方法相结合，不会带来过多的计算量。另外，考虑到 NN 几何方法对数据噪声的敏感性，可以将 HIDENN 与波段去噪方法结合 Denoised-HIDENN (D-HIDENN) 提高估计准确性。

当丰度的 ASC 和 ANC 约束满足时，高光谱混合像元数据 $\boldsymbol{X} \in \mathbb{R}^{n \times m}$ 位于 n 维光谱空间的 $(r-1)$ 维子流形上，每个像元 $\boldsymbol{x}$ 的局部邻域是同形(isomorph)的。在不考虑噪声等误差影响时，端元数目 r 与 ID q 间存在简单的关系 $r = q + 1$。

在该方法中，首先利用 NN 距离的尺度性质进行逐像元的 ID 估计。对于数据流形 $\tilde{S}^q$ 上的随机点 $\boldsymbol{y} \in \tilde{S}^q$，它位于点 $\boldsymbol{x}$ 以 π 为半径的 n 维超球 $B(\boldsymbol{x},\pi)$ 中的概率为：$P(\boldsymbol{y} \in B(\boldsymbol{x},\pi)) \sim \rho(\boldsymbol{x})\pi^q$, $\rho(\boldsymbol{x})$ 描述的是点 $\boldsymbol{x}$ 周围的点密度。对于 $\tilde{S}^q$ 上随机的 m 个点，将 $\boldsymbol{x}$ 与其 l 个最近邻点的平均欧氏距离 $d_l(\boldsymbol{x})$ 作为半径 π 的估计，则 l 个点位于球体 $B(\boldsymbol{x},\pi)$ 中的期望为：$l = C(\rho(\boldsymbol{x}))m\rho(\boldsymbol{x})(d_l(\boldsymbol{x}))^q$。因此，利用两个不同的数目 l 和 l' 取对数可得像元点 $\boldsymbol{x}$ 的本征维度 ID q 的估计：

$$q(\boldsymbol{x},l,l') = \frac{\log(l / l')}{\log[d_l(\boldsymbol{x}) / d_{l'}(\boldsymbol{x})]} \tag{2.2.6}$$

式(2.2.6)依赖于 l 和 l' 的选择，它们过小的取值或者差异都会令估计的方差很大，如果取较大的值，则会导致距离的尺度过大，违背流形结构或点密度的局部不变性假设。为了权衡两者关系，可按式(2.2.7)取值：

$$l_{\text{opt}} = m^{2/(2+q)},\ \ l' = l / 2 \tag{2.2.7}$$

虽然式(2.2.7)需要知道 ID 的先验，难以在实际中应用，但是依然可以结合图像的部分信息确定合理的取值范围。最后，将计算得到的每个像元 ID 转换为用于整幅图像的单独 ID，即端元数目。具体来说，HIDENN 估计的端元数目为各像元 ID 的均值加一。另外，由于像元的 ID 取值一般类似于广义极值(generalized extreme value，GEV)分布，因而可以利用小部分像元的 ID 先拟合 GEV 分布的参数，然后再代入整幅图像像元计算对应的均值。而为削弱噪声对结果的影响，可以采用 HySime 的多元回归方法预先对数据进行降噪，然后再估计端元数目。HIDENN 算法的流程如下表所示，其源代码可由 https://sites.google.com/site/robheylenresearch/code 下载。

HIDENN 最近邻距离比的本征维度估计算法

1. 输入高光谱遥感图像矩阵 $\boldsymbol{X} \in \mathbb{R}^{n \times m}$；
2. 利用 HySime 方法去噪(可选)；
3. If　q 的大概估计值未知

　　　$l = 3$，$l' = 1$；

　else

　　以式(2.2.7)计算 l 和 $l' = \text{floor}(l / 2)$；

　End
4. 计算所有像元的 NN 距离；
5. 以式(2.2.6)计算各像元的 ID，以及均值 ID_{avg}；
6. 输出端元数：$\hat{r} = ID_{\text{avg}} + 1$。

2.3 端元提取方法

高光谱遥感图像的线性解混过程也是将像元光谱进行盲源分离的过程。端元提取是光谱解混中既重要又较难处理的一环。端元提取的精度将会直接较大地影响丰度估计的正确性，然而由于地物光谱变异性和噪声等复杂因素的影响，实际解混结果中来源于端元提取的误差通常难以避免。因此，要提高光谱解混的整体性能就需要采用更有效的端元提取方法，总体上可以分为只提取端元的方法和无监督光谱解混方法这两类。本章将主要介绍前者代表性的方法，它们大多都基于纯像元假设，而无监督线性解混中的端元估计将在本书的第 3 章详细介绍。这些端元提取方法按照原理又可以进一步划分为基于单形体几何特性的方法、融合空间信息的方法和基于统计学的方法。其中，基于单形体性质的几何端元提取方法在过去的线性解混研究中占据了主要的部分。这些方法的性能会较大地受到图像中像元的混合程度制约。如图 2.5 所示，基于纯像元假设的方法只有当每种端元物质在图像中都至少有一个纯像元时才能获得满意的结果。而当图像中不存在纯像元，特别是当像元呈高度混合时(即集中在图 2.5 的三角形中心)，一般需要利用基于统计的方法才能提取到准确的端元。

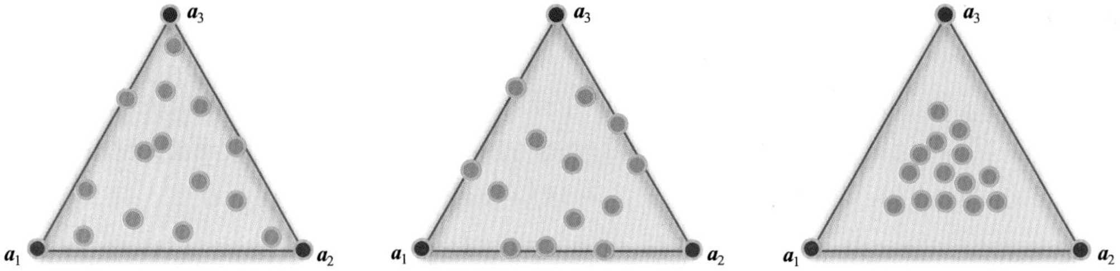

图 2.5 不同混合程度数据下的单形体最小体积

2.3.1 基于单形体几何特性的方法

1. 纯像元指数

纯像元指数(pure pixel index，PPI)方法(Boardman，1995)来源于线性混合模型 LMM 的凸几何性质，即高光谱图像像元点在特征空间中位于以 r 个端元为顶点的 $(r-1)$ 维单形体内。因此，像元点在该空间中任意一条直线上的投影定为线段，而且单形体顶点的投影就是此线段的端点。在此基础上，便可以将像元点反复投影在特征空间中随机生成的多条直线上，并确定每条直线上两端的点，也就是端元的投影。考虑到模型与噪声误差的影响，继而赋予每个像元一个纯像元指数 PPI，记录的是该像元被投影成端点的次数。PPI 越高的像元就越可能是端元，当满足一定投影次数后，根据每个像元的 PPI 确定端元。

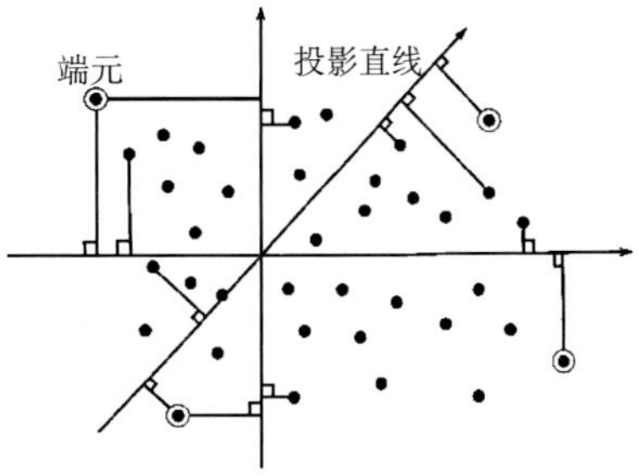

图 2.6　PPI 算法原理

PPI 算法实现简单且比较灵活(图 2.6)，目前已得到广泛应用并集成进 ENVI 软件相应功能模块中。但 ENVI 中的 PPI 算法在使用时通常需要人工进行端元选择。另外，PPI 算法存在对图像噪声很敏感的问题，必须要先去噪才能使用。由于每次是随机生成投影向量，不仅需要很大的计算量，而且无法保证提取端元的准确性。基于图像存在纯像元假设也限制了 PPI 对高度混合图像端元提取的应用。因此，最近也有学者利用高性能计算或者 PPI 的凸包几何解释来使 PPI 自动化并加快算法的速度(Chang and Plaza, 2006；Heylen and Scheunders, 2013)。PPI 算法流程如下表所示，源代码可以参照书籍(Chang, 2013)的附录。

PPI 纯像元指数算法

1. 输入高光谱遥感图像矩阵 $\boldsymbol{X}\in\mathbb{R}^{n\times m}$ 和端元数目 r，并用最大噪声变换法 MNF 降维；
2. 随机生成 M 个随机矢量 $\{\boldsymbol{\eta}_i\}_{i=1}^{M}$，初始化阈值 α 和 m 维记录 PPI 的矢量 $\boldsymbol{q}=(q_1,q_2,\cdots,q_m)^{\mathrm{T}}=\boldsymbol{0}$；
3. For $i=1:M$

    将像元进行投影：$\boldsymbol{y}=\boldsymbol{X}^{\mathrm{T}}\boldsymbol{\eta}_i$，并记录最小和最大投影的像元序号 I_- 和 I_+；

    更新对应序号像元的 PPI：$q_{I_-}=q_{I_-}+1$，$q_{I_+}=q_{I_+}+1$；

   End
4. 输出端元：PPI 高于阈值 α 的像元(如果数目大于 r，则取 PPI 最大的 r 个像元)。

2. 内部最大体积法

与 PPI 类似，内部最大体积法(N-FINDR)也需假设高光谱图像中的各端元地物都有对应的纯像元存在。根据 LMM 的单形体几何意义，端元为包裹像元点的单形体的顶点。因此，当纯像元存在时，这些纯像元点集合所构成的单形体体积，相比其他像元点子集构成的单形体体积更大。N-FINDR 法(Winter，1999)实际就是通过寻找那些能够构成最大体积单形体的像元点作为端元。

对于高光谱遥感图像 $\boldsymbol{X}\in\mathbb{R}^{n\times m}$ 中 r 个端元 $\{\boldsymbol{a}_1,\boldsymbol{a}_2,\cdots,\boldsymbol{a}_r\}$，在特征空间中，它们所张成的 $(r-1)$ 维单形体体积为

$$V=\frac{1}{(r-1)!}\left|\det\begin{pmatrix}1 & \cdots & 1\\ \tilde{\boldsymbol{a}}_1 & \cdots & \tilde{\boldsymbol{a}}_r\end{pmatrix}\right| \tag{2.3.1}$$

式中，$\det(\bullet)$ 代表行列式计算。$\tilde{\boldsymbol{a}}_i\in\mathbb{R}^{r-1}$，$i=1,2,\cdots,r$ 是端元 $\boldsymbol{a}_i$ 降维后的向量。因此，在算法中需要先对数据进行降维；然后，随机选择 r 个像元作为端元计算单形体体积。再将其中某一像元替换为其他像元并计算体积，如果替换后体积增大，则保留替换的像元；否则放弃替换，再采用新的像元替换，直到所有端元都被所有像元替换过为止。如图 2.7 所示，在这个过程中，待定端元的单形体体积会不断地增大，最后得到最大体积单形体对应的像元即所需提取的端元。N-FINDR 算法流程如下表所示，源代码可以参照书籍(Chang，2013)的附录。

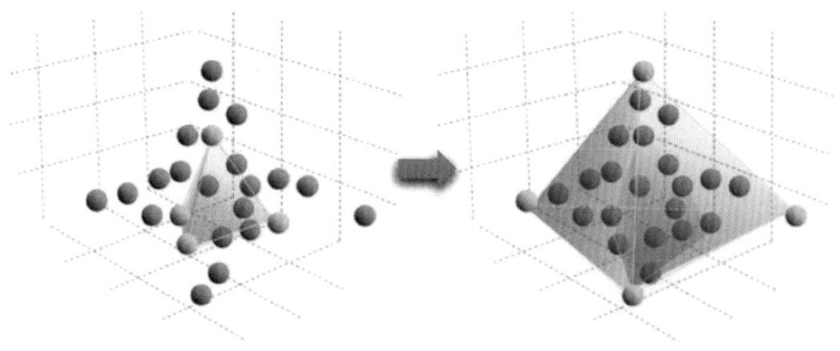

图 2.7 N-FINDR 算法顶点单形体体积的扩张(Plaza et al.，2011)

N-FINDR 内部最大体积法

1. 输入高光谱遥感图像矩阵 $\boldsymbol{X}\in\mathbb{R}^{n\times m}$ 和端元数目 r，并将数据降维为：$\tilde{\boldsymbol{X}}\in\mathbb{R}^{(r-1)\times m}$；
2. 初始化端元矩阵 $\tilde{\boldsymbol{A}}=(\tilde{\boldsymbol{a}}_1,\tilde{\boldsymbol{a}}_2,\cdots,\tilde{\boldsymbol{a}}_r)=(\tilde{\boldsymbol{x}}_1,\tilde{\boldsymbol{x}}_2,\cdots,\tilde{\boldsymbol{x}}_r)$，并以式(2.3.1)计算体积 V；
3. For $i = 1: r$

    For $j = 1: m$

        构造新的端元矩阵 $\tilde{\boldsymbol{A}}'=(\tilde{\boldsymbol{a}}_1,\tilde{\boldsymbol{a}}_2,\cdots,\tilde{\boldsymbol{a}}_{i-1},\tilde{\boldsymbol{x}}_j,\tilde{\boldsymbol{a}}_{i+1},\cdots,\tilde{\boldsymbol{a}}_r)$，并以式(2.3.1)计算体积 V'；

        If $V'>V$

            $\tilde{\boldsymbol{A}}=\tilde{\boldsymbol{A}}'$，记录并更新对应的像元序号；

        End

    End

End

4. 输出端元：以 $\tilde{\boldsymbol{A}}$ 中的像元序号确定 $\boldsymbol{X}$ 中对应的像元向量作为端元。

3. 顶点成分分析

顶点成分分析(vertex component analysis, VCA)(Nascimento and Bioucas-Dias, 2005)是目前在光谱解混领域中应用较多的一种基于纯像元假设的端元提取算法。VCA 建立在 LMM 的几何意义基础上，利用端元为单形体顶点和单形体的仿射变换(affine transformation)依然是单形体这两点性质实现自动端元提取。与使单形体体积最大化的方式不同，VCA 通过正交投影来寻找使凸包不断扩张的顶点。对于端元数为 r 的高光谱遥感图像 $\boldsymbol{X}\in\mathbb{R}^{n\times m}$，在 LMM 假设下，定义单形体 $\Delta_x=\{\boldsymbol{y}=\boldsymbol{A}\boldsymbol{s}\,|\,\boldsymbol{1}^{\mathrm{T}}\boldsymbol{s}=1,\boldsymbol{s}\geqslant 0\}$ 和尺度因子 γ 作用的像元凸锥 $C_r=\{\boldsymbol{x}=\boldsymbol{A}\gamma\boldsymbol{s}\,|\,\boldsymbol{1}^{\mathrm{T}}\boldsymbol{s}=1,\boldsymbol{s}\geqslant 0,\gamma\geqslant 0\}$。如图 2.8 所示，将凸锥 C_r 向选定的超平面 $\boldsymbol{x}^{\mathrm{T}}\boldsymbol{u}=1$ 投影可以得到顶点与单形体 Δ_x 顶点相对应的新单形体 $\Delta_r=\{\boldsymbol{z}\,|\,\boldsymbol{z}=\boldsymbol{x}/\boldsymbol{x}^{\mathrm{T}}\boldsymbol{u},\boldsymbol{x}\in C_r\}$。向量 $\boldsymbol{u}$ 的选取必须满足没有观测像元向量与其正交。在确定了单形体 Δ_r 后，VCA 算法迭代地将所有图像像元投影到一个随机方向 $\boldsymbol{w}$ 上，然后将具有最大投影的像元作为第一个端元。接下来，VCA 继续把像元投影到已经确定的端元所张成的子空间正交方向上，投影距离最大的点对应单形体的顶点，即新的端元，以此直到找到所有端元为止。

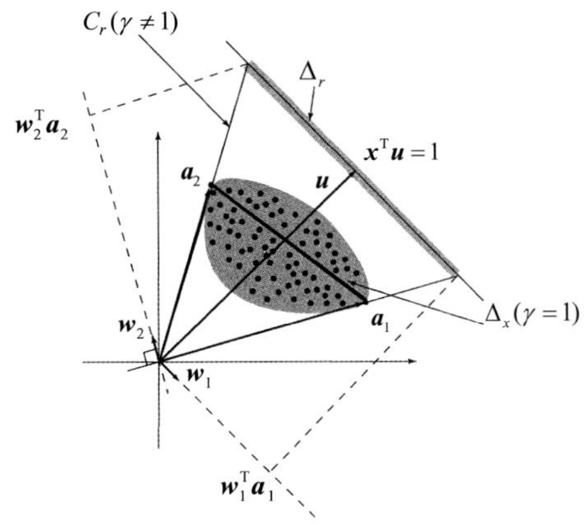

图 2.8　VCA 算法原理图(Nascimento and Bioucas-Dias，2005)

图 2.8 为 VCA 算法两次迭代原理示意图，第一次迭代使数据向 $\boldsymbol{w}_1$ 方向投影，投影后的端点就对应于端元 $\boldsymbol{a}_1$；在第二次迭代中，通过将数据投影到与 $\boldsymbol{a}_1$ 正交的 $\boldsymbol{w}_2$ 方向上，得到端元 $\boldsymbol{a}_2$。VCA 算法的端元提取精度要高于 PPI 和 N-FINDR 两种算法而且速度更快，但是 VCA 会受到噪声的影响，对高度混合图像的端元提取精度也不够理想。VCA 算法流程如下表所示，源代码可由 http://www.lx.it.pt/～bioucas/publications.html 下载。

VCA 顶点成分分析算法

1. 输入高光谱遥感图像矩阵 $\boldsymbol{X} \in \mathbb{R}^{n \times m}$ 和端元数目 r；
2. 用 SVD 方法对数据降维得 $\tilde{\boldsymbol{X}} \in \mathbb{R}^{r \times m}$，($\boldsymbol{X}_1 = \boldsymbol{U}_r^{\mathrm{T}} \boldsymbol{X}$，$\boldsymbol{u} = \mathrm{mean}(\boldsymbol{X}_1) \in \mathbb{R}^{r \times 1}$，$\tilde{\boldsymbol{x}}_j = \boldsymbol{x}_1 / (\boldsymbol{x}_1^{\mathrm{T}} \boldsymbol{u})$)；
3. 初始化 $\boldsymbol{Q}^{(0)} = (\boldsymbol{q}^{(0)}, \boldsymbol{0}, \cdots, \boldsymbol{0}) \in \mathbb{R}^{r \times r}$，$\boldsymbol{q}^{(0)} = (0, \cdots, 0, 1)^{\mathrm{T}}$；
4. For $i = 1{:}\ r$

    生成零均值随机高斯向量 $\tilde{\boldsymbol{w}}$；

    生成子空间正交向量 $\boldsymbol{w}=((\boldsymbol{I}-\boldsymbol{Q}\boldsymbol{Q}^{\#})\tilde{\boldsymbol{w}}) / (\|(\boldsymbol{I}-\boldsymbol{Q}\boldsymbol{Q}^{\#})\tilde{\boldsymbol{w}}\|)$，$\boldsymbol{Q}^{\#}$ 是伪逆矩阵；

    计算投影 $\boldsymbol{v}=\boldsymbol{w}^{\mathrm{T}}\tilde{\boldsymbol{X}}$，确定最大的投影 $\max(\boldsymbol{v})$ 序号 Index_i，更新 $\boldsymbol{Q}$，其中 $\boldsymbol{q}_i = \tilde{\boldsymbol{x}}_{\mathrm{Index}_i}$；

   End
5. 输出端元：以 $\boldsymbol{Q}$ 中各列向量序号确定 $\boldsymbol{X}$ 中对应的像元向量作为端元。

4. 单形体增长法

类似于 N-FINDR 方法，假设图像中存在纯像元，单形体增长法(simplex growing algorithm，SGA)同样通过寻找构成最大单形体体积对应的像元子集作为端元(Chang et al.，2006)。但是，与 N-FINDR 直接以 r 个随机像元初始化，然后逐步替换像元并比较体积的复杂方式不同，SGA 从预先确定的单个端元出发逐渐地增加顶点数目，根据式(2.3.1)计算体积并保证体积总是一直在增长的。最后，当顶点数目等于根据 HFC 方法预先估计的端元数目时，顶点数停止增长，同时得到最大体积。SGA 算法的运算速度比 N-FINDR 有了一定程度的提高，同时有效解决了算法最终结果不唯一的问题。SGA 算法流程如下表所示，源代码可以参照书籍(Chang，2013)的附录。

SGA 单形体增长法

1. 输入高光谱遥感图像矩阵 $\boldsymbol{X}\in\mathbb{R}^{n\times m}$ 并用 HFC 估计端元数目 r；
2. 用 PCA 或 MNF 将数据降至 1 维，随机生成一个目标像元 $\boldsymbol{x}_t$；

   以令行列式 $\left|\det\begin{bmatrix}1 & 1\\ \boldsymbol{x}_t & \tilde{\boldsymbol{x}}\end{bmatrix}\right|$ 的值最大的像元作为第一个端元 $\tilde{\boldsymbol{a}}_1$；初始化 $l=1$；
3. While $l<r$ do

   用 PCA 或 MNF 将数据降至 l 维；

   对于每个像元，计算体积：$V(\tilde{\boldsymbol{a}}_1,\tilde{\boldsymbol{a}}_2,\cdots,\tilde{\boldsymbol{a}}_l,\tilde{\boldsymbol{x}})=\left|\det\begin{bmatrix}1 & 1 & \cdots & 1 & 1\\ \tilde{\boldsymbol{a}}_1 & \tilde{\boldsymbol{a}}_2 & \cdots & \tilde{\boldsymbol{a}}_l & \tilde{\boldsymbol{x}}\end{bmatrix}\right|/l!$；

   以使 V 最大化的像元作为第 $(l+1)$ 个端元 $\tilde{\boldsymbol{a}}_{l+1}$，记录并更新作为端元的像元序号，$l=l+1$；

   End
4. 输出端元：以 $\boldsymbol{X}$ 中对应序号的像元向量作为端元。

5. 正交基方法

正交基方法(orthogonal bases approach，OBA)也属于一种基于最大体积单形体的方法(Tao et al.，2009)，与以往方法不同的是，OBA 将原式(2.3.1)中与端元 $\{\boldsymbol{a}_1,\boldsymbol{a}_2,\cdots,\boldsymbol{a}_r\}$ 相关的行列式单形体体积计算，等价于一组采用施密特正交化方法得到的正交基 $\{\boldsymbol{\beta}_1,\boldsymbol{\beta}_2,\cdots,\boldsymbol{\beta}_r\}$ 模的乘积计算：

$$V(\boldsymbol{a}_1,\boldsymbol{a}_2,\cdots,\boldsymbol{a}_r)=\frac{1}{r!}\sqrt{\begin{vmatrix}\boldsymbol{a}_1^{\mathrm{T}}\boldsymbol{a}_1 & \boldsymbol{a}_1^{\mathrm{T}}\boldsymbol{a}_2 & \cdots & \boldsymbol{a}_1^{\mathrm{T}}\boldsymbol{a}_r\\ \vdots & \cdots & \cdots & \vdots\\ \boldsymbol{a}_r^{\mathrm{T}}\boldsymbol{a}_1 & \boldsymbol{a}_r^{\mathrm{T}}\boldsymbol{a}_2 & \cdots & \boldsymbol{a}_r^{\mathrm{T}}\boldsymbol{a}_r\end{vmatrix}}=\frac{1}{r!}|\boldsymbol{\beta}_1|\cdot|\boldsymbol{\beta}_2|\cdots|\boldsymbol{\beta}_r| \tag{2.3.2}$$

在计算图像中不同像元构成的不同单形体体积时，其前 $(l-1)$ 个正交向量 $\{\boldsymbol{\beta}_1,\boldsymbol{\beta}_2,\cdots,\boldsymbol{\beta}_{l-1}\}$ 都是相同的已知量，因此寻找最大体积也就相应地等价于寻找具有最大模的 $\boldsymbol{\beta}_l$，该正交基对应的像元即为新确定的端元。与 N-FINDR 和 SGA 相比，OBA 不仅显著提升了运算速度，并且同样可以保证结果的唯一性。OBA 算法流程如下表所示。

OBA 正交基法

1. 输入高光谱遥感图像矩阵 $\boldsymbol{X}\in\mathbb{R}^{n\times m}$ 和端元数目 r；
2. 确定最大模的像元 z_0 以及距离 z_0 最远的像元 z_1，并计算 $\boldsymbol{q}_1=z_1-z_0$，$\boldsymbol{\beta}_1=\boldsymbol{q}_1$；
3. 对每个像元计算：$\boldsymbol{\theta}_j=\boldsymbol{x}_j-\boldsymbol{z}_0$，$\gamma_{1,j}=\boldsymbol{\theta}_j-\dfrac{\boldsymbol{\theta}_j^{\mathrm{T}}\boldsymbol{\beta}_1}{\boldsymbol{\beta}_1^{\mathrm{T}}\boldsymbol{\beta}_1}\boldsymbol{\beta}_1$；初始化 $l=1$；
4. While $l<r$ do

   记录并更新使 $|\gamma_{l,j}|$ 的值最大的像元序号，并令 $\boldsymbol{\beta}_{l+1}=\underset{\gamma_{l,j}}{\arg\max}(\{|\gamma_{l,j}|\}_{j=1}^{m})$；

   对于每个像元，更新：$\gamma_{l+1,j}=\gamma_{l,j}-\dfrac{\boldsymbol{\theta}_j^{\mathrm{T}}\boldsymbol{\beta}_{l+1}}{\boldsymbol{\beta}_{l+1}^{\mathrm{T}}\boldsymbol{\beta}_{l+1}}\boldsymbol{\beta}_{l+1}$；$l=l+1$；

   End
5. 输出端元：以 $\boldsymbol{X}$ 中对应序号的像元向量作为端元。

6. 基于 Cayley_Menger 行列式的端元提取方法

基于 Cayley_Menger 行列式的端元提取方法(Cayley-Menger determinant-based endmember extraction，CMEE)(普晗晔等, 2012)是一种在 LMM 和纯像元假设下，基于单形体几何的快速高光谱遥感图像端元提取算法。与以往类似算法不同的是，CMEE 算法将距离几何理论中 Cayley-Menger 行列式引入单形体体积的计算，从而将基于行列式(如 N-FINDR 和 SGA 等)或者正交基(如 OBA 等)的单形体体积计算，转换为搜寻最大辅助高的计算。

对于端元数为 r 的高光谱遥感图像 $\boldsymbol{X}\in\mathbb{R}^{n\times m}$，在 n 维光谱空间中，Cayley-Menger 行列式表示的端元 $\{\boldsymbol{a}_1,\boldsymbol{a}_2,\cdots,\boldsymbol{a}_r\}$ 单形体体积为

$$V^2(\boldsymbol{a}_1,\boldsymbol{a}_2,\cdots,\boldsymbol{a}_r)=\frac{(-1)^r}{2^{r-1}\left[(r-1)!\right]^2}\det\left(\boldsymbol{C}^{(r+1)}(\boldsymbol{a}_1,\boldsymbol{a}_2,\cdots,\boldsymbol{a}_r)\right) \tag{2.3.3}$$

式中，Hermite 矩阵 $\boldsymbol{C}^{(r+1)}\in\mathbb{R}^{(r+1)\times(r+1)}$ (也称 Cayley-Menger 矩阵)定义为

$$\boldsymbol{C}^{(r+1)}=\left(\begin{array}{c|c}\boldsymbol{C}^{(r)} & \boldsymbol{c}^{(r)}\\ \hline \left(\boldsymbol{c}^{(r)}\right)^T & 0\end{array}\right)=\begin{pmatrix}0 & 1 & 1 & 1 & \cdots & 1\\ 1 & 0 & d_{1,2}^2 & d_{1,3}^2 & \cdots & d_{1,r}^2\\ 1 & d_{2,1}^2 & 0 & d_{2,3}^2 & \cdots & d_{2,r}^2\\ 1 & d_{3,1}^2 & d_{3,2}^2 & 0 & \cdots & d_{3,r}^2\\ \vdots & \vdots & \vdots & \vdots & & \vdots\\ 1 & d_{r,1}^2 & d_{r,2}^2 & d_{r,3}^2 & \cdots & 0\end{pmatrix} \tag{2.3.4}$$

这里 $\boldsymbol{c}^{(r)}=\left(1,d_{1,r}^2,d_{2,r}^2,\cdots,d_{r-1,r}^2\right)^{\mathrm{T}}$，$d_{i,j}^2=\left\|\boldsymbol{a}_i-\boldsymbol{a}_j\right\|^2$。从而得到 $\{\boldsymbol{a}_1,\boldsymbol{a}_2,\cdots,\boldsymbol{a}_{r-1}\}$ 和 $\{\boldsymbol{a}_1,\boldsymbol{a}_2,\cdots,\boldsymbol{a}_r\}$ 单形体间的关系

$$\det\left[\boldsymbol{C}^{(r+1)}\right]=-\left(\boldsymbol{c}^{(r)}\right)^{\mathrm{T}}\left[\boldsymbol{C}^{(r)}\right]^{-1}\boldsymbol{c}^{(r)}\times\det\left[\boldsymbol{C}^{(r)}\right] \tag{2.3.5}$$

令辅助高 $h_r=\left(\boldsymbol{c}^{(r)}\right)^{\mathrm{T}}\left[\boldsymbol{C}^{(r)}\right]^{-1}\boldsymbol{c}^{(r)}$，则 $V^2(\boldsymbol{a}_1,\boldsymbol{a}_2,\cdots,\boldsymbol{a}_r)=h_rV^2(\boldsymbol{a}_1,\boldsymbol{a}_2,\cdots,\boldsymbol{a}_{r-1})/(2(r-1)!)$。因此，如果想要得到一个最大的 $V^2(\boldsymbol{a}_1,\boldsymbol{a}_2,\cdots,\boldsymbol{a}_r)$，则只需在已知 $V^2(\boldsymbol{a}_1,\boldsymbol{a}_2,\cdots,\boldsymbol{a}_{r-1})$ 的基础上乘上对应的辅助高 h_r 和一个与 r 有关的常数即可，$\boldsymbol{C}^{(r)}$ 由计算 $V^2(\boldsymbol{a}_1,\boldsymbol{a}_2,\cdots,\boldsymbol{a}_{r-1})$ 时得到。

以辅助向量 $\boldsymbol{\gamma}_{l,j}=(1,\gamma_{1,j}^2,\gamma_{2,j}^2,\cdots,\gamma_{l-1,j}^2)^{\mathrm{T}}$ 表示像元 $\boldsymbol{x}_j$ 与现有的 $(r-1)$ 个端元的距离平方，且 $\boldsymbol{\gamma}_{l+1,j}=(\boldsymbol{\gamma}_{l,j}^{\mathrm{T}},\gamma_{l,j}^2)^{\mathrm{T}}$，然后根据 Hermitian 矩阵的分块特性及其求逆引理可以得出辅助高递推式(2.3.5)的简化计算。在该方法的递推搜索过程中，搜寻一个新的最大体积单形体被等价于搜寻一个新的最大的辅助高，在保证结果唯一性的同时提高方法精度和速度。另外，CMEE 无须对数据进行降维处理，可以避免因降维而造成的有用信息丢失。CMEE 算法流程如下表所示。

CMEE 基于 Cayley_Menger 行列式的端元提取方法

1. 输入高光谱遥感图像矩阵 $\boldsymbol{X} \in \mathbb{R}^{n\times m}$ 和端元数目 $\boldsymbol{r}$；
2. 确定最大模的像元作为初始的端元 $\boldsymbol{a}_1$；

    计算每个像元与 $\boldsymbol{a}_1$ 的欧氏距离，得到 $\boldsymbol{\gamma}_{2,j}$；

    第 2 个端元为：$\boldsymbol{a}_2 = \arg\max(\boldsymbol{\gamma}_{2,j}^{\mathrm{T}}(\boldsymbol{C}_j^{(2)})^{-1}\boldsymbol{\gamma}_{2,j})$，更新 $\boldsymbol{C}^{(3)}$ 和 h_2，令 $l=3$；
3. While $l<r$ do

    计算每个像元与 $\boldsymbol{a}_{l-1}$ 的欧氏距离，得到 $\boldsymbol{\gamma}_{l,j}$；根据 Hermitian 求逆定理和引理计算：

    $\boldsymbol{\gamma}_{l,j}^{\mathrm{T}}(\boldsymbol{C}_j^{(l)})^{-1}\boldsymbol{\gamma}_{l,j} = \boldsymbol{\gamma}_{l-1,j}^{\mathrm{T}}(\boldsymbol{C}_j^{(l-1)})^{-1}\boldsymbol{\gamma}_{l-1,j} - (\boldsymbol{\gamma}_{l-1,j}^{\mathrm{T}}(-(\boldsymbol{c}^{(l-1)})^{\mathrm{T}}(\boldsymbol{C}_j^{(l-1)})^{-1}) + \gamma_{l-1,j})^2 / h_{l-1}$；

    第 l 个端元为：$\boldsymbol{a}_l = \arg\max(\boldsymbol{\gamma}_{l,j}^{\mathrm{T}}(\boldsymbol{C}_j^{(l)})^{-1}\boldsymbol{\gamma}_{l,j})$，更新 $\boldsymbol{C}^{(l+1)}$ 和 h_l；$l=l+1$；

    End
4. 输出端元：$\{\boldsymbol{a}_1,\boldsymbol{a}_2,\cdots,\boldsymbol{a}_r\}$。

7. 鲁棒的仿射集拟合单形体最大-最小化方法

仿射集拟合的单形体最大/最小化方法(Chan et al., 2013)主要是用于改善噪声和异常(outlier)对高光谱遥感图像端元提取所造成的严重影响。噪声来源于光传播过程、传感器电子元器件和数字化的随机本质，这里假设是零均值独立同分布噪声。而异常则是那些与其余像元有着显著差异的像元，包括“坏死”像元和与图像背景表示有不同光谱信号的像元。因此，该方法由两个部分构成：①利用鲁棒的仿射集拟合(robust affine set fitting，RASF)方法在对高光谱图像数据降维的同时移除异常像元，找到表示数据的仿射集，使异常影响在最小二乘的意义上最小化；②移除异常像元后，根据鲁棒的 Winter 规则构建考虑噪声的优化问题，然后分别以交替(alternating decoupled volume Max-Min, ADVMM)和连续解耦(successive decoupled volume Max-Min, SDVMM)的方式实现单形体体积最大-最小化。相比早期的方法：最坏情况下的交替体积最大化(worst-case alternating volume maximization, WAVMAX)(Chan et al., 2011)，它们在进一步削弱噪声影响的同时较好地提高了计算速度。基于 LMM 和纯像元假设，对于由 r 个端元 $\boldsymbol{A}=(\boldsymbol{a}_1,\boldsymbol{a}_2,\cdots,\boldsymbol{a}_r)$ 构成的实际高光谱遥感图像 $\boldsymbol{X}\in\mathbb{R}^{n\times m}$，像元可以描述为：$\boldsymbol{x}_j = \boldsymbol{y}_j + \boldsymbol{w}_j + \boldsymbol{z}_j$，$\boldsymbol{y}_j = \boldsymbol{A}\boldsymbol{s}_j$ 是纯光谱信号，其中噪声 $\boldsymbol{w}_j \sim N(0,\sigma^2\boldsymbol{I}_n)$，而 $\boldsymbol{z}_j$ 是异常像元向量。

1) RASF

纯信号定义的仿射集和端元张成的仿射集是一致的，并且端元仿射集可表示为 $\mathrm{aff}\{\boldsymbol{a}_1,\boldsymbol{a}_2,\cdots,\boldsymbol{a}_r\} = \{\boldsymbol{C}\boldsymbol{\alpha}+\boldsymbol{d} \,|\, \boldsymbol{\alpha}\in\mathbb{R}^{(r-1)\times 1}\} \triangleq \Psi(\boldsymbol{C},\boldsymbol{d})$，$\boldsymbol{C}\in\mathbb{R}^{n\times(r-1)}$，$\mathrm{rank}(\boldsymbol{C})=r-1$，因而可以得到纯光谱信号 $\boldsymbol{y}_j$ 的降维方式 $\tilde{\boldsymbol{y}}_j = \boldsymbol{C}^{\#}(\boldsymbol{y}_j-\boldsymbol{d}) = \sum_{i=1}^{r}\boldsymbol{\alpha}_i s_{i,j}$，$\boldsymbol{\alpha}_i = \boldsymbol{C}^{\#}(\boldsymbol{a}_i-\boldsymbol{d})$。但是，$\boldsymbol{y}_j$ 在实际中总是未知的，所以 RASF 的优化问题定义为

$$\min_{\mathrm{num}\{z_1,\cdots,z_m\}\leqslant Z}\left\{\min_{\substack{\boldsymbol{y}_j\in\Psi(\boldsymbol{C},\boldsymbol{d})\\ \boldsymbol{C}^{\mathrm{T}}\boldsymbol{C}=\boldsymbol{I}}}\ \sum_{j=1}^{m}\left\|\boldsymbol{x}_j-\boldsymbol{y}_j-\boldsymbol{z}_j\right\|^2\right\} \tag{2.3.6}$$

式中，$\mathrm{num}\{\boldsymbol{z}_1,\cdots,\boldsymbol{z}_m\}\leqslant Z$ 表示非零异常矢量的个数需要少于预先给定的常量 Z，最优化式(2.3.6)就是要确定关于像元 $\boldsymbol{x}$ 的具有最小投影误差的 $(r-1)$ 维仿射包 $\Psi(\boldsymbol{C},\boldsymbol{d})$，并且异常 $\boldsymbol{z}$ 的影响最小。可分为关于变量 $\{\boldsymbol{y}_j\}_{j=1}^m$, $\boldsymbol{C}$, $\boldsymbol{d}$ 和关于变量 $\{\boldsymbol{z}_j\}_{j=1}^m$ 的两个子问题进行求解。RASF 算法流程如下表所示。

RASF 鲁棒的仿射集拟合方法

1. 输入高光谱遥感图像矩阵 $\boldsymbol{X}\in\mathbb{R}^{n\times m}$ 和端元数目 r，收敛容忍值 $\eta>0$；
2. 初始化 $\hat{\boldsymbol{z}}_1=\cdots=\hat{\boldsymbol{z}}_m=\boldsymbol{0}$，迭代次数 $t=1$；
3. While $t=1$ or $(\upsilon(t-1)-\upsilon(t))/\upsilon(t-1)>\eta$

   a) 优化式(2.3.6)关于 $\{\boldsymbol{y}_j\}_{j=1}^m$, $\boldsymbol{C}$, $\boldsymbol{d}$ 子问题：$\hat{\boldsymbol{d}}=(1/m)\sum_{j=1}^m(\boldsymbol{x}_j-\hat{\boldsymbol{z}}_j)$，$\hat{\boldsymbol{C}}=(\boldsymbol{q}_1(\boldsymbol{U}\boldsymbol{U}^{\mathrm{T}}),\cdots,\boldsymbol{q}_{r1}(\boldsymbol{U}\boldsymbol{U}^{\mathrm{T}}))$

   $\hat{\boldsymbol{y}}_j=\hat{\boldsymbol{C}}\hat{\boldsymbol{C}}^{\mathrm{T}}(\boldsymbol{x}_j-\hat{\boldsymbol{z}}_j-\hat{\boldsymbol{d}})+\hat{\boldsymbol{d}}$，$\boldsymbol{U}=((\boldsymbol{x}_1-\hat{\boldsymbol{z}}_1)-\hat{\boldsymbol{d}},\cdots,(\boldsymbol{x}_m-\hat{\boldsymbol{z}}_m)-\hat{\boldsymbol{d}})$，$\boldsymbol{q}_i(\boldsymbol{U}\boldsymbol{U}^{\mathrm{T}})$ 是 $\boldsymbol{U}\boldsymbol{U}^{\mathrm{T}}$ 第 i 个主成分的单位特征向量；

   b) 优化式(2.3.6)关于 $\{\boldsymbol{z}_j\}_{j=1}^m$ 的子问题：取 $\{\|\boldsymbol{x}_j-\hat{\boldsymbol{y}}_j\|\}_{j=1}^m$ 前 Z 个最大值对应的像元为异常像元；如果第 j 个像元是异常，则 $\hat{\boldsymbol{z}}_j=\boldsymbol{x}_j-\hat{\boldsymbol{y}}_j$；否则 $\hat{\boldsymbol{z}}_j=\boldsymbol{0}$；

   c) $t=t+1$，$\upsilon(t)=\sum_{j=1}^m\left\|\boldsymbol{x}_j-\hat{\boldsymbol{y}}_j-\hat{\boldsymbol{z}}_j\right\|^2$；

   End
4. 输出近似的仿射集参数 $\hat{\boldsymbol{C}},\hat{\boldsymbol{d}}$ 和异常像元序号。

利用得到的 $\hat{\boldsymbol{C}},\hat{\boldsymbol{d}}$ 可以对高光谱图像的像元进行降维：$\tilde{\boldsymbol{x}}_j\triangleq\hat{\boldsymbol{C}}^{\mathrm{T}}(\boldsymbol{x}_j-\hat{\boldsymbol{d}})\cong\tilde{\boldsymbol{y}}_j+\hat{\boldsymbol{C}}^{\mathrm{T}}\boldsymbol{w}_j+\hat{\boldsymbol{C}}^{\mathrm{T}}\boldsymbol{z}_j=\tilde{\boldsymbol{y}}_j+\tilde{\boldsymbol{w}}_j+\tilde{\boldsymbol{z}}_j\in\mathbb{R}^{(r-1)\times 1}$。纯信号降维后肯定是位于凸包 $\mathrm{conv}\{\boldsymbol{\alpha}_1,\boldsymbol{\alpha}_2,\cdots,\boldsymbol{\alpha}_r\}$ 内，而观测数据由于噪声和异常的影响可能会位于外部[如图 2.9(a)和(b)]。因此，根据 RASF 的结果从数据中移除 Z 个异常点后，端元提取问题就转换为求解 $\tilde{\boldsymbol{y}}_j=\sum_{i=1}^r\boldsymbol{\alpha}_i s_{i,j}+\tilde{\boldsymbol{w}}_j$ 的 $\{\hat{\boldsymbol{\alpha}}_1,\hat{\boldsymbol{\alpha}}_2,\cdots,\hat{\boldsymbol{\alpha}}_r\}$，而端元 $\boldsymbol{a}_i=\hat{\boldsymbol{C}}(\hat{\boldsymbol{\alpha}}_i-\hat{\boldsymbol{d}})$。

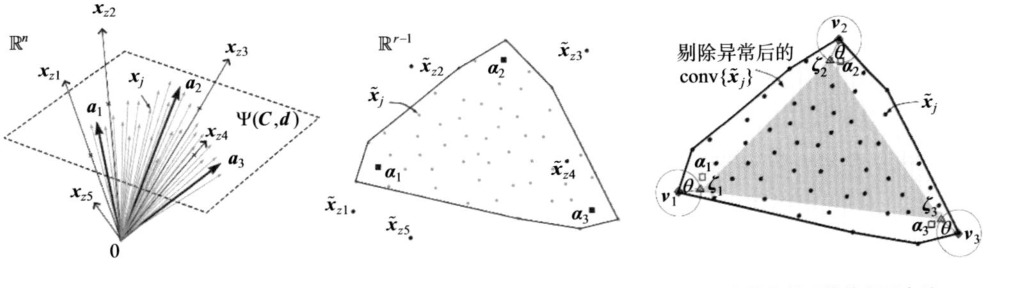

(a) 噪声与异常干扰的数据　(b) 降维后的数据　(c) 鲁棒的单形体体积最大法

图 2.9　方法原理图示例

接下来根据单形体体积最大化规则确定的顶点提取端元，但是由于噪声的影响，得到的体积会大于真实单形体的体积，找到不正确的端元[如图 2.9(c)所示]。因此，引入了一个位于标准球 $\{\boldsymbol{u}\in\mathbb{R}^{r-1}\,\|\boldsymbol{u}\|\leqslant\theta\}$ 的回调向量 $\boldsymbol{u}_i$ 来建立恰当的间距，通过求解式(2.3.7)中更鲁棒的最大体积问题提取端元：

$$\begin{aligned}&\max_{\boldsymbol{v}_i\in\mathbb{R}^{r-1}}\left\{\min_{\|\boldsymbol{u}_i\|\leqslant\theta}\left|\det\begin{bmatrix}1&\cdots&1\\\boldsymbol{v}_1-\boldsymbol{u}_1&\cdots&\boldsymbol{v}_r-\boldsymbol{u}_r\end{bmatrix}\right|\right\}\\&\text{s.t. }\ \boldsymbol{v}_i\in\operatorname{conv}\left\{\{\tilde{\boldsymbol{x}}_j\}_{j=1}^{m-Z}\right\}\end{aligned}\tag{2.3.7}$$

最后，要估计的端元就是 $\{\hat{\boldsymbol{\zeta}}_i\}_{i=1}^r=\{\hat{\boldsymbol{v}}_i-\hat{\boldsymbol{u}}_i\}_{i=1}^r$。分别采用 ADVMM 和 SDVMM 对式(2.3.7)的未知参数进行求解。

2) ADVMM

令 $\tilde{\boldsymbol{X}}\in\mathbb{R}^{(r-1)\times(m-Z)}$ 为降维和剔除异常后的图像矩阵，则式(2.3.7)可表示为

$$\begin{aligned}&\max_{\boldsymbol{b}_i\in Q}\left\{\min_{\|\boldsymbol{u}_i\|\leqslant\theta}\ \det\begin{bmatrix}1&\cdots&1\\\tilde{\boldsymbol{X}}\boldsymbol{b}_1-\boldsymbol{u}_1&\cdots&\tilde{\boldsymbol{X}}\boldsymbol{b}_r-\boldsymbol{u}_r\end{bmatrix}\right\}\\&\text{s.t. }\ Q=\{\boldsymbol{b}\in\mathbb{R}^{m-Z}\,|\,\boldsymbol{b}\geqslant\boldsymbol{0},\boldsymbol{1}_{m-Z}^{\mathrm{T}}\boldsymbol{b}=1\}\end{aligned}\tag{2.3.8}$$

ADVMM 方法中，每次固定其他所有的参数 $\boldsymbol{b}_j,\boldsymbol{u}_j(j\neq i)$，来优化 $\boldsymbol{b}_i,\boldsymbol{u}_i$ 实行交替求解。此时，将式(2.3.8)中的行列式按第 i 列进行展开并省略与当前变量 $\boldsymbol{b}_i,\boldsymbol{u}_i$ 无关的常数项，可得

$$\max_{\boldsymbol{b}_i\in Q}\left\{\min_{\|\boldsymbol{u}_i\|\leqslant\theta}\ \boldsymbol{k}_i^{\mathrm{T}}(\tilde{\boldsymbol{X}}\boldsymbol{b}_i-\boldsymbol{u}_i)\right\}\tag{2.3.9}$$

式中，$\boldsymbol{k}_i=\left((-1)^{1+i}\det(\boldsymbol{D}_{1,i}),\cdots,(-1)^{r-1+i}\det(\boldsymbol{D}_{(r-1),i})\right)^{\mathrm{T}}$；$\boldsymbol{D}_{j,i}$ 是式(2.3.8)中去除第 j 行和第 i 列的子矩阵。最后，交替求解式(2.3.9)的最优解，提取端元。ADVMM 方法流程如下表所示。

ADVMM 交替解耦的体积最大-最小方法

1. 输入降维和剔除异常后的高光谱遥感图像矩阵 $\tilde{\boldsymbol{X}}$ 和端元数目 r，收敛容忍值 $\eta>0$，回退距离 θ；
2. 标准单位向量 $\{\boldsymbol{e}_i\}_{i=1}^r$ 随机初始化 $(\hat{\boldsymbol{b}}_1,\cdots,\hat{\boldsymbol{b}}_r)$，$\hat{\boldsymbol{u}}_1=\cdots=\hat{\boldsymbol{u}}_r=\boldsymbol{0}$，$\upsilon$ 为(2.3.8)行列式的值，$\bar{\upsilon}=0$。
3. While $|\bar{\upsilon}-\upsilon|/\upsilon>\eta$

    $i=1$；If $\bar{\upsilon}\neq0$ then $\upsilon=\bar{\upsilon}$；

    While $(i \bmod r)\neq0$

      计算 $\boldsymbol{k}_i$，更新 $\hat{\boldsymbol{u}}_i=\arg\max_{\|\boldsymbol{u}_i\|\leqslant\theta}\boldsymbol{k}_i^{\mathrm{T}}\boldsymbol{u}_i=\theta\boldsymbol{k}_i/\|\boldsymbol{k}_i\|$；$\hat{\boldsymbol{b}}_i=\arg\max_{\hat{\boldsymbol{b}}_i\in Q}\boldsymbol{k}_i^{\mathrm{T}}\tilde{\boldsymbol{X}}\boldsymbol{b}_i=\boldsymbol{e}_l$，$l=\arg\max_j\boldsymbol{k}_i^{\mathrm{T}}\boldsymbol{x}_j$，

      $i=i+1$；

    End

    计算 $\bar{\upsilon}$；

  End
4. 输出端元 $\{\hat{\boldsymbol{\zeta}}_i\}_{i=1}^r=\{\tilde{\boldsymbol{X}}\hat{\boldsymbol{b}}_i-\hat{\boldsymbol{u}}_i\}_{i=1}^r$。

3) SDVMM

如采用连续优化方法求解式(2.3.7)，定义 $\boldsymbol{f}_i=(1,\boldsymbol{v}_i^{\mathrm{T}})^{\mathrm{T}}$，$\boldsymbol{g}_i=(1,\boldsymbol{u}_i^{\mathrm{T}})^{\mathrm{T}}$ 和 $\overline{\boldsymbol{x}}_j=(1,\tilde{\boldsymbol{x}}_j^{\mathrm{T}})^{\mathrm{T}}$，根据格雷姆行列式求解规则，可以将式(2.3.7)写成

$$\max_{\boldsymbol{f}_i\in\operatorname{conv}\{\{\boldsymbol{y}_j\}_{j=1}^{m-Z}\}}\ \min_{\substack{\|\boldsymbol{g}_i\|\leqslant\theta\\ \boldsymbol{e}_r^{\mathrm{T}}\boldsymbol{g}_i=0}}\ \prod_{i=1}^{r}\left\|\boldsymbol{P}_{\boldsymbol{H}_{1:(i-1)}}^{\perp}(\boldsymbol{f}_i-\boldsymbol{g}_i)\right\| \tag{2.3.10}$$

式中，$\boldsymbol{P}_{\boldsymbol{H}_{1:i}}^{\perp}=\boldsymbol{I}_{r\times r}-\boldsymbol{H}_{1:i}(\boldsymbol{H}_{1:i}^{\mathrm{T}}\boldsymbol{H}_{1:i})^{\#}\boldsymbol{H}_{1:i}^{\mathrm{T}}$ 是 $\boldsymbol{H}_{1:i}\triangleq(\boldsymbol{f}_1-\boldsymbol{g}_1,\cdots,\boldsymbol{f}_i-\boldsymbol{g}_i)$ 的正交补，在方法中，估计的 $\hat{\boldsymbol{f}}_i,\hat{\boldsymbol{g}}_i$ 由前 $(i-1)$ 个子问题的解进行求得。SDVMM 方法流程如下表所示。算法 RASF、ADVMM 和 SDVMM 的源代码可由 http://mx.nthu.edu.tw/～tsunghan/Source%20codes.html 下载。

SDVMM 连续解耦的体积最大-最小方法

1. 输入降维和剔除异常后的高光谱遥感图像矩阵 $\tilde{\boldsymbol{X}}$ 和端元数目 r，收敛容忍值 $\eta>0$，回退距离 θ；
2. 构建 $\overline{\boldsymbol{x}}_j=(1,\tilde{\boldsymbol{x}}_j^{\mathrm{T}})^{\mathrm{T}}$，令 $\boldsymbol{H}_{1:0}=\boldsymbol{I}_{r\times r}$，　$i=0$；
3. While　$i<r$

　　$i=i+1$；计算 $\hat{\boldsymbol{f}}_i=\overline{\boldsymbol{x}}_l$，$l=\underset{j\in\{j|\boldsymbol{P}_{\hat{\boldsymbol{H}}_{1:(i-1)}}^{\perp}\overline{\boldsymbol{x}}_j\}}{\arg\max}\left\|\boldsymbol{P}_{\hat{\boldsymbol{H}}_{1:(i-1)}}^{\perp}\overline{\boldsymbol{x}}_j\right\|$，$\hat{\boldsymbol{g}}_i=\theta\boldsymbol{P}_{\hat{\boldsymbol{H}}_{1:(i-1)}}^{\perp}\boldsymbol{f}_i\Big/\left\|\boldsymbol{P}_{\hat{\boldsymbol{H}}_{1:(i-1)}}^{\perp}\boldsymbol{f}_i\right\|$，

　　$\boldsymbol{f}_i\in\{\boldsymbol{f}\,\big|\,\|\boldsymbol{P}_{\hat{\boldsymbol{H}}_{1:(i-1)}}^{\perp}\boldsymbol{f}\|>\theta\}$；

　　$\hat{g}_{r,i}=0$，$\hat{\boldsymbol{H}}_{1:i}=(\hat{\boldsymbol{H}}_{1:(i-1)},\hat{\boldsymbol{f}}_i-\hat{\boldsymbol{g}}_i)$；

　End
4. 输出端元 $\{\hat{\boldsymbol{\zeta}}_i\}_{i=1}^{r}=\{\hat{\boldsymbol{f}}_{1:(r-1),i}-\hat{\boldsymbol{g}}_{1:(r-1),i}\}_{i=1}^{r}$。

高光谱遥感图像中异常像元的存在，尤其会对基于最大单形体体积规则的端元提取方法结果，带来一定程度的精度损失。异常像元一般缺乏足够的物理意义，难以代表显著的土地覆盖类型，但却由于其在特征空间中的特殊位置，经常容易被选作单形体的顶点而提取成端元。近些年，也出现了部分考虑异常的端元提取方法，例如，统计体积分析(Geng et al.，2016)考虑了大多数情况下的异常在统计上是属于较小信息量的方向，当异常被提取为端元时整体信息内容(overall information content，OIC)测度的值会降低。因此，将单形体体积与 OIC 相乘，并通过参数调整两者权重，构建新的统计体积(statistical volume，SV)测度，可用于寻找体积和 OIC 都尽可能大的像元作为端元。这样就能更好地在使单形体最大化提取端元的时候应对异常像元的影响。

2.3.2　融合空间信息的端元提取方法

在有监督线性光谱解混中所采用的端元按照来源可以分为图像端元和参考端元。图像端元指的是直接利用图像进行提取得到的端元，而参考端元通常是由实地或者实验室光谱测量而得到(Shi and Wang，2014)。由于参考端元与观测图像的采集条件和空间尺

度一般不同，而且要采集覆盖所有重要物质的参考端元需要花费大量的人力，因此光谱解混中通常考虑的是图像端元。另一方面，如 N-FINDR 和 VCA 等几何端元提取方法虽然在过去得到了广泛应用，但是它们也只是利用了图像的光谱信息，并没有完全利用高光谱遥感图像的"图谱合一"特点。实际上，高光谱遥感图像的空间自相关性也会给光谱解混提供许多有用的重要信息，同时结合数据的空间以及光谱信息将会更有利于端元提取。

1. 自动形态学端元提取

自动形态学端元提取法(automated morphological endmember extraction，AMEE)是最早利用形态学算子来自动确定高光谱遥感图像中各地物类型纯像元的方法(Plaza et al.，2002)。AMEE 算法无须对数据降维，以膨胀(dilation)和腐蚀(erosion)两个图像形态学算子对光谱维的端元提取进行扩展，能同时将图像的光谱和空间信息用于判定端元。

因为图像中的地物一般呈连续分布，所以不同物质端元对应的纯像元一般不会是相互邻近的，而混合像元却通常位于端元点附近。基于该事实，AMEE 对图像中的每一个像元[例如第i行第j列的像元$X(i,j)$，$i=1,2,\cdots,l$; $j=1,2,\cdots,c$]，都会以一定的宽度k围绕该像元构建一个方形的核心邻域。然后，计算该邻域内任意两个像元间的欧氏距离或光谱角距离的累加。根据 LMM 的几何特性，如果某区域中既有混合像元又有纯像元，那么累加距离最小的像元必然是混合像元；而累加距离最大的点可能是端元或者混合像元。

如图 2.10 所示，图像形态学的膨胀算子通过选择最大的累加距离，确定的是像元$\boldsymbol{X}(i,j)$邻域内光谱最纯的像元；而腐蚀算子选择的是最小的累加距离，得到的是最可能是混合像元的点。在这个基础上，后续分别采用投票(voting)和评价(evaluation)两种方式来提取端元。投票的方式是在建立邻域计算累加距离后，对图像的每个像元$\boldsymbol{X}(i,j)$赋

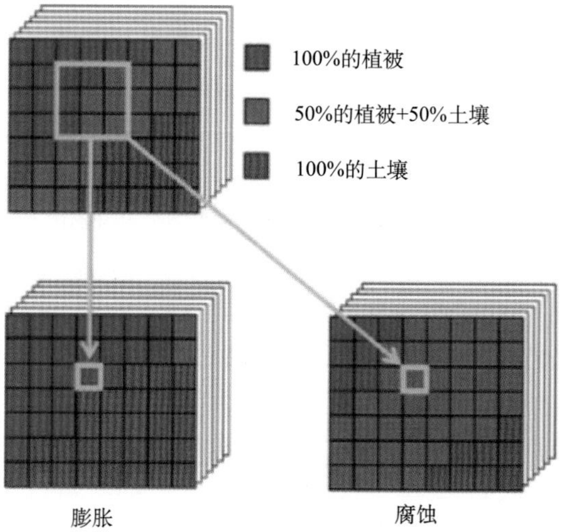

图 2.10　AMEE 的膨胀和腐蚀形态学算子

予一个得票数 $V(i,j)$，记录的是其被膨胀算子记录的次数。总得票数将被用于判定端元。投票的策略相对较快，但不能反映图像整体的性质。另一方面，评价的策略则是为每个像元 $X(i,j)$ 邻域内得票数最高的像元，再定义一个形态离心指数 (morphological eccentricity index，MEI)，记录的是邻域中分别被膨胀和腐蚀算子标记的两个像元间的光谱角距离。评价过程弥补了投票策略的缺陷，能更好地反映像元是端元的可能性。AMEE 算法流程如下表所示，代码可以参考 http://www.umbc.edu/rssipl/people/aplaza/。

AMEE 自动形态学端元提取方法

1. 输入高光谱遥感图像矩阵 $\boldsymbol{X}\in\mathbb{R}^{n\times m}$（$m=l\times c$）和端元数目 r（或阈值 T），核心邻域宽度 k；
2. 初始化形态离心指数矩阵 $\mathbf{MEI}=\mathbf{0}$， $\mathbf{MEI}\in\mathbb{R}^{l\times c}$。
3. For $i=1:l$

    For $j=1:c$

        以 k 确定像元 $\boldsymbol{X}(i,j)$ 的方形核心邻域 $\tilde{N}(i,j)$，计算其中各像元与其他像元间的累加距离；

        确定膨胀算子像元位置 $(d_i,d_j)=\underset{(v,u)\in\tilde{N}(i,j)}{\arg\max}\{\sum_v\sum_u \mathrm{dist}(\boldsymbol{X}(i,j),\boldsymbol{X}(v,u))\}$；

        确定腐蚀算子像元位置 $(e_i,e_j)=\underset{(v,u)\in\tilde{N}(i,j)}{\arg\min}\{\sum_v\sum_u \mathrm{dist}(\boldsymbol{X}(i,j),\boldsymbol{X}(v,u))\}$；

        更新 $\mathbf{MEI}(d_i,d_j)=\mathbf{MEI}(d_i,d_j)+\mathrm{dist}(\boldsymbol{X}(d_i,d_j),\boldsymbol{X}(e_i,e_j))$；

    End

End

4. 输出 **MEI** 取较大值的行列位置上的 r 个像元(或超过阈值 T 的像元)作为端元。

2. 空谱信息约束的端元提取方法

对于只利用高光谱遥感图像光谱信息的端元提取，那些具有较高的光谱对比度 (spectral contrast) 的端元通常会比低光谱对比度的端元更容易被选取。此外，光谱对比度依赖于端元的聚集程度，聚集程度的变化一般也会带来端元光谱对比度的改变。例如，对于整幅图像具有低光谱对比度的端元，很可能在图像的局部子区域中具有相对其他像元更高的对比度(如图 2.11 所示)。基于此，空谱端元提取(spatial-spectral endmember extraction，SSEE)算法(Rogge et al., 2007)同时利用了高光谱数据的空间和光谱信息，通过将图像分成不同的小子集后进行分别处理，可有效地利用空间特征来提升那些光谱相似但空间独立的端元间的对比度。这样就能够使低对比度的端元更容易地被提取出来。

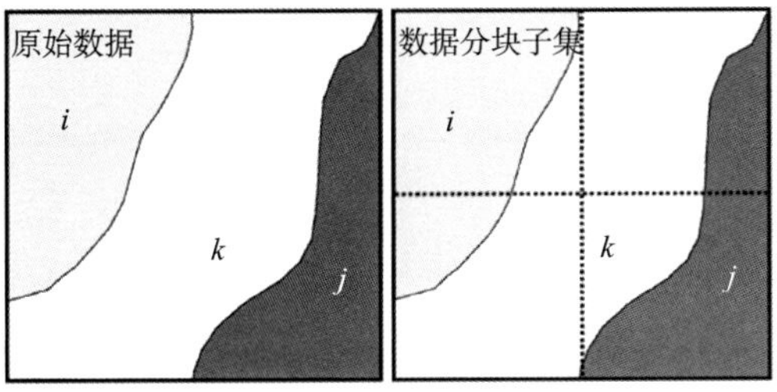

图 2.11　覆盖三种地物成分的图像空间区域分块(Rogge et al., 2007)

SSEE 算法的流程主要包括四个步骤：①在把图像按空间维划分为多个大小相同且相互无重叠的方形区域后(如图 2.11 所示)，利用奇异值分解 SVD 方法确定一组描述图像子集最大光谱方差的特征向量；较大的子区域会限制提取低对比度的端元，而较小的子区域则会使保留的特征向量过多；②将所有像元投影到各个特征向量上，取投影最大和最小的像元为候选的纯像元；③利用空间约束对光谱相似的候选纯像元取均值并使它们相互结合，如图 2.12 所示；④根据光谱相似性对候选端元进行排序。SSEE 具体的算法流程如下表所示，该方法已集成于 ENVI 软件的相关功能模块中。

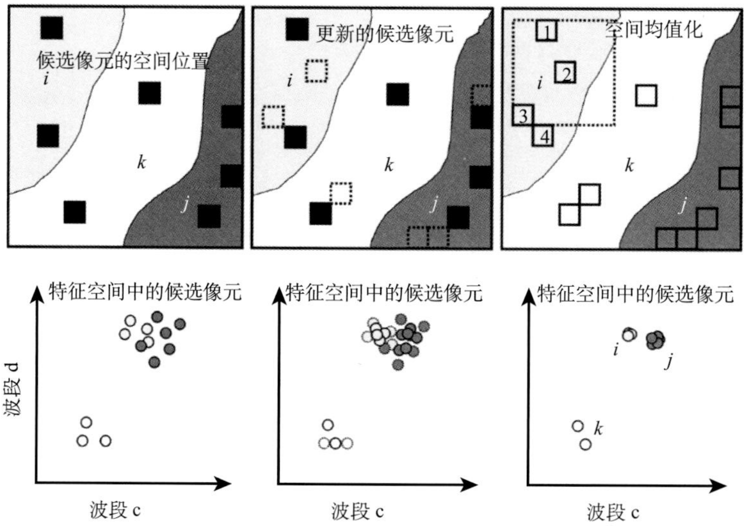

图 2.12　SSEE 的候选端元更新和空间均值化(Rogge et al.，2007)

SSEE 空谱信息端元提取

1. 输入高光谱遥感图像矩阵 $\boldsymbol{X}\in\mathbb{R}^{n\times m}$，子块大小 $k\geqslant\sqrt{n}$，阈值 η；
2. 对图像分块后的各子集进行 SVD，$\boldsymbol{X}_{ev}=\boldsymbol{U}_{ev}\boldsymbol{\Sigma}\boldsymbol{V}_{ev}^{\mathrm{T}}$，保留的 $\boldsymbol{U}_{ev}$ 特征向量数量最少为 2，最多占 99%总方差，然后将这些子集的特征向量编译成一个特征向量矩阵 $\tilde{\boldsymbol{U}}$；
3. 将所有像元向各特征向量投影 $\tilde{\boldsymbol{X}}=\tilde{\boldsymbol{U}}^{\mathrm{T}}\boldsymbol{X}$，并保留最大和最小投影的像元和位置作为候选端元；
4. 构建以某候选端元为中心的大小为 k 的滑动窗，比较候选端元与窗内其他像元的光谱角或均方根误差，小于阈值 η 的像元将被列为新的候选端元，然后滑动窗口，以窗内所有候选端元的均值更新中心的像元，可重复进行来削弱噪声的影响；
5. 对候选端元排序：候选端元库的第一个像元作为第一个端元，然后比较它与其他端元的相似性，根据光谱角距离的大小进行升序重排列，最后根据相似性将它们分为不同的物质端元类别。

3. 基于空间局部窗的混合自动端元提取

混合的端元提取算法(hybrid endmember extraction algorithm，HEEA)旨在结合高光谱遥感图像的光谱和空间信息用于端元提取，一方面局部窗内的空谱特征被用于确定端元；另一方面构建了光谱角距离（spectral angle distance，SAD）和光谱信息散度（spectral information divergence，SID）的混合测度来降低所提取端元间的相关性和相似性（Li and Zhang，2011）。

在端元提取中经常会要比较不同的像元光谱，SAD 可以度量像元光谱间的相似性，起到更好地指示分离性的作用，而 SID 则度量像元内光谱的变化，能更有效地保持光谱性质。通过结合 SAD 和 SID 对各像元光谱间关系进行评价，能放大不同类别像元间的差异，即令相似像元的更加相似，不相似的像元则更加不同。给出像元 $\boldsymbol{x}_j$ 的归一化光谱概率为 $\boldsymbol{p}_j=\boldsymbol{x}_j/\sum_{i=1}^{n}x_{i,j}$，则 $\boldsymbol{x}_j$ 与像元 $\boldsymbol{x}_l$ 间的 SID-SAD 混合测度定义为

$$\begin{aligned}\text{SID-SAD}(\boldsymbol{x}_j,\boldsymbol{x}_l)&=\text{SID}(\boldsymbol{x}_j,\boldsymbol{x}_l)\cdot\tan(\text{SAD}(\boldsymbol{x}_j,\boldsymbol{x}_l))\\&=\sum_{i=1}^{n}\big((p_{i,j}-p_{i,l})\ln(p_{i,l}/p_{i,j})\big)\tan\left(\cos^{-1}\left(\frac{\boldsymbol{x}_j^{\mathrm{T}}\boldsymbol{x}_l}{\|\boldsymbol{x}_j\|\|\boldsymbol{x}_l\|}\right)\right)\end{aligned}\tag{2.3.11}$$

此外，为了改善如 VCA 等只基于光谱信息的端元提取方法在利用像元的空间邻域信息上的缺陷，采用了空间的局部窗确定同质区域，根据其中各像元到同质区域的候选中心的不同距离赋予不同的权重。这样距离候选端元越近的像元对后续确定该端元的贡献越大。对于第 u 行第 v 列的像元 $\boldsymbol{x}_j$，它的同质区域中心位置为 (u_0,v_0)，它们间的空间欧氏距离为 $d_j=\sqrt{(u-u_0)^2+(v-v_0)^2}$。如果 $d_j=0$，则权重 $w_j=1$；否则 $w_j=1/d_j$。假设邻域中同质像元数目为 k，通过对权重归一化，可得到该同质区域的端元光谱为

$$\tilde{\boldsymbol{a}}=\sum_{i=1}^{k}\tilde{w}_i\boldsymbol{x}_i,\quad \tilde{w}_i=\frac{w_i}{\sum_{i=1}^{k}w_i}\tag{2.3.12}$$

通过式(2.3.12)就能很好地将图像的空间和光谱信息结合起来。HEEA 根据线性解混的残差进行端元提取，其中迭代误差分析（iterative error analysis，IEA）（Neville et al.，1999）被用于获取候选端元，而正交子空间投影（OSP，orthogonal subspace projection）（Harsanyi and Chang，1994）算法［介绍和代码可参照书籍（Chang, 2013）］则进一步被用于降低候选端元与端元集间的高度相关性。最后以这种混合的方式实现端元提取。HEEA 算法的总体流程如下表所示。

HEEA 混合端元提取算法

1. 输入高光谱遥感图像矩阵 $\boldsymbol{X}\in\mathbb{R}^{n\times m}$，以 VD 方法确定端元数目 r，阈值 η；
2. 令第一个端元 $\boldsymbol{a}_1=(1/m)\sum_{j=1}^{m}\boldsymbol{x}_j$，将图像划分为 9 个等块子图像，确定每个子图像内与 $\boldsymbol{a}_1$ 光谱距离最大的像元并以降序排列为候选端元 $\boldsymbol{B}$，以 $\boldsymbol{B}$ 中较大值对应的像元位置依次构建局部窗，用式(2.3.11)评估其他像元与其光谱相似性，记录小于阈值 η 的为同质像元，然后以式(2.3.12)更新第一个端元；
3. 利用现有端元解混并更新残差图像，确定整幅图像和所有子图像的最大残差，类似地搜寻候选端元；

4. 判断候选端元与端元集的相关性，大于阈值则用 OSP 选择候选端元，需要选择子空间最大模和子图像最大模对应的像元加入候选端元集；
5. 利用端元集的端元线性解混，根据解混误差得到下一个端元；
6. 当确定 r 个端元或满足误差收敛迭代条件后，停止循环，通过变换不同滤波窗大小获得端元光谱。

除此之外，还有一些方法旨在端元提取之前对图像进行预处理，使空间信息可以融入现有的基于光谱信息的端元提取方法中。例如，Zortea 和 Plaza(2009)给出了一种可以提高 N-FINDR、VCA 等端元提取方法性能的预处理模块 SPP。在该方法中，每个像元都对应有一个尺度因子，用于描述它与空间近邻像元的空间相似性。而该尺度因子也进一步被用于对该像元光谱向量进行空间加权。在此基础上，让特征空间中的像元点向它们的均值逼近，直接向数据的形心偏移。偏移的大小与由像元空间近邻和光谱信息计算的相似性测度成正比。经过这样的校正过程，位于空间同质区域的像元的偏移会小于那些周围具有不同物质光谱的纯像元。另外，结合聚类和过分割(oversegmentation)的方法也可被用于端元提取的预处理(Kowkabi et al.，2016)，通过光谱聚类利用整幅图像所有像元的光谱性质进行“全局分割”，而过分割则实现“局域分割”以挖掘局部邻域像元的光谱特性，这样在将空间和光谱信息融合的同时，能够降低局部光谱变异性和噪声对端元提取的影响。

2.3.3 基于统计学的端元提取方法

1. 迭代约束端元

如 Winter(1999)的 N-FINDR 寻找最大体积和 Craig(1994)确定包裹数据最小体积等基于 LMM 凸几何特性的方法，一般都会受到图像噪声的影响，而且需要在预先已知端元数目情况下进行。此外，N-FINDR 等方法依赖于纯像元假设，当图像中的像元是高度混合而不存在纯像元时，它们难以提取到准确的端元。

迭代约束端元(iterated constrained endmembers，ICE)方法(Berman et al.，2004)是一种用于端元提取的统计方法，它不需要假设纯像元存在于图像中，对图像噪声具有更好的鲁棒性。对于端元数为 r 的高光谱遥感图像 $\boldsymbol{X}\in\mathbb{R}^{n\times m}$，经过 MNF 处理后保留 n' 个光谱特征，ICE 以端元 $\boldsymbol{A}=\{\boldsymbol{a}_1,\boldsymbol{a}_2,\cdots,\boldsymbol{a}_r\}$ 相互间的距离平方和 $\mathrm{SSD}=\sum_{i=1}^{r-1}\sum_{k=1}^{r}\|\boldsymbol{a}_i-\boldsymbol{a}_k\|_2^2$ 来度量对应单形体体积，SSD 与体积大小成正比。然后，将 SSD 作为正则项约束引入式(2.1.7)的优化问题中，以惩罚参数 λ 构建 LMM 拟合残差和单形体体积最小化间的权衡，通过求解该问题实现端元提取。令 $\boldsymbol{q}_i=(\boldsymbol{A}(i,:))^{\mathrm{T}}$ 为端元矩阵 $\boldsymbol{A}$ 第 i ($i=1,2,\cdots,n'$) 个波段上的矢量，则 $\mathrm{SSD}=\sum_{i=1}^{n'}\boldsymbol{q}_i^{\mathrm{T}}(r\boldsymbol{I}_r-\boldsymbol{1}\boldsymbol{1}^{\mathrm{T}})\boldsymbol{q}_i=r(r-1)Z$ 。这里的 $Z=\sum_{i=1}^{n'}\sigma_i^2$ 是 $\boldsymbol{A}$ 各波段的总体方差。得到的优化问题为

$$\min_{A,S} \frac{1-\lambda}{m}\|X-AS\|_F^2+\lambda Z \quad \text{s.t.} \quad S \geqslant 0,\ \mathbf{1}_r^T S=\mathbf{1}_m^T \tag{2.3.13}$$

当 $\lambda \to 0$ 时，估计的端元张成的 $(n'-1)$ 维单形体将包裹所有的数据点，这些顶点具有较小的总体方差。而当 $\lambda \to 1$ 时，将向数据的中心过渡收缩。因此，λ 应该取接近于 0 的较小值。最后采用交替求解的方法优化式(2.3.13)，迭代过程中，利用求得的端元，通过二次规划优化求解关于丰度系数的约束最小二乘问题；然后，再用估计的丰度以下式更新端元：

$$q_i=\left(SS^T+\mu\left(I_r-\frac{\mathbf{1}\mathbf{1}^T}{r}\right)\right)^{-1} S(X(i,:))^T \tag{2.3.14}$$

式中，$\mu=m\lambda/[(r-1)(1-\lambda)]$。Zare 和 Gader (2007) 在 ICE 的基础上继续向式(2.3.13)中引入了一个提升丰度稀疏性的约束项，并通过阈值判断，能够在端元提取的同时确定端元的数目。ICE 的流程如下表所示，其源代码可由 http://engineers.missouri.edu/zarea/tigersense/code/下载。

ICE 迭代约束端元算法

1. 输入高光谱遥感图像矩阵 $X \in \mathbb{R}^{n\times m}$ 和端元数目 r，收敛容忍值 $\eta > 0$，惩罚系数 $\lambda = 0.01$；
2. 利用 MNF 对数据处理得到 $\tilde{X} \in \mathbb{R}^{n'\times m}$，随机初始化端元 $\tilde{A}$，迭代次数 $t=0$，最大迭代次数 T；
3. While 目标函数误差 $>\eta$ and $t<T$
   a) 利用得到的端元 $\hat{A}$，通过二次规划估计丰度 $\hat{S}$；
   b) 利用(2.3.14)式更新端元 $\hat{A}$；
   c) $t=t+1$，计算目标函数误差；
   End
4. 输出变换到原始光谱域的端元：$\hat{A}$。

2. 分段凸的端元提取方法

分段凸的端元(piece-wise convex endmember, PCE)提取方法(Zare and Gader, 2010)由两部分构成：首先，采用端元分布检测方法用于估计各个端元的分布(endmember distribution, ED)，像元是端元分布的凸组合，并同时考虑丰度的稀疏性；其次，PCE 利用 Dirichlet 过程估计图像可划分的凸子区域的个数，再分别估计关于这些区域内的端元分布和比例系数(如图 2.13 所示)。PCE 的主要优势在于可以克服端元提取对纯像元假设的依赖，对于高度混合的数据也能提取到准确的端元。另外，PCE 估计每个端元的分布而不是单个光谱，从而在端元提取时考虑端元光谱的内在变异性，并且通过将图像数据划分为多个满足 LMM 凸几何性质的子区域进行端元分布估计，也可以更好地适用于真实数据中不满足凸几何性质的数据点。

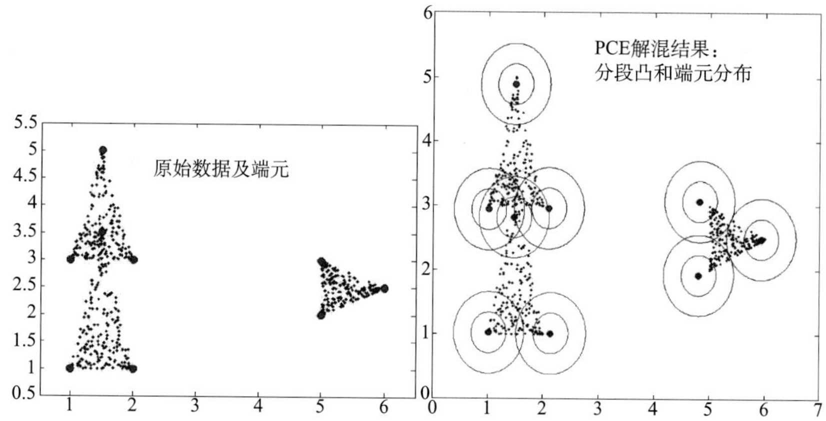

图 2.13　PCE 的原理示意图(Zare and Gader，2010)

1) 端元分布检测

在特定的端元分布假设模型下，迭代地更新每个像元中的各端元的比例向量 $\boldsymbol{s}_j$ 和端元分布的参数实现端元分布估计。对于高光谱遥感图像 $\boldsymbol{X}\in\mathbb{R}^{n\times m}$ 的 r 个端元，每个端元的分布是由均值光谱向量 $\bar{\boldsymbol{a}}_i$ 和已知的协方差 $\boldsymbol{V}_i$ 定义的高斯分布。因此，每个像元就是多元高斯随机变量，是端元分布的凸组合：

$$f(\boldsymbol{x}_j|\bar{\boldsymbol{A}},\boldsymbol{s}_j)\propto\exp\left(-\frac{1}{2}\boldsymbol{l}^{\mathrm{T}}\left(\sum_{i=1}^{r}\boldsymbol{V}_i s_{i,j}^2\right)^{-1}\boldsymbol{l}\right),\ \ \boldsymbol{l}=\boldsymbol{x}_j-\sum_{i=1}^{r}\bar{\boldsymbol{a}}_i s_{i,j} \tag{2.3.15}$$

因此，所有像元的联合概率为

$$f(\boldsymbol{X}|\bar{\boldsymbol{A}},\boldsymbol{S})\propto\prod_{j=1}^{m}f(\boldsymbol{x}_j|\bar{\boldsymbol{A}},\boldsymbol{s}_j) \tag{2.3.16}$$

利用端元分布的均值间距离平方和定义端元先验：

$$f(\bar{\boldsymbol{A}})=\frac{1}{(2\pi)^{\frac{D}{2}}|\boldsymbol{\Gamma}|^{\frac{1}{2}}}\exp\left(-\frac{1}{4}\sum_{i,k}(\bar{\boldsymbol{a}}_i-\bar{\boldsymbol{a}}_k)^{\mathrm{T}}\boldsymbol{\Gamma}^{-1}(\bar{\boldsymbol{a}}_i-\bar{\boldsymbol{a}}_k)\right) \tag{2.3.17}$$

丰度矢量的先验为多项式先验：

$$P(\boldsymbol{s}_j)=\frac{1}{Z}\left(\sum_{i=1}^{r}b_i+1-\sum_{i=1}^{r}b_i(s_{i,j}-c_i)^2\right) \tag{2.3.18}$$

$$Z=\frac{\sqrt{r}(\sum_{i=1}^{r}b_i+1)}{(r-1)!}-\sqrt{r}\sum_{i=1}^{r}\frac{b_i}{(r-1)!}\left(\left(c_i-\frac{1}{r}\right)^2+\frac{r-1}{(r+1)r^2}\right) \tag{2.3.19}$$

$$\bar{\boldsymbol{a}}_i^{\mathrm{T}}=\left(\sum_{j=1}^{m}\left(\boldsymbol{x}_j-\sum_{k\neq i}\bar{\boldsymbol{a}}_k s_{k,j}\right)^{\mathrm{T}}\left(\sum_{k\neq i}\boldsymbol{V}_k s_{k,j}^2\right)^{-1}s_{i,j}+\sum_{k\neq i}\bar{\boldsymbol{a}}_k^{\mathrm{T}}\boldsymbol{\Gamma}^{-1}\right)\left(\sum_{j=1}^{m}s_{i,j}^2\left(\sum_{k\neq i}\boldsymbol{V}_k s_{k,j}^2\right)^{-1}+(r-1)\boldsymbol{\Gamma}^{-1}\right)^{-1} \tag{2.3.20}$$

式中，Z 是归一化常数；$s_{i,j}$、c_i 都满足 ASC 和 ANC 约束；b_i 控制先验的峭度；向量 $\boldsymbol{c}$ 是 $\boldsymbol{s}$ 的最大似然值。该多项式先验使得丰度具有更强的稀疏性，当 $\boldsymbol{c}$ 和 $\boldsymbol{s}$ 都二值化时，多项式先验最大化。给定初始的端元分布估计和多项式先验的 $\boldsymbol{c}$，通过非线性优化最大化 $\log[f(\boldsymbol{x}_j|\overline{\boldsymbol{A}},\boldsymbol{s}_j)P(\boldsymbol{s}_j)]$，更新每个像元点的丰度 $\boldsymbol{s}_j$；然后取 $\log(f(\boldsymbol{X}|\overline{\boldsymbol{A}},\boldsymbol{S})P(\overline{\boldsymbol{A}}))$ 的导数为 0，直接估计式(2.3.20)中端元分布均值，最后利用丰度通过非线性优化更新式(2.3.18)丰度先验中的向量 $\boldsymbol{c}$。

2) 基于 Dirichlet 过程的端元提取

PCE 利用 Dirichlet 过程估计所有像元能被划分为具有 LMM 凸几何性质子区域的数目，然后再估计每个子区域自身对应的端元分布和丰度的集合(如图 2.13)。Dirichlet 过程的先验被用于吉布斯(Gibbs)采样每个数据点的划分归属，采样划分的概率等价于像元点属于某个相关端元分布凸组合的可能性。对划分采样后，通过更新丰度先验来更新采样划分的参数；经过若干个划分采样后，利用端元分布检测方法更新端元分布和丰度。

PCE 算法的流程如下表所示，其源代码可由 http://engineers.missouri.edu/zarea/tigersense/code/下载。

PCE 分段凸的端元提取

1. 输入高光谱遥感图像矩阵 $\boldsymbol{X}\in\mathbb{R}^{n\times m}$ 和端元数目 r，最大迭代次数 T_1，Gibbs 采样迭代次数 T_2；
2. 初始化划分，利用 ED 初始化各划分中的 $\overline{\boldsymbol{A}},\boldsymbol{S}$，$t_1=1$，$t_2=1$；
3. While $t_1<T_1$

    While $t_2<T_2$

        随机对 $\boldsymbol{X}$ 的像元点重排列；

        For $j = 1: m$

            a) 将像元 $\boldsymbol{x}_j$ 移除当前划分，更新该划分的 $\boldsymbol{c}$，利用 $\boldsymbol{x}_j$ 属于端元分布凸组合可能性(Zare and Gader, 2010)计算它的 Dirichlet 过程采样划分概率；

            b) 基于 Dirichlet 过程采样划分概率为 $\boldsymbol{x}_j$ 采样一个划分；

            c) 更新新划分的 $\boldsymbol{c}$；

        End

        $t_2=t_2+1$；

    End

    利用 ED 更新所有划分的 $\overline{\boldsymbol{A}},\boldsymbol{S}$，$t_1=t_1+1$；

End

4. 输出端元：$\overline{\boldsymbol{A}}$。

2.4 丰度估计方法

在线性光谱解混流程的后期，当端元光谱矩阵 $\boldsymbol{A}=(\boldsymbol{a}_1,\boldsymbol{a}_2,\cdots,\boldsymbol{a}_r)\in\mathbb{R}^{n\times r}$ 被提取出来

后，就需要进一步利用输入的高光谱遥感图像 $\boldsymbol{X}=\left(\boldsymbol{x}_1,\boldsymbol{x}_2,\cdots,\boldsymbol{x}_m\right)\in\mathbb{R}^{n\times m}$ 和线性混合模型 LMM，来估计 $\boldsymbol{A}$ 的各个端元光谱在所有像元中的丰度比例 $\boldsymbol{S}=\left(\boldsymbol{s}_1,\boldsymbol{s}_2,\cdots,\boldsymbol{s}_m\right)\in\mathbb{R}^{r\times m}$ 。也就是，已知 $\boldsymbol{X}$ 和 $\boldsymbol{A}$ 求解式(2.1.7)优化问题中 $\boldsymbol{S}$ 的有监督线性解混。其中，最重要的是要能求得在满足丰度 ASC 和 ANC 两个约束条件下精确的解。LMM 的代数意义和凸几何性质都可以较好地被用于完成这项任务。另外，为了在实际应用中获得更加贴近于真实情况的丰度值，通常还需要将图像如稀疏和空间相关性等特点引入到丰度估计过程中。本节将主要介绍在端元已知的条件下，有监督线性光谱解混的常用理论和方法。

2.4.1 最小二乘法

1. 无约束的最小二乘解

由于高光谱图像的波段数 n 一般远大于端元数 r ，因此，线性丰度估计也就对应为一个求解超定线性方程组的解的多元回归过程。在 LMM 假设下，要估计任一像元 $\boldsymbol{x}_j$ 中各端元物质的丰度向量 $\boldsymbol{s}_j$ ，就要使式(2.1.1)的误差项 $\boldsymbol{\varepsilon}_j$ 尽可能小，同时线性混合项 $\sum_{i=1}^{r}\boldsymbol{a}_i s_{i,j}=\boldsymbol{A}\boldsymbol{s}_j$ 无限地逼近 $\boldsymbol{x}_j$ ，这样通常会令两者间的欧氏距离尽可能小。在不考虑式(2.1.2)和式(2.1.3)中丰度 ASC 和 ANC 约束的时候，对于整幅图像的丰度估计就是得到下式的最优解：

$$\min_{\boldsymbol{S}} f(\boldsymbol{S})=\frac{1}{2}\|\boldsymbol{X}-\boldsymbol{A}\boldsymbol{S}\|_{\mathrm{F}}^2 \tag{2.4.1}$$

将目标函数 $f(\boldsymbol{S})$ 对变量 $\boldsymbol{S}$ 求偏导并令其等于 0，得到 $\nabla_{\boldsymbol{S}} f(\boldsymbol{S})=(-\boldsymbol{A})^{\mathrm{T}}(\boldsymbol{X}-\boldsymbol{A}\boldsymbol{S})=0$ ，因此，丰度的无约束最小二乘的闭式解为

$$\hat{\boldsymbol{S}}_{\mathrm{UCLS}}=(\boldsymbol{A}^{\mathrm{T}}\boldsymbol{A})^{-1}\boldsymbol{A}^{\mathrm{T}}\boldsymbol{X}=\boldsymbol{A}^{\#}\boldsymbol{X} \tag{2.4.2}$$

2. 满足 ASC 约束的最小二乘解

当需要考虑丰度的 ASC 约束时，也能得到对应的最小二乘闭式解：

$$\hat{\boldsymbol{S}}_{\mathrm{SCLS}}=\left(\boldsymbol{I}_{r\times r}-\frac{(\boldsymbol{A}^{\mathrm{T}}\boldsymbol{A})^{-1}\mathbf{1}_r\mathbf{1}_r^{\mathrm{T}}}{\mathbf{1}_r^{\mathrm{T}}(\boldsymbol{A}^{\mathrm{T}}\boldsymbol{A})^{-1}\mathbf{1}_r}\right)\hat{\boldsymbol{S}}_{\mathrm{UCLS}}+\left(\frac{(\boldsymbol{A}^{\mathrm{T}}\boldsymbol{A})^{-1}\mathbf{1}_r}{\mathbf{1}_r^{\mathrm{T}}(\boldsymbol{A}^{\mathrm{T}}\boldsymbol{A})^{-1}\mathbf{1}_r}\right)\mathbf{1}_m^{\mathrm{T}} \tag{2.4.3}$$

另外，还可以引入一个用于控制丰度估计结果满足 ASC 约束程度的参数 δ ，构建增广矩阵 $\tilde{\boldsymbol{X}}=\left[\delta\boldsymbol{X}^{\mathrm{T}}\quad\mathbf{1}_m\right]^{\mathrm{T}}$ 和 $\tilde{\boldsymbol{A}}=\left[\delta\boldsymbol{A}^{\mathrm{T}}\quad\mathbf{1}_r\right]^{\mathrm{T}}$ 并代入式(2.4.2)进行求解：

$$\hat{\boldsymbol{S}}_{\mathrm{SCLS}}=(\tilde{\boldsymbol{A}}^{\mathrm{T}}\tilde{\boldsymbol{A}})^{-1}\tilde{\boldsymbol{A}}^{\mathrm{T}}\tilde{\boldsymbol{X}} \tag{2.4.4}$$

式(2.4.4)使得可以灵活控制丰度对 ASC 的满足程度，对于多种情况下的真实图像的光谱解混具有实际的意义。

3. 满足 ANC 约束的最小二乘法

与前面两种情况不同的是，因为 ANC 是由一系列不等式构成的，并不能直接给出

满足 ANC 约束的丰度闭式解。为了解决这个问题，Heinz 和 Chang (2001) 为每个像元 $\boldsymbol{x}_j$ 引入了一个正约束矢量 $\boldsymbol{c}=(c_1,c_2,\cdots,c_r)^{\mathrm{T}}$，得到拉格朗日表达形式

$$J=\frac{1}{2}(\boldsymbol{A}\boldsymbol{s}_j-\boldsymbol{x}_j)^{\mathrm{T}}(\boldsymbol{A}\boldsymbol{s}_j-\boldsymbol{x}_j)+\boldsymbol{\lambda}^{\mathrm{T}}(\boldsymbol{s}_j-\boldsymbol{c}) \quad \text{s.t.}\ \boldsymbol{s}_j=\boldsymbol{c} \tag{2.4.5}$$

令 J 关于丰度 $\boldsymbol{s}_j$ 的偏导等于 0，得

$$\frac{\partial J}{\partial \boldsymbol{s}_j}=\boldsymbol{A}^{\mathrm{T}}\boldsymbol{A}\hat{\boldsymbol{s}}_j+\boldsymbol{A}^{\mathrm{T}}\boldsymbol{x}_j+\boldsymbol{\lambda}=0 \tag{2.4.6}$$

从而用于交替迭代估计丰度的方程为

$$\hat{\boldsymbol{s}}_{\mathrm{NCLS},j}=(\boldsymbol{A}^{\mathrm{T}}\boldsymbol{A})^{-1}\boldsymbol{A}^{\mathrm{T}}\boldsymbol{x}_j-(\boldsymbol{A}^{\mathrm{T}}\boldsymbol{A})^{-1}\boldsymbol{\lambda}=\hat{\boldsymbol{s}}_{\mathrm{UCLS},j}-(\boldsymbol{A}^{\mathrm{T}}\boldsymbol{A})^{-1}\boldsymbol{\lambda} \tag{2.4.7}$$

$$\boldsymbol{\lambda}=\boldsymbol{A}^{\mathrm{T}}(\boldsymbol{x}_j-\boldsymbol{A}\hat{\boldsymbol{s}}_{\mathrm{NCLS},j}) \tag{2.4.8}$$

其中拉格朗日乘子矢量 $\boldsymbol{\lambda}=(\lambda_1,\lambda_2,\cdots,\lambda_r)^{\mathrm{T}}$。为了估计满足 ANC 的丰度，构建了两个序号标签集合 $\boldsymbol{P}$ 和 $\boldsymbol{R}$。$\boldsymbol{P}$ 用于存储 $\hat{\boldsymbol{s}}_{\mathrm{UCLS},j}$ 中所有正元素的序号，而 $\boldsymbol{R}$ 则用于记录式(2.4.7)和式(2.4.8)的 $\hat{\boldsymbol{s}}_{\mathrm{UCLS},j}$ 所有非正元素的序号。当找到最优的 $\hat{\boldsymbol{s}}_{\mathrm{NCLS},j}$ 时，拉格朗日乘子向量满足 Kuhn-Tucker 条件：如果 $i\in\boldsymbol{P}$，$\lambda_i=0$；而如果 $i\in\boldsymbol{R}$，$\lambda_i<0$。正是通过利用该条件，可以有效地选取一个正集 $\boldsymbol{P}$，而该选择过程也是使得丰度 ANC 约束得以满足的原由所在。

4. 全约束最小二乘法

全约束最小二乘(fully constrained least squares，FCLS)实际上就是把非负最小二乘解中的像元和端元矩阵分别取 $\tilde{\boldsymbol{X}}=\left[\delta\boldsymbol{X}^{\mathrm{T}}\quad \boldsymbol{1}_m\right]^{\mathrm{T}}$ 和 $\tilde{\boldsymbol{A}}=\left[\delta\boldsymbol{A}^{\mathrm{T}}\quad \boldsymbol{1}_r\right]^{\mathrm{T}}$ 后进行计算。FCLS 算法的流程如下表所示，源代码可参照 MATLAB 工具包(https://github.com/isaacgerg/matlabHyperspectralToolbox)和书籍(Chang，2013)的附录。

FCLS 全约束最小二乘算法

1. 输入高光谱遥感图像矩阵 $\boldsymbol{X}\in\mathbb{R}^{n\times m}$，端元矩阵 $\boldsymbol{A}\in\mathbb{R}^{n\times r}$，参数 δ 和阈值 η，令 $\tilde{\boldsymbol{X}}=\left[\delta\boldsymbol{X}^{\mathrm{T}}\quad \boldsymbol{1}_m\right]^{\mathrm{T}}$，$\tilde{\boldsymbol{A}}=\left[\delta\boldsymbol{A}^{\mathrm{T}}\quad \boldsymbol{1}_r\right]^{\mathrm{T}}$；
2. For $j=1:m$;
3. 令 $P=\{\ \}$，$R=\{1,2,\cdots,r\}$，$\boldsymbol{c}=\boldsymbol{0}$，$\hat{\boldsymbol{s}}_j=\boldsymbol{0}$，$\boldsymbol{\lambda}=\tilde{\boldsymbol{A}}^{\mathrm{T}}(\tilde{\boldsymbol{x}}_j-\tilde{\boldsymbol{A}}\hat{\boldsymbol{s}}_{SCLS,j})$；
4. While $\mathrm{R}\neq\{\ \}$ 且 $\max\limits_{i\in\mathrm{R}}(\lambda_i)>\eta$

    $w=\arg\max\limits_{i\in\mathrm{R}}(\lambda_i)$，$R$=$R-\{w\}$，$P$=$P\bigcup\{w\}$，

    取 P 和 R 中标号对应的元素和向量操作：$\hat{\boldsymbol{s}}_{\mathrm{P},j}=(\tilde{\boldsymbol{A}}_{\mathrm{P}}^{\mathrm{T}}\tilde{\boldsymbol{A}}_{\mathrm{P}})^{-1}\tilde{\boldsymbol{A}}_{\mathrm{P}}^{\mathrm{T}}\tilde{\boldsymbol{x}}_j$，$\hat{\boldsymbol{s}}_{\mathrm{R},j}=\boldsymbol{0}$；
5. If $\min(\hat{\boldsymbol{s}}_{\mathrm{P}})\leqslant 0$

    $\mu=\min\limits_{i\in\mathrm{P},\hat{s}_{i,j}\leqslant 0}\{c_i/(c_i-\hat{s}_{i,j})\}$，$\boldsymbol{c}=\boldsymbol{c}+\mu(\hat{\boldsymbol{s}}_j-\boldsymbol{c})$；

    将所有的 i $(c_i=0)$ 从 P 移到 R;

```
    End
6.          λ = Ã^T(x̃_j − Ãŝ_j);
    End
7. 输出像元 x_j 的丰度：ŝ_j;
    End
```

2.4.2 基于单形体几何性质的快速丰度估计

LMM 的凸几何性质不仅可以用于端元的提取，而且也能构建快速的几何丰度估计方法。在由端元$\{\boldsymbol{a}_1,\boldsymbol{a}_2,\cdots,\boldsymbol{a}_r\}$作为顶点张成的$(r-1)$维单形体$\Delta^{r-1}$中，像元是这些端元按照对应丰度系数的凸组合。若不考虑噪声等误差的影响，满足 ASC 和 ANC 约束的像元丰度实际上就是它们在Δ^{r-1}中关于顶点的规范重心坐标(normalized barycentric coordinates)(沈文选，2000)。基于几何投影和距离的方法都能有效地用于求解重心坐标实现丰度估计，但这些几何方法一般对噪声等误差较为敏感。下面将介绍其中最新的两种方法。

1. 基于单形体投影的全约束线性光谱解混

单形体投影的解混(simplex projection unmixing，SPU)方法(Heylen et al.，2011)基于全约束最小二乘的优化问题与单形体投影间的等价关系，通过投影几乎总能够在严格满足丰度 ASC 和 ANC 约束的同时使最小二乘误差最小化。SPU 实质是一种递归的几何算法，无须利用二次规划或者非负最小二乘求解丰度。

SPU 的单形体投影基于以下的几何定义和理论：

引理 1　向端元集确定的单形体超平面H的正交投影，保持单形体投影不变性。

引理 2　对于单形体Δ^{r-1}和一点$\boldsymbol{x}\notin\Delta^{r-1}$，如果$\boldsymbol{x}$的投影$\boldsymbol{x}'=P(\boldsymbol{x})$位于$\Delta^{r-1}$的边界上，则至少有一个端元丰度系数$\hat{s}_i$等于 0。

定义 1　$\mathbb{R}^{r-1}$中单形体Δ^{r-1}的内切圆心$\boldsymbol{c}$是所有平分Δ^{r-1}各侧面间二面角的$(r-2)$维超平面的交点，也是Δ^{r-1}内最大超球体的中心。令$\{\boldsymbol{a}_1,\boldsymbol{a}_2,\cdots,\boldsymbol{a}_{i-1},\boldsymbol{a}_{i+1}\cdots,\boldsymbol{a}_r\}$的子单形体积为$V_i$，则$\boldsymbol{c}$点的重心坐标为：$s_i^c=V_i/\sum_{i=1}^r V_i$，欧氏坐标为：$\boldsymbol{c}=\boldsymbol{A}\boldsymbol{s}^c$。

定义 2　$\mathbb{R}^{r-1}$中单形体Δ^{r-1}的二分切锥为$Z_i=\{\boldsymbol{x}|\boldsymbol{x}=\boldsymbol{c}+\sum_{i=1}^r b_k(\boldsymbol{a}_i-\boldsymbol{c}),\exists b_1,\cdots,b_r\geqslant 0,b_i=0\}$。

定理 1　对于$\mathbb{R}^r$中的标准单形体Δ^r，$\boldsymbol{v}\in\Delta^r$(满足非负与“和为 1”约束)，$\boldsymbol{x}$在单形体的$\Delta^r$超平面$H^r$上，但$\boldsymbol{x}\notin\Delta^r$，那么$\boldsymbol{x}$向$\Delta^r$的投影为$\boldsymbol{x}'=P(\boldsymbol{x})$，重心坐标(丰度)为$\hat{s}_1,\cdots,\hat{s}_r$。那么，$\boldsymbol{x}\in Z_i\Rightarrow\hat{s}_i=0$。

由此，根据这些理论，可以将像元点投影到单形体，然后找到对应的丰度系数。像元$\boldsymbol{x}_j\in\mathbb{R}^{n\times 1}$向端元$M=\{\boldsymbol{a}_1,\boldsymbol{a}_2,\cdots,\boldsymbol{a}_r\}$单形体$\Delta^{r-1}$的投影步骤为：①将$\boldsymbol{x}_j$向$\Delta^{r-1}$的超平面$H^{r-1}$进行正交投影，得到投影$\boldsymbol{y}_j=P(\boldsymbol{x}_j)$($\min\|\boldsymbol{y}_j-\boldsymbol{x}_j\|_2$)；②如果$\boldsymbol{y}_j$位于$\Delta^{r-1}$上则转第

④步，否则转第③步；③确定包含 $\boldsymbol{y}_j$ 的锥 Z_i，移除端元 $\boldsymbol{a}_i$ 得到 $M'=M/\{\boldsymbol{a}_i\}$ 以及低一维的单形体 Δ^{r-2}，并令 $\hat{s}_i=0$，$M=M'$ 和 $\boldsymbol{x}_j=\boldsymbol{y}_j$，然后返回步骤①；④将 $\boldsymbol{y}_j$ 用 M 中剩余的端元进行线性表示，构建超定线性方程，确定 $\boldsymbol{y}_j$ 的丰度系数，不属于 M 的端元的丰度系数为 0。其中，在计算内切圆心 $\boldsymbol{c}$ 的时候，为降低计算复杂度，采用的是 Cayley-Menger 行列式的距离与体积转换来实现的。SPU 算法的流程如下表所述，其源代码可由 https://sites.google.com/site/robheylenresearch/code 下载。

SPU 单形体投影的递归解混算法

1. 输入高光谱遥感图像矩阵 $\boldsymbol{X}\in\mathbb{R}^{n\times m}$，端元矩阵 $\boldsymbol{A}\in\mathbb{R}^{n\times r}$；
2. If $r=1$ then $\hat{\boldsymbol{S}}=\boldsymbol{1}_m^{\mathrm{T}}$；$\mathrm{M}=\{\}$；
3. For $j=1{:}m$

　　计算部分丰度矢量 $\boldsymbol{v}_j=(\hat{\boldsymbol{A}}^{\mathrm{T}}\hat{\boldsymbol{A}})^{-1}\hat{\boldsymbol{A}}^{\mathrm{T}}(\boldsymbol{x}_j-\boldsymbol{a}_1)$，$\hat{\boldsymbol{A}}=(\boldsymbol{a}_2-\boldsymbol{a}_1,\boldsymbol{a}_3-\boldsymbol{a}_1,\cdots,\boldsymbol{a}_r-\boldsymbol{a}_1)$，

　　If $\forall i, v_{i,j}\geqslant 0\ \&\sum_i v_{i,j}\leqslant 1$

　　　　$\boldsymbol{s}_j=(1-\sum_i v_{i,j},\boldsymbol{v}_j)$，

　　Else

　　　　将 $\boldsymbol{x}_j$ 投影到单形体平面 $\boldsymbol{y}_j=\hat{\boldsymbol{A}}(\hat{\boldsymbol{A}}^{\mathrm{T}}\hat{\boldsymbol{A}})^{-1}\hat{\boldsymbol{A}}^{\mathrm{T}}(\boldsymbol{x}_j-\boldsymbol{a}_1)+\boldsymbol{a}_1$，将序号 j 加入 M；

　　End

　End
4. 计算端元距离矩阵；
5. For $i=1{:}r$

　　利用 C-M 行列式(2.3.3)计算 $\{\boldsymbol{a}_1,\boldsymbol{a}_2,\cdots,\boldsymbol{a}_{i-1},\boldsymbol{a}_{i+1}\cdots,\boldsymbol{a}_r\}$ 的子单形体积 V_i，

　　计算内切圆心 $\boldsymbol{c}$ 坐标；

　End
6. For $i=1{:}r$

　　$\mathrm{M}_i=\{\}$；

　　对于 $k\in\mathrm{M}$，以 $\boldsymbol{x}_j^c=\hat{\boldsymbol{A}}_i^c\boldsymbol{b}^i$（$\boldsymbol{x}_j^c=\boldsymbol{x}_j-\boldsymbol{c}$，$\hat{\boldsymbol{A}}^c=\hat{\boldsymbol{A}}-\boldsymbol{c}\boldsymbol{1}_{r-1}^{\mathrm{T}}$）计算 $\boldsymbol{b}^i$，如果任意的 $\boldsymbol{b}^i\geqslant 0$，则将 k 加入 M_i；

　　If $\mathrm{M}_i\neq\{\}$

　　　　递归：$\hat{\boldsymbol{S}}^{\mathrm{P}}=\mathrm{SPU}(\boldsymbol{x}_{I_i},\boldsymbol{A}_i)$，$\hat{\boldsymbol{S}}([1,\cdots,i-1,i+1,r],\mathrm{M}_i)=\hat{\boldsymbol{S}}^{\mathrm{P}}$，$\hat{\boldsymbol{S}}(i,\mathrm{M}_i)=\boldsymbol{0}$；

　　End

　End
7. 输出丰度：$\hat{\boldsymbol{S}}$。

2. 基于距离几何的丰度估计方法

基于距离几何的丰度估计(distance geometry-based abundance estimation，DGAE)通过像元点之间的距离关系从重心坐标得到观测像元的丰度(Pu et al.，2014)。整个算法由

三部分组成，分别适用于计算重心坐标、确定在端元仿射包外的观测像元的估计点和端元仿射包上的观测像元的子空间定位。DGAE 中 Cayley-Menger 矩阵的引入使得欧氏空间上的运算转化为距离空间上的运算，在降低运算复杂度的同时很好地兼顾到数据集的几何结构。而且，单形体重心的使用确立了一种较为快速而精确的方法来确定像元所属的子空间，进而便于利用递归的思想得到丰度值。

对于高光谱遥感图像 $\boldsymbol{X}=(\boldsymbol{x}_1,\boldsymbol{x}_2,\cdots,\boldsymbol{x}_m)\in\mathbb{R}^{n\times m}$ 和端元矩阵 $\boldsymbol{A}=(\boldsymbol{a}_1,\boldsymbol{a}_2,\cdots,\boldsymbol{a}_r)\in\mathbb{R}^{n\times r}$，将空间中的像元点分为了如图 2.14 所示的三类：①内点 $\boldsymbol{x}\in\mathrm{conv}\{\boldsymbol{a}_1,\boldsymbol{a}_2,\cdots,\boldsymbol{a}_r\}$，包括端元单形体内部和面上的点；②外点 I：$\boldsymbol{x}\notin\mathrm{conv}\{\boldsymbol{a}_1,\boldsymbol{a}_2,\cdots,\boldsymbol{a}_r\}$ 且 $\boldsymbol{x}\in\mathrm{aff}\{\boldsymbol{a}_1,\boldsymbol{a}_2,\cdots,\boldsymbol{a}_r\}$，包括端元单形体外但在端元仿射包内部的点；③外点 II：包括端元仿射包外的点，即 $\boldsymbol{x}\notin\mathrm{aff}\{\boldsymbol{a}_1,\boldsymbol{a}_2,\cdots,\boldsymbol{a}_r\}$。

根据凸几何理论，满足 LMM 的高光谱图像中的所有像元均位于端元单形体内部。此时，这些像元对应于端元单形体的重心坐标即为它们的丰度。然而，当噪声存在或者数据本身不完全满足 LMM 时，一些观测点将出现在单形体的外部，成为外点 I 或 II。对于外点 I 来说，虽然仍然可以计算它们的重心坐标，但是由于不能满足丰度的非负约束，这些重心坐标不能看作所要估计的丰度。端元集并不能线性表示外点 II，因此也就不能直接计算它们的重心坐标或丰度矢量。于是，对于这两类外点，必须有效地确定它们在单形体上的估计点并将其重心坐标作为这些外点的估计丰度。

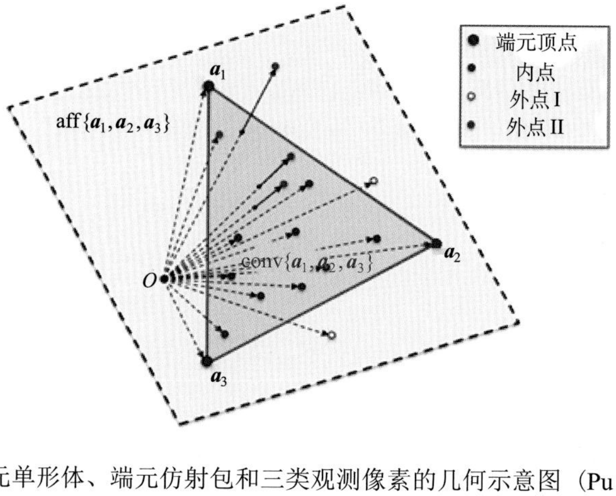

图 2.14　端元单形体、端元仿射包和三类观测像素的几何示意图（Pu et al.，2014）

对于外点 II 的处理方法是：通过解决一个距离几何约束问题求解它们在端元仿射包上的最优估计点。一种情况是，这个估计点位于端元单形体上，则可以通过求解这些估计点的重心坐标得到所需要的丰度。而在另一种情况下，这些估计点将变成端元单形体的外点 I，它们将和原来的外点 I 一起被处理。另一方面，处理外点 I 的基本思想是：在一定的合理假设下，通过算法确定丰度为零的端元，并将其从端元集中剔除，得到由端元集的子集支撑的低维度端元子单形体。于是待处理的外点 I 将变成这些端元子单形体的外点 II，这样便开启新一轮的递归搜索过程，直至找到位于单形体上的估计点。

基于像元 $\boldsymbol{x}_j$ 与端元间距离和式(2.3.4)的 Cayley-Menger 矩阵得到式(2.4.10)的重心坐标 $\hat{\boldsymbol{s}}_j$：

$$\boldsymbol{C}^{(r+2)}\left(\boldsymbol{a}_1,\boldsymbol{a}_2,\cdots,\boldsymbol{a}_r,\boldsymbol{x}_j\right)=\left(\begin{array}{c|c}\boldsymbol{C}^{(r+1)}\left(\boldsymbol{a}_1,\boldsymbol{a}_2,\cdots,\boldsymbol{a}_r\right) & \boldsymbol{c}^{(r+1)} \\ \hline \left(\boldsymbol{c}^{(r+1)}\right)^T & 0\end{array}\right) \tag{2.4.9}$$

$$\begin{pmatrix}\varsigma \\ \hat{\boldsymbol{s}}_j\end{pmatrix}=\left(\boldsymbol{C}^{(r+1)}\right)^{-1}\begin{pmatrix}1 \\ \boldsymbol{d}^{(r)}\end{pmatrix} \tag{2.4.10}$$

式中，$\boldsymbol{c}^{(r+1)}=(1,\boldsymbol{d}^{(r)\mathrm{T}})^{\mathrm{T}}$；$\boldsymbol{d}^{(r)}=\left(d_{1,x}^2,d_{2,x}^2,\cdots,d_{r,x}^2\right)^{\mathrm{T}}$；$d_{i,x}^2=\left\|\boldsymbol{a}_i-\boldsymbol{x}_j\right\|^2$。式(2.4.10)只能应用于内点和外点 I，即端元仿射包上的点。对于前者，直接可以由此得到所求的丰度矢量，它的两个物理约束都可以得到满足。而对于后者，得到的重心坐标中将出现不满足要求的负值。为了能够得到外点 I 和 II 的丰度，需要估计它们在端元单形体上估计点，并将这些估计点的重心坐标作为最终的丰度矢量。

假设外点 II：$\boldsymbol{x}_j$ 在端元仿射包上的估计点 $\hat{\boldsymbol{x}}_j$ 的距离平方矢量为 $\hat{\boldsymbol{d}}^{(r)}$，可以构建一个误差 $\boldsymbol{\varepsilon}^{(r)}=\hat{\boldsymbol{d}}^{(r)}-\boldsymbol{d}^{(r)}$。最优的估计点 $\hat{\boldsymbol{x}}_j$ 对应于 $\boldsymbol{\varepsilon}^{(r)}$ 最小的情况。这里将求解最优估计点的问题看作一个距离几何约束问题，其中像元和端元集之间的几何关系被描述成一个二次约束的优化问题：

$$\boldsymbol{\varepsilon}^{(r)}=\underset{\boldsymbol{\varepsilon}^{(r)}}{\arg\min}\left\|\boldsymbol{\varepsilon}^{(r)}\right\|^2,\quad \text{s.t.}\left(\boldsymbol{\varepsilon}^{(r)}\right)^{\mathrm{T}}\boldsymbol{Z}\boldsymbol{\varepsilon}^{(r)}-2\boldsymbol{\varepsilon}^{(r)}\boldsymbol{b}-c=0 \tag{2.4.11}$$

$$\left(\boldsymbol{C}^{(r+1)}\right)^{-1}=\left(\begin{array}{c|c}\boldsymbol{D}^{(r)} & \left(\boldsymbol{\delta}^{(r)}\right)^T \\ \hline \boldsymbol{\delta}^{(r)} & \rho\end{array}\right),\quad \begin{cases}\boldsymbol{Z}=-\boldsymbol{D}^{(r)} \\ \boldsymbol{b}=\boldsymbol{\delta}^{(r)}+\boldsymbol{D}^{(r)}\boldsymbol{d}^{(r)} \\ c=\begin{pmatrix}1 \\ \boldsymbol{d}^{(r)}\end{pmatrix}^T\left(\begin{array}{c|c}\rho & \left(\boldsymbol{\delta}^{(r)}\right)^T \\ \hline \boldsymbol{\delta}^{(r)} & \boldsymbol{D}^{(r)}\end{array}\right)\begin{pmatrix}1 \\ \boldsymbol{d}^{(r)}\end{pmatrix}\end{cases} \tag{2.4.12}$$

通过求解式(2.4.11)便可以实现基于距离几何约束的位置估计。接下来，还需要根据内点的子空间定位处理外点 I。选择端元单形体的重心作为内点，把端元仿射包划分为 r 个独立的子空间，如果某外点 I：$\boldsymbol{x}_j$ 位于第 i 个子空间中，那么估计点 $\hat{\boldsymbol{x}}_j$ 中端元 $\boldsymbol{a}_i$ 的丰度为 $\hat{s}_{i,j}=0$。在计算像元或其估计点丰度时，可以将端元 $\boldsymbol{a}_i$ 从原始端元集中去除，而计算估计点 $\hat{\boldsymbol{x}}_j$ 关于端元子单形体 $\{\boldsymbol{a}_1,\boldsymbol{a}_2,\cdots,\boldsymbol{a}_{i-1},\boldsymbol{a}_{i+1}\cdots,\boldsymbol{a}_r\}$ 的重心坐标。通过将上述对三种类型点的丰度估计处理，得到最后基于距离几何的丰度估计 DGAE 方法，其算法流程如下表所示。

DGAE 基于距离几何的丰度估计算法

1. 输入高光谱遥感图像矩阵 $\boldsymbol{X}\in\mathbb{R}^{n\times m}$，端元矩阵 $\boldsymbol{A}\in\mathbb{R}^{n\times r}$；
2. 计算距离平方矩阵 $\boldsymbol{c}^{(r+1)}$，$\boldsymbol{T}=\left(\boldsymbol{c}_1^{(r+1)},\boldsymbol{c}_2^{(r+1)},\cdots,\boldsymbol{c}_m^{(r+1)}\right)$，$\boldsymbol{d}^{(r)}$，$(\boldsymbol{C}^{(r+1)})^{-1}$；
3. If $r=1$ then $\hat{\boldsymbol{S}}=\mathbf{1}_m^{\mathrm{T}}$；

4. For $j = 1{:}m$

　　根据(2.4.12)式计算 $\boldsymbol{Z},\boldsymbol{b},c$；对进行谱分解 $\boldsymbol{Z} = \sum_{i=1}^{r} \lambda_i \boldsymbol{u}_i \boldsymbol{u}_i^T = \boldsymbol{U\Sigma U}^T$，用以求解(2.4.11)式的约束优化问题，估计 $\hat{\boldsymbol{d}}^{(r)}$ 并更新 $\boldsymbol{T}$；

　End

5. 计算所有像元对应端元单形体的重心坐标矢量组成的矩阵 $\hat{\boldsymbol{S}} = (\boldsymbol{s}_1, \boldsymbol{s}_2, \cdots, \boldsymbol{s}_m)$；

6. 设置标号矢量 $\boldsymbol{SI}^{(m)} = \boldsymbol{0}^{(m)}$；

　For $j = 1{:}m$

　　If $s_{i,j} = \min(\boldsymbol{s}_j) < 0$ then $SI_j = i$；

　End

7. While $\boldsymbol{SI}^{(m)} \neq \boldsymbol{0}^{(m)}$

　　For $i = 1{:}r$

　　　$\boldsymbol{SI}\_i = \text{find}(\boldsymbol{SI}^{(m)} = i)$；

　　　If $\boldsymbol{SI}\_i \neq \{\ \}$

　　　　剔除 $\boldsymbol{T}$ 的第 $(i+1)$ 列得到 $\boldsymbol{T}_{(\check{r+1})}$，同时计算 $((\boldsymbol{C}^{(r+1)})_{(\check{r+1})})^{-1}$；

　　　　执行递归调用：$\hat{\boldsymbol{S}}([1,\cdots,i-1,i+1,\cdots,r],\boldsymbol{SI}\_i) = \text{DGAE}(\sim,\sim,\boldsymbol{T}_{(\check{r+1})},((\boldsymbol{C}^{(r+1)})_{(\check{r+1})})^{-1})$；

　　　End

　　End

　End

8. 输出丰度：$\hat{\boldsymbol{S}}$。

2.4.3 利用稀疏性与空间关系的线性光谱解混

稀疏性(sparsity)是高光谱遥感图像这样的高维数据常见的重要属性。在过去数年中，高光谱遥感图像的稀疏性特点已成为包括特征提取、降噪、分类、目标探测和解混等领域中诸多方法用以改善图像处理性能的有效途径(Willett et al.，2014)。对光谱解混来说，稀疏性主要体现在丰度估计上。由于自然界中的地物一般呈现分段的局域同质分布，一个像元通常不会包含整幅图像的所有端元物质，因此，大多端元在该像元中的丰度值实际上等于零，这就是丰度的稀疏性特点。可以通过在丰度估计的优化方法中引入适当的增强丰度稀疏的规则来改进估计精度。另外，由于空间分辨率和混合现象等因素并不能总保证图像中存在纯像元，因而出现了通过建立物质光谱数目远大于真实端元数目的光谱库并从中选取端元子集来实现解混的方法。光谱库也带来了更强的稀疏特性，但必须采用恰当的稀疏处理方法才能得到较好的解，该类方法也称为稀疏解混。本节将介绍常见的在端元已知时引入丰度稀疏正则化项的解混方法，以及在端元未知时，利用大型光谱库实现半监督的稀疏解混方法。

1. 解混中的稀疏正则化

正则化是将稀疏约束作用于光谱解混结果的非常成功的常用方法。利用高光谱遥感图像不同的性质能够构建不同的物理和数学约束，正则化方法将这些约束作为正则化项引入解混的目标函数中，可以在改善结果精度的同时防止过拟合等影响。加入正则化项后，关于丰度估计的优化问题具有以下的一般形式：

$$\min_{S} f(\boldsymbol{S}) = \frac{1}{2}\|\boldsymbol{X} - \boldsymbol{AS}\|_{\mathrm{F}}^{2} + \lambda \bullet g(\boldsymbol{S}) \tag{2.4.13}$$

式中，λ 是正则化系数，用于权衡正则化函数项 $g(\boldsymbol{S})$ 对解混结果的影响。$g(\boldsymbol{S})$ 的具体数学形式决定了优化问题的求解以及对应结果的影响。实际上，要使得 $\boldsymbol{S}$ 更加稀疏，就是要使得 $g(\boldsymbol{S})$ 随着 $\boldsymbol{S}$ 中的有效非零成分增长而增加。此时，表示 $\boldsymbol{S}$ 中非零系数个数的 ℓ_0 范数就是体现丰度稀疏性的最直接选择。然而，ℓ_0 既是非凸的也是不可微的(Boyd, 2004; Nocedal and Wright, 2006)，难以有效地通过优化求解。因而，目前大多数方法中的稀疏项都会采用如下的 ℓ_q 范数形式(张良培等，2014)：

$$g(\boldsymbol{S}) = \sum_{j=1}^{m}\left(\sum_{i=1}^{r}\left|s_{i,j}\right|^{q}\right)^{\frac{1}{q}} \tag{2.4.14}$$

当 $q=2$，式(2.4.14)对应求得是丰度的 ℓ_2 范数，即欧几里得距离范数。ℓ_2 范数也称为二次或岭正则项，常被用于线性回归和分类中(Tuia et al.，2016)。虽然 ℓ_2 范数也惩罚 $\boldsymbol{S}$ 中那些较大的值，但是该过程是各向同性的，并不会使得 $\boldsymbol{S}$ 的值总是向 0 的方向径直变化。因而，ℓ_2 范数不属于稀疏正则化项的范畴。

当 $q=1$，式(2.4.14)求取的是丰度的 ℓ_1 范数。ℓ_1 范数也是线性回归的经典方法 Lasso 中的正则化项算子(Tibshirani, 1996)，在压缩感知领域有着广泛应用。ℓ_1 范数是凸的，经常替代 ℓ_0 来有效地提升变量的稀疏性。但是，ℓ_1 范数的结果是有偏估计量，经常会产生次优解，而且在光谱解混中 ℓ_1 范数并不能带来最优的稀疏结果。另外，无偏的稀疏正则项 ℓ_p $(0<p<1)$ 范数在解混中被经常采用，类似的还有 Log 函数和惩罚项(LSP) $g(\boldsymbol{S}) = \sum_{j=1}^{m}\sum_{i=1}^{r}\log(\left|s_{i,j}\right|/\theta - 1)$。这些正则化算子虽然是非凸的，但是能较好地结合稀疏性与模型精度的优势，而无须降低稀疏性来提升解混性能。这些正则化项对应的函数形式如图 2.15 所示。从图中也可以看出，ℓ_1 范数的稀疏性来源于在 0 取值处的不可微性。

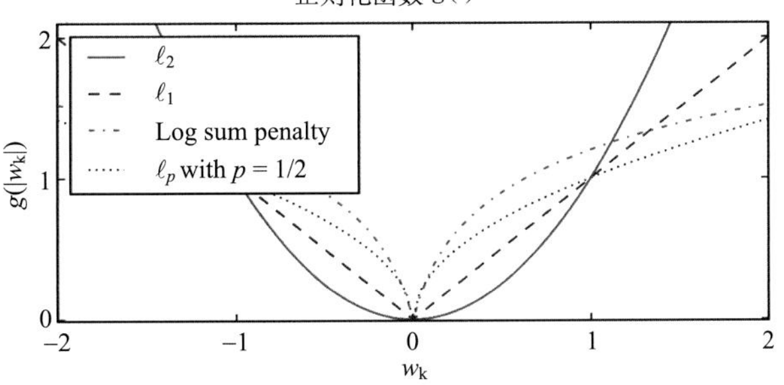

图 2.15　正则化函数形式（Tuia et al.，2016）

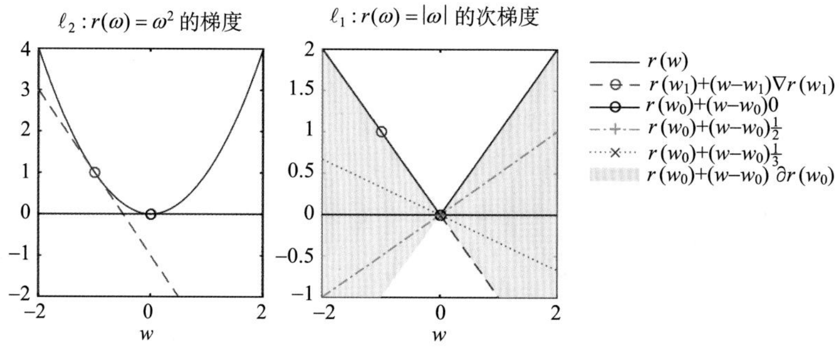

图 2.16　可微 ℓ_2 范数的梯度和不可微 ℓ_1 范数的子梯度(Tuia et al.，2016)

图 2.16 对比了 ℓ_2 范数和 ℓ_1 范数的一维情形。对于 ℓ_2 范数总是处处可微的，每个点能取得对应特定的导数(gradient)(虚线切线)，而 0 处为其驻点(Bertsekas，1999)。对于图 2.16 右边的 ℓ_1 范数来说，它在 0 取值处是不可微的，梯度不再唯一，需要采用次梯度(subgradient)和次微分表示。在图中的一维情况下，次梯度定义了位于函数下侧所有区域中，能通过不可微点的一条直线。次微分是所有次梯度的集合，反映对应的关系。由于次梯度不唯一，最优约束不再依赖于等式，正则化项的驻点条件也更容易满足。图 2.16 右边区域内任何一条次梯度直线都能取消梯度，使得取 0 系数的可能性变得更加高。ℓ_1 范数正则化项被大量使用，它的凸性特点可以避免局部极小问题。但 ℓ_1 范数也存在泛化的损失问题，在某些约束下，ℓ_1 能恢复真实的相关变量及符号，解相对于 0 是有偏的。

另一方面，包括 ℓ_p $(0 < p < 1)$ 和 LSP 在内的非凸连续的正则化项，则可以在提升稀疏性的同时降低偏差的影响。如图 2.15 所示，它们首先在 0 点处是不可微的，这就带来了稀疏性的提升。其次，它们在正象限中都是凹的，较大值的梯度相对于 ℓ_1 减少了，从而可以限制收缩和偏差。换句话说，ℓ_1 范数平等地处理所有的系数，使它们向 0 值逼近；而在非凸的正则化项中，较大的丰度系数由于梯度很小，会更加难地向 0 收缩。更详细的讨论可参照 Tuia 等(2016)利用基于近端算子(proximal operator)的非凸优化算法工具包(https://github.com/rflamary/nonconvex-optimization)对这些非凸的正则化项分别在分类和稀疏线性解混中的分析。

2. 联合稀疏和低秩约束的线性解混

在 LMM 的假设下，为了在实际中得到更好的丰度估计结果，常需要考虑图像的各种先验信息。联合稀疏和低秩约束的解混方法(Giampouras et al.，2016)同时向式(2.1.7)的损失函数中引入了以 ℓ_1 范数表示的丰度稀疏性约束，以及体现邻近像元空间相关性的丰度加权核范数(nuclear norm)作为正则化项构建解混的约束优化问题。在高光谱遥感图像同质区域内，邻近像元的光谱信号间存在高度的相关性，从而它们对应的丰度向量间也存在线性相关性。因此，利用方形滑动窗对图像进行局部划分后，在局部的小区域内丰度矩阵将会具有低秩特性，能通过加权核范数来数学表示。稀疏和低秩的约束条件形成了混合的惩罚项，然后，两种算法：增量近端稀疏低秩解混(incremental proximal sparse low-rank unmixing，IPSpLRU）和交替方向稀疏低秩解混（alternating direction sparse and low-rank unmixing，ADSpLRU）被用于丰度参数的估计。

对于高光谱遥感图像 $\boldsymbol{X}=(\boldsymbol{x}_1,\boldsymbol{x}_2,\cdots,\boldsymbol{x}_m)\in\mathbb{R}^{n\times m}$ 和端元矩阵 $\boldsymbol{A}=(\boldsymbol{a}_1,\boldsymbol{a}_2,\cdots,\boldsymbol{a}_r)\in\mathbb{R}^{n\times r}$，构建大小为 $k\times k$ 的邻域窗后，在每个窗内，对丰度的 ℓ_1 范数与核范数加权并只考虑丰度的非负约束，得到解混的最优化问题为

$$\min_{\boldsymbol{S}}\ \frac{1}{2}\|\boldsymbol{X}-\boldsymbol{A}\boldsymbol{S}\|_{\mathrm{F}}^2+\lambda_1\|\boldsymbol{W}\odot\boldsymbol{S}\|_1+\lambda_2\|\boldsymbol{S}\|_{\boldsymbol{b},*} \tag{2.4.15}$$

式中，$\|\boldsymbol{W}\odot\boldsymbol{S}\|_1=\sum_{i=1}^{r}\sum_{j=1}^{k^2}w_{i,j}|s_{i,j}|$，$\|\boldsymbol{S}\|_{\boldsymbol{b},*}=\sum_{i=1}^{\mathrm{rank}(\boldsymbol{S})}b_i\sigma_i(\boldsymbol{S})$，它们都是凸函数，但也具有不可微性。$\sigma_i(\boldsymbol{S})$ 是 $\boldsymbol{S}$ 第 i 个最大的奇异值。$\lambda_1,\lambda_2\geqslant 0$ 是用于权衡两个约束的正则化参数。加权参数 $\boldsymbol{W}$ 和 $\boldsymbol{b}$ 可以通过式(2.4.16)中 $\boldsymbol{S}$ 的无约束最小二乘解设定，或者由式(2.4.17)在算法中每次迭代中更新：

$$w_{i,j}=\frac{1}{s_{i,j}^{LS}+\varepsilon},\quad b_i=\frac{1}{\sigma_i(\boldsymbol{S}^{LS})+\varepsilon},\quad \varepsilon=10^{-16} \tag{2.4.16}$$

$$w_{i,j}^{(t)}=\frac{1}{s_{i,j}^{(t)}+\varepsilon},\quad b_i^{(t)}=\frac{1}{\sigma_i(\boldsymbol{S}^{(t)})+\varepsilon} \tag{2.4.17}$$

1）IPSpLRU

基于近端算子的一般形式 $\mathrm{prox}_{\rho f(\cdot)}(\boldsymbol{Z})=\arg\min\limits_{\boldsymbol{S}}(f(\boldsymbol{S})+(1/2\rho)\|\boldsymbol{S}-\boldsymbol{Z}\|_{\mathrm{F}}^2)$，得到 $\mathrm{prox}_{(\rho/2)\|\boldsymbol{X}-\boldsymbol{A}\cdot\|_{\mathrm{F}}^2}(\boldsymbol{S})=(\boldsymbol{A}^{\mathrm{T}}\boldsymbol{A}+\rho^{-1}\boldsymbol{I}_{r\times r})^{-1}(\boldsymbol{A}^{\mathrm{T}}\boldsymbol{X}+\rho^{-1}\boldsymbol{S})$。然后求解式(2.4.15)包括非负约束在内的各正则化项的近端算子。首先对于 ℓ_1 范数，利用软阈值方法有

$$\mathrm{prox}_{\lambda_1\|\boldsymbol{W}\odot\cdot\|_1}(\boldsymbol{S})=\mathrm{SHR}_{\lambda_1\boldsymbol{W}}(\boldsymbol{S})=\mathrm{sign}(\boldsymbol{S})\max(\boldsymbol{0},|\boldsymbol{S}|-\lambda_1\boldsymbol{W}) \tag{2.4.18}$$

其次，对 $\boldsymbol{S}$ 进行奇异值分解(SVD)后 $\boldsymbol{S}=\boldsymbol{U}\boldsymbol{\Sigma}\boldsymbol{V}^{\mathrm{T}}$，核范数也能通过 $\boldsymbol{S}$ 的奇异值进行软阈值操作，表示为

$$\mathrm{prox}_{\lambda_2\|\cdot\|_{\boldsymbol{b},*}}(\boldsymbol{S})=\mathrm{SVT}_{\lambda_2\boldsymbol{b}}(\boldsymbol{S})=\boldsymbol{U}\mathrm{SHR}_{\lambda_2\boldsymbol{b}}(\boldsymbol{S})\boldsymbol{V}^{\mathrm{T}} \tag{2.4.19}$$

最后，为满足丰度的非负约束，进行投影运算，使负的丰度值为零

$$\mathrm{prox}_{\tau_{\mathbb{R}_+}(\cdot)}(\boldsymbol{S})=\prod\nolimits_{\mathbb{R}_+}(\boldsymbol{S}) \tag{2.4.20}$$

算法 IPSpLRU 的流程如下表所述。

IPSpLRU 增量近端稀疏低秩解混算法

1. 输入高光谱遥感图像矩阵 $\boldsymbol{X}\in\mathbb{R}^{n\times m}$，端元矩阵 $\boldsymbol{A}\in\mathbb{R}^{n\times r}$，阈值 η，最大迭代次数 T；
2. 初始化参数 $\boldsymbol{W},\boldsymbol{b},\rho,\lambda_1,\lambda_2$，初始化丰度 $\boldsymbol{S}^{(0)}$；
3. 令 $\boldsymbol{R}=(\boldsymbol{A}^{\mathrm{T}}\boldsymbol{A}+\rho^{-1}\boldsymbol{I}_r)^{-1}$，$\boldsymbol{P}=\boldsymbol{A}^{\mathrm{T}}\boldsymbol{X}$，$\boldsymbol{Q}=\boldsymbol{R}\boldsymbol{P}$，$t=1$；

4. While $t \leqslant T$ 且 $\left\|\boldsymbol{S}^{t}-\boldsymbol{S}^{t-1}\right\|_{\mathrm{F}}^{2} / \left\|\boldsymbol{S}^{t-1}\right\|_{\mathrm{F}}^{2}<\eta$

   $\boldsymbol{S}^{(t)}=\boldsymbol{Q}+\rho^{-1} \boldsymbol{R} \boldsymbol{S}^{(t-1)}$；

   $\boldsymbol{S}^{(t)}=\operatorname{prox}_{\lambda_{1}\|\boldsymbol{W} \odot \cdot\|_{1}}(\boldsymbol{S}^{(t)})$， $\boldsymbol{S}^{(t)}=\operatorname{prox}_{\lambda_{2}\|\cdot\|_{\boldsymbol{b},*}}(\boldsymbol{S}^{(t)})$， $\boldsymbol{S}^{(t)}=\operatorname{prox}_{\tau_{\mathbb{R}_{+}}(\cdot)}(\boldsymbol{S}^{(t)})$， $t=t+1$；

   End

5. 输出丰度：$\hat{\boldsymbol{S}}=\boldsymbol{S}^{(t)}$。

2) ADSpLRU

利用乘子交替方向法(alternating direction method of multipliers，ADMM)(Boyd et al.，2011)也可求解式(2.4.15)。首先，引入增广矩阵变量$\boldsymbol{V}_1,\boldsymbol{V}_2,\boldsymbol{V}_3,\boldsymbol{V}_4$得到式(2.4.15)的 ADMM 等价形式，再考虑尺度化的拉格朗日乘子$\boldsymbol{\Lambda}_1,\boldsymbol{\Lambda}_2,\boldsymbol{\Lambda}_3,\boldsymbol{\Lambda}_4$，得到式(2.4.15)关于$\boldsymbol{S},\boldsymbol{V}_1,\boldsymbol{V}_2,\boldsymbol{V}_3,\boldsymbol{V}_4$的增广拉格朗日函数：

$$L(\boldsymbol{S},\boldsymbol{V},\boldsymbol{\Lambda})=\frac{1}{2}\left\|\boldsymbol{V}_1-\boldsymbol{X}\right\|_{\mathrm{F}}^{2}+\lambda_1\left\|\boldsymbol{W}\odot\boldsymbol{V}_2\right\|_1+\lambda_2\left\|\boldsymbol{V}_3\right\|_{\boldsymbol{b},*}+\tau_{\mathbb{R}_+}(\boldsymbol{V}_4)+\frac{\mu}{2}\left\|\boldsymbol{G}\boldsymbol{S}+\boldsymbol{B}\boldsymbol{V}-\boldsymbol{\Lambda}\right\|_{\mathrm{F}}^{2} \tag{2.4.21}$$

式中，$\boldsymbol{V}=(\boldsymbol{V}_1^{\mathrm{T}},\boldsymbol{V}_2^{\mathrm{T}},\boldsymbol{V}_3^{\mathrm{T}},\boldsymbol{V}_4^{\mathrm{T}})^{\mathrm{T}}$，$\boldsymbol{G}=(\boldsymbol{A}^{\mathrm{T}},\boldsymbol{I}_{r\times r},\boldsymbol{I}_{r\times r},\boldsymbol{I}_{r\times r})^{\mathrm{T}}$，$\boldsymbol{B}=\operatorname{diag}(-\boldsymbol{I}_{n\times n},-\boldsymbol{I}_{r\times r},-\boldsymbol{I}_{r\times r},-\boldsymbol{I}_{r\times r})$，$\mu>0$为惩罚系数。通过交替更新对偶变量最优化式(2.4.21)的参数。在第t次迭代中，变量$\boldsymbol{S},\boldsymbol{V}_1,\boldsymbol{V}_2,\boldsymbol{V}_3,\boldsymbol{V}_4$的更新方式依次如下：

$$\boldsymbol{S}^{(t)}=(\boldsymbol{A}^{\mathrm{T}}\boldsymbol{A}+3\boldsymbol{I}_{r\times r})^{-1}(\boldsymbol{A}^{\mathrm{T}}(\boldsymbol{V}_1^{(t-1)}+\boldsymbol{\Lambda}_1^{(t-1)})+\boldsymbol{V}_2^{(t-1)}+\boldsymbol{\Lambda}_2^{(t-1)}+\boldsymbol{V}_3^{(t-1)}+\boldsymbol{\Lambda}_3^{(t-1)}+\boldsymbol{V}_4^{(t-1)}+\boldsymbol{\Lambda}_4^{(t-1)}) \tag{2.4.22}$$

$$\boldsymbol{V}_1^{(t)}=\frac{1}{1+\mu}(\boldsymbol{X}+\mu(\boldsymbol{A}\boldsymbol{S}^{(t)}-\boldsymbol{\Lambda}_1^{(t-1)})) \tag{2.4.23}$$

$$\boldsymbol{V}_2^{(t)}=\mathrm{SHR}_{\lambda_1\boldsymbol{W}}(\boldsymbol{S}^{(t)}-\boldsymbol{\Lambda}_2^{(t-1)}),\quad \boldsymbol{V}_3^{(t)}=\mathrm{SVT}_{\lambda_2\boldsymbol{b}}(\boldsymbol{S}^{(t)}-\boldsymbol{\Lambda}_3^{(t-1)}),\quad \boldsymbol{V}_4^{(t)}=\prod\nolimits_{\mathbb{R}_+}(\boldsymbol{S}^{(t)}-\boldsymbol{\Lambda}_4^{(t-1)}) \tag{2.4.24}$$

最后，还需要更新尺度化的对偶算子：

$$\boldsymbol{\Lambda}_1^{(t)}=\boldsymbol{\Lambda}_1^{(t-1)}-\boldsymbol{A}\boldsymbol{S}^{(t)}-\boldsymbol{V}_1^{(t)},\quad \boldsymbol{\Lambda}_i^{(t)}=\boldsymbol{\Lambda}_i^{(t-1)}-\boldsymbol{S}^{(t)}-\boldsymbol{V}_i^{(t)},\ i=2,3,4 \tag{2.4.25}$$

ADSpLRU 算法的流程如下表所示。算法 IPSpLRU 和 ADSpLRU 的源代码可由 http://members. noa.gr/parisg/demo_splr_unmixing.zip 下载。

ADSpLRU 交替方向稀疏低秩解混算法

1. 输入高光谱遥感图像矩阵 $\boldsymbol{X}\in\mathbb{R}^{n\times m}$，端元矩阵 $\boldsymbol{A}\in\mathbb{R}^{n\times r}$，阈值$\eta$，最大迭代次数$T$；
2. 初始化参数$\boldsymbol{W},\boldsymbol{b},\mu,\lambda_1,\lambda_2$，初始化$\boldsymbol{S}^{(0)},\boldsymbol{V}^{(0)},\boldsymbol{\Lambda}^{(0)}$；
3. 令$\boldsymbol{R}=(\boldsymbol{A}^{\mathrm{T}}\boldsymbol{A}+3\boldsymbol{I}_r)^{-1}$，$t=1$；
4. While $t\leqslant T$ 且 $\left\|\boldsymbol{G}\boldsymbol{S}^{(t)}+\boldsymbol{B}\boldsymbol{V}^{(t)}\right\|_2\leqslant\eta\sqrt{(3r+n)k^2}$ 且 $\left\|\mu\boldsymbol{G}^{\mathrm{T}}\boldsymbol{B}(\boldsymbol{V}^{(t)}-\boldsymbol{V}^{(t-1)})\right\|_2\leqslant\eta\sqrt{(3r+n)k^2}$

   以式(2.4.22)更新$\boldsymbol{S}^{(t)}$；

   以式(2.4.23)和式(2.4.24)更新$\boldsymbol{V}_1^{(t)},\boldsymbol{V}_2^{(t)},\boldsymbol{V}_3^{(t)},\boldsymbol{V}_4^{(t)}$

   以式(2.4.25)更新$\boldsymbol{\Lambda}_1^{(t)},\boldsymbol{\Lambda}_2^{(t)},\boldsymbol{\Lambda}_3^{(t)},\boldsymbol{\Lambda}_4^{(t)}$，$t=t+1$；

   End

5. 输出丰度：$\hat{\boldsymbol{S}}=\boldsymbol{S}^{(t)}$。

3. 基于变量分离增广拉格朗日的稀疏解混

端元提取的精度对于高光谱遥感图像线性光谱解混的性能十分重要，然而，大多端元提取算法都是基于纯像元假设的，但这一假设在实际采集的图像中并不能总成立。为了解决该问题，半监督的线性稀疏解混方法假设观测像元光谱能够表示成许多预先实地采集或实验室测得的纯地物光谱的线性组合(Bioucas-Dias and Figueiredo, 2010; Iordache et al.，2011)。这样，解混就转变为从一个大型的光谱库中选择最优的光谱信号子集，然后估计它们关于像元的丰度比例系数的过程。由于光谱库中光谱数量 M 总是远大于真实端元数目 r 和波段数目 n，因此要实现有效的解混，就需要利用稀疏回归和稀疏正则化项来构建约束优化问题并求解。

对于高光谱遥感图像 $\boldsymbol{X}=(\boldsymbol{x}_1,\boldsymbol{x}_2,\cdots,\boldsymbol{x}_m)\in\mathbb{R}^{n\times m}$ 和光谱库 $\boldsymbol{Z}\in\mathbb{R}^{n\times M}$，基于变量分离增广拉格朗日的稀疏解混(sparse unmixing by variable splitting and augmented lagrangian, SUnSAL)方法构建了一个对应式(2.4.26)的约束稀疏回归问题，并采用 ADMM 方法估计丰度。

$$\min_{\boldsymbol{S}}\ \frac{1}{2}\|\boldsymbol{X}-\boldsymbol{Z}\boldsymbol{S}\|_{\mathrm{F}}^2+\lambda\|\boldsymbol{S}\|_1+\tau_{\mathbb{R}_+}(\boldsymbol{S}) \tag{2.4.26}$$

式(2.4.26)类似于之前介绍的 ADSpLRU 算法，首先引入增广变量 $\boldsymbol{V}$ 和拉格朗日乘子 $\boldsymbol{\Lambda}$ 得到增广拉格朗日函数。然后，在第 $t+1$ 次迭代中，待估变量 $\boldsymbol{S},\boldsymbol{V},\boldsymbol{\Lambda}$ 的更新方式为

$$\boldsymbol{S}^{(t+1)}=(\boldsymbol{Z}^{\mathrm{T}}\boldsymbol{Z}+\rho\boldsymbol{I})^{-1}(\boldsymbol{Z}^{\mathrm{T}}\boldsymbol{X}+\rho(\boldsymbol{V}^{(t)}+\boldsymbol{\Lambda}^{(t)})) \tag{2.4.27}$$

$$\boldsymbol{V}^{(t+1)}=\max(\boldsymbol{0},\mathrm{soft}(\boldsymbol{S}^{(t+1)}-\boldsymbol{\Lambda}^{(t)},\lambda/\rho)) \tag{2.4.28}$$

$$\boldsymbol{\Lambda}^{(t+1)}=\boldsymbol{\Lambda}^{(t)}-(\boldsymbol{S}^{(t+1)}-\boldsymbol{V}^{(t+1)}) \tag{2.4.29}$$

SUnSAL 的算法流程总结如下表所示。另外，在 SUnSAL 的基础上，Iordache 等(2012)继续向式(2.4.26)的优化问题中引入了表征像元与邻域像元空间关系的总变分(total variation, TV)空间正则项：$\mathrm{TV}(\boldsymbol{S})=\sum_{\{i,j\}\in K}\|\boldsymbol{s}_i-\boldsymbol{s}_j\|_1$。TV 关注的是像元在图像水平和垂直方向的领域子集 K，使得邻域像元中属于同类端元的丰度值变化不会过于剧烈。同样利用 ADMM 算法对问题进行优化求解，得到算法 SUnSAL-TV。SUnSAL 和 SUnSAL-TV 算法的源代码均可通过 http://www.lx.it. pt/ ～bioucas/publications.html 下载。

SUnSAL 基于变量分离增广拉格朗日的稀疏解混算法

1. 输入高光谱遥感图像矩阵 $\boldsymbol{X}\in\mathbb{R}^{n\times m}$，光谱库 $\boldsymbol{Z}\in\mathbb{R}^{n\times M}$，最大迭代次数 T；
2. 初始化 $\boldsymbol{V}^{(0)},\boldsymbol{\Lambda}^{(0)}$，$\lambda$，$\rho>0$，$t=0$；
3. While $t\leqslant T$ 且 满足迭代条件

   以式(2.4.27)更新 $\boldsymbol{S}^{(t+1)}$；

   以式(2.4.28)更新 $\boldsymbol{V}^{(t+1)}$

   以式(2.4.29)更新 $\boldsymbol{\Lambda}^{(t+1)}$；$t=t+1$；

   End
4. 输出丰度：$\hat{\boldsymbol{S}}=\boldsymbol{S}^{(t)}$。

4. 空间相关性改进的线性解混方法

假设高光谱遥感图像能够分成多个丰度统计性质(均值和方差)同质的区域，Eches等(2011)从统计学的角度出发，利用贝叶斯(Bayesian)模型考虑了图像中不同的近邻像元间的空间相关性，以提高丰度估计的精度。其中，马尔科夫随机场(Markov random field，MRF)通过隐含标签对空间相关性建模，同时丰度按类别被赋予了不同均值和方差的先验分布以满足 ANC 和 ASC 约束。然后，以二阶贝叶斯推理(Bayesian inference)无监督地以联合后验分布估计丰度分布的超参(均值和方差)和未知参数(标签和丰度)实现解混。特别地，这里为了降低计算复杂度，采用的是马尔科夫链蒙特卡洛(Markov Chain Monte Carlo，MCMC)方法根据联合后验生成渐进分布的样本，然后利用样本来近似贝叶斯估计量。

在 LMM 的假设下，对于高光谱遥感图像 $\boldsymbol{X}=\left(\boldsymbol{x}_1,\boldsymbol{x}_2,\cdots,\boldsymbol{x}_m\right)\in\mathbb{R}^{n\times m}$，将图像分为 K 个类别区域。以矢量 $\boldsymbol{z}=(z_1,\cdots,z_m)^{\mathrm{T}}$, $z_j\in\{1,\cdots,K\}, j=1,\cdots,m$ 表示各像元的类别标签。此时，对于相同第 i 个类别 τ_i 内的各像元，丰度矢量具有相同的均值和方差：$E(\boldsymbol{s}_j)=\boldsymbol{\mu}_i$，$E\left[(\boldsymbol{s}_j-\boldsymbol{\mu}_i)(\boldsymbol{s}_j-\boldsymbol{\mu}_i)^{\mathrm{T}}\right]=\boldsymbol{D}_i$。为了考虑空间相关性，在 MRF 中为每个像元定义了图 2.17 中的四像元邻域结构。当用除 z_j 外的其他像元标签 $\boldsymbol{z}_{-j}=\{z_i;i\neq j\}$ 给出的 z_j 条件分布只和 z_j 的近邻 $\boldsymbol{z}_{N(j)}$ 相关时，各像元的标签随机变量 $\{z_1,\cdots,z_m\}$ 构成了一个随机场：

$$f(\boldsymbol{z})=\frac{1}{G(\beta)}\exp\left(\sum_{j=1}^{m}\sum_{j'\in N(j)}\beta\delta(z_j-z_{j'})\right) \tag{2.4.30}$$

式中，β 是粒度系数；$G(\beta)$ 是由吉布斯(Gibbs)采样得到的标准化常量。

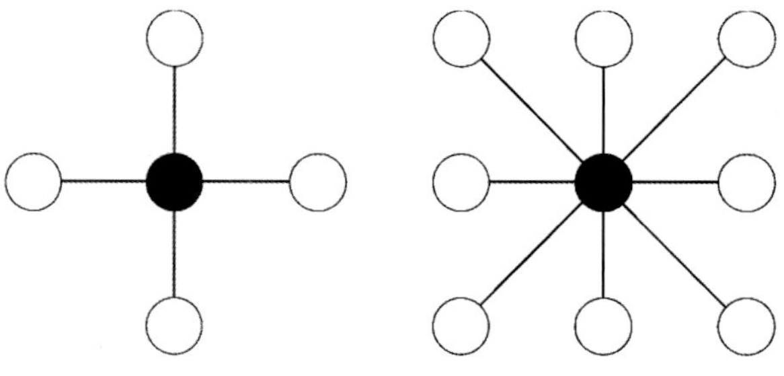

图 2.17 像元邻域结构示意图（Eches et al.，2011）

为使丰度满足 ANC 和 ASC 约束，利用逻辑系数对其进行重新参数化 $s_{i,j}=\exp(t_{i,j})/\sum_{i=1}^{r}\exp(t_{i,j})$，具有相同的未知参数 $\boldsymbol{\psi}_k=E(\boldsymbol{t}_j|z_j=k)$，$\boldsymbol{\Sigma}_k=E((\boldsymbol{t}_j-\boldsymbol{\psi}_k)(\boldsymbol{t}_j-\boldsymbol{\psi}_k)^{\mathrm{T}})$，$k\in\{1,\cdots,K\}$。

1)分层贝叶斯模型

令贝叶斯模型的未知参数为 $\varUpsilon=\{\boldsymbol{T},\boldsymbol{z},\sigma^2\}$，$\sigma^2$ 是噪声方差，$\boldsymbol{T}=(\boldsymbol{t}_1,\cdots,\boldsymbol{t}_m)$。假设噪声是独立分布的高斯白噪声，各像元的似然函数为

$$f(\boldsymbol{X}|\boldsymbol{T},\sigma^2)=\prod_{j=1}^{m}f(\boldsymbol{x}_j|\boldsymbol{t}_j,\sigma^2),\ f(\boldsymbol{x}_j|\boldsymbol{t}_j,\sigma^2)\propto\frac{1}{\sigma^n}\exp\left(-\frac{\left\|\boldsymbol{x}_j-\boldsymbol{A}\boldsymbol{s}_j\boldsymbol{t}_j\right\|^2}{2\sigma^2}\right) \tag{2.4.31}$$

这里，以式(2.4.30)作为标签矢量 $\boldsymbol{z}$ 的先验分布。逻辑系数 $\boldsymbol{T}$ 的先验为

$$f(\boldsymbol{T}|\boldsymbol{z},\boldsymbol{\varPsi},\boldsymbol{\varSigma})=\prod_{k=1}^{K}\prod_{j\in\tau_k}f(\boldsymbol{t}_j|z_j=k,\boldsymbol{\psi}_k,\boldsymbol{\varSigma}_k),\ f(\boldsymbol{t}_j|z_j=k,\boldsymbol{\psi}_k,\boldsymbol{\varSigma}_k)\sim N(\boldsymbol{\psi}_k,\boldsymbol{\varSigma}_k) \tag{2.4.32}$$

其中 $\boldsymbol{\varPsi}=(\boldsymbol{\psi}_1,\cdots,\boldsymbol{\psi}_K),\boldsymbol{\varSigma}=\{\boldsymbol{\varSigma}_1,\cdots,\boldsymbol{\varSigma}_K\}$，$\boldsymbol{\varSigma}_k=\operatorname{diag}(\omega_{i,k}^2)$。噪声方差先验为共轭逆 Gamma 分布：$\sigma^2|1,\delta\sim IG(1,\delta)$，$\delta$ 是调整超参，其先验为 $f(\delta)\propto\boldsymbol{1}_{\mathbb{R}^+}(\delta)/\delta$。逻辑系数的均值和方差的先验取为：$\psi_{i,k}|\upsilon^2\sim N(0,\upsilon^2)$，$\omega_{i,k}^2|1,5\sim IG(1,5)$，超参 υ^2 的先验为 $f(\upsilon^2)\propto\boldsymbol{1}_{\mathbb{R}^+}(\upsilon^2)\upsilon^2$。因此，$\boldsymbol{\varPsi},\boldsymbol{\varSigma}$ 的先验为

$$f(\boldsymbol{\varPsi}|\upsilon^2)\propto\prod_{k=1}^{K}\prod_{i=1}^{r}\left(\frac{1}{\upsilon^2}\right)^{1/2}\exp\left(-\frac{\psi_{i,k}^2}{2\upsilon^2}\right) \tag{2.4.33}$$

$$f(\boldsymbol{\varSigma}|\xi,\gamma)\propto\prod_{k=1}^{K}\prod_{i=1}^{r}\frac{\gamma^{\xi}}{\varGamma(\xi)}\left(\omega_{i,k}^2\right)^{-(\xi+1)}\exp\left(-\frac{\gamma}{\omega_{i,k}^2}\right) \tag{2.4.34}$$

最后，将超参矢量表示为 $\boldsymbol{\varOmega}=\{\boldsymbol{\varPsi},\boldsymbol{\varSigma},\upsilon^2,\delta\}$，进而未知参数 $\boldsymbol{\varTheta}=(\varUpsilon,\boldsymbol{\varOmega})$ 的联合后验可以表示为 $f(\boldsymbol{\varTheta}|\boldsymbol{X})=f(\boldsymbol{X}|\varUpsilon)f(\varUpsilon|\boldsymbol{\varOmega})f(\boldsymbol{\varOmega})$。由于难以从 $\boldsymbol{\varTheta}$ 的最大似然估计得到该式的闭式解，因而采用 MCMC 方法生成其渐进分布的样本来近似贝叶斯估计。

2)混合吉布斯采样

根据 $f(\boldsymbol{\varTheta}|\boldsymbol{X})$ 生成采样的样本，主要是利用各参数的条件分布迭代地生成。每个像元的标签随机变量的条件分布为

$$\begin{aligned}P(z_j=k|\boldsymbol{\varTheta}_{-z_j})&\propto f(\boldsymbol{t}_j|z_j=k,\boldsymbol{\psi}_k,\boldsymbol{\varSigma}_k)f(z_j|\boldsymbol{z}_{-j})\\&\propto\exp\left(\sum_{j'\in N(j)}\beta\delta(z_j-z_{j'})\right)\left(\prod_{i=1}^{r}\omega_{i,k}^2\right)^{-1/2}\exp\left(-\frac{1}{2}(\boldsymbol{t}_j-\boldsymbol{\psi}_k)^{\mathrm{T}}\boldsymbol{\varSigma}_k^{-1}(\boldsymbol{t}_j-\boldsymbol{\psi}_k)\right)\end{aligned} \tag{2.4.35}$$

逻辑系数 $\boldsymbol{T}$ 的条件分布为

$$\begin{aligned}&f(\boldsymbol{t}_j|z_j=k,\boldsymbol{\psi}_k,\boldsymbol{\varSigma}_k,\boldsymbol{x}_j,\sigma^2)\propto f(\boldsymbol{x}_j|\boldsymbol{t}_j,\sigma^2)f(\boldsymbol{t}_j|z_j=k,\boldsymbol{\psi}_k,\boldsymbol{\varSigma}_k)\\&\propto\left(\frac{1}{\sigma^2}\right)^{\frac{n}{2}}\exp\left(-\frac{1}{2\sigma^2}\left\|\boldsymbol{x}_j-\boldsymbol{A}\boldsymbol{s}_j(\boldsymbol{t}_j)\right\|^2\right)\left(\prod_{i=1}^{r}\omega_{i,k}^2\right)^{-1/2}\exp\left(-\frac{1}{2}(\boldsymbol{t}_j-\boldsymbol{\psi}_k)^{\mathrm{T}}\boldsymbol{\varSigma}_k^{-1}(\boldsymbol{t}_j-\boldsymbol{\psi}_k)\right)\end{aligned} \tag{2.4.36}$$

噪声方差 σ^2 满足条件分布

$$\sigma^2|\boldsymbol{X},\boldsymbol{T},\delta\sim IG\left(\frac{nm}{2}+1,\delta+\frac{1}{2}\sum_{j=1}^{m}\left\|\boldsymbol{x}_j-\boldsymbol{A}\boldsymbol{s}_j(\boldsymbol{t}_j)\right\|^2\right) \tag{2.4.37}$$

$\boldsymbol{\Psi},\boldsymbol{\Sigma}$ 的条件分布为

$$\psi_{i,k}\left|\boldsymbol{\Theta}_{-\psi_{i,k}} \sim N\left(\frac{\upsilon^2 \mathrm{card}I(k)\overline{t}_{i,k}}{\omega_{i,k}^2+\upsilon^2\mathrm{card}I(k)},\frac{\upsilon^2\omega_{i,k}^2}{\omega_{i,k}^2+\upsilon^2\mathrm{card}I(k)}\right)\right. \tag{2.4.38}$$

$$\omega_{i,k}^2\left|\boldsymbol{\Theta}_{-\omega_{i,k}^2} \sim IG\left(\frac{\mathrm{card}I(k)}{2}+1,\gamma+\frac{1}{2}\sum_{j\in\tau_k}(t_{i,j}-\psi_{i,k})^2\right)\right. \tag{2.4.39}$$

υ^2 和 δ 的条件分布分别服从逆 Gamma 和 Gamma 分布

$$\upsilon^2|\boldsymbol{\Psi} \sim IG\left(\frac{rK}{2},\frac{1}{2}\sum_{k=1}^{K}\boldsymbol{\psi}_k^{\mathrm{T}}\boldsymbol{\psi}_k\right),\quad \delta|\sigma^2 \sim G\left(1,\frac{1}{\sigma^2}\right) \tag{2.4.40}$$

该解混算法的源代码可由 http://dobigeon.perso.enseeiht.fr/publis.html 下载。

参考文献

普晗晔, 王斌, 张立明. 2012. 基于 Cayley_Menger 行列式的高光谱遥感图像端元提取方法. 红外与毫米波学报, 31(3): 265-270.

沈文选. 2000. 单行论导引——三角形的高维推广研究. 长沙: 湖南师范大学出版社: 1-173.

童庆禧, 张兵, 郑兰芬. 2006. 高光谱遥感——原理、技术与应用. 北京: 高等教育出版社: 1-407.

张兵, 高连如. 2011. 高光谱图像分类与目标探测. 北京: 科学出版社: 1-173.

张兵, 孙旭. 2015. 高光谱图像混合像元分解. 北京: 科学出版社: 1-134.

张良培, 杜博, 张乐飞. 2014. 高光谱遥感影像处理. 北京: 科学出版社: 1-113.

Berman M, Kiiveri H, Lagerstrom R, Ernst A, Dunne R, Huntington J F. 2004. ICE: A statistical approach to identifying endmembers in hyperspectral images. IEEE Transactions on Geoscience and Remote Sensing, 42(10): 2085-2095.

Bertsekas D P. 1999. Nonlinear Programming. Belmont, MA, USA: Athena Scientific.

Bioucas-Dias J M, Figueiredo M A T. 2010. Alternating direction algorithms for constrained sparse regression: Application to hyperspectral unmixing. 2nd Workshop on Hyperspectral Image and Signal Processing: Evolution in Remote Sensing, WHISPERS 2010 - Workshop Program, Reykjavik: IEEE: 1-4.

Bioucas-Dias J M, Nascimento J M P. 2008. Hyperspectral subspace identification. IEEE Transactions on Geoscience and Remote Sensing, 46(8): 2435-2445.

Bioucas-Dias J M, Plaza A, Camps-Valls G, Scheunders P, Nasrabadi N M, Chanussot J. 2013. Hyperspectral remote sensing data analysis and future challenges. IEEE Geoscience and Remote Sensing Magazine, 1(2): 6-36.

Bioucas-Dias J M, Plaza A, Dobigeon N, Parente M, Du Q, Gader P, Chanussot J. 2012. Hyperspectral unmixing overview: geometrical, statistical, and sparse regression-based approaches. IEEE Journal of Selected Topics in Applied Earth Observations and Remote Sensing, 5(2): 354-379.

Boardman J W, Kruse F A, Green R O. 1995. Mapping target signatures via partial unmixing of AVIRIS data. Summaries of JPL Airborne Earth Science Workshop, JPL Publication, 3-6.

Boyd S, Parikh N, Chu E, Peleato B, Eckstein J. 2011. Distributed optimization and statistical learning via the alternating direction method of multipliers. Foundations and Trends in Machine Learning, 3(1): 1-122.

Boyd S, Vandenberghe L. 2004. Convex optimization. Cambridge, UK: Cambridge University Press.

Chan T H, Ambikapathi A, Ma W K, Chi C Y. 2013. Robust affine set fitting and fast simplex volume max-min for hyperspectral endmember extraction. IEEE Transactions on Geoscience and Remote Sensing, 51(7): 3982-3997.

Chan T H, Ma W K, Ambikapathi A, Chi C Y. 2011. A simplex volume maximization framework for hyperspectral endmember extraction. IEEE Transactions on Geoscience and Remote Sensing, 49(11): 4177-4193.

Chang C. 2013. Hyperspectral data processing: algorithm design and analysis. United States: John Wiley & Sons, Inc. 201-539.

Chang C, Du Q. 2004. Estimation of number of spectrally distinct signal sources in hyperspectral imagery. IEEE Transactions on

Geoscience and Remote Sensing, 42(3): 608-619.

Chang C, Plaza A. 2006. A fast iterative algorithm for implementation of pixel purity index. IEEE Geoscience and Remote Sensing Letters, 3(1): 63-67.

Chang C, Wu C C, Liu W, Ouyang Y C. 2006. A new growing method for simplex-based endmember extraction algorithm. IEEE Transactions on Geoscience and Remote Sensing, 44(10): 2804-2819.

Craig M. 1994. Minimum-volume transforms for remotely sensed data. IEEE Transactions on Geoscience and Remote Sensing, 32: 542-552.

Eches O, Dobigeon N, Tourneret J Y. 2011. Enhancing hyperspectral image unmixing with spatial correlations. IEEE Transactions on Geoscience and Remote Sensing, 49(11): 4239-4247.

Geng X, Ji L, Wang F, Zhao Y, Gong P. 2016. Statistical volume analysis: a new endmember extraction method for multi/hyperspectral imagery. IEEE Transactions on Geoscience and Remote Sensing, 54(10): 6100-6109.

Giampouras P V, Themelis K E, Rontogiannis A A, Koutroumbas K D. 2016. Simultaneously sparse and low-rank abundance matrix estimation for hyperspectral image unmixing. IEEE Transactions on Geoscience and Remote Sensing, 54(8): 4775-4789.

Halimi A, Honeine P, Kharouf M, Richard C, Tourneret, J Y. 2016. Estimating the intrinsic dimension of hyperspectral images using a noise-whitened eigengap approach. IEEE Transactions on Geoscience and Remote Sensing, 54(7): 3811-3821.

Harsanyi J, Chang C. 1994. Hyperspectral image classification and dimensionality reduction: an orthogonal subspace projection. IEEE Transactions on Geoscience and Remote Sensing, 32(4): 779-785.

Harsanyi J, Farrand W, Chang C. 1993. Determining the number and identity of spectral endmembers: An integrated approach using Neyman-Pearson eigenthresholding and iterative constrained RMS error minimization. in Proc. 9th Thematic Conf. Geologic Remote Sensing.

Heinz D C, Chang C. 2001. Fully constrained least squares linear spectral mixture analysis method for material quantification in hyperspectral imagery. IEEE Transactions on Geoscience and Remote Sensing, 39(3): 529-545.

Heylen R, Burazerovic D, Scheunders P. 2011. Fully constrained least squares spectral unmixing by simplex projection. IEEE Transactions on Geoscience and Remote Sensing, 49(11): 4112-4122.

Heylen R, Scheunders P. 2013. Hyperspectral intrinsic dimensionality estimation with nearest-neighbor distance ratios. IEEE Journal of Selected Topics in Applied Earth Observations and Remote Sensing, 6(2): 570-579.

Heylen R, Scheunders P. 2013. Multidimensional pixel purity index for convex hull estimation and endmember extraction. IEEE Transactions on Geoscience and Remote Sensing, 51(7): 4059-4069.

Honeine P, Richard C. 2011. Geometric unmixing of large hyperspectral images: A barycentric coordinate approach. IEEE Transactions on Geoscience and Remote Sensing, 50(6): 2185-2195.

Iordache M D, Bioucas-Dias J M, Plaza A. 2011. Sparse unmixing of hyperspectral data. IEEE Transactions on Geoscience and Remote Sensing, 49(6): 2014-2039.

Iordache M D, Bioucas-Dias J M, Plaza A. 2012. Total variation spatial regularization for sparse hyperspectral unmixing. IEEE Transactions on Geoscience and Remote Sensing, 50(11): 4484-4502.

Jolliffe I T. 1986. Principal Component Analysis. New York: Springer Verlag.

Keshava N, Mustard J F. 2002. Spectral unmixing. IEEE Signal Processing Magazine, 19(1): 44-57.

Kowkabi F, Ghassemian H, Keshavarz A. 2016. Enhancing hyperspectral endmember extraction using clustering and oversegmentation-based preprocessing. IEEE Journal of Selected Topics in Applied Earth Observations and Remote Sensing, 9(6): 2400-2413.

Li H, Zhang L. 2011. A hybrid automatic endmember extraction algorithm based on a local window. IEEE Transactions on Geoscience and Remote Sensing, 49: 4223-4238.

Li J, Bioucas-Dias J M, Plaza A, Liu L. 2016. Robust collaborative nonnegative matrix factorization for hyperspectral unmixing. IEEE Transactions on Geoscience and Remote Sensing, 54(10): 6076-6090.

Lin Z, Chen M, Wu L. 2009. The augmented lagrange multiplier method for exact recovery of corrupted low-rank matrices. University of Illinois at Urbana-Champaign, Champaign, IL, USA, Tech. Rep.

Ma W K, Bioucas-Dias J M, Chan T H, Gillis P, Gader P, Plaza A, Ambikapathi A, Chi C Y. 2014. A signal processing perspective on hyperspectral unmixing: Insights from remote sensing. IEEE Signal Processing Magazine, 31 (1): 67-81.

Nascimento J M P, Bioucas-Dias J M. 2005. Vertex component analysis: a fast algorithm to unmix hyperspectral data. IEEE Transactions on Geoscience and Remote Sensing, 43 (4): 898-910.

Neville R A, Staenz K, Szeredi T, Lefebvre J, Hauff P. 1999. Automatic end member extraction from hyperspectral data for mineral exploration, in Proceedings of Canadian Symposium of Remote Sensing, 21-24.

Nocedal J, Wright S J. 2006. Numerical Optimization. Berlin, Germany: Springer-Verlag.

Plaza A, Benediktsson J A, Boardman J W, Brazile J, Bruzzone L, Camps-Valls G, Chanussot J, Fauvel M, Gamba P, Gualtieri A, Marconcini M, Tilton J C, Trianni G. 2009. Recent advances in techniques for hyperspectral image processing. Remote Sensing of Environment, 113: 110-122.

Plaza A, Martín G, Plaza J, Zortea M, Sánchez S. 2011. Recent developments in endmember extraction and spectral unmixing. Optical Remote Sensing. Berlin, Heidelberg: Springer. 235-267.

Plaza A, Martinez P, Perez R, Plaza J. 2002. Spatial/spectral endmember extraction by multidimensional morphological operations. IEEE Transactions on Geoscience and Remote Sensing, 40 (9): 2025-2041.

Pu H, Xia W, Wang B, Jiang G. 2014. A fully constrained linear spectral unmixing algorithm based on distance geometry. IEEE Transactions on Gescience and Remote Sensing, 52 (2): 1157-1176.

Rogge D M, Rivard B, Zhang J, Sanchez A, Harris J, Feng J. 2007. Integration of spatial-spectral information for the improved extraction of endmembers. Remote Sensing of Environment, 110 (3): 287-303.

Shi C, Wang L. 2014. Incorporating spatial information in spectral unmixing: A review. Remote Sensing of Environment, 149: 70-87.

Strang G. 2006. Linear algebra and its applications, 4th ed. Belmont, CA: Thomson.

Sumarsono A, Du Q. 2015. Low-rank subspace representation for estimating the number of signal subspaces in hyperspectral imagery. IEEE Transactions on Geoscience and Remote Sensing, 53 (11): 6286-6292.

Tao X, Wang B, Zhang L. 2009. Orthogonal bases approach for the decomposition of mixed pixels in hyperspectral imagery. IEEE Geoscience and Remote Sensing Letters, 6 (2): 219-223.

Tibshirani R. 1996. Regression shrinkage and selection via the lasso. Journal of the Royal Statistical Society, Series B, 58: 267-288.

Tuia D, Flamary R, Barlaud M. 2016. Nonconvex regularization in remote sensing. IEEE Transactions on Geoscience and Remote Sensing, 54 (11): 6470-6480.

Willett R M, Duarte M F, Davenport M A, Baraniuk R G. 2014. Sparsity and structure in hyperspectral imaging: sensing, reconstruction, and target detection. IEEE Signal Processing Magazine, 31 (1): 116-126.

Winter M E. 1999. N-FINDR: an algorithm for fast autonomous spectral end-member determination in hyperspectral data. SPIE Imaging Spectrometry, (37): 266-275.

Zare A, Gader P. 2007. Sparsity promoting iterated constrained endmember detection in hyperspectral imagery. IEEE Geoscience and Remote Sensing Letters, 4 (3): 446-450.

Zare A, Gader P. 2010. PCE: Piecewise convex endmember detection. IEEE Transactions on Geoscience and Remote Sensing, 48 (6): 2620-2632.

Zortea M, Plaza A. 2009. Spatial preprocessing for endmember extraction. IEEE Transactions on Geoscience and Remote Sensing. 47 (8): 2679-2693.

第3章　无监督的线性光谱解混方法

端元提取和丰度反演是高光谱解混技术中的两个独立又相互统一的组成部分。有监督的线性解混方法仅分别从这两方面内容的自身出发，根据高光谱遥感图像的几何与物理特性，有区分地去考虑对应子问题的解决途径。这样光谱解混的整体流程实际被拆分到了两个模块中。然而，不可避免地给解混带来了额外的计算负担和误差源，而且误差也会在两个不同的解混阶段中进行传递。有监督的丰度估计方法非常依赖于输入的端元光谱准确性，如果在端元提取阶段中的方法难以获得足够准确的端元，那么该结果也必将在下一个丰度估计阶段中，导致方法自身外的解混误差。特别地，目前多数端元提取方法是基于纯像元假设的，加上端元数目和光谱变异性等不确定因素的影响，对于实际中高度混合的高光谱遥感图像的端元提取效果不够理想。

为了解决该问题，就需要将端元提取和丰度反演统一并整合在同一个方法框架内，实现无监督的光谱解混，同时估计端元和丰度。光谱解混本质上属于信号处理领域中的盲源分离问题(Ma et al.，2014)，但与该方面传统问题不同的是，高光谱数据具有自身特殊的特点和结构。因而，如何将现有盲源分离中的各种机器学习和优化技术方法，与高光谱遥感图像的性质进行有机地结合，是实现无监督线性光谱解混重要的课题。本章将介绍目前主要的无监督线性解混方法，包括基于贝叶斯统计学的方法、基于独立成分分析(independent component analysis，ICA)的方法、基于约束非负矩阵分解(nonnegative matrix factorization，NMF)的方法，以及采用凸几何理论的解混方法。

3.1　无监督线性解混的统计学方法

3.1.1　同时估计端元和丰度的贝叶斯方法

贝叶斯(Bayesian)方法是一种解决约束优化问题的有效的统计学方法(Moussaoui et al.，2006)。Dobigeon 等(2009)将贝叶斯方法用于无监督线性光谱解混，在统计模型中考虑了丰度 ANC 和 ASC 约束以及端元非负性，可以无须假设图像中存在纯像元实现对端元和丰度的同时估计。特别地，根据 LMM 的凸几何意义，该方法利用 PCA 使数据降维到了低维单形特征子空间中再进行参数估计，有效地降低了过多未知参数自由度对求解精度的影响。在参数估计过程中，利用恰当选择的丰度及其他超参的联合先验(prior)分布，生成了端元及丰度在分层贝叶斯模型(hierarchical Bayesian model)中的后验(posterior)分布。考虑到后验分布参数估计的复杂性，采用吉布斯采样(Gibbs sampling)的方法生成了一系列根据后验渐进分布的样本。最后，利用这些样本来近似各未知参数的贝叶斯最小均方根误差估计量，完成线性光谱解混。

在噪声服从独立同零均值高斯分布和 LMM（$X = AS + E = Y + E$，$A \in \mathbb{R}^{n\times r}$，$S \in \mathbb{R}^{r\times m}$）的假设下，高光谱遥感图像 $X = (x_1, x_2, \cdots, x_m) \in \mathbb{R}^{n\times m}$ 的似然度函数表示为

$$f(X|A, S, \sigma^2) = \prod_{j=1}^{m} f(x_j|A, S, \sigma^2),\ f(x_j|A, S, \sigma^2) = \left(\frac{1}{2\pi\sigma^2}\right)^{\frac{n}{2}} \exp\left(-\frac{\|x_j - As_j\|^2}{2\sigma^2}\right) \tag{3.1.1}$$

首先，利用 PCA 方法对数据进行降维处理，令 $\tilde{a}_i$（$i = 1, 2, \cdots, n$）表示端元 a_i 在 $(r-1)$ 维的特征子空间中的投影。由于无噪声干扰的 Y 在该子空间中能够被端元进行信息无损的凸表示，因而可以利用贝叶斯方法估计单形体的顶点 $\{\tilde{a}_1, \tilde{a}_2, \cdots, \tilde{a}_r\}$。这里通过赋予 $\tilde{a}_i$ 恰当的多元高斯分布（multivariate Gaussian distribution，MGD）这一先验分布，重构回原始 n 维光谱空间的端元光谱并保证非负性。对应的概率密度函数定义为

$$\phi_{\tau_i}(\tilde{a}_i|t_i, \omega_i^2 I_{(r-1)\times(r-1)}) \propto \phi(\tilde{a}_i|t_i, \omega_i^2 I_{(r-1)\times(r-1)}) I_{\tau_i}(\tilde{a}_i),\quad I_{\tau_i}(\tilde{a}_i) = \begin{cases} 1, & \tilde{a}_i\text{的重构端元非负} \\ 0, & \text{其他} \end{cases} \tag{3.1.2}$$

式中，t_i 是利用如 N-FINDR 等方法提取的端元均值，而方差 ω_i^2 反映了该先验信息的置信度。在此基础上，就能给出投影端元矩阵 $\tilde{A} = (\tilde{a}_1, \tilde{a}_2, \cdots, \tilde{a}_r)$ 的先验分布：

$$f(\tilde{A}|T, \omega^2) = \prod_{i=1}^{r} \phi_{\tau_i}(\tilde{a}_i|t_i, \omega_i^2 I_{(r-1)\times(r-1)}),\quad T = (t_1, \cdots, t_r),\quad \omega^2 = (\omega_1^2, \cdots, \omega_r^2) \tag{3.1.3}$$

这里的超参 $\omega_1^2 = \cdots = \omega_r^2 = 50$。为满足丰度的 ANC 和 ASC 约束，令像元 x_j 的丰度向量为 $s_j = (c_j^{\mathrm{T}}, 1 - \sum_{i=1}^{r-1} s_{i,j})^{\mathrm{T}}$，然后为 c_j 选择均匀分布的先验，并假设每个像元丰度向量是统计独立的，则部分丰度矩阵 $C = (c_1, c_2, \cdots, c_m)$ 的先验分布为

$$f(C) = \prod_{j=1}^{m} I_Q(c_j),\quad Q = \{c_j \,|\, \|c_j\|_1 \leqslant 1,\quad c_j \geqslant \mathbf{0}\} \tag{3.1.4}$$

噪声方差先验为联合逆 Gamma 分布：$\sigma^2|1, \delta \sim IG(1, \delta)$，$\delta$ 是调整超参，其先验为 $f(\delta) \propto I_{\mathbb{R}^+}(\delta)/\delta$。最后，假设未知参数 $\Theta = \{C, \tilde{A}, \sigma^2\}$ 间相互独立，得到后验分布：

$$\begin{aligned} f(\Theta|X) &\propto \int f(X|\Theta) f(\Theta|\delta) f(\delta) d\delta \\ &\propto \prod_{j=1}^{m} I_Q(c_j) \times \prod_{i=1}^{r} \exp\left(-\frac{\|\tilde{a}_i - t_i\|^2}{2\omega^2}\right) I_{\tau_i}(\tilde{a}_i) \times \prod_{j=1}^{m}\left[\left(\frac{1}{\sigma^2}\right)^{n/2+1} \exp\left(-\frac{\|x_j - A's_j\|^2}{2\sigma^2}\right)\right] \end{aligned} \tag{3.1.5}$$

式中，A' 是降维后的端元矩阵 $\tilde{A}$ 重构回原始 n 维光谱空间的结果。由于利用式(3.1.5)进行贝叶斯参数估计非常困难，进而采用马尔科夫链蒙特卡洛（MCMC）方法根据该式的渐进分布进行 Gibbs 采样，再利用获取的样本近似完成贝叶斯参数估计。具体来说，MCMC 根据各参数条件后验分布生成每次迭代中的样本 $\Theta = \{C^{(t)}, \tilde{A}^{(t)}, (\sigma^2)^{(t)}\}$。

$f(\boldsymbol{C}|\tilde{\boldsymbol{A}},\sigma^2,\boldsymbol{X})$ 的采样有条件后验分布：

$$f(\boldsymbol{c}_j|\tilde{\boldsymbol{A}},\sigma^2,\boldsymbol{x}_j)\propto\exp\left[-\frac{(\boldsymbol{c}_j-\boldsymbol{v}_j)^{\mathrm{T}}\boldsymbol{\Sigma}_j^{-1}(\boldsymbol{c}_j-\boldsymbol{v}_j)}{2}\right]\boldsymbol{I}_Q(\boldsymbol{c}_j) \tag{3.1.6}$$

$$\begin{cases}\boldsymbol{\Sigma}_j=\left[(\boldsymbol{A}_{-r}-\boldsymbol{a}_r\boldsymbol{I}_{r-1}^{\mathrm{T}})^{\mathrm{T}}\boldsymbol{\Sigma}_{\mathrm{noise}}^{-1}(\boldsymbol{A}_{-r}-\boldsymbol{a}_r\boldsymbol{I}_{r-1}^{\mathrm{T}})\right]^{-1}\\ \boldsymbol{v}_j=\boldsymbol{\Sigma}_j\left[(\boldsymbol{A}_{-r}-\boldsymbol{a}_r\boldsymbol{I}_{r-1}^{\mathrm{T}})^{\mathrm{T}}\boldsymbol{\Sigma}_{\mathrm{noise}}^{-1}(\boldsymbol{x}_j-\boldsymbol{a}_r)\right]\end{cases},\quad \boldsymbol{\Sigma}_{\mathrm{noise}}^{-1}=(1/\sigma^2)\boldsymbol{I}_{n\times n} \tag{3.1.7}$$

式中，$\boldsymbol{A}_{-r}$ 表示 $\boldsymbol{A}$ 移除第 r 列后的子矩阵。由此可知，部分丰度 $\boldsymbol{c}_j|\tilde{\boldsymbol{A}},\sigma^2,\boldsymbol{x}_j\sim N_Q(\boldsymbol{v}_j,\boldsymbol{\Sigma}_j)$ 服从单形上多元高斯分布。

$f(\tilde{\boldsymbol{A}}|\boldsymbol{C},\sigma^2,\boldsymbol{X})$ 的采样有条件后验分布：

$$f(\tilde{\boldsymbol{a}}_i|\tilde{\boldsymbol{A}}_{-i},\boldsymbol{c}_i,\sigma^2,\boldsymbol{X})\propto\exp\left[-\frac{(\tilde{\boldsymbol{a}}_i-\boldsymbol{\gamma}_i)^{\mathrm{T}}\boldsymbol{\Lambda}_i^{-1}(\tilde{\boldsymbol{a}}_i-\boldsymbol{\gamma}_i)}{2}\right]\boldsymbol{I}_{\tau_i}(\tilde{\boldsymbol{a}}_i) \tag{3.1.8}$$

$$\begin{cases}\boldsymbol{\Lambda}_i=\left[\sum_{j=1}^{m}s_{i,j}^2\boldsymbol{U}^{\mathrm{T}}\boldsymbol{\Sigma}_{\mathrm{noise}}^{-1}\boldsymbol{U}+\dfrac{1}{\omega_i^2}\boldsymbol{I}_{(r-1)\times(r-1)}\right]^{-1}\\ \boldsymbol{\gamma}_i=\boldsymbol{\Lambda}_i\left[\sum_{j=1}^{m}s_{i,j}\boldsymbol{U}^{\mathrm{T}}\boldsymbol{\Sigma}_{\mathrm{noise}}^{-1}\boldsymbol{\mu}_{i,j}+\dfrac{1}{\omega_i^2}\boldsymbol{t}_i\right]\end{cases},\quad \boldsymbol{\mu}_{i,j}=\boldsymbol{x}_j-\bar{\boldsymbol{x}}s_{i,j}-\sum_{k\neq i}\boldsymbol{a}_k' s_{k,j},\quad \bar{\boldsymbol{x}}=\frac{1}{m}\sum_{j=1}^{m}\boldsymbol{x}_j \tag{3.1.9}$$

式中，$\boldsymbol{a}_k'=\boldsymbol{U}\tilde{\boldsymbol{a}}_k+\bar{\boldsymbol{x}}$ 是端元 $\tilde{\boldsymbol{a}}_k$ 重构回原始 n 维光谱空间后的结果。$\boldsymbol{U}=\boldsymbol{V}^{\mathrm{T}}\boldsymbol{D}^{1/2}$ 是 PCA 投影矩阵的逆，$\boldsymbol{D}$ 和 $\boldsymbol{V}$ 分别是数据的协方差矩阵前 $(r-1)$ 个最大特征值的对角阵和对应的特征向量。

$f(\sigma^2|\boldsymbol{C},\tilde{\boldsymbol{A}},\boldsymbol{X})$ 的采样有条件后验分布满足逆 Gamma 分布：

$$\sigma^2|\boldsymbol{C},\tilde{\boldsymbol{A}},\boldsymbol{X}\sim IG\left(\frac{mn}{2},\ \frac{1}{2}\sum_{j=1}^{m}\left\|\boldsymbol{x}_j-\boldsymbol{A}\boldsymbol{s}_j\right\|^2\right) \tag{3.1.10}$$

完整的贝叶斯无监督线性解混方法源程序可由 http://dobigeon.perso.enseeiht.fr/applications /app_hyper_SMA.html 下载。

3.1.2　基于依赖成分分析的无监督线性解混

传统基于单形体体积的线性解混方法常受制于纯像元假设，对于高度混合的高光谱遥感数据，所得的单形体体积与真实端元张成的单形体体积相差较大。依赖成分分析(dependent component analysis，DECA)方法(Nascimento and Bioucas-Dias，2012)属于统计框架下的无监督线性解混方法，可以较好地克服该问题的影响。DECA 采用 Dirichlet 概率密度混合作为丰度系数的先验分布假设，这样就能在参数估计时自动满足丰度的 ANC 和 ASC 约束。Dirichlet 过程实际上也在 PCE 方法中被用于确定描述图像的多个凸区域。在 DECA 整个循环最小化过程中，Dirichlet 模式的数量由最小描述长度(minimum description length，MDL)规则确定；广义期望最大化(generalized expectation maximization，

GEM)方法被用于估计模型参数；然后，一系列增广拉格朗日优化方法被用于计算端元。

对于高光谱遥感图像 $\boldsymbol{X}=\left(\boldsymbol{x}_1,\boldsymbol{x}_2,\cdots,\boldsymbol{x}_m\right)\in\mathbb{R}^{n\times m}$，令 HySime 算法得到的能最优表示信号子空间的特征向量子集为 $\boldsymbol{Z}=\left(z_1,z_2,\cdots,z_r\right)\in\mathbb{R}^{n\times r}$， r 是端元数目，则像元 $\boldsymbol{x}_j$ 在该子空间中的投影为 $\boldsymbol{y}_j=\boldsymbol{Z}\boldsymbol{Z}^{\mathrm{T}}\boldsymbol{x}_j$，且 $\boldsymbol{h}_j=\boldsymbol{Z}^{\mathrm{T}}\boldsymbol{x}_j$ 是对应的投影系数。再继续把像元向端元的仿射集投影，在 r 维特征空间中的 $(r-1)$ 维单形上有 $\boldsymbol{h}_j=\boldsymbol{M}\boldsymbol{s}_j$，子空间混合矩阵 $\boldsymbol{M}\in\mathbb{R}^{r\times r}$ 与端元矩阵关系为： $\boldsymbol{A}=\boldsymbol{Z}\boldsymbol{M}$ 。

采用 k -组分的 Dirichlet 有限混合作为丰度系数的先验，得到丰度概率密度：

$$p_S(\boldsymbol{s}_j|\boldsymbol{\theta})\equiv\sum_{q=1}^{k}\upsilon_q D(\boldsymbol{s}_j|\boldsymbol{\theta}_q)=\sum_{q=1}^{k}\upsilon_q\frac{\Gamma\left(\sum_{i=1}^{r}\theta_{i,q}\right)}{\prod_{i=1}^{r}\Gamma(\theta_{i,q})}\prod_{i=1}^{r}s_{i,j}^{\theta_{i,q}-1} \tag{3.1.11}$$

式中， $\boldsymbol{\theta}=\{\upsilon_1,\cdots,\upsilon_k,\boldsymbol{\theta}_1,\cdots,\boldsymbol{\theta}_k\}$ ； υ_q 和 $D(\boldsymbol{s}_j|\boldsymbol{\theta}_q)$ 分别表示模式 q 的概率和它关于参数 $\boldsymbol{\theta}_q=\{\theta_{1,q},\cdots,\theta_{r,q}\}$ 的 Dirichlet 概率密度； $q=1,2,\cdots,k$ 。令 $\boldsymbol{W}=\boldsymbol{M}^{-1}$，则 $\boldsymbol{s}_j=\boldsymbol{W}\boldsymbol{h}_j$，从而得到像元的概率密度 $p_H(\boldsymbol{h}_j|\boldsymbol{W},\boldsymbol{\theta})=p_S(\boldsymbol{s}_j=\boldsymbol{W}\boldsymbol{h}_j|\boldsymbol{\theta})|\det(\boldsymbol{W})|$ 。在 r 维特征空间中，对于独立同分布的所有像元，参数 $\boldsymbol{\theta}$ 和 $\boldsymbol{W}$ 的对数似然度为

$$L(\boldsymbol{W},\boldsymbol{\theta})\equiv\log p_H(\boldsymbol{H}|\boldsymbol{W},\boldsymbol{\theta})=\sum_{j=1}^{m}\left[\log\sum_{q=1}^{k}\upsilon_q D(\boldsymbol{s}_j|\boldsymbol{\theta}_q)\right]+m\log|\det(\boldsymbol{W})| \tag{3.1.12}$$

由于无法得到式(3.1.12)最大似然估计的解析解，因而利用期望最大化 EM 方法计算参数的最大似然估计。令 $\boldsymbol{B}=\left(\boldsymbol{b}_1,\boldsymbol{b}_2,\cdots,\boldsymbol{b}_m\right)\in\mathbb{R}^{k\times m}$， $\boldsymbol{b}_j\in\mathbb{R}^{k\times 1}$ 是只有一个元素为 1 而其余为 0 的二值矢量，表示的是像元 $\boldsymbol{x}_j$ 由哪个组分模式产生。这就得到了完备对数似然度：

$$\begin{aligned}L_C(\boldsymbol{W},\boldsymbol{\theta})&=\log\left(p_{H,B}(\boldsymbol{H},\boldsymbol{B}|\boldsymbol{\theta})\right)+m\log|\det(\boldsymbol{W})|\\&=\sum_{j=1}^{m}\left[\sum_{q=1}^{k}b_{q,j}\log(\upsilon_q D(\boldsymbol{s}_j|\boldsymbol{\theta}_q))\right]+m\log|\det(\boldsymbol{W})|\end{aligned} \tag{3.1.13}$$

EM 算法通过 E-步骤和 M-步骤迭代优化式(3.1.13)。在 E-步骤中的第 t 次迭代中，利用给定的像元样本和当前的估计 $\hat{\boldsymbol{\theta}}^{(t)}$ 计算式(3.1.13)的条件期望，结果称作 Q 函数：

$$Q\left(\boldsymbol{\theta},\boldsymbol{W};\hat{\boldsymbol{\theta}}^{(t)},\hat{\boldsymbol{W}}^{(t)}\right)=m\log(|\det(\boldsymbol{W})|)+\sum_{j=1}^{m}\left[\sum_{q=1}^{k}\beta_{q,j}^{(t)}\log(\upsilon_q D(\boldsymbol{s}_j^{(t)}|\boldsymbol{\theta}_q))\right] \tag{3.1.14}$$

$$\beta_{q,j}^{(t)}\equiv E\left(b_{q,j}|\hat{\boldsymbol{\theta}}^{(t)}\right)=\frac{\hat{\upsilon}_q^{(t)}D(\boldsymbol{s}_j^{(t)}|\hat{\boldsymbol{\theta}}_q^{(t)})}{\sum_{l=1}^{k}\hat{\upsilon}_q^{(t)}D(\boldsymbol{s}_j^{(t)}|\hat{\boldsymbol{\theta}}_l^{(t)})},\quad \boldsymbol{s}_j^{(t)}=\hat{\boldsymbol{W}}^{(t)}\boldsymbol{h}_j \tag{3.1.15}$$

对于 M-步骤，求解最优化问题 $\left(\hat{\boldsymbol{\theta}}^{(t+1)},\hat{\boldsymbol{W}}^{(t+1)}\right)=\arg\max_{\boldsymbol{\theta},\boldsymbol{W}}\left(Q\left(\boldsymbol{\theta},\boldsymbol{W};\hat{\boldsymbol{\theta}}^{(t)},\hat{\boldsymbol{W}}^{(t)}\right)\right)$，交替更新变量：

$$\upsilon_q^{(t+1)}=\frac{1}{m}\sum_{j=1}^{m}\beta_{q,j}^{(t)} \tag{3.1.16}$$

$$\hat{\theta}_{i,q}^{(t+1)} \equiv \Psi^{-1}\left(\Psi\left(\sum_{l=1}^{r}\hat{\theta}_{l,q}^{(t)}\right)+\frac{\sum_{j=1}^{m}(\beta_{q,j}^{(t)}\log(\hat{s}_{i,j}^{(t)}))}{\sum_{j=1}^{m}\beta_{q,j}^{(t)}}\right) \tag{3.1.17}$$

$$\begin{gathered}\hat{\boldsymbol{W}}^{(t+1)} = \arg\max_{\boldsymbol{W}} \quad \phi(\boldsymbol{WH}) + \log(|\det(\boldsymbol{W})|) \\ \text{s.t.}\ \boldsymbol{WH}\geqslant 0,\quad \mathbf{1}_r^{\mathrm{T}}\boldsymbol{WH}=\mathbf{1}_m^{\mathrm{T}}\end{gathered} \tag{3.1.18}$$

$$\phi(\boldsymbol{S}) \equiv \sum_{j=1}^{m}\sum_{l=1}^{r}\left(\left(\frac{1}{m}\sum_{q=1}^{k}\beta_{q,j}^{(t)}(\hat{\theta}_{l,q}-1)\right)\log(\hat{s}_{l,j}^{(t)})\right) \tag{3.1.19}$$

式中，$\Psi(x)=d(\log(\Gamma(x)))/dx$ 是 psi 函数。鉴于 $\log(|\det(\boldsymbol{W})|)$ 的非凸性，采用改进的分裂增广拉格朗日方法 SISAL（Bioucas-Dias, 2009）对式（3.1.18）进行优化，得到分裂增广拉格朗日的 Dirichlet 分解算法（dirichlet mixture unmixing via split augmented Lagrangian，DUSAL），并得到估计的端元为 $\hat{\boldsymbol{A}}=\boldsymbol{Z}\hat{\boldsymbol{W}}^{-1}$。DUSAL 和 DECA 的算法流程如下表所示。

DUSAL 分裂增广拉格朗日的 Dirichlet 分解算法

1. 输入高光谱遥感图像矩阵 $\boldsymbol{X}\in\mathbb{R}^{n\times m}$，端元数目 r 和 $\boldsymbol{W}$，$\boldsymbol{Z}$；
2. 初始化：μ，ρ，$t=1$；
3. While 收敛条件不满足

   $\boldsymbol{H}=\boldsymbol{Z}^{\mathrm{T}}\boldsymbol{X}$，$\boldsymbol{\Omega}=\boldsymbol{H}\otimes\boldsymbol{I}$，$\boldsymbol{V}=\boldsymbol{I}\otimes\mathbf{1}_r^{\mathrm{T}}$，$\otimes$ 是克罗内克积；

   $\boldsymbol{q}^{(t+1)}=\arg\min_{\boldsymbol{q}} \boldsymbol{g}^{\mathrm{T}}\boldsymbol{q}+(\mu/2)\|\boldsymbol{q}-\boldsymbol{q}_k\|^2+\rho\|\boldsymbol{\Omega q}-\boldsymbol{c}^{(t)}-\boldsymbol{d}^{(t)}\|^2$，　s.t.　$\boldsymbol{Vq}=(\mathbf{1}_m\boldsymbol{H}^{\mathrm{T}}(\boldsymbol{HH}^{\mathrm{T}})^{-1})^{\mathrm{T}}$；

   $\boldsymbol{c}^{(t+1)}=\arg\min_{\boldsymbol{c}}(1/2)\|\boldsymbol{\Omega q}^{(t+1)}-\boldsymbol{c}^{(t)}-\boldsymbol{d}^{(t)}\|^2+1/\rho\phi(\boldsymbol{c}^{(t)})$；

   $\boldsymbol{d}^{(t+1)}=\boldsymbol{d}^{(t)}-\boldsymbol{\Omega q}^{(t+1)}-\boldsymbol{c}^{(t+1)}$；

   $t=t+1$；

   End
4. 输出：$\hat{\boldsymbol{q}}$。

DECA 依赖成分分析算法

1. 输入高光谱遥感图像矩阵 $\boldsymbol{X}\in\mathbb{R}^{n\times m}$，最大最小组分 $k_{\min}, k_{\max}$；
2. 利用 HySime 确定端元数目 r 和 $\boldsymbol{Z}$，向信号子空间投影 $\boldsymbol{H}=\boldsymbol{Z}^{\mathrm{T}}\boldsymbol{X}$，确定最优仿射集 $\mathrm{aff}(\boldsymbol{H})$；
3. 利用 DUSAL 算法估计 $\hat{\boldsymbol{M}}$ 初始值，$\hat{\boldsymbol{W}}=\hat{\boldsymbol{M}}^{-1}$，初始化 $\hat{\boldsymbol{\theta}}$，$L_{\min}=+\infty$，$t=1$，$k=k_{\max}$；
4. While $k\geqslant k_{\max}$
5. 　While $L^{(t-1)}-L^{(t)}<10^{-5}|L^{(t-1)}|$

   $\hat{\boldsymbol{S}}=\hat{\boldsymbol{W}}\boldsymbol{H}$；

   以式（3.1.15）更新 $\beta_{q,j}^{(t)}$，以式（3.1.16）更新 $\upsilon_q^{(t)}$，以式（3.1.17）更新 $\hat{\theta}_{i,q}^{(t)}$；

   If $\exists\upsilon_q^{(t)}=0$，　then $k=k-1$，End；

   利用 DUSAL 算法计算 $\hat{\boldsymbol{M}}$，$\hat{\boldsymbol{W}}=\hat{\boldsymbol{M}}^{-1}$，计算 $L^{(t)}$，$t=t+1$；

   End

6. If $L^{(t)} < L_{\min}$

$L_{\min} = L^{(t)}$， $\hat{k}_{\text{best}} = k$， $\hat{\boldsymbol{\theta}}_{\text{best}} = \hat{\boldsymbol{\theta}}$， $\hat{\boldsymbol{A}}_{\text{best}} = \boldsymbol{Z}\hat{\boldsymbol{M}}$， $\hat{\boldsymbol{S}}_{\text{best}} = \hat{\boldsymbol{S}}$；

End

$k = k - 1$；

End

7. 输出：$\hat{\boldsymbol{\theta}}_{\text{best}}$，$\hat{\boldsymbol{A}}_{\text{best}}$，$\hat{\boldsymbol{S}}_{\text{best}}$，$\hat{k}_{\text{best}}$。

3.2 基于独立成分分析的解混方法

3.2.1 独立成分分析原理

独立成分分析(independent component analysis，ICA)是一种无监督的信号分离方法，常被应用于解决线性的盲分离问题。ICA 假设采集的观测信号是由多个不可直接观测的独立源信号按照未知的混合方式构成的，其目标在于仅利用观测信号分离并恢复这些独立源信号(Common, 1994; Hyvärinen et al., 2001)。在 ICA 的理论体系中，产生于不同源的信号间概率统计分布通常会被认为是相互独立的。如果直接让分离后的信号趋向于相互独立，那么得到的结果就可能接近于原始信号。在数学上，独立源的分布是未知的，但要求其中至多有一个是高斯分布。ICA 就是寻找一种线性变换，最大化非高斯信号并使分离出的源信号的统计分布彼此独立(Nascimento and Bioucas-Dias, 2005)。

对于无噪声的线性混合像元 $\boldsymbol{x}_j = \boldsymbol{A}\boldsymbol{s}_j$，这里的 $\boldsymbol{x}_j \in \mathbb{R}^{n\times 1}$, $\boldsymbol{A} \in \mathbb{R}^{n\times r}$ 和 $\boldsymbol{s}_j \in \mathbb{R}^{r\times 1}$ 分别可以认为是观测信号矢量，混合矩阵(端元矩阵)和源信号(丰度矢量)。丰度信号常作为 ICA 源信号的原因是端元信号的数据量较低，难以提供足够的统计信息；而且不同波段，尤其是相邻的波段间的相关性较高，无法作为独立源。此时，ICA 就是要找到一个分离矩阵 $\boldsymbol{W} \in \mathbb{R}^{r\times n}$ 将 $\boldsymbol{x}_j$ 分离为丰度源信号：

$$\boldsymbol{y}_j = \boldsymbol{W}\boldsymbol{x}_j = \boldsymbol{U}\boldsymbol{s}_j \tag{3.2.1}$$

式中，$\boldsymbol{y}_j = (y_{1,j}, y_{2,j}, \cdots, y_{r,j})^{\mathrm{T}}$ 是恢复的丰度 $\boldsymbol{s}_j$ 估计值，被视为随机变量。$\boldsymbol{U}$ 是每行每列只有一个非 0 元素的矩阵。ICA 的关键问题是需要设计一个有效的独立性判据，使算法能够衡量求出的信号是否趋于相互独立，从而将混合信号进行有效的分离。独立性判据能够以多种不同的数学形式表示，所以使用不同判据得到的分离信号的概率分布往往也是不同的。粗略地讲，ICA 在本质上相当于事先指定一种概率统计分布，认为这就是原始信号的情况，然后使分离出的信号满足该分布。

分离矩阵 $\boldsymbol{W}$ 通过最大化 $\{y_{1,j}, y_{2,j}, \cdots, y_{r,j}\}$ 各成分间的独立性求得，而互信息(mutual information)则常被用于度量它们之间的独立性：

$$I(\boldsymbol{y}_j) \overset{\text{def}}{=} D_{KL}\left(p(\boldsymbol{y}_j) \parallel \prod\nolimits_{i=1}^{r} p(y_{i,j})\right) = \int p(\boldsymbol{y}_j)\log\left(p(\boldsymbol{y}_j)\Big/\prod\nolimits_{i=1}^{r} p(y_{i,j})\right)\mathrm{d}\boldsymbol{y}_j \tag{3.2.2}$$

式中，$p(y_{i,j})$ 是 $y_{i,j}$ 的概率密度函数(probability density function，PDF)，而 $p(\boldsymbol{y}_j)$ 代表

$\boldsymbol{y}_j=(y_{1,j}, y_{2,j}, \cdots, y_{r,j})^{\mathrm{T}}$ 的联合概率密度函数(joint probability density function，JPDF)。实际上，$I(\boldsymbol{y}_j)$ 表示的就是 $p(\boldsymbol{y}_j)$ 与 $\prod_{i=1}^{r} p(y_{i,j})$ 间的 K-L 散度，是两者在概率意义上的距离。互信息 $I(\boldsymbol{y}_j)$ 总是非负的，越小表示两信号间的独立性越强，当且仅当 $\boldsymbol{y}_j$ 的各分量互相独立时 $I(\boldsymbol{y}_j)=0$。因此，可以容易得到一个估计 $\boldsymbol{W}$ 的最优化问题：

$$
\begin{aligned}
&\min_{\boldsymbol{W}} \quad I(\boldsymbol{y}_j)\\
&\text{s.t. } \boldsymbol{y}_j=\boldsymbol{W}\boldsymbol{x}_j
\end{aligned}
\tag{3.2.3}
$$

考虑到梯度下降算法(gradient descent algorithm，GDA)对 $\boldsymbol{W}$ 为方阵的要求，但高光谱遥感图像的端元数通常远小于波段数，进而可以自然梯度法求取式(3.2.3)的最优解：

$$
\boldsymbol{W} \leftarrow \boldsymbol{W}+\eta \cdot \Delta \boldsymbol{W}, \qquad \Delta \boldsymbol{W}=\left(\boldsymbol{I}_{r\times r}-\boldsymbol{g}(\boldsymbol{y}_j)\boldsymbol{y}_j^{\mathrm{T}}\right)\boldsymbol{W} \tag{3.2.4}
$$

$$
\boldsymbol{g}(\boldsymbol{y}_j)=\left(-\frac{p'(y_{1,j})}{p(y_{1,j})},-\frac{p'(y_{2,j})}{p(y_{2,j})},\cdots,-\frac{p'(y_{r,j})}{p(y_{r,j})}\right)^{\mathrm{T}} \tag{3.2.5}
$$

式中，η 是步长大小；$p'(y_{i,j})$ 是 $p(y_{i,j})$ 的导数。通过式(3.2.4)和式(3.2.5)求解出 $\boldsymbol{W}$ 的值，然后代入式(3.2.1)就能得到估计信号，实现信号的盲分离。

但是，要求得 $\boldsymbol{W}$ 就必须要知道 $y_{i,j}$ 的真实概率密度函数 $p(y_{i,j})$，而实际上准确值的 $p(y_{i,j})$ 是难以求得的。因为不知道源信号的概率分布，所以只能事先以一种特定的分布作为源信号的假设情况，这么做也就意味着最终估计出来的信号的统计分布就是事先所假设好的情况。然而，自然界的信号分布多种多样，ICA 的假设可能与真实的数据分布有较大区别，这样就会导致结果精度的下降。

同时，由于式(3.2.1)中的 $\boldsymbol{U}$ 矩阵不必是单位阵，因而 $\boldsymbol{y}_j=\boldsymbol{U}\boldsymbol{s}_j \neq \boldsymbol{s}_j$。对于传统的盲分离问题而言(例如语音信号的分离)，改变幅值并不会对结果造成较大影响，但是对于高光谱解混问题，幅值(包括符号的正负)的变化将严重影响分解结果，因为丰度源信号 $\boldsymbol{s}_j$ 中各分量的幅值代表了不同地物所占的比例，有明确意义。由于 ICA 不能保证幅值相同，这将严重影响分解结果的物理意义。

ICA 对源信号的统计分布所做出的假设和遥感数据的真实分布情况不相符，即独立性假设问题是传统的 ICA 方法难以应用于高光谱遥感图像解混的根本原因。它直接与线性混合模型中的丰度“和为 1”约束相矛盾，导致解混结果出现负值，违反了高光谱数据的非负特点。此外，Nascimento 和 Bioucas-Dias(2005)对 ICA 进行了大量的模拟实验(源程序见 http://www.lx.it.pt/～bioucas/publications.html)，并采用真实图像进行了评价，发现 ICA 无法提取图像中的所有端元，其中一个重要的原因是高光谱图像无法满足各成分独立的前提条件(罗文斐等, 2010)。要将 ICA 用于高光谱遥感图像的无监督线性解混就必须要考虑 ICA 本身的局限性，并给出相应的改进策略。本节将介绍近些年内提出的几种改进的 ICA 解混算法。

3.2.2　基于 ICA 的光谱解混方法

1. 并行化斜交 ICA 解混算法

并行化斜交独立成分分析(parallel oblique ICA，Pob-ICA)算法(罗文斐等，2010)在丰度约束条件下，考虑了使各成分间总体相关性最小化的问题，取总体相关性最小化下的理想角度，并采用角度修正的方法，在解混过程中把各成分调整到理想角度的方向上，以克服传统 ICA 方法的局限性。中心化和白化是 ICA 中常用于去相关的预处理方式，可将观测数据的各分量变换成不相关的分量。但由于端元成分难以两两正交，因此无法完全消除它们之间的相关性。

尽管如此，如果能使总体相关性最小化，也将会有利于端元的估计。不考虑端元 $\boldsymbol{a}_i$ 时，端元矩阵 $\boldsymbol{A}$ 子矩阵的相关矩阵为 $\boldsymbol{R}_i=\boldsymbol{A}_i^{\mathrm{T}}\boldsymbol{A}_i$，$\boldsymbol{A}_i=(\boldsymbol{a}_1,\cdots,\boldsymbol{a}_{i-1},\boldsymbol{a}_{i+1},\boldsymbol{a}_r)$。当 $\boldsymbol{A}_i$ 中的端元两两间相互正交时，$\det(\boldsymbol{R}_i)=1$，否则 $\det(\boldsymbol{R}_i)<1$。因为 $\det(\boldsymbol{R}_i)$ 越小则表明端元间的相关性越大，所以使各端元总体相关性最小，就是要使得 $\sum_{i=1}^{r}\det(\boldsymbol{R}_i)$ 最大。通过对端元相关矩阵进行特征分解，可知当端元两两互成大小为 $\pi-\arccos(1/r)$ 的角度时，$\sum_{i=1}^{r}\det(\boldsymbol{R}_i)$ 可取最大值，该角度称为端元的理想角度。

在算法 Pob-ICA 中为了逼近端元理想角度，需要对角度进行修正，令 $\boldsymbol{W}=(\boldsymbol{w}_1^{\mathrm{T}},\boldsymbol{w}_2^{\mathrm{T}},\cdots,\boldsymbol{w}_r^{\mathrm{T}})^{\mathrm{T}}$，$\bar{\boldsymbol{w}}=(1/\sqrt{r-1})\sum_{i=1}^{r-1}\boldsymbol{w}_i$，并定义：

$$\boldsymbol{C}=(\boldsymbol{c}_1,\boldsymbol{c}_2,\cdots,\boldsymbol{c}_{r-1})^{\mathrm{T}}=\sqrt{\frac{r}{r-1}}\tilde{\boldsymbol{W}}+\frac{1-\sqrt{r}}{r}\tilde{\boldsymbol{W}},\quad \tilde{\boldsymbol{W}}=(\bar{\boldsymbol{w}}^{\mathrm{T}},\cdots,\bar{\boldsymbol{w}}^{\mathrm{T}})^{\mathrm{T}},\quad \boldsymbol{c}_r=-\bar{\boldsymbol{w}} \tag{3.2.6}$$

该方法的流程如下表所示。

Pob-ICA 并行化斜交独立成分分析算法

1. 输入取值调整矩阵 $\boldsymbol{B}$，端元数目 r；
2. 随机选取 $\tilde{\boldsymbol{W}}^{(0)}$，并使其对称正交化，$\boldsymbol{C}^{(0)}=\tilde{\boldsymbol{W}}^{(0)}$，$\boldsymbol{c}_r^{(0)}=-\bar{\boldsymbol{w}}$，$t=0$；
3. While 收敛条件不满足
    - 对 $\boldsymbol{C}^{(t)}$ 进行一次迭代的一元运算，得到 $\tilde{\boldsymbol{W}}^{(t)}$；
    - 对 $\tilde{\boldsymbol{W}}^{(t)}$ 进行取值调整，$\tilde{\boldsymbol{W}}^{(t)}=\boldsymbol{B}\tilde{\boldsymbol{W}}^{(t)}$，并使其对称正交化；
    - 以式(3.2.6)更新 $\boldsymbol{C}^{(t+1)}$ 和 $\boldsymbol{c}_r^{(t+1)}$，然后进行取值逆变换 $\boldsymbol{C}^{(t+1)}=\boldsymbol{B}^{-1}\boldsymbol{C}^{(t+1)}$，$t=t+1$；

   End
4. 输出端元成分：$\boldsymbol{C}^{(t+1)}$ 和 $\boldsymbol{c}_r^{(t+1)}$。

2. 约束的 ICA 解混算法

由于高光谱遥感图像中的不同端元不是严格相互独立的，因而将传统 ICA 方法提取的独立成分作为解混结果也是不合理的。针对传统 ICA 方法的缺陷，约束的 ICA 解混(constrained ICA，CICA)算法(Xia et al.，2011)一方面通过设计算法迭代的目标函数，将丰度 ANC 和 ASC 约束加入到 ICA 中，让解混结果在满足这两个约束条件的同时，尽可能减小它们之间的互信息。同时，相对于要求分离结果各分量之间的彼此独立，CICA 只关注于使成分间相关性尽量小，从而将不同地物对应的信号区分开来。另一方面，采用了一种自适应丰度建模方法，能够面向数据学习，根据观测数据的概率分布特性自动地对模型进行调节，使得算法不再只能依赖某种事先固定不变的概率分布，而是对各种统计分布的高光谱数据都能有良好的适用性。

CICA 方法的整体框架主要包括四个内容：自适应丰度建模(adaptive abundance modeling，AAM)、满足丰度的 ASC 和 ANC 约束条件，以及解混的初始化方法。

1) AAM

将观测像元 $\boldsymbol{x}_j$ 分解为丰度 $\boldsymbol{y}_j$ 和分离矩阵 $\boldsymbol{W}$，利用由两个高斯分布叠加组成的 Pearson 模型，从数据中逐步学习出概率模型的各个参数，进而自动得到学习后的 $p(y_i)$：

$$p(y_i)=(1-\alpha_i)\mathcal{N}\left(\mu_{i,1},\sigma_i^2\right)+\alpha_i\mathcal{N}\left(\mu_{i,2},\sigma_i^2\right) \tag{3.2.7}$$

式中，α_i ($i=1,\cdots,r$) 是权重因子，$0<\alpha_i<1$；$\mathcal{N}\left(\mu,\sigma^2\right)$ 代表均值为 μ 方差为 σ^2 的正态分布函数。为了能够自动地对于不同的数据都得出其相应的概率，待定参数 α_i，σ_i，$\mu_{i,1}$ 和 $\mu_{i,2}$ 需要进行恰当的设置。首先，为了令丰度具有稀疏性，可以令 $\mu_{i,2}=0$，此时 α_i 是一元二次方程的根：

$$6\alpha_i^2-6\alpha_i+1=\beta_i(2\alpha_i-1)(1-\alpha_i)，\quad \beta_i=\kappa_4(y_i)/\left[\kappa_1(y_i)\kappa_3(y_i)\right] \tag{3.2.8}$$

这里 $\kappa_q(y_i)$ 是 y_i 的第 q 阶累积量，由于 $0<\alpha_i<1$，因而 α_i 取式(3.2.8)的一个根：

$$\alpha_i=\begin{cases}\dfrac{3\beta_i+6+\sqrt{\beta_i{}^2+4\beta_i+12}}{12+4\beta_i}, & 如果\ \beta_i\neq-3\\[2ex] \dfrac{2}{3}, & 其他\end{cases} \tag{3.2.9}$$

接下来，参数 $\mu_{i,1}$ 可以按照 $\mu_{i,1}=\text{mean}(y_i)/(1-\alpha_i)$ 进行更新。而 $\sigma_i=1/3$，以满足物理意义 $y_i\in[0,1]$，且 $p(0\leqslant y_i\leqslant 1)$ 尽可能大。最后，将 $\mu_{i,2}=0$，$\sigma_i=1/3$ 代入式(3.2.7)，可得

$$-\frac{p'(y_i)}{p(y_i)}=9y_i+\frac{9\mu_{i,1}}{\left[\dfrac{\alpha_i}{\alpha_i-1}\exp(-9\mu_{i,1}y_i+4.5\mu_{i,1}^2)-1\right]} \tag{3.2.10}$$

根据式(3.2.10)和式(3.2.4)，对于整幅图像 $\boldsymbol{X}$ 所有像元的 $\boldsymbol{W}$ 的更新 $\Delta\boldsymbol{W}_{\text{AAM}}$ 等式就转换为

$$\Delta\boldsymbol{W}_{\text{AAM}}=\left(m\boldsymbol{I}_{r\times r}-\boldsymbol{D}\boldsymbol{Y}^{\text{T}}-9\boldsymbol{Y}\boldsymbol{Y}^{\text{T}}\right)\boldsymbol{W}/m，\qquad \boldsymbol{Y}=\boldsymbol{W}\boldsymbol{X} \tag{3.2.11}$$

$$\boldsymbol{D}=9\tilde{\boldsymbol{\mu}}_1./\left(\boldsymbol{1}_{r\times n}-\tilde{\boldsymbol{\alpha}}./(\tilde{\boldsymbol{\alpha}}-\boldsymbol{1}_{r\times n}).*\exp(-9\tilde{\boldsymbol{\mu}}_1.*\boldsymbol{Y}+4.5\tilde{\boldsymbol{\mu}}_1.*\tilde{\boldsymbol{\mu}}_1)\right)，\quad \tilde{\boldsymbol{\mu}}_1=\boldsymbol{\mu}_1\boldsymbol{1}_n^{\text{T}}，\quad \tilde{\boldsymbol{\alpha}}=\boldsymbol{\alpha}\boldsymbol{1}_n^{\text{T}} \tag{3.2.12}$$

其中 $\boldsymbol{\mu}_1=(\mu_{1,1},\mu_{2,1},\cdots,\mu_{r,1})^{\text{T}}$；$\boldsymbol{\alpha}=(\alpha_1,\alpha_2,\cdots,\alpha_r)^{\text{T}}$。

2）ANC 约束

为使估计的丰度 $\boldsymbol{y}_j$ 满足 ANC 约束，这里采用了一种以抛物线函数作为辅助函数的非负约束惩罚函数：

$$J_{\mathrm{ANC}}(\boldsymbol{y})=\sum_{i=1}^{r}(f(y_i)+|f(y_i)|)/2\,,\quad f(y_i)=\left((y_i-0.5)^{2b}-0.5^{2b}\right)/2b,\quad b\in\mathbb{N}_+ \tag{3.2.13}$$

当 $y_i\in[0,1]$ 时，恒有 $J_{\mathrm{ANC}}(\boldsymbol{y})=0$；当丰度信号 y_i 越偏离区间[0, 1]，$J_{\mathrm{ANC}}(\boldsymbol{y})>0$ 的函数值就越大，惩罚就越重，起到了加速收敛的作用。若取 $b=1$，则对于所有像元有

$$\Delta\boldsymbol{W}_{\mathrm{ANC}}=-\frac{\partial J_{\mathrm{ANC}}(\boldsymbol{Y})}{\partial\boldsymbol{W}}\boldsymbol{W}^{\mathrm{T}}\boldsymbol{W}=-\boldsymbol{M}\boldsymbol{X}^{\mathrm{T}}\boldsymbol{W}^{\mathrm{T}}\boldsymbol{W}\,,\quad M_{i,j}=\begin{cases}y_{i,j}-0.5, & y_{i,j}\notin[0,1]\\ 0, & y_{i,j}\in[0,1]\end{cases} \tag{3.2.14}$$

3）ASC 约束

类似地，为使估计的丰度 $\boldsymbol{y}_j$ 满足 ASC 约束，也给出了一个惩罚函数：

$$J_{\mathrm{ASC}}(\boldsymbol{y})=\left(\sum_{i=1}^{r}y_i-1\right)^{2c}/2c \tag{3.2.15}$$

若取 $c=1$，则对于所有像元有

$$\Delta\boldsymbol{W}_{\mathrm{ASC}}=-\frac{\partial J_{\mathrm{ASC}}(\boldsymbol{Y})}{\partial\boldsymbol{W}}\boldsymbol{W}^{\mathrm{T}}\boldsymbol{W}=-\boldsymbol{H}\boldsymbol{X}^{\mathrm{T}}\boldsymbol{W}^{\mathrm{T}}\boldsymbol{W}\,,\quad H_{i,j}=\sum_{i=1}^{r}y_{i,j}-1 \tag{3.2.16}$$

最后，考虑互信息目标 $I(\boldsymbol{Y})$，惩罚项 $J_{\mathrm{ANC}}(\boldsymbol{Y})$ 和 $J_{\mathrm{ASC}}(\boldsymbol{Y})$，得到了 CICA 的约束优化问题：

$$\min_{\boldsymbol{W}}\quad I(\boldsymbol{Y})+\lambda_1\cdot J_{\mathrm{ANC}}(\boldsymbol{Y})+\lambda_2\cdot J_{\mathrm{ASC}}(\boldsymbol{Y}) \tag{3.2.17}$$

式中，λ_1,λ_2 用于权衡求解过程中互信息与丰度物理约束间的关系。根据式(3.2.11)、式(3.2.14)、式(3.2.17)，得到分离矩阵 $\boldsymbol{W}$ 关于整幅图像 $\boldsymbol{X}$ 所有像元的更新：

$$\boldsymbol{W}\leftarrow\boldsymbol{W}+\eta\Delta\boldsymbol{W},\ \Delta\boldsymbol{W}=\Delta\boldsymbol{W}_{\mathrm{AAM}}+\lambda_1\Delta\boldsymbol{W}_{\mathrm{ANC}}+\lambda_2\Delta\boldsymbol{W}_{\mathrm{ASC}} \tag{3.2.18}$$

4）预处理

与传统 ICA 的中心化和白化预处理不同，CICA 先用 PCA 方法并忽略去均值操作，对数据进行降维 $\boldsymbol{X}\leftarrow\boldsymbol{V}^{\mathrm{T}}\boldsymbol{X}$，$\boldsymbol{V}$ 是投影矩阵，但也可以利用自然梯度法不降维。根据样本数据来对 $\boldsymbol{W}$ 进行初始化：利用 VCA 的算法先从图像中提取端元 $\boldsymbol{A}$，$\boldsymbol{W}$ 的初始值为 $\boldsymbol{W}=(\boldsymbol{A}^{\mathrm{T}}\boldsymbol{A})^{-1}\boldsymbol{A}^{\mathrm{T}}\boldsymbol{V}$，当不降维时 $\boldsymbol{V}$ 是单位阵。

综上所述，算法 CICA 的流程如下表所示。

CICA 约束独立成分分析算法

1. 输入高光谱遥感图像矩阵 $\boldsymbol{X}\in\mathbb{R}^{n\times m}$，端元数目 r，步长 η，参数 λ_1,λ_2，收敛误差 ζ；
2. 利用 PCA 对数据降维(可选)，初始化 $\boldsymbol{W}^{(0)}$，$t=1$；

3.　While $\|\Delta \boldsymbol{W}(t)-\Delta \boldsymbol{W}(t-1)\| / \|\Delta \boldsymbol{W}(t)\|<\zeta$

　　利用式(3.2.18)更新 $\boldsymbol{W}^{(t)}$；

　　计算丰度 $\boldsymbol{Y}^{(t)}=\boldsymbol{W}^{(t)}\boldsymbol{X}$；

　　$t=t+1$；

　End

4. 利用非负最小二乘和 $\boldsymbol{Y}^{(t)}$ 估计端元矩阵 $\boldsymbol{A}$；

5. 输出端元 $\boldsymbol{A}$ 和丰度 $\boldsymbol{Y}^{(t)}$。

3. 基于丰度特点的 ICA 解混算法

为了克服 ICA 的独立性假设与 LMM 假设下丰度 ANC 和 ASC 约束之间的矛盾，基于丰度特点的 ICA(abundance characteristic-based ICA，ACICA)方法(Wang et al.，2015)考虑了丰度变量的两方面特点：①基于 LMM 的丰度变量必须位于特定的凸包中；②丰度变量间具有较少的独立性。为了满足第一个特点，ACICA 采用正交子空间投影理论构建了丰度的“和为 1”函数，并且基于测地线搜索(geodesic search)，将其与 ICA 的思想相结合以保证数据集位于特定的凸包中。而为了满足第二个特点，互信息被用作正则项来控制丰度变量间的独立性程度。最后，采用梯度下降算法求解对应的目标函数实现解混。ACICA 方法同时还具有不受初始化影响的特点。

根据上述思想，ACICA 方法的目标函数可以有如下的形式：

$$\min_{\boldsymbol{W}} f(\boldsymbol{W})=G_1+G_2+\lambda G_3 \tag{3.2.19}$$

式中，G_1 对应的是 ICA 模型，将图像像元矩阵 $\boldsymbol{X}$ 进行白化后得 $\boldsymbol{Z}\in\mathbb{R}^{r\times m}$，再将其分解为丰度 $\boldsymbol{Y}$ 和分离矩阵 $\boldsymbol{W}$，$\boldsymbol{Y}=\boldsymbol{W}\boldsymbol{Z}$。为了满足丰度的 ANC 约束，采用基于测地线搜索的 ICA 解决该问题，得到目标函数 $G_1=(1/2)\mathrm{trace}(\boldsymbol{Y}_-\boldsymbol{Y}_-^{\mathrm{T}})$，$\boldsymbol{Y}_-=\min(\boldsymbol{Y},\boldsymbol{0})$ 代表丰度 $\boldsymbol{Y}$ 的负值部分。

进一步，根据 LMM 的凸几何性质，丰度的 ASC 约束可以看作是一个仿射集：

$$\mathrm{aff}\{\boldsymbol{e}_1,\cdots,\boldsymbol{e}_r\}=\left\{\boldsymbol{s}=\sum_{i=1}^{r}\boldsymbol{e}_i\theta_i,\quad \boldsymbol{I}_r^{\mathrm{T}}\boldsymbol{\theta}=1\right\} \tag{3.2.20}$$

$$\mathrm{aff}\{\boldsymbol{e}_1,\cdots,\boldsymbol{e}_r\}=\left\{\boldsymbol{s}=\boldsymbol{C}\boldsymbol{\alpha}+\boldsymbol{d}\,\middle|\,\boldsymbol{\alpha}\in\mathbb{R}^{r-1}\right\} \tag{3.2.21}$$

这里 $(\boldsymbol{e}_1,\cdots,\boldsymbol{e}_r)=\boldsymbol{I}_{r\times r}$ 是单位阵，因此 $\{\boldsymbol{e}_1,\cdots,\boldsymbol{e}_r\}$ 是仿射独立的，继而可给出 $\boldsymbol{d}=\boldsymbol{e}_r$，$\boldsymbol{C}=(\boldsymbol{e}_1-\boldsymbol{e}_r,\cdots,\boldsymbol{e}_{r-1}-\boldsymbol{e}_r)\in\mathbb{R}^{n\times(r-1)}$。根据位于仿射集中的矢量需满足 $\boldsymbol{s}-\boldsymbol{d}=\boldsymbol{C}\boldsymbol{\alpha}$，可以通过将估计的丰度矢量 $\boldsymbol{y}_j$ 投影到矩阵 $\boldsymbol{C}$ 的正交子空间 $\boldsymbol{C}^{\perp}$ 中，来度量 $\boldsymbol{y}_j$ 到仿射集的距离：

$$g=(\boldsymbol{y}_j-\boldsymbol{d})^{\mathrm{T}}\boldsymbol{C}^{\perp}(\boldsymbol{y}_j-\boldsymbol{d}),\qquad \boldsymbol{C}^{\perp}=\boldsymbol{I}_{n\times n}-\boldsymbol{C}(\boldsymbol{C}^{\mathrm{T}}\boldsymbol{C})^{-1}\boldsymbol{C}^{\mathrm{T}} \tag{3.2.22}$$

由于 $\boldsymbol{C}^{\perp}$ 是非负定矩阵，因此，如果 $\boldsymbol{y}_j$ 在仿射集内 $g=0$，否则 $g>0$。所以，容易给出使丰度满足 ASC 约束的目标函数：

$$G_2 = \frac{1}{m}\sum_{j=1}^{m}(\boldsymbol{y}_j - \boldsymbol{d})^{\mathrm{T}} \boldsymbol{C}^{\perp}(\boldsymbol{y}_j - \boldsymbol{d}) = \frac{1}{m}\mathrm{trace}\left((\boldsymbol{Y}-\boldsymbol{D})\boldsymbol{C}^{\perp}(\boldsymbol{Y}-\boldsymbol{D})^{\mathrm{T}}\right), \quad \boldsymbol{D} = \begin{bmatrix} \boldsymbol{0}_{(r-1)\times m} \\ \boldsymbol{1}_{1\times m} \end{bmatrix} \tag{3.2.23}$$

越多的矢量 $\boldsymbol{y}_j$ 位于仿射集中，G_2 的值也就越小，通过最小化 G_2 可有效地使估计的丰度 $\boldsymbol{Y}$ 满足 ASC 约束。

另一方面，由于实际场景中的地物目标呈平滑分布，因而它们对应的丰度变量在凸包中应是离散分布的，它们具有一定的相关性而不是完全独立的。这样就能采用式(3.2.2)定义的互信息来度量不同丰度矢量间的独立性 $G_3 = D_{KL}(p(\boldsymbol{y}) \parallel \prod_{i=1}^{r} p(y_i))$ 。结合 G_1、G_2 和 G_3 的具体定义，可以给出式(3.2.19)优化问题的具体形式：

$$\min_{\boldsymbol{W}} f(\boldsymbol{W}) = \frac{1}{2}\mathrm{trace}(\boldsymbol{Y}\_\boldsymbol{Y}\_^{\mathrm{T}}) + \frac{1}{m}\mathrm{trace}\left((\boldsymbol{Y}-\boldsymbol{D})\boldsymbol{C}^{\perp}(\boldsymbol{Y}-\boldsymbol{D})^{\mathrm{T}}\right) + \lambda D_{KL}(p(\boldsymbol{y}) \parallel \prod_{i=1}^{r} p(y_i)) \tag{3.2.24}$$

使式(3.2.24)前两项最小化，就是使丰度变量位于凸包中，满足 ANC 和 ASC 约束条件。而令第三项最小化，则能使估计的不同物质的丰度彼此分离，符合真实的情况。参数 λ 用于调节前两项与第三项独立程度间的关系，以获取更好精度的解。利用梯度下降算法，得到式(3.2.24)关于 $\boldsymbol{W}$ 的梯度更新：

$$\boldsymbol{W} \leftarrow \boldsymbol{W} + \eta\Delta\boldsymbol{W},\ \Delta\boldsymbol{W} = \boldsymbol{Y}\_\boldsymbol{Z}^{\mathrm{T}} + \frac{2}{m}\boldsymbol{C}^{\perp}(\boldsymbol{Y}-\boldsymbol{D})\boldsymbol{Z}^{\mathrm{T}} + \lambda(\boldsymbol{Q}\boldsymbol{Z}^{\mathrm{T}} - (\boldsymbol{W}^{\mathrm{T}})^{-1}m)/m \tag{3.2.25}$$

$$\begin{cases} \boldsymbol{Q} = (\boldsymbol{\varphi 1}).*(\boldsymbol{Y}.^2) + (\boldsymbol{\omega 1}).*(\boldsymbol{Y}.^3) \\ \boldsymbol{\varphi} = -\dfrac{3}{48}(8k_3./\sigma^3 - 12k_3.*k_4./\sigma^7) \\ \boldsymbol{\omega} = -\dfrac{4}{48}(2k_4./\sigma^4 - 9k_4^2./\sigma^8 - 6k_3^2./\sigma^6) \end{cases} \tag{3.2.26}$$

式中，k_3, k_4, σ 分别是矩阵 $\boldsymbol{Y}$ 中变量的三阶和四阶累积量以及方差。ACICA 算法对数据的预处理中，需要对原始高光谱遥感图像数据 $\boldsymbol{X}$ 进行白化降维，而为了保证多数丰度的非负性，并不移除 $\boldsymbol{X}$ 的均值。首先求取矩阵 $\boldsymbol{R} = (1/m)\boldsymbol{X}\boldsymbol{X}^{\mathrm{T}}$ 的前 r 个最大特征值组成的特征值对角矩阵 $\boldsymbol{\Lambda}$ 和对应的特征向量矩阵 $\boldsymbol{V}$，然后对数据进行白化降维 $\boldsymbol{Z} = (\boldsymbol{\Lambda}^{-1/2}\boldsymbol{V}^{\mathrm{T}})\boldsymbol{X}$ 。ACICA 算法具体的流程如下表所示。

ACICA 基于丰度特点的独立成分分析算法

1. 输入高光谱遥感图像矩阵 $\boldsymbol{X} \in \mathbb{R}^{n\times m}$，端元数目 r，步长 η，参数 λ，最大迭代次数 T，收敛误差 ζ；
2. 对数据进行白化降维 $\boldsymbol{R} = (1/m)\boldsymbol{X}\boldsymbol{X}^{\mathrm{T}}$，$\boldsymbol{Z} = (\boldsymbol{\Lambda}^{-1/2}\boldsymbol{V}^{\mathrm{T}})\boldsymbol{X}$，初始化 $\boldsymbol{W}^{(0)} = \boldsymbol{I}_{r\times r}$，$t=1$；
3. While $\left|f^{(t-1)} - f^{(t)}\right| < \zeta$ 且 $t \leqslant T$

   利用式(3.2.25)更新 $\boldsymbol{W}^{(t)}$；

计算丰度 $\boldsymbol{Y}^{(t)}=\boldsymbol{W}^{(t)}\boldsymbol{Z}$；

$t=t+1$；

End

4. 利用约束最小二乘方法，以及 $\boldsymbol{X}$ 与 $\boldsymbol{Y}^{(t)}$ 估计端元矩阵 $\boldsymbol{A}$；

5. 输出端元 $\boldsymbol{A}$ 和丰度 $\boldsymbol{Y}^{(t)}$。

3.3 基于约束非负矩阵分解的解混方法

对于高光谱遥感图像的线性光谱解混，ICA 方法具有较为明显的不适用性。其原因主要在于 ICA 对源信号的独立性要求难以在考虑 LMM 的丰度 ASC 约束时得到满足，同时传统的 ICA 方法也并不能保证估计的端元与丰度的非负性，使得结果缺乏足够的物理意义。尽管也有基于 ICA 的各种改进的解混方法被提出，但 ICA 本质的缺陷较大地限制了它在线性光谱解混领域中的应用与发展。另一方面，相较于 ICA，非负矩阵分解 NMF 方法模型本身不但十分类似于 LMM，而且没有对源信号分布的特定强假设，易于求解，最重要的是能在求解过程中自动地保持结果的非负性。因此，NMF 在最近十年里已经成为一类非常重要的无监督线性光谱解混方法。

3.3.1 NMF 原理与一般算法

非负矩阵分解(nonnegative matrix factorization，NMF)是由 Lee 和 Seung (1999)在 *Nature* 杂志上提出的一种无监督的特征提取方法。在文中他们将 NMF 用于人脸识别和语义分析，把人脸灰度图像分解为人脸的诸如鼻子、眼睛、嘴巴等各个局部，这符合人类思维中局部构成整体的概念。对于给定的数据矩阵，NMF 能使分解后的所有分量均为非负，这种非负性的限制导致了相应描述在一定程度上的稀疏性，让对数据的解释变得更加方便和合理。在过去数十年中，NMF 已被广泛地应用于多个领域中，包括图像处理、人脸检测与识别、音乐信号分析与乐器识别、盲信号分离等(Wang and Zhang，2013)。

NMF 的原理可以描述为：给定一个大小为 $n\times m$ 的非负矩阵 $\boldsymbol{V}$，它具有 m 个大小为 $n\times 1$ 的列向量 $\boldsymbol{v}_j$。需要找到大小为 $n\times r$ 的非负矩阵 $\boldsymbol{W}$ 以及大小为 $r\times m$ 的非负矩阵 $\boldsymbol{H}$，以满足近似：

$$\boldsymbol{V}\approx\boldsymbol{W}\boldsymbol{H},\qquad \boldsymbol{v}_j\approx\boldsymbol{W}\boldsymbol{H}_j \tag{3.3.1}$$

式中，矩阵 $\boldsymbol{W}$ 的每列称为潜在基础成分；矩阵 $\boldsymbol{H}$ 每列与原矩阵 $\boldsymbol{V}$ 列向量一一对应，称为对应的编码，分解秩常数 r 一般满足 $(m+n)r<nm$。这样 NMF 便可将数据分解为基础成分的线性组合，乘积项 $\boldsymbol{W}\boldsymbol{H}$ 看作是数据 $\boldsymbol{V}$ 的压缩形式。

为了定量地衡量原始数据 $\boldsymbol{V}$ 和近似项 $\boldsymbol{W}\boldsymbol{H}$ 之间的差异，首先需要定义损失函数。Lee 和 Seung (2001)给出了式(3.3.2)中欧氏距离的平方与式(3.3.3)中的 Kullback-Leibler 散度这两种目标函数：

$$f(\boldsymbol{W},\boldsymbol{H})=\|\boldsymbol{V}-\boldsymbol{W}\boldsymbol{H}\|_{\mathrm{F}}^{2}=\sum_{i,j}(\boldsymbol{V}_{i,j}-(\boldsymbol{W}\boldsymbol{H})_{i,j})^{2} \tag{3.3.2}$$

$$f(\boldsymbol{W},\boldsymbol{H})=D(\boldsymbol{V}\|\boldsymbol{W}\boldsymbol{H})=\sum_{i,j}\left(\boldsymbol{V}_{i,j}\log\frac{\boldsymbol{V}_{i,j}}{(\boldsymbol{W}\boldsymbol{H})_{i,j}}-\boldsymbol{V}_{i,j}+(\boldsymbol{W}\boldsymbol{H})_{i,j}\right) \tag{3.3.3}$$

在不考虑噪声等误差影响时，这两种目标函数都是当$\boldsymbol{V}=\boldsymbol{W}\boldsymbol{H}$时取得最小值 0。通常欧氏距离的平方表达比较直观且应用得更加广泛，在此基础上，NMF 的最优化问题可以表述为

$$\begin{aligned}&\min_{\boldsymbol{W},\boldsymbol{H}} f(\boldsymbol{W},\boldsymbol{H})=\|\boldsymbol{V}-\boldsymbol{W}\boldsymbol{H}\|_{\mathrm{F}}^{2}=\sum_{j=1}^{m}\sum_{i=1}^{n}(\boldsymbol{V}_{i,j}-(\boldsymbol{W}\boldsymbol{H})_{i,j})^{2}\\&\text{s.t.}\quad \boldsymbol{W}\geqslant 0,\quad \boldsymbol{H}\geqslant 0\end{aligned} \tag{3.3.4}$$

虽然分别对于矩阵$\boldsymbol{W}$或矩阵$\boldsymbol{H}$来说目标函数$f(\boldsymbol{W},\boldsymbol{H})=\|\boldsymbol{V}-\boldsymbol{W}\boldsymbol{H}\|_{\mathrm{F}}^{2}$是凸的，但是对于这两个矩阵共同来说却是非凸的。为了求取式(3.3.4)的最优解，Lee 和 Seung（2001）提出了乘法更新规则(multiplicative update rules)并证明了其收敛性，指出在式(3.3.5)的迭代规则下目标函数的值是单调非增的，同时可保证非负性。

$$\boldsymbol{W}\leftarrow\boldsymbol{W}.*(\boldsymbol{V}\boldsymbol{H}^{\mathrm{T}})./(\boldsymbol{W}\boldsymbol{H}\boldsymbol{H}^{\mathrm{T}}),\quad \boldsymbol{H}\leftarrow\boldsymbol{H}.*(\boldsymbol{W}^{\mathrm{T}}\boldsymbol{V})./(\boldsymbol{W}^{\mathrm{T}}\boldsymbol{W}\boldsymbol{H}) \tag{3.3.5}$$

$$\boldsymbol{W}\leftarrow\boldsymbol{W}+\eta_{W}.*(\boldsymbol{V}\boldsymbol{H}^{\mathrm{T}}-\boldsymbol{W}\boldsymbol{H}\boldsymbol{H}^{\mathrm{T}}),\quad \boldsymbol{H}\leftarrow\boldsymbol{H}+\eta_{H}.*(\boldsymbol{W}^{\mathrm{T}}\boldsymbol{V}-\boldsymbol{W}^{\mathrm{T}}\boldsymbol{W}\boldsymbol{H}) \tag{3.3.6}$$

传统的梯度方法实际上也可利用式(3.3.6)进行$\boldsymbol{W}$和$\boldsymbol{H}$的更新(Lee and Seung, 2001; Berry et al., 2007)。但乘法更新规则与其不同的是，它将迭代步长定义为$\eta_{W}=\boldsymbol{W}./(\boldsymbol{W}\boldsymbol{H}\boldsymbol{H}^{\mathrm{T}})$和$\eta_{H}=\boldsymbol{H}./(\boldsymbol{W}^{\mathrm{T}}\boldsymbol{W}\boldsymbol{H})$，从而实现了步长的自动调整，消除了步长的选择对算法的影响。此外，只要保证矩阵$\boldsymbol{W}$和$\boldsymbol{H}$的初始值非负，在后面的迭代更新过程中这两个矩阵能够始终保证非负。

除了乘法更新规则，还有很多算法可以求取式(3.3.4)的最优解。其中，交替最小二乘、投影梯度(projected gradient, PG)法(Lin, 2007；Berry et al., 2007)也是能处理 NMF 边界约束优化问题的常用迭代求解方法。在 PG 的第t次迭代中，$\boldsymbol{W}$和$\boldsymbol{H}$将分别按式(3.3.7)和式(3.3.8)进行更新：

$$\begin{aligned}&\boldsymbol{W}^{(t+1)}=P\left[\boldsymbol{W}^{(t)}-\alpha^{(t)}\cdot\nabla_{W}f(\boldsymbol{W}^{(t)},\boldsymbol{H}^{(t)})\right],\\&\nabla_{W}f(\boldsymbol{W}^{(t)},\boldsymbol{H}^{(t)})=(\boldsymbol{W}^{(t)}\boldsymbol{H}^{(t)}-\boldsymbol{V})(\boldsymbol{H}^{(t)})^{\mathrm{T}}\end{aligned} \tag{3.3.7}$$

$$\begin{aligned}&\boldsymbol{H}^{(t+1)}=P\left[\boldsymbol{H}^{(t)}-\beta^{(t)}\cdot\nabla_{H}f(\boldsymbol{W}^{(t)},\boldsymbol{H}^{(t)})\right],\\&\nabla_{H}f(\boldsymbol{W}^{(t)},\boldsymbol{H}^{(t)})=(\boldsymbol{W}^{(t)})^{\mathrm{T}}(\boldsymbol{W}^{(t)}\boldsymbol{H}^{(t)}-\boldsymbol{V})\end{aligned} \tag{3.3.8}$$

式中，$\alpha^{(t)}$和$\beta^{(t)}$是调整步长；$P[\bullet]$是投影操作，使$\boldsymbol{W}$和$\boldsymbol{H}$的取值位于边界可行域中。为了找到更好的解，步长$\alpha^{(t)}$和$\beta^{(t)}$将根据回溯的 Armijo 线性搜索法在迭代过程中进行动态更新。简单来说，当式(3.3.9)(以$\boldsymbol{W}$为例)中两次相邻迭代间的相对误差条件满足时，$\alpha^{(t)}$和$\beta^{(t)}$将减小以使算法具有更好的收敛性，否则步长$\alpha^{(t)}$和$\beta^{(t)}$将增大以加快搜索。

$$f(\boldsymbol{W}^{(t)},\boldsymbol{H}^{(t)})-f(\boldsymbol{W}^{(t+1)},\boldsymbol{H}^{(t)})\leqslant\gamma\alpha^{(t)}vec(\nabla_{W}f(\boldsymbol{W}^{(t)},\boldsymbol{H}^{(t)}))^{\mathrm{T}}vec(\boldsymbol{W}^{(t)}-\boldsymbol{W}^{(t+1)}) \tag{3.3.9}$$

式中，γ 是下降尺度因子，常取 0.01；vec(•) 是将矩阵转换为矢量的操作。PG 算法的第 t 次迭代中，$\boldsymbol{W}$ 的更新方式如下表所示。

PG 算法中的 $\boldsymbol{W}^{(t+1)}$ 更新

1. 输入参数 $0<\mu<1$；
2. $\alpha^{(t)} \leftarrow \alpha^{(t-1)}$，　$p=1$；
3. If　$\alpha^{(t)}$ 满足式(3.3.9)的条件

　　While　$\alpha^{(t)}/\mu^{p}$ 满足式(3.3.9)的条件

　　　$\alpha^{(t)} \leftarrow \alpha^{(t)}/\mu^{p}$，　$p \leftarrow p+1$；

　　End

　Else

　　While　$\alpha^{(t)}$ 不满足式(3.3.9)的条件

　　　$\alpha^{(t)} \leftarrow \alpha^{(t)}\mu^{p}$，　$p \leftarrow p+1$；

　　End

　End

4. 更新 $\boldsymbol{W}^{(t+1)} = P\left[\boldsymbol{W}^{(t)} - \alpha^{(t)} \cdot \nabla_{W} f(\boldsymbol{W}^{(t)}, \boldsymbol{H}^{(t)})\right]$。

综上所述，NMF 算法的一般流程可总结如下表所示。目前，NMF 算法已经日趋成熟，还包括有结构化 NMF 和广义 NMF 方法等。它们的源代码可参考 NMF 工具包（Li and Ngom, 2013；　https://sites.google.com/site/nmftool/home/source-code）。另外，基于贝叶斯的 NMF 方法(Arngren et al., 2011)的源代码也可由 http://www.imm.dtu.dk/pubdb/p.php?5834 下载。

NMF 方法一般流程

1. 输入数据 $\boldsymbol{V} \in \mathbb{R}^{n\times m}$，秩常数 r，最大迭代次数 T，收敛误差 ζ；
2. 初始化 $\boldsymbol{W}^{(0)}$，　$\boldsymbol{H}^{(0)}$，　$t=0$；
3. 　While　$\left\|f^{(t-1)} - f^{(t)}\right\| < \zeta$ 且　$t \leqslant T$

　　　更新 $\boldsymbol{W}^{(t)}$，更新 $\boldsymbol{H}^{(t)}$；

　　　$t=t+1$；

　　End

4. 输出非负矩阵 $\boldsymbol{W}^{(t)}$ 和 $\boldsymbol{H}^{(t)}$。

根据式(3.3.1)的 NMF 模型的数学形式，不难看出 NMF 与 LMM 十分相似：当矩阵 $\boldsymbol{V}$ 对应于输入的高光谱遥感图像矩阵 $\boldsymbol{X}$ 时，非负矩阵 $\boldsymbol{W}$ 和 $\boldsymbol{H}$ 也就分别对应于端元矩阵 $\boldsymbol{A}$ 和丰度矩阵 $\boldsymbol{S}$。这样再考虑丰度的 ASC 约束，就很容易利用前面所述的 NMF 算法实现无监督的线性光谱解混。然而，标准的 NMF 目标函数具有明显的非凸性，这使得 NMF 问题的求解不得不面对大量局部最优解的难题。因为任意给定一个非负可逆矩阵 $\boldsymbol{D}$，总能满足 $\boldsymbol{WH} = (\boldsymbol{WD})(\boldsymbol{D}^{-1}\boldsymbol{H})$，从而解是不唯一的，而且算法求得解的好坏会较大地依赖于初始值的选取。该问题也严重阻碍了将原始 NMF 直接用于高光谱遥感图像的解混。因此，为了利用 NMF 正确地提取端元和反演丰度，一般的做法是在原 NMF 目标函数式(3.3.4)的基础上，除了考虑丰度的 ANC 和 ASC 约束外，还要继续利用惩罚系数法加上额外的恰当约束正则化项，通过限制解空间来削弱解的不唯一性：

$$\begin{aligned}&\min_{\boldsymbol{A},\boldsymbol{S}} f(\boldsymbol{A},\boldsymbol{S})=\frac{1}{2}\|\boldsymbol{X}-\boldsymbol{A}\boldsymbol{S}\|_{\mathrm{F}}^2+\lambda\cdot J(\boldsymbol{A},\boldsymbol{S})\\&\text{s.t.}\quad \boldsymbol{A}\geqslant 0,\quad \boldsymbol{S}\geqslant 0,\quad \mathbf{1}_r^{\mathrm{T}}\boldsymbol{S}=\mathbf{1}_m^{\mathrm{T}}\end{aligned}\tag{3.3.10}$$

式中，参数 λ 用于权衡标准 NMF 重构误差项 $\|\boldsymbol{X}-\boldsymbol{A}\boldsymbol{S}\|_{\mathrm{F}}^2$ 与约束项 $J(\boldsymbol{A},\boldsymbol{S})$ 对结果的影响程度。约束项 $J(\boldsymbol{A},\boldsymbol{S})$ 的构建通常来源于高光谱数据的特点，以及端元和丰度的几何物理特性。目前，主要包括端元体积和统计特性约束正则化的 NMF 方法，丰度稀疏正则化的 NMF 方法以及图像空间信息正则化的 NMF 方法等。接下来，将对这几类 NMF 线性光谱解混算法进行介绍。

3.3.2 端元约束的 NMF

1. 最小体积约束

最小体积约束的 NMF 方法(minimum volume constrained nonnegative matrix factorization，MVC-NMF)(Miao and Qi，2007)是将 NMF 用于高度混合的高光谱数据无监督解混的一种经典方法。考虑到 LMM 的凸几何特点，MVC-NMF 方法向标准 NMF 目标函数引入了端元单形体体积约束。其主要原理在于，真实的端元集应该是在特征空间中能够包裹所有的像元数据点，并且是具有最小体积的矢量集合。在迭代求解式(3.3.10)的最优化问题过程中，近似误差项 $\|\boldsymbol{X}-\boldsymbol{A}\boldsymbol{S}\|_{\mathrm{F}}^2$ 的减小会类似于一种外力作用，使估计的端元所张成的单形体不断地向外部扩展，以包裹所有的像元数据点。但是，受到大量局部最优解的影响，难以确定真实的端元。而另一方面，如果同时采用端元单形体体积作为其中的约束项 $J(\boldsymbol{A})$，那么 $J(\boldsymbol{A})$ 的减小将会起到内力的作用，迫使端元构成的单形体体积收缩。这样，通过合理权衡两者间的关系就能求得满意的解混结果。实际上，最小体积约束也将使方法对噪声具有一定的鲁棒性，噪声一般会使得数据云具有更大的体积，单形体顶点会偏离真实端元的问题，而通过体积收缩就能较好地克服该问题。

利用 PCA 方法对高光谱遥感图像 $\boldsymbol{X}\in\mathbb{R}^{n\times m}$ 降至 $(r-1)$ 维后，得到端元单形体体积约束：

$$J(\boldsymbol{A})=\frac{1}{2(r-1)!}\det{}^2\left(\begin{bmatrix}\mathbf{1}_r^{\mathrm{T}}\\\tilde{\boldsymbol{A}}\end{bmatrix}\right),\quad \tilde{\boldsymbol{A}}=\boldsymbol{U}^{\mathrm{T}}(\boldsymbol{A}-\bar{\boldsymbol{x}}\mathbf{1}_r^{\mathrm{T}}),\quad \bar{\boldsymbol{x}}=\frac{1}{m}\sum_{j=1}^{m}\boldsymbol{x}_j\tag{3.3.11}$$

式中，$\boldsymbol{U}\in\mathbb{R}^{n\times(r-1)}$ 是 $\boldsymbol{X}$ 经过 PCA 处理的前 $(r-1)$ 个主成分矢量。为方便计算，经过变量替换后，得到 MVC-NMF 的最优化问题：

$$\begin{aligned}&\min_{\boldsymbol{A},\boldsymbol{S}} f(\boldsymbol{A},\boldsymbol{S})=\frac{1}{2}\|\boldsymbol{X}-\boldsymbol{A}\boldsymbol{S}\|_{\mathrm{F}}^2+\frac{\tau}{2}\det{}^2(\boldsymbol{Z}),\qquad \tau=\frac{\lambda}{(r-1)!}\\&\text{s.t.}\quad \boldsymbol{A}\geqslant 0,\quad \boldsymbol{S}\geqslant 0,\quad \mathbf{1}_r^{\mathrm{T}}\boldsymbol{S}=\mathbf{1}_m^{\mathrm{T}}\end{aligned}\tag{3.3.12}$$

$$\boldsymbol{Z}=\boldsymbol{C}+\boldsymbol{B}\boldsymbol{U}^{\mathrm{T}}(\boldsymbol{A}-\overline{\boldsymbol{x}}\boldsymbol{1}_r^{\mathrm{T}}), \quad \boldsymbol{C}=\begin{bmatrix}\boldsymbol{1}_r^{\mathrm{T}} \\ \boldsymbol{0}_{(r-1)\times r}\end{bmatrix}, \quad \boldsymbol{B}=\begin{bmatrix}\boldsymbol{0}_{r-1}^{\mathrm{T}} \\ \boldsymbol{I}_{(r-1)\times(r-1)}\end{bmatrix} \tag{3.3.13}$$

为满足丰度的 ASC 约束，MVC-NMF 采用了增广矩阵：

$$\widehat{\boldsymbol{X}}=\begin{bmatrix}\boldsymbol{X} \\ \delta\boldsymbol{1}_m^{\mathrm{T}}\end{bmatrix}, \quad \widehat{\boldsymbol{A}}=\begin{bmatrix}\boldsymbol{A} \\ \delta\boldsymbol{1}_r^{\mathrm{T}}\end{bmatrix} \tag{3.3.14}$$

这里的$\delta>0$用于调节丰度满足 ASC 约束的程度。然后，利用式(3.3.7)～式(3.3.9)的交替最小二乘投影梯度法对式(3.3.12)进行优化，在保证非负性的同时，对端元$\boldsymbol{A}$和丰度$\boldsymbol{S}$进行更新。由于新增的约束项与丰度变量$\boldsymbol{S}$无关，因此丰度依然将根据式(3.3.8)更新。而端元的更新则需要在式(3.3.7)的基础上，再加入约束项$J(\boldsymbol{A})$关于$\boldsymbol{A}$的梯度：

$$\begin{aligned}\nabla_A f(\boldsymbol{A}^{(t)},\boldsymbol{S}^{(t)})&=(\boldsymbol{A}^{(t)}\boldsymbol{S}^{(t)}-\boldsymbol{X})(\boldsymbol{S}^{(t)})^{\mathrm{T}}+\tau\det(\boldsymbol{Z}^{(t)})\frac{\partial\det(\boldsymbol{Z}^{(t)})}{\partial \boldsymbol{A}} \\ &=(\boldsymbol{A}^{(t)}\boldsymbol{S}^{(t)}-\boldsymbol{X})(\boldsymbol{S}^{(t)})^{\mathrm{T}}+\tau\det(\boldsymbol{Z}^{(t)})\boldsymbol{U}\boldsymbol{B}^{\mathrm{T}}((\boldsymbol{Z}^{(t)})^{-1})^{\mathrm{T}}\end{aligned} \tag{3.3.15}$$

$$\nabla_S f(\boldsymbol{A}^{(t)},\boldsymbol{S}^{(t)})=(\boldsymbol{A}^{(t)})^{\mathrm{T}}(\boldsymbol{A}^{(t)}\boldsymbol{S}^{(t)}-\boldsymbol{X}) \tag{3.3.16}$$

$$\boldsymbol{A}^{(t+1)}=P\left[\boldsymbol{A}^{(t)}-\alpha^{(t)}\cdot\nabla_A f(\boldsymbol{A}^{(t)},\boldsymbol{S}^{(t)})\right], \quad \boldsymbol{S}^{(t+1)}=P\left[\boldsymbol{S}^{(t)}-\beta^{(t)}\cdot\nabla_S f(\boldsymbol{A}^{(t)},\boldsymbol{S}^{(t)})\right] \tag{3.3.17}$$

MVC-NMF 算法最后在 NMF 一般流程的基础上，利用式(3.3.17)更新各变量直到满足收敛条件为止。算法可随机初始化$\boldsymbol{A}$和$\boldsymbol{S}$，或者采用 VCA 和 FCLS 等算法的结果作为初始值，以加快方法收敛。

2. 最小距离约束

最小距离约束的 NMF(minimum distance constrained nonnegative matrix factorization，MDC-NMF)算法(Yu et al.，2007)将 MVC-NMF 中的单形体体积约束转换为端元距离约束，使各端元到它们形心的距离之和尽可能小，从而等价地达到使端元单形体足够紧凑地包裹像元数据点的目的。端元距离约束的 NMF 优化问题定义为

$$\begin{aligned}&\min_{\boldsymbol{A},\boldsymbol{S}} f(\boldsymbol{A},\boldsymbol{S})=\frac{1}{2}\|\boldsymbol{X}-\boldsymbol{A}\boldsymbol{S}\|_{\mathrm{F}}^2+\lambda ED(\boldsymbol{A}), \quad \mathrm{ED}(\boldsymbol{A})=\sum_{i=1}^{r}\|\boldsymbol{a}_i-\overline{\boldsymbol{a}}\|_2^2, \quad \overline{\boldsymbol{a}}=\frac{1}{r}\sum_{i=1}^{r}\boldsymbol{a}_i \\ &\text{s.t.}\quad \boldsymbol{A}\geqslant 0,\quad \boldsymbol{S}\geqslant 0,\quad \boldsymbol{1}_r^{\mathrm{T}}\boldsymbol{S}=\boldsymbol{1}_m^{\mathrm{T}}\end{aligned} \tag{3.3.18}$$

端元距离约束 ED($\boldsymbol{A}$) 与式(3.3.11)的 MVC-NMF 体积约束相比，因为不需要计算矩阵行列式的逆，只涉及矩阵乘法运算，具有更低的计算复杂度。其次，ED($\boldsymbol{A}$)相对端元$\boldsymbol{A}$来说总是凸的，在对优化子问题交替求解过程中具有全局最优解且能被有效地求解，而 MVC-NMF 具有局部最优解且受到梯度求解方法影响较大。最后，由于 MDC-NMF 不需要降维，所以不会遇到降维算法对端元提取精度的影响。

式(3.3.18)的目标函数关于丰度$\boldsymbol{S}$的更新梯度依然是式(3.3.16)，而端元$\boldsymbol{A}$的更新梯度为

$$\nabla_A f(\boldsymbol{A}^{(t)},\boldsymbol{S}^{(t)})=(\boldsymbol{A}^{(t)}\boldsymbol{S}^{(t)}-\boldsymbol{X})(\boldsymbol{S}^{(t)})^{\mathrm{T}}+\lambda(\boldsymbol{A}^{(t)}-\overline{\boldsymbol{a}}^{(t)}\boldsymbol{1}_r^{\mathrm{T}}) \tag{3.3.19}$$

3. 端元差异性约束

端元差异性约束的 NMF(endmember dissimilarity constrained nonnegative matrix factorization，EDCNMF) 算法 (Wang et al.，2013)认为包裹像元数据点单形的顶点端元间应该是相互不同的，并且端元光谱也具有一定的平滑性。在此物理意义上，EDCNMF 算法在 NMF 的目标函数中考虑了端元差异性约束，使得估计的端元更加平滑并表现出一定的差异性，以提高 NMF 解混的精度。

对于端元矩阵 $\boldsymbol{A} \in \mathbb{R}^{n\times r}$，不同端元间的差异性约束 $J(\boldsymbol{A})$ 定义为

$$J(\boldsymbol{A}) = \sum_{i=1}^{r-1}\sum_{k=i+1}^{r} D(\boldsymbol{a}_i, \boldsymbol{a}_k), \quad \begin{aligned} D(\boldsymbol{a}_i, \boldsymbol{a}_k) &= \sum_{l=1}^{n-1}\left[\mathrm{grad}(\boldsymbol{a}_i)_l - \mathrm{grad}(\boldsymbol{a}_k)_l\right]^2 \\ &= \sum_{l=1}^{n-1}\left[(a_{l+1,i} - a_{l,i}) - (a_{l+1,k} - a_{l,k})\right]^2 \end{aligned} \tag{3.3.20}$$

$$\mathrm{grad}(\boldsymbol{A}) = \begin{bmatrix} a_{2,1} - a_{1,1} & a_{2,2} - a_{1,2} & \cdots & a_{2,r} - a_{1,r} \\ a_{3,1} - a_{2,1} & a_{3,2} - a_{2,2} & \cdots & a_{3,r} - a_{2,r} \\ \vdots & \vdots & & \vdots \\ a_{r,1} - a_{r-1,1} & a_{r,2} - a_{r-1,2} & \cdots & a_{r,r} - a_{r-1,r} \end{bmatrix} \tag{3.3.21}$$

EDCNMF 算法的约束优化问题为

$$\begin{aligned} &\min_{\boldsymbol{A},\boldsymbol{S}} f(\boldsymbol{A}, \boldsymbol{S}) = \frac{1}{2}\|\boldsymbol{X} - \boldsymbol{A}\boldsymbol{S}\|_{\mathrm{F}}^2 + \lambda\sum_{i=1}^{r-1}\sum_{k=i+1}^{r} D(\boldsymbol{a}_i, \boldsymbol{a}_k) \\ &\text{s.t. } \boldsymbol{A} \geqslant 0, \quad \boldsymbol{S} \geqslant 0, \quad \boldsymbol{1}_r^{\mathrm{T}}\boldsymbol{S} = \boldsymbol{1}_m^{\mathrm{T}} \end{aligned} \tag{3.3.22}$$

利用式(3.3.14)满足丰度的 ASC 约束，并利用乘法更新规则求解端元 $\boldsymbol{A}$ 和丰度 $\boldsymbol{S}$

$$\boldsymbol{S} \leftarrow \boldsymbol{S}.*(\boldsymbol{A}^{\mathrm{T}}\boldsymbol{X})./(\boldsymbol{A}^{\mathrm{T}}\boldsymbol{A}\boldsymbol{S}), \qquad \boldsymbol{A} \leftarrow \boldsymbol{A}.*(\boldsymbol{X}\boldsymbol{S}^{\mathrm{T}} - \lambda\frac{\partial J(\boldsymbol{A})}{\partial \boldsymbol{A}})./(\boldsymbol{A}\boldsymbol{S}\boldsymbol{S}^{\mathrm{T}}) \tag{3.3.23}$$

由于波段梯度在不同波段的差异性，$\partial J(\boldsymbol{A}) / \partial \boldsymbol{A}$ 分为两部分：

$$\frac{\partial J(\boldsymbol{A})}{\partial \boldsymbol{a}_{l,i}} = \mathrm{SIG} \cdot \left(-2(r-1)\cdot \mathrm{grad}(\boldsymbol{a}_i)_l + 2\sum_{k\neq i}^{r}\mathrm{grad}(\boldsymbol{a}_k)_l\right) \tag{3.3.24}$$

$$\mathrm{SIG} = \begin{cases} 1, & l = 1 \\ -1, & l = n \end{cases}, \qquad \mathrm{grad}(\boldsymbol{a}_i)_{n-1} = \mathrm{grad}(\boldsymbol{a}_i)_n \tag{3.3.25}$$

对于其他波段 $l = 2, \cdots, (n-1)$：

$$\frac{\partial J(\boldsymbol{A})}{\partial \boldsymbol{a}_{l,i}} = 2(r-1)\cdot \mathrm{grad}(\boldsymbol{a}_i)_{l-1} - 2\sum_{k\neq i}^{r}\mathrm{grad}(\boldsymbol{a}_k)_{l-1} - 2(r-1)\cdot \mathrm{grad}(\boldsymbol{a}_i)_l + 2\sum_{k\neq i}^{r}\mathrm{grad}(\boldsymbol{a}_k)_l \tag{3.3.26}$$

最后，EDCNMF 算法在 NMF 一般流程的基础上，利用式(3.3.23)更新各变量直到满足收敛条件为止。其中，利用正交投影法选好恰当的初始端元 $\boldsymbol{A}$ 后，初始化 $\boldsymbol{S} = \max((\boldsymbol{A}^{\mathrm{T}}\boldsymbol{A})^{-1}\boldsymbol{A}^{\mathrm{T}}\boldsymbol{X}, \boldsymbol{0})$。

4. 最小离差约束

最小离差约束的 NMF（minimum dispersion constrained NMF，MiniDisCo）算法（Huck et al.，2013）在 NMF 的解混框架下，考虑了额外的端元离差正则化项，可以对估计的端元光谱进行全局压缩，使其在变得平坦的同时保留有意义的光谱峰谷的尖锐变化，从而较好地恢复物质光谱（特别是平坦区域）的形状。

MiniDisCo 算法的优化目标函数为

$$\begin{aligned}&\min_{\boldsymbol{A},\boldsymbol{S}} f(\boldsymbol{A},\boldsymbol{S})=\frac{1}{2}\|\boldsymbol{X}-\boldsymbol{A}\boldsymbol{S}\|_{\mathrm{F}}^{2}+\lambda D(\boldsymbol{A}), \quad D(\boldsymbol{A})=\operatorname{trace}(\boldsymbol{A}^{\mathrm{T}}\boldsymbol{A})-\frac{1}{n}\operatorname{trace}(\boldsymbol{A}^{\mathrm{T}}\boldsymbol{1}_{n\times n}\boldsymbol{A})\\&\text{s.t.}\quad \boldsymbol{A}\geqslant 0,\quad \boldsymbol{S}\geqslant 0,\quad \boldsymbol{1}_r^{\mathrm{T}}\boldsymbol{S}=\boldsymbol{1}_m^{\mathrm{T}}\end{aligned} \tag{3.3.27}$$

利用式(3.3.14)满足丰度的 ASC 约束，这里采用的是 PG 算法对式(3.3.27)进行求解，关于丰度 $\boldsymbol{S}$ 的更新梯度依然是式(3.3.16)，而端元 $\boldsymbol{A}$ 的更新梯度为

$$\nabla_{\boldsymbol{A}} f(\boldsymbol{A}^{(t)},\boldsymbol{S}^{(t)})=(\boldsymbol{A}^{(t)}\boldsymbol{S}^{(t)}-\boldsymbol{X})(\boldsymbol{S}^{(t)})^{\mathrm{T}}+\lambda(\boldsymbol{A}^{(t)}-\frac{1}{n}\boldsymbol{1}_{n\times n}\boldsymbol{A})) \tag{3.3.28}$$

算法中以均匀分布随机生成[0,1]中的端元 $\boldsymbol{A}$ 进行初始化，丰度 $\boldsymbol{S}$ 以零矩阵初始化。

3.3.3　丰度稀疏约束的 NMF

除了端元的物理约束外，如丰度的稀疏性等特点也可以被用于构建 NMF 解混框架中的额外约束，降低 NMF 局部极小问题的影响，获取更高精度的解混结果。

1. 丰度的 $\ell_{1/2}$ 范数约束

$\ell_{1/2}$ 范数的 NMF 算法（Qian et al.，2011）向 NMF 中引入了能使丰度更加稀疏的 $\ell_{1/2}$ 范数正则项。与 ℓ_1 范数相比，$\ell_{1/2}$ 范数能更适用于高光谱遥感图像的解混和丰度的 ASC 约束条件，在使估计的丰度保持稀疏的同时，使计算更易于进行。

$\ell_{1/2}$ 范数 NMF 的约束优化问题为

$$\begin{aligned}&\min_{\boldsymbol{A},\boldsymbol{S}}\quad f(\boldsymbol{A},\boldsymbol{S})=\frac{1}{2}\|\boldsymbol{X}-\boldsymbol{A}\boldsymbol{S}\|_{\mathrm{F}}^{2}+\lambda\|\boldsymbol{S}\|_{\frac{1}{2}}, \quad \|\boldsymbol{S}\|_{\frac{1}{2}}=\sum_{j=1}^{m}\sum_{i=1}^{r}\sqrt{s_{i,j}}\\&\text{s.t.}\quad \boldsymbol{A}\geqslant 0,\quad \boldsymbol{S}\geqslant 0,\quad \boldsymbol{1}_r^{\mathrm{T}}\boldsymbol{S}=\boldsymbol{1}_m^{\mathrm{T}}\end{aligned} \tag{3.3.29}$$

利用式(3.3.14)满足丰度的 ASC 约束，并根据乘法更新规则求解端元 $\boldsymbol{A}$ 和丰度 $\boldsymbol{S}$：

$$\boldsymbol{A}\leftarrow\boldsymbol{A}.*(\boldsymbol{X}\boldsymbol{S}^{\mathrm{T}})./(\boldsymbol{A}\boldsymbol{S}\boldsymbol{S}^{\mathrm{T}}), \qquad \boldsymbol{S}\leftarrow\boldsymbol{S}.*(\boldsymbol{A}^{\mathrm{T}}\boldsymbol{X})./(\boldsymbol{A}^{\mathrm{T}}\boldsymbol{A}\boldsymbol{S}+\frac{\lambda}{2}\boldsymbol{S}^{-\frac{1}{2}}) \tag{3.3.30}$$

算法中以均匀分布随机生成[0, 1]中的端元 $\boldsymbol{A}$ 和丰度 $\boldsymbol{S}$ 进行初始化。

2. 结构约束的稀疏 NMF

结构约束的稀疏 NMF（structure constrained sparse NMF，CSNMF）算法（Lu et al.，

2014)针对 $\ell_{1/2}$ 范数的稀疏 NMF 的分解不稳定性与易受噪声干扰的问题，以聚类的方法引入了一个保持数据结构信息的正则化项。其原理在于，光谱相似的像元也对应有类似的端元和丰度组成，通过聚类约束可以利用像元间的相关性引导解混向理想的方向进行，同时降低噪声的影响。在聚类过程中，像元数据点被分为多个不同的类别，从而在解混中保持数据的相似性结构信息。

利用 K-means 方法将高光谱遥感图像 $\boldsymbol{X} \in \mathbb{R}^{n \times m}$ 分为 K 类，第 k 类定义为

$$C_k = \{\boldsymbol{x}_j \,\|\, \|\boldsymbol{x}_j - \boldsymbol{\mu}_k\|_2 \leqslant \|\boldsymbol{x}_j - \boldsymbol{\mu}_i\|_2, \forall i = 1, \cdots, K\} \tag{3.3.31}$$

式中，$\boldsymbol{\mu}_i$ 表示第 i 类 C_i 的形心。根据同一类别的像元具有相似的结构表示，可得 CSNMF 的约束优化问题：

$$\begin{aligned}&\min_{\boldsymbol{A}, \boldsymbol{S}} f(\boldsymbol{A}, \boldsymbol{S}) = \frac{1}{2}\|\boldsymbol{X} - \boldsymbol{AS}\|_{\mathrm{F}}^2 + \lambda_1 \|\boldsymbol{S}\|_{\frac{1}{2}} + \lambda_2 \sum_{k=1}^{K} \sum_{j \in C_k} \|\boldsymbol{s}_j - \boldsymbol{\beta}_k\|_2^2 \\ &\text{s.t.} \quad \boldsymbol{A} \geqslant 0, \quad \boldsymbol{S} \geqslant 0, \quad \mathbf{1}_r^{\mathrm{T}} \boldsymbol{S} = \mathbf{1}_m^{\mathrm{T}}\end{aligned} \tag{3.3.32}$$

这里的参数 λ_1 和 λ_2 分别用于调控丰度稀疏性和促使同类别像元具有相似的丰度。$\boldsymbol{\beta}_k$ 是 $\boldsymbol{\mu}_k$ 在 r 维空间中的表示，通过最优化式(3.3.33)求解：

$$\min_{\boldsymbol{\beta}_k} g(\boldsymbol{\beta}_k) = \frac{1}{2}\|\boldsymbol{\mu}_k - \boldsymbol{A\beta}_k\|_{\mathrm{F}}^2 + \lambda_1 \|\boldsymbol{\beta}_k\|_{\frac{1}{2}}, \quad \boldsymbol{\beta}_k \leftarrow \boldsymbol{\beta}_k.* \boldsymbol{A}^{\mathrm{T}} \boldsymbol{\mu}_k./(\boldsymbol{A}^{\mathrm{T}} \boldsymbol{A\beta}_k + \frac{1}{2}\lambda_1 \boldsymbol{\beta}_k^{-\frac{1}{2}}) \tag{3.3.33}$$

最后，利用式(3.3.14)满足丰度的 ASC 约束，并根据乘法更新规则求解端元 $\boldsymbol{A}$ 和丰度 $\boldsymbol{S}$：

$$\begin{aligned}&\boldsymbol{A} \leftarrow \boldsymbol{A}.*(\boldsymbol{XS}^{\mathrm{T}})./(\boldsymbol{ASS}^{\mathrm{T}}), \\ &\boldsymbol{s}_j \leftarrow \boldsymbol{s}_j.*(\boldsymbol{A}^{\mathrm{T}} \boldsymbol{x}_j + 2\lambda_2 \boldsymbol{\beta}_{k,j})./(\boldsymbol{A}^{\mathrm{T}} \boldsymbol{A s}_j + \frac{1}{2}\lambda_1 \boldsymbol{s}_j^{-\frac{1}{2}} + 2\lambda_2 \boldsymbol{s}_j)\end{aligned} \tag{3.3.34}$$

CSNMF 算法最后在 NMF 一般流程的基础上，利用式(3.3.34)更新各变量直到满足收敛条件为止。算法中采用 VCA 和 FCLS 等算法的结果作为 $\boldsymbol{A}$ 和 $\boldsymbol{S}$ 的初始值。参数 λ_1 根据稀疏程度进行设定：

$$\lambda_1 = \frac{1}{\sqrt{n}} \sum_{i=1}^{n} \frac{\sqrt{m} - \|\boldsymbol{X}_{i,:}\|_1 / \|\boldsymbol{X}_{i,:}\|_2}{\sqrt{m-1}} \tag{3.3.35}$$

3. 稀疏正则化的噪声鲁棒 NMF

稀疏正则化的鲁棒 NMF(robust NMF)算法(He et al., 2016)同样也是在 $\ell_{1/2}$ 范数的稀疏 NMF 框架基础上，针对传统 NMF 模型只考虑高斯噪声的缺陷(如图 3.1 所示)给出了一种鲁棒的模型，能够在解混过程中分别同时处理稀疏噪声和高斯噪声的影响。

首先，给出 LMM 考虑稀疏噪声后的扩展模型：$\boldsymbol{X} = \boldsymbol{AS} + \boldsymbol{Z} + \boldsymbol{E}$，$\boldsymbol{Z}$ 表示稀疏噪声变量。然后，在用 $\ell_{1/2}$ 范数表示丰度稀疏性的同时，利用 $\ell_{1,2}$ 范数限制稀疏噪声的影响。最后，得到 $\ell_{1,2}$-RNMF 的约束优化问题：

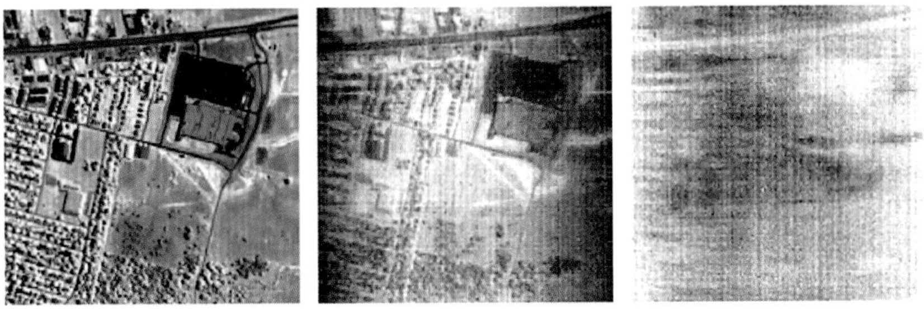

(a) 高信噪比波段　(b) 噪声波段　(c) 水汽吸收波段

图 3.1　HYDICE Urban 数据部分波段(He et al.，2016)

$$\min_{A,S,Z} f(\boldsymbol{A},\boldsymbol{S},\boldsymbol{Z})=\frac{1}{2}\|\boldsymbol{X}-\boldsymbol{Z}-\boldsymbol{AS}\|_F^2+\lambda_1\|\boldsymbol{Z}\|_{1,2}+\lambda_2\|\boldsymbol{S}\|_{\frac{1}{2}}, \text{ 其中}\|\boldsymbol{Z}\|_{1,2}=\sum_{i=1}^{n}\|\boldsymbol{Z}_{i,:}\|_2 \quad (3.3.36)$$
$$\text{s.t.}\quad \boldsymbol{A}\geqslant 0,\quad \boldsymbol{S}\geqslant 0,\quad \boldsymbol{1}_r^{\mathrm{T}}\boldsymbol{S}=\boldsymbol{1}_m^{\mathrm{T}}$$

利用式(3.3.14)满足丰度的 ASC 约束，并根据式(3.3.30)的乘法更新规则，交替求解端元 $\boldsymbol{A}$ 和丰度 $\boldsymbol{S}$。另外，稀疏噪声变量 $\boldsymbol{Z}$ 也将参与 $\boldsymbol{A}$ 和 $\boldsymbol{S}$ 的交替更新，但采用的是软阈值方法求解：

$$\boldsymbol{Z}\leftarrow \mathrm{soft}_{\lambda}(\boldsymbol{X}-\boldsymbol{AS}) \quad (3.3.37)$$

在 $\ell_{1,2}$-RNMF 算法中，参数 λ_2 依然根据式(3.3.35)选取；随机从图像中选择像元或者采用其他端元提取算法的结果初始化端元 $\boldsymbol{A}$，然后利用 FCLS 算法的结果对丰度 $\boldsymbol{S}$ 初始化，稀疏噪声 $\boldsymbol{Z}$ 以零矩阵初始化。

3.3.4　空间信息混合约束的 NMF

地物的空间分布信息是高光谱遥感图像除多波段外的另一个重要结构特点。自然环境中的地物大多时候呈现的是分小块区域聚集、平滑过渡的分布趋势。因此，在图像小区域中的相邻像元会具有类似的光谱反射特性和物质组成。这样就使得丰度实际上不仅具有稀疏性，而且近邻像元的丰度也应该是非常相似的。此外，相似的像元在数据空间中的距离也是相近的。在 NMF 框架中引入空间和结构信息的合理约束，也将会很好地克服局部极小问题，带来解混精度的提高。

1. 丰度分离性和平滑性约束

丰度分离性和平滑性约束的 NMF(abundance separation and smoothness constrained NMF, ASSNMF)算法(Liu et al.，2011)在 NMF 的解混框架中加入了丰度的分离性和平滑性两个约束条件。ASSNMF 的原理在于，地物一般都是成片成块分布的，而不会布满整个图像的区域，因此在实际的丰度图上，各种地物分别有其自己的主导区域，它们之间的相关性应该较小，可以通过分离性(separation)约束描述这一性质。但是，分离性约束考虑的是相同位置像元中不同端元之间的相关关系，并没有考虑不同像元间的空间关系。

从而继续加入丰度平滑性(smoothness)来体现数据的空间关系，这是由于实际地物的分布往往是有规律且在大部分地方都保持连贯性和均匀性，突变只会存在于少数地物边缘。

首先，根据基于 K-L 散度的丰度信息散度来定义分离性约束：

$$J_1(\boldsymbol{S})=\frac{1}{2r^2}\sum_{i=1}^{r}\sum_{k=1}^{r}\text{Separation}(\boldsymbol{S}(i,:),\boldsymbol{S}(k,:)) \tag{3.3.38}$$

$$\text{Separation}(\boldsymbol{S}(i,:),\boldsymbol{S}(k,:))=\sum_{j=1}^{m}\left(Q_{i,j}\cdot g\left(\frac{Q_{i,j}}{Q_{k,j}}\right)+Q_{k,j}\cdot g\left(\frac{Q_{k,j}}{Q_{i,j}}\right)\right),\quad Q_{i,j}=\frac{s_{i,j}}{\sum_{l=1}^{m}s_{i,l}} \tag{3.3.39}$$

其中函数 $g(z)=1-2^{1-z^2}$ 替换了 K-L 散度中的对数函数。它满足在 $[0,+\infty]$ 中单调递增，$g(1)=0$；$g(z)+g(1/z)\geqslant 0$ 保证了分离函数的非负性；$g(z)$、$g'(z)$ 都是有界的，且当 $z\to+\infty$ 或 $z\to 0$ 时，$g'(z)\to 0$。这样，分离函数总是非负的，较大 $J_1(\boldsymbol{S})$ 表示不同端元的丰度间相关程度较低。

其次，利用像元的空间关系构建丰度的平滑约束，先将每个端元的丰度矢量 $\boldsymbol{S}(i,:)\in\mathbb{R}^{1\times m}$ 按照各像元的二维空间坐标转换成一个二维矩阵 $\underline{\boldsymbol{S}}^i\in\mathbb{R}^{L\times C}$ 的形式，L,C 分别对应为图像空间域的行数和列数。如图 3.2(a)所示，对于第 i 个端元的丰度 $\underline{\boldsymbol{S}}^i$ 来说，在空间位置 (k,l) 上的像元丰度值 $\underline{\boldsymbol{S}}_{k,l}^i$ 周围被划分为 8 个方块区域，可以用它的值和周围像元的差异来表征该像元附近的平滑程度。然后，给这 8 个区域中的像元分配不同的权重[如图 3.2(b)]，以 $\underline{\tilde{\boldsymbol{S}}}_{k,l,(q)}^i$ 表示空间位置 (k,l) 处，附近第 q 个区域中所有丰度的加权平均值，得到平滑性约束：

$$J_2(\boldsymbol{S})=\frac{1}{16}\sum_{i=1}^{r}\sum_{q=1}^{8}\left\|\underline{\tilde{\boldsymbol{S}}}_{(q)}^i-\underline{\boldsymbol{S}}^i\right\|^2 \tag{3.3.40}$$

据此，为使距离参考像元位置越近的空间位置具有更大的权重，同时每个方块区域中的所有权重之和等于 1，给出下列的变换矩阵：

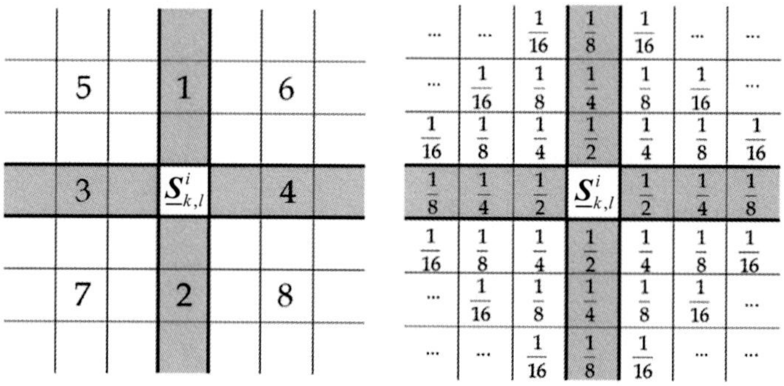

(a) 周围方块区域　　(b) 参考像元位置的权重

图 3.2　权重分配（Liu et al.，2011）

$$\boldsymbol{P}_1=\begin{bmatrix}1&0&0&\cdots&0\\1&0&0&\cdots&0\\\frac{1}{2^2}&\frac{1}{2}&0&\cdots&0\\\vdots&\vdots&&\ddots&\vdots\\\frac{1}{2^{L-1}}&\frac{1}{2^{L-2}}&\cdots&\frac{1}{2}&0\end{bmatrix}\in\mathbb{R}^{L\times L},\quad \boldsymbol{P}_2=\begin{bmatrix}0&\frac{1}{2}&\frac{1}{2^2}&\cdots&\frac{1}{2^{L-1}}\\0&0&\ddots&\ddots&\vdots\\\vdots&\vdots&&\frac{1}{2}&\frac{1}{2^2}\\0&0&\cdots&0&1\\0&0&\cdots&0&1\end{bmatrix}\in\mathbb{R}^{L\times L}\tag{3.3.41}$$

$$\boldsymbol{P}_3=\begin{bmatrix}1&1&\frac{1}{2^2}&\cdots&\frac{1}{2^{C-1}}\\0&0&\frac{1}{2}&\ddots&\vdots\\\vdots&\vdots&&\ddots&\frac{1}{2^2}\\0&0&\cdots&0&\frac{1}{2}\\0&0&\cdots&0&0\end{bmatrix}\in\mathbb{R}^{C\times C},\quad \boldsymbol{P}_4=\begin{bmatrix}0&0&0&\cdots&0\\\frac{1}{2}&0&0&\cdots&0\\\vdots&\ddots&\ddots&\ddots&\vdots\\\frac{1}{2^{C-2}}&\cdots&\frac{1}{2}&0&0\\\frac{1}{2^{C-1}}&\cdots&\frac{1}{2^2}&1&1\end{bmatrix}\in\mathbb{R}^{C\times C}\tag{3.3.42}$$

$$\boldsymbol{P}_5=\boldsymbol{P}_6=\begin{bmatrix}0&0&0&\cdots&0\\\frac{1}{2}&0&0&\cdots&0\\\frac{1}{2^2}&\frac{1}{2}&0&\cdots&0\\\vdots&\vdots&\ddots&\ddots&\vdots\\\frac{1}{2^{L-1}}&\frac{1}{2^{L-2}}&\cdots&\frac{1}{2}&0\end{bmatrix}\in\mathbb{R}^{L\times L},\quad \boldsymbol{P}_7=\boldsymbol{P}_8=\begin{bmatrix}0&\frac{1}{2}&\frac{1}{2^2}&\cdots&\frac{1}{2^{L-1}}\\0&0&\frac{1}{2}&\cdots&\frac{1}{2^{L-2}}\\0&0&0&\ddots&\vdots\\\vdots&\vdots&\ddots&\ddots&\frac{1}{2}\\0&0&\cdots&0&0\end{bmatrix}\in\mathbb{R}^{L\times L}\tag{3.3.43}$$

并且令矩阵 $\boldsymbol{T}_1\in\mathbb{R}^{C\times C}$ 和 $\boldsymbol{T}_2\in\mathbb{R}^{C\times C}$ 分别与 $\boldsymbol{P}_5$，$\boldsymbol{P}_7$ 维度不同，但具有相同的形式，可以得到 $\underline{\tilde{\boldsymbol{S}}}_{(q)}^i$ 与 $\underline{\boldsymbol{S}}^i$ 间的关系：

$$\begin{aligned}&\underline{\tilde{\boldsymbol{S}}}_{(1)}^i=\boldsymbol{P}_1\underline{\boldsymbol{S}}^i,\ \underline{\tilde{\boldsymbol{S}}}_{(2)}^i=\boldsymbol{P}_2\underline{\boldsymbol{S}}^i,\ \underline{\tilde{\boldsymbol{S}}}_{(3)}^i=\underline{\boldsymbol{S}}^i\boldsymbol{P}_3,\ \underline{\tilde{\boldsymbol{S}}}_{(4)}^i=\underline{\boldsymbol{S}}^i\boldsymbol{P}_4\\&\underline{\tilde{\boldsymbol{S}}}_{(5)}^i=\boldsymbol{P}_5\underline{\boldsymbol{S}}^i\boldsymbol{T}_2,\ \underline{\tilde{\boldsymbol{S}}}_{(6)}^i=\boldsymbol{P}_6\underline{\boldsymbol{S}}^i\boldsymbol{T}_1,\ \underline{\tilde{\boldsymbol{S}}}_{(7)}^i=\boldsymbol{P}_7\underline{\boldsymbol{S}}^i\boldsymbol{T}_2,\ \underline{\tilde{\boldsymbol{S}}}_{(8)}^i=\boldsymbol{P}_8\underline{\boldsymbol{S}}^i\boldsymbol{T}_1\end{aligned}\tag{3.3.44}$$

结合式(3.3.38)和式(3.3.40)，ASSNMF 算法的约束优化问题可以表述为

$$\begin{aligned}&\min_{\boldsymbol{A},\boldsymbol{S}} f(\boldsymbol{A},\boldsymbol{S})=\frac{1}{2}\|\boldsymbol{X}-\boldsymbol{A}\boldsymbol{S}\|_{\mathrm{F}}^2-\lambda_1 J_1(\boldsymbol{S})+\lambda_2 J_2(\boldsymbol{S})\\&\text{s.t.}\quad \boldsymbol{A}\geqslant 0,\quad \boldsymbol{S}\geqslant 0,\quad \mathbf{1}_r^{\mathrm{T}}\boldsymbol{S}=\mathbf{1}_m^{\mathrm{T}}\end{aligned}\tag{3.3.45}$$

利用式(3.3.14)满足丰度的 ASC 约束，并根据乘法更新规则优化式(3.3.45)，求解端元 $\boldsymbol{A}$ 和丰度 $\boldsymbol{S}$：

$$\boldsymbol{A}\leftarrow\boldsymbol{A}.*(\boldsymbol{X}\boldsymbol{S}^{\mathrm{T}})./(\boldsymbol{A}\boldsymbol{S}\boldsymbol{S}^{\mathrm{T}}),\quad \boldsymbol{S}\leftarrow\boldsymbol{S}.*(\boldsymbol{A}^{\mathrm{T}}\boldsymbol{X}+\lambda_1\frac{\partial J_1(\boldsymbol{S})}{\partial\boldsymbol{S}}-\lambda_2\frac{\partial J_2(\boldsymbol{S})}{\partial\boldsymbol{S}})./(\boldsymbol{A}^{\mathrm{T}}\boldsymbol{A}\boldsymbol{S})\tag{3.3.46}$$

式中，$\partial J_1(\boldsymbol{S})/\partial \boldsymbol{S}$ 和 $\partial J_2(\boldsymbol{S})/\partial \boldsymbol{S}$ 为

$$\begin{aligned}\frac{\partial J_1(\boldsymbol{S})}{\partial s_{i,j}} = \frac{4\ln 2}{r^2\sum_{l=1}^{m} s_{i,l}} & \left\{ \sum_{l=1}^{m}\sum_{k=1}^{r} Q_{i,j}\left[\frac{Q_{k,l}^3}{Q_{i,l}^3} 2^{-\frac{Q_{k,l}^2}{Q_{i,l}^2}} + \left(\frac{1}{2\ln 2} - \frac{Q_{i,l}^2}{Q_{k,l}^2}\right) 2^{-\frac{Q_{i,l}^3}{Q_{k,l}^3}} - \frac{1}{4\ln 2}\right]\right. \\ & \left. - \sum_{k=1}^{r}\left[\frac{Q_{k,j}^3}{Q_{i,j}^3} 2^{-\frac{Q_{k,j}^2}{Q_{i,j}^2}} + \left(\frac{1}{2\ln 2} - \frac{Q_{i,j}^2}{Q_{k,j}^2}\right) 2^{-\frac{Q_{i,j}^3}{Q_{k,j}^3}} - \frac{1}{4\ln 2}\right]\right\}\end{aligned} \tag{3.3.47}$$

$$\frac{\partial J_2(\underline{\boldsymbol{S}}^i)}{\partial \underline{\boldsymbol{S}}^i} = \frac{1}{8}(\boldsymbol{P}_{12}\underline{\boldsymbol{S}}^i + \underline{\boldsymbol{S}}^i\boldsymbol{P}_{34} + 4\underline{\boldsymbol{S}}^i + \boldsymbol{M}\underline{\boldsymbol{S}}^i\boldsymbol{B} - 2\boldsymbol{P}\underline{\boldsymbol{S}}^i\boldsymbol{Q}) \tag{3.3.48}$$

$$\begin{aligned}&\boldsymbol{P}_{12} = (\boldsymbol{I}-\boldsymbol{P}_1)^{\mathrm{T}}(\boldsymbol{I}-\boldsymbol{P}_1) + (\boldsymbol{I}-\boldsymbol{P}_2)^{\mathrm{T}}(\boldsymbol{I}-\boldsymbol{P}_2),\quad \boldsymbol{P}_{34} = (\boldsymbol{I}-\boldsymbol{P}_3)^{\mathrm{T}}(\boldsymbol{I}-\boldsymbol{P}_3) + (\boldsymbol{I}-\boldsymbol{P}_4)^{\mathrm{T}}(\boldsymbol{I}-\boldsymbol{P}_4) \\ &\boldsymbol{P} = \boldsymbol{P}_5 + \boldsymbol{P}_7 = \boldsymbol{P}_6 + \boldsymbol{P}_8,\quad \boldsymbol{T} = \boldsymbol{T}_1 + \boldsymbol{T}_2,\quad \boldsymbol{M} = \boldsymbol{P}_5^{\mathrm{T}}\boldsymbol{P}_5 + \boldsymbol{P}_7^{\mathrm{T}}\boldsymbol{P}_7 = \boldsymbol{P}_6^{\mathrm{T}}\boldsymbol{P}_6 + \boldsymbol{P}_8^{\mathrm{T}}\boldsymbol{P}_8 \\ &\boldsymbol{B} = \boldsymbol{T}_1\boldsymbol{T}_1^{\mathrm{T}} + \boldsymbol{T}_2\boldsymbol{T}_2^{\mathrm{T}}\end{aligned} \tag{3.3.49}$$

方法中，随机从图像中选择像元初始化端元 $\boldsymbol{A}$，然后对丰度 $\boldsymbol{S}$ 初始化 $\boldsymbol{S} = \max((\boldsymbol{A}^{\mathrm{T}}\boldsymbol{A})^{-1}\boldsymbol{A}^{\mathrm{T}}\boldsymbol{X}, \boldsymbol{0})$。

2. 空谱几何约束

几何 NMF（geometric NMF，GNMF）算法（Yang et al.，2015）分别利用高光谱数据在光谱域和空间域上的局部几何结构，定义了对应的空谱几何距离来描述像元间的关系。在此基础上，局部空间区域几何同质性以及光谱域的几何流形结构被结合在一个 NMF 框架下的空谱流形正则项中。图像的空间和光谱信息被同时引入 NMF 中，使得 GNMF 算法具有更好的解混性能。

以二维空间坐标为 (l_j, c_j) 的像元 $\boldsymbol{x}_j \in \mathbb{R}^{n\times 1}$ 为中心，给定大小为 $q\times q$ 的局域窗 LW。那么，在 LW 中越接近的两个像元，它们的丰度也就应该更加相似，而在 LW 外部的像元与 $\boldsymbol{x}_j$ 间的距离应为无穷大，从而可以反映空间的同质性。另外，考虑到 LW 中也可能存在多类的情况，利用高斯核函数确定其中的几何边界，如果某像元与中心像元 $\boldsymbol{x}_j$ 位于边界的两边，则对应权重为 0，否则，通过计算这两个像元的二维空间坐标，定义如下的空间几何距离：

$$d_{k,j}^{a} = \begin{cases} \exp(-[(l_j - l_k)^2 + (c_j - c_k)^2]) & \boldsymbol{x}_j\text{和}\boldsymbol{x}_k\text{在同一边} \\ \exp\left(-(\|\boldsymbol{x}_j - \boldsymbol{x}_k\|_2^2 + 1)\cdot[(l_j - l_k)^2 + (c_j - c_k)^2]\right) & \text{其他} \end{cases} \tag{3.3.50}$$

同理，也可以定义光谱域上像元间的光谱几何距离：

$$d_{k,j}^{e} = \begin{cases} \exp(-\|\boldsymbol{x}_j - \boldsymbol{x}_k\|_2^2) & \boldsymbol{x}_k \in \mathrm{NB}(\boldsymbol{x}_j) \\ \exp\left(-((l_j - l_k)^2 + (c_j - c_k)^2 + 1)\cdot\|\boldsymbol{x}_j - \boldsymbol{x}_k\|_2^2\right) & \boldsymbol{x}_k \notin \mathrm{NB}(\boldsymbol{x}_j) \end{cases} \tag{3.3.51}$$

式中，$\mathrm{NB}(\boldsymbol{x}_j)$ 是在 n 维光谱空间中，与 $\boldsymbol{x}_j$ 欧氏距离最近点的集合。利用式（3.3.50）和式

(3.3.51)中的几何距离定义，可以构建一个对偶的拉普拉斯正则项，使几何相似的像元具有相似的丰度：

$$J_1(\boldsymbol{S})=\sum_{k=1}^{m}\sum_{j=1}^{m}\frac{\left\|\boldsymbol{s}_k-\boldsymbol{s}_j\right\|^2}{d_{k,j}^a}=\mathrm{trace}(\boldsymbol{S}\boldsymbol{L}^a\boldsymbol{S}^{\mathrm{T}})，\quad J_2(\boldsymbol{S})=\sum_{k=1}^{m}\sum_{j=1}^{m}\frac{\left\|\boldsymbol{s}_k-\boldsymbol{s}_j\right\|^2}{d_{k,j}^e}=\mathrm{trace}(\boldsymbol{S}\boldsymbol{L}^e\boldsymbol{S}^{\mathrm{T}}) \tag{3.3.52}$$

这里的 $\boldsymbol{L}^a=\boldsymbol{D}^a-\boldsymbol{W}^a$ 和 $\boldsymbol{L}^e=\boldsymbol{D}^e-\boldsymbol{W}^e$（$W_{k,j}^a=1/d_{k,j}^a$，$W_{k,j}^e=1/d_{k,j}^e$）是数据邻近图的拉普拉斯矩阵，$\boldsymbol{D}^a$ 和 $\boldsymbol{D}^e$ 是结点对角阵，满足 $D_{j,j}^e=\sum_{k=1}^{m}(1/d_{j,k}^e)$，$D_{j,j}^a=\sum_{k=1}^{m}(1/d_{j,k}^a)$。加入式(3.3.52)的正则项后，GNMF 的约束优化问题为

$$\begin{aligned}&\min_{\boldsymbol{A},\boldsymbol{S}} f(\boldsymbol{A},\boldsymbol{S})=\frac{1}{2}\left\|\boldsymbol{X}-\boldsymbol{A}\boldsymbol{S}\right\|_{\mathrm{F}}^2+\lambda_1\mathrm{trace}(\boldsymbol{S}\boldsymbol{L}^a\boldsymbol{S}^{\mathrm{T}})+\lambda_2\mathrm{trace}(\boldsymbol{S}\boldsymbol{L}^e\boldsymbol{S}^{\mathrm{T}})\\&\text{s.t.}\quad \boldsymbol{A}\geqslant 0,\quad \boldsymbol{S}\geqslant 0,\quad \mathbf{1}_r^{\mathrm{T}}\boldsymbol{S}=\mathbf{1}_m^{\mathrm{T}}\end{aligned} \tag{3.3.53}$$

利用式(3.3.14)满足丰度的 ASC 约束，并根据乘法更新规则优化式(3.3.53)，求解端元 $\boldsymbol{A}$ 和丰度 $\boldsymbol{S}$：

$$\boldsymbol{A}\leftarrow\boldsymbol{A}.*(\boldsymbol{X}\boldsymbol{S}^{\mathrm{T}})./(\boldsymbol{A}\boldsymbol{S}\boldsymbol{S}^{\mathrm{T}})，\quad \boldsymbol{S}\leftarrow\boldsymbol{S}.*(\boldsymbol{A}^{\mathrm{T}}\boldsymbol{X}+\lambda_1\boldsymbol{S}\boldsymbol{W}^a+\lambda_2\boldsymbol{S}\boldsymbol{W}^e)./(\boldsymbol{A}^{\mathrm{T}}\boldsymbol{A}\boldsymbol{S}+\lambda_1\boldsymbol{S}\boldsymbol{D}^a+\lambda_2\boldsymbol{S}\boldsymbol{D}^e) \tag{3.3.54}$$

3. 流形正则化与稀疏组合约束

因为传统高维数据空间的欧氏结构难以准确反映数据间的内在联系，图正则化的 $\ell_{1,2}$-NMF(graph-regularized $\ell_{1,2}$-NMF，GLNMF)算法(Lu et al.，2013)在 $\ell_{1,2}$-NMF 方法的基础上，构建了一个额外的图正则项来考虑高光谱数据的内在低维流形局域几何结构。由于在高光谱解混中以最近邻图恰当地考虑了图像的局部结构信息，GLNMF 使原始图像与各端元的丰度图间的联系更加紧密，同时流形正则化项也起到了平滑的作用，限制了噪声对解混的干扰。

GLNMF 依然是基于具有相似光谱特征的像元也应该有相似的丰度，并以像元点作为结点，构建了最近邻(nearest-neighbor，NN)图来描述这一现象。这里，采用的基于 Heat Kernel 的图加权矩阵 $\boldsymbol{W}$ 定义为

$$\boldsymbol{W}_{k,j}=e^{-\frac{\left\|\boldsymbol{x}_k-\boldsymbol{x}_j\right\|^2}{\sigma}} \tag{3.3.55}$$

式中，像元 $\boldsymbol{x}_k$ 是像元 $\boldsymbol{x}_j$ 的 k-NN 像元。当 $\boldsymbol{x}_k$ 和 $\boldsymbol{x}_j$ 接近时，$\boldsymbol{W}_{k,j}$ 将取较大值，此时，它们对应的丰度矢量也就更加相似。这样构建图正则项后，算法 GLNMF 的优化问题为

$$\begin{aligned}&\min_{\boldsymbol{A},\boldsymbol{S}} f(\boldsymbol{A},\boldsymbol{S})=\frac{1}{2}\left\|\boldsymbol{X}-\boldsymbol{A}\boldsymbol{S}\right\|_{\mathrm{F}}^2+\lambda_1\left\|\boldsymbol{S}\right\|_{\frac{1}{2}}+\frac{\lambda_2}{2}\mathrm{trace}(\boldsymbol{S}\boldsymbol{L}\boldsymbol{S}^{\mathrm{T}})\\&\text{s.t.}\quad \boldsymbol{A}\geqslant 0,\quad \boldsymbol{S}\geqslant 0,\quad \boldsymbol{I}_r^{\mathrm{T}}\boldsymbol{S}=\boldsymbol{I}_m^{\mathrm{T}}\end{aligned} \tag{3.3.56}$$

$$\begin{aligned}\sum_{k=1}^{m}\sum_{j=1}^{m}\left\|\boldsymbol{s}_k-\boldsymbol{s}_j\right\|^2\boldsymbol{W}_{k,j}&=\sum_{k=1}^{m}\boldsymbol{s}_k^{\mathrm{T}}\boldsymbol{s}_kD_{k,k}-\sum_{k=1}^{m}\sum_{j=1}^{m}\boldsymbol{s}_k^{\mathrm{T}}\boldsymbol{s}_jW_{k,j}\\&=\mathrm{trace}(\boldsymbol{S}\boldsymbol{D}\boldsymbol{S}^{\mathrm{T}})-\mathrm{trace}(\boldsymbol{S}\boldsymbol{W}\boldsymbol{S}^{\mathrm{T}})\\&=\mathrm{trace}(\boldsymbol{S}\boldsymbol{L}\boldsymbol{S}^{\mathrm{T}})\end{aligned} \tag{3.3.57}$$

式中，$\boldsymbol{L}=\boldsymbol{D}-\boldsymbol{W}$ 是拉普拉斯矩阵；$\boldsymbol{D}$ 是对角阵，满足 $D_{j,j}=\sum_{k=1}^{m}W_{k,j}$。利用式(3.3.14)满足丰度的 ASC 约束，并根据乘法更新规则优化式(3.3.57)，求解端元 $\boldsymbol{A}$ 和丰度 $\boldsymbol{S}$：

$$\boldsymbol{A}\leftarrow \boldsymbol{A}.*(\boldsymbol{X}\boldsymbol{S}^{\mathrm{T}})./(\boldsymbol{A}\boldsymbol{S}\boldsymbol{S}^{\mathrm{T}}),\quad \boldsymbol{S}\leftarrow \boldsymbol{S}.*(\boldsymbol{A}^{\mathrm{T}}\boldsymbol{X}+\lambda_2\boldsymbol{S}\boldsymbol{W})./(\boldsymbol{A}^{\mathrm{T}}\boldsymbol{A}\boldsymbol{S}+\frac{\lambda_1}{2}\boldsymbol{S}^{-\frac{1}{2}}+\lambda_2\boldsymbol{S}\boldsymbol{D}) \tag{3.3.58}$$

GLNMF 算法最后在 NMF 一般流程的基础上，利用式(3.3.58)更新各变量直到满足收敛条件为止。算法中采用 VCA 和 FCLS 算法的解混结果作为 $\boldsymbol{A}$ 和 $\boldsymbol{S}$ 的初始值。

4. 超图正则化与稀疏组合约束

超图正则化的稀疏 NMF(hypergraph-regularized $\ell_{1,2}$-NMF，HGLNMF)算法(Wang et al.，2016)在利用 $\ell_{1,2}$ 范数反映丰度稀疏性的同时，通过超图(hypergraph)对高光谱遥感图像的光谱空间结构进行建模，以改善 $\ell_{1,2}$-NMF 受到初始值和噪声影响的问题。超图学习将光谱空间联合结构以正则化项的形式加入稀疏解混模型，可以增强在相同超边内的像元丰度一致性。

超图是一种广义的图，与简单图不同，简单图的边只能由两个顶点连接，而超图的边可以连接任意的数目的顶点。其优势为：可用于确定数目超过两个的一组像元间的高阶相似关系，从而更加准确有效地模型化高光谱数据的光谱-空间联合结构。

超图定义为：给定有限集 $V=\{v_1,v_2,\cdots,v_m\}$ 及其子集 $Q=\{q_1,q_2,\cdots,q_M\}$，如果满足：$q_j\neq\varnothing,\forall j=1,2,\cdots,M$ 且 $q_1\cup q_2\cup,\cdots,\cup q_M=V$，则关于 V 的超图为 $G=(V,Q)$。顶点集 V 中的所有元素都表示超图 $G=(V,Q)$ 的顶点，而超边集 Q 中的每个元素 q_j 是超图的一条超边。每条超边都具有一个正数的超边权重 $w(q_j)$。

关联矩阵(incidence matrix) $\boldsymbol{H}\in\mathbb{R}^{|V|\times|Q|}$ 用于表示超图顶点与超边间的关联关系：如果顶点 v 属于超边 q，那么 $H(v,q)=1$，否则 $H(v,q)=0$。

顶点 v 的度 $d(v)$ 定义为：该顶点所从属的所有超边的权重之和。而超边 q 的度 $\delta(q)=|q|$：为该超边包含的顶点数目。$d(v)$ 和 $\delta(q)$ 具体形式为

$$d(v)=\sum_{j=1}^{M}w(q_j)H(v,q_j),\quad \delta(q)=\sum_{j=1}^{N}H(v_j,q) \tag{3.3.59}$$

令对角阵 $\boldsymbol{D}^v,\boldsymbol{D}^q,\boldsymbol{W}$（$D_{j,j}^v=d(v_j)$，$D_{j,j}^q=\delta(q_j)$，$W_{j,j}=w(q_j)$）分别为顶点度、超边度和超边权重矩阵，则非规范拉普拉斯矩阵为：$\boldsymbol{L}^{Hyper}=\boldsymbol{D}^v-\boldsymbol{B},\quad \boldsymbol{B}=\boldsymbol{H}\boldsymbol{W}(\boldsymbol{D}^q)^{-1}\boldsymbol{H}^{\mathrm{T}}$。

HGLNMF 算法中，如图 3.3 所示，对于高光谱遥感图像 $\boldsymbol{X}\in\mathbb{R}^{n\times m}$，将其所有像元作为超图的顶点集 V_s 的顶点，然后以每个顶点 v_j 作为形心确定局部空间，超边由该顶点 v_j 及 K 个空间最近邻(KNNs)的点构成。这样超图 $G_s=(V_s,Q_s,\boldsymbol{W}_s)$ 便在高光谱图像这些重叠的空间邻域中构建起来，包含 m 个顶点和 m 条超边。由于物质分布的复杂性，包含多种混合物的不同类型像元可能存在于局部空间区域内。此时，可以通过两种像元间的光谱距离来确定具有相似丰度的像元，从而在像元空间相关性的基础上，再次利用像元的光谱相似性。超边权重利用超边内部像元的光谱相似性计算：

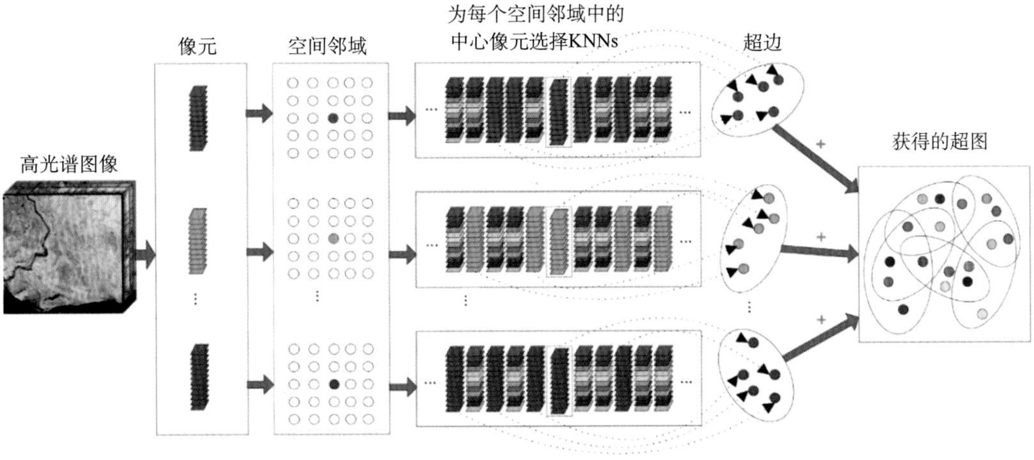

图 3.3　超图结构的生成（Wang et al.，2016）

$$w(q_i)=\sum_{x_j\in q_i}\exp\left(-\frac{\|x_j-x_i\|^2}{\delta^2}\right)\tag{3.3.60}$$

式中，$\delta=(1/Km)\sum_{i=1}^{m}\sum_{\{x_j\in q_i\}}\|x_i-x_j\|$ 表示所有空间邻域像元的平均距离。此时，使每条超边中的像元丰度保持一致性，有

$$C=\sum_{q\in Q_s}\sum_{\{i,j\}\in q}\frac{w(q)}{\delta(q)}\|s_i-s_j\|^2=\text{trace}(SL_s^{Hyper}S^{\text{T}})\tag{3.3.61}$$

结合式(3.3.29)中的 $\ell_{1,2}$ 范数和式(3.3.61)，可以得到 HGLNMF 的约束优化问题：

$$\begin{aligned}&\min_{A,S} f(A,S)=\frac{1}{2}\|X-AS\|_{\text{F}}^2+\lambda_1\|S\|_{\frac{1}{2}}+\lambda_2\text{trace}(SL_s^{Hyper}S^{\text{T}})\\&\text{s.t.}\quad A\geqslant 0,\quad S\geqslant 0,\quad \mathbf{1}_r^{\text{T}}S=\mathbf{1}_m^{\text{T}}\end{aligned}\tag{3.3.62}$$

利用式(3.3.14)满足丰度的 ASC 约束，并根据乘法更新规则优化式(3.3.62)，求解端元 A 和丰度 S：

$$A\leftarrow A.*(XS^{\text{T}})./(ASS^{\text{T}})\tag{3.3.63}$$

$$S\leftarrow S.*(A^{\text{T}}X+\lambda_2 SHW(D^q)^{-1}H^{\text{T}})./(A^{\text{T}}AS+\frac{\lambda_1}{4}S^{-\frac{1}{2}}+\lambda_2 SD^v)\tag{3.3.64}$$

最后，HGLNMF 算法在 NMF 一般流程的基础上，利用式(3.3.63)和式(3.3.64)更新各变量直到满足收敛条件为止。算法中采用 VCA 和 FCLS 算法的解混结果作为 A 和 S 的初始值。参数 λ_1 依然根据式(3.3.35)选取。

3.3.5　基于非负张量分解的解混方法

张量(tensor)概念伴随着微分学的发展出现于 19 世纪末(Comon，2014)。张量是多维数组的一种通用数学表达形式，一阶和二阶张量实际上分别就是通常所说的矢量和矩阵，而一个标量常数就是零阶张量。而高光谱遥感数据由于包括两个空间尺度$(l \times c = m)$和一个n维光谱域，可以看作是一个三阶的张量$\boldsymbol{\mathcal{X}} \in \mathbb{R}^{l \times c \times n}$的立方体结构。图像的原始空间和光谱信息同时被完善地保存在$\boldsymbol{\mathcal{X}}$中。

张量分解(tensor decomposition)被用于高维的张量数据，最近在信号处理和机器学习等领域中变得越来越重要。过去，通过将高阶的张量写成矩阵的形式，使标准的矩阵分解方法可以被直接应用。然而这种方式必然会导致数据有效的多维结构信息的丢失(Zhou et al.，2014)。而以张量表达复杂的多维数据在多数情况下不需要改变数据原有的存在形式，这也使得张量表达的数据能最大限度地保持原始数据的固有信息(张良培等，2014)。因此，在原始的张量域中进行数据分析非常有意义。

在用 NMF 实现无监督的线性光谱解混时，图像的三阶张量$\boldsymbol{\mathcal{X}}$以各像元为列矢量排列成一个二维矩阵$\boldsymbol{X} \in \mathbb{R}^{n \times m}$，然后对$\boldsymbol{X}$进行分解，实现端元和丰度的估计。因为空间信息在这一转换过程中遭到丢失，所以多数 NMF 解混方法就向 NMF 框架中引入了分别与图像光谱结构、空间结构和空谱联合结构相关的约束，来间接地在解混过程中保持原始图像的结构信息(Qian et al.，2017)。但是，图像完整的结构并不能由此得到恢复。另一方面，三阶张量$\boldsymbol{\mathcal{X}}$是高光谱数据的自然表达，可以无损地保持图像的内在结构，与之对应的非负张量分解(nonnegative tensor factorization，NTF) 就相比 NMF 在解混中具有更好的优势。

常用的张量定义与运算(Kolda and Bader，2009；Cichocki et al.，2009；Qian et al.，2017)如下。

定义 1：一个K阶张量$\boldsymbol{\mathcal{X}} \in \mathbb{R}^{I_1 \times I_2 \times \cdots \times I_K}$是一个由$x_{i_1, i_2, \cdots, i_K}$ ($1 \leqslant i_1 \leqslant I_1, 1 \leqslant i_2 \leqslant I_2, \cdots, 1 \leqslant i_K \leqslant I_K$)组成的$K$维数组。每个上标$I_1, I_2, \cdots, I_K$对应的维度称为模式(mode)，$\boldsymbol{\mathcal{X}}$有$K$个 mode。

定义 2：张量条(Fiber)是一个张量固定$(K-1)$个 mode 后得到的一维张量分段；而张量切片(Slice)是固定$(K-2)$个 mode 后得到的二维张量分段。

定义 3：对张量的展开是将其重排列成矩阵的过程，对于三阶张量$\boldsymbol{\mathcal{X}} \in \mathbb{R}^{l \times c \times n}$，它按不同 mode 进行展开为：$\boldsymbol{X}^{cn \times l}_{(j-1)n+k, i} = \boldsymbol{X}^{ln \times c}_{(k-1)l+i, j} = \boldsymbol{X}^{cl \times n}_{(i-1)c+j, k} = x_{i,j,k}$。

定义 4：两个矩阵$\boldsymbol{M} \in \mathbb{R}^{l \times c}$和$\boldsymbol{B} \in \mathbb{R}^{n \times L}$间的 Kronecker 积$\boldsymbol{M} \otimes \boldsymbol{B} \in \mathbb{R}^{ln \times cL}$定义为：

$$\boldsymbol{M} \otimes \boldsymbol{B} = \begin{bmatrix} m_{1,1}\boldsymbol{B} & m_{1,2}\boldsymbol{B} & \cdots & m_{1,c}\boldsymbol{B} \\ m_{2,1}\boldsymbol{B} & m_{2,2}\boldsymbol{B} & \cdots & m_{2,c}\boldsymbol{B} \\ \vdots & \vdots & & \vdots \\ m_{l,1}\boldsymbol{B} & m_{l,2}\boldsymbol{B} & \cdots & m_{l,c}\boldsymbol{B} \end{bmatrix} \tag{3.3.65}$$

定义 5：两个矩阵$\boldsymbol{M} \in \mathbb{R}^{l \times c}$和$\boldsymbol{B} \in \mathbb{R}^{n \times c}$间的 Khatri-Rao 积$\boldsymbol{M} \odot \boldsymbol{B} \in \mathbb{R}^{ln \times c}$为：$\boldsymbol{M} \odot \boldsymbol{B} = (\boldsymbol{m}_1 \otimes \boldsymbol{b}_1, \cdots, \boldsymbol{m}_c \otimes \boldsymbol{b}_c)$。

定义 6：张量$\boldsymbol{\mathcal{X}} \in \mathbb{R}^{I_1 \times I_2 \times \cdots \times I_K}$与矩阵$\boldsymbol{M} \in \mathbb{R}^{l \times I_k}$的$k$-mode 乘积$\boldsymbol{\mathcal{X}} \times_k \boldsymbol{M}$为大小等于$I_1 \times \cdots \times I_{k-1} \times l \times I_{k+1} \times \cdots \times I_K$的张量，并且$(\boldsymbol{\mathcal{X}} \times_k \boldsymbol{M})_{i_1, \cdots, i_{k-1}, j, i_{k+1}, \cdots, i_K} = \sum_{i_k=1}^{I_k} x_{i_1, \cdots, i_K} m_{j, i_k}$。

定义 7：两个张量 $\mathcal{M} \in \mathbb{R}^{I_1 \times I_2 \times \cdots \times I_P}$ 和 $\mathcal{B} \in \mathbb{R}^{J_1 \times J_2 \times \cdots \times J_Q}$ 的外积为 $\mathcal{M} \circ \mathcal{B} \in \mathbb{R}^{I_1 \times I_2 \times \cdots \times I_P \times J_1 \times J_2 \times \cdots \times J_Q}$，而且 $\mathcal{M} \circ \mathcal{B}_{i_1, i_2, \cdots, i_P, j_1, j_2, \cdots, j_Q} = m_{i_1, i_2, \cdots, i_P} b_{j_1, j_2, \cdots, j_Q}$。例如，一个二维矩阵和一个一维矢量的外积就是一个三维张量。

CP(canonical polyadic)分解和 Tucker 分解是常用的两种张量分解模型，它们的描述为：

定义 8：CP 分解将一个张量分解为有限个秩为 1 的成分张量之和。如图 3.4 所示，三阶张量 $\mathcal{X} \in \mathbb{R}^{l \times c \times n}$ 的 CP 分解为 $\mathcal{X} = \sum_{i=1}^{R} \gamma_i (\boldsymbol{m}_i \circ \boldsymbol{b}_i \circ \boldsymbol{c}_i)$。其中，$\gamma_i$ 是一个正值尺度，并令对角阵 $\boldsymbol{\Lambda} = \mathrm{diag}(\boldsymbol{\gamma}) = \mathrm{diag}((\gamma_1, \cdots, \gamma_R)^{\mathrm{T}})$，则 $\mathcal{X} = \boldsymbol{\Lambda} \times_1 \boldsymbol{M} \times_2 \boldsymbol{B} \times_3 \boldsymbol{C}$。

定义 9：张量的秩 $\mathcal{X} \in \mathbb{R}^{l \times c \times n}$ 是指以线性组合方式生成 $\mathcal{X}$ 的秩为 1 张量的最少数量 r。一个第 k 阶张量是秩为 1 的张量，当且仅当它等于 k 个非零矢量的外积。给定因子矩阵(factor matrix) $\boldsymbol{M} = (\boldsymbol{m}_1, \cdots, \boldsymbol{m}_r) \in \mathbb{R}^{l \times r}$，$\boldsymbol{B} = (\boldsymbol{b}_1, \cdots, \boldsymbol{b}_r) \in \mathbb{R}^{c \times r}$ 和 $\boldsymbol{C} = (\boldsymbol{c}_1, \cdots, \boldsymbol{c}_r) \in \mathbb{R}^{n \times r}$，CP 分解的矩阵等价展开形式为：$\boldsymbol{X}^{lc \times n} = (\boldsymbol{M} \odot \boldsymbol{B}) \boldsymbol{C}^{\mathrm{T}}$。

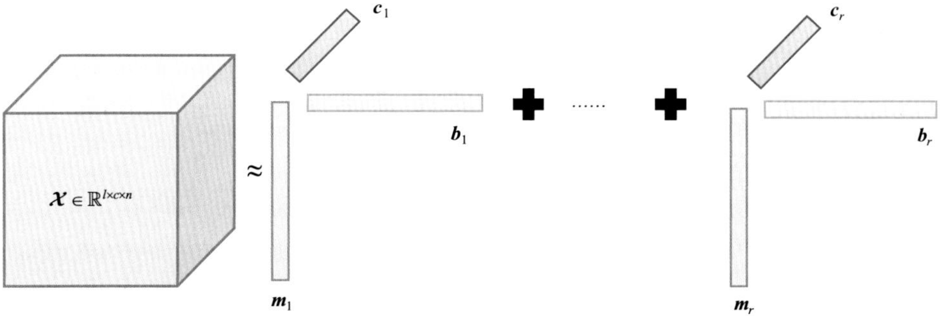

图 3.4　CP 分解

定义 10：Tucker 分解将张量分解为一个核心张量(core tensor)与多个因子矩阵的 k-mode 乘积。如图 3.5 所示，三阶张量 $\mathcal{X} \in \mathbb{R}^{l \times c \times n}$ 的 Tucker 分解就是要找到一个核心张量 $\mathcal{G} \in \mathbb{R}^{J \times D \times P}$（$J \ll l, D \ll c, P \ll n$），以及三个因子矩阵 $\boldsymbol{M} = (\boldsymbol{m}_1, \cdots, \boldsymbol{m}_J) \in \mathbb{R}^{l \times J}$，$\boldsymbol{B} = (\boldsymbol{b}_1, \cdots, \boldsymbol{b}_D) \in \mathbb{R}^{c \times D}$ 和 $\boldsymbol{C} = (\boldsymbol{c}_1, \cdots, \boldsymbol{c}_P) \in \mathbb{R}^{n \times P}$ 满足：

$$\mathcal{X} = \sum_{j=1}^{J} \sum_{d=1}^{D} \sum_{p=1}^{P} g_{j,d,p} (\boldsymbol{m}_j \circ \boldsymbol{b}_d \circ \boldsymbol{c}_p), \quad \mathcal{X} = \mathcal{G} \times_1 \boldsymbol{M} \times_2 \boldsymbol{B} \times_3 \boldsymbol{C} \tag{3.3.66}$$

此时，Tucker 分解的矩阵等价展开形式为：$\boldsymbol{X}^{lc \times n} = ((\boldsymbol{M} \otimes \boldsymbol{B}) \boldsymbol{G}^{JD \times P}) \boldsymbol{C}^{\mathrm{T}}$。

1. 非负张量 CP 分解

非负张量 CP 分解(Veganzones et al.，2016)可以用于高光谱遥感图像的线性光谱解混，主要因为 LMM 实际上能看作是 CP 分解的特殊情形，即把数据张量 $\mathcal{X}$ 展开为一个矩阵，并考虑端元和丰度的非负性约束。CP 分解的因子矩阵 $\boldsymbol{M} = (\boldsymbol{m}_1, \cdots, \boldsymbol{m}_r) \in \mathbb{R}^{l \times r}$，$\boldsymbol{B} = (\boldsymbol{b}_1, \cdots, \boldsymbol{b}_r) \in \mathbb{R}^{c \times r}$ 和 $\boldsymbol{C} = (\boldsymbol{c}_1, \cdots, \boldsymbol{c}_r) \in \mathbb{R}^{n \times r}$ 分别被作为 r 种端元物质空间、光谱、时间、角度特征，并且它们需要是非负的，来满足物理意义。因此，根据定义 8，解混的非负 CP 近似优化问题为

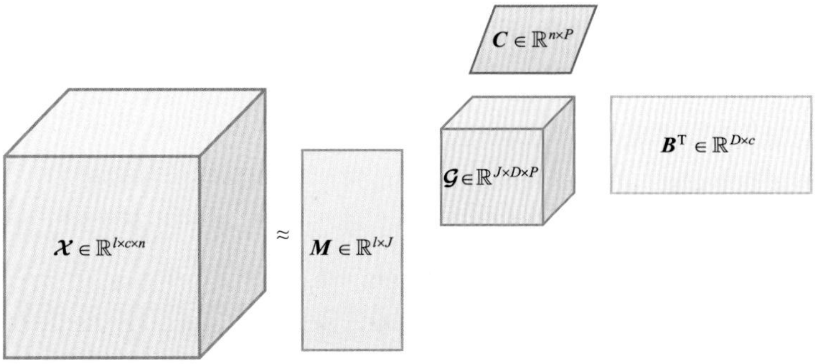

图 3.5　Tucker 分解

$$\begin{aligned}&\min_{M,B,C} f(\boldsymbol{M},\boldsymbol{B},\boldsymbol{C}) = \left\|\mathcal{X} - \boldsymbol{\Lambda}\times_1\boldsymbol{M}\times_2\boldsymbol{B}\times_3\boldsymbol{C}\right\|_F^2 \\ &\text{s.t.}\quad \boldsymbol{M}\geqslant \boldsymbol{0},\ \boldsymbol{B}\geqslant \boldsymbol{0},\ \boldsymbol{C}\geqslant \boldsymbol{0}\end{aligned} \tag{3.3.67}$$

式(3.3.67)显然是高度非凸的，一般可采用梯度下降法和交替非负最小二乘求解。由于高光谱数据量大，在求解过程中为了降低内存和时间消耗，需要利用高阶奇异值分解(high-order singular value decomposition，HOSVD)对张量 $\mathcal{X}$ 进行压缩后再分解($\boldsymbol{\Lambda}$ 被写入了 $\boldsymbol{C}_c$)中：

$$\mathcal{X} \approx \mathcal{X}_c\times_1\boldsymbol{U}\times_2\boldsymbol{V}\times_3\boldsymbol{W},\quad \boldsymbol{M}\approx\boldsymbol{U}\boldsymbol{M}_c,\quad \boldsymbol{B}\approx\boldsymbol{V}\boldsymbol{B}_c,\quad \boldsymbol{C}\approx\boldsymbol{W}\boldsymbol{C}_c \tag{3.3.68}$$

式中， $\boldsymbol{U},\boldsymbol{V},\boldsymbol{W}$ 是解压算子。张量压缩后的优化问题为

$$\begin{aligned}&\min_{M_c,B_c,C_c} f(\boldsymbol{M}_c,\boldsymbol{B}_c,\boldsymbol{C}_c) = \left\|\mathcal{X}_c - \boldsymbol{M}_c\times_1\boldsymbol{B}_c\times_2\boldsymbol{C}_c\right\|_F^2 \\ &\text{s.t.}\quad \boldsymbol{U}\boldsymbol{M}_c\geqslant \boldsymbol{0},\quad \boldsymbol{V}\boldsymbol{B}_c\geqslant \boldsymbol{0},\quad \boldsymbol{W}\boldsymbol{C}_c\geqslant \boldsymbol{0}\end{aligned} \tag{3.3.69}$$

最后，分别采用压缩共轭梯度算法(compressed conjugate gradient，CCG)和投影压缩交替非负最小二乘(projected and compressed alternating nonnegative least squares，ProCo-ANLS)求解式(3.3.69)的参数。CCG 算法利用 Sigmoid 函数对参数负值进行惩罚，并将三个因子矩阵矢量化为单一的矢量 $\boldsymbol{\theta} = \mathrm{vec}(\boldsymbol{M}_c^{\mathrm{T}},\boldsymbol{B}_c^{\mathrm{T}},\boldsymbol{C}_c^{\mathrm{T}})$ 得到目标函数：

$$g = f(\boldsymbol{\theta}) + \frac{1}{r(c+l+n)}\left(\sum_{i,j}^{l,r} f\left((\boldsymbol{U}\boldsymbol{M}_c)_{i,j}\right) + \cdots\right) \tag{3.3.70}$$

在第 $t+1$ 次迭代中：

$$\hat{\boldsymbol{\theta}}^{(t+1)} = \hat{\boldsymbol{\theta}}^{(t)} + \eta^{(t)}\boldsymbol{e}^{(t)},\quad \boldsymbol{e}^{(t+1)} = \boldsymbol{p}^{(t+1)} + \frac{(\boldsymbol{p}^{(t+1)})^{\mathrm{T}}(\boldsymbol{p}^{(t+1)} - \boldsymbol{p}^{(t)})}{\left\|\boldsymbol{p}^{(t)}\right\|^2}\boldsymbol{e}^{(t)} \tag{3.3.71}$$

式中， $\eta^{(t)}$ 是回溯线性搜索更新的步长； $\boldsymbol{e}^{(t)}$ 是共轭梯度方向； $\boldsymbol{p}^{(t)}$ 是 g 的负梯度。

另一方面，ProCo-ANLS 利用式(3.3.72)的无约束最小二乘法，可近似投影参数到可行域中求解，包括式(3.3.73)的三步投影：先解压因子矩阵，再把它们投影到非负象限，最后重新压缩因子矩阵。而这里对于压缩因子矩阵 $\boldsymbol{M}_c^{(t+1)}$ 的更新为

$$\hat{\boldsymbol{M}}_c^{(t+1)} = \boldsymbol{X}_c^{ln\times c}\left(\hat{\boldsymbol{C}}_{Pc}^{(t+1)} \odot \hat{\boldsymbol{B}}_{Pc}^{(t+1)}\right) \tag{3.3.72}$$

$$\hat{\boldsymbol{M}}^{(t+1)} = \boldsymbol{U}\hat{\boldsymbol{M}}_c^{(t+1)}, \quad (\hat{\boldsymbol{M}}^{(t+1)})_+ = \max(\hat{\boldsymbol{M}}^{(t+1)}, \boldsymbol{0}), \quad \hat{\boldsymbol{M}}_{Pc}^{(t+1)} = \boldsymbol{U}^{\mathrm{T}}(\hat{\boldsymbol{M}}^{(t+1)})_+ \tag{3.3.73}$$

2. 矩阵-矢量的非负张量分解

Qian 等(2017)认为，尽管 CP 和 Tucker 分解能用于解混，但它们与 LMM 间的联系并没有矩阵分解明确。主要原因在于：CP 分解需要知道张量秩的先验信息，但这一般是难以确定的，而且张量秩难以被当作端元的数目(远小于前者)。因此，定义 8 和定义 9 中的 $\boldsymbol{C}$ 每列不能当成端元，使得端元与丰度的估计变得较为困难。而对于 Tucker 分解，它其实是矩阵 SVD 分解的高阶扩展，不具备解混的直接意义，虽然光谱 mode 的秩能等价于端元数目，但成分之间的正交性并不符合端元的特点。此外，如何将核心张量 $\boldsymbol{\mathcal{G}}$ 分解为端元和丰度也是不确定的，同时，Tucker 分解中不同 mode 间的强相关作用会使得 LMM 中非负性也难以保持。

高光谱数据作为一个三阶张量时，需要使两个空间域的 mode 和一个光谱域的 mode 相区分。相较于 CP 分解的同等地对待所有 mode 张量的问题，Tucker 分解能根据应用的物理解释区分不同 mode 上的张量。但是，如图 3.5 所示，Tucker 分解不能将张量分为多个成分张量的和的形式，使其与 LMM 难以联系。

为了解决这些问题，矩阵-矢量的非负张量分解(matrix-vector nonnegative tensor factorization，MV-NTF)算法(Qian et al., 2017)采用特殊的块项分解(block term decomposition，BTD)模型来建立张量分解与 LMM 间合理的联系。MV-NTF 将高光谱数据的三阶张量分解为多个成分张量的和，而每个成分张量是一个端元矢量与对应的丰度矩阵的外积。BTD 克服了 CP 分解中每个成分张量必须为秩 1 张量的缺点，并且解决了 Tucker 分解只有一个成分张量的问题。在此基础上，MV-NTF 算法就能得到与 LMM 更一致的张量表示，使分解结果具有合理的物理和数学意义，也更加容易用于线性光谱解混。

BTD 是 CP 分解与 Tucker 分解的结合，可以描述更复杂的张量结构，其定义为：

BTD 是一组成分张量的和，每个成分张量是核心张量与因子矩阵的 k -mode 乘积。如图 3.6 所示，三阶张量 $\boldsymbol{\mathcal{X}} \in \mathbb{R}^{l\times c\times n}$ 分解为

$$\boldsymbol{\mathcal{X}} = \sum_{i=1}^{r} \boldsymbol{\mathcal{G}}_i \times_1 \boldsymbol{M}_i \times_2 \boldsymbol{B}_i \times_3 \boldsymbol{C}_i \tag{3.3.74}$$

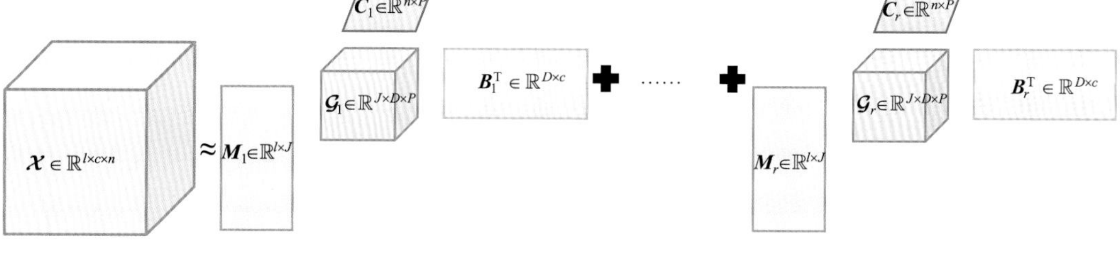

图 3.6　BTD

为了将高光谱数据张量 $\mathcal{X} \in \mathbb{R}^{l\times c\times n}$ 定义为一组由矢量与矩阵外积定义的成分张量之和来对应 LMM，取 $\mathcal{G}_i \in \mathbb{R}^{J_i\times J_i\times 1}$ 为单位阵，利用矩阵 $\boldsymbol{M}_i \in \mathbb{R}^{l\times J_i}$，$\boldsymbol{B}_i \in \mathbb{R}^{c\times J_i}$，矢量 $\boldsymbol{c}_i \in \mathbb{R}^{n\times 1}$ 可以得到 BTD 的特殊形式，即矩阵-矢量的张量分解。如图 3.7 所示，矩阵-矢量的张量分解将三阶张量 $\mathcal{X} \in \mathbb{R}^{l\times c\times n}$ 分解为一组成分张量的和，每个成分张量为矩阵 $\boldsymbol{O}_i = \boldsymbol{M}_i\boldsymbol{B}_i^{\mathrm{T}} \in \mathbb{R}^{l\times c}$（第 i 个端元丰度图）与矢量 $\boldsymbol{c}_i \in \mathbb{R}^{n\times 1}$（第 i 个端元矢量）的外积：

$$\mathcal{X} = \sum_{i=1}^{r}(\boldsymbol{M}_i\boldsymbol{B}_i^{\mathrm{T}}) \circ \boldsymbol{c}_i = \sum_{i=1}^{r}\boldsymbol{O}_i \circ \boldsymbol{c}_i \tag{3.3.75}$$

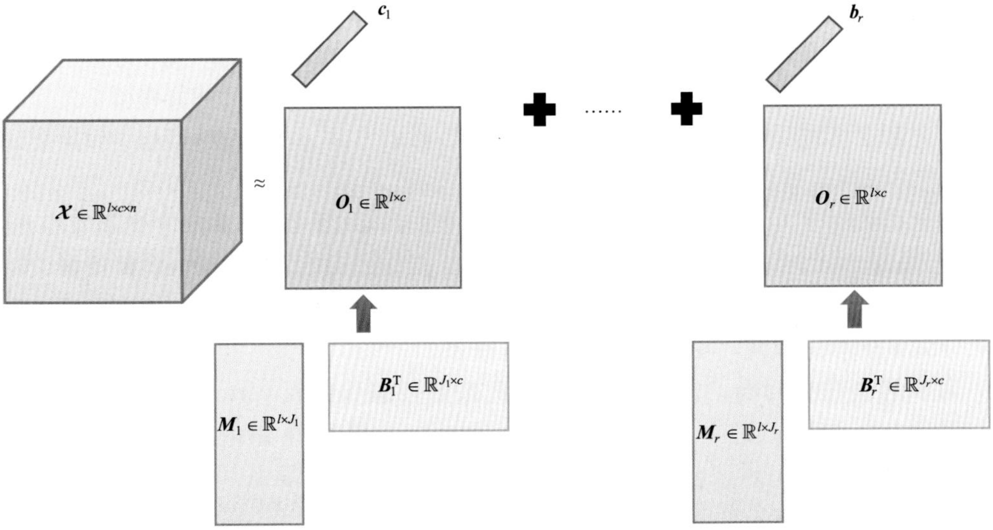

图 3.7　矩阵-矢量的张量分解（Qian et al.，2017）

对式(3.3.75)进行矩阵形式展开得

$$\boldsymbol{X}^{lc\times n} = \left((\boldsymbol{M}_1 \odot \boldsymbol{B}_1)\boldsymbol{1}_{J_1}, \cdots, (\boldsymbol{M}_r \odot \boldsymbol{B}_r)\boldsymbol{1}_{J_1}\right)\boldsymbol{C}^{\mathrm{T}}, \quad \boldsymbol{X}^{cn\times l} = (\boldsymbol{B} \mathbin{\bar{\odot}} \boldsymbol{C})\boldsymbol{M}^{\mathrm{T}}, \quad \boldsymbol{X}^{ln\times c} = (\boldsymbol{C} \mathbin{\bar{\odot}} \boldsymbol{M})\boldsymbol{B}^{\mathrm{T}} \tag{3.3.76}$$

式中，$\boldsymbol{M} = [\boldsymbol{M}_1, \cdots, \boldsymbol{M}_r]$，$\boldsymbol{B} = [\boldsymbol{B}_1, \cdots, \boldsymbol{B}_r]$，$\boldsymbol{C} = (\boldsymbol{c}_1, \cdots, \boldsymbol{c}_r)$，$\bar{\odot}$ 表示分块矩阵的广义 Khatri-Rao 积 $\boldsymbol{M} \mathbin{\bar{\odot}} \boldsymbol{B} = (\boldsymbol{M}_1 \otimes \boldsymbol{B}_1, \cdots, \boldsymbol{M}_r \otimes \boldsymbol{B}_r)$。这样，再考虑丰度的 ASC 约束，MV-NTF 的解混最优化问题就可以表述为

$$\min_{\boldsymbol{O},\boldsymbol{C}} f(\boldsymbol{O}, \boldsymbol{C}) = \frac{1}{2}\left\|\mathcal{X} - \sum_{i=1}^{r}\boldsymbol{O}_i \circ \boldsymbol{c}_i\right\|_F^2 + \delta\left\|\sum_{i=1}^{r}\boldsymbol{O}_i - \boldsymbol{1}_{l\times c}\right\|_F^2 \tag{3.3.77}$$
$$\text{s.t.}\quad \boldsymbol{M}_i \geqslant \boldsymbol{0}, \boldsymbol{B}_i \geqslant \boldsymbol{0}, \boldsymbol{c}_i \geqslant \boldsymbol{0}$$

然后，采用交替最小二乘算法求解式(3.3.77)的最优解，主要是利用式(3.3.76)将其划分成了分别关于 $\boldsymbol{M}, \boldsymbol{B}, \boldsymbol{C}$ 的三个子问题再分别用惩罚更新规则更新变量：

$$\min_{\boldsymbol{M}} \frac{1}{2}\left\|\boldsymbol{X}^{cn\times l} - (\boldsymbol{B} \mathbin{\bar{\odot}} \boldsymbol{C})\boldsymbol{M}^{\mathrm{T}}\right\|_F^2 + \delta\left\|\boldsymbol{M}\boldsymbol{B}^{\mathrm{T}} - \boldsymbol{1}_{l\times c}\right\|_F^2 \quad \text{s.t.}\quad \boldsymbol{M} \geqslant \boldsymbol{0} \tag{3.3.78}$$

$$\min_{B}\frac{1}{2}\left\|X^{ln\times c}-(C\,\bar{\odot}\,M)B^{\mathrm{T}}\right\|_F^2+\delta\left\|MB^{\mathrm{T}}-\mathbf{1}_{l\times c}\right\|_F^2\quad \text{s.t.}\quad B\geqslant 0 \tag{3.3.79}$$

$$\min_{C}\frac{1}{2}\left\|X^{lc\times n}-\left((M_1\odot B_1)\mathbf{1}_{J_1},\cdots,(M_r\odot B_r)\mathbf{1}_{J_1}\right)C^{\mathrm{T}}\right\|_F^2\quad \text{s.t.}\quad C\geqslant 0 \tag{3.3.80}$$

最后，分别令 $Q_M=B\,\bar{\odot}\,C$，$Q_B=C\,\bar{\odot}\,M$，$Q_C=((M_1\odot B_1)\mathbf{1}_{J_1},\cdots,(M_r\odot B_r)\mathbf{1}_{J_1})$ 得到 M,B,C 的更新：

$$M\leftarrow M.*\left((X^{cn\times l})^{\mathrm{T}}Q_M+\delta\mathbf{1}_{l\times c}B\right)./\,(MQ_M^{\mathrm{T}}Q_M+\delta MB^{\mathrm{T}}B) \tag{3.3.81}$$

$$B\leftarrow B.*\left((X^{ln\times c})^{\mathrm{T}}Q_B+\delta\mathbf{1}_{l\times c}M\right)./\,(BQ_B^{\mathrm{T}}Q_B+\delta BM^{\mathrm{T}}M) \tag{3.3.82}$$

$$C\leftarrow C.*\left((X^{lc\times n})^{\mathrm{T}}Q_C\right)./\,(CQ_C^{\mathrm{T}}Q_C) \tag{3.3.83}$$

利用式(3.3.81)、式(3.3.82)和式(3.3.83)对变量交替更新后，就能得到各端元的光谱矢量 C 以及对应的丰度图 O 完成解混。MV-NTF 算法的算法流程如下表所示。

基于交替最小二乘的 MV-NTF 解混算法

1. 输入高光谱遥感数据三阶张量 $\mathcal{X}\in\mathbb{R}^{l\times c\times n}$，端元数目 r，参数 $J_i\ (i=1,\cdots,r)$，也可令 $J_i=J$，最大迭代次数 T，收敛误差 ζ；
2. 初始化 $M^{(0)}$，$B^{(0)}$ 和 $C^{(0)}$，$t=0$；
3. While $\left\|f^{(t-1)}-f^{(t)}\right\|<\zeta$ 且 $t\leqslant T$

　　以式(3.3.81)更新 $M^{(t)}$；

　　以式(3.3.82)更新 $B^{(t)}$；

　　以式(3.3.83)更新 $C^{(t)}$；

　　$t=t+1$；

　End

4. 输出端元 $C^{(t)}$ 和以 $M^{(t)}$ 与 $B^{(t)}$ 乘积计算的丰度图。

3.4　基于凸几何理论的解混方法

利用 LMM 特殊的凸几何性质，即像元是端元的凸组合而位于以端元为顶点的单形体中，可以方便地分别实现几何端元提取和快速的几何丰度估计。这两类对应的有监督线性解混理论和方法已经在第 2 章中进行了详细的介绍。实际上，凸几何理论也可以有效地将端元提取和丰度估计两部分独立的过程结合起来，同时求取端元和丰度。这些方法大多本质上基于 Craig(1994)的最小体积规则。Lin 等(2015)对最小体积规则在无纯像元数据的盲解混方面作了较为系统的理论分析，认为只要数据不是过分的高度混合或者分布地过于不平衡，最小体积规则总能较好地用于解混并得到满意的结果。本节将介绍几种常见的基于凸几何原理的无监督几何解混算法。

3.4.1 基于分裂增广拉格朗日的单形体识别算法

基于分裂增广拉格朗日的单形体识别(simplex identification via split augmented Lagrangian，SISAL)算法(Bioucas-Dias，2009)采用的是 Craig(1994)最小体积单形体思想，将高光谱线性解混等价于找到包含所有像元点的最小单形体，也可适用于当纯像元不存在时的数据高度混合的情形。在 SISAL 算法中，变量的非负性强制约束被替换为以一个正则化参数调节的 Hinge 型软约束。这样就使得 SISAL 对噪声和异常，以及算法初始化具有更好的鲁棒性，同时也能适用于大型的解混问题。针对优化问题的非凸性，SISAL 算法通过变量分裂构建约束项，再用增广拉格朗日法对子问题进行交替求解，提高了算法效率。

对于由矩阵 $\boldsymbol{A}$ 中 r 个端元列矢量构成的高光谱遥感图像 $\boldsymbol{X} \in \mathbb{R}^{n \times m}$，在降维后的 r 维子空间中，令 $\boldsymbol{Q} = \tilde{\boldsymbol{A}}^{-1}$，SISAL 算法的最优化问题为

$$\begin{aligned} &\min \left|\det(\tilde{\boldsymbol{A}})\right| \\ &\text{s.t.} \quad \boldsymbol{Q}\tilde{\boldsymbol{X}} \geqslant \boldsymbol{0}, \boldsymbol{1}_r^{\mathrm{T}}\boldsymbol{Q}\tilde{\boldsymbol{X}} = \boldsymbol{1}_m^{\mathrm{T}} \end{aligned} \tag{3.4.1}$$

因为 $\det(\boldsymbol{Q}) = 1/\det(\tilde{\boldsymbol{A}})$，取对数后可以得到式(3.4.1)的等价形式：

$$\begin{aligned} &\min -\log\left|\det(\boldsymbol{Q})\right| \\ &\text{s.t.} \quad \boldsymbol{Q}\tilde{\boldsymbol{X}} \geqslant \boldsymbol{0}, \boldsymbol{1}_r^{\mathrm{T}}\boldsymbol{Q}\tilde{\boldsymbol{X}} = \boldsymbol{1}_m^{\mathrm{T}} \end{aligned} \tag{3.4.2}$$

因为矩阵 $\boldsymbol{Q}$ 不能总满足对称正定性，故而算法只能求解非凸的式(3.4.2)的次优解。先用 $\tilde{\boldsymbol{X}}^{\mathrm{T}}(\tilde{\boldsymbol{X}}\tilde{\boldsymbol{X}}^{\mathrm{T}})^{-1}$ 乘以 ASC 约束等式两边，然后引入正则化参数 $\lambda > 0$ 和 Hinge 函数 $h(z) = \max\{-z, 0\}$ 对丰度的 ANC 约束进行软处理后，得到

$$\begin{aligned} &\min_{\boldsymbol{Q}} -\log\left|\det(\boldsymbol{Q})\right| + \lambda\left\|\boldsymbol{Q}\tilde{\boldsymbol{X}}\right\|_h, \qquad \text{其中} \left\|\boldsymbol{Q}\tilde{\boldsymbol{X}}\right\|_h = \sum_{j=1}^{m}\sum_{i=1}^{r} h((\boldsymbol{Q}\tilde{\boldsymbol{X}})_{i,j}) \\ &\text{s.t.} \quad \boldsymbol{1}_r^{\mathrm{T}}\boldsymbol{Q} = \boldsymbol{p}^{\mathrm{T}} \end{aligned} \tag{3.4.3}$$

式中，$\boldsymbol{p}^{\mathrm{T}} = \boldsymbol{1}_m\tilde{\boldsymbol{X}}^{\mathrm{T}}(\tilde{\boldsymbol{X}}\tilde{\boldsymbol{X}}^{\mathrm{T}})^{-1}$。接下来，先将矩阵 $\boldsymbol{Q}$ 矢量化，令每个列向量堆积排列成一个新的矢量 $\boldsymbol{q} = vec(\boldsymbol{Q}) \in \mathbb{R}^{r^2 \times 1}$。再令 $\boldsymbol{B} = \tilde{\boldsymbol{X}}^{\mathrm{T}} \otimes \boldsymbol{I}$，$\boldsymbol{C} = \boldsymbol{I} \otimes \boldsymbol{I}_r^{\mathrm{T}}$，$\boldsymbol{BC} = (\boldsymbol{C}^{\mathrm{T}} \otimes \boldsymbol{I})\mathrm{vec}(\boldsymbol{B}) = (\boldsymbol{I} \otimes \boldsymbol{B})\mathrm{vec}(\boldsymbol{C})$，$\otimes$ 是 Kronecker 积，并设 $f(\boldsymbol{q}) = -\log\left|\det(\boldsymbol{Q})\right|$，得到如下简化的最优化问题：

$$\begin{aligned} &\min_{\boldsymbol{q}} f(\boldsymbol{q}) + \lambda\left\|\boldsymbol{Bq}\right\|_h \\ &\text{s.t.} \quad \boldsymbol{Cq} = \boldsymbol{p} \end{aligned} \tag{3.4.4}$$

$f(\boldsymbol{q})$ 的 Hessian 矩阵为 $\boldsymbol{H} = \boldsymbol{K}_m((\boldsymbol{Q}^{\mathrm{T}})^{-1}\boldsymbol{Q}^{-1})$，$\boldsymbol{K}_m\mathrm{vec}(\boldsymbol{B}) = \mathrm{vec}(\boldsymbol{B}^{\mathrm{T}})$。由于 $\boldsymbol{H}$ 包含正负特征值，因此采用下降序列 $\boldsymbol{q}^{(t)}$ 对 $f(\boldsymbol{q})$ 进行二次逼近。其中，通过将变量 $\boldsymbol{q}$ 分裂为 $(\boldsymbol{q}, \boldsymbol{w})$，令 $\boldsymbol{g} = -\mathrm{vec}(\boldsymbol{Q}^{-1})$，采用增广拉格朗日方法求解 $\boldsymbol{q}^{(t+1)}$ 的子优化问题：

$$\begin{aligned} &\min_{\boldsymbol{q},\boldsymbol{w}} R(\boldsymbol{q}, \boldsymbol{w}) = \boldsymbol{g}^{\mathrm{T}}\boldsymbol{q} + \mu\left\|\boldsymbol{q} - \boldsymbol{q}^{(t)}\right\|^2 + \lambda\left\|\boldsymbol{w}\right\|_h \\ &\text{s.t.} \quad \boldsymbol{Cq} = \boldsymbol{p}, \quad \boldsymbol{Bq} = \boldsymbol{w} \end{aligned} \tag{3.4.5}$$

而式(3.4.5)对应的拉格朗日函数为

$$\begin{aligned} L(\boldsymbol{q},\boldsymbol{w},\boldsymbol{d},\tau) &= R(\boldsymbol{q},\boldsymbol{w}) + \boldsymbol{\alpha}^{\mathrm{T}}(\boldsymbol{B}\boldsymbol{q}-\boldsymbol{w}) + \tau\left\|\boldsymbol{B}\boldsymbol{q}-\boldsymbol{w}\right\|^2 \\ &= R(\boldsymbol{q},\boldsymbol{w}) + \tau\left\|\boldsymbol{B}\boldsymbol{q}-\boldsymbol{w}-\boldsymbol{d}\right\|^2 + \gamma \end{aligned}, \quad \boldsymbol{d} = -\boldsymbol{\alpha}/(2\tau)^2 \tag{3.4.6}$$

式中，$\boldsymbol{\alpha}$ 是拉格朗日乘子；τ 是惩罚系数；γ 是无关常数。求解式(3.4.6)的最优解，需要对各变量 $\boldsymbol{q},\boldsymbol{w},\boldsymbol{d}$ 交替迭代更新。采用分块最小化可以得到它们各自子问题对应的目标函数和解更新。对于 $\boldsymbol{q}$ 有

$$\begin{aligned} &\min_{\boldsymbol{q}} \boldsymbol{g}^{\mathrm{T}}\boldsymbol{q} + \frac{\mu}{2}\left\|\boldsymbol{q}-\boldsymbol{q}^{(t)}\right\|^2 + \frac{\tau}{2}\lambda\left\|\boldsymbol{B}\boldsymbol{q}-\boldsymbol{w}^{(t)}-\boldsymbol{d}^{(t)}\right\|^2 \\ &\text{s.t.}\quad \boldsymbol{C}\boldsymbol{q} = \boldsymbol{p} \end{aligned} \tag{3.4.7}$$

$$\boldsymbol{q}^{(t+1)} = \boldsymbol{F}^{-1}\boldsymbol{b} - \boldsymbol{F}^{-1}\boldsymbol{C}^{\mathrm{T}}(\boldsymbol{C}\boldsymbol{F}^{-1}\boldsymbol{C}^{\mathrm{T}})^{-1}(\boldsymbol{C}\boldsymbol{F}^{-1}\boldsymbol{b}-\boldsymbol{p}) \tag{3.4.8}$$

式中，$\boldsymbol{F} = (\mu\boldsymbol{I} + \tau\boldsymbol{B}^{\mathrm{T}}\boldsymbol{B})$，$\boldsymbol{b} = \mu\boldsymbol{q}^{(t)} - \boldsymbol{g} + \tau\boldsymbol{B}^{\mathrm{T}}(\boldsymbol{w}^{(t)}+\boldsymbol{d}^{(t)})$。对于 $\boldsymbol{w}$，有

$$\min_{\boldsymbol{w}} \frac{1}{2}\left\|\boldsymbol{B}\boldsymbol{q}^{(t+1)}-\boldsymbol{w}-\boldsymbol{d}^{(t)}\right\|^2 + \frac{\lambda}{\tau}\|\boldsymbol{w}\|_h \tag{3.4.9}$$

采用软阈值方法进行 $\boldsymbol{w}^{(t+1)}$ 的更新：

$$\boldsymbol{w}^{(t+1)} = \mathrm{soft}\left(\boldsymbol{B}\boldsymbol{q}^{(t+1)}-\boldsymbol{d}^{(t)},\frac{\mu}{\lambda}\right), \quad \mathrm{soft}(z,\beta) = (z/|z|)\cdot\max\{|z+\beta/2|-\beta/2, 0\} \tag{3.4.10}$$

最后，$\boldsymbol{d}^{(t+1)}$ 的更新为

$$\boldsymbol{d}^{(t+1)} = \boldsymbol{d}^{(t)} - (\boldsymbol{B}\boldsymbol{q}^{(t+1)} - \boldsymbol{w}^{(t+1)}) \tag{3.4.11}$$

综上所述，利用式(3.4.8)、式(3.4.10)、式(3.4.11)进行交替更新，得到如下表所示的 SISAL 算法的流程，其源代码可由 http://www.lx.it.pt/～bioucas/publications.html 下载。

基于分裂增广拉格朗日的单形体识别 SISAL 算法

1. 输入高光谱遥感数据 $\boldsymbol{X}\in\mathbb{R}^{n\times m}$，端元数目 r，参数 μ,λ,τ，收敛误差 ζ；
2. 对数据降维至 r 维，以 VCA 提取的端元初始化 $\boldsymbol{q}^{(0)}$，并以此初始化 $\boldsymbol{w}^{(0)},\boldsymbol{d}^{(0)}$，$t=0$；
3. While 收敛条件不满足
    - 计算 $l^{(t)} = f(\boldsymbol{q}^{(t)}) + \lambda\left\|\boldsymbol{B}\boldsymbol{q}^{(t)}\right\|_h$，$\boldsymbol{g} = -vec(\boldsymbol{Q}^{-1})$；
    - 以式(3.4.8)更新 $\boldsymbol{q}^{(t+1)}$；
    - 以式(3.4.10)更新 $\boldsymbol{w}^{(t+1)}$；
    - 以式(3.4.11)更新 $\boldsymbol{d}^{(t+1)}$；
    - If $f(\boldsymbol{q}^{(t+1)}) + \lambda\left\|\boldsymbol{B}\boldsymbol{q}^{(t+1)}\right\|_h > l^{(t)}$
        - 确定一个 $\boldsymbol{q} = \eta\boldsymbol{q}^{(t+1)} + (1-\eta)\boldsymbol{q}^{(t)}$，$0<\eta<1$，满足 $f(\boldsymbol{q}) + \lambda\left\|\boldsymbol{B}\boldsymbol{q}\right\|_h \leqslant l^{(t)}$，并令 $\boldsymbol{q}^{(t+1)} = \boldsymbol{q}$；
    - End
    - $t = t+1$；

   End
4. 将 $\boldsymbol{q}^{(t)}$、$\boldsymbol{w}^{(t)}$ 还原为矩阵，输出降维的端元和丰度。

3.4.2 最小体积单形体分析

最小体积的单形体分析(minimum volume simplex analysis，MVSA)方法(Li et al.，2015)与 SISAL 算法相类似，也是基于最小单形体体积概念和无须建立纯像元假设的无监督线性解混方法。MVSA 采用内点法(interior point method)(Nocedal and Wright，2006)对二次约束子问题序列的求解，降低了对应约束优化问题的计算复杂度，使方法能够适用于实际中大型复杂的高光谱遥感数据集。

MVSA 算法首先针对观测噪声和物质端元光谱变异性对单形体体积推导的负面影响，对数据进行两步预处理：HySime 算法被用于确定高光谱遥感图像 $\boldsymbol{X}\in\mathbb{R}^{n\times m}$ 的 r 维信号子空间 $\tilde{\boldsymbol{X}}=\boldsymbol{U}^{\mathrm{T}}\boldsymbol{X}\in\mathbb{R}^{r\times m}$，$\tilde{\boldsymbol{A}}=\boldsymbol{U}^{\mathrm{T}}\boldsymbol{A}\in\mathbb{R}^{r\times r}$ （$\boldsymbol{U}\in\mathbb{R}^{n\times r}$ 是 HySime 生成的标准正交阵，可使在特征空间中估计的低维端元 $\hat{\tilde{\boldsymbol{A}}}$ 转换回原始空间中 $\hat{\boldsymbol{A}}=\boldsymbol{U}\hat{\tilde{\boldsymbol{A}}}$），在减少数据量的同时削弱了噪声的影响。

然后，将每个像元矢量投影到能以最小的最小二乘误差表示数据的超平面 $H=\{\tilde{\boldsymbol{x}}\in\mathbb{R}^r\,|\,\tilde{\boldsymbol{x}}=\bar{\tilde{\boldsymbol{x}}}+\boldsymbol{\Gamma}_{r-1}^{\mathrm{T}}\boldsymbol{\beta},\boldsymbol{\beta}\in\mathbb{R}^{r-1}\}$（$\bar{\tilde{\boldsymbol{x}}}=(1/m)\sum_{j=1}^{m}\tilde{\boldsymbol{x}}_j$，$\bar{\tilde{\boldsymbol{X}}}=\bar{\tilde{\boldsymbol{x}}}\boldsymbol{1}_m^{\mathrm{T}}$，$\boldsymbol{\Gamma}_{r-1}$ 是协方差矩阵 $(\tilde{\boldsymbol{X}}-\bar{\tilde{\boldsymbol{X}}})(\tilde{\boldsymbol{X}}-\bar{\tilde{\boldsymbol{X}}})^{\mathrm{T}}/m$ 前 $(r-1)$ 个最大特征值对应的特征矢量组成的矩阵)上。经过正交投影过程 $\tilde{\boldsymbol{x}}_j=\bar{\tilde{\boldsymbol{x}}}+\boldsymbol{\Gamma}_{r-1}^{\mathrm{T}}(\tilde{\boldsymbol{x}}_j-\bar{\tilde{\boldsymbol{x}}})$，每个像元将属于一个 $(r-1)$ 维仿射集，此时，可以消除与像元相关的尺度因子并满足丰度的 ASC 约束。

在 r 维特征子空间中，假设噪声可以忽略，MVSA 算法同样将解混等价于使单形体体积最小化，令 $\boldsymbol{Q}=\tilde{\boldsymbol{A}}^{-1}$，得到了与 SISAL 算法的式(3.4.2)和式(3.4.3)等价的最大化问题：

$$\begin{aligned}&\max_{\boldsymbol{Q}}\log\left|\det(\boldsymbol{Q})\right|\\&\text{s.t.}\quad \boldsymbol{Q}\tilde{\boldsymbol{X}}\geqslant\boldsymbol{0},\boldsymbol{1}_r^{\mathrm{T}}\boldsymbol{Q}=\boldsymbol{p}\end{aligned},\qquad \boldsymbol{p}=\boldsymbol{1}_m^{\mathrm{T}}\tilde{\boldsymbol{X}}^{\mathrm{T}}(\tilde{\boldsymbol{X}}\tilde{\boldsymbol{X}}^{\mathrm{T}})^{-1}\tag{3.4.12}$$

在算法中，最小-最大化(minimum-maximization，MM)框架被用于简化式(3.4.12)的优化过程，以迭代的方式找到局部最优解。令 $\boldsymbol{q}=vec(\boldsymbol{Q})$ 表示矢量化的矩阵 $\boldsymbol{Q}$，$f(\boldsymbol{q})=\log\left|\det(\boldsymbol{Q})\right|$，并以 $\phi(\boldsymbol{q};\boldsymbol{q}^{(t)})$ 表示 f 在 $\boldsymbol{q}^{(t)}$ 处的极小算子，即 $f(\boldsymbol{q}^{(t)})=\phi(\boldsymbol{q}^{(t)};\boldsymbol{q}^{(t)})$ 且 $\forall\boldsymbol{q}$，$f(\boldsymbol{q})\geqslant\phi(\boldsymbol{q};\boldsymbol{q}^{(t)})$。然后，令 $\boldsymbol{g}=vec(\boldsymbol{Q}^{-1})$，$f(\boldsymbol{q})$ 的 Hessian 矩阵为 $\boldsymbol{H}=\boldsymbol{K}_m((\boldsymbol{Q}^{\mathrm{T}})^{-1}\boldsymbol{Q}^{-1})$，$\boldsymbol{K}_m vec(\boldsymbol{B})=vec(\boldsymbol{B}^{\mathrm{T}})$，可用二次函数表示 f 的极小算子 $\phi(\boldsymbol{q};\boldsymbol{q}^{(t)})$：

$$\begin{aligned}\phi(\boldsymbol{q};\boldsymbol{q}^{(t)})&=f(\boldsymbol{q}^{(t)})+(\boldsymbol{g}^{(t)})^{\mathrm{T}}(\boldsymbol{q}-\boldsymbol{q}^{(t)})+\frac{1}{2}(\boldsymbol{q}-\boldsymbol{q}^{(t)})^{\mathrm{T}}\boldsymbol{G}^{(t)}(\boldsymbol{q}-\boldsymbol{q}^{(t)})\\&=f(\boldsymbol{q}^{(t)})+(\boldsymbol{c}^{(t)})^{\mathrm{T}}\boldsymbol{q}+\frac{1}{2}\boldsymbol{q}^{\mathrm{T}}\boldsymbol{G}^{(t)}\boldsymbol{q}\end{aligned}\tag{3.4.13}$$

式中，$\boldsymbol{G}=\min\{\lambda_{\min}(\boldsymbol{H}),-v\}\boldsymbol{I}$，$\lambda_{\min}(\boldsymbol{H})$ 是 $\boldsymbol{H}$ 最小的奇异值，$v>0$ 是一个小正数，$\boldsymbol{c}^{(t)}=\boldsymbol{g}^{(t)}-\boldsymbol{G}^{(t)}\boldsymbol{q}^{(t)}$。采用与 SISAL 相似的公式推导，令 $\boldsymbol{B}_1=\tilde{\boldsymbol{X}}^{\mathrm{T}}\otimes\boldsymbol{I}_{r\times r}$，$\boldsymbol{B}_2=\boldsymbol{I}_{r\times r}\otimes\boldsymbol{1}_r^{\mathrm{T}}$，$\boldsymbol{b}_1=\boldsymbol{0}$，$\boldsymbol{b}_2=\boldsymbol{p}$，得到 MVSA 算法在 MM 迭代过程的核心优化问题：

$$\begin{aligned}&\max \boldsymbol{c}^{\mathrm{T}}\boldsymbol{q}+\frac{1}{2}\boldsymbol{q}^{\mathrm{T}}\boldsymbol{G}\boldsymbol{q}\\&\text{s.t.}\quad \boldsymbol{B}_1\boldsymbol{q}\geqslant \boldsymbol{b}_1,\ \boldsymbol{B}_2\boldsymbol{q}=\boldsymbol{b}_2\end{aligned}\tag{3.4.14}$$

由于矩阵 $\boldsymbol{G}$ 是负定的，式(3.4.14)就将式(3.4.12)中原始的非凸问题转换为严格凸的二次优化问题，可以采用线性优化方法求解。为了避免每次迭代中计算奇异值 $\lambda_{\min}(\boldsymbol{H})$，采用启发式的方法对 $\boldsymbol{G}$ 定义：$\boldsymbol{G}=-v\boldsymbol{I}+\mathrm{diag}(\boldsymbol{g}^2)$。

最后，快速内点法被用于式(3.4.14)中优化问题的求解。令 $\boldsymbol{\lambda}=(\lambda_1,\lambda_2,\cdots,\lambda_M)^{\mathrm{T}}$，$(M=mr)$，$\boldsymbol{\mu}\in\mathbb{R}^{r\times 1}$ 分别为其中不等式和等式的拉格朗日乘子，并引入一个松弛变量 $\boldsymbol{z}=(z_1,z_2,\cdots,z_M)^{\mathrm{T}}$，在 Karush–Kuhn–Tucker（KKT)条件下，内点法需要解决的线性问题为

$$\begin{cases}\boldsymbol{G}\boldsymbol{q}-\boldsymbol{B}_1^{\mathrm{T}}\boldsymbol{\lambda}+\boldsymbol{B}_2^{\mathrm{T}}\boldsymbol{\mu}+\boldsymbol{c}=0\\ \boldsymbol{B}_1\boldsymbol{q}-\boldsymbol{z}-\boldsymbol{b}_1=0\\ \boldsymbol{B}_2\boldsymbol{q}-\boldsymbol{b}_2=0\\ z_i\lambda_i=0\\ \boldsymbol{\lambda},\boldsymbol{z}\geqslant\boldsymbol{0}\end{cases}\tag{3.4.15}$$

预估校正的内点法被用于求解该问题，先计算仿射牛顿更新步骤，然后对其进行校正得到最终的牛顿更新步骤：

$$\begin{bmatrix}\boldsymbol{G}&\boldsymbol{B}_2^{\mathrm{T}}&\boldsymbol{0}&-\boldsymbol{B}_1^{\mathrm{T}}\\ \boldsymbol{B}_1&\boldsymbol{0}&-\boldsymbol{I}&\boldsymbol{0}\\ \boldsymbol{B}_2&\boldsymbol{0}&\boldsymbol{0}&\boldsymbol{0}\\ \boldsymbol{0}&\boldsymbol{0}&\boldsymbol{\Lambda}&\boldsymbol{Z}\end{bmatrix}\begin{bmatrix}\Delta\boldsymbol{q}^{\mathrm{aff}}\\ \Delta\boldsymbol{\mu}^{\mathrm{aff}}\\ \Delta\boldsymbol{z}^{\mathrm{aff}}\\ \Delta\boldsymbol{\lambda}^{\mathrm{aff}}\end{bmatrix}=\begin{bmatrix}-\boldsymbol{d}_3\\-\boldsymbol{d}_1\\-\boldsymbol{d}_2\\-\boldsymbol{\Lambda}\boldsymbol{Z}\boldsymbol{1}\end{bmatrix}\tag{3.4.16}$$

$$\begin{bmatrix}\boldsymbol{G}&\boldsymbol{B}_2^{\mathrm{T}}&\boldsymbol{0}&-\boldsymbol{B}_1^{\mathrm{T}}\\ \boldsymbol{B}_1&\boldsymbol{0}&-\boldsymbol{I}&\boldsymbol{0}\\ \boldsymbol{B}_2&\boldsymbol{0}&\boldsymbol{0}&\boldsymbol{0}\\ \boldsymbol{0}&\boldsymbol{0}&\boldsymbol{\Lambda}&\boldsymbol{Z}\end{bmatrix}\begin{bmatrix}\Delta\boldsymbol{q}\\ \Delta\boldsymbol{\mu}\\ \Delta\boldsymbol{z}\\ \Delta\boldsymbol{\lambda}\end{bmatrix}=\begin{bmatrix}-\boldsymbol{d}_3\\-\boldsymbol{d}_1\\-\boldsymbol{d}_2\\-\boldsymbol{\Lambda}\boldsymbol{Z}\boldsymbol{1}-\Delta\boldsymbol{\Lambda}^{\mathrm{aff}}\Delta\boldsymbol{Z}^{\mathrm{aff}}\boldsymbol{1}+\sigma\rho\boldsymbol{1}\end{bmatrix}\tag{3.4.17}$$

式中，$\boldsymbol{d}_1=\boldsymbol{B}_1\boldsymbol{q}-\boldsymbol{z}-\boldsymbol{b}_1$，$\boldsymbol{d}_2=\boldsymbol{B}_2\boldsymbol{q}-\boldsymbol{b}_2$，$\boldsymbol{d}_3=\boldsymbol{G}\boldsymbol{q}-\boldsymbol{B}_1^{\mathrm{T}}\boldsymbol{\lambda}+\boldsymbol{B}_2^{\mathrm{T}}\boldsymbol{\mu}+\boldsymbol{c}$。$\boldsymbol{\Lambda},\boldsymbol{Z}$ 分别表示对矢量 $\boldsymbol{\lambda}$ 和 $\boldsymbol{z}$ 的对角矩阵化，而 $\Delta\boldsymbol{\Lambda}^{\mathrm{aff}},\Delta\boldsymbol{Z}^{\mathrm{aff}}$ 分别表示对矢量 $\Delta\boldsymbol{\lambda}^{\mathrm{aff}}$ 和 $\Delta\boldsymbol{z}^{\mathrm{aff}}$ 的对角矩阵化。$\rho=\boldsymbol{z}^{\mathrm{T}}\boldsymbol{\lambda}/M$，$0<\sigma\leqslant 1$。

从上面的描述可以得到 MVSA 及其所采用的预估校正内点法的算法流程，如下表所示。此外，Li 等(2015)还进一步利用雅克比矩阵结构对牛顿步骤的计算进行优化，提升了算法的解混速度。详细的 MVSA 算法源代码可由 www.lx.it.pt/%7ejun/DemoMVSA.zip 下载。

预估校正内点法

1. 输入 $\boldsymbol{q}^{(0)}$, $\boldsymbol{\mu}^{(0)}$, $\boldsymbol{z}^{(0)}>0$, $\boldsymbol{\lambda}^{(0)}>0$，$t=0$；
2. While σ, $\rho\geqslant 10^{-8}$

　　计算式(3.4.16)，得到 $\Delta\boldsymbol{q}^{\mathrm{aff}(t)}$, $\Delta\boldsymbol{\mu}^{\mathrm{aff}(t)}$, $\Delta\boldsymbol{z}^{\mathrm{aff}(t)}$, $\Delta\boldsymbol{\lambda}^{\mathrm{aff}(t)}$；

计算 $\rho=(\boldsymbol{z}^{(t)})^{\mathrm{T}}\boldsymbol{\lambda}^{(t)}/M$， $\hat{\alpha}_{\text{aff}}=\max\{\alpha\in(0,1]|(\boldsymbol{z}^{(t)},\boldsymbol{\lambda}^{(t)})+\alpha(\Delta\boldsymbol{z}^{\text{aff}(t)},\Delta\boldsymbol{\lambda}^{\text{aff}(t)})\geqslant 0\}$；

$\rho_{\text{aff}}=(\boldsymbol{z}^{(t)}+\hat{\alpha}_{\text{aff}}\Delta\boldsymbol{z}^{\text{aff}(t)})^{\mathrm{T}}(\boldsymbol{\lambda}^{(t)}+\hat{\alpha}_{\text{aff}}\Delta\boldsymbol{\lambda}^{\text{aff}(t)})/M$， $\sigma=(\rho_{\text{aff}}/\rho)^3$；

计算式(3.4.17)，得到 $\Delta\boldsymbol{q}^{(t)}$, $\Delta\boldsymbol{\mu}^{(t)}$, $\Delta\boldsymbol{z}^{(t)}$, $\Delta\boldsymbol{\lambda}^{(t)}$；

$\tau^{(t)}=1-(1/(t+1))$， $\hat{\alpha}=\max\{\alpha\in(0,1]|(\boldsymbol{z}^{(t)},\boldsymbol{\lambda}^{(t)})+\alpha(\Delta\boldsymbol{z}^{(t)},\Delta\boldsymbol{\lambda}^{(t)})\geqslant(1-\tau^{(t)})(\boldsymbol{z}^{(t)},\boldsymbol{\lambda}^{(t)})\}$；

$(\boldsymbol{q}^{(t+1)},\ \boldsymbol{\mu}^{(t-1)},\ \boldsymbol{z}^{(t+1)},\ \boldsymbol{\lambda}^{(t+1)})=(\boldsymbol{q}^{(t)},\ \boldsymbol{\mu}^{(t)},\ \boldsymbol{z}^{(t)},\ \boldsymbol{\lambda}^{(t)})+\hat{\alpha}(\Delta\boldsymbol{q}^{(t)},\ \Delta\boldsymbol{\mu}^{(t)},\ \Delta\boldsymbol{z}^{(t)},\ \Delta\boldsymbol{\lambda}^{(t)})$；

$t=t+1$；

End

3. 输出 $\boldsymbol{q}^{(t)}$ 和 $\boldsymbol{z}^{(t)}$。

最小体积单形分析 MVSA 算法

1. 输入高光谱遥感数据 $\boldsymbol{X}\in\mathbb{R}^{n\times m}$，端元数目 r，阈值 ξ，最大迭代次数 T；
2. 利用 HySime 对数据降维至 r 维，以 VCA 提取的端元初始化 $\boldsymbol{q}^{(0)}$， $t=0$；
3. While $|f(\boldsymbol{q}^{(t)})-f(\boldsymbol{q}^{(t+1)})|/|f(\boldsymbol{q}^{(t+1)})|\geqslant\xi$ 且 $t\leqslant T$

    计算 $\boldsymbol{g}^{(t)},\boldsymbol{H}^{(t)},\boldsymbol{G}^{(t)}$；

    $\boldsymbol{c}^{(t)}\leftarrow\boldsymbol{g}^{(t)}-\boldsymbol{G}^{(t)}\boldsymbol{q}^{(t)}$；

    利用预估校正内点法更新 $\boldsymbol{q}^{(t+1)}$ 和 $\boldsymbol{z}^{(t+1)}$；

    If $f(\boldsymbol{q}^{(t)})>f(\boldsymbol{q}^{(t+1)})$

        进行线性搜索，直到满足 $f(\boldsymbol{q}^{(t)})\leqslant f(\boldsymbol{q}^{(t+1)})$；

    End

    $t=t+1$；

   End

4. 将 $\boldsymbol{q}^{(t)}$、 $\boldsymbol{z}^{(t)}$ 还原为矩阵，再将前者的结果变换回原始光谱域中，输出端元和丰度。

3.4.3 最小体积闭合单形体分析

最小体积闭合的单形体分析方法(minimum-volume enclosing simplex，MVES)将凸分析的方法与 Craig(1994)的最小单形体体积规则相结合，构建了用于实现高度混合数据无监督线性解混的最小体积闭合规则(Chan et al.，2009)。MVES 方法通过对观测像元进行仿射集的拟合，将优化问题合理地表述为最小化单形体体积的过程，同时在特征子空间中的所有像元点需要被包裹在该单形体中。

对于由矩阵 $\boldsymbol{A}$ 中 r 个端元列矢量构成的高光谱遥感图像 $\boldsymbol{X}\in\mathbb{R}^{n\times m}$，采用和本书第 2 章 ADVMM 算法相似的凸几何理论，经过仿射变换降维(见本书第 2 章的 RASF 算法)后的像元 $\tilde{\boldsymbol{x}}_j\in\mathbb{R}^{r-1}$ 在特征空间属于端元构成的凸集 $\operatorname{conv}\{\tilde{\boldsymbol{a}}_1,\tilde{\boldsymbol{a}}_2,\cdots,\tilde{\boldsymbol{a}}_r\}$ 中，此时 $\operatorname{conv}\{\tilde{\boldsymbol{a}}_1,\tilde{\boldsymbol{a}}_2,\cdots,\tilde{\boldsymbol{a}}_r\}$ 是个 $(r-1)$ 维的单形体 Δ^{r-1}。实际上，像元 $\tilde{\boldsymbol{x}}_j$， $j=1,\cdots,m$ 也可以被另一个单形体 $\operatorname{conv}\{\boldsymbol{\beta}_1,\boldsymbol{\beta}_2,\cdots,\boldsymbol{\beta}_r\}$ 包裹。但是，根据 Craig 解混规则，真实端元的单形体体积应该是这些能够包裹所有像元单形体中最小的。在这基础上，MVES 的解混最优化

问题为

$$\min V(\boldsymbol{\beta}_1,\boldsymbol{\beta}_2,\cdots,\boldsymbol{\beta}_r)=\frac{\left|\det(\Delta(\boldsymbol{\beta}_1,\boldsymbol{\beta}_2,\cdots,\boldsymbol{\beta}_r))\right|}{(r-1)!}, \quad 其中\ \Delta(\boldsymbol{\beta}_1,\boldsymbol{\beta}_2,\cdots,\boldsymbol{\beta}_r)=\begin{bmatrix}\boldsymbol{\beta}_1 & \cdots & \boldsymbol{\beta}_r \\ 1 & \cdots & 1\end{bmatrix}$$
$$\text{s.t.} \quad \forall \tilde{\boldsymbol{x}}_j \in \text{conv}\{\boldsymbol{\beta}_1,\boldsymbol{\beta}_2,\cdots,\boldsymbol{\beta}_r\} \tag{3.4.18}$$

令 $\boldsymbol{B}=(\boldsymbol{\beta}_1-\boldsymbol{\beta}_r,\boldsymbol{\beta}_2-\boldsymbol{\beta}_r,\cdots,\boldsymbol{\beta}_{r-1}-\boldsymbol{\beta}_r)\in\mathbb{R}^{(r-1)\times(r-1)}$，则上式等价于：

$$\begin{aligned}&\min_{\boldsymbol{B},\boldsymbol{\beta}_r,\boldsymbol{s}_j^*,j=1,\cdots,m} \quad \left|\det(\boldsymbol{B})\right| \\ &\text{s.t.} \quad \tilde{\boldsymbol{x}}_j=\boldsymbol{\beta}_r+\boldsymbol{B}\boldsymbol{s}_j^*, \quad \boldsymbol{s}_j^* \geqslant \boldsymbol{0}, \quad \boldsymbol{1}_{r-1}^{\mathrm{T}}\boldsymbol{s}_j^* \leqslant 1\end{aligned} \tag{3.4.19}$$

式中，$\boldsymbol{s}_j^*=(s_{1,j},s_{2,j},\cdots,s_{r-1,j})^{\mathrm{T}}$，$s_{r,j}=1-\boldsymbol{1}_{r-1}^{\mathrm{T}}\boldsymbol{s}_j^*$。鉴于式(3.4.19)目标函数的非凸性以及非线性等式约束，MVES 首先利用一对一的映射 $\boldsymbol{H}=(\boldsymbol{h}_1,\cdots\boldsymbol{h}_{r-1})^{\mathrm{T}}=\boldsymbol{B}^{-1}\in\mathbb{R}^{(r-1)\times(r-1)}$ 和 $\boldsymbol{g}=\boldsymbol{B}^{-1}\boldsymbol{\beta}_r\in\mathbb{R}^{(r-1)\times 1}$ 将原始的非凸约束转换为凸约束。此时，$\boldsymbol{s}_j^*=\boldsymbol{B}^{-1}(\tilde{\boldsymbol{x}}_j-\boldsymbol{\beta}_r)=\boldsymbol{H}\tilde{\boldsymbol{x}}_j-\boldsymbol{g}$，并且有

$$\begin{aligned}&\max_{\boldsymbol{H},\boldsymbol{g}}\left|\det(\boldsymbol{H})\right| \\ &\text{s.t.} \quad \forall j, \boldsymbol{H}\tilde{\boldsymbol{x}}_j-\boldsymbol{g}\geqslant\boldsymbol{0}, \quad \boldsymbol{1}_{r-1}^{\mathrm{T}}(\boldsymbol{H}\tilde{\boldsymbol{x}}_j-\boldsymbol{g})\leqslant 1\end{aligned} \tag{3.4.20}$$

然后，利用代数余子式可对 $\left|\det(\boldsymbol{H})\right|$ 展开细化到多个关于 $\boldsymbol{h}_i$ 和 g_i 的子优化问题，接着将其拆分为下列两个线性规划问题分别求解

$$\begin{aligned}&p_{\max}=\max_{\boldsymbol{h}_i^{\mathrm{T}},g_i} \quad \sum_{k=1}^{r-1}(-1)^{i+k}h_{i,k}\det(\boldsymbol{H}_{-i,-k}) \\ &\text{s.t.} \quad \forall j,\ 0\leqslant\boldsymbol{h}_i^{\mathrm{T}}\tilde{\boldsymbol{x}}_j-g_i\leqslant 1-\sum\nolimits_{k\neq i}(\boldsymbol{h}_k^{\mathrm{T}}\tilde{\boldsymbol{x}}_j-g_k)\end{aligned} \tag{3.4.21}$$

$$\begin{aligned}&p_{\min}=\min_{\boldsymbol{h}_i^{\mathrm{T}},g_i} \quad \sum_{k=1}^{r-1}(-1)^{i+k}h_{i,k}\det(\boldsymbol{H}_{-i,-k}) \\ &\text{s.t.} \quad \forall j, 0\leqslant\boldsymbol{h}_i^{\mathrm{T}}\tilde{\boldsymbol{x}}_j-g_i\leqslant 1-\sum\nolimits_{k\neq i}(\boldsymbol{h}_k^{\mathrm{T}}\tilde{\boldsymbol{x}}_j-g_k)\end{aligned} \tag{3.4.22}$$

式中，$\boldsymbol{H}_{-i,-k}$ 是矩阵 $\boldsymbol{H}$ 去除第 i 行和第 k 列后的子矩阵。如果 $|p_{\max}|>|p_{\min}|$，则采用式(3.4.21)的解为最优解，否则采用式(3.4.22)的解为最优解。在估计得到所有的 $\hat{\boldsymbol{h}}_i$ 和 $\hat{g}_i$ （$i=1,\cdots,(r-1)$）后，估计的降维后的端元和丰度为

$$\hat{\hat{\boldsymbol{a}}}_r=\hat{\boldsymbol{H}}^{-1}\hat{\boldsymbol{g}}, \qquad (\hat{\hat{\boldsymbol{a}}}_1,\cdots,\hat{\hat{\boldsymbol{a}}}_{r-1})=\hat{\hat{\boldsymbol{a}}}_r\boldsymbol{1}_{r-1}^{\mathrm{T}}+\hat{\boldsymbol{H}}^{-1} \tag{3.4.23}$$

$$\hat{\boldsymbol{s}}_j=((\hat{\boldsymbol{H}}^{-1}\tilde{\boldsymbol{x}}_j-\hat{\boldsymbol{g}})^{\mathrm{T}}, \quad 1-\boldsymbol{1}_{r-1}^{\mathrm{T}}(\hat{\boldsymbol{H}}^{-1}\tilde{\boldsymbol{x}}_j-\hat{\boldsymbol{g}})^{\mathrm{T}})^{\mathrm{T}} \tag{3.4.24}$$

这里可以用之前仿射降维的变换矩阵将 $(\hat{\hat{\boldsymbol{a}}}_1,\cdots,\hat{\hat{\boldsymbol{a}}}_r)$ 转换回原始光谱空间中的 $(\hat{\boldsymbol{a}}_1,\cdots,\hat{\boldsymbol{a}}_r)$ 实现端元提取。MVES 的算法流程如下表所示，其源代码可由 http://mx.nthu.edu.tw/～tsunghan/Source%20codes.html 下载。此外，基于 MVES 算法，近些年还出现了几种改进的方法。Ambikapathi 等(2011)针对 MVES 算法易受噪声影响的问题，向 MVES 中引入了机会约束(chance constraints)得到了更具噪声鲁棒性的 RMVES 方法，提高方法对实际数据的适用性和解混精度。基于超平面的快速最小体积闭合单形算法

(hyperplane-based craig-simplex-identification，HyperCSI)(Lin et al.，2016)则是针对MVES算法计算复杂度较高的问题，通过构建超平面投影提高了算法的解混速度。它们的源代码能从 http://www1.ee.nthu.edu.tw/cychi/links.php 上下载。

最小体积闭合单形分析 MVES 算法

1. 输入高光谱遥感数据 $\boldsymbol{X}\in\mathbb{R}^{n\times m}$，端元数目 r，阈值 ξ；
2. 确定仿射集拟合参数并对数据进行降维：$\boldsymbol{d}=(1/m)\sum_{j=1}^{m}\boldsymbol{x}_j$，$\boldsymbol{C}=(\boldsymbol{q}_1(\boldsymbol{U}\boldsymbol{U}^{\mathrm{T}}),\cdots,\boldsymbol{q}_{r-1}(\boldsymbol{U}\boldsymbol{U}^{\mathrm{T}}))\in\mathbb{R}^{n\times(r-1)}$(前 r 个特征向量)，$\boldsymbol{U}=(\boldsymbol{x}_1-\boldsymbol{d},\cdots,\boldsymbol{x}_m-\boldsymbol{d})$，$\tilde{\boldsymbol{x}}_j=\boldsymbol{C}^{\#}(\boldsymbol{x}_j-\boldsymbol{d})$；
3. 以线性规划方法初始化满足式(3.4.20)约束条件的 $\boldsymbol{H}$，$\boldsymbol{g}$，$i=1$，$l=|\det(\boldsymbol{H})|$；
4. While $\left|\max(|p_{\max}|,|p_{\min}|)-l\right|/l\geqslant\xi$

   If $(i \bmod (r-1))\neq 0$

   $i=i+1$；

   分别最优化式(3.4.21)和式(3.4.22)，根据 $|p_{\max}|,|p_{\min}|$ 间大小关系确定最优解 $\hat{\boldsymbol{h}}_i$ 和 $\hat{g}_i$；

   Else

   令 $l=\max(|p_{\max}|,|p_{\min}|)$，$i=1$；

   分别最优化式(3.4.21)和式(3.4.22)，根据 $|p_{\max}|,|p_{\min}|$ 间大小关系确定最优解 $\hat{\boldsymbol{h}}_i$ 和 $\hat{g}_i$；

   End

   End
5. 利用式(3.4.23)和式(3.4.24)估计降维的端元 $(\hat{\hat{\boldsymbol{a}}}_1,\cdots,\hat{\hat{\boldsymbol{a}}}_r)$ 和丰度 $\hat{\boldsymbol{s}}_j$；
6. 输出原始空间端元 $(\hat{\boldsymbol{a}}_1,\cdots,\hat{\boldsymbol{a}}_r)$，$\hat{\boldsymbol{a}}_i=\boldsymbol{C}\hat{\hat{\boldsymbol{a}}}_i+\boldsymbol{d}$ 和丰度 $\hat{\boldsymbol{s}}_j$。

参考文献

罗文斐, 钟亮, 张兵, 高连如. 2010. 高光谱遥感图像光谱解混的独立成分分析技术. 光谱学与光谱分析, 30(6): 1628-1633.

张良培, 杜博, 张乐飞. 2014. 高光谱遥感影像处理. 北京: 科学出版社: 212-254.

Ambikapathi A, Chan T H, Ma W K, Chi C Y. 2011. Chance-constrained robust minimum-volume enclosing simplex algorithm for hyperspectral unmixing. IEEE Transactions on Geoscience and Remote Sensing, 49(11): 4194-4209.

Arngren M, Schmidt M N, Larsen J. 2011. Unmixing of Hyperspectral images using bayesian non-negative matrix factorization with volume prior. Journal of Signal Processing Systems, 65(3): 479-496.

Berry M W, Browne M, Langville A N, Pauca V P, Plemmons R J. 2007. Algorithms and applications for approximate nonnegative matrix factorization. Computational Statistics and Data Analysis, 52(1): 155-173.

Bioucas-Dias J M. 2009. A variable splitting augmented Lagrangian approach to linear spectral unmixing. In Proceedings of 1st IEEE GRSS Workshop Hyperspectral Image Signal Process (WHISPERS), 1-4.

Chan T H, Chi C Y, Huang Y M, Ma W K. 2009. A convex analysis-based minimum-volume enclosing simplex algorithm for hyperspectral unmixing. IEEE Transactions on Signal Processing, 57(11): 4418-4432.

Cichocki A, Zdunek R, Phan A H, Amari S. 2009. Nonnegative matrix and tensor Factorizations: Applications to exploratory multi-way data analysis and blind source separation. Hoboken, NJ, USA: Wiley.

Common P. 1994. Independent component analysis: a new concept. Signal Process, 36: 287-314.

Comon P. 2014. Tensors: A brief introduction. IEEE Signal Processing Magazine, 31(3): 44-53.

Craig M. 1994. Minimum-volume transforms for remotely sensed data. IEEE Transactions on Geoscience and Remote Sensing, 32:

542-552.

Dobigeon N, Moussaoui S, Coulon M, Tourneret J Y, Hero A O. 2009. Joint Bayesian endmember extraction and linear unmixing for hyperspectral imagery. IEEE Transactions on Signal Processing, 57(11): 4355-4368.

He W, Zhang H, Zhang L. 2016. Sparsity-regularized robust non-negative matrix factorization for hyperspectral unmixing. IEEE Journal of Selected Topics in Applied Earth Observations and Remote Sensing, 9(9): 4267-4279.

Huck A, Guillaume M, Blanc-Talon J. 2010. Minimum dispersion constrained nonnegative matrix factorization to unmix hyperspectral data. IEEE Transactions on Geoscience and Remote Sensing, 48(6): 2590-2602.

Hyvärinen A, Karhunen J, Oja E. 2001. Independent component analysis. Hoboken, NJ: Wiley.

Kolda T G, Bader B W. 2009. Tensor decompositions and applications. SIAM Review, 51(3): 455-500.

Lee D D, Seung H S. 1999. Learning the parts of objects by nonnegative matrix factorization. Nature, 401(6755): 788-791.

Lee D D, Seung H S. 2001. Algorithms for non-negative matrix factorization. Advances in Neural Information Processing Systems, 13(1): 556-562.

Li J, Agathos A, Zaharie D, Bioucas-Dias J M, Plaza A, Li X. 2015. Minimum volume simplex analysis: a fast algorithm for linear hyperspectral unmixing. IEEE Transactions on Geoscience and Remote Sensing, 53(9): 5067-5082.

Li Y, Ngom A. 2013. The non-negative matrix factorization toolbox for biological data mining. Source Code for Biology and Medicine, 8(1): 1-10.

Lin C H, Chi C Y, Wang Y H, Chan T H. 2016. A fast hyperplane-based minimum-volume enclosing simplex algorithm for blind hyperspectral unmixing. IEEE Transactions on Signal Processing, 64(8): 1946-1961.

Lin C H, Ma W K, Li W C, Chi C Y, Ambikapathi A. 2015. Identifiability of the simplex volume minimization criterion for blind hyperspectral unmixing: The no-pure-pixel case. IEEE Transactions on Geoscience and Remote Sensing, 53(10): 5530-5546.

Lin C J. 2007. Projected gradient methods for nonnegative matrix factorization. Neural Computation, 19(10): 2756-2779.

Liu X, Xia W, Wang B, Zhang L. 2011. An approach based on constrained nonnegative matrix factorization to unmix hyperspectral data. IEEE Transactions on Geoscience and Remote Sensing, 49(2): 757-772.

Lu X, Wu H, Yuan Y. 2014. Double constrained NMF for hyperspectral unmixing. IEEE Transactions on Geoscience and Remote Sensing, 52(5): 2746-2758.

Lu X, Wu H, Yuan Y, Yan P, Li X. 2013. Manifold regularized sparse NMF for hyperspectral unmixing. IEEE Transactions on Geoscience and Remote Sensing, 51(5): 2815-2826.

Ma W K, Bioucas-Dias J M, Chan T H, Gillis P, Gader P, Plaza A, Ambikapathi A, Chi C Y. 2014. A signal processing perspective on hyperspectral unmixing: Insights from remote sensing. IEEE Signal Processing Magazine, 31(1): 67-81.

Miao L, Qi H. 2007. Endmember extraction from highly mixed data using minimum volume constrained nonnegative matrix factorization. IEEE Transactions on Geoscience and Remote Sensing, 45(3): 765-777.

Moussaoui S, Carteret C, Brie D, Mohammad-Djafari A. 2006. Bayesian analysis of spectral mixture data using Markov Chain Monte Carlo Methods. Chemometrics and Intelligent Laboratory Systems, 81(2): 137-148.

Nascimento J M P, Bioucas-Dias J M. 2005. Does independent component analysis play a role in unmixing hyperspectral data?. IEEE Transactions on Geoscience and Remote Sensing, 43(1): 175-187.

Nascimento J M P, Bioucas-Dias J M. 2012. Hyperspectral unmixing based on mixtures of Dirichlet components. IEEE Transactions on Geoscience and Remote Sensing, 50(3): 863-878.

Nocedal J, Wright S J. 2006. Numerical Optimization. Berlin, Germany: Springer-Verlag.

Qian Y, Jia S, Zhou J, Robles-Kelly A. 2011. Hyperspectral unmixing via L1/2 sparsity-constrained nonnegative matrix factorization. IEEE Transactions on Geoscience and Remote Sensing, 49(11): 4282-4297.

Qian Y, Xiong F, Zeng S, Zhou J, Tang Y. 2017. Matrix-vector nonnegative tensor factorization for blind unmixing of hyperspectral imagery. IEEE Transactions on Geoscience and Remote Sensing, 55(3): 1776-1792.

Veganzones M A, Cohen J E, Cabral Farias R, Chanussot J, Comon P. 2016. Nonnegative tensor CP decomposition of hyperspectral data. IEEE Transactions on Geoscience and Remote Sensing, 54(5): 2577-2588.

Wang N, Du B, Zhang L. 2013. An endmember dissimilarity constrained non-negative matrix factorization method for hyperspectral unmixing. IEEE Journal of Selected Topics in Applied Earth Observations and Remote Sensing, 6(2): 554-569.

Wang N, Du B, Zhang L, Zhang L. 2015. An abundance characteristic-based independent component analysis for hyperspectral unmixing. IEEE Transactions on Geoscience and Remote Sensing, 53 (1) : 416-428.

Wang W, Qian Y, Tang Y. 2016. Hypergraph-regularized sparse NMF for hyperspectral unmixing. IEEE Journal of Selected Topics in Applied Earth Observations and Remote Sensing, 9 (2) : 681-694.

Wang Y, Zhang Y. 2013. Nonnegative matrix factorization: a comprehensive review. IEEE Transactions on Knowledge and Data Engineering, 25 (6) : 1336-1353.

Xia W, Liu X, Wang B, Zhang L. 2011. Independent component analysis for blind unmixing of hyperspectral imagery with additional constraints. IEEE Transactions on Geoscience and Remote Sensing, 49 (6) : 2165-2179.

Yang S, Zhang X, Yao Y, Cheng S, Jiao L. 2015. Geometric nonnegative natrix factorization（GNMF）for hyperspectral unmixing. IEEE Journal of Selected Topics in Applied Earth Observations and Remote Sensing, 8 (6) : 2696-2703.

Yu Y, Guo S, Sun W. 2007. Minimum distance constrained non-negative matrix factorization for the endmember extraction of hyperspectral images Remote Sensing and Gis Data Processing and Applications; and Innovative Multispectral Technology and Applications, 6790: 679015.

Zhou G, Cichocki A, Zhao Q, Xie S. 2014. Nonnegative matrix and tensor factorizations: An algorithmic perspective. IEEE Signal Processing Magazine, 31 (3) : 54-65.

第 4 章　线性光谱解混的其他方法

线性混合模型的简单而明确的物理意义，以及在其数学定义下特殊的代数与凸几何性质，使得线性光谱解混不但具有数值计算上的良好可行性，而且能较好地适用于许多不同场景下的解混。在线性混合模型的假设下，信号处理、优化、机器学习、空间几何理论等多方面现有的技术方法能方便地与高光谱遥感图像的特点相结合，然后被用于解决线性光谱解混问题。这些经典的有监督和无监督的线性解混方法在一定程度上也奠定了光谱解混技术的基础，本书在第 2 章和第 3 章中分别对它们进行了介绍。实际上，由于自然地物分布和光传播过程的复杂性，线性混合模型并不能准确反映真实的光线散射和混合过程，还有许多重要问题(如光谱变异性、非线性等)尚待研究(Halimi et al.，2016)。而且，线性光谱解混算法本身也存在求解效果和精度上的各种缺陷，这就制约了它们在具体实际问题中的应用。近些年，更加细化的线性模型求解问题也逐步受到人们越来越多的关注，产生了各种改进的线性光谱解混算法。本章将介绍这些先进的方法，主要包括考虑端元光谱变异性的解混方法、利用如神经网络和粒子群优化等启发式方法改进精度的算法、结合多幅不同时间段高光谱图像进行动态解混和变化检测的方法，以及利用如 GPU 等高性能计算机硬件模块对现有线性解混方法进行加速的改进算法。

4.1　考虑端元光谱变异性的解混方法

4.1.1　光谱变异性

线性混合模型 LMM 和传统的线性解混方法，通常会为高光谱遥感图像整个观测场景中的各类地物指定唯一一个标准的端元光谱，然后在此基础上提取适用于所有像元的共同端元集，并以此估计它们的丰度比例。此时，每个端元就只是高维特征空间中的一个点。这种处理方法对于不需要知道像元内精细的地物光谱组成和高精度丰度的应用来说，是可行的也是容易实现的。然而，由于实际自然场景的各区域中，存在复杂的环境组成和大气观测条件、不同的照明条件与观测时间差异，同一种物质的端元光谱在图像的不同像元中总是具有有区别的变化(Somers et al.，2011；Zare and Ho，2014)。不仅如此，该光谱上的变化还会来源于物质自身的物理等本质结构特征。如图 4.1 所示，这些不同像元中端元物质光谱的变化就称为光谱变异性(spectral variability)。

光照条件的变化是引起光谱变异性的主要因素之一。光线的照明依赖于太阳的高度角、方位角，以及入射光线在图像局部观测区域内与地表物质发生作用的入射角。因此，地形和表面粗糙度的变化都会带来不同程度的明亮和阴影区域而引起光谱的变化，例如，植被冠层结构和叶片分布方向的变化、城市建筑物复杂的结构，以及矿物颗粒的大小和成分变化通常是造成局部照明条件差异的原因。另一方面，大气条件的变化在一定程度上引起的光谱变异性，主要来源于气体和气溶胶对电磁波辐射多数波段上强烈的吸收和散射效应(Zare and Ho，2014)。在从太阳到地表和从地表反射向传感器的两部分光线传输过程中，大气都会起到重要的影响作用，因而也将带来观测光谱的变化。此外，这两部分外在的影响条件实际上也都是随着时间的变化而变化的，也就使得光谱变异性问题更加复杂。

可以看出，如果在线性解混中忽略端元的空间和时间光谱变异性，而是对所有像元提取固定的端元光谱，不仅会直接造成端元提取的不准确，而且端元提取的误差也必然会在线性解混的一系列流程中传递，间接地导致丰度估计误差的增加。一般地，光谱变异性包括单一物质端元的类内光谱变化以及不同物质端元光谱间的相似性两方面内容

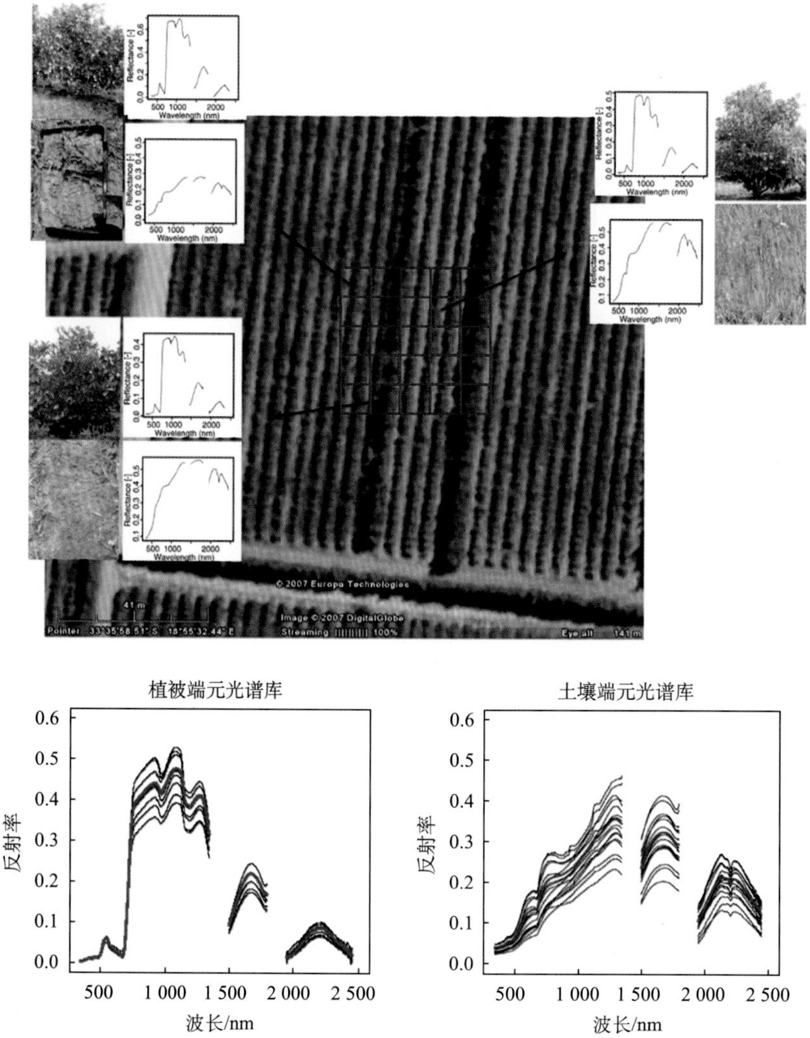

图 4.1　端元光谱变异性（Somers et al.，2011）

(Somers et al., 2011)。如果在整幅图像中，某端元的自身光谱变异性越强，那么以单一固定方式提取的该端元光谱就将越偏离它在各像元中对应的真实端元光谱。而不同端元间的光谱相似性将引起光谱向量间的高度相关性，会造成丰度估计精度的大幅降低。

难以充分考虑与时间和空间相关的光谱变异性是造成线性解混误差的显著因素。但在许多定量遥感应用中，往往要求解混方法能够获取尽可能准确的端元光谱以及丰度以满足实际需要。因此，就需要进一步在解混过程中，考虑各类纯物质光谱在观测场景中各个像元中的变化。目前，存在一部分针对光谱变异性的解混方法，相比传统的线性解混方法，这些考虑光谱变异性的解混方法具有明显的丰度估计精度和对图像信号拟合近似度的提升。

基于贝叶斯理论的统计学解混方法是其中一种解决端元光谱变异性的途径(Halimi et al., 2015; Halimi et al., 2016)。例如，在本书第 2 章中描述的 PCE 端元提取方法，假设每个端元具有对应不同的统计分布而不是以单个光谱来表示，通过估计这些分布的具体参数就可以在端元提取时考虑端元光谱的内在变异性。然而，这些类似的基于统计学的解混方法的显著问题在于，各未知变量的先验分布较难准确选取，而且待估参数过多、计算时间消耗非常严重。因此，将传统意义上的单一端元光谱替换为一个端元集合，然后在 LMM 中对观测光谱进行拟合并解混，是目前被较多接受并采用的解决光谱变异性的方法。

其中，多端元光谱混合分析方法(multiple endmember spectral mixture analysis, MESMA)(Roberts et al., 1998)是早期采用迭代的解混方式考虑光谱变异性的方法之一。MESMA 允许某种物质可以有多个端元光谱，而且含有同一物质的像元内对应端元光谱可以不同。在以实地和实验室测量的光谱构建参考端元光谱库后，MESMA 寻找适合每个像元最优的线性混合拟合模型，然后估计像元的丰度。最优端元的选择服从三个条件：①估计丰度的值应在−0.01 到 1.01 之间；②关于像元的解混重构误差应该小于阈值；③连续光谱波段的重构误差也应小于一定阈值。需要指出的是，该方法由于需要多次迭代求解，会严重受到端元数目和光谱库大小的影响，当端元数目增多时，解混精度将降低而且计算量会呈指数增长，因而一般只适用于少量端元的简单情况。接下来，本节将介绍最近几种典型的考虑端元光谱变异性的解混方法。

4.1.2 端元束方法

端元束(bundle)解混方法(Bateson et al., 2000)为了将光谱变异性引入到线性光谱解混中，以各物质合理的光谱束(集合)来表示对应的端元，避免了使用单一端元光谱的局限性。如图 4.2 所示，传统的 LMM 假设下，像元数据点定义在由三个端元顶点构建的三角形中；然而由于光谱变异性的影响，三个绝对正确的固定顶点在实际中是不存在的，而通常是在三个圆圈内的点都可以表示为物质的端元，也就是端元束。端元束解混方法包括构建端元光谱束和确定每个像元中的物质丰度最大最小值的边界范围以量化光谱变异性误差两个方面。

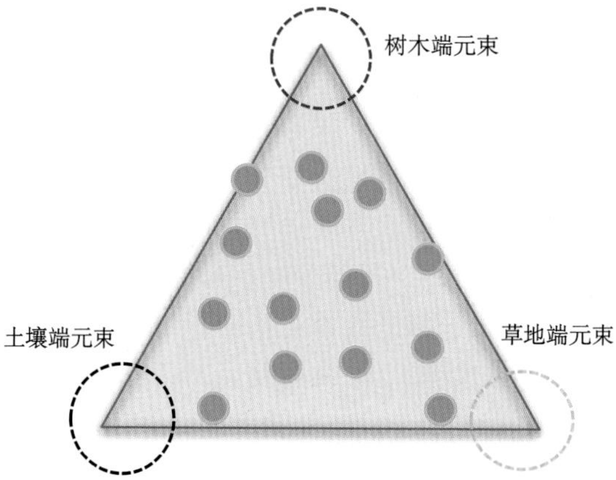

图 4.2　端元束

1) 端元束的构建

在利用 PCA 方法对数据降维后，在低维特征空间中采用模拟退火算法根据最小单形体体积规则确定包裹所有数据点的单形体。然后，利用这些生成的端元经过人工选择确定能够作为端元的光谱。该过程使得图 4.2 中树木、土壤和草地的候选端元从三角形的顶点转移到三个圆圈中。每当确定合适的端元，它们将作为种子(seeds)用于端元束的增长。初始阶段，每个端元束都拥有自身的种子，如果邻近像元点的光谱值在 0 和 1 之间并且与种子端元的相关系数大于 0.99，那么该像元将被加入到端元束中。此外，还可以根据特殊地物光谱束的反射率取值限制，以及两个点在降维空间中的欧氏距离来作为判断准则。最后，端元束就是在特征空间中，所有满足反射率限制和相关性要求的像元的凸闭包，即端元束中任意两点的凸组合也是端元。在端元束的构建过程中，最小有限集的凸包确定了端元束。

2) 端元束解混

对于由 r 类物质构成的高光谱遥感图像 $\boldsymbol{X} \in \mathbb{R}^{n\times m}$，在降维后的 $(r-1)$ 维空间中，每个像元表示为

$$\tilde{\boldsymbol{x}}_j = \sum_{k=1}^{R} \tilde{\boldsymbol{a}}_k s_{k,j}, \quad \text{s.t.} \sum_{k=1}^{R} s_{k,j} = 1,\ 0 \leqslant s_{k,j} \leqslant 1 \tag{4.1.1}$$

式中，R 表示所有端元束中的点数之和；每个 $\tilde{\boldsymbol{a}}_k$ 都属于一个端元束的凸包。在式(4.1.1)的基础上，端元束解混采用基于 Diki 仿射算法的线性规划方法求取像元 $\tilde{\boldsymbol{x}}_j$ 中第 i 类端元物质的最小和最大丰度：

$$\begin{cases} s_{i,j}^{\min} = \min \sum_{k=1}^{R} \xi_{k,i} s_{k,j} \\ s_{i,j}^{\max} = \max 1 - \sum_{k=1}^{R} (1-\xi_{k,i}) s_{k,j} \end{cases}, \quad \xi_{k,i} = \begin{cases} 1, & \tilde{\boldsymbol{a}}_k \text{属于第} i \text{个端元束} \\ 0, & \text{其他} \end{cases} \tag{4.1.2}$$

为了方便求解，向式(4.1.1)中引入虚拟变量 β，得

$$\tilde{\boldsymbol{x}}_j = \sum_{k=1}^{R} \tilde{\boldsymbol{a}}_k s_{k,j} + \beta(\tilde{\boldsymbol{x}}_j - \frac{1}{R}\sum_{k=1}^{R}\tilde{\boldsymbol{a}}_k), \quad \text{s.t. } \min(\sum_{k=1}^{R}\xi_{k,j}s_{k,j} + \text{INF}\bullet\beta) \tag{4.1.3}$$

式中，INF 是个非常大的数，当使式(4.1.3)中的约束最小化时，$\beta \to 0$，式(4.1.3)就等价于式(4.1.1)，丰度的 ANC 和 ASC 约束都会满足。在这个意义上，更新式(4.1.2)的优化问题：

$$\begin{cases} s_{i,j}^{\min} = \min \sum_{k=1}^{R} \xi_{k,i} s_{k,j} + \text{INF}\cdot\beta \\ s_{i,j}^{\max} = \max 1 - (\sum_{k=1}^{R}(1-\xi_{k,i})s_{k,j} + \text{INF}\cdot\beta) \end{cases} \tag{4.1.4}$$

在端元束解混求得最小和最大丰度后，每个端元束的平均丰度就是

$\overline{s}_{i,j} = (s_{i,j}^{\min} + s_{i,j}^{\max})/2$。

4.1.3　基于 Fisher 判别零空间的线性变换方法

针对 MESMA 方法的求解过程耗时过长和端元束方法(Bateson et al.，2000)只能求出每一类地物比例的最小值和最大值的问题，基于 Fisher 判别零空间(Fisher discriminant null space，FDNS)的算法(Jin et al.，2010)，通过确定一个最优的光谱线性变换来降低解混中的光谱变异性影响。FDNS 的基本思路是：通过寻找一个由各波段线性组合而成的特征空间中的方向，使得在这样一个方向上，端元内的光谱差异尽可能小而端元间的光谱差异尽可能大。然后，在这个方向上对混合像元进行分解来显著地减少端元内光谱差异对分解结果的影响。

具体来说，由于 PPI 算法(见本书第 2 章)中的像元纯度指数计算可以用来表征像元的纯度，这样能够在高光谱数据中寻找出那些纯度较高的像元。通过 PPI 对每个端元选取一定数目的纯像元作为训练样本，构造训练样本的类内散布矩阵零空间，在此零空间内找到类间离散度最大的投影方向，往此方向投影得到端元样本的最优分类特征矢量，再用 FCLS 解混得到每种地物的比例。

1) Fisher 判别零空间算法

Fisher 判别准则的主要思想是将多维训练样本进行线性组合来建立新的判别量，使得不同类别样本之间距离尽可能大，同类样本内的距离最小。假设样本维数为 n，共有 c 个类别的训练样本 $C_1, C_2, \cdots, C_c$。C_i 为 $n \times N_i$ 的矩阵，表示第 i 组有 N_i 个训练样本参与构成 C_i。样本的类间散布矩阵 $\boldsymbol{S}_b$ 和类内散布矩阵 $\boldsymbol{S}_w$ 定义如下：

$$\boldsymbol{S}_b = \frac{1}{N}\sum_{i=1}^{c} N_i(\overline{\boldsymbol{x}}_i - \overline{\boldsymbol{x}})(\overline{\boldsymbol{x}}_i - \overline{\boldsymbol{x}})^{\mathrm{T}}, \quad \boldsymbol{S}_w = \frac{1}{N}\sum_{i=1}^{c}\sum_{x \in C_i}(\boldsymbol{x} - \overline{\boldsymbol{x}}_i)(\boldsymbol{x} - \overline{\boldsymbol{x}}_i)^{\mathrm{T}} \tag{4.1.5}$$

式中，N 是样本总数；$\overline{\boldsymbol{x}}_i$ 是 C_i 的样本均值；$\overline{\boldsymbol{x}}$ 是总样本均值。样本的总散布矩阵即混合散布矩阵 $\boldsymbol{S}_t = \boldsymbol{S}_b + \boldsymbol{S}_w$。Fisher 判别的目标就是找到一个最优的投影矩阵 $\boldsymbol{W}$：

$$\boldsymbol{W}=\arg\max_{\boldsymbol{W}}\frac{\left|\boldsymbol{W}^{\mathrm{T}}\boldsymbol{S}_b\boldsymbol{W}\right|}{\left|\boldsymbol{W}^{\mathrm{T}}\boldsymbol{S}_w\boldsymbol{W}\right|} \tag{4.1.6}$$

Fisher 判别零空间算法的目标为寻找属于 $\boldsymbol{S}_w$ 零空间的判别矢量 $\boldsymbol{q}$，满足 $\boldsymbol{q}^{\mathrm{T}}\boldsymbol{S}_w\boldsymbol{q}=0$，且 $\boldsymbol{q}^{\mathrm{T}}\boldsymbol{S}_b\boldsymbol{q}=0$，并使 $\left|\boldsymbol{q}^{\mathrm{T}}\boldsymbol{S}_b\boldsymbol{q}\right|/\left|\boldsymbol{q}^{\mathrm{T}}\boldsymbol{S}_w\boldsymbol{q}\right|$ 尽可能地大，即 $\boldsymbol{q}^{\mathrm{T}}\boldsymbol{S}_b\boldsymbol{q}$ 尽可能地大。由于 $\boldsymbol{S}_t$ 的零空间为 $\boldsymbol{S}_b$ 和 $\boldsymbol{S}_w$ 共同的零空间，因此可以通过特征分解先除去 $\boldsymbol{S}_t$ 的零空间，该过程并不会丢失有用的判别信息。然后，在低维的投影空间寻找 $\boldsymbol{S}_w$ 的零空间。

该方法流程分为三步：①除去 $\boldsymbol{S}_t$ 的零空间，即对 $\boldsymbol{S}_t$ 作特征分解，得到 $\boldsymbol{S}_w'=\boldsymbol{U}^{\mathrm{T}}\boldsymbol{S}_w\boldsymbol{U}$ 和 $\boldsymbol{S}_b'=\boldsymbol{U}^{\mathrm{T}}\boldsymbol{S}_b\boldsymbol{U}$，其中 $\boldsymbol{U}$ 为所有非零的特征值对应的特征向量组成的矩阵。②计算 $\boldsymbol{S}_w'$ 的零空间，即对 $\boldsymbol{S}_w'$ 作特征分解来计算 $\boldsymbol{S}_w'$ 的零空间 $\boldsymbol{Q}$，得到 $\boldsymbol{S}_w''=\boldsymbol{Q}^{\mathrm{T}}\boldsymbol{S}_w'\boldsymbol{Q}=(\boldsymbol{UQ})^{\mathrm{T}}\boldsymbol{S}_w(\boldsymbol{UQ})$，$\boldsymbol{S}_b''=\boldsymbol{Q}^{\mathrm{T}}\boldsymbol{S}_b'\boldsymbol{Q}=(\boldsymbol{UQ})^{\mathrm{T}}\boldsymbol{S}_b(\boldsymbol{UQ})$。③如果 $\boldsymbol{S}_b''$ 存在零空间，则将之除去，并选择最优判别量。对 $\boldsymbol{S}_b''$ 作特征分解，$\boldsymbol{V}$ 为最大的 $c-1$ 个特征值对应的特征向量组成的矩阵，即判别量。因而，得到总的变换矩阵 $\boldsymbol{W}=\boldsymbol{UQV}$。

2) 基于 FDNS 的解混方法

由于 Fisher 判别零空间变换是线性的，变换后线性混合像元模型依然成立。设端元个数为 r，则 Fisher 判别零空间算法可提取 $(r-1)$ 个判别量 $W_1,W_2,\cdots,W_{r-1}$，组成变换矩阵 $\boldsymbol{W}$。由于在 Fisher 判别零空间中端元不具有光谱差异，因此各类的端元可选择任意端元样本光谱投影到变换矩阵上，得到 Fisher 判别零空间变换后的端元光谱。同时，对混合像元光谱也作相同的变换，可得

$$\begin{aligned}\tilde{\boldsymbol{x}}_j&=\boldsymbol{W}\boldsymbol{x}_j\\&=\boldsymbol{W}\Big(\sum_{i=1}^{r}\boldsymbol{a}_i s_{i,j}+\boldsymbol{\varepsilon}_j\Big),\qquad \text{s.t. }\sum_{i=1}^{r}s_{i,j}=1,\ 0\leqslant s_{i,j}\leqslant 1\\&=\sum_{i=1}^{r}\tilde{\boldsymbol{a}}_i s_{i,j}+\tilde{\boldsymbol{\varepsilon}}_j\end{aligned} \tag{4.1.7}$$

最后，采用本书第 2 章介绍的 FCLS 算法即可求解式(4.1.7)模型中的丰度。混合像元光谱经 Fisher 判别零空间变换后，同类地物间的光谱差异大大减小了，从而使像元分解精度得到了提高。基于 Fisher 判别零空间的混合像元分解方法的具体步骤如下：

(1) 根据 PPI 结果，设定阈值 ξ，自动选取适量的各类地物的纯像元光谱作为训练样本。

(2) 利用 Fisher 判别零空间算法获得前 $(r-1)$ 个最佳判别矢量对应的变换矩阵 $\boldsymbol{W}$。

(3) 将混合光谱投影到最佳判别矢量空间，再用 FCLS 解混，求出各端元对应的丰度。

4.1.4 扰动与扩展的线性混合模型

1. 扰动的线性混合模型

根据提取的端元可以被认为是参考端元的变化实例，扰动的线性混合模型(perturbed

LMM, PLMM)向原始的LMM中引入加性的空间变化扰动因子项来描述空谱端元光谱变异性(Thouvenin et al.，2016)。这种扰动是逐像元变化的，因而每类物质端元都可表示为在一个纯光谱基础上加上不同程度光谱变异性变化的结果。

对于由 r 个端元构成的高光谱遥感图像 $\boldsymbol{X}\in\mathbb{R}^{n\times m}$，PLMM 具有简单而灵活的表达形式：

$$\boldsymbol{x}_j=\sum_{i=1}^{r}(\boldsymbol{a}_i+d\boldsymbol{a}_{i,j})s_{i,j}+\boldsymbol{\varepsilon}_j \tag{4.1.8}$$

式中，$d\boldsymbol{a}_{i,j}\in\mathbb{R}^{n\times 1}$ 表示像元 $\boldsymbol{x}_j$ 中的端元 $\boldsymbol{a}_i$ 的变异性扰动。令 $d\boldsymbol{A}_j\in\mathbb{R}^{n\times r}$ 表示像元 $\boldsymbol{x}_j$ 中所有端元的扰动矩阵，那么 PLMM 对应的矩阵形式为

$$\begin{aligned}&\boldsymbol{X}=\boldsymbol{A}\boldsymbol{S}+\underbrace{\left[d\boldsymbol{A}_1\boldsymbol{s}_1\mid\cdots\mid d\boldsymbol{A}_m\boldsymbol{s}_m\right]}_{\varDelta}+\boldsymbol{E}\\&\text{s.t.}\quad \boldsymbol{S}\geqslant\boldsymbol{0},\ \boldsymbol{1}_r^{\mathrm{T}}\boldsymbol{S}=\boldsymbol{1}_m^{\mathrm{T}},\ \boldsymbol{A}\geqslant\boldsymbol{0},\ \boldsymbol{A}+d\boldsymbol{A}_j\geqslant\boldsymbol{0}\end{aligned} \tag{4.1.9}$$

基于式(4.1.9)的解混问题就是要求解关于端元矩阵 $\boldsymbol{A}$、丰度矩阵 $\boldsymbol{S}$ 和扰动矩阵 $d\boldsymbol{A}$ 的最优解。对于该病态解混问题，为了得到更好的解混结果，三个关于它们的约束项分别被引入到式(4.1.9)中构建新的约束优化问题：

$$\begin{aligned}&\min_{\boldsymbol{A},d\boldsymbol{A},\boldsymbol{S}}\quad f(\boldsymbol{A},d\boldsymbol{A},\boldsymbol{S})=\frac{1}{2}\|\boldsymbol{X}-\boldsymbol{A}\boldsymbol{S}-\varDelta\|_{\mathrm{F}}^2+\frac{\lambda_1}{2}\psi_1(\boldsymbol{S})+\frac{\lambda_2}{2}\psi_2(\boldsymbol{A})+\frac{\lambda_3}{2}\psi_3(d\boldsymbol{A})\\&\text{s.t.}\quad \boldsymbol{S}\geqslant\boldsymbol{0},\ \boldsymbol{1}_r^{\mathrm{T}}\boldsymbol{S}=\boldsymbol{1}_m^{\mathrm{T}},\ \boldsymbol{A}\geqslant\boldsymbol{0},\ \boldsymbol{A}+d\boldsymbol{A}_j\geqslant\boldsymbol{0}\end{aligned} \tag{4.1.10}$$

式中，$\lambda_1,\lambda_2,\lambda_3$ 是正则化惩罚系数。$\psi_1(\boldsymbol{S})=\|\boldsymbol{S}\boldsymbol{H}\|_{\mathrm{F}}^2$ 使得丰度具有更强的空间平滑性；$\boldsymbol{H}$ 是计算一个给定像元丰度与其相邻 4 个像元丰度差异的矩阵。$\psi_3(d\boldsymbol{A})=\sum_{j=1}^{m}\|d\boldsymbol{A}_j\|_{\mathrm{F}}^2$ 用于惩罚光谱变异性扰动以限制其能量和解空间大小。$\psi_2(\boldsymbol{A})$ 用于限制端元顶点构成的单形体大小，可以具有三种不同的形式：

$$\psi_2(\boldsymbol{A})=\|\boldsymbol{A}-\boldsymbol{A}_0\|_{\mathrm{F}}^2,\quad \psi_2(\boldsymbol{A})=\sum_{i=1}^{r}\sum_{k=1,k\neq i}^{r}\|\boldsymbol{a}_i-\boldsymbol{a}_k\|_2^2,\quad \psi_2(\boldsymbol{A})=\left(\frac{1}{(r-1)!}\left|\det\begin{pmatrix}\tilde{\boldsymbol{A}}\\ \boldsymbol{1}_r^{\mathrm{T}}\end{pmatrix}\right|\right)^2 \tag{4.1.11}$$

这里的 $\boldsymbol{A}_0$ 表示标准参考端元矩阵；$\tilde{\boldsymbol{A}}$ 是端元矩阵在 $(r-1)$ 维空间中的投影。ADMM 算法被用于优化问题(4.1.10)中各变量的交替求解。

(1)对于丰度 $\boldsymbol{S}$ 的优化子问题为

$$\begin{aligned}&\min_{\boldsymbol{s}_j}\quad \frac{1}{2}\|\boldsymbol{x}_j-(\boldsymbol{A}+d\boldsymbol{A}_j)\boldsymbol{s}_j\|_{\mathrm{F}}^2+\lambda_1\psi_1(\boldsymbol{s}_j)\\&s.t.\quad \boldsymbol{s}_j\geqslant\boldsymbol{0},\quad \boldsymbol{1}_r^{\mathrm{T}}\boldsymbol{s}_j=1\end{aligned} \tag{4.1.12}$$

引入分裂变量 $\boldsymbol{w}_j^{(S)}$，满足：

$$\underbrace{\begin{pmatrix}\boldsymbol{I}_{r\times r}\\ \boldsymbol{1}_r^{\mathrm{T}}\end{pmatrix}}_{Q}\boldsymbol{s}_j+\underbrace{\begin{pmatrix}-\boldsymbol{I}_{r\times r}\\ \boldsymbol{0}_r^{\mathrm{T}}\end{pmatrix}}_{R}\boldsymbol{w}_j^{(S)}=\underbrace{\begin{pmatrix}\boldsymbol{0}\\ 1\end{pmatrix}}_{z} \tag{4.1.13}$$

得到尺度化的增广拉格朗日函数为

$$L(\boldsymbol{s}_j,\boldsymbol{w}_j^{(S)},\boldsymbol{v}_j^{(S)})=\frac{1}{2}\left\|\boldsymbol{x}_j-(\boldsymbol{A}+d\boldsymbol{A}_j)\boldsymbol{s}_j\right\|_{\mathrm{F}}^2+\frac{\rho_j^{(S)}}{2}\left\|\boldsymbol{Q}\boldsymbol{s}_j+\boldsymbol{R}\boldsymbol{w}_j^{(S)}-\boldsymbol{z}+\boldsymbol{v}_j^{(S)}\right\|_{\mathrm{F}}^2 +\lambda_1\psi_1(\boldsymbol{s}_j)+\tau_+(\boldsymbol{w}_j^{(S)}) \quad (4.1.14)$$

(2) 对于端元 $\boldsymbol{A}$ 的优化子问题为

$$\begin{aligned}&\min_{\tilde{\boldsymbol{a}}_l}\ \frac{1}{2}\left\|\tilde{\boldsymbol{x}}_l-\tilde{\boldsymbol{a}}_l\boldsymbol{S}-\tilde{\boldsymbol{\Delta}}_l\right\|_{\mathrm{F}}^2+\lambda_2\psi_2(\tilde{\boldsymbol{a}}_l)\\&\text{s.t. }\tilde{\boldsymbol{a}}_l\geqslant\boldsymbol{0},\quad \tilde{\boldsymbol{a}}_l+d\tilde{\boldsymbol{a}}_l\geqslant\boldsymbol{0}\end{aligned} \quad (4.1.15)$$

式中，$\tilde{\boldsymbol{a}}_l$ 表示端元矩阵的第 l 个行向量，其他同理。引入分裂变量 $\boldsymbol{W}_l^{(A)}$ 满足

$$\underbrace{\begin{pmatrix}1\\ \boldsymbol{1}_m\end{pmatrix}}_{c}\tilde{\boldsymbol{a}}_l-\boldsymbol{W}_l^{(A)}=-\underbrace{\begin{bmatrix}\boldsymbol{0}_r^{\mathrm{T}}\\ \begin{pmatrix}d\tilde{\boldsymbol{a}}_{l,1}\\ \vdots\\ d\tilde{\boldsymbol{a}}_{l,m}\end{pmatrix}\end{bmatrix}}_{\boldsymbol{F}_l} \quad (4.1.16)$$

可以得到尺度化的增广拉格朗日函数为

$$L(\tilde{\boldsymbol{a}}_l,\boldsymbol{W}_l^{(A)},\boldsymbol{V}_l^{(A)})=\frac{1}{2}\left\|\tilde{\boldsymbol{x}}_l-\tilde{\boldsymbol{a}}_l\boldsymbol{S}-\tilde{\boldsymbol{\Delta}}_l\right\|_{\mathrm{F}}^2+\frac{\rho_l^{(A)}}{2}\left\|\boldsymbol{c}\tilde{\boldsymbol{a}}_l-\boldsymbol{W}_l^{(A)}+\boldsymbol{F}_l+\boldsymbol{V}_l^{(A)}\right\|_{\mathrm{F}}^2 +\lambda_2\psi_2(\tilde{\boldsymbol{a}}_l)+\tau_+(\boldsymbol{W}_l^{(A)}) \quad (4.1.17)$$

(3) 对于端元扰动矩阵 $d\boldsymbol{A}$ 的优化子问题为

$$\begin{aligned}&\min_{d\boldsymbol{A}_j}\ \frac{1}{2}\left\|\boldsymbol{x}_j-(\boldsymbol{A}+d\boldsymbol{A}_j)\boldsymbol{s}_j\right\|_{\mathrm{F}}^2+\lambda_3\psi_3(d\boldsymbol{A}_j)\\&\text{s.t.}\quad \boldsymbol{A}+d\boldsymbol{A}_j\geqslant\boldsymbol{0}\end{aligned} \quad (4.1.18)$$

令分裂变量为 $\boldsymbol{W}_j^{(dA)}=\boldsymbol{A}+d\boldsymbol{A}_j$，则尺度化的增广拉格朗日函数为

$$L(d\boldsymbol{A}_j,\boldsymbol{W}_j^{(dA)},\boldsymbol{V}_j^{(dA)})=\frac{1}{2}\left\|\boldsymbol{x}_j-(\boldsymbol{A}+d\boldsymbol{A}_j)\boldsymbol{s}_j\right\|_{\mathrm{F}}^2+\frac{\rho_j^{(dA)}}{2}\left\|d\boldsymbol{A}_j+\boldsymbol{A}-\boldsymbol{W}_j^{(dA)}+\boldsymbol{V}_j^{(dA)}\right\|_{\mathrm{F}}^2 +\lambda_3\psi_3(d\boldsymbol{A}_j)+\tau_+(\boldsymbol{W}_j^{(dA)}) \quad (4.1.19)$$

最后，分别利用式(4.1.14)、式(4.1.17)和式(4.1.19)中的增广拉格朗日函数对相应的未知变量求导求解，便可得到各个变量在每次交替迭代中解的更新，从而实现解混。综上所述，基于 PLMM 的解混流程如下表所示，其对应的源代码可参考 http://dobigeon. perso. enseeiht.fr/applications/app_hyper_PLMM.html。

基于 PLMM 的解混算法

1. 输入高光谱遥感数据 $\boldsymbol{X}\in\mathbb{R}^{n\times m}$；
2. 初始化 $\boldsymbol{A}^{(0)},\boldsymbol{S}^{(0)},d\boldsymbol{A}^{(0)}$，　$t=1$；
3. While 收敛条件不满足

　　计算式(4.1.14)，更新 $\boldsymbol{s}_j,\boldsymbol{w}_j^{(S)},\boldsymbol{v}_j^{(S)},\rho_j^{(S)}$，得 $\boldsymbol{S}^{(t)}\leftarrow\arg\min_{\boldsymbol{S}} f(\boldsymbol{A}^{(t-1)},d\boldsymbol{A}^{(t-1)},\boldsymbol{S})$；

　　计算式(4.1.17)，更新 $\tilde{\boldsymbol{a}}_l,\boldsymbol{W}_l^{(A)},\boldsymbol{V}_l^{(A)},\rho_l^{(A)}$，得 $\boldsymbol{A}^{(t)}\leftarrow\arg\min_{\boldsymbol{A}} f(\boldsymbol{A},d\boldsymbol{A}^{(t-1)},\boldsymbol{S}^{(t)})$；

计算式(4.1.19)，更新 $dA_j, W_j^{(dA)}, V_j^{(dA)}, \rho_j^{(dA)}$，得 $dA^{(t)} \leftarrow \arg\min_{dA} \quad f(A^{(t)}, dA, S^{(t)})$；

$t = t+1$；

End

4. 输出端元 $A^{(t)}$，端元扰动矩阵 $dA^{(t)}$ 和丰度 $S^{(t)}$。

2. 扩展的线性混合模型

与 PLMM 不同，扩展的线性混合模型(extended linear mixing model，ELMM)(Drumetz et al.，2016)在解混中考虑空间信息和光谱变异性的同时，以尺度因子(scaling factors)来表示各种物质端元在所有像元中的变化。在这个意义上，每种物质的端元都是以对应的参考端元乘以一个尺度系数得到的。所以，ELMM 具有以下的数学表达形式：

$$\boldsymbol{x}_j = \sum_{i=1}^{r} (\zeta_{i,j} \boldsymbol{a}_{0i}) s_{i,j} + \boldsymbol{\varepsilon}_j, \quad \boldsymbol{X} = \boldsymbol{A}_0(\boldsymbol{\zeta} \odot \boldsymbol{S}) + \boldsymbol{E} \tag{4.1.20}$$

式中，$\boldsymbol{a}_{0i}$ 表示第 i 个端元的参考端元(用其他端元提取方法获得)；$\boldsymbol{\zeta} = (\zeta_1, \zeta_2, \cdots, \zeta_m) \in \mathbb{R}^{r \times m}$ 是所有像元的尺度因子；$\boldsymbol{\zeta}_j = (\zeta_{1,j}, \zeta_{2,j}, \cdots, \zeta_{r,j})^{\mathrm{T}} \in \mathbb{R}^r$；$\odot$ 表示 Hadamard 逐项乘积。

令 $\boldsymbol{A}_j$ 表示像元 $\boldsymbol{x}_j$ 的端元矩阵，$\underline{\boldsymbol{A}}$ 是所有 $\boldsymbol{A}_j$ 的集合，$\boldsymbol{\zeta}^j = \mathrm{diag}(\boldsymbol{\zeta}_j) \in \mathbb{R}^{r \times r}$，考虑到所有待估参数 $\underline{\boldsymbol{A}}$, $\boldsymbol{S}$, $\boldsymbol{\zeta}$ 的非负性，以及丰度 $\boldsymbol{S}$ 的 ASC 约束，再引入关于 $\boldsymbol{S}$, $\boldsymbol{\zeta}$ 的空间平滑性约束，构建 ELMM 解混的约束最优化问题：

$$\min_{\underline{\boldsymbol{A}}, \boldsymbol{S}, \boldsymbol{\zeta}} f(\underline{\boldsymbol{A}}, \boldsymbol{S}, \boldsymbol{\zeta}) = \frac{1}{2} \sum_{j=1}^{m} \left(\left\| \boldsymbol{x}_j - \boldsymbol{A}_j \boldsymbol{s}_j \right\|_2^2 + \lambda_0 \left\| \boldsymbol{A}_j - \boldsymbol{A}_0 \boldsymbol{\zeta}^j \right\|_{\mathrm{F}}^2 \right) + \psi_1(\boldsymbol{S}) + \psi_2(\boldsymbol{\zeta}) \tag{4.1.21}$$

$$\psi_1(\boldsymbol{S}) = \lambda_1 \left(\left\| H_h(\boldsymbol{S}) \right\|_{2,1} + \left\| H_v(\boldsymbol{S}) \right\|_{2,1} \right) + \tau_+(\boldsymbol{S}) + \boldsymbol{\mu}^{\mathrm{T}} (\boldsymbol{S}^{\mathrm{T}} \boldsymbol{1}_r - \boldsymbol{1}_m) \tag{4.1.22}$$

$$\psi_2(\boldsymbol{\zeta}) = \frac{\lambda_2}{2} \left(\left\| H_h(\boldsymbol{\zeta}) \right\|_{\mathrm{F}}^2 + \left\| H_v(\boldsymbol{\zeta}) \right\|_{\mathrm{F}}^2 \right) \tag{4.1.23}$$

式中，λ_0、λ_1、λ_2 为在优化中权衡各项的正则化系数。在式(4.1.21)中，λ_0 控制着 ELMM 模型的一个扰动项 $\left\| \boldsymbol{A}_j - \boldsymbol{A}_0 \boldsymbol{\zeta}^j \right\|_{\mathrm{F}}^2$，这样可以使得丰度和尺度因子在求解中得到解耦，不再相互成反比。$\psi_1(\boldsymbol{S})$ 的后两项分别用于满足丰度的 ANC 和 ASC 约束，$H_h(\bullet), H_v(\bullet)$ 分别是作用于一阶邻近像元间的水平和垂直方向梯度上的线性算子。如将 $\|\bullet\|_{2,1}$ 替换为 $\|\bullet\|_{1,1}$ 实际上就是 TV 正则化约束，可以保持邻近像元的丰度间具有高的空间相关性。$\psi_2(\boldsymbol{\zeta})$ 则是简单地使尺度化因子具有空间平滑性。

ELMM 算法中采用交替非负最小二乘方法和 ADMM 对式(4.1.21)进行优化，求解各未知变量。

(1) 各像元的端元集 $\underline{\boldsymbol{A}}$ 具有下面的优化子问题：

$$\min_{\underline{\boldsymbol{A}} \geqslant \boldsymbol{0}} f(\underline{\boldsymbol{A}}) = \frac{1}{2} \sum_{j=1}^{m} \left(\left\| \boldsymbol{x}_j - \boldsymbol{A}_j \boldsymbol{s}_j \right\|_2^2 + \lambda_0 \left\| \boldsymbol{A}_j - \boldsymbol{A}_0 \boldsymbol{\zeta}^j \right\|_{\mathrm{F}}^2 \right) \tag{4.1.24}$$

各个像元上的更新为

$$\hat{\boldsymbol{A}}_j=\left(\boldsymbol{x}_j\boldsymbol{s}_j^{\mathrm{T}}+\lambda_0\boldsymbol{A}_0\boldsymbol{\zeta}^j\right)\left(\boldsymbol{s}_j\boldsymbol{s}_j^{\mathrm{T}}+\lambda_0\boldsymbol{I}_{r\times r}\right)^{-1} \tag{4.1.25}$$

(2) 丰度矩阵 $\boldsymbol{S}$ 具有下面的优化子问题：

$$\min_{\boldsymbol{S}} f(\boldsymbol{S})=\frac{1}{2}\sum_{j=1}^{m}\left\|\boldsymbol{x}_j-\boldsymbol{A}_j\boldsymbol{s}_j\right\|_2^2+\lambda_1\left(\left\|H_h(\boldsymbol{S})\right\|_{2,1}+\left\|H_v(\boldsymbol{S})\right\|_{2,1}\right)+\tau_+(\boldsymbol{S})+\boldsymbol{\mu}^{\mathrm{T}}(\boldsymbol{S}^{\mathrm{T}}\mathbf{1}_r-\mathbf{1}_m) \tag{4.1.26}$$

需要指出的是，式(4.1.26)关于像元和端元都是不可分的，同时 $\ell_{2,1}$ 范数也是不可微的。因此，采用 ADMM 对其求解。引入分裂变量 $\boldsymbol{B}_1,\boldsymbol{B}_2,\boldsymbol{B}_3,\boldsymbol{B}_4,\boldsymbol{B}_5$，进行变量替换得

$$\begin{aligned}&\min_{\boldsymbol{S}} f(\boldsymbol{S})=\frac{1}{2}\sum_{j=1}^{m}\left\|\boldsymbol{x}_j-\boldsymbol{b}_{1j}\right\|_2^2+\lambda_1\left(\left\|\boldsymbol{B}_3\right\|_{2,1}+\left\|\boldsymbol{B}_4\right\|_{2,1}\right)+\tau_+(\boldsymbol{B}_5)+\boldsymbol{\mu}^{\mathrm{T}}(\boldsymbol{S}^{\mathrm{T}}\mathbf{1}_r-\mathbf{1}_m)\\&\text{s.t.}\quad \boldsymbol{B}_1=(\boldsymbol{A}_1\boldsymbol{s}_1,\boldsymbol{A}_2\boldsymbol{s}_2,\cdots,\boldsymbol{A}_m\boldsymbol{s}_m),\ \boldsymbol{B}_2=\boldsymbol{S},\ \boldsymbol{B}_3=\left\|H_h(\boldsymbol{B}_2)\right\|_{2,1},\\&\qquad \boldsymbol{B}_4=\left\|H_v(\boldsymbol{B}_2)\right\|_{2,1},\quad \boldsymbol{B}_5=\boldsymbol{S}\end{aligned} \tag{4.1.27}$$

与 PLMM 算法相似，利用式(4.1.27)的增广拉格朗日形式进行求导，可以得到丰度 $\boldsymbol{S}$ 的更新。

基于 ELMM 的解混算法

1. 输入高光谱遥感数据 $\boldsymbol{X}\in\mathbb{R}^{n\times m}$ 和参考端元矩阵 $\boldsymbol{A}_0$；
2. 初始化 $\underline{\boldsymbol{A}}^{(0)},\boldsymbol{S}^{(0)},\boldsymbol{\zeta}^{(0)}$，　$\lambda_0,\lambda_1,\lambda_2>0$，$t=1$；
3. While 收敛条件不满足
   以式(4.1.25)更新 $\underline{\boldsymbol{A}}^{(t)}\leftarrow\arg\min_{\underline{\boldsymbol{A}}} f(\underline{\boldsymbol{A}},\boldsymbol{S}^{(t-1)},\boldsymbol{\zeta}^{(t-1)})$；
   以式(4.1.30)更新 $\boldsymbol{\zeta}^{(t)}\leftarrow\arg\min_{\boldsymbol{\zeta}} f(\underline{\boldsymbol{A}}^{(t)},\boldsymbol{S}^{(t-1)},\boldsymbol{\zeta})$；
   构建式(4.1.27)的增广拉格朗日函数并求解，更新 $\boldsymbol{S}^{(t)}\leftarrow\arg\min_{\boldsymbol{S}} f(\underline{\boldsymbol{A}}^{(t)},\boldsymbol{S},\boldsymbol{\zeta}^{(t)})$；
   $t=t+1$；
   End
4. 输出各像元的端元矩阵 $\underline{\boldsymbol{A}}^{(t)}$，端元尺度因子矩阵 $\boldsymbol{\zeta}^{(t)}$ 和丰度 $\boldsymbol{S}^{(t)}$。

(3) 尺度因子矩阵 $\boldsymbol{\zeta}$ 的优化子问题为

$$\min_{\boldsymbol{\zeta}} f(\boldsymbol{\zeta})=\frac{\lambda_0}{2}\sum_{j=1}^{m}\left\|\boldsymbol{A}_j-\boldsymbol{A}_0\boldsymbol{\zeta}^j\right\|_{\mathrm{F}}^2+\frac{\lambda_2}{2}\left(\left\|H_h(\boldsymbol{\zeta})\right\|_{\mathrm{F}}^2+\left\|H_v(\boldsymbol{\zeta})\right\|_{\mathrm{F}}^2\right) \tag{4.1.28}$$

由于 $\underline{\boldsymbol{A}}$ 可以看作是一个大小为 $n\times m\times r$ 的三阶张量，利用它依照端元划分的大小为 $n\times m$ 的切片，可以得到下面的等价形式：

$$\min_{\boldsymbol{\zeta}} f(\boldsymbol{\zeta})=\frac{\lambda_0}{2}\sum_{i=1}^{r}\left(\left\|\boldsymbol{A}^i-\boldsymbol{a}_{0i}\boldsymbol{\zeta}_i^{\mathrm{T}}\right\|_{\mathrm{F}}^2+\frac{\lambda_2}{2}\left(\left\|H_h(\boldsymbol{\zeta}_i)\right\|_2^2+\left\|H_v(\boldsymbol{\zeta}_i)\right\|_2^2\right)\right) \tag{4.1.29}$$

式中，$\boldsymbol{A}^i\in\mathbb{R}^{n\times m}$，与上式对应的 $\boldsymbol{\zeta}_i$ 的更新方式为

$$\boldsymbol{\zeta}_i = \left((\lambda_0 \boldsymbol{a}_{0i}^{\mathrm{T}} \boldsymbol{a}_{0i}) \boldsymbol{I}_{m\times m} + \lambda_2 (\boldsymbol{H}_h^{\mathrm{T}} \boldsymbol{H}_h + \boldsymbol{H}_v^{\mathrm{T}} \boldsymbol{H}_v) \right)^{-1} (\lambda_0 (\boldsymbol{A}^i)^{\mathrm{T}} \boldsymbol{a}_{0i}) \tag{4.1.30}$$

综上所述，ELMM 解混算法的流程如上表所示。

4.2 基于启发式优化方法的光谱解混

在基于 LMM 的线性解混中，通常的做法是建立解混的约束优化问题并在给予准确的数学描述后，再配合合理的算法在计算机上实现。然而，由于实际数据的差异和复杂性以及误差等各方面的影响，经常会增大解混的难度。这些本质存在的问题对解混算法的性能和运算效率提出了较高的要求。但是，实际上，目前大多的线性解混算法主要是利用基于梯度信息的传统优化方法(如乘法更新算法，梯度下降算法和交替优化的最小二乘等)进行求解的。这类算法通过一系列一维的搜索实现，需要知道目标函数的梯度信息，对初始点、搜索方向及步长设定要求较高；求得的解大多为局部最优解甚至无法找到最小值，而且计算过程较为复杂；对于可行域不连通、不可导甚至根本没有显式数学表达式等问题难以满足求解要求。尤其对于非凸的约束优化问题，这些算法非常容易陷入局部最优中。

在大多数优化问题中，求解的目标是发现最好的解，但是由于经常不能在合理的时间范围内找到全局最优解，这一目标并不总是可以达到，而发现尽可能好的解也是可接受的。因此，为了克服传统梯度下降等方法用于解混的不足，并获取更高精度的解混结果，如神经网络、粒子群优化等一系列启发式(heuristic)的智能优化算法开始受到关注。这些方法大多不要求目标函数和约束条件可微，并能有效地用于非凸优化问题的求解。通过学习数据内在复杂的非线性结构特征或者多方向随机搜索最优解，可以较大概率地求得全局最优解，突破了传统约束优化方法的单一搜索方式。该类方法的优势使得它们在函数优化及一些工程领域早已得到了广泛的应用，而且也正被越来越多地用于线性及非线性光谱解混，以解决其中复杂的约束优化问题。

4.2.1 基于神经网络的混合像元分解

神经网络(neural networks，NNs)方法在 20 世纪 90 年代开始被用于遥感图像处理，并得到快速发展。相比其他方法，NN 的优势在于能够学习描述前向辐射传输模型及其逆问题的复杂模式，而且无需对数据分布作具体假设，能适用于多种不同的数据。对于多波段的高光谱图像解混来说，多层感知(multilayer perceptron，MLP)模型虽然需要许多计算时间，但能提供更佳的精度。

基于神经网络的光谱解混方法(Licciardi and Del Frate，2011)由两部分构成：首先，利用自联想神经网络(auto associative neural networks，AANNs)对输入的光谱矢量进行非线性主成分分析降维，以降低后续训练的数据量和权值，减少光谱冗余干扰使网络提供更平滑的映射；其次，在 NN 中使降维后的矢量向丰度进行映射完成解混。MLP 的拓扑结构被用于完成特征提取和丰度估计这两部分任务，并将它们融合在一个整体框架中。

1) MLP 的 NN 训练

在 NN 的设计中为了防止过拟合，利用早期停止算法(early stopping algorithm)控制训练过程的停止时间，这里的训练和测试集同时参加训练过程。网络的参数通过最小化训练集误差迭代调整，同时当测试集的误差最小时停止训练。然后，为了确定拓扑隐层(hidden layers)的神经元，利用网格搜索方法最小化均方误差完成神经元模拟：$\mathrm{MSE}=\sum_{p\in P}\sum_{j\in N}(t_{p,j}-o_{p,j})^2/P$，这里 P 是训练模式的数量；N 是输出神经元的数目；$t_{p,j}$ 是神经元 j 对于模式 p 的正确目标输出；$o_{p,j}$ 是实际输出。

2) AANNs

如图 4.3 所示，在 AANN 的 MLP 网络中，输入的矢量自身直接被用作为训练目标，这样就将每个输入矢量向其自身映射。第一层映射，将原始的 n 维数据投影到由中间隐层激活函数(如 Sigmoid 函数)确定的低维子空间中。在中间的瓶颈层，神经元数量远小于输入层，通过设定一个阈值误差可以使得在此层压缩的数据保留输入层最重要的信息。网络后半部分则定义了一个将数据从低维空间映射回原始 n 维空间的函数。该网络实际上起到类似于非线性 PCA 的作用，后续使用的非线性主成分数量等于 PCA 的 99%方差能量对应的主成分数量。

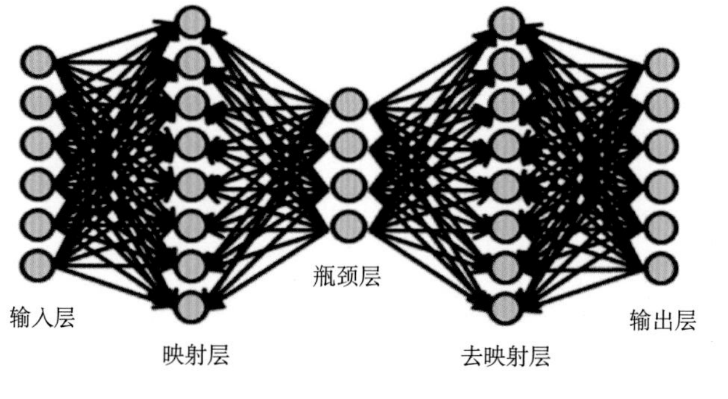

图 4.3　AANN 的网络拓扑结构（Licciardi and Del Frate，2011）

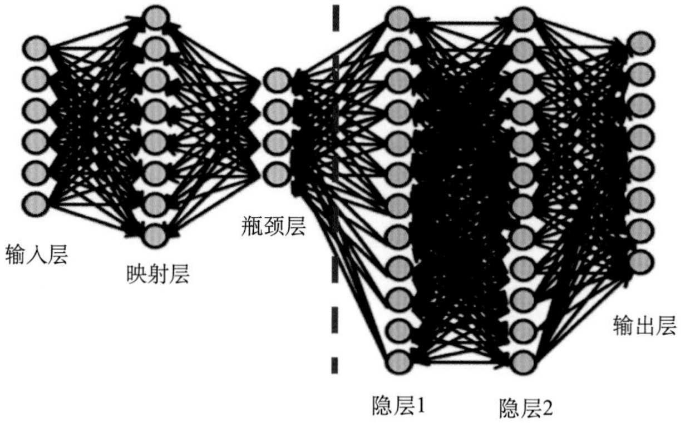

图 4.4　NN 的特征提取和解混两部分的融合结构（Licciardi and Del Frate，2011）

3) 解混过程

当用 AANN 完成对数据的降维后，将降维后的矢量作为下一个阶段模糊分类的输入。这里需要利用相关方法获取端元的数目和类型的先验信息，并选择纯像元样本用于模糊分类的 NN 学习过程。因此，就要生成许多统计显著的训练像元并自动提取代表性的纯像元。基于图像像片判读(image photo-interpretation)，设定一个阈值，训练像元的选择根据它们距离种子像元间的欧氏距离进行。该方法中，只采用纯像元作为 NN 模糊分类的训练，对于无法获取纯像元的图像则采用 USGS 光谱库的参考光谱训练。训练过程中，对应于端元的输出为 1，否则为 0，形成二值输出矢量。尽管如此，Sigmoid 激活函数可使对各像元的解混输出取值在[0, 1]区间，表示模糊隶属度。最后，在某像元中的第 i 个端元的丰度为

$$s_i = o_i \Big/ \sum_{k=1}^{r} o_k \tag{4.2.1}$$

4.2.2 自适应差分进化端元提取算法

差分进化(differential evolution，DE)算法是一种高效的全局优化算法，具有快速的收敛性和简单的原理。DE 算法在数值优化、图像处理、模式识别等许多数学与工程领域已得到广泛应用(Gong et al.，2017)。DE 算法由 Storn 和 Price(1997)提出来解决连续优化问题：

$$\min f(\boldsymbol{P}_1,\cdots,\boldsymbol{P}_j,\cdots,\boldsymbol{P}_D) \quad \text{s.t.} \quad L(\boldsymbol{P}_j) \leqslant \boldsymbol{P}_j \leqslant U(\boldsymbol{P}_j) \tag{4.2.2}$$

式中，D 表示问题的维数；$L(\boldsymbol{P}_j)$、$U(\boldsymbol{P}_j)$ 分别表示变量允许的最小最大值。DE 算法采用了一种浮点编码的架构，利用包括变异(mutation)、交叉(crossover)和选择在内的进化算子，可以将两个随机选取的矢量间的加权差异加到第三个随机选择的矢量中，从而产生连续的种群。由此，DE 算法的流程主要包括四个步骤：①初始化：随机初始化包含 NP 个个体的种群；②变异：DE 对种群进行重组合，增加一个尺度因子 F 和一个随机采样的矢量差异到第三个矢量中，生成变异矢量 $\boldsymbol{V}_i^t$；③交叉：通过交叉概率 CR 混合目标个体矢量 $\boldsymbol{P}_i^t$ 和变异矢量 $\boldsymbol{V}_i^t$ 得到试验矢量 $\boldsymbol{U}_i^t$；④选择：根据种群个体矢量 $\boldsymbol{P}_i^t$ 及其对应的试验矢量 $\boldsymbol{U}_i^t$ 的目标函数值选择个体，目标函数值更小的个体将保留到下一次迭代中。

自适应差分进化(adaptive differential evolution，ADEE)端元提取算法(Zhong et al.，2014)在 LMM 的假设下，将端元提取问题转化为利用 DE 求解的一个组合优化问题；通过以得到的端元和丰度计算重构图像与原图像间的均方根误差来作为目标函数并使其最小化，ADEE 就是要找到此时端元解空间中的最优端元组合。为了提高算法的性能，采用了一种自适应的机制来调整 DE 中的参数至最优，避免了参数的预先设定。

1) 初始化

对于由 r 个端元构成的高光谱遥感图像 $\boldsymbol{X} \in \mathbb{R}^{n\times m}$，ADEE 算法首先随机初始化种群

中的所有个体：$\boldsymbol{P}^t=\{\boldsymbol{P}_1^t,\cdots,\boldsymbol{P}_i^t,\cdots,\boldsymbol{P}_{NP}^t\}$。$\boldsymbol{P}_i^t=\{p_{1,i}^t,\cdots,p_{k,i}^t,\cdots,p_{r,i}^t\}$是由 r 个端元组成的可能端元集合的个体。利用 PPI 算法（见本书第 2 章）对原始图像预处理得到包含 M 个像元的候选端元，则 $\boldsymbol{P}_i^t$ 的可行域能由$[1, M]$范围的整数进行编码。每个个体 $\boldsymbol{P}_i^t$ 中的整数 $p_{k,i}^t$ 表示候选端元的序号，可以随机初始化为$[1, M]$范围内的一个整数。

2) 目标函数

在 ADEE 中，利用 FCLS 算法和提取的端元来计算丰度得到重构图像，而优化的目标函数由原始图像与重构图像间的均方根误差确定：

$$\min f(\boldsymbol{X},\hat{\boldsymbol{X}})=\frac{1}{m}\sum_{j=1}^{m}\sqrt{\frac{1}{n}\sum_{i=1}^{n}(x_{i,j}-\hat{x}_{i,j})^2} \tag{4.2.3}$$

3) 自适应 DE 算子

为了解决传统 DE 采用预先设定的固定参数的问题，ADEE 算法建立了 DE 变异、交叉和选择过程中 F 和 CR 的自适应更新机制。

每个个体 $\boldsymbol{P}_i^t$ 根据变异率 ρ_m 得到相关的变异个体：$\boldsymbol{V}_i^t=\boldsymbol{P}_{q3}^t+F_i^t\cdot(\boldsymbol{P}_{q1}^t-\boldsymbol{P}_{q2}^t)$。$F_i^t$ 是 $\boldsymbol{P}_i^t$ 的变异尺度因子，$q1\neq q2\neq q3\neq i$ 是三个互异的在[1, NP]取值的整数。自适应的 F_i^{t+1} 和 ρ_m 按下式进行取值：

$$F_i^{t+1}=\begin{cases}1-\text{rand1}^{(1-t/t_{\max})^b} & \text{如果rand2}<\rho_m\\ F_i^t & \text{其他}\end{cases},\quad \rho_m=\frac{f(\boldsymbol{P}_i^t)-\min(f(\boldsymbol{P}_i^t))}{\max(f(\boldsymbol{P}_i^t))-\min(f(\boldsymbol{P}_i^t))} \tag{4.2.4}$$

式中，rand1、rand2 是在[0, 1]区间均匀的随机取值。t，$t_{\max}$ 分别表示当前迭代和最大迭代次数。

然后，个体 $\boldsymbol{P}_i^t$ 会以交叉率 CR_i^t 与其对应的变异个体 $\boldsymbol{V}_i^t$ 交换成分，生成试验个体 $\boldsymbol{U}_i^t=\{u_{1,i}^t,\cdots,u_{k,i}^t,\cdots,u_{M,i}^t\}$：

$$u_{k,i}^t=\begin{cases}v_{k,i}^t & \text{rand}(k)\leqslant CR_i^t\text{或}k=\text{rand}n(i)\\ p_{k,i}^t & \text{其他}\end{cases},\quad CR_i^{t+1}=\begin{cases}\text{rand4} & \text{如果rand3}<\rho_m\\ CR_i^t & \text{其他}\end{cases} \tag{4.2.5}$$

式中，rand3、rand4 是在[0, 1]区间均匀的随机取值。rand$n(i)$ 是在$[1, M]$区间随机取的整数，保证 $\boldsymbol{U}_i^t$ 至少有一个参数来自于变异个体 $\boldsymbol{V}_i^t$。

最后，根据目标函数值选择 $\boldsymbol{P}_i^t$ 和 $\boldsymbol{U}_i^t$ 中更好的个体保留到下一次迭代中：

$$\boldsymbol{P}_i^{t+1}=\begin{cases}\boldsymbol{U}_i^t & f(\boldsymbol{U}_i^t)<f(\boldsymbol{P}_i^t)\\ \boldsymbol{P}_i^t & f(\boldsymbol{U}_i^t)\geqslant f(\boldsymbol{P}_i^t)\end{cases} \tag{4.2.6}$$

ADEE 算法以最大迭代次数和目标函数值的大小作为判断算法是否收敛的条件，算法将迭代循环执行三个自适应 DE 算子来更新种群个体，直到满足收敛条件输出端元序号，得到最后提取的端元。

4.2.3　基于粒子群优化的约束非负矩阵分解

粒子群优化算法(particle swarm optimization，PSO)是由 Eberhart 和 Kennedy(1995)提出的一种群智能优化算法，其基本思想来源于对许多鸟类和群体行为进行建模与仿真研究。此类群体优化算法最直接的动机来源于：尽管一个复杂的问题不能由一个个体的更新得到解决，但是一群个体就能通过合作和竞争的方式找到最优的答案。PSO 就是在此基础上利用一群粒子来搜索需要的解。迭代中的每一个粒子都会与其他粒子交换位置信息(优化问题的潜在解)。与传统方法不同，PSO 以一系列不同的初始位置开始搜索，使其不易受到局部极小的影响。

PSO 算法随机初始化一个含有 q 个粒子的种群，它们的位置是优化问题的潜在解。每个粒子都具有在第 t 次迭代中的当前位置 $\boldsymbol{P}_i^t=[p_1^t,p_2^t,\cdots,p_n^t]^{\mathrm{T}}$、自身历史最优位置 $\boldsymbol{P}_{\text{ipbest}}^t$ 和速度 $\boldsymbol{V}_i^t=[v_1^t,v_2^t,\cdots,v_n^t]^{\mathrm{T}}$ 的信息，$i=1,\cdots,q$。种群中最优粒子的位置 $\boldsymbol{P}_{\text{gbest}}^t$ 同样也是已知的。对于给定的最小化优化问题目标函数 $f(\boldsymbol{x})$，$\boldsymbol{x}\in\mathbb{R}^n$，它就是 PSO 的适应度函数 $\mathrm{Fit}(\boldsymbol{x})=f(\boldsymbol{x})$。适应度函数被用于比较种群的粒子以使更好的位置信息可以被相互交流并学习。以这种方式，$\boldsymbol{P}_{\text{ipbest}}^t$ 和 $\boldsymbol{P}_{\text{gbest}}^t$，及利用它们对各粒子的位置动态更新(如图 4.5 所示)为

$$\begin{cases}\boldsymbol{P}_{\text{ipbest}}^t=\begin{cases}\boldsymbol{P}_{\text{ipbest}}^{t-1} & \mathrm{Fit}(\boldsymbol{P}_{\text{ipbest}}^{t-1})\leqslant\mathrm{Fit}(\boldsymbol{P}_i^t)\\ \boldsymbol{P}_i^t & \mathrm{Fit}(\boldsymbol{P}_{\text{ipbest}}^{t-1})>\mathrm{Fit}(\boldsymbol{P}_i^t)\end{cases}\\ \boldsymbol{P}_{\text{gbest}}^t=\arg\min\{\mathrm{Fit}(\boldsymbol{P}_{\text{1pbest}}^t),\mathrm{Fit}(\boldsymbol{P}_{\text{2pbest}}^t),\cdots,\mathrm{Fit}(\boldsymbol{P}_{\text{qpbest}}^t)\}\end{cases}\tag{4.2.7}$$

$$\boldsymbol{V}_i^{t+1}=\omega\cdot\boldsymbol{V}_i^t+c_1\cdot r_1^t\cdot(\boldsymbol{P}_{\text{ipbest}}^t-\boldsymbol{P}_i^t)+c_2\cdot r_2^t\cdot(\boldsymbol{P}_{\text{gbest}}^t-\boldsymbol{P}_i^t),\quad \boldsymbol{P}_i^{t+1}=\boldsymbol{P}_i^t+\boldsymbol{V}_i^{t+1}\tag{4.2.8}$$

式中，ω 是惯性权重，用于控制种群探索和开发能力；c_1 和 c_2 是加速因子；而 r_1 和 r_2 式两个在(0, 1)范围内均匀分布的随机数。

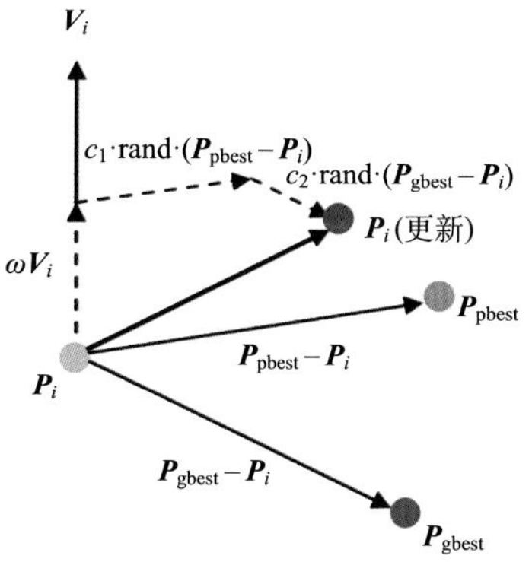

图 4.5　PSO 原理

基于 PSO 的约束 NMF 解混算法(Yang et al., 2017)将 PSO 算法与两种先进的约束处理方法相结合，用于处理 MDC-NMF(见本书第 3 章)框架下的解混问题。该方法由两个部分组成：首先，通过对传统 PSO 进行改进，得到适用于 NMF 框架下无监督解混的高维双种群 PSO(high-dimensional double-swarm PSO, HDPSO)算法。HDPSO 采用“分而治之”的原理，将原始的解混高维问题按波段和像元维度划分为一系列简单的子问题进行求解，有效地克服了 PSO 处理高维优化问题时易早熟、种群丢失多样性的缺点，能在保留原始数据维度信息的情况下较大地提高算法精度。同时，HDPSO 分别建立了关于端元和丰度的两个粒子群体，在迭代中它们将相互交换各自的信息，实现最优端元和丰度粒子位置的同时搜索。其次，自适应惩罚函数和多目标优化技术分别被引入到 HDPSO 适应度函数的构建中，相比在约束 NMF 框架中采用的固定正则化系数，能够更好地权衡重构近似误差和约束项间的关系，从而得到更优的解混结果。

1) HDPSO

首先，对于由 r 个端元构成的高光谱遥感图像 $\boldsymbol{X}\in\mathbb{R}^{n\times m}$，分别建立关于端元和丰度搜索的两个种群 Ω_A 和 Ω_S。Ω_A 中的每个粒子 $\boldsymbol{A}_\psi\in\mathbb{R}^{n\times r}$ 位置都是一个候选的端元矩阵，而 Ω_S 中的每个粒子 $\boldsymbol{S}_\psi\in\mathbb{R}^{r\times m}$ 位置则是一个候选的丰度矩阵。为了解决高光谱数据高维问题对求解的影响，端元群 Ω_A 的适应度函数矢量 $\textbf{Fit}_\text{A}(\boldsymbol{A}_\psi)$ 将对 MDC-NMF 目标函数进行按波段划分：

$$\textbf{Fit}_\text{A}(\boldsymbol{A}_\psi)=\boldsymbol{F}(\boldsymbol{A}_\psi)+\lambda\cdot\boldsymbol{G}(\boldsymbol{A}_\psi),\quad \boldsymbol{F}(\boldsymbol{A}_\psi)=[f_1,f_2,\cdots,f_n]^\text{T},\quad \boldsymbol{G}(\boldsymbol{A}_\psi)=[g_1,g_2,\cdots,g_n]^\text{T} \tag{4.2.9}$$

式中，$f_i=\sum_{j=1}^m(\boldsymbol{X}_{ij}-(\boldsymbol{A}_\psi\boldsymbol{S})_{ij})^2$，$g_i=\sum_{k=1}^r(a_{ik}-\overline{a}_i)^2$，$\overline{a}_i=(1/r)\sum_{k=1}^r a_{ik}$。而丰度群 Ω_S 在考虑丰度 ANC 和 ASC 约束的基础上，其适应度函数矢量 $\textbf{Fit}_\text{S}(\boldsymbol{S}_\psi)$ 是按像元对重构误差项进行划分：

$$\textbf{Fit}_\text{S}(\boldsymbol{S}_\psi)=[h_1,h_2,\cdots,h_m],\quad h_j=\sum_{i=1}^n(\boldsymbol{X}_{ij}-(\boldsymbol{A}\boldsymbol{S}_\psi)_{ij})^2 \tag{4.2.10}$$

对应地，Ω_A 和 Ω_S 群中的各粒子位置更新也将分别细化到各波段和各像元上：

$$\left\{\begin{aligned}&\boldsymbol{A}_{\psi\text{pbest}}^t(i,:)=\begin{cases}\boldsymbol{A}_{\psi\text{pbest}}^{t-1}(i,:) & \textbf{Fit}_\text{A}(\boldsymbol{A}_{\psi\text{pbest}}^{t-1})_i\leqslant\textbf{Fit}_\text{A}(\boldsymbol{A}_\psi^t)_i\\ \boldsymbol{A}_\psi^t(i,:) & \textbf{Fit}_\text{A}(\boldsymbol{A}_{\psi\text{pbest}}^{t-1})_i>\textbf{Fit}_\text{A}(\boldsymbol{A}_\psi^t)_i\end{cases}\\&\boldsymbol{A}_\text{gbest}^t(i,:)=\arg\min(\textbf{Fit}_\text{A}(\boldsymbol{A}_\text{1pbest}^t)_i,\cdots,\textbf{Fit}_\text{A}(\boldsymbol{A}_\text{qpbest}^t)_i)\end{aligned}\right. \tag{4.2.11}$$

$$\left\{\begin{aligned}&\boldsymbol{S}_{\psi\text{pbest}}^t(:,j)=\begin{cases}\boldsymbol{S}_{\psi\text{pbest}}^{t-1}(:,j) & \textbf{Fit}_\text{S}(\boldsymbol{S}_{\psi\text{pbest}}^{t-1})_j\leqslant\textbf{Fit}_\text{S}(\boldsymbol{S}_\psi^t)_j\\ \boldsymbol{S}_\psi^t(:,j) & \textbf{Fit}_\text{S}(\boldsymbol{S}_{\psi\text{pbest}}^{t-1})_j>\textbf{Fit}_\text{S}(\boldsymbol{S}_\psi^t)_j\end{cases}\\&\boldsymbol{S}_\text{gbest}^t(:,j)=\arg\min(\textbf{Fit}_\text{S}(\boldsymbol{S}_\text{1pbest}^t)_j,\cdots,\textbf{Fit}_\text{S}(\boldsymbol{S}_{q\text{pbest}}^t)_j)\end{aligned}\right. \tag{4.2.12}$$

这个细化过程有效地增加了种群的多样性，通过把 PSO 的搜索明确到其各波段和各像元对应的位置上，使原本复杂的高维求解过程转化为多个相关的子问题，从而能极大地缩小搜索空间。群体中产生的最优粒子拥有更为详细而准确的维度特征和更强的引导群体搜索的能力。在 HDPSO 算法中，对 Ω_A 和 Ω_S 这两个种群初始化后，以式(4.2.9)和式(4.2.11)遍历求解得到最优的 $\boldsymbol{A}_{\text{gbest}}^0$。然后将 $\boldsymbol{A}_{\text{gbest}}^0$ 作为已知的端元矩阵，用于丰度群粒子的适应度评价，得到丰度群最优粒子位置 。在以后的每次迭代中，上一次迭代得到的端元群最优粒子位置和丰度群最优粒子位置分别作为这两个群相互对方，在评价粒子适应度时已知的端元矩阵和丰度矩阵。以此反复循环，直到提取到正确的端元和丰度为止。

为了使端元和丰度满足非负性，同时令丰度满足 ASC 约束，需要对粒子的位置和速度进行合理控制：

$$\begin{cases} \boldsymbol{P}_i^{t+1}(j,k) = \boldsymbol{P}_i^t(j,k) - \mu(B_{\max} - \boldsymbol{P}_i^t(j,k)) & \boldsymbol{P}_i^{t+1}(j,k) > B_{\max} \\ \boldsymbol{P}_i^{t+1}(j,k) = \boldsymbol{P}_i^t(j,k) + \mu(B_{\min} - \boldsymbol{P}_i^t(j,k)) & \boldsymbol{P}_i^{t+1}(j,k) < B_{\min} \end{cases} \tag{4.2.13}$$

$$\boldsymbol{V}_i^t = \min(\max(\boldsymbol{V}_i^t, -B_{\max}), B_{\max}), \boldsymbol{V}_i^{t+1}(j,k) = 0, \text{ if } \boldsymbol{P}_i^{t+1}(j,k) > B_{\max} \text{ or } \boldsymbol{P}_i^{t+1}(j,k) < B_{\min} \tag{4.2.14}$$

式中，μ 是(0, 1)间的均匀随机数；$B_{\max}$ 和 $B_{\min}$ 表示粒子取值的上下界，可分别取 1 和 0。丰度的 ASC 约束通过归一化 $\boldsymbol{P}_i^t \leftarrow \boldsymbol{P}_i^t./(\boldsymbol{I}_{r\times r}\cdot\boldsymbol{P}_i^t)$ 满足。此外，为了增强算法探索和开发解空间的能力并保持稳定性，Ω_A 和 Ω_S 的 PSO 参数分别按式(4.2.15)和式(4.2.16)进行设置：

$$\omega = 0.72984, \ c_1 = c_2 = 1.49617 \tag{4.2.15}$$

$$\begin{cases} \omega = \omega_{\max} - \dfrac{t}{t_{\max}}(\omega_{\max} - \omega_{\min}), \ \omega \in [0.4, 0.95] \\ c_1 = 2.5 - \dfrac{t}{t_{\max}}, \ c_2 = 1.5 + \dfrac{t}{t_{\max}} \end{cases} \tag{4.2.16}$$

2) 约束优化方法

MDC-NMF 解混框架下实际上需要解决的问题是：找到使矩阵分解近似误差范数项和端元距离项 EMD($\boldsymbol{A}$) 同时取得最小值的端元和丰度。这样，理想的光谱解混过程应是算法首先偏向于求解第一个目标，使得近似误差 $\|\boldsymbol{X}-\boldsymbol{AS}\|_F^2 - \varepsilon \leqslant 0$ 满足一定精度，以保证找到足够正确的端元方向；然后在此基础上使求解逐步偏向于端元距离的最小化，从而找到正确的端元。此时就能构建端元的可行域，所有属于可行域的粒子都是可行解：

$$\boldsymbol{F} = \left\{ \boldsymbol{A} \mid f(\boldsymbol{A}) = \max(\|\boldsymbol{X}-\boldsymbol{AS}\|_F^2 - \varepsilon, 0) = 0, \ \boldsymbol{A} \geqslant 0 \right\} \tag{4.2.17}$$

此时，解混就转变为从可行域 $\boldsymbol{F}$ 中找到能使端元距离约束项 EMD($\boldsymbol{A}$) 尽可能小的端元。对应的以惩罚函数法表示的约束优化问题为

$$\begin{aligned} &\min_{\boldsymbol{A}} \text{EMD}(\boldsymbol{A}) + \lambda \cdot f(\boldsymbol{A}) \\ &\text{s.t. } \boldsymbol{A} \geqslant \boldsymbol{0} \end{aligned} \tag{4.2.18}$$

大多的约束 NMF 解混方法都采用固定的惩罚系数 λ 作为求解权衡。然而，惩罚系数决定了对不可行解的惩罚程度，过大或过小的惩罚程度都可能给求解制造困难，不利于找到可行的最优解。如果惩罚程度过大，群体将以较快的速度进入可行域，此时会忽

略对不可行域的勘探和开采，而且当搜索空间中具有多个不连续的可行区域时，算法很可能只找到其中一个可行的局部最优解。另一方面，如果惩罚程度过小，个体的惩罚适应值将主要由目标函数决定，算法不能有效地在可行区域中搜索，大部分搜索浪费在不可行区域，此时群体可能在不可行域产生滞留现象，算法有可能找不到可行解而导致最后收敛于不可行解。

(1) 自适应惩罚策略

为摆脱惩罚系数λ对 PSO 求解精度的影响，引入了自适应惩罚策略，根据每个波段上种群可行解比例ρ的变化进行惩罚系数λ自适应化$\lambda(\rho)=10^{1-2\rho}$ (Gan et al.，2010)，得到 HDPSO 算法中端元群Ω_A的适应度函数矢量$\mathbf{Fit}_A(\boldsymbol{A}_\psi)$：

$$\mathbf{Fit}_A(\boldsymbol{A}_\psi)=\boldsymbol{F}_{nor}(\boldsymbol{A}_\psi)+\boldsymbol{\lambda}(\boldsymbol{\rho})\odot\boldsymbol{G}_{nor}(\boldsymbol{A}_\psi) \tag{4.2.19}$$

$$\begin{cases}\boldsymbol{F}_{nor}(\boldsymbol{A}_\psi)=[\tilde{f}_1,\tilde{f}_2,\ldots,\tilde{f}_n]^T,\ \boldsymbol{G}_{nor}(\boldsymbol{A}_\psi)=[\tilde{g}_1,\tilde{g}_2,\ldots,\tilde{g}_n]^T\\ \boldsymbol{\lambda}(\boldsymbol{\rho})=[\lambda_1(\rho_1),\lambda_2(\rho_2),\ldots,\lambda_n(\rho_n)]^T\end{cases},\ \tilde{f}_i=\frac{f_i-f_{min}}{f_{max}-f_{min}},\ \tilde{g}_i=\frac{g_i-g_{min}}{g_{max}-g_{min}} \tag{4.2.20}$$

$$f_i=\sum_{k=1}^{r}(a_{ik}-\overline{a}_i)^2,\ g_i=\max\left(\sum_{j=1}^{m}(\boldsymbol{X}_{ij}-(\boldsymbol{A}_\psi\boldsymbol{S})_{ij})^2-\varepsilon,0\right) \tag{4.2.21}$$

PSO 迭代初期由于几乎没有可行解即$\rho=0$，没能找到正确的端元方向，此时惩罚系数较大$\lambda=10$，PSO 偏向于搜索具备更小近似误差的解。随着迭代的深入，种群Ω_A中存在一定程度的可行解，惩罚系数开始慢慢减小，使 PSO 偏向于搜索具有更小端元距离的解；当$\rho>0.5$时，即种群中超过一半的粒子找到了正确的端元方向，此时惩罚系数小于 1，PSO 的搜索以端元距离最小化为主体，若群体中所有粒子都是可行解即$\rho=1$，惩罚系数减小到最小值 0.1。

(2) 多目标优化策略

虽然自适应惩罚 PSO 利用种群中可行解比例的变化信息可使惩罚系数自适应地动态调整，在一定程度上较好地解决了惩罚系数难以合理确定的问题，但是，它依然依赖于参数λ，而且ρ与λ间的函数形式也会对求解有影响。为了使适应度函数中的目标项与约束违反项两者关系实现更好地权衡，将单目标约束优化问题转换为多目标优化问题，然后利用多目标优化技术处理转换后的问题。

多目标优化中的 Pareto 支配性：对于粒子$\boldsymbol{a}$和$\boldsymbol{b}$，当且仅当$\forall i\in\{1,\cdots,n\}$，$f_i(\boldsymbol{a})\leqslant f_i(\boldsymbol{b})$并且$\exists j\in\{1,\cdots,n\}$，$f_j(\boldsymbol{a})<f_j(\boldsymbol{b})$，$\boldsymbol{a}$ Pareto 支配$\boldsymbol{b}$，表示为$\boldsymbol{a}\prec\boldsymbol{b}$。如果没有粒子支配$\boldsymbol{a}$，那么它就是一个 Pareto 非支配解。多目标约束优化处理后求取的解具有如图 4.6 所示的特点，Pareto 最优解集映射到了 Pareto 前沿，可行域映射到实线段，全局最优解映射到 Pareto 前沿与实线段的交点，搜索空间映射到 Pareto 前沿及 Pareto 前沿以上的区域。

第一种是距离测度和可行性的策略(Woldesenbet et al.，2009)，通过粒子的距离测度和惩罚值重新构建目标函数，并利用粒子的非支配性排序来对目标函数值分级从而得到最后的最优解集。将该策略与 HDPSO 结合得到

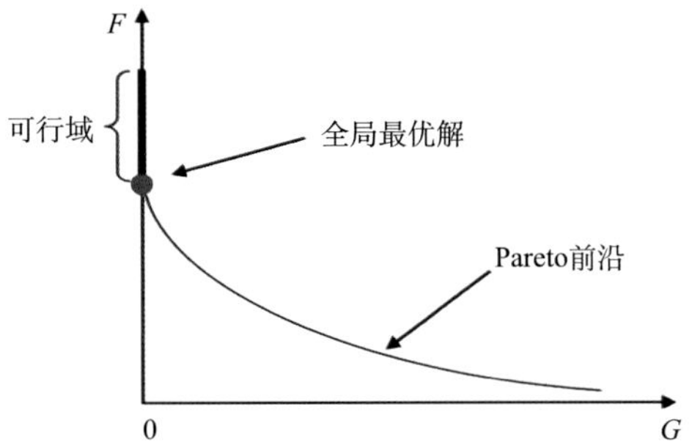

图 4.6　多目标优化策略

$$\mathbf{Fit}_{\mathrm{A}}(\boldsymbol{A}_{\psi})=\boldsymbol{d}(\boldsymbol{A}_{\psi})+\boldsymbol{p}(\boldsymbol{A}_{\psi}) \tag{4.2.22}$$

$$\boldsymbol{d}(\boldsymbol{A}_{\psi})=[d_1,d_2,\cdots,d_m]^{\mathrm{T}}, \quad d_i=\begin{cases}\tilde{g}_i & \rho_i=0\\ \sqrt{\tilde{f}_i^2+\tilde{g}_i^2} & \text{其他}\end{cases} \tag{4.2.23}$$

$$\boldsymbol{p}(\boldsymbol{A}_{\psi})=[p_1,p_2,\cdots,p_m]^{\mathrm{T}}, \quad p_i=(1-\rho_i)y_i+\rho_i z_i, \quad y_i=\begin{cases}0 & \rho_i=1\\ \tilde{g}_i & \text{其他}\end{cases}, \quad z_i=\begin{cases}0 & \text{可行}\\ \tilde{f}_i & \text{不可行}\end{cases} \tag{4.2.24}$$

当种群不存在可行解时，粒子适应度完全由其约束违反程度决定，而其目标项的值将会被忽略，所有粒子只根据约束违反程度进行比较，有助于算法更快找到的可行解。当种群中有可行解时，具有更小约束违反程度和更小目标值的粒子将 Pareto 支配其他粒子。如果两个粒子的距离值非常接近，则惩罚项将决定更优的粒子。当种群可行解比例较小时，接近可行域的粒子具有优势，而当可行解比例较大时，则具有更小目标项的值的解具有优势。如果种群中的解全是可行解，则完全根据粒子的目标项的值来评价其适应度。

第二种是 Pareto 支配性与可行性测度排序的策略（Wang and Cai，2012）。如果一个粒子被更多的粒子支配，那么它属于较差的粒子，对应的支配性强度定义为

$$Q_i=\sum_{j=1}^{q}\phi_{i,j}, \quad \phi_{i,j}=\begin{cases}1 & P_j \prec P_i\\ 0 & \text{其他}\end{cases} \tag{4.2.25}$$

另外一个性能评价因子是粒子的可行性，种群中的粒子依据以下规则进行排序：可行解排在不可行解之前；可行解根据它们的目标项的值进行升序排列；不可行解根据它们的约束违反程度进行升序排列。以 $\boldsymbol{R}$ 表示可行性序列，将 $\boldsymbol{Q}$ 和 $\boldsymbol{R}$ 归一化并把该策略与 HDPSO 结合后，得到适应度函数：

$$\boldsymbol{Fit}_{\mathrm{A}}(\boldsymbol{A}_{\psi})=\boldsymbol{Q}_{\mathrm{nor}}(\boldsymbol{A}_{\psi})+\boldsymbol{R}_{\mathrm{nor}}(\boldsymbol{A}_{\psi}), \quad Q_{i,\mathrm{nor}}=\frac{Q_i}{\max\limits_{j=1,\cdots,q}(Q_j)}, \quad R_{i,\mathrm{nor}}=\frac{R_i}{\max\limits_{j=1,\cdots,q}(R_j)} \tag{4.2.26}$$

第三种是自适应权衡模型（Wang et al.，2008）。将进化算法约束处理过程分为 3 个不同的阶段，每个阶段采用了不同约束项与目标项间的权衡机制，以实现更为明确的自适应。

第一阶段　算法处于迭代初期，种群中不含可行解，即 $\rho = 0$ 。此时，粒子的可行性比目标项最小化更为重要，而全局最优解在可行域中，所以算法的搜索应该是种群从各个方向可行域逼近。因此，确定所有的非支配粒子，然后选择具有最低约束违反程度的粒子来引导种群向可行域靠近。

第二阶段　种群中含有可行解和不可行解，即 $0 < \rho < 1$ 。此时认为具有更好目标项的值和更低的约束违反程度的不可行解甚至比可行解更为重要，因为最优解可能位于可行域边缘。在该阶段，先将种群按波段划分为可行解集 Z_1 和不可行解集 Z_2：

$$\mathbf{Fit}_{\mathrm{A}}(\boldsymbol{A}_{\psi}) = \boldsymbol{F}_{\mathrm{nor}}(\boldsymbol{A}_{\psi}) + \boldsymbol{G}_{\mathrm{nor}}(\boldsymbol{A}_{\psi}) \tag{4.2.27}$$

$$\tilde{f}_i = \frac{\hat{f}_i - \hat{f}_{\min}}{\hat{f}_{\max} - \hat{f}_{\min}}, \quad \tilde{g}_i = \begin{cases} 0 & i \in Z_1 \\ \dfrac{g_i - g_{\min}}{g_{\max} - g_{\min}} & i \in Z_2 \end{cases}, \quad \hat{f}_i = \begin{cases} f_i & i \in Z_1 \\ \max(\rho f_{\min} + (1-\rho) f_{\max}, f_i) & i \in Z_2 \end{cases} \tag{4.2.28}$$

$$f_i = \sum_{k=1}^{r} (a_{ik} - \overline{a}_i)^2, \quad g_i = \max\Big(\sum_{j=1}^{n} (\boldsymbol{X}_{ij} - (\boldsymbol{A}_{\psi}\boldsymbol{S})_{ij})^2 - \varepsilon_i, 0\Big) \tag{4.2.29}$$

此时，可行解之间只依据它们目标项的值进行比较，而在比较可行解和不可行解时需要同时考虑目标项的值和约束违反程度。当种群可行解比例的值较大时，不可行粒子目标项的值较小，这样可以增加不可行粒子作为种群最优粒子的可能性。当可行解比例的值较小时，不可行解的目标项的值较大，使得可行解更容易被选为最优粒子。

第三阶段　种群中所有的粒子都是可行解。此时要处理的问题就等价于无约束优化问题，粒子间的比较完全根据它们目标项函数值的大小来进行。此时粒子的适应度函数为

$$\boldsymbol{Fit}_{\mathrm{A}}(\boldsymbol{A}_{\psi}) = \boldsymbol{F}(\boldsymbol{A}_{\psi}) \tag{4.2.30}$$

约束优化的高维双种群 PSO 算法 HDPSO

1. 输入高光谱遥感数据 $\boldsymbol{X} \in \mathbb{R}^{n \times m}$ 和端元数目 r；
2. 随机初始化端元群 Ω_{A} 和丰度群 Ω_{S} 的 q 个粒子位置 $\boldsymbol{A}_{\psi}^{0}$ 和 $\boldsymbol{S}_{\psi}^{0}$，粒子速度都初始为 0，$t = 0$；
3. While 收敛条件不满足

   $t = t + 1$，更新式(4.2.15)和式(4.2.16)的 PSO 参数；

   利用 $\boldsymbol{S}_{\mathrm{gbest}}^{t-1}$ 计算端元粒子(各约束处理策略下)的适应度函数 $\mathbf{Fit}_{\mathrm{A}}$，以式(4.2.11)确定 $\boldsymbol{A}_{\psi\mathrm{pbest}}^{t}$ 和 $\boldsymbol{A}_{\mathrm{gbest}}^{t}$； 利用 $\boldsymbol{A}_{\mathrm{gbest}}^{t}$ 和式(4.2.10)计算丰度粒子的适应度函数 $\mathbf{Fit}_{\mathrm{S}}$，以式(4.2.12)确定 $\boldsymbol{S}_{\psi\mathrm{pbest}}^{t}$ 和 $\boldsymbol{S}_{\mathrm{gbest}}^{t}$；

   以式(4.2.8)更新所有粒子的位置，并以式(4.2.13)和式(4.2.14)控制粒子位置和速度边界；

   End
4. 输出端元 $\boldsymbol{A}_{\mathrm{gbest}}^{t}$ 和丰度 $\boldsymbol{S}_{\mathrm{gbest}}^{t}$。

综上所述，几种约束优化方法实际上都是在 HDPSO 基础上对端元群的适应度函数进行的修改，它们的算法主体流程依然是如上表所示的 HDPSO 算法。

4.3　时变的光谱解混方法

高光谱传感器可以在多个时间帧下对地表进行连续观测，产生多时相(multitemporal)的高光谱遥感数据(如图 4.7 所示)。多时相的数据允许人们能够捕捉到观测场景潜在变化的动态过程。与多光谱遥感数据不同，高光谱遥感图像的丰富光谱信息能够使那些细微的重要光谱变化被更好地探测到。但是，不同时间段下的高光谱遥感图像变化也具有更多的隐式结构复杂性(Ghamisi et al.，2017)。变化检测(change detection，CD)技术通过对多时相数据进行处理来探测场景中不同覆盖类型的地理变化，能够用于包括环境监测、城市规划、农业和军事等领域。

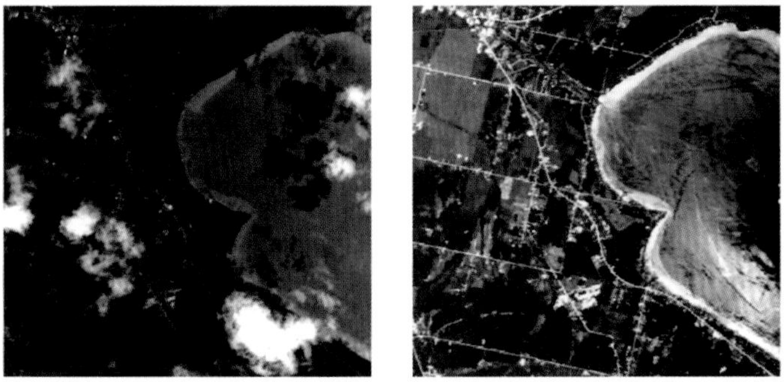

(a) 2009年　(b) 2011年

图 4.7　不同时间段的图像(Erturk and Plaza，2015)

目前，利用光谱解混技术实现变化检测还处于初始研究阶段，但与其他变化检测方法相比，基于光谱解混的变化检测具有多方面优势，能够提供自然变化重要的更易解释的信息而不只是场景展现的变化。例如，在给定的区域或者像元内的各种端元物质的丰度变化，或者是场景中某种端元物质的增添或者移除过程随时间的分布变化，都能被很好地表现出来。从这个意义上来说，通过解混可以探测到的真实场景中的变化可以是农场中新种植的农作物(局域地区中具有显著丰度的端元变化)，如洪水等自然灾害情况(给定端元在场景中的丰度变化)、作物长势(端元光谱变化)和军事目标(场景中的新异常端元)等(Erturk and Plaza，2015)。

然而，要实现多时相的光谱解混必然会产生较大的计算负荷，同时需要对每个时间帧上的高光谱图像像元建模描述其混合过程。除了对每帧的高光谱图像线性解混外，还需考虑若干问题：解混提取的端元序号可能在不同帧的图像间发生变化，而且独立地对每帧图像解混也不能很好地利用数据的时间信息。这些问题对于进一步改善多时相数据的光谱解混性能都非常重要。本节将分别介绍一种基于光谱解混的变化检测方法和一种利用多时相数据实现动态解混的方法。

4.3.1　基于解混的高光谱图像变化检测

基于高光谱解混的信息变化检测方法(Erturk and Plaza，2015)包括降维、端元提取、丰度估计和探测丰度图随时间的变化几个过程。

首先，采用 HySime 算法(见本书第 2 章)估计所有时间帧下高光谱遥感图像的端元数目。在这个过程中，每个时间的数据被结合为一个整体来完成的端元数目估计，而不是分开来分别估计，能够使结果更具鲁棒性。

然后，当获取端元数目后，同样也对整体的数据集进行端元提取。这样可以构建一个共同的端元集，防止多个像元被选作不同时间数据集的相同端元。此外，还能使端元的光谱变异性可以忽略。这里分别采用了基于纯像元假设的 N-FINDR 算法和基于最小体积的适用于高度混合数据的 SISAL 算法进行端元提取(分别见本书第 2 章和第 3 章)。

接着，利用提取的端元和 FCLS 算法(见本书第 2 章)来估计不同时间帧数据的各端元丰度，此时是分各个时间子数据进行的。

最后，通过将每个端元在不同时间帧数据中的丰度图相减，得到该端元物质分布随时间的变化[如图 4.8(a)所示]。而总体的变化则是将得到的各端元变化图相加[如图 4.8(b)所示]。

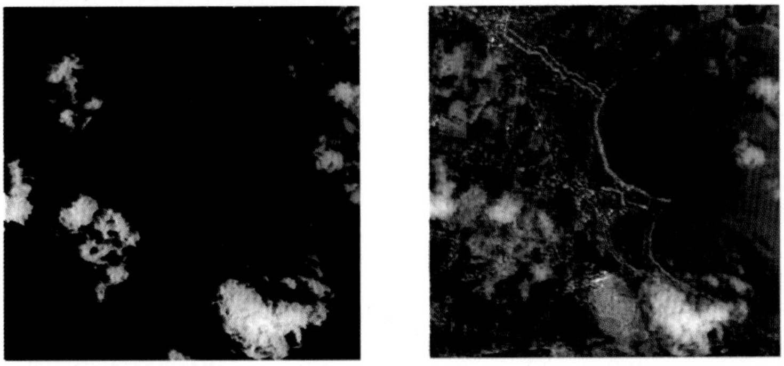

(a) 云的变化　　(b) 总体变化

图 4.8　2009 年和 2011 年时间段的图像变化(Erturk and Plaza, 2015)

4.3.2　多时相高光谱图像的动态解混

多时相高光谱图像的动态解混方法(Henrot et al.，2016)构建了一系列时间序列下的高光谱遥感图像的建模过程和解混框架。假设每个时间帧的数据都服从 LMM，为保持线性解混方法的低复杂度特点，给出了适用于多时相高光谱图像的解混模型。模型中，纯物质端元光谱和丰度被视作满足动态变化结构的潜在变量(latent variable)。最后，在该模型的基础上，采用交替最小二乘的方法有效地同时处理所有时间帧的图像实现动态光谱解混。

令 $\underline{\boldsymbol{X}} = \{\boldsymbol{X}_k \in \mathbb{R}^{n\times m};\ k=1,2,\cdots,K\}$ 表示由 K 个时间段高光谱遥感图像组成的时间序列数据集合。在 LMM 的基础上，每个时间帧下的图像 $\boldsymbol{X}_k$ 对应有各自的端元 $\boldsymbol{A}_k \in \mathbb{R}^{n\times r}$ 和丰度 $\boldsymbol{S}_k \in \mathbb{R}^{r\times m}$ ，构成 $\underline{\boldsymbol{A}} = \{\boldsymbol{A}_k\}$ 和 $\underline{\boldsymbol{S}} = \{\boldsymbol{S}_k\}$ ：

$$\boldsymbol{X}_k = \boldsymbol{A}_k\boldsymbol{S}_k + \boldsymbol{E}_k \tag{4.3.1}$$

式中，端元数目 r 固定为所有时间帧图像的最大值。采用现有的线性解混方法可以对每帧的图像分开独立解混，但是无法考虑光谱信号和丰度的动态变化。

因此，可以先通过假设引入先验信息。首先，假设不同时间帧数据中相同端元物质的光谱信号形状是保持不变的。这样就能采用和 ELMM 方法相似的思想，引入一个光谱变异性的尺度因子，动态地度量端元在不同时间段的数据中的变化：

$$\boldsymbol{a}_{(i)k} = \zeta_{(i)k}\boldsymbol{a}_{(i)0} + \boldsymbol{v}_{(i)k} \tag{4.3.2}$$

式中， $\boldsymbol{a}_{(i)0}$ 是第 i 类物质端元的标准参考光谱； $\zeta_{(i)k}$ 是非负的尺度因子； $\boldsymbol{v}_{(i)k}$ 是零均值加性噪声。可以采用地物真实的字典，或对端元束进行多项式回归，或简单直接地将第一幅图像的端元作为标准端元 $\boldsymbol{a}_{(i)0}$ 。

然后，再建立关于丰度变化的假设，即所有图像是由相同的传感器获取或预先校正的时间序列，那么相邻时间段图像端元丰度间关系为

$$\boldsymbol{s}_{(j)k} = \boldsymbol{s}_{(j)k-1} + \boldsymbol{d}_{(j)k} \tag{4.3.3}$$

式中， $\boldsymbol{s}_{(j)k}$ 是第 k 个时间帧图像的第 j 个像元的丰度矢量； $\boldsymbol{d}_{(j)k}$ 表示第 j 个像元的丰度的潜在变化矢量，只有当对应的端元丰度变化时 $\boldsymbol{d}_{(j)k}$ 才具有非零值，也就是说 $\boldsymbol{d}_{(j)k}$ 是稀疏的。另外，考虑到光谱变异性和 $\boldsymbol{d}_{(j)k}$ 的稀疏性及为了使模型更加灵活，丰度的 ASC 约束在模型中并没有被考虑。

结合式(4.3.1)、式(4.3.2)和式(4.3.3)，得到如下简化的动态线性混合模型：

$$\begin{cases} \boldsymbol{X}_k = \boldsymbol{A}_k\boldsymbol{S}_k + \boldsymbol{E}_k \\ \boldsymbol{A}_k = \boldsymbol{A}_0\boldsymbol{\zeta}_k + \boldsymbol{V}_k \\ \boldsymbol{S}_k = \boldsymbol{S}_{k-1} + \boldsymbol{D}_k \end{cases} \tag{4.3.4}$$

式中， $\boldsymbol{\zeta}_k = \mathrm{diag}(\zeta_{(1)k}, \zeta_{(2)k}, \cdots, \zeta_{(r)k})$ 是尺度因子的对角阵。可以看出在之前的假设下，式(4.3.4)的模型实际上需要采集的时间序列数据集具有较高的时间分辨率，才能满足端元光谱形状不变的要求。它在实际以周或月份为单位采集的图像中可能就不太实用。式(4.3.4)对应的解混优化问题为

$$\min_{\underline{\boldsymbol{A}},\underline{\boldsymbol{S}},\underline{\boldsymbol{\zeta}}} f(\underline{\boldsymbol{A}}, \underline{\boldsymbol{S}}, \underline{\boldsymbol{\zeta}}) = \frac{1}{2}\sum_{k=1}^{K}\|\boldsymbol{X}_k - \boldsymbol{A}_k\boldsymbol{S}_k\|_{\mathrm{F}}^2 + \frac{\lambda_1}{2}\sum_{k=1}^{K}\|\boldsymbol{A}_k - \boldsymbol{A}_0\boldsymbol{\zeta}_k\|_{\mathrm{F}}^2 + \lambda_2\sum_{k=2}^{K}\|\boldsymbol{S}_k - \boldsymbol{S}_{k-1}\|_1 \tag{4.3.5}$$

这里 λ_1、λ_2 是权衡约束的正则参数，可以在 Bayesian 框架在估计获取。下面采用交替非负最小二乘方法对式(4.3.5)的参数求解。

1) 端元集合 $\underline{\boldsymbol{A}}$ 的更新

针对对应的子优化问题，引入辅助变量 $\underline{\boldsymbol{M}}=\{\boldsymbol{M}_k\}$ 和标准化的拉格朗日乘子 $\underline{\boldsymbol{U}}=\{\boldsymbol{U}_k\}$ 后，构建增广拉格朗日函数，利用 ADMM 算法进行求解：

$$L=\sum_{k=1}^{K}\left(\frac{1}{2}\|\boldsymbol{X}_k-\boldsymbol{A}_k\boldsymbol{S}_k\|_{\mathrm{F}}^2+\frac{\lambda_1}{2}\|\boldsymbol{A}_k-\boldsymbol{A}_0\zeta_k\|_{\mathrm{F}}^2+\tau_+(\boldsymbol{M}_k)+\frac{\rho}{2}\|\boldsymbol{A}_k-\boldsymbol{M}_k+\boldsymbol{U}_k\|_{\mathrm{F}}^2-\frac{\rho}{2}\|\boldsymbol{U}_k\|_{\mathrm{F}}^2\right) \tag{4.3.6}$$

得到各变量的更新方式为

$$\begin{cases}\boldsymbol{A}_k\leftarrow(\boldsymbol{X}_k\boldsymbol{S}_k^{\mathrm{T}}+\lambda_1\boldsymbol{A}_0\zeta_k+\rho(\boldsymbol{M}_k-\boldsymbol{U}_k))(\boldsymbol{S}_k\boldsymbol{S}_k^{\mathrm{T}}+(\lambda_1+\rho)\boldsymbol{I}_{r\times r})^{-1}\\ \boldsymbol{M}_k\leftarrow\prod_+(\boldsymbol{A}_k+\boldsymbol{U}_k)\\ \boldsymbol{U}_k\leftarrow\boldsymbol{U}_k+\boldsymbol{A}_k-\boldsymbol{M}_k\end{cases} \tag{4.3.7}$$

2) 丰度集合 $\underline{\boldsymbol{S}}$ 的更新

类似地，这里也引入辅助变量 $\underline{\boldsymbol{Q}}=\{\boldsymbol{Q}_k\}$ 和 $\underline{\boldsymbol{D}}=\{\boldsymbol{D}_k\}$，及标准化的拉格朗日乘子 $\underline{\boldsymbol{W}}=\{\boldsymbol{W}_k\}$ 与 $\underline{\boldsymbol{Z}}=\{\boldsymbol{Z}_k\}$，构建增广拉格朗日函数，利用 ADMM 算法进行求解：

$$\begin{aligned}L=&\sum_{k=1}^{K}\left(\frac{1}{2}\|\boldsymbol{X}_k-\boldsymbol{A}_k\boldsymbol{S}_k\|_{\mathrm{F}}^2+\tau_+(\boldsymbol{Q}_k)+\frac{\rho}{2}\|\boldsymbol{S}_k-\boldsymbol{Q}_k+\boldsymbol{W}_k\|_2^2-\frac{\rho}{2}\|\boldsymbol{W}_k\|_{\mathrm{F}}^2\right)\\&+\sum_{k=2}^{K}\left(\lambda_2\|\boldsymbol{D}_k\|_1+\frac{\rho}{2}\|\boldsymbol{S}_k-\boldsymbol{S}_{k-1}-\boldsymbol{D}_k+\boldsymbol{Z}_k\|_2^2-\frac{\rho}{2}\|\boldsymbol{Z}_k\|_{\mathrm{F}}^2\right)\end{aligned} \tag{4.3.8}$$

得到各变量的更新方式为

$$\begin{cases}\boldsymbol{S}_1\leftarrow(\boldsymbol{A}_1^{\mathrm{T}}\boldsymbol{A}_1+2\rho\boldsymbol{I}_{r\times r})^{-1}(\boldsymbol{A}_1^{\mathrm{T}}\boldsymbol{X}_1+\rho(\boldsymbol{S}_2-\boldsymbol{D}_2+\boldsymbol{Z}_2+\boldsymbol{Q}_1-\boldsymbol{W}_1))\\ \boldsymbol{S}_{k(k=2,\cdots,K-1)}\leftarrow(\boldsymbol{A}_k^{\mathrm{T}}\boldsymbol{A}_k+3\rho\boldsymbol{I}_{r\times r})^{-1}(\boldsymbol{A}_k^{\mathrm{T}}\boldsymbol{X}_k+\rho(\boldsymbol{S}_{k+1}+\boldsymbol{S}_{k-1}-\boldsymbol{D}_{k+1}+\boldsymbol{D}_k+\boldsymbol{Z}_{k+1}-\boldsymbol{Z}_k+\boldsymbol{Q}_k-\boldsymbol{W}_k)\\ \boldsymbol{S}_K\leftarrow(\boldsymbol{A}_K^{\mathrm{T}}\boldsymbol{A}_K+2\rho\boldsymbol{I}_{r\times r})^{-1}(\boldsymbol{A}_K^{\mathrm{T}}\boldsymbol{X}_K+\rho(\boldsymbol{S}_{K-1}+\boldsymbol{D}_K-\boldsymbol{Z}_K+\boldsymbol{Q}_K-\boldsymbol{W}_K)\end{cases} \tag{4.3.9}$$

$$\begin{cases}\boldsymbol{Q}_k\leftarrow\prod_+(\boldsymbol{S}_k+\boldsymbol{W}_k)^{-1}\\ \boldsymbol{D}_{k(k>1)}\leftarrow\max(\boldsymbol{S}_k-\boldsymbol{S}_{k-1}+\boldsymbol{Z}_k-\lambda_2/\rho,\boldsymbol{0})-\max(-\boldsymbol{S}_k+\boldsymbol{S}_{k-1}-\boldsymbol{Z}_k-\lambda_2/\rho,\boldsymbol{0})\\ \boldsymbol{W}_k\leftarrow\boldsymbol{W}_k+\boldsymbol{S}_k-\boldsymbol{Q}_k\\ \boldsymbol{Z}_{k(k>1)}\leftarrow\boldsymbol{Z}_k+\boldsymbol{S}_k-\boldsymbol{S}_{k-1}-\boldsymbol{D}_k\end{cases} \tag{4.3.10}$$

3) 尺度因子集合 $\underline{\zeta}$ 的更新

可以直接通过计算式(4.3.6)的梯度，得到

$$\zeta_{(i)k}\leftarrow\frac{\boldsymbol{a}_{i0}^{\mathrm{T}}\boldsymbol{a}_{ik}}{\boldsymbol{a}_{i0}^{\mathrm{T}}\boldsymbol{a}_{i0}} \tag{4.3.11}$$

综上所述，多时相高光谱遥感图像的联合光谱解混算法流程可以总结如下表所示。

多时相高光谱遥感图像的联合光谱解混算法

1. 输入高光谱遥感数据 $\boldsymbol{X} \in \mathbb{R}^{n\times m}$ 和端元数目 r，参数 λ_1、λ_2 和收敛阈值 ξ_1，ξ_2；
2. 初始化尺度因子矩阵 $\underline{\boldsymbol{\zeta}}^{(0)}$，以 VCA 或 MVSA 算法初始化端元 $\underline{\boldsymbol{A}}^{(0)}$，以 FCLS 算法初始化 $\underline{\boldsymbol{S}}^{(0)}$，$t=0$；
3. While $\sum_{k=1}^{K}\left\|\boldsymbol{A}_k^{(t)}-\boldsymbol{A}_k^{(t-1)}\right\|_{\mathrm{F}}^2 / \sum_{k=1}^{K}\left\|\boldsymbol{A}_k^{(t-1)}\right\|_{\mathrm{F}}^2<\xi_1$ 且 $\sum_{k=1}^{K}\left\|\boldsymbol{S}_k^{(t)}-\boldsymbol{S}_k^{(t-1)}\right\|_{\mathrm{F}}^2 / \sum_{k=1}^{K}\left\|\boldsymbol{S}_k^{(t-1)}\right\|_{\mathrm{F}}^2<\xi_2$

   以式(4.3.7)更新 $\underline{\boldsymbol{A}}$，$\underline{\boldsymbol{M}}$，$\underline{\boldsymbol{U}}$；

   以式(4.3.9)更新 $\underline{\boldsymbol{S}}$，并以式(4.3.10)更新 $\underline{\boldsymbol{Q}}$，$\underline{\boldsymbol{D}}$，$\underline{\boldsymbol{W}}$，$\underline{\boldsymbol{Z}}$；

   以式(4.3.11)更新 $\underline{\boldsymbol{\zeta}}^{(t)}$；

   $t=t+1$；

   End
4. 输出不同时间帧数据的端元集 $\underline{\boldsymbol{A}}$ 和丰度集 $\underline{\boldsymbol{S}}$ 和因子矩阵集 $\underline{\boldsymbol{\zeta}}^{(t)}$。

4.4　高性能并行计算的解混方法

高光谱遥感图像线性解混经过数年的研究，已有许多算法能够提供较好的精度，并成功地在各种实际应用中发挥重要作用。但是，这些算法通常都需要较大的计算消耗，较慢的求解速度严重地限制了它们实时地完成应用要求的能力。而在类似于火情跟踪、生物威胁检测、石油和化学品监测等应用领域，常会需要尽可能快地获取解混结果(Bernabe et al.，2013)。随着计算硬件技术的不断更新，各种高性能并行(parallel)计算平台也开始逐步用于提升光谱解混算法处理大型数据的效率。常见的并行加速方法有现场可编程门阵列(field programmable gate arrays，FPGA)、多核处理器、图形处理器(graphics processing units，GPU)、由显卡制造商 NVIDIA 公司开发并用于 GPU 进行通用计算的统一计算设备架构(compute unified device architecture，CUDA)，以及允许跨不同平台使用的框架 OpenCL 等(Gonzalez et al.，2012；Bernabe et al.，2017)。其中，GPU 由于具有非常高效的浮点计算性能、大的存储空间以及较低的价格而被广泛地用于并行计算中。

目前，在光谱解混流程的各个阶段中，许多本身具有较强并行性结构的算法在不同的平台框架下实现了并行加速。例如，利用 CUDA 加速端元数目估计的虚拟维度 VD 算法(Bernabe et al.，2013；郑俊鹏和赵辽英，2014)；采用 GPU 实现并行化的端元提取 VCA 算法和稀疏丰度估计的 SUnSAL 方法(Nascimento et al.，2014)及几何盲解混方法 MVSA(Agathos et al.，2014)；在 OpenCL 和 GPU 的混合框架下完成整条光谱解混链并行化的方法(Bernabe et al.，2017)等。本节下面将对其中几种较为典型解混算法的并行化方法进行介绍。

4.4.1　VCA 和 SUnSAL 算法的 GPU 并行加速

如图 4.9 所示，GPU 可以抽象为一种流模型，在其中所有的数据集将以流的形式表示。典型的 GPU 架构由一批高度线程化的流多重处理器(stream multiprocessors，SMs)构成，每个多重处理器由单指令的多重数据架构所描述。在每个周期内，每个处理器在多个数据流上执行相同的指令。而每个 SM 具有许多共享一个控制逻辑和指令缓存的流处理器构成：这些流处理器可访问多重处理器中一个局部的共享存储和局部的缓存存储，同时，多重处理器可以访问全局的 GPU 存储。在此基础上，算法通过链接作用于整体流的核(kernel)进行构造，并且利用多重处理器执行，以一个或多个流输入再以流的形式输出。

GPU 的架构被组织成多个块(block)的格网(grid)，每个块由一组通过共享的局部存储和同步执行来协调访问存储的线程构成。GPU 的线程、块和格网具有不同层次的存储。虽然单个块所能运行的线程是有限的，但由于不同块能以并行的方式执行，这样同时执行的线程数目实际上是非常庞大的。

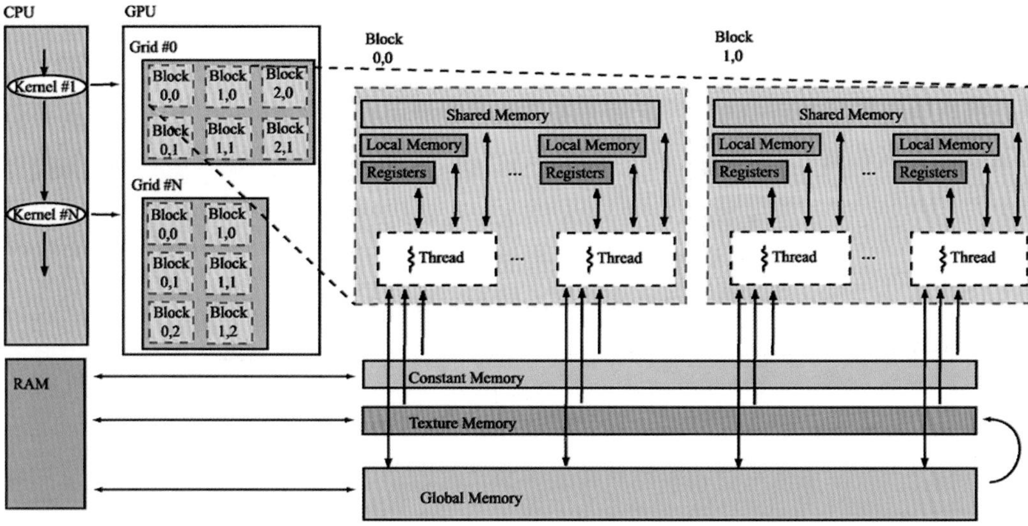

图 4.9　NVIDIA 的 GPU 典型架构、计算与数据传输（Nascimento et al.，2014）

通过对 VCA 和 SUnSAL 算法(见本书第 2 章)的运行时间分析，确定其中最耗时的步骤进行并行化(Nascimento et al.，2014)。可知 VCA 算法中的像元投影过程以及 SUnSAL 算法的内循环操作需要消耗主要的时间，并随着数据端元数目和像元数目的增加而增加。

1) 并行的 VCA

假设 VCA 被应用于数据在子空间中的投影，则 VCA 的计算复杂度为 $2r^2m$ 次浮点运算。因为每个像元向特定方向上的投影过程可以不受剩余像元的影响独立执行，所以可以进行并行化。在数据集转移到 GPU 的全局存储中后，在每次迭代中用 $4rm$ B，投影方向向量在 CPU 中生成并转移到 GPU 的固定存储(constant memory)中。然后，第一个 kernel 初始执行 m 个线程并划分到多个块中，而每个块包含 32 个线程。这样每个线程就负责完成各像元的投影内积运算。第二个 kernel 决定了表示端元位置的投影后的矢量的最大绝对值序号，该过程利用二值减少操作完成。为了完全优化并行算法，投影后矢量的大小需要是 2 的幂。

2) 并行的 SUnSAL

SUnSAL 算法最耗时的步骤也同样通过 GPU 被并行处理。算法循环外对大小为 $r\times r$ 矩阵的求逆是在 CPU 上完成的。在算法的循环内部，第一个 kernel 计算丰度更新的中间变量矩阵 $(\boldsymbol{Z}^{\mathrm{T}}\boldsymbol{X}+\rho(\boldsymbol{V}^{(t)}+\boldsymbol{\Lambda}^{(t)})$，每个线程完成其一个元素的更新，结果存在全局存储中。第二个 kernel 则计算估计的丰度矩阵。而为了降低全局存储的访问，矩阵 $(\boldsymbol{Z}^{\mathrm{T}}\boldsymbol{X}+\rho(\boldsymbol{V}^{(t)}+\boldsymbol{\Lambda}^{(t)})$ 被划分为 32×32 的子块并转移到共享存储中。每个块占用 8 kB 的共享存储。对矩阵 $\boldsymbol{S}-\boldsymbol{\Lambda}$ 和 $\boldsymbol{\Lambda}$ 的更新也采用与第一个 kernel 相同的策略，而 $\boldsymbol{V}$ 由一个判断 $\boldsymbol{S}-\boldsymbol{\Lambda}$ 是否为负的 kernel 更新。在全局存储中的矩阵将占用 $28rm$ B 的空间。最后，利用不同的 NVIDIA 显卡 GPU 和 OpenCL 编程语言实现 VCA 和 SUnSAL 算法的并行化。

4.4.2 基于 OpenCL 的完整线性解混链的并行实现

OpenCL 具有较短的开发时间以及适用于跨不同平台系统如 GPU 和多核等的完全可移植性等优势。在不同平台上的并行程序都可以在 OpenCL 框架下并行执行。OpenCL 将程序工作分为工作组和工作项，基于所选择的设备可以使用具有有限数目工作项的工作组，而每个工作组相对其他工作组独立执行。另外，存储模型区分为全局、局部、固定和私有的存储区域。其中，全局存储对于所有工作组和工作项都是可读写的，通常对应于 DRAM 存储设备。局部存储对于单个工作组中的所有工作项是共享读写的。固定存储对于所有工作组的所有工作项是可见只读的，而私有存储只能由单个工作项访问。在执行任何处理前，高光谱遥感图像需要从主机到设备全局存储逐波段加载。

利用 OpenCL 框架和 clMAGMA 库(用于 GPU 数学计算)混合实现高光谱遥感图像解混链并行化的方法(Bernabe et al.，2017)，具体考虑了基于几何的端元数目估计算法 GENE，用于端元提取的单形体增长法 SGA 及“和为 1”约束的最小二乘 SCLSU 的丰度估计(见本书第 2 章)。

1) 并行的 GENE

在将高光谱遥感图像从主机存储加载到设备的全局存储后，这里首要做的是进行噪声估计，clMAGMA 库中的 magma_dgemm 函数被用于计算数据相关矩阵的乘法运算。然后，回到主机存储中完成求逆，再将结果的复相关系数矩阵传递回设备中。利用 OpenCL 的 mean_reduction 特定 kernel 以及局部与合并存储完成优化，计算噪声估计矩阵均值并从数据中移除。后续对数据和估计噪声的协方差矩阵进行同样的操作，而 magma_dgesvd 函数被用于 SVD，最后把数据和噪声方差在数据特征子空间中的投影结果传递回主机。

下一步是 ATGP 方法的使用。建立称为“first_endmember”的 kernel 计算 2 范数并以最大 2 范数值的像元作为第一个端元，然后利用“maximum_reduction”的 kernel 保留最大值。首先，在设备上将降维后的图像分到不同的块中，获取每块数据分割的最大值并保留序号，在将这些序号传递回主机中计算所有块的最大值。此后，算法迭代地计算那些到所得端元的最大正交矢量。其中，正交投影算子在主机中计算，然后利用 kernel 计算每个像元矢量关于正交算子的投影，具有最大投影的像元以类似于“maximum_reduction”的 kernel 方式在主机和设备中计算。最后的 Neyman–Pearson 检验确定端元数目 $\hat{r}$ 在主机中完成。

2) 并行的 SGA

首先，设计专门的 kernel“determinant_calculation”以 LU 分解来计算大小为 $(\hat{r}+1)\times(\hat{r}+1)$ 的矩阵的行列式。其中每个工作项计算自己的值，因而在对矩阵每行处理后能得到主对角线以下的 0 值。第一个端元进行随机选择，而每次迭代中所计算的和新的端元分别存在局部存储和全局存储区域中。每个工作项得到其相对体积值。

其次，另外一个名为“volume_reduction”的 kernel 将分两个步骤用于每个体积值的运算：每个工作项比较每个元素得到最大体积值并存储在一个在局部存储区的数组中；然后以串行的方式执行小的 reduction 得到最大体积。接下来，再执行“endmember_extraction”kernel 来提取所考虑的端元波段。这些步骤重复进行直到获取 $\hat{r}$ 个端元，再将所有得到的端元传递回主机中。

3) 并行的 SCLSU

该方法先将端元和像元数据的各元素按照图像矩阵的 Frobenius 范数划分，然后利用 SVD 方法计算端元矩阵的伪逆。在该过程中，矩阵乘法在设备上完成而 SVD 分解在主机上完成，伪逆矩阵在设备上通过右乘矩阵运算得到。后续步骤中，计算量多的矩阵乘积在设备上完成，而满足“和为 1”的过渡矩阵运算在主机上完成。最后，通过乘积运算得到丰度。

参 考 文 献

郑俊鹏, 赵辽英. 2014. 基于 CUDA 的高光谱图像虚拟维度并行计算. 杭州电子科技大学学报, 34(6): 56-60.

Agathos A, Li J, Petcu D, Plaza A. 2014. Multi-GPU implementation of the minimum volume simplex analysis algorithm for hyperspectral unmixing. IEEE Journal of Selected Topics in Applied Earth Observations and Remote Sensing, 7(6): 2281-2296.

Bateson C A, Asner G P, Wessman C A. 2000. Endmember bundles: A new approach to incorporating endmember variability into spectral mixture analysis, IEEE Transactions on Geoscience and Remote Sensing, 38(2): 1083-1093.

Bernabe S, Botella G, Martin G, Prieto-Matias M, Plaza A. 2017. Parallel implementation of a full hyperspectral unmixing chain using OpenCL. IEEE Journal of Selected Topics in Applied Earth Observations and Remote Sensing, 10(6): 2452-2461.

Bernabe S, Sanchez S, Plaza A, Mozos D. 2013. Hyperspectral unmixing on GPUs and multi-core processors: A comparison. IEEE Journal of Selected Topics in Applied Earth Observations and Remote Sensing, 6(3): 1386-1398.

Drumetz L, Veganzones M-A, Henrot S, Phlypo R, Chanussot J, Jutten C. 2016. Blind hyperspectral unmixing using an extended linear mixing model to address spectral variability. IEEE Transactions on Image Processing, 25(8): 3890-3905.

Erturk A, Plaza A. 2015. Informative change detection by unmixing for hyperspectral images. IEEE Geoscience and Remote

Sensing Letters, 12(6): 1252-1256.

Gan M, Peng H, Wang Y. 2010. Multiobjective optimization and adaptive penalty function based constrained optimization evolutionary algorithm. Control and Decision, 25(3): 378-382.

Ghamisi P, Plaza J, Chen Y, Li J, Plaza A. 2017. Advanced spectral classifiers for hyperspectral images: a review. IEEE Geoscience and Remote Sensing Magazine, 5(1): 8-32.

Gong M, Li H, Luo E, Liu J, Liu J. 2017. A multiobjective cooperative coevolutionary algorithm for hyperspectral sparse unmixing. IEEE Transactions on Evolutionary Computation, 21(2): 234-248.

Gonzalez C, Resano J, Plaza A, Mozos D. 2012. FPGA implementation of abundance estimation for spectral unmixing of hyperspectral data using the image space reconstruction algorithm. IEEE Journal of Selected Topics in Applied Earth Observations and Remote Sensing, 5(1): 248-261.

Halimi A, Dobigeon N, Tourneret J-Y. 2015. Unsupervised unmixing of hyperspectral images accounting for endmember variability. IEEE Transactions on Image Processing, 24(12): 4904-4917.

Halimi A, Honeine P, Bioucas-Dias J M. 2016. Hyperspectral unmixing in presence of endmember variability, nonlinearity, or mismodeling effects. IEEE Transactions on Image Processing, 25(10): 4565-4579.

Henrot S, Chanussot J, Jutten C. 2016. Dynamical spectral unmixing of multitemporal hyperspectral images. IEEE Transactions on Image Processing, 25(7): 3219-3232.

Jin J, Wang B, Zhang L. 2010. A novel approach based on Fisher discriminant null space for decomposition of mixed pixels in hyperspectral imagery. IEEE Geoscience and Remote Sensing Letters, 7(4): 699-703.

Kennedy J, Eberhart R. 1995. Particle swarm optimization. in Proc. IEEE Int. Conf. Neural Netw., 4: 1942-1948.

Licciardi G A, Del Frate F. 2011. Pixel unmixing in hyperspectral data by means of neural networks. IEEE Transactions on Geoscience and Remote Sensing, 49(11): 4163-4172.

Nascimento J M P, Bioucas-Dias J M, Rodriguez Alves J M, Silva V, Plaza A. 2014. Parallel hyperspectral unmixing on GPUs. IEEE Geoscience and Remote Sensing Letters, 11(3): 666-670.

Roberts D, Gardner M, Church R, Ustin S, Scheer G, Green R O. 1998. Mapping chaparral in the Santa Monica Mountains using multiple endmember spectral mixture models. Remote Sensing Environment, 65: 267-279.

Somers B, Asner G P, Tits L, Coppin P. 2011. Endmember variability in spectral mixture analysis: A review. Remote Sensing of Environment, 115(7): 1603-1616.

Storn R, Price K V. 1997. Differential Evolution—A simple and efficient heuristic for global optimization over continuous spaces. Journal of Global Optimization, 11(4): 341-359.

Thouvenin P, Dobigeon N, Tourneret J. 2016. Hyperspectral unmixing with spectral variability using a perturbed linear mixing model. IEEE Transactions on Signal Processing, 64(2): 525-538.

Wang Y, Cai Z. 2012. Combining multiobjective optimization with differential evolution to solve constrained optimization problems. IEEE Transactions on Evolutionary Computation, 16(1): 117-134.

Wang Y, Cai Z, Zhou Y, Zeng W. 2008. An adaptive tradeoff model for constrained evolutionary optimization. IEEE Transactions on Evolutionary Computation, 12(1): 80-92.

Woldesenbet Y G, Yen G G, Tessema B G. 2009. Constraint handling in multiobjective evolutionary optimization. IEEE Transactions on Evolutionary Computation, 13(3): 514-525.

Yang B, Luo W, Wang B. 2017. Constrained nonnegative matrix factorization based on particle swarm optimization for hyperspectral unmixing. IEEE Journal of Selected Topics in Applied Earth Observations and Remote Sensing, 10(8): 3693-3710.

Zare A, Ho K C. 2014. Endmember variability in hyperspectral analysis: addressing spectral variability during spectral unmixing. IEEE Signal Processing Magazine, 31(1): 95-104.

Zhong Y, Zhao L, Zhang L. 2014. An adaptive differential evolution endmember extraction algorithm for hyperspectral remote sensing imagery. IEEE Geoscience and Remote Sensing Letters, 11(6): 1061-1065.

第 5 章　非线性光谱混合理论与模型

目前，大多数的高光谱遥感图像解混方法都是在预先对像元的混合机理建立一定物理假设基础上，通过用相应的数学模型来使解混问题具体化，再在求解模型参数的过程中完成对端元与丰度的估计。由此看来，模型的构建实际上是决定解混结果是否与真实情况相符合的关键因素。本书前面章节中所讨论的线性混合模型 LMM 及方法是其中最具代表性的一类：在光线只与观测像元 IFOV 内的某地物发生单次散射后被直接吸收的简单假设下，像元即是端元的凸组合，而线性解混在数学上也就是一个约束的多元线性回归问题。模型的简单性与直接的物理意义使得线性解混方法在过去的研究应用中占据了主要的地位。

LMM 一般只适用于本质上就属于或者基本属于线性混合的地物，以及在宏观尺度上可以认为是线性混合的地物，此时 LMM 可以作为地物混合的较好近似(童庆禧等, 2006；张兵和高连如, 2011)。但是，LMM 本质上却难以解释观测场景中的非线性混合效应。在自然界许多真实场景中，光线与像元 IFOV 内的某种地物发生相互作用后，还可能继续与其他地物接触并进一步发生散射作用。这样传感器接收到的信号其实是光线与不同地物多次散射后的结果，像元光谱将由显著的非线性混合成分构成，是关于端元 $\boldsymbol{A}$ 和丰度 $\boldsymbol{S}$ 的非线性函数 $f(\boldsymbol{A}, \boldsymbol{S})$。而一个像元究竟是线性混合还是非线性混合占主体取决于许多因素，并与具体的场景观测条件和应用密切相关，例如在紧密的矿物混合与行星地表、植被覆盖区域以及城市地区中都具有不同程度的明显非线性混合效应(Heylen et al.，2014；Dobigeon et al.，2014)。

显然，如果 LMM 继续用于非线性混合像元的解混，那么必将造成丰度的显著估计误差。虽然最小二乘等仍可以最小化拟合误差，但是，噪声误差外的非线性贡献成分却始终无法被 LMM 准确拟合(Keshava and Mustard，2002)，结果往往是造成丰度估计的错误。因此，随着线性解混算法的逐步成熟和为满足更高的应用要求，需要根据实际情况使用更恰当的非线性混合模型 NMM (杨斌和王斌，2017)。相对于简单的线性混合来说，非线性解混在原理及实现上需要考虑更多且复杂的影响因素，尤其是要使相关非线性模型的解混计算具有良好的易实现性。因此，虽然相关研究一直在进行，但目前国内外在该领域都还处于探索阶段。本章将在对非线性混合效应常见的紧密与多层次混合的两种自然场景分析的基础上，介绍用于这些场景的典型非线性混合模型。

5.1　观测场景中的非线性混合现象

5.1.1　*砂石矿物地表*

小尺度上的紧密(intimate)混合物是一种典型的非线性混合类型，代表地物主要包括沙地、矿物混合区域及浅水环境沙滩沉积物的颗粒成分等(Heylen et al.，2014)。紧密混合的现象一般发生于微观尺度上(如图 5.1 所示)，此时物体的空间尺度比光线通过的路径要小得多，光线在不同粒子间进行多次交互传播，每一次交互过程中，光线可能会被吸收或者被散射到一个随机的方向上。例如，矿物地区(如图 5.2 所示)无论在地球或者是如月球和火星等行星表面上都有着广泛的分布(Zhang et al.，2016; Marinoni and Clenet，2017)，测得的矿物光谱可反映多种具有不同物理和光学特性的矿物构成，而入射辐射光在矿物粒子间会发生复杂的相互作用。这些混合物的光学特性建立在许多参数的基础上，如每种物质成分的数量及比例，颗粒的大小、形状、方向与分布，每种物质的吸收和散射特性及双向反射率分布函数 BRDF 等。数量过多的待估参数和引起非线性的复杂光线作用，使得要对紧密混合物的光谱形成过程进行准确光学建模变得非常困难。在过去许多研究中，强烈的非线性混合可由实验室构造的矿物混合物的光谱观测到，而这种非线性会与反照率的较大差异相关联。通过简单地变化由明亮和暗淡颗粒物质构成的混合物的成分比例，就可以从观测光谱中看出其非线性的变化过程。

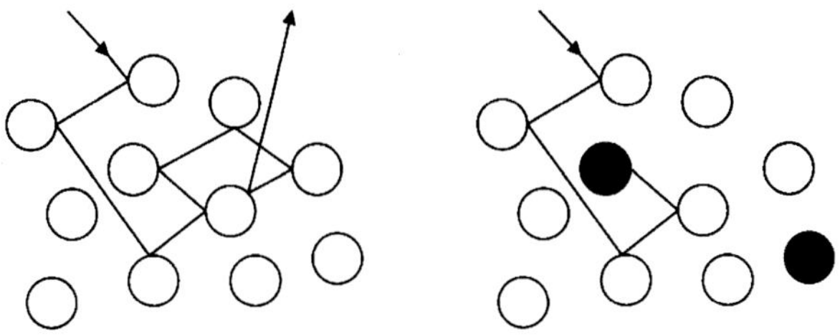

图 5.1　紧密混合的多次散射 (Heylen et al.，2014)

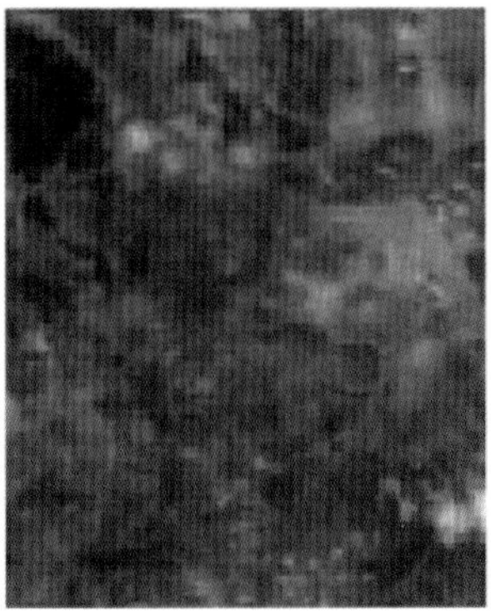

图 5.2　AVIRIS 的 Cuprite 砂石矿物区(Heylen and Gader，2014)

5.1.2　植被覆盖与城市区域

植被覆盖地区及更为复杂的城市是自然环境中第二种典型的非线性混合类型，对应的是光线在不同的局部地形结构和高度上，各地物间多层次(multi-layer)非线性混合现象，此时阴影的影响和光线的多次散射作用通常会变得很明显(Dobigeon et al.，2014；杨斌和王斌，2017)。对于空间上呈平坦格网分布(或稀疏离散分布的植被)的地区，无须考虑光线在不同地物间发生相互作用，但是，在如具有较高密度的植被和城市建筑这样具有明显的三维几何结构的环境中，光线的多次散射是无法避免和非常显著的(Somers et al.，2009)。

在植被覆盖地区，由于树木冠层具有复杂的结构，入射光在这种结构中的传播也通常十分复杂，观测光谱往往为光线在不同地物间多次散射的结果。如图 5.3 所示，由于森林非线性效应的影响，图中感兴趣区域对应的观测像元点在低维特征空间中不再服从 LMM 的凸几何特性，去位于三个端元构成的三角形中，而是会位于一个二维的非线性流形表面上。

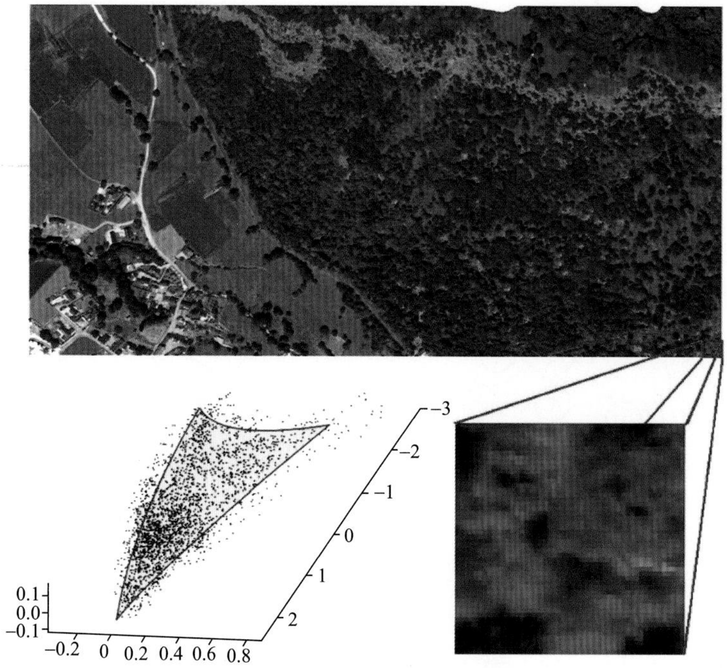

图 5.3　Hyspex 法国 Villelongue 植被覆盖区域（Dobigeon et al.，2014）

植被在地球占有很大的比例，陆地表面的植被常是遥感观测和记录的第一表层，而植被叶片和冠层(canopy)决定了光谱特性，并与一定的气候、地貌、土壤条件相适应(赵英时，2003)。光线在入射到该类型区域某种地物后，很可能不会被遥感仪器立刻接收，而是在不同高度上与周边地物进行再次散射。如图 5.4 所示，光线在植被冠层与土壤间，植被冠层与植被冠层间等都可能会进行多次散射。植被冠层由许多离散的叶片组成，上层叶片的阴影会挡住下层叶片，整个冠层的反射是由叶片的多次反射和阴影的共同作用而成，而且阴影所占的比例受到光照角度、叶片形状、大小和倾角等的影响。植被冠层的多层叶子提供了多次透射和反射的机会，对应的多次散射强度会受到树木的类型、高度和间距，树木冠层的覆盖度与叶片的透光性，土壤的类型与理化特性，太阳高度角等因素的显著影响(赵英时，2003；森卡贝尔等，2015)。

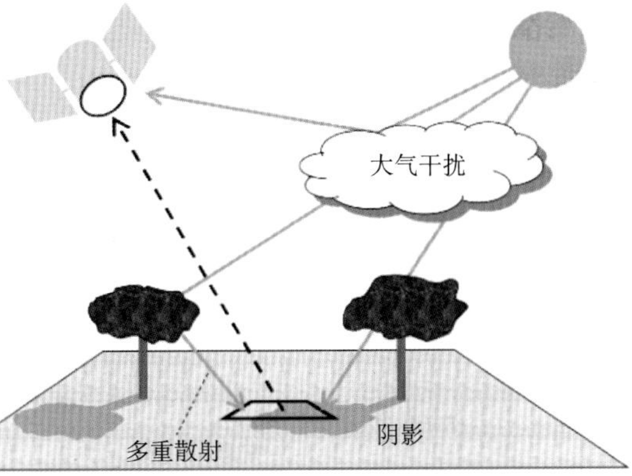

图 5.4　植被区域的多层次非线性混合

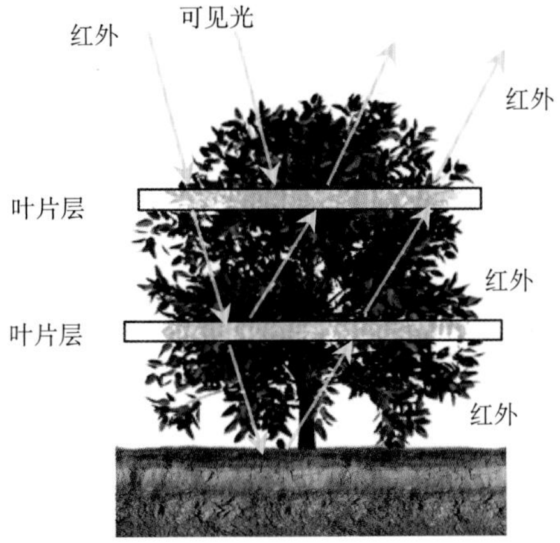

图 5.5　植被不同波长上的光线反射与透射

另一方面，需要指出的是，光学遥感中的散射辐射总是波长的函数，不同波长的电磁波与地物作用的方式也不同，不同波段间的非线性散射强度会存在一定差异。对于植被来说，叶绿素在正常叶片对可见光 VIS 的吸收中扮演着重要的角色，这样在这些波段上的光反射与投影就变得相对较弱。然而，由于受到叶片内复杂的叶腔结构的影响，近红外 NIR 波段的反射透射作用则是更加明显，能对叶片有近 50%的透射和重复反射(赵英时，2003；Somers et al.，2009)。此时，如图 5.5 所示，透射到下层的近红外辐射能被下层叶片反射，并透过上层叶片，导致冠层红外反射的增强。因此，在近红外光谱域中总会出现更为复杂的多次散射现象，光线会透过植物叶片而与地面土壤发生再次散射，也就将产生更为严重的非线性混合效应(森卡贝尔等，2015)。植被的空间分布和冠层的垂直结构会对非线性强度造成较大影响，如针叶等相对不透明的叶片会比有较薄阔叶的植物与草地产生更少的近红外散射，对应的非线性混合效应也就较弱(Somers et al.，2009)。

城市相对于纯粹由森林、农作物等构成的植被覆盖区域而言，具有更加复杂的三维几何结构，并且形成了以人类和人造设施为中心的独特生态体系(如图 5.6 所示)。随着社会和经济的不断发展，全球城市化的进程也正以前所未有的速度进行，越来越多的人开始步入城市中生活、工作和学习。通过遥感的手段获取城市不同时期的影像，并利用光谱解混技术分析城市各组成成分的定量变化，对于作出合理的城市可持续发展规划和维持良好的生态环境都是非常有意义的(Marinoni and Gamba，2016)。城市中一般会存在各种形式的人造设施和建筑、街道、植被和水体等地物，不透水层(impervious)表面及城市植被的比例变化关系是影响城市生态系统和反映城市发展变化的重要指标，在城市遥感的研究中被广泛讨论(Tan et al.，2014；Pontius et al.，2017)。

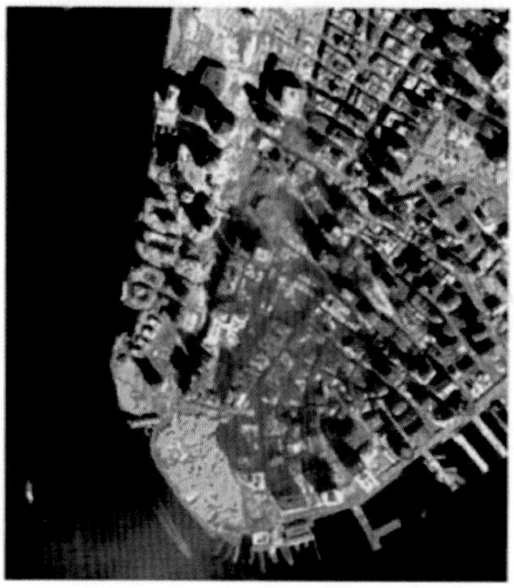

图 5.6　AVIRIS 美国纽约世界贸易中心

然而，由于城市复杂的三维结构、组成物质的光谱变异性以及城市地表的空间变异性，要获取这些精细的地物成分是相当困难的。人造建筑的高度异质性以及城市复杂的几何结构，会造成图像中的大量混合像元，尤其是对于空间分辨率较低的高光谱遥感图像。此外，线性解混的方法对于城市区域的图像来说也是难以适用的，主要是因为城市地物间显著非线性混合效应的强烈影响。高层建筑物和街道构成了米级的复杂三维结构并形成类似于“峡谷”的地形，这样光线很容易在不同高度以及不同材质的表面间发生多次散射。特别是在各种高耸林立的建筑物之间，非线性混合效应对观测像元光谱的贡献将占据较大的部分(Mitraka et al.，2016)。此时，比纯植被区域更加复杂的多次散射效应，会使得城市区域中非线性混合强度变得更为突出。因此，在对城市区域的像元建立混合模型描述并实现解混时，多种地物间的高阶非线性混合效应是不可忽略的因素。

5.2　非线性光谱混合模型

要实现非线性光谱解混，首先要做的通常是以合理的数学模型对像元光谱的非线性混合成分进行尽可能准确的描述。辐射传输理论 RTT 是一种广泛使用的描述光子与物体接触时能量传递的数学模型，许多传统物理模型的非线性解混都是基于 RTT 的。其中比较经典的光谱混合模型有 Hapke 模型、Kubelk-Munk 模型、SAIL 模型和 PROSPECT 模型等(童庆禧等, 2006; 唐晓燕等, 2013)。其中，Hapke 模型定量地分析了辐射传输的物理特性，是用于解释矿物紧密非线性混合最为流行和具有较大影响力的理论模型。这些基于辐射传输的物理模型，通常建立于特定的地物类型基础上，需要获取与地表情况相关的先验参数，而这些先验知识需要对特定地物进行大量研究且往往难以获取，给这些模型直接应用于解混增加了难度。除此之外，针对多层次非线性混合现象，在保持模型物理意义的基础上进行简化，也出现了双线性混合模型以及更复杂的高阶线性混合模型与核模型，它们可以描述视场中光子之间不同程度的多次散射效应。本节将对目前最具代表性的几类非线性混合模型进行描述，而基于这些模型的解混方法将在本书第 6 章中介绍。

5.2.1　传统非线性物理模型

1. Kubelk-Munk 模型

令一个厚度无限大的介质的各向同性漫反射率为 x_∞，则根据皮尔吸收定律可得

$$f(x_\infty)=\frac{(1-x_\infty)^2}{2x_\infty}=\frac{k}{\gamma} \tag{5.2.1}$$

式中，$f(x_\infty)$ 表示缓解函数；k 和 γ 分别为介质的吸收和散射系数，而且它们都与菲涅尔表面散射及体积吸收系数相关，但 k 和 γ 的相关性难以去除(Clark and Roush，1984)。Kubelk-Munk 模型在一个限定的范围内将物质的反射率转换为与物质吸收系数成比例的量。

研究表明,吸收的增加会使 $f(x_\infty)$ 明显地偏离由 Kubelk-Munk 模型预测的线性趋势，而且该模型仅在 $x_\infty \geqslant 0.64$ 时才严格成立。因此，该模型实际上具有多方面的局限性(张兵和高连如，2011)：在各向同性反射的理想假设下，一阶的菲涅尔反射和颗粒间的阴影都没有被考虑；而且因为半球反射率无法被测量，只能在适当的观测角下利用各向同性的散射得到其值；此外，绝大多数情况下低于 0.64 的地表反射率，和真实环境中各向同性地表的稀少性，使得该模型难以适用于对地遥感应用。

2. SAIL 模型

SAIL 模型(Verhoef, 1984)是遥感应用中广泛用于计算植被叶面积指数的混合光谱模型。SAIL 模型对树冠结构进行了简单描述，并同时粗略估计了辐射传输方程。假定树叶是随机分布的，构建了多个关于太阳天顶角 z_L 和叶面向上的叶子方位角 ϕ_L 的吸收与散射系数函数，根据密度函数的定义，某一方向上的部分叶面积指数 LAI 在一个椎体角 dW_L 内可以由下式决定：

$$d^2\mathrm{LAI}(z_L,\phi_L)=(\mathrm{LAI})g(z_L,\phi_L)dW_L=(\mathrm{LAI})g(z_L,\phi_L)\sin z_L dz_L d\phi_L \tag{5.2.2}$$

由于模型中的叶片方位角是随机分布的，叶片倾角密度函数 $f(z_L)$ 与叶面方向上的密度函数 $g(z_L,\phi_L)$ 也是相关的：$f(z_L)=2\pi g(z_L,\phi_L)\sin z_L$。SAIL 物理模型也具有一些局

限性(童庆禧等, 2006)，首先，如人造林和庄家作物等的植被行列效应使得植被并不是各向同性的；其次，由于叶子是非朗伯体，模型参数与辐射入射角间的函数关系难以确定；此外，热点效应还会导致 SAIL 模型预测的植被反射率与实测值差距较大。

3. PROSPECT 模型

植被的辐射传输模型可以按照局部和整体的关系分为植被冠层模型和叶片模型。辐射传输模型(浓密植被)、几何光学模型(具有规则形状的稀疏植被)、混合模型和计算机模拟模型是四种主要的冠层模型(张兵和高连如，2011)。而 PROSPECT 平板模型(Jacquemoud and Baret，1990)是一种应用较多的叶片模型，主要描述了植株叶片在可见光与红外波段范围内的光学特性。在模型中，植被叶片被视为一层紧密且透明的平板，表面平行并且假设平板是各向同性的。

阔叶树种的叶肉细胞的分化较强，呈层状分布；但特殊的针叶却没有栅栏细胞，横截面上的细胞呈近球形，不能将其抽象成被空气隔开的多层平板来使用模型模拟。这就造成了平板的 PROSPECT 模型只适用于阔叶树种，对针叶树种的估测效果不够理想。PROSPECT 模型的输出是叶片的反射率和透射率，可以作为 SAIL 模型的输入参数，再结合土壤反射率、叶面积指数、叶片倾角分布、太阳天顶角和方位角，观测天顶角和方位角等参数，得到植被观测的反射率和透射率。

5.2.2 Hapke 模 型

Hapke 模型(Hapke, 1981)是目前用于描述紧密混合最常用的模型，将观测反射率视为与混合矿物相关参数，如质量分数、粒子的密度和大小及单次散射反照率(single scattering albedo，SSA)等的函数。高光谱遥感中通常使用的像元反射率是平行入射光到遥感仪器的双向反射，由方向性的入射光决定并和朗伯面相关。通过假设粒子是各向同性散射的，Hapke 模型给出了双向反射率分布函数 BRDF 用于描述相对反射率，并将其与 SSA 相关联，被许多实验证明并被广泛接受为一种较为准确的物理模型(Rahman and Alam，2007；Liu et al.，2015)。与波长相关，由不同矿物混合而成的半无限介质表面的双向反射率 x 是其 SSA ω 的函数(Heylen et al.，2014)：

$$x(\mu,\mu_0,g)=\frac{\omega\mu_0}{4\pi(\mu+\mu_0)}[(1+B(g))p(g)+H(\omega,\mu_0)H(\omega,\mu)-1] \tag{5.2.3}$$

$$\omega=\frac{K}{Q}=\frac{K}{C+K},\quad \mu_0=\cos\theta_i,\quad \mu=\cos\theta_e \tag{5.2.4}$$

$$B(g)=\frac{B_0}{1+\frac{1}{h}\tan\left(\frac{g}{2}\right)},\quad H(\omega,\mu)=\frac{1+2\mu}{1+2\mu\sqrt{1-\omega}} \tag{5.2.5}$$

式中，ω 等于介质散射系数 K 与消光系数 Q(包括散射 K 和吸收 C)的比。μ_0 和 μ 分别是平行光入射角和出射角的余弦。g 是相位角，为散射平面内入射光与出射光间的夹角。$p(g)$ 是介质相位函数；$B(g)$ 是后向散射函数；B_0 用于描述后向散射的量度，对于低反照比的表面(如月球表面)，$B_0 \approx 1$。而$H(\omega,\mu)$是多向散射函数，Chandrasekhar 各向同性散射函数的 Hapke 近似。

式(5.2.3)描述了混合物介质的 SSA ω 与其反射率间的定量非线性函数关系。显然，当$\omega = 0$时入射光被完全吸收，而当$\omega = 1$时入射光则被介质完全散射。单次散射反照率 SSA 满足$\omega \in [0,1]$，并且是建立在不同波长的基础上的。如图 5.7 所示，入射角θ_i、出射角θ_e和相位角g共同描述了光源到传感器间的几何特性。相位函数$p(g)$用于表示朝着一定方向反射的入射光比例，描述了地表的散射特性。假设粒子是球形的而且各向同性散射(光线在所有方向上等价散射)，此时$p(g)$只依赖于相位角的大小且$p(g)=1$。另一方面，当相位角g很小的时候，需要以函数$B(g)$考虑在相同路径中以相反方向传播的光束间的干涉引起的后向散射效应，而当相位角g足够大时(如 15°)，则$B(g)$可以忽略，即$B(g)=0$ (Mustard and Pieters，1987)。

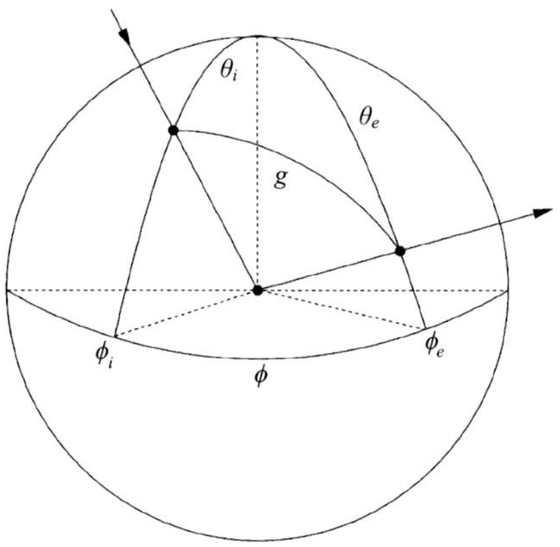

图 5.7　BRDF 角度关系 (Heylen et al.，2014)

需要指出的是，混合物的平均单次散射反照率$\tilde{\omega}$实际上是所有端元 SSA 的线性组合，SSA 只与入射光第一个接触的物质相关。从而$\tilde{\omega}$可以表示为

$$\tilde{\boldsymbol{\omega}} = \left(\sum_{i=1}^{r} \frac{p_i}{q_i d_i} \boldsymbol{\omega}_i\right) \Bigg/ \left(\sum_{i=1}^{r} \frac{p_i}{q_i d_i}\right) \tag{5.2.6}$$

式中，p_i, q_i, d_i分别表示为给定混合物中端元i的质量分数、单粒子密度和平均粒子大小。由于在高光谱图像中端元的真实粒子密度和大小是未知的，因而假设所有端元的粒子密度与大小都相等，继而可采用端元丰度s_i来重新表示$\tilde{\omega}$，满足经典的线性混合模型形式：

$$\tilde{\boldsymbol{\omega}} = \sum_{i=1}^{r} \boldsymbol{\omega}_i s_i，\quad s_i = \left(\frac{p_i}{q_i d_i}\right) \Bigg/ \left(\sum_{i=1}^{r} \frac{p_i}{q_i d_i}\right)，\quad \text{s.t.} \quad s_i \geqslant 0, \quad \sum_{i=1}^{r} s_i = 1 \tag{5.2.7}$$

如果假设粒子是球形的，单向散射是各向同性的，$p(g)=1$，同时相位角足够大$B(g)=0$，可以得到如图 5.8 所示的反射率与单次散射反照率随入射角变化的简化关系。此时，可以将双向反射率$\boldsymbol{x}$近似简化为

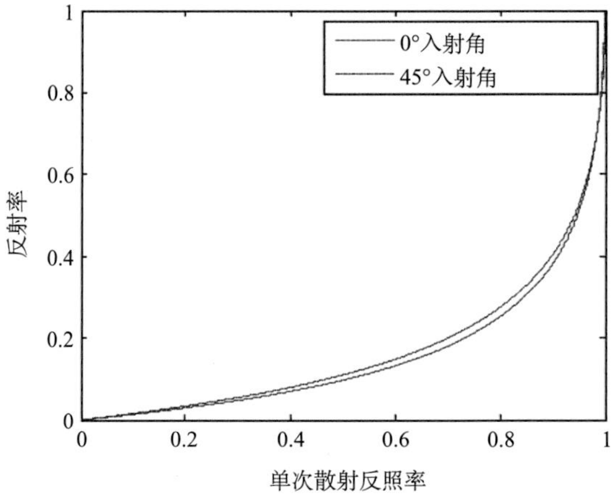

图 5.8　出射角为 0°时反射率与单次散射反照率的简化关系(Close et al., 2012b)

$$\boldsymbol{x}(\mu,\mu_0,\boldsymbol{\omega})=R(\boldsymbol{\omega})=\frac{\boldsymbol{\omega}}{4(\mu+\mu_0)}H(\boldsymbol{\omega},\mu_0)H(\boldsymbol{\omega},\mu) \tag{5.2.8}$$

反射率在定标过程中需通过全白朗伯面平板确定，相对反射率进而可以表示为

$$\boldsymbol{x}(\mu,\mu_0,\boldsymbol{\omega})=R(\boldsymbol{\omega})=\boldsymbol{\omega}\frac{H(\boldsymbol{\omega},\mu_0)H(\boldsymbol{\omega},\mu)}{H(1,\mu_0)H(1,\mu)}=\frac{\boldsymbol{\omega}}{(1+2\mu\sqrt{1-\boldsymbol{\omega}})(1+2\mu_0\sqrt{1-\boldsymbol{\omega}})} \tag{5.2.9}$$

最后，得到混合像元的反射率：

$$\boldsymbol{x}=R(\tilde{\boldsymbol{\omega}})=R\left(\sum_{i=1}^{r}\boldsymbol{\omega}_i s_i\right) \tag{5.2.10}$$

另外，容易从式(5.2.9)得到 SSA 关于双向反射率的反函数，这样就可以将采集的地物反射率转换为 SSA 进行紧密混合物的线性解混：

$$\boldsymbol{\omega}=R^{-1}(\boldsymbol{x})=1-\left(\frac{\sqrt{(\mu_0+\mu)^2\boldsymbol{x}^2+(1+4\mu_0\mu\boldsymbol{x})(1-\boldsymbol{x})}-(\mu_0+\mu)\boldsymbol{x}}{1+4\mu_0\mu\boldsymbol{x}}\right)^2 \tag{5.2.11}$$

通过以上简化假设，较好地减少了部分额外先验参数的影响，只需获取与图像相关的入射角和出射角信息后便可将原数据中非线性混合的像元反射率转换为其以线性方式混合的 SSA(杨斌和王斌，2017)。然而，Hapke 模型是针对星球表面提出的，虽然能够较为准确地描述紧密混合的地物类型，为该类地物的非线性解混奠定了基础，但是难以适用于有植被覆盖的地表，强烈地依赖于难以收集的相关参数，如粒子大小和密度等(从前面来看，可以通过一系列的假设与简化过程消去部分参数)。此外，Hapke 模型实际还依赖于散射系数、相位函数及遥感仪器详细的几何位置信息等，而这些额外的参数要对大量矿物进行详细分析后才能得到有效应用，这就使得丰度反演难以进行，尤其当端元光谱信号是未知的时候。

目前，多数用于紧密混合物的非线性解混方法都是基于 Hapke 模型的，例如，Rahman 和 Alam(2007)使用了最大似然估计方法对 BRDF 中的参数进行估计。而另一方面，从前面对 Hapke 模型的描述和在多个假设下的简化形式可知，混合像元的 SSA 实际上是由端元的 SSA 以线性方式混合的，利用这点可以将 Hapke 模型与 LMM 结合起来实现非线性解混(林红磊等，2016)。

1. 多混合物像元模型

多数的紧密混合解混方法一般假设高光谱图像像元是由单一混合类型构成的，即微观紧密混合或者宏观线性混合。Close 等(2012；2014)认为，这个假设在包含多种混合物的异构重叠区域并不成立，在这些场景中像元可以由一种微观紧密混合物、一种宏观线性混合物、或者是这两种混合类型的不同混合物构成。另外，当微观混合物的某种端元物质呈现聚集模式的时候，微观的紧密混合物通常会围绕在宏观线性混合周边。因此，提出了一种多混合物像元模型(multi-mixture pixel model，MMP)，模型中的像元是混合物的混合，由端元的宏观线性混合与一种微观紧密混合物构成。利用式(5.2.9)，对于由 r 个端元构成的高光谱遥感图像 $\boldsymbol{X}\in\mathbb{R}^{n\times m}$，模型 MMP 表示为

$$\boldsymbol{x}_j=\sum_{i=1}^{r}\boldsymbol{a}_i s_{i,j}+R\Big(\sum_{i=1}^{r}\boldsymbol{\omega}_i f_{i,j}\Big)s_{r+1,j}+\boldsymbol{\varepsilon}_j \tag{5.2.12}$$

式中，$f_{i,j}$ 是微观紧密混合物的端元丰度比例；$s_{i,j}$ 是宏观线性混合物的端元丰度比例；$R(\sum_{i=1}^{r}\boldsymbol{\omega}_i f_{i,j})$ 是考虑紧密混合效应的反射率矢量，被当作第 $r+1$ 个线性混合的端元。可以看出，模型 MMP 是在 LMM 基础上增加了一个作为第 $r+1$ 个端元紧密混合项，而且线性混合的丰度比例是与紧密混合的比例密切相关的。在式(5.2.12)的模型基础上，可交替地用二次规划法估计丰度，然后再以得到的丰度用牛顿法更新端元直到收敛为止，其间需要利用式(5.2.9)进行反射率与 SSA 的转换(Close et al.，2014)。

2. 紧密混合物的线性混合模型

在 MMP 的基础上，Heylen 和 Gader (2014)将 Hapke 模型与 LMM 融合，得到一种更为灵活的紧密混合物的线性混合模型(linear mixture of intimate mixtures model，LIM)。通过选取合适的模型参数，LIM 可以转换为 LMM、Hapke 模型或者 MMP 模型。LIM 对 MMP 进行扩展，认为像元内每个空间分块都可能是紧密混合物，像元由多种不同矿物混合物混合而成，可使用约束优化和逐步二次规划法实现对 LIM 的丰度估计。对于由 r 个端元构成的高光谱遥感图像 $\boldsymbol{X}\in\mathbb{R}^{n\times m}$：

$$\boldsymbol{x}_j=\sum_{i=1}^{r}R\Big(\sum_{k=1}^{r}\boldsymbol{\omega}_k f_{k,i,j}\Big)s_{i,j}+\boldsymbol{\varepsilon}_j,\ \text{s.t.}\ \sum_{i=1}^{r}s_{i,j}=1,\ \ \forall i:\sum_{k=1}^{r}f_{k,i,j}=1 \tag{5.2.13}$$

这里共需要求取 $r(r+1)$ 个丰度比例参数，包括 r 个每种混合物的区域比例，以及 r^2 个混合物内部各端元物质的丰度比例，因此像元内端元 $\boldsymbol{a}_k$ 的总丰度为 $\tilde{s}_k=\sum_{i=1}^{r}s_i f_{k,i}$。基于 LIM 的非线性丰度估计算法如下表所示。

基于 LIM 的丰度估计算法

1. 输入高光谱遥感图像矩阵 $\boldsymbol{X}\in\mathbb{R}^{n\times m}$ 和观测图像采集信息 μ_0 和 μ；
2. 利用 VCA 算法(见本书第 2 章)提取端元反射率光谱，并以式(5.2.11)转换为端元的 SSA；

3. 利用 FCLS 算法(见本书第 2 章)进行线性丰度估计得到初始丰度 $\boldsymbol{S}^{(0)}$；
4. 初始化 $f_{k,i}=0\,(i\neq k)$， $f_{k,i}=1\,(i=k)$ ， $t=0$；此时 LIM 转变为了 LMM；
5. While 不满足收敛条件

　　$t=t+1$；

　　对于每一个像元，以 $s_i^{(t-1)}$， $f_{k,i}^{(t-1)}$ 作为初始值，利用 fmincon 函数对(5.2.13)式参数进行非线性优化，求解 $s_i^{(t)}$， $f_{k,i}^{(t)}$；

End

6. 输出总丰度：$\tilde{\boldsymbol{S}}^{(t)}$。

5.2.3　双线性混合模型

除了紧密混合外，另外一种需要经常考虑的非线性混合类型是多层次混合，主要由地物的层次几何结构造成，而植被与土壤覆盖地区则属于这类非线性混合的典型地物分布。地物不仅会反射太阳的入射光线，而且也会反射来自于其他地物的散射光。对这些多次散射最直接和最简单的建模方式就是只考虑二次散射(或双线性)作用，即光线只与两种地物相互作用后就被吸收。针对这一最简单的非线性情况，Borel 和 Gerstl(1994)首先用辐射传输的方法建立模型，考虑植被冠层的层次结构，增加额外的端元来描述植被和土壤间的多次散射现象。干旱和半干旱区在全球的气候变化中扮演着重要的角色，监测其中的植被动态变化对维持地区生态系统平衡是十分重要的。对该地区典型地物的解混研究一直都受到较多的关注(Villeneuve et al.，1998；Liu et al.，2017)，由于这些地区中的植被通常呈现较为稀疏的分布，非线性混合作用通常不会太强，只需考虑与之相关的二次散射一般就能满足解混要求。Ray 和 Murray(1996)对干旱区的植被非线性混合进行研究，考虑最简单的树木与土壤两种地物，分析植物冠层叶片水平与非水平分布时反射率交互形式差异，并以不同土壤背景分析对非线性混和的影响。这些研究也说明非线性混合因素并不仅是 LMM 的误差而是以往被 LMM 忽略的光在不同地物间传输所产生的成分。

目前，许多容易求解的非线性混合模型都是通过对 LMM 改进并新增非线性项：

$$\boldsymbol{x}_j=\boldsymbol{A}\boldsymbol{s}_j+g(\boldsymbol{A},\boldsymbol{s}_j,\boldsymbol{b}_j)+\boldsymbol{\varepsilon}_j \tag{5.2.14}$$

式中，$g(\cdot)$是关于端元的非线性函数；丰度系数 $\boldsymbol{s}_j$ 和非线性系数 $\boldsymbol{b}_j$ 共同用于调节像元中的非线性混合程度。然而，因为非线性函数 $g(\cdot)$是未知的，基于式(5.2.14)的光谱解混是个计算复杂的病态问题，需要给出合适且确定的模型形式才能解混。为避免复杂的物理模型并减少对场景相关参数的依赖，同时在保证模型物理意义的基础上尽可能以简单灵活的方式描述非线性，可以采用不同形式的双线性混合模型(bilinear mixture model，BMM)。这些模型的共同点在于，都只考虑了物体间的二次散射作用，并以端元光谱间的 Hadamard 积(每个维度上元素对应乘积)和非线性系数来表示该散射效应。BMM 仅考虑两两物体间二次散射的原因是反射率的值小于 1，而三次以上的高阶散射项乘积的值

将远小于 1，对混合像元的贡献相对而言很小，所以一般可以将其忽略使模型简化。BMM 一般形式为

$$\boldsymbol{x}_j = \sum_{i=1}^{r} \boldsymbol{a}_i s_{i,j} + \sum_{i=1}^{t_1} \sum_{k=t_2}^{r} (\boldsymbol{a}_i \odot \boldsymbol{a}_k) b_{i,k,j} + \boldsymbol{\varepsilon}_j \text{，} \quad s_{i,j} \geqslant 0,\ b_{i,k,j} \geqslant 0,\ \sum_{i=1}^{r} s_{i,j} = 1 \tag{5.2.15}$$

式中，$\boldsymbol{a}_i \odot \boldsymbol{a}_k = \left[a_{i,1}a_{k,1}, a_{i,2}a_{k,2}, \dots, a_{i,n}a_{k,n}\right]^{\mathrm{T}}$ 是端元矢量 $\boldsymbol{a}_i$ 和 $\boldsymbol{a}_k$ 的 Hadamard 积，代表两两端元间的二次散射。$b_{i,k,j}$ 是非线性参数；$\boldsymbol{\varepsilon}_j$ 是噪声误差。根据是否考虑端元自身间的二次散射取 $t_1 = r-1,\ t_2 = i+1$ 或 $t_1 = r,\ t_2 = i$。由于双线性 BMM 模型满足物理意义并且模型形式相对简单，目前许多非线性解混算法都是建立在 BMM 上的，主要的双线性混合模型包括：Nasimento 模型（Nasimento model，NM），Fan 模型（Fan model，FM），广义双线性模型（generalized bilinear model，GBM），多项式后验非线性模型（polynomial post-nonlinear model，PPNM），线性二次混合模型（linear-quadratic mixing model，LQM）等。

1. Nasimento 模型

Nasimento 和 Bioucas-Dias（2009）提出了一种针对土壤与单层植被间二次散射效应的非线性混合模型 NM，然后用半监督的方法实现对 NM 的参数估计。NM 的数学表达式如下：

$$\boldsymbol{x}_j = \sum_{i=1}^{r} \boldsymbol{a}_i s_{i,j} + \sum_{i=1}^{r-1} \sum_{k=i+1}^{r} (\boldsymbol{a}_i \odot \boldsymbol{a}_k) b_{i,k,j} + \boldsymbol{\varepsilon}_j \text{，} \quad s_{i,j} \geqslant 0,\ b_{i,k,j} \geqslant 0 (i \neq k),\ \sum_{i=1}^{r} s_{i,j} + \sum_{i=1}^{r-1} \sum_{k=i+1}^{r} b_{i,k,j} = 1 \tag{5.2.16}$$

若将端元间的乘积项 $\boldsymbol{a}_i \odot \boldsymbol{a}_k$ 视为一个虚拟端元，而 $b_{i,k,j}$ 为它在像元 x_j 内的对应丰度，则式（5.2.16）可以重新写成线性混合模型的形式：

$$\boldsymbol{x}_j = \sum_{i=1}^{\tilde{R}} \tilde{\boldsymbol{a}}_i \tilde{s}_{i,j} \text{，} \quad (\tilde{\boldsymbol{a}}_i, \tilde{s}_{i,j}) = \begin{cases} (\boldsymbol{a}_i, s_{i,j}) & i \leqslant r \\ (\boldsymbol{a}_l \odot \boldsymbol{a}_k, b_{l,k,j}) & r < i \leqslant \tilde{R} \end{cases} \text{，} \quad \tilde{R} = \frac{1}{2} r(r+1) \tag{5.2.17}$$

NM 中每个表示非线性的端元乘积项都以参数 $b_{i,k,j}$ 权衡非线性影响程度，并且 $s_{i,j}$ 与 $b_{i,k,j}$ 的累加和等于 1。当所有的非线性参数 $b_{i,k,j}$ 都等于 0 时，NM 就成为 LMM。在利用 NM 进行解混时，首先用监督的方法找到端元集，因为 NM 可以表示 LMM 的形式，然后自然可利用全约束最小二乘 FCLS 方法求解，当然，同样可以用 Bayesian 方法求解。

2. Fan 模型

Fan 等（2009）比较了用于森林高光谱模拟数据的线性与非线性模型，并通过实验得到 Fan 模型。Fan 与 NM 模型很相似，区别在于 Fan 模型将端元丰度与非线性参数联系起来：当像元 $\boldsymbol{x}_j$ 中不存在端元 $\boldsymbol{a}_i$ 时，丰度 $s_{i,j} = 0$，此时也不存在端元 $\boldsymbol{a}_i$ 与其他端元的二次散射，即 $\forall k,\ b_{i,k,j} = 0$。同时，假设像元内两种物质间的非线性交互程度是与这两个端元的各自丰度直接相关的。最后，令 $b_{i,k,j} = s_{i,j} s_{k,j}$ 得到 FM 的数学表达式为

$$\boldsymbol{x}_j = \sum_{i=1}^{r} \boldsymbol{a}_i s_{i,j} + \sum_{i=1}^{r-1} \sum_{k=i+1}^{r} (\boldsymbol{a}_i \odot \boldsymbol{a}_k) s_{i,j} s_{k,j} + \boldsymbol{\varepsilon}_j, \quad s_{i,j} \geqslant 0,\ \sum_{i=1}^{r} s_{i,j} = 1 \qquad (5.2.18)$$

当已知端元时，FM 模型相对 NM 来说，解混需要求解的参数更少，只需估计 r 个丰度参数。但是 FM 模型是个相对较为严格的模型，因为它并不能像 NM 一样转换为 LMM。因而，在求解 FM 的时候采用的方法是首先将式(5.2.18)对应的目标函数用一阶泰勒展开使其线性化，然后再用 FCLS 算法求解丰度。另外，从图 5.9 中可以看出，与线性混合像元分布在由端元构成的单形体(图 5.9(a)的三角形)中不同，FM 的像元点[如图 5.9(b)]由于二阶非线性贡献，则是分布在更高维的空间中，形成了类似于“鼓包”状的结构。

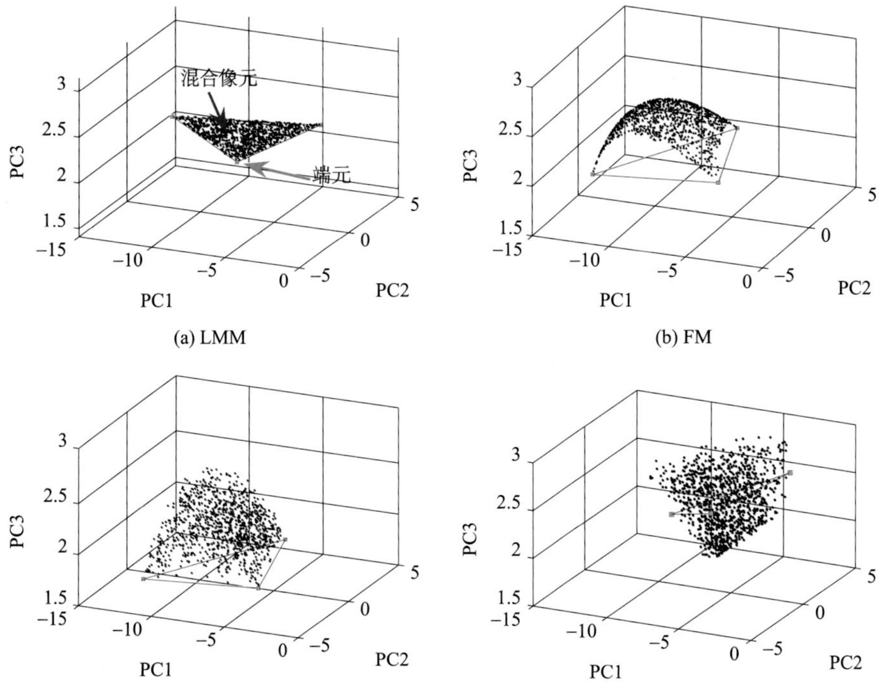

(a) LMM　(b) FM

(c) GBM　(d) PPNM

图 5.9　由 3 个端元构成的像元点在主成分特征空间中的分布

3. 广义双线性混合模型

广义双线性模型 GBM 是一种对 FM 的改进模型(Halimi et al., 2011)，与 FM 同样假设两种物质间的非线性交互程度是与这两个端元的各自丰度直接相关的，当端元集中不存在某端元时也就不存在与该端元相关的非线性交互项。然而，GBM 额外加入了参数 $\gamma_{i,k,j} \in (0,1)$ 使得 $b_{i,k,j} = \gamma_{i,k,j} s_{i,j} s_{k,j}$，主要是因为光线经过两种物质反射后被接收所经过的路径长度要大于光线与单一物质接触后直接被接收的路径要更长，所以反射率幅值应更小。GBM 的数学形式为

$$\boldsymbol{x}_j = \sum_{i=1}^{r} \boldsymbol{a}_i s_{i,j} + \sum_{i=1}^{r-1} \sum_{k=i+1}^{r} (\boldsymbol{a}_i \odot \boldsymbol{a}_k) \gamma_{i,k,j} s_{i,j} s_{k,j} + \boldsymbol{\varepsilon}_j, \quad 0 \leqslant \gamma_{i,k,j} \leqslant 1, \; s_{i,j} \geqslant 0, \; \sum_{i=1}^{r} s_{i,j} = 1 \tag{5.2.19}$$

在 GBM 模型中需要求解 r 个线性丰度和 $r(r+1)/2$ 个非线性参数 $\gamma_{i,k,j}$。可以看出，加入参数 $\gamma_{i,k,j}$ 后对端元间相互作用的控制更加灵活。当 $\gamma_{i,k,j}=0$，$\forall i=1,\cdots,r-1, k=i+1,\cdots,r$ 时，GBM 就变为 LMM；而当 $\gamma_{i,k,j}=1$，$\forall i=1,\cdots,r-1, k=i+1,\cdots,r$ 时，GBM 就成为 FM 模型。Bayesian 方法和如 FM 的最小二乘方法以及梯度算法也是可以求解 GBM 模型参数的途径。另外，从图 5.9(c)来看，由于 GBM 相对于 FM 额外引入了参数 $\gamma_{i,k,j}$，因此 GBM 的像元点也会同时分布在以 FM 为最外层的“鼓包”内部区域中。

4. 后验多项式混合模型

Altmann 等(2012)提出用多项式后验非线性混合模型 PPNM 来描述更广泛的非线性。PPNM 模型中的像元是其对应端元线性混合结果按式(5.2.20)的非线性转换，而这里的非线性函数采用的是如式(5.2.21)的二阶多项式展开形式：

$$\boldsymbol{x}_j = \boldsymbol{g}\Big(\sum_{i=1}^{r} \boldsymbol{a}_i s_{i,j}\Big) + \boldsymbol{\varepsilon}_j = \boldsymbol{g}(\boldsymbol{A}\boldsymbol{s}_j) + \boldsymbol{\varepsilon}_j \tag{5.2.20}$$

$$\begin{aligned} \boldsymbol{g}_b &: [0,1]^n \to \mathbb{R}^n \\ &\boldsymbol{z} \mapsto [z_1 + b z_1^2, \cdots, z_n + b z_n^2]^{\mathrm{T}} \end{aligned} \tag{5.2.21}$$

PPNM 可以表示成式(5.2.22)或式(5.2.23)：

$$\boldsymbol{x}_j = \boldsymbol{g}_b(\boldsymbol{A}\boldsymbol{s}_j) + \boldsymbol{\varepsilon}_j = \boldsymbol{A}\boldsymbol{s}_j + b_j(\boldsymbol{A}\boldsymbol{s}_j) \odot (\boldsymbol{A}\boldsymbol{s}_j) + \boldsymbol{\varepsilon}_j \tag{5.2.22}$$

$$\boldsymbol{x}_j = \sum_{i=1}^{r} \boldsymbol{a}_i s_{i,j} + b_j \sum_{i=1}^{r} \sum_{k=1}^{r} (\boldsymbol{a}_i \odot \boldsymbol{a}_k) s_{i,j} s_{k,j} + \boldsymbol{\varepsilon}_j, \quad s_{i,j} \geqslant 0, \; \sum_{i=1}^{r} s_{i,j} = 1 \tag{5.2.23}$$

式中，参数 b_j 用于调控像元中的非线性成分影响，而且一个像元中所有的双线性项都乘以相同的参数 b_j，当 $b_j=0$ 时 PPNM 就转变为 LMM，因为 b_j 是与像元非线性程度密切相关的，可以用来检测像元的非线性混合程度。与其他双线性模型的不同之处在于，PPNM 考虑了端元自身的二次散射，而这有时是对像元光谱具有重要贡献的因素。PPNM 中待估计的参数为 r 个丰度参数 $s_{i,j}$ 和一个非线性参数 b_j，可以采用与 GBM 相似的分层 Bayesian 和 MCMC 结合的方法估计参数，也能采用一阶泰勒展开和子梯度优化的最小二乘方法求解。在图 5.9(d)中，PPNM 在像元构成的单形体所在平面的两侧都有分布，这是因为非线性参数 b_j 可以取负值。

5. 线性二次混合模型

Meganem 等(2014)针对非线性混合效应，由 RTT 的物理方程得到了线性二次混合模型 LQM：

$$\boldsymbol{x}_j = \sum_{i=1}^{r} \boldsymbol{a}_i s_{i,j} + \sum_{i=1}^{r} \sum_{k=i}^{r} (\boldsymbol{a}_i \odot \boldsymbol{a}_k) b_{i,k,j} + \boldsymbol{\varepsilon}_j, \quad s_{i,j} \geqslant 0, \; b_{i,k,j} \geqslant 0, \quad \sum_{i=1}^{r} s_{i,j} + \sum_{i=1}^{r} \sum_{k=i}^{r} b_{i,k,j} = 1 \tag{5.2.24}$$

LQM 与 NM 非常相似，唯一不同的地方就是 LQM 考虑了端元自身的二次散射 $\boldsymbol{a}_i \odot \boldsymbol{a}_i$，如前文提到的这一项对非线性贡献很重要，另外 NM 的求解方法依然适用于 LQM。

5.2.4　高阶线性混合模型

双线性混合模型 BMM 与紧密混合的相关模型相比，待估计的参数要少得多从而降低了其计算量。由于 BMM 忽略了高阶散射的影响而只考虑端元间的二次散射，虽然可以较好地解释简单植被覆盖区域非线性混合效应，但是，对于一些高阶非线性散射显著的特殊场景尤其是更为复杂的城市建筑三维结构，也会产生较为明显的模型拟合误差。此时，除了考虑两两端元间的二次散射作用外，对应的高阶散射项也不能简单地舍去。

1. *p* 阶线性混合模型

Marinoni 和 Gamba (2015) 将 BMM 拓展为 $p\,(p \geqslant 2)$ 阶多项式混合模型，以准确描述各种物质反射率间的高阶交互作用。首先，表示 r 个端元间 p 阶多次散射效应的多项式混和模型可以写为下式：

$$\boldsymbol{x}_j = \sum_{i=1}^{r} \boldsymbol{a}_i s_{i,j} + \sum_{k=2}^{p} \{\sum_{i=1}^{r}\sum_{l=i}^{r}[(\boldsymbol{a}_i\theta_{i,k,j} + \boldsymbol{a}_l\theta_{l,k,j})^k + \sum_{\xi=1}^{k-1}(\boldsymbol{a}_i\zeta_{i,k-\xi,j})^{k-\xi} \odot (\boldsymbol{a}_l\zeta_{l,\xi,j})^{\xi}]\} \tag{5.2.25}$$

式中，$\boldsymbol{a}_i^k = [a_{i,1}^k, a_{i,2}^k, \cdots, a_{i,n}^k]^{\mathrm{T}}$。参数 $\theta_{i,k,j}$ 和 $\zeta_{i,\xi,j}$ 度量了像元 $\boldsymbol{x}_j$ 中第 i 个端元在第 k 阶散射的非线性效应，它们的取值都在[0, 1]区间。可以看出，当 $p=2$ 且 $\theta_{i,k,j}=0$ 时，由式 (5.2.25) 容易得到 LQM 的等价形式：

$$\begin{aligned}\boldsymbol{x}_j &= \sum_{i=1}^{r} \boldsymbol{a}_i s_{i,j} + \sum_{i=1}^{r}\sum_{l=i}^{r}\sum_{\xi=1}^{2-1}(\boldsymbol{a}_i\zeta_{i,2-\xi,j})^{2-\xi} \odot (\boldsymbol{a}_l\zeta_{l,\xi,j})^{\xi} \\ &= \sum_{i=1}^{r} \boldsymbol{a}_i s_{i,j} + \sum_{i=1}^{r}\sum_{l=i}^{r}(\zeta_{i,1,j}\zeta_{l,1,j})(\boldsymbol{a}_i \odot \boldsymbol{a}_l)\end{aligned} \tag{5.2.26}$$

通过独立调整参数 $\theta_{i,k,j}$ 和 $\zeta_{i,\xi,j}$，可以使式 (5.2.25) 的模型灵活地表示端元间不同程度的相互作用，但是参数过高的自由度也使得解混难以进行。因此，可以引入参数 $\psi_{i,k,j}$，只考虑第 i 个端元在像元 $\boldsymbol{x}_j$ 中的总体贡献。为得到模型的闭合形式，假设 $\theta_{i,k,j}$ 和 $\zeta_{i,\xi,j}$ 关于 $\psi_{i,k,j}$ 的函数具有如下形式：

$$\theta_{i,k,j} = h_\theta(\psi_{i,k,j}) = \psi_{i,k,j}, \quad \zeta_{i,w,j} = h_w(\psi_{i,k,j}) = (-1)^{\frac{\chi(w,k-\xi)}{k-\xi}} \cdot \psi_{i,k,j} \cdot \binom{k}{\xi}^{\frac{1}{k}}, \quad w = \{\xi, k-\xi\} \tag{5.2.27}$$

式中，当 $u=v$ 时 $\chi(u,v)=1$，否则 $\chi(u,v)=0$。$h_\theta(\psi_{i,k,j})$ 和 $h_w(\psi_{i,k,j})$ 可以很好地融合端元间的交叉相互作用以及与自身的相互作用。在此基础上，考虑二项式定理得到 p 阶线性混合模型 (pLMM) 的简化形式：

$$\boldsymbol{x}_j=\sum_{i=1}^{r}\boldsymbol{a}_i s_{i,j}+\sum_{k=2}^{p}\sum_{i=1}^{r}\boldsymbol{a}_i^k\beta'_{i,k,j}\,,\quad \text{s.t.}\quad s_{i,j}\geqslant 0,\ \beta'_{i,k,j}\geqslant 0,\ \sum_{i=1}^{r}s_{i,j}+\sum_{k=2}^{p}\sum_{i=1}^{r}\beta'_{i,k,j}=1 \tag{5.2.28}$$

这里的 $\beta'_{i,k,j}=(r+1)\psi_{i,k,j}^{k}$。$p$ 阶非线性线性解混的目的是要估计式(5.2.28)中的参数 $s_{i,j}$，$\beta'_{i,k,j}$。显然，只要将 $\boldsymbol{a}_i^k$ 当作额外的虚拟端元，利用 FCLS 算法可以很容易地实现解混。

Marinoni 和 Gamba（2015）还给出了一种多胞形分解(ploytope decomposition, POD)的方法实现解混。主要思路是通过将 n 维像元向量向各维坐标轴上投影，得到一个具有 n 个顶点的多胞形骨架，这个凸多胞形被确定其每个面的 $n/2$ 个超平面划分，构成一个线性不等式系统 $\sum_{i=1}^{n}c_i x_i\leqslant d$。而在多胞形边上的点就可用线性形式 $\boldsymbol{Cx}=\boldsymbol{d}$ 表示且两个维度构成的面满足线性等式 $x_{i,j}+\tan(\gamma_{i,k,j})x_{k,j}=2x_{i,j}$，最后将非线性混合模型(5.2.28)表示成线性形式。利用 H 表示和 QR 分解，可把重构像元的第 k 个波段写为：$x_{k,j}=\sum_{i=1}^{r}a_{i,k}\varphi_{i,k,j}$，$\varphi_{i,k,j}$ 是第 i 个端元在像元第 k 个波段上的总丰度。假设 $\boldsymbol{\varphi}_{i,j}$ 是多胞形的顶点，可利用体积比得到端元丰度估计 $\hat{s}_{i,j}=V_{\varphi_{i,j}}/\sum_{i=1}^{r}V_{\varphi_{i,j}}$。此外，由于难以准确估计得到多项式的阶数 p，Marinoni 等(2015)将神经网络 ANN 与 POD 结合，先用多层神经元网络 MLP 估计多项式的阶数 p，然后再用 POD 解混从而提高算法性能。而为了进一步提升 pLMM 对高阶非线性的解释，端元的谐和(harmonic)描述($\boldsymbol{a}_i\leftarrow\cos(\boldsymbol{a}_i)+\sin(\boldsymbol{a}_i)$，$\boldsymbol{a}_i^k\leftarrow\cos(\boldsymbol{a}_i^k)+\sin(\boldsymbol{a}_i^k)$)也被引入模型中替换原始的多项式组合(Marinoni et al.，2016)。

2. NL-K 模型

Halimi 等(2017)也给出了一个考虑高阶非线性混合效应的物理模型，当考虑 K 阶非线性散射时：

$$\boldsymbol{x}_j=\boldsymbol{A}\boldsymbol{s}_j+\phi_j^{NL-K}(\boldsymbol{A},\boldsymbol{\gamma}_j)+\boldsymbol{\varepsilon}_j=\sum_{i=1}^{r}\boldsymbol{a}_i s_{i,j}+\boldsymbol{Q}^{(K)}(\boldsymbol{A})\boldsymbol{\gamma}_j+\boldsymbol{\varepsilon}_j \tag{5.2.29}$$

式中，$\boldsymbol{\gamma}_j=(\gamma_j^{(1)},\cdots,\gamma_j^{(D_K)})^{\mathrm{T}}$ 是非负的非线性系数。$\boldsymbol{Q}^{(K)}=[\boldsymbol{Q}_2^{(K)},\boldsymbol{Q}_3^{(K)},\cdots,\boldsymbol{Q}_K^{(K)}]\in\mathbb{R}^{n\times D_K}$ 是以端元间 Hadamard 积组成的矩阵。$\boldsymbol{Q}^{(3)}=[\boldsymbol{Q}_2^{(3)},\boldsymbol{Q}_3^{(3)}]$，$\boldsymbol{Q}_2^{(3)}=(\sqrt{2}\boldsymbol{a}_1\odot\boldsymbol{a}_2,\sqrt{2}\boldsymbol{a}_1\odot\boldsymbol{a}_3,\sqrt{2}\boldsymbol{a}_2\odot\boldsymbol{a}_3,\boldsymbol{a}_1\odot\boldsymbol{a}_1,\ \boldsymbol{a}_2\odot\boldsymbol{a}_2,\boldsymbol{a}_3\odot\boldsymbol{a}_3)$ 且 $\boldsymbol{Q}_3^{(3)}=(\sqrt{3}\boldsymbol{a}_1\odot\boldsymbol{a}_1\odot\boldsymbol{a}_2,\sqrt{3}\boldsymbol{a}_1\odot\boldsymbol{a}_1\odot\boldsymbol{a}_3,\ \sqrt{3}\boldsymbol{a}_1\odot\boldsymbol{a}_2\odot\boldsymbol{a}_2,\sqrt{3}\boldsymbol{a}_3\odot\boldsymbol{a}_2\odot\boldsymbol{a}_2,\sqrt{3}\boldsymbol{a}_1\odot\boldsymbol{a}_3\odot\boldsymbol{a}_3,\sqrt{3}\boldsymbol{a}_2\odot\boldsymbol{a}_3\odot\boldsymbol{a}_3,\sqrt{6}\boldsymbol{a}_1\odot\boldsymbol{a}_2\odot\boldsymbol{a}_3,\boldsymbol{a}_1\odot\boldsymbol{a}_1\odot\boldsymbol{a}_1,\boldsymbol{a}_2\odot\boldsymbol{a}_2\odot\boldsymbol{a}_2,\boldsymbol{a}_3\odot\boldsymbol{a}_3\odot\boldsymbol{a}_3)$。对于 r 个端元和 K 阶的情况，其中第 l 阶散射的端元相互作用子矩阵 $\boldsymbol{Q}_l^{(K)}$ 和 $\boldsymbol{Q}^{(K)}$ 中所有交互项的数目 D_K 为

$$\boldsymbol{Q}_l^{(K)}\Leftrightarrow\sqrt{\frac{l!}{\prod_{i=1}^{r}k_i!}}\prod_{1\leqslant i\leqslant r}\boldsymbol{a}_i^{k_i},\quad \text{s.t.}\sum_{i=1}^{r}k_i=l\,,\qquad D_K=\sum_{l=2}^{K}D_K(l)=\sum_{l=2}^{K}\frac{(r+l-1)!}{l!(r-1)!} \tag{5.2.30}$$

由式(5.2.30)可知，每个端元间散射项会由一个系数加权度量(如 $\sqrt{2}$ 等)。当 $\boldsymbol{\gamma}_j=\boldsymbol{0}$

时，NL-K 模型就是 LMM。而当 $K=2$ 时，该模型就变成了对 GBM 和 PPNM 的有效多项式扩展形式。另外，值得注意的是，图像中通常只是一部分像元受到明显非线性效应的影响，这样参数 $\boldsymbol{\gamma}_j$ 实际上是稀疏的，该性质可以在解混中被利用。该模型求解的源代码可由 http://www.lx.it.pt/~bioucas/ publications.html 下载。

3. 多线性混合模型

Heylen 和 Scheunders (2016) 在 PPNM 基础上，引入一个用于描述光线在物质间高阶交互概率的参数 P，将 PPNM 扩展为无穷阶得到可以求解和分析的多线性混合模型 (multilinear mixing model，MLM)。根据光线传输路径的离散 Markov 过程表示，需满足以下的物理条件：①来自于光源的光线至少与一种物质相接触；②每次与一种物质接触后，光线以概率 P 反射到其他物质上发生进一步的交互作用，同时以概率 1–P 脱离场景达到遥感仪器；③与物质 i 接触的概率与其丰度成正比；④光线被物质 i 散射后，它的强度根据物质 i 的单向散射反照率 SSA $\boldsymbol{\omega}_i$ 变化，如图 5.10 所示。容易看出，光线与物质 i 接触后，在达到遥感仪器前经过 r 个不同物质的概率可以描述为 $\text{Prob}(\boldsymbol{\omega}_{i_1},\boldsymbol{\omega}_{i_2},\cdots,\boldsymbol{\omega}_{i_r})=(1-P)P^{r-1}s_{i_1}s_{i_r}\cdots s_{i_r}$，而端元光谱间的多次散射乘积的非线性项为 $\boldsymbol{\omega}_{i_1}\odot\boldsymbol{\omega}_{i_2}\odot\cdots\odot\boldsymbol{\omega}_{i_r}$。最后 MLM 的数学表达式为

$$
\begin{aligned}
\boldsymbol{x}_j &= (1-P)\sum_{i=1}^{r}\boldsymbol{\omega}_i s_{i,j} + (1-P)P\sum_{i=1}^{r}\sum_{k=1}^{r}(\boldsymbol{\omega}_i\odot\boldsymbol{\omega}_k)s_{i,j}s_{k,j} \\
&\quad + (1-P)P^2\sum_{i=1}^{r}\sum_{k=1}^{r}\sum_{l=1}^{r}(\boldsymbol{\omega}_i\odot\boldsymbol{\omega}_k\odot\boldsymbol{\omega}_l)s_{i,j}s_{k,j}s_{l,j} + \cdots
\end{aligned}
\tag{5.2.31}
$$

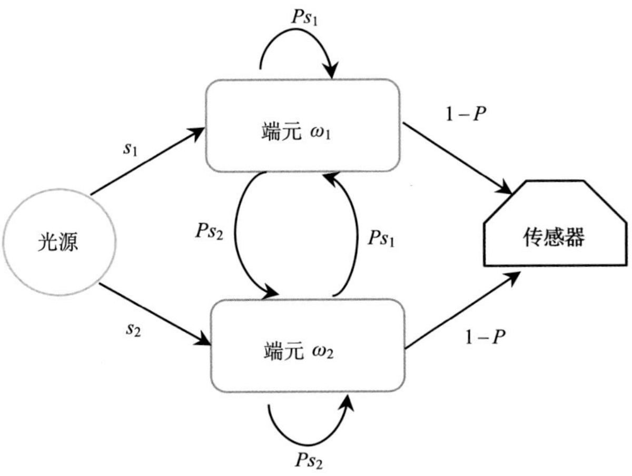

图 5.10　MLM 中两个端元情况下的光线传输示意图

令 $\boldsymbol{y}_j = \sum_{i=1}^{r} \boldsymbol{\omega}_i s_{i,j}$，则式(5.2.31)可以简化为

$$\begin{aligned} \boldsymbol{x}_j &= (1-P)\boldsymbol{y}_j + (1-P)P\boldsymbol{y}_j^2 + (1-P)P^2\boldsymbol{y}_j^3 + \cdots \\ &= (1-P)\boldsymbol{y}_j + P\boldsymbol{y}_j \odot ((1-P)\boldsymbol{y}_j + (1-P)P\boldsymbol{y}_j^2 + \cdots) \\ &= (1-P)\boldsymbol{y}_j + P\boldsymbol{y}_j \odot \boldsymbol{x}_j \end{aligned} \tag{5.2.32}$$

同时有

$$\boldsymbol{x}_j = \frac{(1-P)\sum_{i=1}^{r}\boldsymbol{\omega}_i s_{i,j}}{1-P\sum_{i=1}^{r}\boldsymbol{\omega}_i s_{i,j}} + \boldsymbol{\varepsilon}_j, \quad \boldsymbol{\omega}_i = \frac{\boldsymbol{a}_i}{P_i\boldsymbol{a}_i + 1 - P_i}, \quad s_{i,j} \geqslant 0,\ \sum_{i=1}^{r} s_{i,j} = 1 \tag{5.2.33}$$

式中，光线交互次数服从几何分布 $\text{Prob}(X=r)=(1-P)P^{r-1}$，端元的 SSA $\boldsymbol{\omega}_i$ 用于描述光线反射后的强度变化。由于图像像元经常以反射率的形式表示，所以可以用式(5.2.33)联系端元反射率 $\boldsymbol{a}_i$ 及其 SSA $\boldsymbol{\omega}_i$，而实际应用中在非线性效应影响较小时也可假设二者近似相等。需要注意的是，只要概率 $P<1$，以式(5.2.33)所得到的混合物反射率就会位于 $[0, 1]$，而且小于由 LMM 得到的对应值，满足物理意义。同时当 $P=0$ 时，MLM 也就成为 LMM。另外，$P<0$ 的情况也是同样允许的，该情况主要产生于像元 IFOV 外的三维结构额外照明，或者一种或多种物质具有很高程度的多次散射而且反射率没有被转换为 SSA。参数 $P<0$ 与 LMM 相比，会增加拟合的观测光谱反射率的值。对于 MLM 模型的参数求解，可以使用如二次规划等约束优化方法(可调用 fmincon)使重构误差最小从而求得丰度估计值。MLM 解混的源代码可参考 https://sites.google.com/site/robheylenresearch/code。

5.2.5　基于核函数的模型

简单地用核函数替换待优化目标函数中的变量内积对解决探测与分类的非线性问题是有效的，但是对于解混问题来说却缺乏明确的物理意义。因为非线性混合的本质不单由各光谱扰动决定，而且受到物质间非线性交互作用的影响。Chen 等(2013)提出一种核函数非线性光谱解混模型和方法。一般的非线性混合模型为：$\boldsymbol{x} = \psi(\boldsymbol{A}) + \boldsymbol{\varepsilon}$，$\psi$ 为定义端元间多次散射相互作用的未知非线性函数。当端元已知时，需要求解以下问题：

$$\phi^* = \arg\min_{\phi\in\mathcal{H}} \frac{1}{2}\|\phi\|_{\mathcal{H}}^2 + \frac{1}{2\mu}\sum_{i=1}^{m}(\boldsymbol{x}_{i,:} - \phi(\boldsymbol{A}_{i,:}))^2 \tag{5.2.34}$$

式中，$\mathcal{H}$ 是给定的函数空间，式(5.2.34)中第一项是丰度和非线性参数的正则化项 $\phi = \phi_{\text{lin}} + \phi_{\text{nlin}}$，第二项表示拟合误差，$\mu$ 是正的正则化参数。函数 $\phi(\bullet)$ 定义了光线在端元间的非线性相互作用关系。为了合理地选择函数空间 $\mathcal{H}$，利用核方法将其定义为一个再生核希尔伯特空间 RKHS，并且通过选择恰当的核函数使其尽可能准确地描述端元间的非线性关系。这里认为 $\phi(\bullet)$ 由线性混合部分以及只与端元相关的非线性扰动部分构成：

$$\phi(\boldsymbol{A}_{i,:}) = \boldsymbol{s}^{\text{T}}\boldsymbol{A}_{i,:} + \phi_{\text{nlin}}(\boldsymbol{A}_{i,:}) \quad \text{s.t. } \boldsymbol{s} \geqslant 0,\ \boldsymbol{1}^{\text{T}}\boldsymbol{s} = 1 \tag{5.2.35}$$

其中的核函数取 $\kappa_{\text{lin}}(\boldsymbol{A}_{i,:}, \boldsymbol{A}_{j,:}) = \boldsymbol{A}_{i,:}{}^{\text{T}}\boldsymbol{A}_{j,:}$，$\kappa_{\text{nlin}}(\boldsymbol{A}_{i,:}, \boldsymbol{A}_{j,:}) = (1 + \boldsymbol{A}_{i,:}{}^{\text{T}}\boldsymbol{A}_{j,:})^q$，对应的 Gram 核

矩阵为 $\boldsymbol{K}=\boldsymbol{A}\boldsymbol{A}^{\mathrm{T}}+\boldsymbol{K}_{\mathrm{nlin}}$。为更好地权衡线性核与非线性核间的关系，采用多核的方法得到最终的最优化问题：

$$\phi^*,u^*=\arg\min_{\phi,u}\frac{1}{2}\left(\frac{1}{u}\|\phi_{\mathrm{lin}}\|_{\mathrm{Hlin}}^2+\frac{1}{1-u}\|\phi_{\mathrm{nlin}}\|_{\mathrm{Hnlin}}^2\right)+\frac{1}{2\mu}\sum_{i=1}^{n}\left(\boldsymbol{x}_{i,:}-\phi\left(\boldsymbol{A}_{i,:}\right)\right)^2 \quad \text{s.t. } 0\leqslant u\leqslant 1 \tag{5.2.36}$$

式中，$\|\phi_{\mathrm{lin}}\|_{\mathrm{Hlin}}^2=\kappa_{\mathrm{lin}}(\boldsymbol{s},\boldsymbol{s})=\|\boldsymbol{s}\|^2$。最后可以利用二次规划和梯度投影迭代求解的 SK-Hype 算法求解该问题，具体的算法将在本书的第 6 章进行介绍，其源代码可以参考 http://honeine.fr/paul/Publications.html。

5.3 植被覆盖区域的模型解混分析比较

非线性光谱解混理论与方法的研究虽然目前还处于初始阶段，但正受到国内外越来越多的关注，也产生了部分类似于双线性混合模型等方便求解的模型方法。这些方法的有效性，尤其是对真实环境中典型地物的解混性能迫切需要进行合理和系统的评价。对于植被覆盖区域的非线性混合效应，可以采用的大多模型都是基于理论假设和间接观察经验得来的。由于缺乏合适的数据集，这些模型的有效验证与改善都受到了严重阻碍(Dobigeon et al.，2014；Somers et al.，2014)。因此，一些学者利用基于光束跟踪的物理模型 PBRT 构造了虚拟的植被覆盖场景(见本书第 1 章)，并且通过实地的光谱测量分别得到可用于定量和定性分析的模拟和真实数据，用于研究非线性效应与模型比较(Tits et al.，2012；Tits et al.，2014；Dobigeon et al.，2014；Somers et al.，2014)。

实地数据在当年 8 月份采集于南非惠灵顿占地 20 hm^2 的商业柑橘(*Citrus sinensis* L.)园(33°35′00″S，18°55′30″E)，树高 3 m，每排树间的行间距 4.5 m，树间距 2.5 m，行方位角 7.3°。测量采用的是前镜 25°，覆盖 350~2500 nm 光谱域的辐射光谱仪，传感器距离地面天底高 4 m，像元的空间分辨率 1.6 m。在无云的天气下，于当地中午 1 小时内完成测量。该果园主要考虑树木、草地和土壤三种典型地物，它们的端元光谱按图 5.11 的

(a) S1、S2和S3圆圈对应FOV中的土壤光谱均值作为土壤端元光谱；
T1、T2和T3圆圈对应FOV中的树木光谱均值作为树木端元光谱

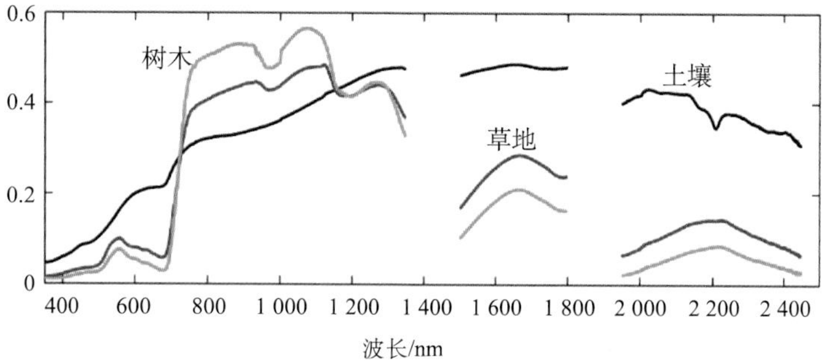

(b) 三种地物端元光谱

图 5.11　实地数据的端元光谱确定(Somers et al.，2014; Dobigeon et al.，2014)

方式获取。然后，如图 5.12 所示，利用放置于天底的 SONY DSC-P8/3.2 相机拍摄的数字照片统计各类像素数目得到丰度。实验中共同采集测得了 3 种地物的多个地面划分区域的混合光谱：25 个树木与草地，25 个树木与土壤，以及 25 个树木、草地和土壤的混合。

图 5.12　混合像元丰度比例的获取 (Somers et al.，2014)

表 5.1　虚拟果园解混结果比较

虚拟果园		LMM	NM	FM	GBM	PPNM
两端元	RE(10^{-4})	7.70	7.70	1.24	10.13	1.28
	MSE(10^{-2})	0.96	0.92	1.13	1.47	1.22
三端元	RE(10^{-4})	5.81	5.81	0.91	0.94	0.91
	MSE(10^{-2})	3.17	2.44	2.27	2.45	2.62

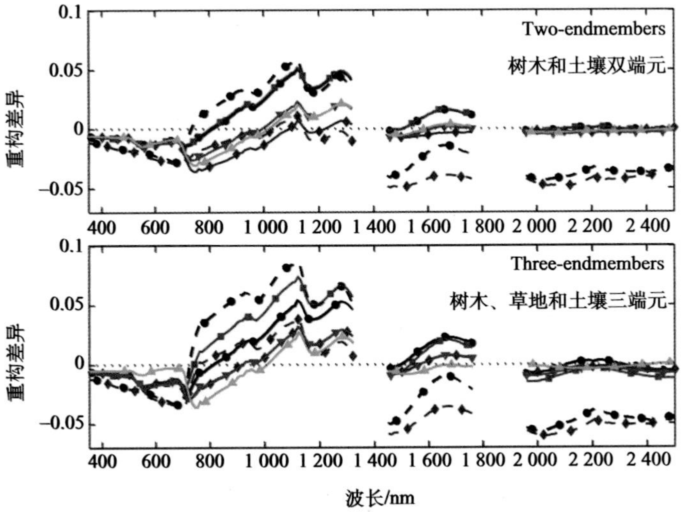

(a) 虚拟果园

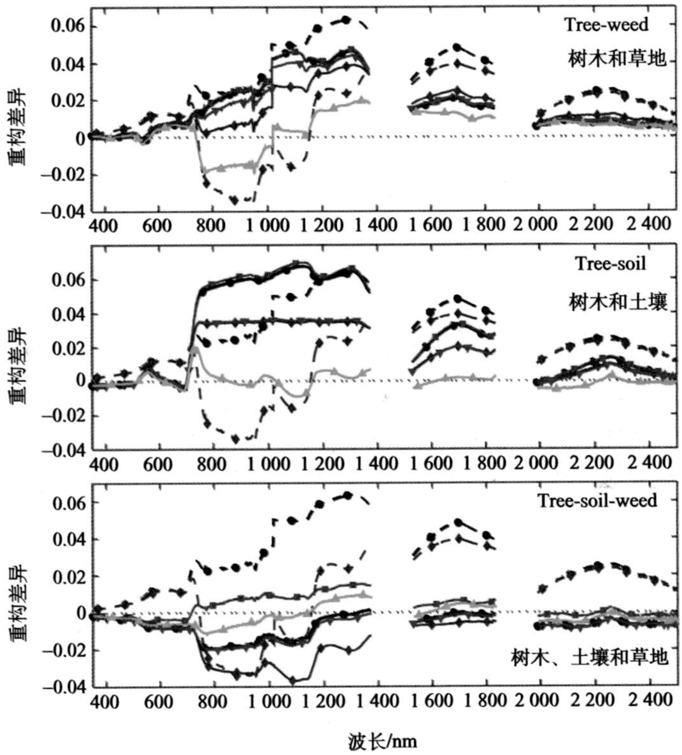

(b) 实地数据

图 5.13　果园数据分波段的重构差异(Dobigeon et al.，2014)

注：LMM—黑色；NM—粉红；FM—蓝色；GBM—红色；PPNM—绿色

表 5.2　实地测量数据解混结果比较

实地测量数据		LMM	NM	FM	GBM	PPNM
树木和草地	RE(10^{-4})	16.40	16.30	17.70	15.90	3.07
	MSE(10^{-2})	12.50	12.60	16.40	12.20	13.00
树木和土壤	RE(10^{-4})	27.10	26.80	10.90	15.20	1.82
	MSE(10^{-2})	2.78	2.71	13.50	2.86	2.57
树木、草地和土壤	RE(10^{-4})	6.80	2.13	2.88	6.71	1.21
	MSE(10^{-2})	6.42	5.80	8.15	6.39	4.83

在实验中，参与比较的模型包括 LMM、NM、FM、GBM 和 PPNM，并利用丰度的均方差 MSE 和数据的重构误差 RE 对结果进行评价。LMM 和 NM 利用 FCLS 算法求解，GBM 和 PPNM 利用梯度下降算法求解，而 FM 采用一阶泰勒展开的最小二乘法求解。虚拟果园和实地测量数据的解混结果中丰度估计和重构误差精度分别如表 5.1 和表 5.2 所示。图 5.13 为各算法在各波段上的解混重构差异。从这些结果来看，在可见光 VIS 区域树种光谱差别造成的差异小，在近红外 NIR 区域植被冠层则会引起较大差异。对于虚拟果园数据，NM 和 LMM 具有相似的 RE 和丰度 MSE，而对于三端元的数据，所有的非线性混合模型的结果都要好于 LMM，因为复杂的地形可能带来了更明显的非线性混合效应。相对于其他模型方法，PPNM 一般可以获得较小的重构误差 RE 但丰度估计精度不高，说明使混合像元的 RE 较小并不一定会带来更精确的丰度估计，而且 RE 中可能包含由解混算法本身带来的误差，对非线性解混结果的评价应考虑更多指标。另外，BMM 在 NIR 和 SWIR 波段范围内能很好地描述非线性，但对于非线性混合程度较低的光谱域，BMM 就存在低估真实丰度的问题，这主要是因为 BMM 假设在所有波段上非线性混合的强度都是等价的。可见，在进行非线性光谱解混时考虑不同波段上的非线性混合强度差异是十分必要的。

参 考 文 献

林红磊, 张霞, 孙艳丽. 2016. 基于单次散射反照率的矿物高光谱稀疏解混. 遥感学报, 20(1): 53-61.

森卡贝尔 P S, 里昂 J G, 韦特 A. 2015. 高光谱植被遥感. 刘海启, 李召良译. 北京: 中国农业科学出版社: 1-539.

唐晓燕, 高昆, 倪国强. 2013. 高光谱图像非线性解混方法的研究进展. 遥感技术与应用, 28(4): 731-738.

童庆禧, 张兵, 郑兰芬. 2006. 高光谱遥感——原理、技术与应用. 北京: 高等教育出版社: 1-407.

杨斌, 王斌. 2017. 高光谱遥感图像非线性解混方法研究综述. 红外与毫米波学报, 36(2): 173-185.

张兵, 高连如. 2011. 高光谱图像分类与目标探测. 北京: 科学出版社: 1-173.

赵英时. 2003. 遥感应用分析原理与方法. 北京: 科学出版社: 1-334.

Altmann Y, Halimi A, Dobigeon N, et al. 2012. Supervised nonlinear spectral unmixing using a postnonlinear mixing model for hyperspectral imagery. IEEE Transactions on Image Processing, 21(6): 3017-3025.

Borel C C, Gerstl S A. 1994. Nonlinear spectral unmixing models for vegetative and soil surfaces. Remote Sensing of Environment, 47: 403-416.

Chen J, Richard C, Honeine P. 2013. Nonlinear unmixing of hyperspectral data based on a linear-mixture/nonlinear-fluctuation model. IEEE Transactions on Signal Processing, 61(2): 480-492.

Clark R N, Roush T L. 1984. Reflectance spectroscopy: quantitative analysis techniques for remote sensing applications. Journal of

Geophysical Research, 89(137): 6329-6340.

Close R, Gader P, Wilson J. 2014. Hyperspectral unmixing using macroscopic and microscopic mixture models. Journal of Applied Remote Sensing, 8(1): 1-16.

Close R, Gader P, Wilson J, Zare A. 2012. Using physics-based macroscopic and microscopic mixture models for hyperspectral pixel unmixing. Algorithms and Technologies for Multispectral, Hyperspectral, and Ultraspectral Imagery XVIII, 8390(1): 1-13.

Close R, Gader P, Zare A, Wilson J, Dranishnikov D. 2012. Endmember extraction using the physics-based multi-mixture pixel model. Imaging Spectrometry XVII, 8515(2): 1-14.

Dobigeon N, Tits L, Somers B, Altmann Y, Coppin P. 2014. A comparison of nonlinear mixing models for vegetated areas using simulated and real hyperspectral data. IEEE Journal of Selected Topics in Applied Earth Observations and Remote Sensing, 7(6): 1869-1878.

Dobigeon N, Tourneret J Y, Richard C, Bermudez J C M, McLaughlin S, Hero A O. 2014. Nonlinear unmixing of hyperspectral images: Models and algorithms. IEEE Signal Processing Magazine, 31(1): 82-94.

Fan W, Hu B, Miller J, Li M. 2009. Comparative study between a new nonlinear model and common linear model for analysing laboratory simulated-forest hyperspectral data. International Journal of Remote Sensing, 30(11): 2951-2962.

Halimi A, Altmann Y, Dobigeon N, Tourneret J-Y. 2011. Nonlinear unmixing of hyperspectral images using a generalized bilinear model. IEEE Transactions on Geoscience and Remote Sensing, 49(11): 4153-4162.

Halimi A, Bioucas-Dias J M, Dobigeon N, Buller G S, McLaughlin S. 2017. Fast hyperspectral unmixing in presence of nonlinearity or mismodeling effects. IEEE Transactions on Computational Imaging, 3(2): 146-159.

Hapke B W. 1981. Bidirectional reflectance spectroscopy. I. Theory. J. Geophys. Res., 86: 3039-3054.

Heylen R, Gader P. 2014. Nonlinear spectral unmixing with a linear mixture of intimate mixtures model. IEEE Geoscience and Remote Sensing Letters, 11(7): 1195-1199.

Heylen R, Parente M, Gader P. 2014. A review of nonlinear hyperspectral unmixing methods. IEEE Journal of Selected Topics in Applied Earth Observations and Remote Sensing, 7(6): 1844-1868.

Heylen R, Scheunders P. 2016. A multilinear mixing model for nonlinear spectral unmixing. IEEE Transactions on Geoscience and Remote Sensing, 54(1): 240-251.

Jacquemoud S, Baret F. 1990. PROSPECT: a model of leaf optical properties spectra. Remote Sensing of Environment, 34(2): 75-91.

Keshava N, Mustard J F. 2002. Spectral unmixing. IEEE Signal Processing Magazine, 19(1): 44-57.

Liu D, Li L, Sun Y. 2015. An improved radiative transfer model for estimating mineral abundance of immature and mature lunar soils. Icarus, 253: 40-50.

Liu M, Yang W, Chen J, Chen X. 2017. An orthogonal fisher transformation-based unmixing method toward estimating fractional vegetation cover in semiarid areas. IEEE Geoscience and Remote Sensing Letters, 14(3): 449-453.

Marinoni A, Clenet H. 2017. Higher order nonlinear hyperspectral unmixing for mineralogical analysis over extraterrestrial bodies. IEEE Journal of Selected Topics in Applied Earth Observations and Remote Sensing, 10(8): 3722-3733.

Marinoni A, Gamba P. 2015. A novel approach for efficient p-linear hyperspectral unmixing. IEEE Journal of Selected Topics in Signal Processing, 9(6): 1156-1168.

Marinoni A, Gamba P. 2016. Accurate detection of anthropogenic settlements in hyperspectral images by higher order nonlinear unmixing. IEEE Journal of Selected Topics in Applied Earth Observations and Remote Sensing, 9(5): 1792-1801.

Marinoni A, Plaza A, Gamba P. 2016. Harmonic mixture modeling for efficient nonlinear hyperspectral unmixing. IEEE Journal of Selected Topics in Applied Earth Observations and Remote Sensing, 9(9): 4247-4256.

Marinoni A, Plaza J, Plaza A, Gamba P. 2015. Nonlinear hyperspectral unmixing using nonlinearity order estimation and polytope decomposition. IEEE Journal of Selected Topics in Applied Earth Observations and Remote Sensing, 8(6): 2644-2654.

Meganem I, Deliot P, Briottet X, Deville Y, Hosseini S. 2014. Linear-quadratic mixing model for reflectances in urban environments. IEEE Transactions on Geoscience and Remote Sensing, 52(1): 544-558.

Mitraka Z, Del Frate F, Carbone F. 2016. Nonlinear spectral unmixing of landsat imagery for urban surface cover mapping. IEEE

Journal of Selected Topics in Applied Earth Observations and Remote Sensing, 9(7): 3340-3350.

Mustard J F, Pieters C M. 1987. Quantitative abundance estimates from bidirectional reflectance measurements. J. Geophys. Res. Solid Earth, 92(B4): 617-626.

Nascimento J M P, Bioucas-Dias J M. 2009. Nonlinear mixture model for hyperspectral unmixing. Proceedings of SPIE conference on Image and Signal Processing for Remote Sensing XV., 7477: 1-8.

Pontius J, Hanavan R P, Hallett R A, Cook B D, Corp L A. 2017. High spatial resolution spectral unmixing for mapping ash species across a complex urban environment. Remote Sensing of Environment, 199: 360-369.

Rahman M T, Alam M S. 2007. Nonlinear unmixing of hyperspectral data using BDRF and maximum likelihood algorithm. Automatic Target Recognition XVII, 6566: 1-10.

Ray T W, Murray B C. 1996. Nonlinear spectral mixing in desert vegetation. Remote Sensing Environment, 55(1): 59-64.

Somers B, Cools K, Delalieux S, et al. 2009. Nonlinear hyperspectral mixture analysis for tree cover estimates in orchards. Remote Sensing of Environment, 113(6): 1183-1193.

Somers B, Tits L, Coppin P. 2014. Quantifying nonlinear spectral mixing in vegetated areas: Computer simulation model validation and first results. IEEE Journal of Selected Topics in Applied Earth Observations and Remote Sensing, 7(6): 1956-1965.

Tan K, Jin X, Du Q, Du P. 2014. Modified multiple endmember spectral mixture analysis for mapping impervious surfaces in urban environments. Journal of Applied Remote Sensing, 8(1): 1-16.

Tits L, Delabastita W, Somers B, Farifteh J, Coppin P. 2012. First results of quantifying nonlinear mixing effects in heterogeneous forests: A modeling approach. 2012 IEEE International Geoscience and Remote Sensing Symposium. Munich: IEEE, 7185-7188.

Tits L, Somers B, Stuckens J, Coppin P. 2014. Validating nonlinear mixing models: benchmark datasets from vegetated areas. 6th Workshop on Image and Signal Processing: Evolution in Remote Sensing (WHISPERS), Lausanne, Switzerland.

Verhoef W. 1984. Light ScaHering by lea Layers with application to canopy reflectance modeling: The SAIL Model. Remote Sensing of Environment, 16: 125-141.

Villeneuve P V, Gerstl S A, Asner G P. 1998. Estimating nonlinear mixing effects for arid vegetation scenes with MISR channels and observation directions. IEEE International Geoscience and Remote Sensing Symposium (IGARSS), Seattle, WA, 3: 1234-1236.

Zhang X, Lin H, Cen Y, Yang H. 2016. A nonlinear spectral unmixing method for abundance retrieval of mineral mixtures. Remotely Sensed Data Compression, Communications, and Processing XII, 9874: 1-6.

第 6 章　非线性光谱解混方法

目前的非线性解混算法总体上可以分为基于具体物理模型的方法以及数据驱动的方法两大类。前者在本书第 5 章介绍的包括紧密非线性混合与多层次非线性混合等对应的不同模型基础上，采用恰当的优化方法(如梯度下降法、贝叶斯方法等)完成对模型参数的估计，实现非线性解混。而大多这些基于模型的非线性解混方法都属于有监督的方法，在利用其他算法提取端元后仅需估计丰度及非线性参数。其中，相对简单的双线性混合模型 BMM，因为参数求解较易进行，而且二次散射通常占据非线性残差的主要部分，基于 BMM 的解混算法是其中被广泛研究的内容。另外，还存在部分利用高光谱图像稀疏与空间信息的改进算法以及克服对应共线性效应的方法(Dobigeon et al.，2014；Heylen et al.，2014)。

与基于模型的非线性解混方法不同，数据驱动的方法在地物的非线性混合具体形式未知的情况下，只需利用数据就可实现端元提取与丰度反演，而流形学习和核方法是其中最常用的方法。流形学习算法以保持数据局部或全局结构的方式将高维观测数据投影到低维线性空间实现解混。核方法则是将原始非线性数据向更高的维度映射，然后在高维空间中采用线性解混算法进行求解(杨斌和王斌，2017)。本章将主要介绍这两类方法中具有代表性的有监督非线性解混算法。

6.1　非线性端元提取算法

端元的提取是光谱解混流程中重要的组成成分，尤其是对于非线性解混，端元精度的影响将在丰度估计中表现得更为显著。例如，端元的误差会在 BMM 中以端元矢量间 Hadamard 积表示的二次散射项中传递，带来比只考虑线性混合时更强的影响。非线性端元提取方法是非线性解混中的一个难点，实际上，目前为后续非线性丰度估计提供先验端元的方法，大多仍依然属于在本书第 2 章中介绍的几何端元提取算法。因为对于 FM 和 GBM 的混合来说，纯像元依然是数据集的顶点，所以一些几何端元提取算法(如 VCA 等)仍可以在考虑非线性效应的条件下，通过找到最大体积的单形体而有效地提取端元(Halimi et al.，2011；Dobigeon et al.，2014)。然而，为了在数据呈现明显非线性时找到更为准确的端元，也有部分方法关注于数据的局部流形信息，以及物质自身的典型判别性光谱特征在非线性端元提取和判别中的应用。

6.1.1　基于数据测地线流形的方法

Heylen 等(2011)提出了一种在非线性混合假设下，基于流形几何的端元提取算法。

基本原理为：非线性混合的数据集中，各端元将位于一个以测地线构建的单形体顶点处(如图 6.1 所示)，这个测地线单形体的边即为顶点之间的测地线。于是，可以利用 N-FINDR 算法搜索一个体积最大的测地线单形体来确定端元。算法首先以距离几何的方式来表示 N-FINDR 算法(见本书第 2 章)，得到基于距离的单形体体积最大化计算方法。然后，在基于距离的算法中采用测地线(geodesic)距离(数据点沿着最近邻图的最短路径距离)替换欧氏距离，从而可以考虑数据的流形结构实现非线性端元提取。该算法仍需假设图像中存在纯像元，由图 5.9 可知，对于 FM 和 GBM 两种非线性模型，只有端元数较少才能满足这个要求；而由于受自散射项的影响，基于 PPNM 的数据的端元是在数据云之内的。

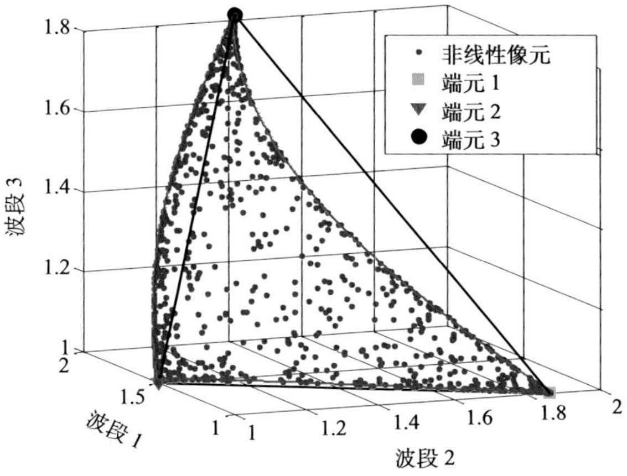

图 6.1　测地线单形描述的数据流形结构

(1) 对于由 r 个端元 $\{\boldsymbol{a}_1, \boldsymbol{a}_2, \cdots, \boldsymbol{a}_r\}$ 构成的高光谱遥感图像 $\boldsymbol{X} \in \mathbb{R}^{n\times m}$，令 $d_{i,k}$ 表示 $\boldsymbol{a}_i$ 与 $\boldsymbol{a}_k$ 间的欧氏距离，则可以利用 Cayley-Menger 行列式计算式(2.3.1)中点集 $\{\boldsymbol{a}_1, \boldsymbol{a}_2, \cdots, \boldsymbol{a}_r\}$ 张成的单形体体积：

$$(-1)^r 2^{r-1}((r-1)!)^2 V^2 = \begin{vmatrix} \boldsymbol{D}_{1,\cdots,r}^2 & \boldsymbol{1} \\ \boldsymbol{1}\boldsymbol{1}^{\mathrm{T}} & \boldsymbol{0} \end{vmatrix} = \left|\boldsymbol{C}_{1,\cdots,r}\right|, \quad \boldsymbol{D}_{1,\cdots,r}^2 = [d_{i,k}^2]_{i,j=1}^r \tag{6.1.1}$$

$$\left|\boldsymbol{C}_{1,\cdots,r}\right| = -\left(\boldsymbol{d}_1 \boldsymbol{C}_{2,\cdots,r}^{-1} \boldsymbol{d}_1^{\mathrm{T}}\right)\left|\boldsymbol{C}_{2,\cdots,r}\right|, \quad \boldsymbol{d}_1 = \left(d_{1,2}^2, \cdots, d_{1,r}^2, 1\right) \tag{6.1.2}$$

当像元呈非线性混合时，它们是端元及丰度的非线性函数，原始的 N-FINDR 算法将难以得到准确的流形体积。但是，具有较大丰度的像元依然会很靠近真实的端元位置，图像数据的流形结构可以看作是经过非线性变化后，嵌入在高维光谱空间中的低维单形体，这样就能通过确定流形的顶点来提取端元。

基于测地线距离的 N-FINDR 算法

1. 输入高光谱遥感图像矩阵 $\boldsymbol{X} \in \mathbb{R}^{n\times m}$，端元数目 r，最近邻点数 K；
2. 构建像元数据集的 K 近邻加权对称图；

3. 随机以 r 个像元初始化端元矩阵 $\boldsymbol{A}=(\boldsymbol{a}_1,\boldsymbol{a}_2,\cdots,\boldsymbol{a}_r)$，利用 Dijkstra 算法计算它们到其他所有点的最短距离，并以式(6.1.1)计算体积 V；

4. For $i=1:r$

　　For $j=1:m$

　　　　构造新的端元矩阵 $\boldsymbol{A}'=(\boldsymbol{a}_1,\boldsymbol{a}_2,\cdots,\boldsymbol{a}_{i-1},\boldsymbol{x}_j,\boldsymbol{a}_{i+1},\cdots,\boldsymbol{a}_r)$，并以式(6.1.1)计算体积 V'；

　　　　If $V'>V$

　　　　　　$\boldsymbol{A}=\boldsymbol{A}'$，利用 Dijkstra 算法计算 $\boldsymbol{x}_j$ 到其他所有点的最短距离，并同时更新式(6.1.2)的矩阵；

　　　　End

　　End

End

5. 输出端元 $\boldsymbol{A}$。

(2)假设数据流形是完全平坦的，曲率足够低，可将欧氏距离替换为测地线距离计算非线性数据的流形体积大小。像元点间的测地线距离通过它们在数据的最近邻图上的最短距离近似。为了生成这样的最近邻图，需计算任意两个像元间的欧氏距离，然后将每个像元点与其 K 个最近邻点连接，每条边的权重为对应的欧氏距离。两像元点间的测地线距离就是它们在加权图上的最短距离，可以利用 Dijkstra 算法(Dijkstra，1959)计算。算法中的最近邻参数 K 不能过小，否则图中的聚类将无法相连接，阻碍相关最短路径的计算。但如果参数 K 过大则会使数据流形结果尽可能平滑，从而会造成局部信息丢失，因而一般取 K 等于 20。

最后，将获得的测地线距离代入式(6.1.1)中，就能计算得到流形单形体的体积，再用 N-FINDR 的搜索端元方式，寻找构成流形单形体体积最大的 r 个像元作为端元。N-FINDR 算法中的最大单形体搜索过程是比较耗时的，但是对于基于测地线距离的 N-FINDR 端元提取算法来说，最大的运算负担来自于更耗时的测地线计算。综上所述，该端元提取算法流程如上表所示。

6.1.2　非线性混合物中端元物质的检测

大多数的稀疏半监督解混方法都是基于 LMM 的，使其难以考虑非线性混合效应的影响，结果会随非线性混合程度增强而变差。虽然可以利用现有的非线性模型，但是模型参数的反演却也是相对复杂的。为了解决对非线性混合物的端元确定问题，基于非齐次隐马尔科夫链的端元检测(nonhomogeneous hidden markov chain based endmember detection，NHMC-ED)方法(Itoh et al.，2017)利用光谱库和语义表示(semantic representation)，无须考虑具体的混合模型来获取混合光谱中存在的端元判别性特征，从而实现端元检测。

方法中，首先利用非齐次隐马尔科夫链 NHMC 对像元光谱的小波域表示建模得到语义表示，然后，以语义表示获取的特征作为端元的判别性特征。这里的“语义特征”定义为不同类型的纯地物光谱可相互区分的判别性特征，例如作为物质化学成分诊断信息的吸收波段位置和形状等。NHMC 能提升对光谱的分类性能，而由于语义特征与混合类型无关，同时也避免了非线性混合模型的选择和求解问题。最后，在经过将光谱库扩充以涵盖那些较弱的端元特征后，提取端元语义特征代入一系列分类器中进行训练学习(如图 6.2 所示)。这样在对测试的像元光谱作类似的特征提取后，可以设计每个端元类的探测器，通过假设检验探测像元中存在的端元物质(如图 6.3 所示)。

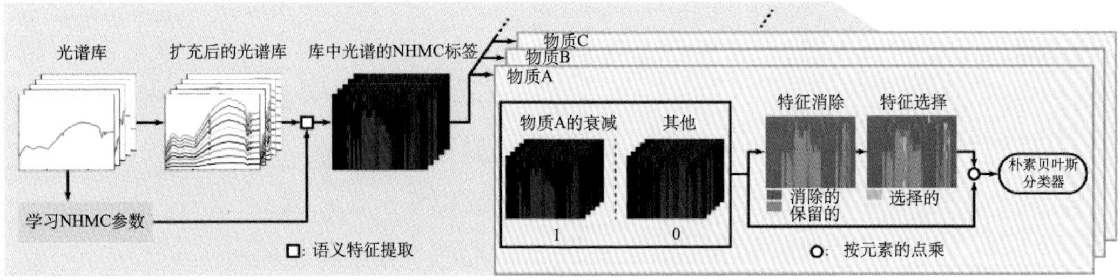

图 6.2　NHMC-ED 学习阶段方法原理图(Itoh et al.，2017)

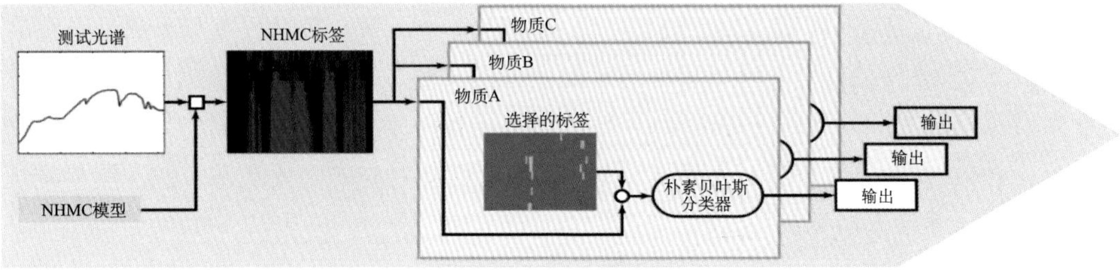

图 6.3　NHMC-ED 测试阶段方法原理图(Itoh et al.，2017)

1) 反射光谱的语义表示

小波变换(wavelet transform, WT)中的非抽样(undecimated)小波变换(UWT)首先被用于将信号分解为在不同尺度和偏移上的多尺度时间序列，凸显光谱吸收特征并得到小波系数。UWT 对光谱信号和母小波在不同波长 λ 上的卷积进行编码，对应的小波系数 $\omega_{z,l}$ 是一个光谱信号 $\boldsymbol{x}$ 和母小波 $\psi_{z,l} = \psi((\lambda - l) / z) / \sqrt{z}$ 的卷积 $\omega_{z,l} = < \boldsymbol{x}, \psi_{z,l} >$，反映了信号在特定的偏移 l 和尺度 z 上的强度，并保持了特征的波段位置。

小波系数通常会在零值附近呈现峰值分布，且能以两个零均值高斯分布的混合模型描述：小方差的高斯分布为噪声分布；而大方差的高斯分布是信号分布。小波系数随尺度变化具有持续性，而邻近小波系数具有一致性，可以构建随尺度变化的隐马尔科夫树。在此基础上，小波系数的统计模型的建立过程为：①构建每个偏移在不同尺度上 UWT 系数的非齐次隐马尔科夫链 NHMC；②在 NHMC 中，每个小波系数的分布是两个零均值高斯分布的混合，方差较大和较小的分布各对应一个隐式状态(L)和(S)(各表示信号在特定位置和尺度上的扰动存在和不存在)；③每个小波系数的隐式状态就作为语义表示，反映信号扰动的位置和存在性。

然后，利用 k-状态高斯混合的 NHMC 模型，使小波系数分布由 k 个具有不同方差的零均值高斯分布混合来定义。模型中依然认为语义信息是二值编码的{(L),(S)}：方差最小的小波系数隐式状态标记为标签(S)，否则为(L)。二值编码的语义信息{(L),(S)}就是该过程的特征标签。具体来说，每个小波系数 $\omega_{z,l}$ 都将由 k 个状态 $M_{z,l}\in\{0,1,\cdots,k-1\}$ 的其中之一生成。状态具有先验概率 $p_{z,l,i}=p(M_{z,l}=i)$，$\sum_{i=0}^{k-1}p_{z,l,i}=1$，而且 $M_{z,l}=0$ 和 $M_{z,l}>0$ 分别对应于特征标签(S)和(L)。为简便起见，去除脚标 l 得到每个状态的零均值高斯分布 $\omega_z\big|M_z=i\sim\mathcal{N}(0,\sigma_{z,i}^2)$ 和边缘概率 $p(\omega_z)=\sum_i p_{z,i}p(\omega_z\big|M_z=i)$。状态沿尺度变化的持续性通过马尔科夫链对 UWT 系数的隐式状态建模，状态转移方程和状态概率的转移矩阵为

$$\boldsymbol{p}_{z+1}=\boldsymbol{Q}_z\boldsymbol{p}_z,\quad \boldsymbol{Q}_z=\begin{bmatrix} p_{z,0\to0} & p_{z,1\to0} & \cdots & p_{z,k-1\to0}\\ p_{z,0\to1} & p_{z,1\to1} & \cdots & p_{z,k-1\to1}\\ \vdots & \vdots & & \vdots\\ p_{z,0\to k-1} & p_{z,1\to k-1} & \cdots & p_{z,k-1\to k-1}\end{bmatrix} \tag{6.1.3}$$

式中，$\boldsymbol{p}_z=(p_{z,0},p_{z,2},\cdots,p_{z,k-1})^{\mathrm{T}}$，$p_{z,i\to j}=p(M_{z+1}=j\big|M_z=i)$ 是当尺度从 z 到 $z+1$ 变化时两个状态 i 和 j 间的转移概率。状态沿尺度变化的一致性由 $\boldsymbol{Q}_z$ 保证。每个不同偏移(即反射光谱每个波段)的 k-状态 NHMC 中的参数 $\Theta_l=\{\boldsymbol{Q}_{z,l},\sigma_{z,l,1}^2,\cdots,\sigma_{z,l,k-1}^2\big|z=1,\cdots,n_z\}$ 由期望最大化(EM)算法独立训练，训练后所有(L)特征标签对应的隐式状态合并，然后利用 Viterbi 算法估计最大概率的特征标签序列。

2) NHMC-ED 算法

如图 6.2 和图 6.3 所示，端元检测算法由学习和测试两个阶段构成。在学习阶段，利用光谱库和 NHMC 模型训练，首先计算光谱库中所有样本光谱的 NHMC 模型参数，然后将已知光谱样本进行衰减变化后扩充光谱库，并利用之前学习得到的 NHMC 参数计算扩充后的光谱库样本的 NHMC 语义表示标签。再将样本按物质类别进行二类划分，得到每类物质的具体判别性特征。接着进行特征选择，包括特征的预剔除和特征选取。因为一个像元可能由多个端元构成，这就需要建立光谱库中每类端元对应的独立探测问题，从而得到一系列二值假设检验来确定像元中多种端元的存在性。最后，用选择的特征来训练二值朴素贝叶斯分类器。

该方法中，由于对于单物质负相关的特征可能对混合物是正相关的，因此只考虑与目标标签正相关的特征并剔除不需要的特征。在此基础上，条件互信息算法(conditional mutual information，CMI)被用于后续的特征选择，该方法可以最大化目标变量辨识度，最小化冗余度。令 $\boldsymbol{c}=(c_1,c_2,\cdots,c_d)^{\mathrm{T}}$（$d$ 是小波系数的数目)为每个样本光谱在所有尺度和偏移上的二值特征标签向量。t 为目标二值变量，$t=0$ 和 $t=1$ 分别表示目标物质端元不存在和存在。利用贪婪的求解方式在每次迭代聚合最大信息特征，令 V_j 为第 j 次迭代中选择的特征，则第 $(j+1)$ 次迭代要通过最大化互信息选择特征：

$$c_v^{(j+1)} = \arg\max_c H(t|V_j) - H(t|c,V_j) \tag{6.1.4}$$

式中，$H(\bullet)$ 表示熵函数。

在测试阶段，利用光谱的语义特征所确定的决策规则，以及朴素贝叶斯分类器判断观测像元光谱中的端元存在性。定义 $\boldsymbol{c}_{V_K} = (c_{v(1)}, c_{v(2)}, \cdots, c_{v(K)})^{\mathrm{T}}, c_{v(j)} \in \{0, 1\}$ 为包含 K 个被选择特征的向量，以及二值目标标签变量 $t \in \{0, 1\}$，朴素贝叶斯分类器假设特征相互条件独立：

$$p(\boldsymbol{c}_{V_K}|t) = \prod_{j=1}^{K} p(c_{v(j)}|t) \quad \Rightarrow \log p(t=i|\boldsymbol{c}_{V_K}) = \sum_{j=1}^{K} \log(p(c_{v(j)}|t=i)) + \log(p(t=i)) + \varepsilon \tag{6.1.5}$$

将 $p(c_{v(j)}|t=i) = p_{v(j)i}^{c_{v(j)}}(1-p_{v(j)i})^{1-c_{v(j)}}$，$p_{v(j)i} = p(c_{v(j)}=1|t=i)$ 代入上式得

$$\log p(t=i|\boldsymbol{c}_{V_K}) = \sum_{j=1}^{K} c_{v(j)} \log(\frac{p_{v(j)i}}{1-p_{v(j)i}}) + \log(p(t=i)) + \sum_{j=1}^{K} \log(1-p_{v(j)i})\varepsilon \tag{6.1.6}$$

学习阶段的分类器的 $p_{v(j)i}$，$p(t=i)$ 由最大似然法获得，而测试阶段的标签估计值为

$$\hat{t} = \arg\max_{i\in\{0,1\}} \log p(t=i|\boldsymbol{c}_{V_K})$$

6.2　基于非线性混合模型的解混算法

6.2.1　最小二乘规则下的泰勒展开与梯度下降方法

1. 泰勒展开的方法

双线性混合模型 BMM 一般形式 $\boldsymbol{x} = \boldsymbol{A}\boldsymbol{s} + g(\boldsymbol{A},\boldsymbol{s},\boldsymbol{b}) + \boldsymbol{\varepsilon}$ 的丰度估计最优化问题可以表示为

$$\hat{\boldsymbol{\theta}} = \arg\min_{\theta} \frac{1}{2}\|\boldsymbol{x} - \boldsymbol{\varphi}(\boldsymbol{\theta})\|_{\mathrm{F}}^2, \quad \text{s.t. Constraint}(\bullet) \tag{6.2.1}$$

式中，待估参数 $\boldsymbol{\theta} = [\boldsymbol{s}^{\mathrm{T}}, \boldsymbol{b}^{\mathrm{T}}]^{\mathrm{T}}$（对于 PPNM 中 $b = (\boldsymbol{x} - \boldsymbol{A}\boldsymbol{s})^{\mathrm{T}}(\boldsymbol{A}\boldsymbol{s} \odot \boldsymbol{A}\boldsymbol{s}) / (\boldsymbol{A}\boldsymbol{s} \odot \boldsymbol{A}\boldsymbol{s})^{\mathrm{T}} \cdot (\boldsymbol{A}\boldsymbol{s} \odot \boldsymbol{A}\boldsymbol{s}) = \phi(\boldsymbol{s})$，FM 中 $\boldsymbol{\theta} = \boldsymbol{s}$），而 $\boldsymbol{\varphi}(\boldsymbol{\theta}) = \boldsymbol{A}\boldsymbol{s} + g(\boldsymbol{A},\boldsymbol{\theta})$。此外，线性混合丰度向量 $\boldsymbol{s}$ 和非线性参数 $\boldsymbol{b}$ 必须满足各 BMM 模型的具体约束条件，包括丰度非负约束等(各模型的约束和具体的 $g(\boldsymbol{A},\boldsymbol{\theta})$ 见本书第 5 章)。

首先，对近似函数 $\boldsymbol{\varphi}(\boldsymbol{\theta})$ 进行一阶泰勒展开以使其线性化，并令 $\boldsymbol{\theta}^{(t)} = [(\boldsymbol{s}^{\mathrm{T}})^{(t)}, (\boldsymbol{b}^{\mathrm{T}})^{(t)}]^{\mathrm{T}}$ 表示算法在第 t 次迭代中得到的参数估计结果，得到泰勒近似形式：

$$\boldsymbol{\varphi}(\boldsymbol{\theta}) \approx \boldsymbol{\varphi}(\boldsymbol{\theta}^{(t)}) + \nabla\boldsymbol{\varphi}(\boldsymbol{\theta}^{(t)})(\boldsymbol{\theta} - \boldsymbol{\theta}^{(t)}) \tag{6.2.2}$$

这里 $\nabla\boldsymbol{\varphi}(\boldsymbol{\theta}^{(t)}) \in \mathbb{R}^{n\times\tilde{R}}$ 是 $\boldsymbol{\varphi}(\boldsymbol{\theta}^{(t)})$ 关于 $\boldsymbol{\theta}^{(t)}$ 的梯度矩阵，对于 GBM 和 NM 有 $\tilde{R} = r(r+1)/2$，FM 和 PPNM 是 $\tilde{R} = r$ 而 LQM 则是 $\tilde{R} = r(r+3)/2$。$\nabla\boldsymbol{\varphi}(\boldsymbol{\theta}^{(t)})$ 关于丰度值 s_i 的第 i 列是

$$\frac{\partial \boldsymbol{\varphi}(\boldsymbol{s}^{(t)})}{\partial s_i^{(t)}} = \boldsymbol{a}_i + \frac{\partial \phi(\boldsymbol{s}^{(t)})}{\partial s_i^{(t)}} \boldsymbol{h}(\boldsymbol{s}^{(t)}) + \phi(\boldsymbol{s}^{(t)}) \frac{\partial \boldsymbol{h}(\boldsymbol{s}^{(t)})}{\partial s_i^{(t)}} \tag{6.2.3}$$

式中，$\phi(\boldsymbol{s}^{(t)})$ 是非线性参数 b 关于丰度变量 $\boldsymbol{s}$ 的函数（对于 FM 有 $\phi(\boldsymbol{s}^{(t)})=1$，$\partial\phi(\boldsymbol{s}^{(t)})/\partial s_i^{(t)}=0$）；$\boldsymbol{h}(\boldsymbol{s}^{(t)})$ 是 BMM 中除去非线性参数 b 后的二次散射项（对于 PPNM 有 $\boldsymbol{h}(\boldsymbol{s}) = \boldsymbol{A}\boldsymbol{s} \odot \boldsymbol{A}\boldsymbol{s}$）。

然后，就能容易得到目标函数线性化后，待估计参数 $\boldsymbol{\theta}$ 如下的迭代优化问题：

$$\boldsymbol{\theta}^{(t+1)} = \arg\min_{\boldsymbol{\theta}} \left\| \boldsymbol{B}^{(t)} - \boldsymbol{D}^{(t)}\boldsymbol{\theta} \right\|_{\mathrm{F}}^2, \quad \text{s.t. Constraint}(\bullet) \tag{6.2.4}$$

式中，$\boldsymbol{B}^{(t)} = \boldsymbol{x} - \boldsymbol{\varphi}(\boldsymbol{\theta}^{(t)}) + \nabla\boldsymbol{\varphi}(\boldsymbol{\theta}^{(t)})\boldsymbol{\theta}^{(t)}$，$\boldsymbol{D}^{(t)} = \nabla\boldsymbol{\varphi}(\boldsymbol{\theta}^{(t)})$。显然，式(6.2.4)的最优化问题可以利用 FCLS 算法进行求解。在考虑各模型约束的时候，由于 FM（Fan et al.，2009）没有非线性参数，而 PPNM（Altmann et al.，2012）的非线性参数没有边界范围限制，它们的最优化求解就可以简单转化为

$$\boldsymbol{\theta}^{(t+1)} = \arg\min_{\boldsymbol{\theta}} \left[\left\| \boldsymbol{B}^{(t)} - \boldsymbol{D}^{(t)}\boldsymbol{s} \right\|^2 + \delta(1 - \boldsymbol{I}_r^{\mathrm{T}}\boldsymbol{s})^2 \right] \tag{6.2.5}$$

FCLS 算法在估计式(6.2.5)的丰度参数时，可以同时满足丰度的 ASC 和 ANC 约束。在 NM 和 LQM 模型假设下，由于丰度与非线性参数均非负且两者之和等于 1，实际上可以将模型中的两两端元间的乘积作为“虚拟端元”，然后直接利用 FCLS 算法对丰度和非线性参数进行估计。

对于 GBM 来说，除丰度外还含有非线性参数的约束条件需满足：$\forall i = 1,\cdots,r-1$，$k = i+1,\cdots,r$ 有 $0 \leqslant \gamma_{i,k} \leqslant 1$。这里可以引入一个正向量 $\boldsymbol{\omega} = \mathbf{1}_Q - \boldsymbol{\gamma}$，$Q = r(r-1)/2$，从而得到添加丰度 ASC 与 $\gamma_{i,k} \leqslant 1$ 约束后的变形，最后用 NCLS 算法（见本书第 2 章）求解：

$$\tilde{\boldsymbol{\theta}}^{(t+1)} = \arg\min_{\boldsymbol{\theta}} \left\| \tilde{\boldsymbol{B}}^{(t)} - \tilde{\boldsymbol{D}}^{(t)}\tilde{\boldsymbol{\theta}} \right\|_{\mathrm{F}}^2 \tag{6.2.6}$$

$$\tilde{\boldsymbol{B}}^{(t)} = \begin{bmatrix} \boldsymbol{B}^{(t)} & \mathbf{0} \\ \boldsymbol{C} & \boldsymbol{F} \end{bmatrix}, \quad \boldsymbol{C} = \begin{bmatrix} \mathbf{0} & \boldsymbol{I}_Q \\ \mathbf{1}_r^{\mathrm{T}} & \mathbf{0}_Q^{\mathrm{T}} \end{bmatrix}, \quad \boldsymbol{F} = \begin{bmatrix} \boldsymbol{I}_Q \\ \mathbf{0}_Q^{\mathrm{T}} \end{bmatrix} \tag{6.2.7}$$

$$\tilde{\boldsymbol{D}}^{(t)} = \begin{bmatrix} \boldsymbol{D}^{(t)} \\ \mathbf{1}_Q \\ 1 \end{bmatrix}, \quad \tilde{\boldsymbol{\theta}}^{(t)} = \begin{bmatrix} \boldsymbol{\theta}^{(t)} \\ \boldsymbol{\gamma} \\ \boldsymbol{\omega} \end{bmatrix} \tag{6.2.8}$$

2. 梯度下降方法

梯度下降法也可用于通常的 BMM 参数求解，而采用次梯度优化算法（Bazaraa et al.，1993）可独立地更新每个端元的丰度。考虑到丰度的 ANC 和 ASC 约束，对于 GBM 或 PPNM，首先令 $s_r = 1 - \sum_{i=1}^{r-1} s_i$，$\overline{\boldsymbol{\theta}} = [s_1, s_2, \cdots, s_{r-1}, 1 - \sum_{i=1}^{r-1} s_i, \boldsymbol{\gamma}^{\mathrm{T}}]^{\mathrm{T}}$（若为 PPNM，则 $\overline{\boldsymbol{\theta}} = [s_1, s_2, \cdots, s_{r-1}, 1 - \sum_{i=1}^{r-1} s_i]^{\mathrm{T}}$），则(6.2.1)式的最优化目标函数可以表示为（Altmann et al.，2012）：

$$\min f(\bar{\boldsymbol{\theta}})=\frac{1}{2}\left\|\boldsymbol{x}-\boldsymbol{\varphi}(\bar{\boldsymbol{\theta}})\right\|_{\mathrm{F}}^{2} \tag{6.2.9}$$

为了更好地处理丰度约束条件，对于给定的$\bar{\boldsymbol{\theta}}$，算法沿着由目标函数关于丰度$s_i(i \leqslant r-1)$偏导定义的方向进行连续线性搜索：

$$d_i=-\frac{\partial f(\bar{\boldsymbol{\theta}})}{\partial s_i}=(\boldsymbol{x}-\boldsymbol{\varphi}(\bar{\boldsymbol{\theta}}))^{\mathrm{T}}\frac{\partial \boldsymbol{\varphi}(\bar{\boldsymbol{\theta}})}{\partial s_i} \tag{6.2.10}$$

最后线性搜索需解决以下问题：

$$\hat{\lambda}_i=\arg\min_{\lambda_i} f(\bar{\boldsymbol{\theta}}-\lambda_i\boldsymbol{\mu}_i)\text{，}\quad 0 \leqslant \lambda_i \leqslant \lambda_{i,M}\quad\text{，}\quad \lambda_{i,M}=\begin{cases}0 & d_i=0\\ s_i & d_i>0\\ s_i-\sum_{k=1,k\neq i}^{r-1}s_k & d_i<0\end{cases} \tag{6.2.11}$$

式中，$\boldsymbol{\mu}_i=(0,\cdots,\mathrm{sign}(d_i),0,\cdots,0)^{\mathrm{T}}\in\mathbb{R}^{(r-1)\times 1}$为方向向量；$\lambda_{i,M}$是线性搜索的参数上界，使丰度满足ANC和ASC约束条件。式(6.2.9)的最优化问题可以用黄金分割法(Bazaraa et al.，1993)求解，丰度按端元依次更新，直到算法收敛。基于GBM和PPNM的梯度下降算法源代码可参考http://dobigeon.perso.enseeiht.fr/publis.html#Journal。

6.2.2　贝叶斯统计学方法

包括GBM和PPNM在内的BMM模型参数求解实际上都可以在分层贝叶斯模型中实现(Halimi et al.，2011；Altmann et al.，2012)。首先，在Bayesian框架中选取相关模型未知参数的合适先验分布，继而得到这些参数的联合后验分布。待估参数包括丰度系数$\boldsymbol{s}$，非线性参数$\boldsymbol{b}$和加性的噪声方差σ^2。基于BMM的像元矢量$\boldsymbol{x}$服从均值为$\boldsymbol{\varphi}(\boldsymbol{s},\boldsymbol{b})=\boldsymbol{A}\boldsymbol{s}+g(\boldsymbol{A},\boldsymbol{s},\boldsymbol{b})$方差为$\sigma^2\boldsymbol{I}_{n\times n}$高斯分布，对应的似然函数为

$$f(\boldsymbol{x}|\boldsymbol{s},\boldsymbol{b},\sigma^2)=\left(\frac{1}{2\pi\sigma^2}\right)^{n/2}\exp\left(-\frac{\left\|\boldsymbol{x}-\boldsymbol{\varphi}(\boldsymbol{s},\boldsymbol{b})\right\|^2}{2\sigma^2}\right) \tag{6.2.12}$$

1）参数的先验信息

丰度先验：为了使丰度满足ASC约束条件，令$s_r=1-\sum_{i=1}^{r-1}s_i$以及将$s_r$去除后的部分丰度矢量$\boldsymbol{s}_{-r}=(s_1,s_2,\cdots,s_{r-1})^{\mathrm{T}}$，在丰度ANC约束下，$\boldsymbol{s}_{-r}$属于单形体$\varDelta=\{\boldsymbol{s}_{-r}|s_i\geqslant 0,\forall i\neq r,\sum_{i=1}^{r-1}s_i\leqslant 1\}$，可以为$\boldsymbol{s}_{-r}$选择均匀先验分布。

非线性参数先验：对于PPNM来说，由于b没有边界范围，可以赋予其共轭高斯分布先验：$b|\sigma_b^2\sim\mathcal{N}(0,\ \sigma_b^2)$。另一方面，对于GBM则需要满足$0\leqslant b\leqslant 1$，因而采用在[0, 1]区间的指示函数$\tau_{[0,1]}(\bullet)$定义均匀分布：

$$f(\boldsymbol{b})=\prod_{i=1}^{r-1}\prod_{k=1}^{r}\tau_{[0,1]}(b_{i,k}) \tag{6.2.13}$$

噪声方差与超参的先验：对于 PPNM，噪声可以选择 Jeffreys 先验 $f(\sigma^2)\propto \boldsymbol{I}_{\mathbb{R}^+}(\sigma^2)/\sigma^2$，而超参 σ_b^2 实际可取共轭逆 Gamma 先验 $\sigma_b^2\sim\mathcal{IG}(1,\ v)$，$v$ 可取 10^{-2}。对于 GBM，噪声在取共轭逆 Gamma 先验 $\sigma^2\big|\zeta\sim\mathcal{IG}(1,\ \zeta/2)$ 的情况下，超参取 Jeffreys 先验 $f(\zeta)\propto \boldsymbol{I}_{\mathbb{R}^+}(\zeta)/\zeta$。

2) 参数的后验分布

未知参数 $\boldsymbol{\theta}=\{\boldsymbol{s}_{-r},b,\sigma^2,\sigma_b^2(\text{或}\zeta)\}$ 的联合后验分布为

$$f(\boldsymbol{\theta}\mid\boldsymbol{x})\propto f(\boldsymbol{x}\mid\boldsymbol{s}_{-r},b,\sigma^2)f(\boldsymbol{s}_{-r},b,\sigma^2\big|\sigma_b^2(\text{或}\zeta))f(\sigma_b^2(\text{或}\zeta)) \tag{6.2.14}$$

假设各未知参数的先验分布是相互独立的，则 PPNM 和 GBM 的联合后验分布依次为

$$f_{\text{PPNM}}(\boldsymbol{\theta}\mid\boldsymbol{x})\propto\frac{1}{\sigma^2}\left(\frac{1}{\sigma_b^2}\right)^{\frac{5}{2}}f(\boldsymbol{x}\mid\boldsymbol{s}_{-r},b,\sigma^2)\exp\left(-\frac{b^2+2v}{2\sigma_b^2}\right)\tau_Q(\boldsymbol{s}_{-r}) \tag{6.2.15}$$

$$f_{\text{GBM}}(\boldsymbol{\theta}\mid\boldsymbol{x})\propto\frac{1}{\sigma^{2+n}}\exp\left(-\frac{\|\boldsymbol{x}-\boldsymbol{\varphi}(\boldsymbol{s},\boldsymbol{b})\|^2}{2\sigma_b^2}\right)f(\boldsymbol{b})f(\boldsymbol{s}) \tag{6.2.16}$$

然而，因为传统的 Bayesian 估计量的最小均方差 MMSE 和最大后验估计 MAP 无法利用该联合后验分布计算，所以就使用 Markov Chain Monte Carlo（MCMC）方法根据后验分布生成遵循 Gibbs 采样规则的样本，再用这些样本近似计算 Bayesian 估计量和相关参数的置信区间。

3) Gibbs 采样

Gibbs 采样建立在参数后验条件分布的基础上，PPNM 和 GBM 中各未知参数对应的条件概率密度函数依次为

$$f(s_i\mid\boldsymbol{x},\boldsymbol{\theta}_{-s_i})\propto\exp\left(-\frac{\|\boldsymbol{x}-\boldsymbol{\varphi}(\boldsymbol{s},\boldsymbol{b})\|^2}{2\sigma^2}\right)\tau_Q(\boldsymbol{s}_{-r}) \tag{6.2.17}$$

$$b_{\text{PPNM}}\mid\boldsymbol{x},\boldsymbol{\theta}_{-b}\sim N\Big(\frac{\sigma_b^2(\boldsymbol{x}-\boldsymbol{As})^{\mathrm{T}}(\boldsymbol{As}\odot\boldsymbol{As})}{\sigma_b^2(\boldsymbol{As}\odot\boldsymbol{As})^{\mathrm{T}}(\boldsymbol{As}\odot\boldsymbol{As})+\sigma^2},\ \frac{\sigma_b^2\sigma^2}{\sigma_b^2(\boldsymbol{As}\odot\boldsymbol{As})^{\mathrm{T}}(\boldsymbol{As}\odot\boldsymbol{As})+\sigma^2}\Big) \tag{6.2.18}$$

$$b_{i,k(\text{GBM})}\mid\boldsymbol{x},\boldsymbol{\theta}_{-b_{i,k}}\sim N\left(\frac{(\boldsymbol{a}_i\odot\boldsymbol{a}_k)^{\mathrm{T}}(\boldsymbol{x}-\boldsymbol{\varphi}_{-i,k}(\boldsymbol{s},\boldsymbol{b}))}{\|\boldsymbol{a}_i\odot\boldsymbol{a}_k\|^2},\ \frac{\sigma^2}{\|\boldsymbol{a}_i\odot\boldsymbol{a}_k\|^2}\right) \tag{6.2.19}$$

$$\sigma^2\mid\boldsymbol{x},\boldsymbol{\theta}_{-\sigma^2}\sim\mathcal{IG}\Big(\frac{n}{2},\ \frac{\|\boldsymbol{x}-\boldsymbol{\varphi}(\boldsymbol{s},\boldsymbol{b})\|^2}{2}\Big) \tag{6.2.20}$$

$$\sigma_b^2\mid\boldsymbol{x},\boldsymbol{\theta}_{-\sigma_b^2}\sim\mathcal{IG}\Big(\frac{3}{2},\ \frac{b^2}{2}+v\Big) \tag{6.2.21}$$

需要指出的是，贝叶斯统计方法在给定恰当的参数先验后，虽然可以对各类 BMM 实现解混，但是相对于泰勒展开和梯度下降方法需要特别大的计算量，一定程度上也限制了该方法在实际中的适用性。该类方法的工具包和源代码可以参考 http://dobigeon.perso.enseeiht.fr/publis.html#Journal。

6.2.3　基于半非负矩阵分解的丰度估计

虽然 NMF 光谱解混算法具备多种优势，但由于其本身是线性的模型，要将其用于非线性光谱解混需要考虑更多的因素。BMM 在 LMM 的基础上，增加了端元两两间 Hadamard 乘积所表示的二次散射项，不但令 NMF 难以直接用于 BMM 的参数求解，而且使得待估计的非线性参数较多且计算复杂，尤其当端元数目较多的时候。

基于 GBM 的半非负矩阵分解方法(GBM-SemiNMF)通过将 GBM 拆分为两个分别关于线性混合成分和非线性成分的矩阵乘积，可以利用 SemiNMF 的交替优化规则实现有监督的丰度估计(Yokoya et al.，2014)。对于由 r 个端元 $\{\boldsymbol{a}_1, \boldsymbol{a}_2, \cdots, \boldsymbol{a}_r\}$ 构成的高光谱遥感图像 $\boldsymbol{X} \in \mathbb{R}^{n\times m}$，方法 GBM-SemiNMF 首先建立了如下的约束优化问题：

$$\begin{aligned} &\min \frac{1}{2}\|\boldsymbol{X}-\boldsymbol{A}\boldsymbol{S}-\boldsymbol{M}\boldsymbol{B}\|_{\mathrm{F}}^2 \\ &\text{s.t.} \quad \boldsymbol{A} \geqslant 0,\ 0 \leqslant \boldsymbol{B} \leqslant \boldsymbol{S}^*,\ \boldsymbol{1}_r^{\mathrm{T}}\boldsymbol{S} = \boldsymbol{1}_m^{\mathrm{T}} \end{aligned} \tag{6.2.22}$$

式中，$\boldsymbol{M} = (\boldsymbol{a}_1 \odot \boldsymbol{a}_2, \boldsymbol{a}_1 \odot \boldsymbol{a}_3, \cdots, \boldsymbol{a}_{r-1} \odot \boldsymbol{a}_r) \in \mathbb{R}^{n\times r(r-1)/2}$ 是双线性部分的端元两两 Hadamard 乘积矩阵；$\boldsymbol{B} \in \mathbb{R}^{r(r-1)/2\times m}$ 是非线性参数 $\gamma_{i,k} \in [0,1]$ 与端元对应丰度的乘积，其第 j 个列向量为 $\boldsymbol{B}(:,j) = (\gamma_{1,2,j}s_{1,j}s_{2,j},\ \gamma_{1,3,j}s_{1,j}s_{3,j},\ \cdots,\ \gamma_{r-1,r,j}s_{r-1,j}s_{r,j})^{\mathrm{T}}$。$\boldsymbol{S}^* \in \mathbb{R}^{r(r-1)/2\times m}$ 只是两两端元间丰度的乘积，其第 j 个列向量为 $\boldsymbol{S}^*(:,j) = (s_{1,j}s_{2,j},\ s_{1,j}s_{3,j},\ \cdots,\ s_{r-1,j}s_{r,j})^{\mathrm{T}}$。

然后，分别引入两个矩阵 $\boldsymbol{X}_1 = \boldsymbol{X} - \boldsymbol{M}\boldsymbol{B}$ 和 $\boldsymbol{X}_2 = \boldsymbol{X} - \boldsymbol{A}\boldsymbol{S}$，构建分别关于变量 $\boldsymbol{S}$ 和 $\boldsymbol{B}$ 的两个交替优化的问题：$\|\boldsymbol{X}_1 - \boldsymbol{A}\boldsymbol{S}\|_F^2$ 和 $\|\boldsymbol{X}_2 - \boldsymbol{M}\boldsymbol{B}\|_F^2$。由于待估参数都要满足非负性，因而采用 SemiNMF 进行变量更新。SemiNMF 与传统 NMF 的不同之处在于，它可将一个非限制矩阵(可负)，分解为一个非限制矩阵和非负矩阵的乘积。在 GBM 的基础上，已知端元矩阵 $\boldsymbol{A}$ 与 $\boldsymbol{M}$，SemiNMF 采用迭代更新规则可收敛到一个局部最优：

$$\boldsymbol{S}^{\mathrm{T}} \leftarrow \boldsymbol{S}^{\mathrm{T}}.*\sqrt{\left((\boldsymbol{X}_1^{\mathrm{T}}\boldsymbol{A})^+ + \boldsymbol{S}^{\mathrm{T}}(\boldsymbol{A}^{\mathrm{T}}\boldsymbol{A})^-\right)./\left((\boldsymbol{X}_1^{\mathrm{T}}\boldsymbol{A})^- + \boldsymbol{S}^{\mathrm{T}}(\boldsymbol{A}^{\mathrm{T}}\boldsymbol{A})^+\right)} \tag{6.2.23}$$

$$\boldsymbol{B}^{\mathrm{T}} \leftarrow \boldsymbol{B}^{\mathrm{T}}.*\sqrt{\left((\boldsymbol{X}_2^{\mathrm{T}}\boldsymbol{M})^+ + \boldsymbol{B}^{\mathrm{T}}(\boldsymbol{M}^{\mathrm{T}}\boldsymbol{M})^-\right)./\left((\boldsymbol{X}_2^{\mathrm{T}}\boldsymbol{A})^- + \boldsymbol{B}^{\mathrm{T}}(\boldsymbol{M}^{\mathrm{T}}\boldsymbol{M})^+\right)} \tag{6.2.24}$$

这里，$\boldsymbol{C}^+ = (|\boldsymbol{C}| + \boldsymbol{C})/2$；$\boldsymbol{C}^- = (|\boldsymbol{C}| - \boldsymbol{C})/2$。由于 SemiNMF 的局部收敛性，因而初始化对最终结果很重要，可以用 FCLS 算法初始化丰度矩阵 $\boldsymbol{S}$ 和 $\boldsymbol{B} = \delta\boldsymbol{S}^*$ ($0 < \delta < 1$)。另一方面，因为线性混合项大于双线性混合项，即

$$\boldsymbol{A}\boldsymbol{s} - \boldsymbol{M}\boldsymbol{b} \geqslant \sum_{i=1}^{r}\boldsymbol{a}_i s_i - \sum_{i,k}\boldsymbol{a}_i \odot \boldsymbol{a}_k s_i s_k \geqslant \sum_{i=1}^{r}\boldsymbol{a}_i s_i\left(\frac{1+s_i}{2}\right) \geqslant \boldsymbol{0} \tag{6.2.25}$$

所以矩阵 $\boldsymbol{X}_1$ 实际是非负的，$\|\boldsymbol{X}_1 - \boldsymbol{A}\boldsymbol{S}\|_F^2$ 也可以用 NMF 更新求解：

$$S \leftarrow S.*(A^{\mathrm{T}}X_1)./(A^{\mathrm{T}}AS) \tag{6.2.26}$$

最后，GBM-SemiNMF 的算法流程可总结如下表所示。

基于 GBM 的半非负矩阵分解 GBM-SemiNMF 算法

1. 输入高光谱遥感图像矩阵 $X \in \mathbb{R}^{n\times m}$，端元矩阵 $A=(a_1,a_2,\cdots,a_r)$；
2. 利用 FCLS 算法初始化丰度 $S^{(0)}$ 和 $B^{(0)}=\delta S^*$（$0<\delta<1$），$t=0$；
3. While 收敛条件不满足

   以式(6.2.23)或式(6.2.26)更新 $S^{(t)}$ 和 $(S^*)^{(t)}$；

   以式(6.2.24)更新 $B^{(t)}$，并将 $B^{(t)}$ 中大于 $(S^*)^{(t)}$ 的元素替换为 $(S^*)^{(t)}$ 对应位置上的元素；

   $t=t+1$；

   End
4. 输出丰度矩阵 $S^{(t)}$ 和双线性丰度系数矩阵 $B^{(t)}$。

6.2.4 利用稀疏性与空间信息的改进方法

BMM 在 LMM 的基础上考虑了两两端元间的二次散射 $a_i \odot a_k$，并将其作为“虚拟端元”加到模型中，对于描述观测场景中的非线性混合效应简单有效。然而，虽然 BMM 忽略了物质端元间三次以上的高次散射，但是当端元数目 r 较多时，解混同样需要考虑大量的非线性混合项和参数，端元与虚拟端元间的共线性效应也将更加明显(Chen et al.，2011；Ma et al.，2016)。结果是，不但丰度估计的误差会变得很大，而且也会显著地降低算法的效率。就真实端元和虚拟端元总和而言，FM、GBM 和 NM 的数量是 $r(r+1)/2$，而 PPNM 和 LQM 由于还考虑了端元与自身的散射，数量达到 $r(r+3)/2$。对于 GBM 模型，若端元数目为 10 则包括虚拟端元在内的端元数目为 55 个，如果都将它们作为解释变量代入解混的回归过程中求解参数，必然会对精确估计造成较大的困难。

实际上，高光谱图像数据本身具有较强的光谱与空间相关性，充分利用图像的这些特性可以大幅减少局部区域内的端元数目。主要包括：①稀疏性：多数情况下，高光谱图像场景中的像元不会由所有端元构成，而每种端元物质呈现的是局部分布特点，因此每个像元只由若干端元混合而成且数目各不相同，丰度具有一定的稀疏性。②空间相关性：图像像元与其邻近的像元之间一般具有相似性，它们可能由相似的端元构成而且对应的丰度也通常非常接近。另外，许多研究显示非线性效应发生在一定距离范围内的物质间，当两种物质的相距过远时它们之间的多次散射可以忽略。通过对这些高光谱遥感图像的本质特点和相关问题进行深入探究，可以有效地提升非线性解混算法的性能。

1. 基于端元集筛选的改进方法

对于由 r 个端元 $\{a_1,a_2,\cdots,a_r\}$ 构成的高光谱遥感图像 $X\in\mathbb{R}^{n\times m}$，在如 NM 的假设下，端元和虚拟端元将构成矩阵 $M=(a_1, a_2, \cdots, a_r, a_1\odot a_2, a_1\odot a_3,\cdots,a_{r-1}\odot a_r) \in\mathbb{R}^{n\times r(r+1)/2}$，如果也把丰度和非线性参数矢量合并为一个单一矢量 $\tilde{s}\in\mathbb{R}^{r(r+1)/2\times 1}$，那么非

线性解混的优化问题可以写为

$$\min_{\tilde{s}} \frac{1}{2}\left\|\boldsymbol{x}-\boldsymbol{M}\tilde{\boldsymbol{s}}\right\|_{\mathrm{F}}^{2} \quad \text{s.t. } \tilde{\boldsymbol{s}} \geqslant 0,\ \mathbf{1}_{r(r+1)/2}^{\mathrm{T}} \tilde{\boldsymbol{s}}=1 \tag{6.2.27}$$

显然，式(6.2.27)中的参数容易通过二次规划等方法求解。线性解混方法一般是在给整幅图像所有像元设定相同的端元数目 r 的前提下，进行后续解混。这种处理方式在 LMM 假设下的解混是可以接受的，但是却难以适用于虚拟端元数目会随着端元数目增加而激增的 BMM，因为会面临严重的计算复杂度增加和精度降低问题。此时，可以利用物质在图像中的稀疏分布和局部空间相关性特点，降低每个像元中所需考虑的端元数目。通过对每个像元对应的端元子集进行优化筛选，可以显著地在非线性解混过程中减少需要考虑的虚拟端元数量。

(1) 端元可变的线性混合模型方法(endmember variable linear mixture model, EVLMM)利用图像端元的先验信息，在确定每个像元中的真实端元个数和类型后进行解混，并且只选择空间近邻端元间的非线性项以降低计算复杂度(Raksuntorn and Du，2010)。图像端元的先验信息包括：如当场景中仅存在树木、草地和土壤三种地物时，土壤和树木间的非线性散射作用通常要显著强于土壤和草地间的，这样有时就能忽略后者对应的虚拟端元；而对于有许多高树的场景，还需要考虑端元与自身的散射。EVLMM 算法以少量端元开始，根据像元的重构误差和丰度的正负性增加或减少端元。由于该过程的计算量较大，首先对图像进行线性解混再对其中结果较差的像元用 EVLMM 算法进行非线性解混。需要注意的是，丰度的 ANC 约束和 ASC 约束在 EVLMM 中都被忽略了，但是通过良好的解混过程，它们能被自动满足。

(2) Cui 等(2014)也针对非线性解混中端元数目的问题，通过引入局域窗来考虑相邻像元间的空间相似性，以进一步减少每个像元所对应的端元数目。方法中，首先利用最小二乘方法估计所有像元关于真实端元的丰度，然后确定每个像元中丰度最大的端元物质类别，从而将所有像元根据其主要端元分为若干类。由于像元与其空间近邻的像元相关，以该像元为中心确定一个 3×3 大小的局部窗口(对于真实情况下，可能还要采用如 7×7 的较大窗口)，该窗口内所有的端元类型就是此像元的成分端元。在确定每个像元的所有相关端元后，就得到对应的真实与虚拟端元。在式(6.2.27)的基础上，解混需考虑的端元数目被降低了，最后用二次规划方法求解丰度系数。

(3) 基于端元优化的非线性解混算法(唐晓燕等，2014)，通过加入阴影端元对混合像元的端元集进行优化，然后对优化的端元子集采用基于分层贝叶斯模型的双线性光谱分解算法进行光谱分解。基于有效端元集的解混方法(宋梅萍等，2014)首先结合欧氏距离和光谱夹角，以两者乘积的平方作为评价标准，按照所有端元与混合像元的距离将这些端元排序。然后，利用排序结果和误差变化情况选择实际参与各像元混合的端元子集，从而降低未参与特定混合像元混合的端元对解混结果的影响。在对每个像元的端元集排序后，去除序列中的最后一个端元，并求解式(6.2.27)中的参数和对应的重构误差。该过程将重复迭代进行，直到当前迭代的重构误差值高于前一次迭代的误差值时停止迭代。最后，就能在获取每个像元的最优端元子集的同时，得到更为准确的丰度估计结果。

2. 稀疏与低秩表示改进的方法

Qing 等(2014)结合 GBM 和 PPNM 两者的优势给出了一个改进的广义双线性混合模型(Modified GBM，MGBM)，然后将模型中的二次散射双线性成分线性化。在此基础上，结合一个线性端元库和一个双线性端元库，使 ℓ_1 范数约束的线性稀疏回归解混方法扩展到了非线性的情况，利用 ADMM 方法(Boyd et al.，2011)求解，得到 SMV(single measurement vector)-ADMM 解混算法。此外，为了进一步利用同质邻域中像元的空间结构信息，首先构建了局域滑动窗中的像元丰度的 $\ell_{1,2}$ 范数约束实现丰度估计，以挖掘联合稀疏信息并得到算法 MMV(multiple measurement vector)-ADMM。然后，针对联合稀疏模型中边界像元的混叠问题，将低秩表示与非线性解混结合得到算法 LRR(low-rank representation recovery)，反映了数据的高度空间相关性。

1)改进的广义双线性混合模型 MGBM

为了考虑端元与自身的二次散射作用，向 GBM 中引入对应的虚拟端元，得到

$$\boldsymbol{x}_j = \boldsymbol{A}\boldsymbol{s}_j + \sum_{i=1}^{r}\sum_{k=i}^{r}(\boldsymbol{a}_i \odot \boldsymbol{a}_k)\gamma_{i,k,j}s_{i,j}s_{k,j} + \boldsymbol{\varepsilon}_j, \quad \text{s.t.} \quad 0 \leqslant \gamma_{i,k,j}s_{i,j}s_{k,j} \ll 1 \tag{6.2.28}$$

令 $\boldsymbol{B} = (\boldsymbol{a}_1 \odot \boldsymbol{a}_1, \boldsymbol{a}_1 \odot \boldsymbol{a}_2, \cdots, \boldsymbol{a}_r \odot \boldsymbol{a}_r) \in \mathbb{R}^{n\times r(r+1)/2}$，$\boldsymbol{\mu}_j = (\gamma_{1,1,j}s_1s_1, \gamma_{1,2,j}s_1s_2, \cdots, \gamma_{r,r,j}s_rs_r)^{\mathrm{T}} \in \mathbb{R}^{r(r+1)/2\times 1}$，则式(6.2.28)可以重新表示为线性混合的形式

$$\boldsymbol{x}_j = \boldsymbol{A}\boldsymbol{s}_j + \boldsymbol{B}\boldsymbol{\mu}_j + \boldsymbol{\varepsilon}_j = [\boldsymbol{A} \quad \boldsymbol{B}]\begin{bmatrix}\boldsymbol{s}_j \\ \boldsymbol{\mu}_j\end{bmatrix} + \boldsymbol{\varepsilon}_j = \boldsymbol{M}\boldsymbol{\phi}_j + \boldsymbol{\varepsilon}_j \tag{6.2.29}$$

2)SMV-ADMM 算法

给定一个线性端元光谱字典 $\boldsymbol{A}$，生成对应的双线性光谱字典 $\boldsymbol{B}$，$\boldsymbol{M} = [\boldsymbol{A} \quad \boldsymbol{B}]$ 便是两者的组合字典。由此可得基于 MGBM 的稀疏回归的约束优化问题：

$$\min_{\phi} \frac{1}{2}\|\boldsymbol{x} - \boldsymbol{M}\phi\|_2^2 + \lambda_1\|\phi\|_1 \quad \text{s.t.} \ \phi \geqslant \boldsymbol{0}, \quad [\boldsymbol{1}_r^{\mathrm{T}} \quad \boldsymbol{0}_{r(r+1)/2}^{\mathrm{T}}]\phi = 1 \tag{6.2.30}$$

式(6.2.30)的求解过程类似于本书第 2 章描述的 CSUnSAL 算法，丰度的 ASC 约束通过扩展变量 $\boldsymbol{x}$ 和 $\boldsymbol{M}$ 为 $\tilde{\boldsymbol{x}} = (\boldsymbol{x}^{\mathrm{T}}, \delta_1)^{\mathrm{T}}$ 与 $\tilde{\boldsymbol{M}} = [\boldsymbol{M}^{\mathrm{T}}, \delta_1(\boldsymbol{1}_r^{\mathrm{T}} \quad \boldsymbol{0}_{r(r+1)/2}^{\mathrm{T}})^{\mathrm{T}}]^{\mathrm{T}}$ 满足，然后引入辅助变量 $\boldsymbol{z}$ 构建该式的增广拉格朗日函数：

$$L(\phi, \boldsymbol{z}, \boldsymbol{\eta}) = \frac{1}{2}\|\tilde{\boldsymbol{x}} - \tilde{\boldsymbol{M}}\phi\|_2^2 + \lambda_1\|\phi\|_1 + \frac{\rho_1}{2}\|\boldsymbol{z} - \phi - \boldsymbol{\eta}\|_2^2 \tag{6.2.31}$$

式中，ρ_1 是惩罚系数，$\boldsymbol{\eta}$ 是拉格朗日乘子。通过求解式(6.2.31)可以直接得到各变量在迭代中的闭式解形式，最后将它们交替迭代更新直到满足收敛条件为止来实现解混，负的 ϕ 将置为 0：

$$\phi^{(t+1)} = \left(\tilde{\boldsymbol{M}}^{\mathrm{T}}\tilde{\boldsymbol{M}} + \rho_1\boldsymbol{I}\right)^{-1}\left(\tilde{\boldsymbol{M}}^{\mathrm{T}}\tilde{\boldsymbol{x}} + \rho_1(\boldsymbol{z}^{(t)} - \boldsymbol{\eta}^{(t)})\right) \tag{6.2.32}$$

$$z^{(t+1)} = \max(soft_{\lambda_1/\rho_1}(\phi^{(t+1)} + \eta^{(t)}),\ 0), \quad soft_d(c) = \begin{cases} c-d, & c>d \\ 0, & |c| \leqslant d \\ c+d, & c<-d \end{cases} \tag{6.2.33}$$

$$\eta^{(t+1)} = \eta^{(t)} + \phi^{(t+1)} - z^{(t+1)} \tag{6.2.34}$$

3) MMV-ADMM 算法

为了使在一个小的局部滑动窗中的邻域像元具有相似的端元丰度，对丰度联合矩阵 $\boldsymbol{\Phi} = [\boldsymbol{S}^{\mathrm{T}}, \boldsymbol{U}^{\mathrm{T}}]^{\mathrm{T}} \in \mathbb{R}^{r(r+3)/2\times m'}$ 采用 $\ell_{1,2}$ 范数正则化进行联合稀疏表示以增强行矢量的稀疏性，其中 $\boldsymbol{U} = (\boldsymbol{\mu}_1, \boldsymbol{\mu}_2, \cdots, \boldsymbol{\mu}_{m'})$，$m'$ 是滑动窗口中的像元数目。对应的约束优化问题为

$$\min_{\boldsymbol{\Phi}\geqslant \boldsymbol{0}} \ \frac{1}{2}\left\| \begin{bmatrix} \boldsymbol{X} \\ \delta_2 \mathbf{1}^{\mathrm{T}} \end{bmatrix} - \begin{bmatrix} \boldsymbol{M} \\ \delta_2(\mathbf{1}_r^{\mathrm{T}} \ \ \mathbf{0}_{r(r+1)/2}^{\mathrm{T}}) \end{bmatrix} \boldsymbol{\Phi} \right\|_2^2 + \lambda_2 \|\boldsymbol{\Phi}\|_{1,2} \tag{6.2.35}$$

式中，$\|\boldsymbol{\Phi}\|_{1,2} = \sum_i^{r(r+3)/2} \|\boldsymbol{\Phi}_{i,:}\|_2$，引入辅助变量 $\boldsymbol{Z}$ 后，式(6.2.35)对应的增广拉格朗日函数为

$$L(\boldsymbol{\Phi}, \boldsymbol{Z}, \boldsymbol{\Lambda}) = \frac{1}{2}\|\tilde{\boldsymbol{X}} - \tilde{\boldsymbol{M}}\boldsymbol{\Phi}\|_{\mathrm{F}}^2 + \lambda_2 \|\boldsymbol{\Phi}\|_{1,2} + \frac{\rho_2}{2}\|\boldsymbol{Z} - \boldsymbol{\Phi} - \boldsymbol{\Lambda}\|_2^2 \tag{6.2.36}$$

类似地，在利用式(6.2.36)求得各变量在迭代中的闭式解形式后，将它们交替迭代更新直到满足收敛条件为止来实现解混，负的 $\boldsymbol{\Phi}$ 将置为 0：

$$\boldsymbol{\Phi}^{(t+1)} = \left(\tilde{\boldsymbol{M}}^{\mathrm{T}}\tilde{\boldsymbol{M}} + \rho_2 \boldsymbol{I}\right)^{-1}\left(\tilde{\boldsymbol{M}}^{\mathrm{T}}\tilde{\boldsymbol{X}} + \rho_2(\boldsymbol{Z}^{(t)} - \boldsymbol{\Lambda}^{(t)})\right) \tag{6.2.37}$$

$$\boldsymbol{Z}^{(t+1)} = \max(soft_{\lambda_2/\rho_2}(\boldsymbol{\Phi}^{(t+1)} + \boldsymbol{\Lambda}^{(t)}),\ 0) \tag{6.2.38}$$

$$\boldsymbol{\Lambda}^{(t+1)} = \boldsymbol{\Lambda}^{(t)} + \boldsymbol{\Phi}^{(t+1)} - \boldsymbol{Z}^{(t+1)} \tag{6.2.39}$$

4) LRR 算法

由于当邻近像元由不同端元构成时，联合稀疏的方法 MMV-ADMM 会在边界引起混叠效应。另一方面，因为像元间的高相关性，图像和丰度矩阵是低秩矩阵，所以最后使用低秩表示 LRR 来找到丰度矩阵的最低秩从而获取数据的空间结构。此时的最优化问题为

$$\begin{aligned} &\min_{\boldsymbol{S}\geqslant 0, \boldsymbol{U}\geqslant 0} \ \|\boldsymbol{S}\|_* + \lambda_3 \|\boldsymbol{U}\|_1 \\ &\text{s.t.} \ \begin{bmatrix} \boldsymbol{X} \\ \delta_3 \mathbf{1}^{\mathrm{T}} \end{bmatrix} - \begin{bmatrix} \boldsymbol{X} \\ \delta_3 \mathbf{1}^{\mathrm{T}} \end{bmatrix} \boldsymbol{S} - \begin{bmatrix} \boldsymbol{B} \\ \mathbf{0}^{\mathrm{T}} \end{bmatrix} \boldsymbol{U} = \mathbf{0} \end{aligned} \tag{6.2.40}$$

式中，$\|\boldsymbol{S}\|_* = \mathrm{trace}(\sqrt{\boldsymbol{S}^{\mathrm{T}}\boldsymbol{S}}) = \sum_{i=1}^{\min\{r,m\}} \sigma_i$；$\sigma_i$ 是丰度矩阵 $\boldsymbol{S}$ 的奇异值。引入辅助变量 $\boldsymbol{P}, \boldsymbol{Q}$ 后，式(6.2.40)对应的增广拉格朗日函数为

$$\begin{aligned} L(\boldsymbol{S}, \boldsymbol{U}, \boldsymbol{P}, \boldsymbol{Q}) = &\|\boldsymbol{P}\|_* + \lambda_3 \|\boldsymbol{Q}\|_1 + \frac{\rho_3}{2}(\|\tilde{\boldsymbol{X}} - \tilde{\boldsymbol{A}}\boldsymbol{S} - \tilde{\boldsymbol{B}}\boldsymbol{U} - \boldsymbol{\Lambda}_1\|_{\mathrm{F}}^2 \\ &+ \|\boldsymbol{P} - \boldsymbol{S} - \boldsymbol{\Lambda}_2\|_{\mathrm{F}}^2 + \|\boldsymbol{Q} - \boldsymbol{U} - \boldsymbol{\Lambda}_3\|_{\mathrm{F}}^2) \end{aligned} \tag{6.2.41}$$

同样，在利用式(6.2.41)求得各变量在迭代中的闭式解形式后，将它们交替迭代更新直到满足收敛条件为止来实现解混：

$$\boldsymbol{P}^{(t+1)}=\max\left(D_{1/\rho_3}(\boldsymbol{S}^{(t)}+\boldsymbol{\Lambda}_2^{(t)}),0\right),\quad \begin{aligned}&D_w(\boldsymbol{R}\operatorname{diag}(\{\pi_i\}_{1\leqslant i\leqslant k})\boldsymbol{V}^{\mathrm{T}})\\&=\boldsymbol{R}\operatorname{diag}(\{\max(\pi_i-w,0)\}_{1\leqslant i\leqslant k})\boldsymbol{V}^{\mathrm{T}}\end{aligned} \tag{6.2.42}$$

$$\boldsymbol{S}^{(t+1)}=\left(\boldsymbol{I}+\tilde{\boldsymbol{A}}^{\mathrm{T}}\tilde{\boldsymbol{A}}\right)^{-1}\left(\tilde{\boldsymbol{A}}^{\mathrm{T}}(\tilde{\boldsymbol{X}}-\tilde{\boldsymbol{B}}\boldsymbol{U}^{(t)})+\boldsymbol{P}^{(t+1)}+\tilde{\boldsymbol{A}}^{\mathrm{T}}\boldsymbol{\Lambda}_1^{(t)}-\boldsymbol{\Lambda}_2^{(t)}\right) \tag{6.2.43}$$

$$\boldsymbol{Q}^{(t+1)}=\max(\operatorname{soft}_{\lambda_3/\rho_3}(\boldsymbol{U}^{(t)}+\boldsymbol{\Lambda}_3^{(t)}),\ 0) \tag{6.2.44}$$

$$\boldsymbol{U}^{(t+1)}=\left(\boldsymbol{I}+\tilde{\boldsymbol{B}}^{\mathrm{T}}\tilde{\boldsymbol{B}}\right)^{-1}\left(\tilde{\boldsymbol{B}}^{\mathrm{T}}(\tilde{\boldsymbol{X}}-\tilde{\boldsymbol{A}}\boldsymbol{S}^{(t+1)})+\boldsymbol{Q}^{(t+1)}+\tilde{\boldsymbol{B}}^{\mathrm{T}}\boldsymbol{\Lambda}_1^{(t)}-\boldsymbol{\Lambda}_3^{(t)}\right) \tag{6.2.45}$$

$$\begin{aligned}\boldsymbol{\Lambda}_1^{(t+1)}&=\boldsymbol{\Lambda}_1^{(t)}+\tilde{\boldsymbol{X}}-\tilde{\boldsymbol{A}}\boldsymbol{S}^{(t+1)}-\tilde{\boldsymbol{B}}\boldsymbol{U}^{(t+1)}\\\boldsymbol{\Lambda}_2^{(t+1)}&=\boldsymbol{\Lambda}_2^{(t)}+\boldsymbol{S}^{(t+1)}-\boldsymbol{P}^{(t+1)}\\\boldsymbol{\Lambda}_3^{(t+1)}&=\boldsymbol{\Lambda}_3^{(t)}+\boldsymbol{U}^{(t+1)}-\boldsymbol{Q}^{(t+1)}\end{aligned} \tag{6.2.46}$$

3. 改进约束处理的方法

传统基于 BMM 的非线性解混方法通常会遇到高计算量、对初始解敏感且需要逐像元解混的问题，使得相关算法一般较难应用于大幅的高光谱图像中。而且，由于目标函数通常是非凸的，存在大量的局部极小，导致算法容易陷入一些不符合要求的局部极小中。合理地添加约束将使算法避免一些无意义的局部极小解。为了改善算法的精度和效率，常需要对模型参数求解方式，尤其是它们的复杂约束(包括丰度和非线性系数)进行恰当的处理，例如可采用边界投影最优梯度法等，使边界范围外的值置为对应的上下界(Li et al.，2016)。

在 GBM 和 PPNM 两种双线性混合模型的假设下，Pu 等(2015)对约束条件下的非线性目标优化问题进行变形整理，提出了基于交替迭代 AIM(alternating iterative minimization)算法和结构总体最小二乘 STLS (structured total least squares)的约束非线性最小二乘算法。在非线性混合模型假设下，像元 $\boldsymbol{x}$ 可以表示为端元、丰度及非线性系数的函数：$\boldsymbol{x}=\boldsymbol{f}(\boldsymbol{A},\boldsymbol{s},\boldsymbol{b})+\boldsymbol{\varepsilon}$。对于 GBM, $\boldsymbol{f}(\boldsymbol{A},\boldsymbol{s},\boldsymbol{b})=\boldsymbol{A}\boldsymbol{s}+\sum_{i=1}^{r}\sum_{j=i+1}^{r}\gamma_{i,j}s_i s_j\boldsymbol{a}_i\odot\boldsymbol{a}_j$，$\boldsymbol{b}=\left(\gamma_{1,2},\gamma_{1,3},\cdots,\gamma_{r-1,r}\right)^{\mathrm{T}}\in\mathbb{R}^{Q\times 1}$，除了需要考虑丰度的 ANC 和 ASC 约束外，参数还需满足 $\gamma_{i,j}\in[0,1]$。对于 PPNM 有 $\boldsymbol{f}(\boldsymbol{A},\boldsymbol{s},\boldsymbol{b})=\boldsymbol{A}\boldsymbol{s}+\xi(\boldsymbol{A}\boldsymbol{s})\odot(\boldsymbol{A}\boldsymbol{s})$，$b=\xi\in\mathbb{R}$，丰度需满足 ANC 和 ASC 约束。因此，在端元矩阵已知时，高光谱非线性解混问题可以看作一个约束非线性最小二乘 CNLS 问题：

$$\begin{aligned}&(\boldsymbol{s},\boldsymbol{b})=\arg\min_{\boldsymbol{s},\boldsymbol{b}}\left\{\frac{1}{2}\left\|\boldsymbol{x}-\boldsymbol{f}(\boldsymbol{A},\boldsymbol{s},\boldsymbol{b})\right\|^2\right\}\\&\text{s.t.}\ \begin{cases}\boldsymbol{s}^{\mathrm{T}}\mathbf{1}=1,\quad s_i\geqslant 0,\quad \forall i=1,2,\cdots,r\\ b_i\in\mathbb{R}_{b_i}=[c_i,d_i],\quad \forall i\in\{1,2,\cdots,Q\}\end{cases}\end{aligned} \tag{6.2.47}$$

式中，$\mathbb{R}_{b_i}$ 包含非线性参数 b_i 的可行域内所有值。采用罚函数法将式(6.2.47)转化为无约束的优化问题。①丰度的 ASC 可以通过最小化惩罚函数 $\mathcal{O}_{ASC}(\boldsymbol{s})=(1/2)\left\|\mathbf{1}^{\mathrm{T}}\boldsymbol{s}-1\right\|^2$ 实现；

②丰度和非线性系数的边界约束 $0 \leqslant s_i \leqslant 1$， $\forall i = 1,2,\cdots,r$， $c_j \leqslant b_j \leqslant d_j$， $\forall j = 1,2,\cdots,Q$，可以通过最小化以下的目标函数(以 b_i 为例)实现：

$$\mathcal{O}_{BC}(\boldsymbol{b}) = \frac{1}{2}\sum_{i=1}^{Q}\left(\phi(b_i)\right)^2,\quad \phi(z) = \begin{cases} (z-c)^{2k}/2k, & z < c \\ 0, & c \leqslant z \leqslant d \\ (z-d)^{2k}/2k, & z > d \end{cases},\quad k \in \mathbb{N}^+ \tag{6.2.48}$$

上式中的惩罚函数在定义域内连续可导，可以确保收敛到边界区间上的一个稳定点，可取 $k=1$。这样同时考虑上述惩罚函数和给定的混合模型，就能将关于丰度和非线性参数矢量的约束问题转化为无约束的最小化问题：

$$(\boldsymbol{s},\boldsymbol{b}) = \underset{\boldsymbol{s},\boldsymbol{b}}{\arg\min}\,\mathcal{O}(\boldsymbol{s},\boldsymbol{b}) = \frac{1}{2}\left\|\boldsymbol{x} - \boldsymbol{f}(\boldsymbol{A},\boldsymbol{s},\boldsymbol{b})\right\|^2 + \lambda_1\mathcal{O}_{\mathrm{ASC}}(\boldsymbol{s}) + \lambda_2\mathcal{O}_{BC}(\boldsymbol{s}) + \lambda_3\mathcal{O}_{BC}(\boldsymbol{b}) \tag{6.2.49}$$

1) 交替迭代优化算法

对于给定的混合模型 GBM 和 PPNM，可以给出它们等价的线性项和非线性项叠加形式： $\boldsymbol{f}(\boldsymbol{A},\boldsymbol{s},\boldsymbol{b}) = \boldsymbol{A}\boldsymbol{s} + \boldsymbol{f}_{\mathrm{non}}(\boldsymbol{A},\boldsymbol{s},\boldsymbol{b})$。交替最小化求解式(6.2.49)的问题时，会在上一次迭代得到的 $\boldsymbol{s}$ 的基础上，最小化目标函数得到 $\boldsymbol{b}$，反之亦然，如此交替迭代直至结果不再变化。对应的优化子问题为

$$\boldsymbol{b}^{(t+1)} = \underset{\boldsymbol{b}}{\arg\min}\frac{1}{2}\left\|\boldsymbol{x} - \left[\boldsymbol{A}\boldsymbol{s}^{(t)} + \boldsymbol{f}_{\mathrm{non}}\left(\boldsymbol{A},\boldsymbol{s}^{(t)},\boldsymbol{b}\right)\right]\right\|^2 + \lambda_3\mathcal{O}_{BC}(\boldsymbol{b}) \tag{6.2.50}$$

$$\boldsymbol{s}^{(t+1)} = \underset{\boldsymbol{s}}{\arg\min}\frac{1}{2}\left\|\tilde{\boldsymbol{x}}^{(t)} - \boldsymbol{A}\boldsymbol{s}\right\|^2 + \lambda_1\mathcal{O}_{\mathrm{ASC}}(\boldsymbol{s}) + \lambda_2\mathcal{O}_{BC}(\boldsymbol{s}),\qquad \tilde{\boldsymbol{x}}^{(t)} = \boldsymbol{x} - \boldsymbol{f}_{\mathrm{non}}\left(\boldsymbol{A},\boldsymbol{s}^{(t)},\boldsymbol{b}^{(t+1)}\right) \tag{6.2.51}$$

式(6.2.50)的最小化问题解可以通过梯度法或其他非线性优化算法得到。但是，不可避免地，这些算法都涉及复杂度较高的迭代操作，尤其是当非线性参数数目较多时。为此，能采用一个简化的更新公式：

$$\begin{aligned}\boldsymbol{b}^{(t+1)} &= \boldsymbol{b}^{(t)} - \alpha^{(t)}\left.\frac{\partial\mathcal{O}(\boldsymbol{s},\boldsymbol{b})}{\partial\boldsymbol{b}}\right|_{\boldsymbol{b}=\boldsymbol{b}^{(t)}} \\ &= \boldsymbol{b}^{(t)} - \alpha^{(t)}\left.\left\{\left(\boldsymbol{f}\left(\boldsymbol{A},\boldsymbol{s}^{(t)},\boldsymbol{b}\right) - \boldsymbol{x}\right)^{\mathrm{T}}\frac{\partial\boldsymbol{f}_{\mathrm{non}}\left(\boldsymbol{A},\boldsymbol{s}^{(t)},\boldsymbol{b}\right)}{\partial\boldsymbol{b}} + \lambda_3\frac{\partial\left[\phi(\boldsymbol{b})\right]^{\mathrm{T}}}{\partial\boldsymbol{b}}\phi(\boldsymbol{b})\right\}\right|_{\boldsymbol{b}=\boldsymbol{b}^{(t)}}\end{aligned} \tag{6.2.52}$$

式中， $\alpha^{(t)}$ 是线性搜索的步长。另一方面，最优化问题式(6.2.51)为约束的线性最小二乘问题，线性项和非线性项并不是相互独立的，它们之间的依赖性也可以通过相邻迭代步骤之间的关系得到体现，可以利用基于线性混合模型的 FCLS 算法解决。最后，AIM 的算法流程如下表所示。

交替迭代最小化算法 CNLS-AIM

1. 输入高光谱遥感图像矩阵 $\boldsymbol{X} \in \mathbb{R}^{n \times m}$，端元矩阵 $\boldsymbol{A} = (\boldsymbol{a}_1, \boldsymbol{a}_2, \cdots, \boldsymbol{a}_r)$，最大迭代次数 T，阈值 ζ；
2. 初始化 $t = 0$，$\boldsymbol{b}^{(0)} = \boldsymbol{0}$，利用 FCLS 算法求解式(6.2.51)，初始化丰度 $\boldsymbol{s}^{(0)}$；
3. While 收敛条件不满足($\left\|(\boldsymbol{s}^{(t)} - \boldsymbol{s}^{(t-1)}) / \boldsymbol{s}^{(t-1)}\right\| \leqslant \zeta$)且 $t < T$

　　使用线性搜索算法选择恰当的步长，并以式(6.2.52)更新 $\boldsymbol{b}^{(t+1)}$；

　　利用 FCLS 算法求解式(6.2.51)得到丰度 $\boldsymbol{s}^{(t+1)}$；

　　$t = t + 1$；

　End

4. 输出丰度 $\boldsymbol{s}^{(t)}$ 和非线性系数 $\boldsymbol{b}^{(t)}$。

2) 结构总体最小二乘算法

该算法利用变量微小变化的概念将非线性函数线性化，即将两个模型中的端元表述为对应物质的纯光谱向量与对应的二次散射光谱之和：$\boldsymbol{f}(\boldsymbol{A}, \boldsymbol{s}, \boldsymbol{b}) = \tilde{\boldsymbol{A}}(\boldsymbol{s}, \boldsymbol{b})\boldsymbol{s}$。从物理意义上讲，$\tilde{\boldsymbol{A}}(\boldsymbol{s}, \boldsymbol{b})$ 包含取决于 $\boldsymbol{s}$ 和 $\boldsymbol{b}$ 的非线性变化衍生出的光谱成分。从数学上讲，$\boldsymbol{s}$ 引入了线性，而 $\boldsymbol{b}$ 引入了非线性。在上述混合机制的基础上，目标函数可以转化为

$$\mathcal{O}(\boldsymbol{s}, \boldsymbol{b}) = \frac{1}{2}\left\|\boldsymbol{x} - \tilde{\boldsymbol{A}}(\boldsymbol{s}, \boldsymbol{b})\boldsymbol{s}\right\|^2 + \lambda_1 \mathcal{O}_{ASC}(\boldsymbol{s}) + \lambda_2 \mathcal{O}_{BC}(\boldsymbol{s}) + \lambda_3 \mathcal{O}_{BC}(\boldsymbol{b})$$
$$= \frac{1}{2}\left\|\begin{matrix} \boldsymbol{x} - \tilde{\boldsymbol{A}}(\boldsymbol{s}, \boldsymbol{b})\boldsymbol{s} \\ \sqrt{\lambda_1}\left(\boldsymbol{1}^T \boldsymbol{s} - 1\right) \\ \sqrt{\lambda_2}\left\{\sum_{i=1}^{r}\left[\phi(s_i)\right]^2\right\} \\ \sqrt{\lambda_3}\left\{\sum_{i=1}^{Q}\left[\phi(b_i)\right]^2\right\} \end{matrix}\right\|^2 \tag{6.2.53}$$

假设 $\Delta\boldsymbol{s}$ 和 $\Delta\boldsymbol{b}$ 分别表示丰度和非线性参数矢量上的微小变化，则利用一阶 Taylor 级数展开得到

$$\begin{aligned} &\boldsymbol{x} - \tilde{\boldsymbol{A}}(\boldsymbol{s} + \Delta\boldsymbol{s}, \boldsymbol{b} + \Delta\boldsymbol{b})(\boldsymbol{s} + \Delta\boldsymbol{s}) \\ &= \boldsymbol{x} - \tilde{\boldsymbol{A}}(\boldsymbol{s}, \boldsymbol{b})\boldsymbol{s} - \boldsymbol{J}_{\boldsymbol{s}}(\boldsymbol{s}, \boldsymbol{b})\Delta\boldsymbol{s} - \boldsymbol{J}_{\boldsymbol{b}}(\boldsymbol{s}, \boldsymbol{b})\Delta\boldsymbol{b} + o\left(\|\Delta\boldsymbol{b}\|^2\right) + o\left(\|\Delta\boldsymbol{s}\|^2\right) \\ &\approx \boldsymbol{x} - \tilde{\boldsymbol{A}}(\boldsymbol{s}, \boldsymbol{b})\boldsymbol{s} - \boldsymbol{J}_{\boldsymbol{s}}(\boldsymbol{s}, \boldsymbol{b})\Delta\boldsymbol{s} - \boldsymbol{J}_{\boldsymbol{b}}(\boldsymbol{s}, \boldsymbol{b})\Delta\boldsymbol{b} \end{aligned} \tag{6.2.54}$$

式中，$\boldsymbol{J}_{\boldsymbol{s}}(\boldsymbol{s}, \boldsymbol{b}) = \partial(\tilde{\boldsymbol{A}}(\boldsymbol{s}, \boldsymbol{b})\boldsymbol{s}) / \partial\boldsymbol{s}^{\mathrm{T}}$，$\boldsymbol{J}_{\boldsymbol{b}}(\boldsymbol{s}, \boldsymbol{b}) = \partial(\tilde{\boldsymbol{A}}(\boldsymbol{s}, \boldsymbol{b})\boldsymbol{s}) / \partial\boldsymbol{b}^{\mathrm{T}}$ 是关于 $\boldsymbol{s}$ 和 $\boldsymbol{b}$ 的雅克比矩阵。同理可得

$$\begin{cases}\sum_{i=1}^{r}\left[\phi\left(s_i+\Delta s_i\right)\right]^2 \approx \sum_{i=1}^{r}\left[\phi\left(s_i\right)\right]^2+2\left[\phi(\boldsymbol{s})\right]^{\mathrm{T}}\dfrac{\partial\phi(\boldsymbol{s})}{\partial\boldsymbol{s}^{\mathrm{T}}}\Delta\boldsymbol{s} \\ \sum_{i=1}^{r}\left[\phi\left(b_i+\Delta b_i\right)\right]^2 \approx \sum_{i=1}^{r}\left[\phi\left(b_i\right)\right]^2+2\left[\phi(\boldsymbol{b})\right]^{\mathrm{T}}\dfrac{\partial\phi(\boldsymbol{b})}{\partial\boldsymbol{b}^{\mathrm{T}}}\Delta\boldsymbol{b}\end{cases} \tag{6.2.55}$$

通过上述线性化，可以通过迭代法求解，其中每次迭代需要解决一个线性问题：

$$\left(\Delta\boldsymbol{s},\Delta\boldsymbol{b}\right)=\min_{\Delta\boldsymbol{s},\Delta\boldsymbol{b}}\left\{\frac{1}{2}\left\|\boldsymbol{P}\begin{pmatrix}\Delta\boldsymbol{b}\\ \Delta\boldsymbol{s}\end{pmatrix}+\boldsymbol{v}\right\|^2\right\} \tag{6.2.56}$$

这里的变量 $\boldsymbol{P}\in\mathbb{R}^{(n+Q+3)\times(r+Q)}$，$\boldsymbol{v}\in\mathbb{R}^{(n+Q+3)\times 1}$ 的具体形式为

$$\boldsymbol{P}=\begin{pmatrix}\boldsymbol{J}_{\boldsymbol{b}}(\boldsymbol{s},\boldsymbol{b}) & \boldsymbol{J}_s(\boldsymbol{s},\boldsymbol{b}) \\ \mathbf{0} & \sqrt{\lambda_1}\mathbf{1}^{\mathrm{T}} \\ \mathbf{0} & 2\sqrt{\lambda_2}\left[\phi(\boldsymbol{s})\right]^{\mathrm{T}}\dfrac{\partial\phi(\boldsymbol{s})}{\partial\boldsymbol{s}^{\mathrm{T}}} \\ 2\sqrt{\lambda_3}\left[\phi(\boldsymbol{b})\right]^{\mathrm{T}}\dfrac{\partial\phi(\boldsymbol{b})}{\partial\boldsymbol{b}^{T}} & \mathbf{0} \\ \sqrt{\beta}\boldsymbol{I} & \mathbf{0}\end{pmatrix},\quad \boldsymbol{v}=\begin{pmatrix}-\left(\boldsymbol{x}-\tilde{\boldsymbol{A}}(\boldsymbol{s},\boldsymbol{b})\boldsymbol{s}\right) \\ \sqrt{\lambda_1}\left(\mathbf{1}^{\mathrm{T}}\boldsymbol{s}-1\right) \\ \sqrt{\lambda_2}\sum_{i=1}^{r}\left[\phi\left(s_i\right)\right]^2 \\ \sqrt{\lambda_3}\sum_{i=1}^{Q}\left[\phi\left(b_i\right)\right]^2 \\ \mathbf{0}\end{pmatrix} \tag{6.2.57}$$

其中的附加正则项 $\left\|\sqrt{\beta}\boldsymbol{I}\Delta\boldsymbol{b}\right\|^2$ 是为了使解 $\Delta\boldsymbol{b}$ 稳定，防止雅克比矩阵接近或等于 0。式(6.2.56)的最小化问题可以通过 Levenberg-Marquardt 最小化算法求解，其中 β 即为 Marquardt 参数(Arican and Frossard，2011；Marquardt，1963)。最终的结构总体最小二乘算法算法步骤可以概括如下表所示。

结构总体最小二乘算法 CNLS-STLS

1. 输入高光谱遥感图像矩阵 $\boldsymbol{X}\in\mathbb{R}^{n\times m}$，端元矩阵 $\boldsymbol{A}=(\boldsymbol{a}_1,\boldsymbol{a}_2,\cdots,\boldsymbol{a}_r)$，最大迭代次数 T，阈值 ζ；
2. 初始化 $t=0$，随机初始化边界范围内的 $\boldsymbol{b}^{(0)}$，利用 FCLS 算法初始化丰度 $\boldsymbol{s}^{(0)}$；
3. While 收敛条件不满足($\left\|\Delta\boldsymbol{s}^{(t)}/\boldsymbol{s}^{(t)}\right\|\leqslant\zeta$)且 $t<T$

    以(6.2.57)式计算 $\boldsymbol{P}^{(t)}$，$\boldsymbol{v}^{(t)}$；

    求解(6.2.56)式得到 $\Delta\boldsymbol{s}^{(t)}$，$\Delta\boldsymbol{b}^{(t)}$，并更新 $\boldsymbol{s}^{(t+1)}=\boldsymbol{s}^{(t)}+\Delta\boldsymbol{s}^{(t)}$，$\boldsymbol{b}^{(t+1)}=\boldsymbol{b}^{(t)}+\Delta\boldsymbol{b}^{(t)}$；

    $t=t+1$；

   End
4. 输出丰度 $\boldsymbol{s}^{(t)}$ 和非线性系数 $\boldsymbol{b}^{(t)}$。

6.2.5 克服共线性效应的方法

相对于线性解混算法，BMM 中用于描述非线性成分的双线性项是造成基于 BMM 的非线性解混算法精度较差的主要原因。端元 $\boldsymbol{a}_i$ 与 $\boldsymbol{a}_k$ 间的 Hadamard 积 $\boldsymbol{a}_i\odot\boldsymbol{a}_k$ 被称作一

个虚拟端元，表示两种物质间的二次散射效应。如图 6.4 所示，虚拟端元可能会与对应的端元具有非常相似的光谱曲线，但是它们本身却不具备真实端元的物理意义。相反在数学上，高度的相似性却表明虚拟端元与真实端元间存在高度的相关性。因此，如果虚拟端元在解混的回归中也与真实端元被同等当作解释变量来估计丰度，一些真实端元非常可能会被相关的虚拟端元大程度解释。结果往往是，丰度估计精度会显著降低，而且会出现过拟合情况并对噪声更为敏感。这就是 BMM 解混中的由虚拟端元引起的共线性(collinearity)产生的负面效应(Chen et al.，2011；Yang et al.，2018)。

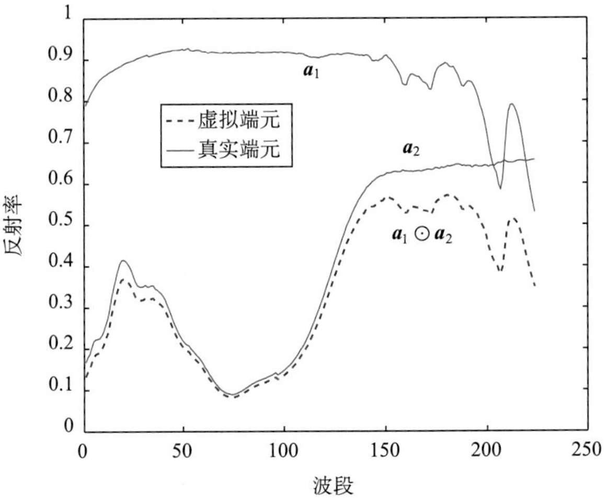

图 6.4 虚拟端元光谱曲线示意图（Yang et al.，2018）

共线性效应是回归分析中的常见问题，尽管真实端元间不会线性相关，但是解混中依然存在一定程度的可利用方差膨胀因子进行量化(O'Brien，2007)的共线性影响(Van der Meer and Jia，2012；Ma et al.，2016)。对于线性解混，由于不同地物的端元通常可认为是仿射独立的，因而此时的共线性效应可以忽略。但是，与端元高度相关的虚拟端元却会在 BMM 的非线性解混中引起强烈的共线性效应，导致病态解的出现，从而严重影响解混精度。共线性是 BMM 非线性解混中较难处理的本质问题，解决该问题对于求得更好的模型参数非常重要。

1. 两步约束的非线性解混方法

为了降低非线性解混对共线性的敏感性，两步约束的非线性光谱混合分析(two-step constrained nonlinear spectral mixture analysis，TsC-NSMA)方法(Ma et al.，2016)基于 LASSO 方法原理，给出了每个端元丰度的最大似然范围约束，使共线性引起的膨胀范围能被大幅压缩。TsC-NSMA 第一步中线性估计的初始丰度较为接近真实情况且受到较小共线性的影响，这样通过校正系统误差并忽略非线性混合效应可对该初始丰度实现两方面的偏差校正，得到丰度的最大似然范围。而在第二步的非线性解混阶段，端元丰度的最大似然范围将被作为额外的约束条件优化解混。

在两个端元 $\boldsymbol{a}_1$ 与 $\boldsymbol{a}_2$ 的情况下，构成的 BMM 混合像元为 $\boldsymbol{x}=\boldsymbol{a}_1 s_1^N+\boldsymbol{a}_2 s_2^N+\boldsymbol{a}_1 \odot \boldsymbol{a}_2 s_{12}^N+\boldsymbol{\varepsilon}^N$，$s_1+s_2+s_{12}=1$。首先利用最小二乘法在 LMM 假设（$\boldsymbol{x}=\boldsymbol{a}_1 s_1+\boldsymbol{a}_2 s_2+\boldsymbol{\varepsilon}^L$）下对像元进行线性解混，得到具有一定方差的线性丰度估计值 $\hat{s}_1^L$ 与 $\hat{s}_2^L$。在考虑共线性效应时，它们的方差为(O'Brien, 2007)：

$$\sigma_1^2=\sigma_{\varepsilon^L}^2 \frac{\mathrm{VIF}_1}{\boldsymbol{a}_1^{\mathrm{T}} \boldsymbol{a}_1}\left(s_1^L-\hat{s}_1^L\right)^2, \quad \sigma_2^2=\sigma_{\varepsilon^L}^2 \frac{\mathrm{VIF}_2}{\boldsymbol{a}_2^{\mathrm{T}} \boldsymbol{a}_2}\left(s_2^L-\hat{s}_2^L\right)^2, \quad \mathrm{VIF}_i=\frac{1}{1-R_i^2} \tag{6.2.58}$$

式中，$\sigma_{\varepsilon^L}^2$ 是 LMM 假设下的噪声方差；VIF_i 是端元 $\boldsymbol{a}_i$ 的方差膨胀因子(variance inflation factor，VIF)，度量了该端元的共线性强度；R_i^2 是端元 $\boldsymbol{a}_i$ 与其他端元间的复相关系数平方，R_i^2 越大表示若某端元越能被其他变量解释，此时 VIF_i 反映的共线性效应越强，估计得到的丰度方差也就越大。一般可以假设丰度估计值与真实丰度间的偏差 $s_i^L-\hat{s}_i^L$ 服从零均值高斯分布，则有

$$s_1^L \in\left[\hat{s}_1^L-\sigma_1, \quad \hat{s}_1^L+\sigma_1\right], \quad s_2^L \in\left[\hat{s}_2^L-\sigma_2, \quad \hat{s}_2^L+\sigma_2\right] \tag{6.2.59}$$

在 BMM 的基础上，考虑之前线性解混中由于忽略虚拟端元带来的误差，通过对 $\boldsymbol{a}_1 \odot \boldsymbol{a}_2$ 线性表示后，有

$$\begin{aligned}
\boldsymbol{x} & =\boldsymbol{a}_1 s_1^N+\boldsymbol{a}_2 s_2^N+\boldsymbol{a}_1 \odot \boldsymbol{a}_2 s_{12}^N+\boldsymbol{\varepsilon}^N \\
& =\boldsymbol{a}_1 s_1^N+\boldsymbol{a}_2 s_2^N+\left(\omega_1 \boldsymbol{a}_1+\omega_2 \boldsymbol{a}_2+\boldsymbol{\varepsilon}_{12}\right) s_{12}^N+\boldsymbol{\varepsilon}^N \\
& =\boldsymbol{a}_1\left(s_1^N+\omega_1 s_{12}^N\right)+\boldsymbol{a}_2\left(s_2^N+\omega_2 s_{12}^N\right)+\left(\boldsymbol{\varepsilon}^N+s_{12}^N \boldsymbol{\varepsilon}_{12}\right) \\
& =\boldsymbol{a}_1 s_1^L+\boldsymbol{a}_2 s_2^L+\boldsymbol{\varepsilon}^L
\end{aligned} \tag{6.2.60}$$

式中，ω_1 和 ω_2 分别是端元 $\boldsymbol{a}_1$ 与 $\boldsymbol{a}_2$ 在 $\boldsymbol{a}_1 \odot \boldsymbol{a}_2$ 中的贡献，$\boldsymbol{\varepsilon}_{12}$ 是与 $\boldsymbol{a}_1$ 和 $\boldsymbol{a}_2$ 无关的残差。式(6.2.60)反映了线性丰度与非线性丰度间的模型关系，然后利用式(6.2.59)便能给定非线性丰度的最优范围：

$$s_1^N \in\left[\hat{s}_1^L-\sigma_1-s_{12}^N \omega_1, \quad \hat{s}_1^L+\sigma_1-s_{12}^N \omega_1\right], \quad s_2^N \in\left[\hat{s}_2^L-\sigma_2-s_{12}^N \omega_2, \quad \hat{s}_2^L+\sigma_2-s_{12}^N \omega_2\right] \tag{6.2.61}$$

最后，根据先验信息给定 s_{12}^N 的上下限后，以式(6.2.61)构建约束，并考虑丰度的 ASC 和 ANC 约束条件，得到 TsC-NSMA 在第二步非线性解混中的约束优化问题，并采用二次规划方法逐像元求解：

$$\begin{aligned}
& \min \frac{1}{2}\left\|\boldsymbol{x}-\left(\boldsymbol{a}_1 s_1^N+\boldsymbol{a}_2 s_2^N+\boldsymbol{a}_1 \odot \boldsymbol{a}_2 s_{12}^N\right)\right\|_2^2 \\
& \text { s.t. } \quad s_1^N+s_2^N+s_{12}^N=1, \quad 0 \leqslant s_1^N, s_2^N, s_{12}^N \leqslant 1 \\
& \qquad \hat{s}_1^L-\sigma_1-s_{12}^{\min } \omega_1 \leqslant s_1^N \leqslant \hat{s}_1^L+\sigma_1-s_{12}^{\min } \omega_1 \\
& \qquad \hat{s}_1^L-\sigma_1-s_{12}^{\max } \omega_1 \leqslant s_1^N \leqslant \hat{s}_1^L+\sigma_1-s_{12}^{\max } \omega_1 \\
& \qquad \hat{s}_2^L-\sigma_2-s_{12}^{\min } \omega_2 \leqslant s_2^N \leqslant \hat{s}_2^L+\sigma_2-s_{12}^{\min } \omega_2 \\
& \qquad \hat{s}_2^L-\sigma_2-s_{12}^{\max } \omega_2 \leqslant s_2^N \leqslant \hat{s}_2^L+\sigma_2-s_{12}^{\max } \omega_2
\end{aligned} \tag{6.2.62}$$

TsC-NSMA 算法对于端元数目比较少的情况一般能取得较好的丰度估计结果，但是当端元数目很多时，求解变得更加复杂而且精度也有待提高。

2. 基于双线性混合模型几何特性的解混方法

基于 BMM 几何特点的丰度估计(geometric characteristics of the BMMs based abundance estimation, GCBAE)方法(Yang et al., 2018)为了解决非线性解混中的参数求解复杂与共线性问题，从 BMM 数据分布的几何特点进行了考虑。FM、GBM 和 PPNM 的数据点都是由一个对应于 LMM 的线性混合部分 $\boldsymbol{x}^{LMM}=\sum_{i=1}^{r}\boldsymbol{a}_i s_i$ (几何上位于真实端元单形体中)和一个双线性部分 $\boldsymbol{x}_j^{NL}=\sum_{i=1}^{t_1}\sum_{k=t_2}^{r}b_{i,k,j}(\boldsymbol{a}_i\odot\boldsymbol{a}_k)s_{i,j}s_{k,j}$ 构成，因此，这些非线性混合像元可以看作是它们的线性混合部分受到外力作用被牵引出单形体，而分布在高一维的特征子空间中的结果。虽然在数学上，这些 BMM 数据点位于由端元和虚拟端元张成的线性子空间中[FM 和 GBM 维数：$r(r+1)/2$，PPNM 维数：$r(r+3)/2$]，而且数据几何分布相互存在差异，但是由于虚拟端元与真实端元间的强烈共线性关系，这些非线性混合的数据点实际上都位于由真实端元和一个额外端点所构成的 r 维仿射包 C^r (相关定义见本书第 2 章)的局部空间中，而且真实端元张成的单形体 Δ^{r-1} 为 C^r 中的一个 $r-1$ 维子单形[如图 6.5(a)所示]。

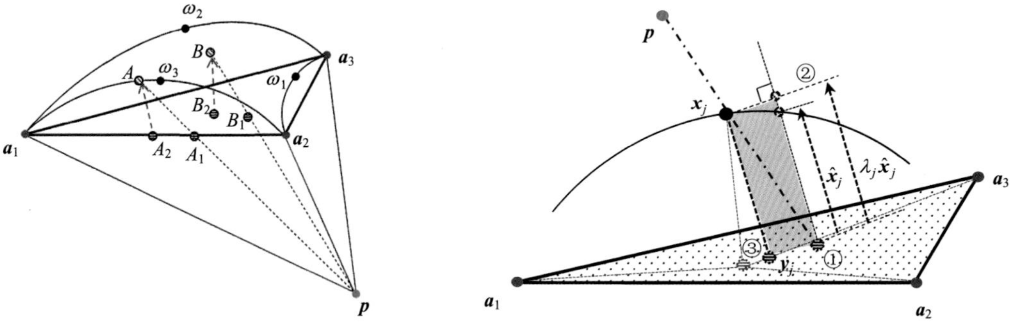

(a) 非线性端元与投影偏差　　(b) 基于FCLS的投影偏差修正

图 6.5　GCBAE 算法原理(Yang et al., 2018)

因此，就能在低维特征空间中构建一个合适的非线性端点 $\boldsymbol{p}$，与 r 个真实端元一起对非线性像元点进行仿射表示 $C^r=\{\boldsymbol{x}=\sum_{i=1}^{r}\boldsymbol{a}_i h_i+\boldsymbol{p}h_{r+1}\,|\,\sum_{i=1}^{r+1}h_i=1\}$。该非线性端点 $\boldsymbol{p}$ 类似于一个额外的真实端元，集中了所有虚拟端元的非线性贡献。此时，通过线性解混方法(如“和为 1”最小二乘)就能够计算像元点在 C^r 中关于真实端元的规范重心坐标(近似丰度)，从而得到像元点在真实端元单形体中的投影，也就是这些像元的近似线性混合部分 $\boldsymbol{y}\approx\sum_{i=1}^{r}\boldsymbol{a}_i s_i$。在这一过程中，有效地避免了虚拟端元直接参与到解混中，因而能够大幅降低共线性的影响。在另一方面，由于受到噪声的影响，而且像元丰度的差异会致使构造的端点 $\boldsymbol{p}$ 不能完美地将所有像元准确地投影到它们对应的真实线性混合部分 $\boldsymbol{x}^{\mathrm{LMM}}$，投影 $\boldsymbol{y}$ 与 $\boldsymbol{x}^{\mathrm{LMM}}$ 会存在一个较小的投影偏差[如图 6.5(a)所示]。为了进一步修正投影偏差获得更精确的丰度，GCBAE 算法后续分别从投影误差分析结果和几何逼近的

角度，给出了基于投影梯度 PG 和 FCLS 算法的投影偏差修正策略[如图 6.5(b)所示]。

1) 非线性端点 p 的构造与几何投影

非线性端点 $\boldsymbol{p}$ 决定着 BMM 数据的投影位置，对最终解混结果起到关键影响。r 维子空间中的点 $\boldsymbol{p}$ 需满足使所有数据点投影到真实端元子单形 Δ^{r-1} 中，同时与真实端元构成的仿射包 C^r 应尽可能紧凑地包裹数据点。实际上，每 $r-1$ 个端元分别与它们所形成的对应 BMM 数据点确定了该空间中 r 个 $r-1$ 维超平面，这些平面分别表征缺少一个端元时的二次散射效应。而点 $\boldsymbol{p}$ 正是这些超平面的交点并与端元构成最小仿射包，是所有二次散射作用的集中体现。此时，点 $\boldsymbol{p}$ 对数据的线性贡献就是它们的非线性混合成分。图 6.5(a) 以三个端元的 FM 为例，点 $\boldsymbol{p}$ 是 3 个平面在三维空间中的交点，GBM 和 PPNM 及它们对应的高维情况类似。

在确定这些平面时，先根据 BMM 和已知的端元计算各平面上的非线性混合中点 $\boldsymbol{\omega}_1,\ldots,\boldsymbol{\omega}_{r-1},\boldsymbol{\omega}_r$ (即各端元丰度相同)：

$$\text{FM和GBM:}\quad \boldsymbol{\omega}_q=\frac{1}{r-1}\sum_{i=1}^{r}\boldsymbol{a}_i+\frac{1}{(r-1)^2}\sum_{i=1}^{r-1}\sum_{k=i+1}^{r}(\boldsymbol{a}_i\odot\boldsymbol{a}_k),\ (i\neq q,k\neq q,q=1,\cdots,r) \tag{6.2.63}$$

$$\text{PPNM:}\quad \boldsymbol{\omega}_q=\frac{1}{r-1}\sum_{i=1}^{r}\boldsymbol{a}_i+\frac{1}{(r-1)^2}\sum_{i=1}^{r}\sum_{k=1}^{r}(\boldsymbol{a}_i\odot\boldsymbol{a}_k),\ (i\neq q,k\neq q,q=1,\cdots,r) \tag{6.2.64}$$

然后用 PCA 算法将数据降到 r 维，顶点集 $\{\boldsymbol{\omega}_1,\boldsymbol{a}_2,\cdots,\boldsymbol{a}_r\}$，$\{\boldsymbol{a}_1,\boldsymbol{\omega}_2,\cdots,\boldsymbol{a}_r\},\cdots,\{\boldsymbol{a}_1,\boldsymbol{a}_2,\cdots,\boldsymbol{\omega}_r\}$ 便确定了该空间中 r 个 $r-1$ 维超平面 $H_1\cdots H_r$。以单形体体积为 0 表示共面，则点 $\boldsymbol{p}\in R^{r\times 1}$ 位于超平面 H_q^{r-1} 对应为

$$\det(\boldsymbol{M}_q)=\det\begin{pmatrix}1 & \cdots & 1 & 1 & 1 & \cdots & 1 & 1\\ \boldsymbol{U}^{\mathrm{T}}\boldsymbol{a}_1 & \cdots & \boldsymbol{U}^{\mathrm{T}}\boldsymbol{a}_{q-1} & \boldsymbol{U}^{\mathrm{T}}\boldsymbol{\omega}_q & \boldsymbol{U}^{\mathrm{T}}\boldsymbol{a}_{q+1} & \cdots & \boldsymbol{U}^{\mathrm{T}}\boldsymbol{a}_r & \boldsymbol{p}\end{pmatrix}=0 \tag{6.2.65}$$

即：$(-1)^{r+2}\det(\boldsymbol{M}_{q1})+(-1)^{r+3}\det(\boldsymbol{M}_{q2})p_1+\cdots+(-1)^{2r+2}\det(\boldsymbol{M}_{q(r+1)})p_r=0$，其中 $\boldsymbol{M}_{qi}\in\mathbb{R}^{r\times r}$ 是已知的去除 $\boldsymbol{M}_q$ 第 i 行和第 $r+1$ 列后的子矩阵，$\boldsymbol{U}\in\mathbb{R}^{n\times r}$ 是数据前 r 主成分向量构成的矩阵。最后，r 个 $r-1$ 维超平面 $H_1\cdots H_r$ 的交点就是非线性端点 $\boldsymbol{p}$，也就是下列适定线性方程组的唯一解：

$$\begin{pmatrix}(-1)^{r+3}\det(\boldsymbol{M}_{12}) & \cdots & (-1)^{2r+2}\det(\boldsymbol{M}_{1(r+1)})\\ \vdots & \vdots & \vdots\\ (-1)^{r+3}\det(\boldsymbol{M}_{q2}) & \cdots & (-1)^{2r+2}\det(\boldsymbol{M}_{q(r+1)})\\ \vdots & \vdots & \vdots\\ (-1)^{r+3}\det(\boldsymbol{M}_{r2}) & \cdots & (-1)^{2r+2}\det(\boldsymbol{M}_{r(r+1)})\end{pmatrix}\begin{pmatrix}p_1\\ p_2\\ \vdots\\ p_r\end{pmatrix}=\begin{pmatrix}(-1)^{r+3}\det(\boldsymbol{M}_{11})\\ (-1)^{r+3}\det(\boldsymbol{M}_{21})\\ \vdots\\ (-1)^{r+3}\det(\boldsymbol{M}_{r1})\end{pmatrix} \tag{6.2.66}$$

然后，利用求得的端点 $\boldsymbol{p}$ 与已知的真实端元，通过 ASC 约束的最小二乘法，容易求得各像元的重心坐标 $\boldsymbol{h}_j=(h_{1,j},h_{2,j},\ldots,h_{r,j},h_{r+1,j})^{\mathrm{T}}$ 和对应的丰度估计 $\hat{\boldsymbol{s}}_j$：

$$\boldsymbol{h}_j = \left(\tilde{\boldsymbol{M}}^{\mathrm{T}}\tilde{\boldsymbol{M}}\right)^{-1}\tilde{\boldsymbol{M}}^{\mathrm{T}}\begin{pmatrix}\delta\boldsymbol{U}^{\mathrm{T}}\boldsymbol{x}_j\\1\end{pmatrix},\quad \tilde{\boldsymbol{M}} = \begin{pmatrix}\delta\boldsymbol{U}^{\mathrm{T}}\boldsymbol{a}_1 & \cdots & \delta\boldsymbol{U}^{\mathrm{T}}\boldsymbol{a}_r & \delta\boldsymbol{p}\\1 & \cdots & 1 & 1\end{pmatrix} \tag{6.2.67}$$

$$\hat{\boldsymbol{s}}_j = \left(h_1\Big/\sum\nolimits_{i=1}^{r}h_i,\ \ h_2\Big/\sum\nolimits_{i=1}^{r}h_i,\ \ \cdots\ ,\ \ h_r\Big/\sum\nolimits_{i=1}^{r}h_i\right)^{\mathrm{T}} \tag{6.2.68}$$

此时，像元 $\boldsymbol{x}_j$ 的几何投影为 $\boldsymbol{y}_j = \sum\nolimits_{i=1}^{r}\boldsymbol{a}_i\hat{s}_{i,j}$ ，与其真实的线性混合成分间由于噪声和非线性端点的构造原因会存在一个微小的投影偏差。

2)基于 PG 偏差分析的投影偏差修正

为了消除投影偏差，以得到更为精确的丰度估计结果，首先在下式中对投影偏差进行分析：

$$\begin{aligned}
\boldsymbol{h}_j &= \left(\tilde{\boldsymbol{M}}^{\mathrm{T}}\tilde{\boldsymbol{M}}\right)^{-1}\tilde{\boldsymbol{M}}^{\mathrm{T}}\begin{pmatrix}\delta\boldsymbol{U}^{\mathrm{T}}\boldsymbol{x}_j\\1\end{pmatrix}\\
&= \left(\tilde{\boldsymbol{M}}^{\mathrm{T}}\tilde{\boldsymbol{M}}\right)^{-1}\tilde{\boldsymbol{M}}^{\mathrm{T}}\begin{pmatrix}\delta\boldsymbol{U}^{\mathrm{T}}\left(\sum\limits_{i=1}^{r}\boldsymbol{a}_i s_{i,j}\right)\\1\end{pmatrix} + \left(\tilde{\boldsymbol{M}}^{\mathrm{T}}\tilde{\boldsymbol{M}}\right)^{-1}\tilde{\boldsymbol{M}}^{\mathrm{T}}\begin{pmatrix}\delta\boldsymbol{U}^{\mathrm{T}}\left(\sum\limits_{i=1}^{t_1}\sum\limits_{k=t_2}^{r}b_{i,k,j}(\boldsymbol{a}_i\odot\boldsymbol{a}_k)s_{i,j}s_{k,j}+\boldsymbol{\varepsilon}_j\right)\\0\end{pmatrix}\\
&= \begin{pmatrix}s_{1,j}\\\vdots\\s_{r,j}\\0\end{pmatrix} + \sum_{i=1}^{t_1}\left[\left(\tilde{\boldsymbol{M}}^{\mathrm{T}}\tilde{\boldsymbol{M}}\right)^{-1}\tilde{\boldsymbol{M}}^{\mathrm{T}}\begin{pmatrix}\delta\boldsymbol{U}^{\mathrm{T}}\left(\boldsymbol{a}_i\odot\sum\limits_{k=t_2}^{r}\boldsymbol{a}_k b_{i,k,j}s_{k,j}\right)s_{i,j}\\0\end{pmatrix}\right] + \left(\tilde{\boldsymbol{M}}^{\mathrm{T}}\tilde{\boldsymbol{M}}\right)^{-1}\tilde{\boldsymbol{M}}^{\mathrm{T}}\begin{pmatrix}\delta\boldsymbol{U}^{\mathrm{T}}\boldsymbol{\varepsilon}_j\\0\end{pmatrix}\\
&= \begin{pmatrix}s_{1,j}\\\vdots\\s_{r,j}\\0\end{pmatrix} + \begin{pmatrix}\hat{\mu}_{1,j}\\\vdots\\\hat{\mu}_{r,j}\\h_{(r+1),j}\end{pmatrix} + \begin{pmatrix}\hat{v}_{1,j}\\\vdots\\\hat{v}_{r,j}\\\hat{v}_{(r+1),j}\end{pmatrix}
\end{aligned} \tag{6.2.69}$$

由式(6.2.69)可知，丰度投影偏差除了受到噪声影响外，没有被非线性端点 $\boldsymbol{p}$ 完全线性表示的非线性残留成分也是引起偏差的主要原因。在此基础上可以进一步构建一个投影偏差修正的约束优化问题：

$$\begin{aligned}
\min_{\boldsymbol{S},\boldsymbol{B}} f(\boldsymbol{S},\boldsymbol{B}) &= \frac{1}{2}\sum_{j=1}^{m}\sum_{i=1}^{r}\left(\tilde{h}_{i,j}-\hat{\mu}_{i,j}-s_{i,j}\right)^2 + \delta(\mathbf{1}_r^{\mathrm{T}}\boldsymbol{S}-\mathbf{1}_m^{\mathrm{T}})(\mathbf{1}_r^{\mathrm{T}}\boldsymbol{S}-\mathbf{1}_m^{\mathrm{T}})^{\mathrm{T}}\\
&= \frac{1}{2}\left\|\tilde{\boldsymbol{H}}-\boldsymbol{S}-\phi(\boldsymbol{S},\boldsymbol{B})\right\|_F^2 + \delta(\mathbf{1}_r^{\mathrm{T}}\boldsymbol{S}-\mathbf{1}_m^{\mathrm{T}})(\mathbf{1}_r^{\mathrm{T}}\boldsymbol{S}-\mathbf{1}_m^{\mathrm{T}})^{\mathrm{T}}
\end{aligned} \tag{6.2.70}$$

$$\begin{cases}\tilde{\boldsymbol{h}}_j = \boldsymbol{h}_{1:r,j} - \hat{\boldsymbol{v}}_{1:r,j} = \left(h_{1,j},\cdots,h_{r,j}\right)^{\mathrm{T}} - \left[\left(\tilde{\boldsymbol{M}}^{\mathrm{T}}\tilde{\boldsymbol{M}}\right)^{-1}\tilde{\boldsymbol{M}}^{\mathrm{T}}\begin{pmatrix}\delta\boldsymbol{U}^{\mathrm{T}}\boldsymbol{\varepsilon}_j\\ 0\end{pmatrix}\right]_{1:r} \\ \phi(\boldsymbol{s}_j,\boldsymbol{b}_j) = \left(\hat{\mu}_{1,j},\hat{\mu}_{2,j},\ldots,\hat{\mu}_{r,j}\right)^{\mathrm{T}} = \sum_{i=1}^{t_1}\left[\left(\tilde{\boldsymbol{M}}^{\mathrm{T}}\tilde{\boldsymbol{M}}\right)^{-1}\tilde{\boldsymbol{M}}^{\mathrm{T}}\begin{pmatrix}\delta\boldsymbol{U}^{\mathrm{T}}\left(\boldsymbol{a}_i\odot\sum_{k=t_2}^{r}\boldsymbol{a}_k b_{i,k,j}s_{k,j}\right)s_{i,j}\\ 0\end{pmatrix}\right]_{1:r}\end{cases} \tag{6.2.71}$$

采用投影梯度法便能对丰度 $\boldsymbol{S}$ 进行更新，然后利用每次迭代中更新后的丰度通过线性规划计算非线性参数 $\boldsymbol{B}$，以此交替进行：

$$\boldsymbol{S}^{(t+1)} = P\left[\boldsymbol{S}^{(t)} - \alpha\cdot\nabla_{\boldsymbol{S}}f(\boldsymbol{S}^{(t)},\boldsymbol{B}^{(t)})\right] \tag{6.2.72}$$

$$\begin{cases}\nabla_{\boldsymbol{S}}f(\boldsymbol{S}^{(t)},\boldsymbol{B}^{(t)}) = \left(\tilde{\boldsymbol{H}} - \boldsymbol{S}^{(t)} - \phi(\boldsymbol{S}^{(t)},\boldsymbol{B}^{(t)})\right)\odot\left(-\boldsymbol{I}_{r\times m} - \nabla_{\boldsymbol{S}}\phi(\boldsymbol{S}^{(t)},\boldsymbol{B}^{(t)})\right) + \delta\boldsymbol{1}_r(\boldsymbol{1}_r^{\mathrm{T}}\boldsymbol{S}^{(t)} - \boldsymbol{1}_m^{\mathrm{T}}) \\ \nabla_{\boldsymbol{s}_j}\phi(\boldsymbol{s}_j^{(t)},\boldsymbol{b}_j^{(t)}) = \sum_{i=1}^{r}\left[\left(\tilde{\boldsymbol{M}}^{\mathrm{T}}\tilde{\boldsymbol{M}}\right)^{-1}\tilde{\boldsymbol{M}}^{\mathrm{T}}\begin{pmatrix}\delta\boldsymbol{U}^{\mathrm{T}}\left(\boldsymbol{a}_i\odot\sum_{k=1}^{r}\boldsymbol{a}_k b_{i,k,j}s_{k,j}\right)\\ 0\end{pmatrix}\right]_{1:r}\end{cases} \tag{6.2.73}$$

3) 基于 FCLS 几何逼近的投影偏差修正

在几何上，像元真实丰度 $\boldsymbol{s}_j$ 与投影坐标 $\hat{\boldsymbol{s}}_j$ 对应的 BMM 非线性混合部分间存在近似的线性关系。因此，如图 6.5(b) 所示，可以利用该关系通过反复修正数据的投影位置，使其不断地向真实的线性混合位置逼近，而同时投影坐标 $\hat{\boldsymbol{s}}_j$ 也将逐步收敛于真实丰度。

首先在步骤①中求得了投影坐标 $\hat{\boldsymbol{s}}_j$，然后在步骤②中利用 $\hat{\boldsymbol{s}}_j$ 根据各 BMM 的具体形式计算其非线性混合部分 $\hat{\boldsymbol{x}}_j$，接着求解下列优化问题得到使像元到其所在直线距离最短的系数 λ_j：

$$\min_{\lambda}\ \frac{1}{2}\left\|\boldsymbol{x}_j - \boldsymbol{\varphi}_j^{(t)}\right\|_F^2, \qquad \boldsymbol{\varphi}_j^{(t)} = \sum_{i=1}^{r}\boldsymbol{a}_i\hat{s}_{i,j}^{(t)} + \lambda_j^{(t)}\hat{\boldsymbol{x}}_j^{(t)} \tag{6.2.74}$$

式中，$\hat{\boldsymbol{x}}_j^{(t)} = \sum_{i=1}^{t_1}\sum_{k=t_2}^{r}(\boldsymbol{a}_i\odot\boldsymbol{a}_k)\hat{s}_{i,j}^{(t)}\hat{s}_{k,j}^{(t)}$，易求得上式的最优解 $\lambda_j^{(t)} = (\boldsymbol{x}_j - \sum_{i=1}^{r}\boldsymbol{a}_i\hat{s}_{i,j}^{(t)})^{\mathrm{T}}\cdot\hat{\boldsymbol{x}}_j^{(t)}\big/(\hat{\boldsymbol{x}}_j^{(t)\mathrm{T}}\hat{\boldsymbol{x}}_j^{(t)})$，继而在步骤③中将投影位置修正为 $\boldsymbol{y}_j^{(t+1)} = \boldsymbol{x}_j - \lambda_j^{(t)}\hat{\boldsymbol{x}}_j^{(t)}$。如图 6.5(b) 所示，修正后的点 $\boldsymbol{y}_j^{(t+1)}$ 将比最初的投影更逼近红色的真实线性混合位置。最后就可用传统的线性丰度估计算法求解新投影 $\boldsymbol{y}_j^{(t+1)}$ 的丰度，可采用经典的 FCLS 算法，并以此反复迭代最后收敛于更精确的丰度。而在求得丰度后，BMM 中的非线性参数容易用二次规划等方法直接求得。

6.3 数据驱动的非线性解混算法

非线性混合模型在考虑光线传输物理意义的同时，通过合理假设与简化使物质间的非线性混合效应得以较好描述。基于这些具有明确现实物理意义的模型，在已知端元或利用相关几何端元提取算法获得端元后，可以实现对丰度和非线性参数的估计。另一方面，实际场景中的地物非线性混合具体形式通常是未知的，就需要使用数据驱动的非线性解混算法进行端元提取与丰度反演。例如，基于图近似测地线距离的方法也用于提取非线性流形数据的端元；核函数的方法通过将原始非线性数据向更高的维度映射，从而在高维空间中可以采用线性解混的算法进行求解等等。这些方法的主要特点在于直接从高光谱遥感数据出发，采用流形或核函数的方法挖掘数据的非线性结构特征，通过合理的数学变换后，使线性方法能用于非线性混合数据的解混。

6.3.1 流形学习方法

流形学习(manifold learning)自 2000 年在 *Science* 被首次提出以来，已成为信息科学领域的研究热点。流形是用于描述数据非线性的有效手段之一，其中的微分流形定义了微分函数而且流形上的每个点都具有一个切空间。该切空间是包含所有通过此点的曲线的切线的欧氏空间。而 Riemannian 流形赋予了流形距离和角度计算方式，切空间的内积运算是逐点平滑过渡的。流形学习以保持数据局部结构的方式将高维数据向低维空间投影，从而获取数据内在的几何拓扑结构与规律。虽然线性降维技术处理速度快，对线性数据精度高，但是并不能有效地发现输入数据中的弯曲或非线性的结构。而实际的高光谱数据位于一个高维环绕空间的子流形上，具有非线性的结构。通过非线性降维算法有效学习并正确发现非线性高光谱数据的内在结构是提高处理精度的手段之一。

例如等距特征映射 ISOMAP(Tenenbaum et al.，2000)算法为了尽可能地保持观测点之间的测地线距离的低维嵌入坐标，采用微分几何中的测地线距离(曲线距离)计算高维流形上数据点间距离而不是用传统的欧氏距离，从而得到数据的低维嵌入坐标。作为一种保持数据全局特征的流形学习算法，ISOMAP 在理想状态下可以正确得到低维表示的全局最优解。局部线性嵌入 LLE (Roweis and Saul，2000)算法则是一种保持数据局部特征的流形学习算法。在数据量足够大而且噪声较小的前提下，LLE 算法认为流形上足够小的数据块是线性的，而且每一个采样点都可以通过它的特征空间内的邻域点重构。算法中先寻找每个样本点的 k 个近邻点，再由每个样本点的近邻点计算出该样本点的局部重建权值矩阵，然后利用该样本点的局部重建权值矩阵和其近邻点计算出该样本点的输出值，可最优保持流形上最近邻点间的局部线性关系。但是，这些非线性降维方法的较大问题是计算复杂度太高，难以应用于具体应用中较大的数据中。根据这些流形学习方法的原理和特点，对于高光谱数据非线性解混来说，可以先通过流形学习的非线性降维方法得到降维后数据的线性空间，然后在此基础上采用传统的线性方法进行解混(唐晓燕等, 2014，Heylen et al.，2014)。

1. 基于测地线距离和 GBM 的解混方法

通过构建最近邻图可以近似地描述数据的非线性流形结构，而测地线距离则是度量该图上两点间的最短路径长度。然而，这样完全数据驱动的方法却经常会遇到无法正确地获取真实的非线性结构而且图近似误差也难以估计的问题，因此会造成后续非线性降维和解混的误差。另一方面，如果利用类似于 GBM 的具有显式数学表达形式的模型，就能计算出更确切的测地线距离，使后续解混与误差分析明确化。Heylen 和 Scheunders(2012)在 GBM 的基础上，采用微分几何的理论将丰度的约束条件考虑到模型的测地线距离计算中，然后以此对图像数据进行非线性降维，作为后续线性解混的预处理。

对于由 r 个端元 $\boldsymbol{A}=\{\boldsymbol{a}_1,\boldsymbol{a}_2,\cdots,\boldsymbol{a}_r\}$ 构成的高光谱遥感图像 $\boldsymbol{X}\in\mathbb{R}^{n\times m}$，由于丰度需要满足 ASC 与 ANC 约束，那么可以令丰度 $\boldsymbol{s}=(\boldsymbol{s}'^{\mathrm{T}},\ 1-\sum_{i=1}^{r-1}s_i')^{\mathrm{T}}$，在考虑非线性混合效应时，像元就表示为关于端元与子丰度 $\boldsymbol{s}'$ 的非线性函数：$\boldsymbol{x}=g(\boldsymbol{A},\boldsymbol{s}')$。函数 g 将位于 $(r-1)$ 维丰度空间中的数据点映射到 n 维光谱空间中形成流形。

根据微分几何理论，令 $\boldsymbol{h}(\boldsymbol{s}')$ (其中 $h_{u,v}(\boldsymbol{s}')=\sum_{i=1}^{n}(\partial x_i(\boldsymbol{s}')/\partial s_u')(\partial x_i(\boldsymbol{s}')/\partial s_v')$，$u,v\leqslant r-1$) 为 $\boldsymbol{s}'$ 的度量张量，则无穷小的线段为 $dl^2=d\boldsymbol{s}'^{\mathrm{T}}\boldsymbol{h}(\boldsymbol{s}')d\boldsymbol{s}'$，同时路径的总长度为

$$L=\int_0^1\left[\sum_{u,v=1}^{r-1}h_{u,v}(\boldsymbol{s}')\frac{\mathrm{d}s_u'}{\mathrm{d}t}\frac{\mathrm{d}s_v'}{\mathrm{d}t}\right]^{\frac{1}{2}}\mathrm{d}t \tag{6.3.1}$$

像元点 $\boldsymbol{x}_1$ 和 $\boldsymbol{x}_2$ 间的测地线就是使 L 取最小值的流形路径。为了在实际中更好地求解式(6.3.1)的最小值，假设 $\boldsymbol{s}'(t)$ ($0\leqslant t\leqslant 1$) 丰度空间中对应 $\boldsymbol{x}_1$ 和 $\boldsymbol{x}_2$ 间测地线的路径能由多项式函数(如 $c=1$)很好地近似，并令 $\boldsymbol{s}_1'=\boldsymbol{s}'(0)$，$\boldsymbol{s}_2'=\boldsymbol{s}'(1)$，则有

$$s_u'(t)=s_{1,u}'(1-t)+s_{2,u}'t+t(1-t)Z_u(t),\quad Z_u(t)=\sum_{i=0}^{c}z_{u,i}t^i \tag{6.3.2}$$

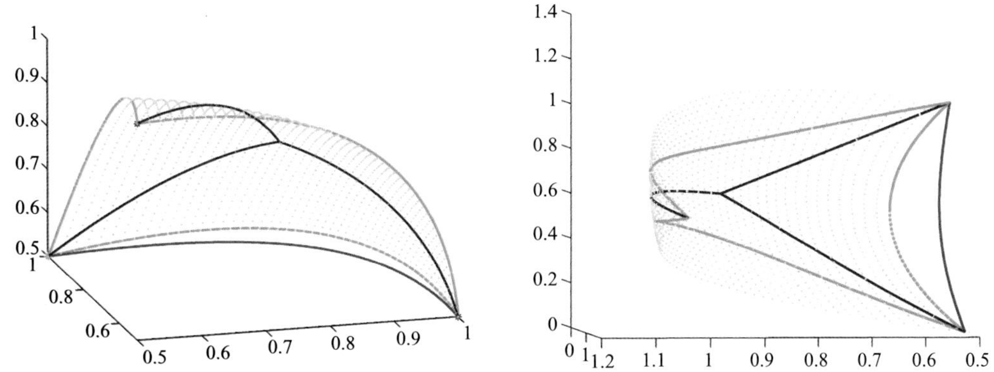

图 6.6　GBM 模型参数取 $\gamma_{i,k}=0.5$ 时典型像元点间的测地线距离，红线是忽略丰度 ANC 约束的结果 (Heylen and Scheunders，2012)

由此，$s'(t)$ 丰度空间中的每条路径都完全由多项式参数 $\{z_{u,i}\}$ 确定。结合式(6.3.1)与式(6.3.2)，利用最速下降法调整多项式参数，可以使得 L 取最小值，从而得到测地线。此外，为了进一步考虑丰度的 ANC 约束条件，需要对 L 增加一个正则化项：

$$\tilde{L} = L + \lambda \int_0^1 Q(\boldsymbol{s}'(t))\mathrm{d}t \tag{6.3.3}$$

式中，$Q(\boldsymbol{s}'(t))$ 关于单位阶跃函数 Θ（$\Theta(x)=1, \forall x \geqslant 0$ 否则 $\Theta(x)=0$），可以有两种形式：

$$\begin{cases} Q_{\text{lin}}(\boldsymbol{s}') = -\sum_{i=1}^{r-1}\Theta(-s_i')s_i' - \Theta\left(\sum_{i=1}^{r-1}s_i' - 1\right)\left(\sum_{i=1}^{r-1}s_i' - 1\right) \\ Q_{\text{qua}}(\boldsymbol{s}') = -\sum_{i=1}^{r-1}\Theta(-s_i')s_i'^2 - \Theta\left(\sum_{i=1}^{r-1}s_i' - 1\right)\left(\sum_{i=1}^{r-1}s_i' - 1\right)^2 \end{cases} \tag{6.3.4}$$

对于 GBM，可以使非线性参数 $\gamma_{i,k}$ 对称化，然后直接从模型推导出丰度的度量张量 $\boldsymbol{h} = D^{\mathrm{T}}D$。$D$ 是导数矩阵

$$d_{i,k} = \frac{\partial x_i}{\partial s_k'} = a_{i,k} - a_{i,r} + 2\sum_{w=1}^{r-1}\gamma_{w,k}s_w'a_{i,k}a_{i,w} + 2\gamma_{r,k}s_r'a_{i,k}a_{i,r} - 2\sum_{w=1}^{r-1}\gamma_{w,r}s_w'a_{i,w}a_{i,r} \tag{6.3.5}$$

图 6.6 给出了简化 GBM 后计算得到的几种典型的测地线。利用这些确定的各数据点间的 GBM 真实测地线，可以容易生成对应的测地线距离矩阵，从而用于后续的非线性降维、端元提取(如基于测地线距离的 N-FINDR 算法)、聚类或分类中。

2. 基于流形标志点选择的解混方法

Chi 和 Crawford (2013；2014)针对非线性流形降维方法 ISOMAP 计算量大的问题，利用局域窗口中的空谱同质性获取图像子集标志点(landmark points)，得到近似的非线性流形结构同时降低计算负荷。在利用流形降维学习到数据的非线性特征后，线性解混就能被用于降维后的数据。

与 ISOMAP 不同，采用标志点的 ISOMAP 方法通过选择少量 $m' \ll m$ 的标志点，大幅减少了最短路径矩阵的计算量。方法中，首先对数据用模糊 k-均值聚类并选取 r（VD 估计的端元数目)类，同时确定每个像元作为不同类别的边界和中心的概率。然后，通过比值 $\max(P(\boldsymbol{x}_j|\text{Class}_i)) / \min(P(\boldsymbol{x}_j|\text{Class}_i))$ 判断像元距离类中心的程度，并以此按从大到小的顺序对像元排列，将那些最大值(中心)和最小值(边界)对应的像元选作为标志点。每类的标志点数目与对应类别的像元数目成正比。在此基础上，考虑到图像局部区域的像元通常具有高度相关性，可以定义相邻像元间的几何连接，这样就能利用局部核窗口和类似于本书第 2 章介绍的空间端元提取方法确定端元，与同质块内所有像元光谱均值最接近的像元将被选择。另一方面，以传统标志点选择结果初始化，然后再用积极采样的方法(Chi and Crawford, 2014)进行标志点选择，可以避免丢失独立小区域中有价值的点，从而构建一个更好的流形。

6.3.2　基于核函数的非线性光谱解混算法

1. 核函数方法原理

核方法作为机器学习领域中一种能够在核希尔伯特空间以线性方式处理原始非线性问题的有效数据驱动方法，不需要采用训练数据和实际应用中的数学模型，而且基于核的非线性光谱解混算法在近十几年里也得到了广泛的研究(Heylen et al.，2014；Dobigeon et al.，2014)。为了使原始低维欧氏空间中线性不可分的非线性数据变成线性可分，根据模式识别的理论可将该数据向其高维特征空间中进行映射[如图 6.7(a)所示]，从而能在新特征空间使用线性算法求解原非线性问题(Taylor and Cristianini，2004；蒋刚，2012)。但是，由于与具体数据和应用相关的非线性映射函数形式、参数以及特征空间的维数都是未知的，因而难以直接在高维特征空间中进行求解。另一方面，如果利用核技巧(kernel trick)就可将高维空间中的内积运算转化为原始低维空间中核函数的计算，从而隐式地将原始特征间的非线性关系转化为线性关系，有效地解决在高维特征空间中的计算难题。所有采用 kernel trick 的方法都可称为核方法。

核函数是这样的一个函数 κ，对于原始数据空间 $P \subseteq \mathbb{R}^n$ 中所有的 $\boldsymbol{x}, \boldsymbol{z} \in P$，存在一个从 P 到特征空间 $F \subseteq \mathbb{R}^N, (N > n)$ 的非线性映射 $\phi: \boldsymbol{x} \mapsto \phi(\boldsymbol{x})$，满足 $\kappa(\boldsymbol{x}, \boldsymbol{z}) = \langle \phi(\boldsymbol{x}), \phi(\boldsymbol{z}) \rangle = \phi(\boldsymbol{x})^{\mathrm{T}} \phi(\boldsymbol{z})$。例如，如果对原始二维空间 $P \subseteq \mathbb{R}^2$ 有特征映射：$\phi: \boldsymbol{x} = (x_1, x_2) \mapsto \phi(\boldsymbol{x}) = (x_1^2, x_2^2, \sqrt{2} x_1 x_2) \in F = \mathbb{R}^3$，则 F 中的线性函数的假设空间为 $g(\boldsymbol{x}) = \omega_{11} x_1^2 + \omega_{22} x_2^2 + \omega_{12} \sqrt{2} x_1 x_2$。在特征空间中，特征映射与内积结合可得(Taylor and Cristianini，2004)：

$$
\begin{aligned}
\langle \phi(\boldsymbol{x}), \phi(\boldsymbol{z}) \rangle &= \langle (x_1^2, x_2^2, \sqrt{2} x_1 x_2), (z_1^2, z_2^2, \sqrt{2} z_1 z_2) \rangle \\
&= x_1^2 z_1^2 + x_2^2 z_2^2 + 2 x_1 x_2 z_1 z_2 \\
&= (x_1 x_2 + z_1 z_2)^2 = \langle \boldsymbol{x}, \boldsymbol{z} \rangle^2
\end{aligned} \tag{6.3.6}
$$

这里的核函数为 $\kappa = \langle \boldsymbol{x}, \boldsymbol{z} \rangle^2$。显然相同的这个核函数，也可计算对应于更高维特征映射的内积，说明特征空间并非由核函数唯一确定。考虑一个 n 维空间 $P \subseteq \mathbb{R}^n$，那么对于核函数 $\kappa = \langle \boldsymbol{x}, \boldsymbol{z} \rangle^2$ 有特征映射：

$$
\begin{cases}
\phi: \boldsymbol{x} \mapsto \phi(\boldsymbol{x}) = (x_i x_j)_{i,j=1}^n \in F = \mathbb{R}^{n^2} \\
\langle \phi(\boldsymbol{x}), \phi(\boldsymbol{z}) \rangle = \langle (x_i x_j)_{i,j=1}^n, (z_i z_j)_{i,j=1}^n \rangle = \sum_{i,j=1}^n x_i x_j z_i z_j = \sum_{i=1}^n x_i z_i \sum_{j=1}^n x_j z_j = \langle \boldsymbol{x}, \boldsymbol{z} \rangle^2
\end{cases} \tag{6.3.7}
$$

核方法一般会涉及如下的相关定义：

定义在实数集 $\mathbb{R}$ 上的向量空间 P 是一个内积空间，存在一个实值对称的双线性映射(内积、点积或标量积)满足 $\langle \boldsymbol{x}, \boldsymbol{x} \rangle \geqslant 0$。如果当且仅当 $\boldsymbol{x} = 0$ 时，有 $\langle \boldsymbol{x}, \boldsymbol{x} \rangle = 0$，则内积是严格的。

希尔伯特空间(Hilbert space)是一个具备可分性与完备性的严格的内积空间。给定一个满足有限半正定性质的函数 κ，把对应的空间 F_κ 称为它的再生核希尔伯特空间 RKHS(reproduced kernel Hilbert space)。

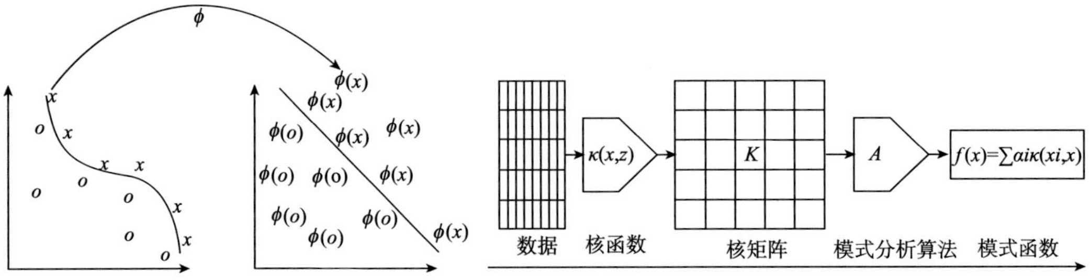

(a) 非线性映射　　(b) 核方法一般流程

图 6.7　核方法原理(Taylor and Cristianini，2004)

核矩阵：给定一个向量集合 $P=\{\boldsymbol{x}_1,\cdots,\boldsymbol{x}_m\}$，Gram 矩阵被定义为 $m\times m$ 的矩阵 $\boldsymbol{G}$，其元素为 $\boldsymbol{G}_{i,j}=\langle\boldsymbol{x}_i,\boldsymbol{x}_j\rangle$。如果利用核函数 κ 来求解特征映射 ϕ 在特征空间中的内积，则相关的 Gram 矩阵元素为 $\boldsymbol{G}_{i,j}=\langle\phi(\boldsymbol{x}_i),\phi(\boldsymbol{x}_j)\rangle=\kappa(\boldsymbol{x}_i,\boldsymbol{x}_j)$，此时该矩阵被称为核矩阵 $\boldsymbol{K}$。Gram 和核矩阵都是半正定矩阵：

$$\boldsymbol{K}=\begin{bmatrix}\kappa(\boldsymbol{x}_1,\boldsymbol{x}_1) & \kappa(\boldsymbol{x}_1,\boldsymbol{x}_2) & \cdots & \kappa(\boldsymbol{x}_1,\boldsymbol{x}_m)\\ \kappa(\boldsymbol{x}_2,\boldsymbol{x}_1) & \kappa(\boldsymbol{x}_2,\boldsymbol{x}_2) & \cdots & \kappa(\boldsymbol{x}_2,\boldsymbol{x}_m)\\ \vdots & \vdots & & \vdots\\ \kappa(\boldsymbol{x}_m,\boldsymbol{x}_1) & \kappa(\boldsymbol{x}_m,\boldsymbol{x}_2) & \cdots & \kappa(\boldsymbol{x}_m,\boldsymbol{x}_m)\end{bmatrix} \tag{6.3.8}$$

Mercer 定理(Taylor and Cristianini，2004)使得核函数的有效性只需通过核矩阵而不需用具体的非线性映射来判断，可以简单理解为只要核矩阵满足对称半正定的性质，该核函数就是有效核。核函数满足封闭性质，常用的核函数包括(王华忠和俞金寿，2006；Honeine and Richard，2011)：线性核函数：$\kappa(\boldsymbol{x},\boldsymbol{z})=\langle\boldsymbol{x},\boldsymbol{z}\rangle=\boldsymbol{x}^{\mathrm{T}}\boldsymbol{z}$，多项式核函数：$\kappa(\boldsymbol{x},\boldsymbol{z})=(\langle\boldsymbol{x},\boldsymbol{z}\rangle+c)^p$，高斯径向基核函数：$\kappa(\boldsymbol{x},\boldsymbol{z})=\exp(-\|\boldsymbol{x}-\boldsymbol{z}\|^2/(2\sigma^2))$，Sigmoid 核：$\kappa(\boldsymbol{x},\boldsymbol{z})=\tanh[b(\boldsymbol{x}-\boldsymbol{z})-c]$ 等。图 6.7(b)描述了实际应用中核方法的一般过程：首先对数据进行处理，利用核函数构造核矩阵；然后用相关的算法处理核矩阵，得到模式函数并用于求解相关问题。

综上所述，核方法的特点可以简单概括为：无需考虑具体的非线性映射函数及其参数；在高维特征空间中只需计算简单的数据间内积，避免了维数灾难问题；核函数的具体形式及参数会对从输入空间到特征空间的映射造成直接影响，进而影响特征空间的性质，对于不同问题，不同核函数的性能存在差异。例如，从图 6.8 中高斯与多项式核函数随着它们各自核参数的变化过程可以看出，核参数的选择会对非线性映射后数据间关系产生显著影响。最后，核函数还容易与多种传统算法相结合，针对不同应用选择合适的核函数可得到性能更优的结果。

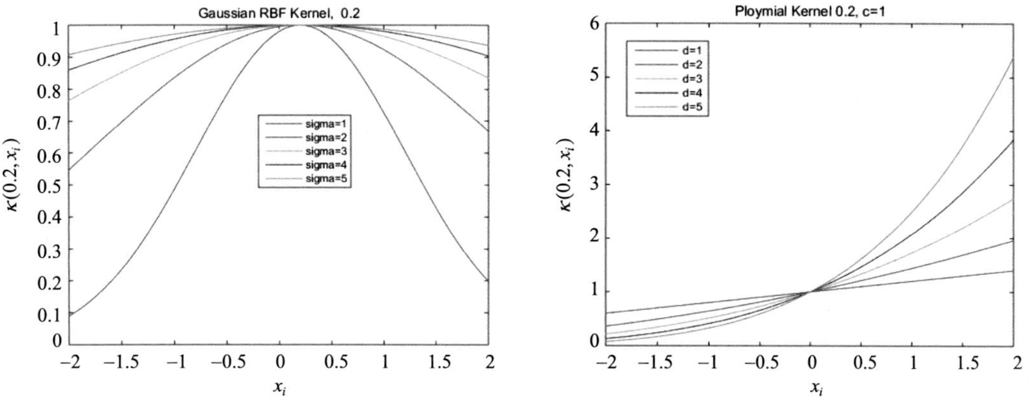

(a) 高斯核　　(b) 多项式核

图 6.8　典型核函数

2. 利用核函数替换内积的解混方法

根据核方法原理可知，通过将高维特征空间的内积运算转换为原数据空间中核函数的求解，可以方便地将原数据隐式地映射到高维特征空间中而不需知道具体的非线性映射形式。由于核方法能够有效地解决非线性问题，已被广泛应用于高光谱图像的目标探测与分类中，而支持向量机(support vector machine，SVM)便是核方法的成功应用例子。在一定意义上，如果将核方法与传统的线性光谱解混算法相结合，来处理复杂场景中的非线性问题，那么非线性光谱解混就能在某种程度上实现。但是，目前在核希尔伯特空间实现非线性光谱解混的算法还未得到深入研究，而且核函数及其参数的构造与选取对求解结果造成的直接影响有待解决。

1) 核化的 FCLS

当端元 $\boldsymbol{A}$ 已知的时候，本书第 2 章介绍的全约束最小二乘算法 FCLS 常用于线性光谱解混中的丰度估计，但对于非线性混合的数据 FCLS 算法的精度不高。将核函数与 FCLS 算法相结合，Broadwater 等(2007)提出一种核化的 FCLS 算法 KFCLS，在数据的高维特征空间中进行线性的丰度反演。算法首先以内积的方式表示约束优化问题再用核函数替换内积，最后采用正集最优化算法对问题求解。高斯径向基 RBF 核函数被用于实现非线性映射，这里的优化问题为

$$\begin{cases}\min\limits_{\boldsymbol{s}}(\boldsymbol{x}-\boldsymbol{A}\boldsymbol{s})^{\mathrm{T}}(\boldsymbol{x}-\boldsymbol{A}\boldsymbol{s}), \quad \text{s.t. } \boldsymbol{s}\geqslant 0, \boldsymbol{1}^{\mathrm{T}}\boldsymbol{s}=1 \\ \hat{\boldsymbol{s}}=\arg\min\limits_{\boldsymbol{s}}\dfrac{1}{2}(\kappa(\boldsymbol{x},\boldsymbol{x})-2\boldsymbol{s}^{\mathrm{T}}\kappa(\boldsymbol{x},\boldsymbol{A})+\boldsymbol{s}^{\mathrm{T}}\kappa(\boldsymbol{A},\boldsymbol{A})\boldsymbol{s}), \quad \text{s.t. } \boldsymbol{s}\geqslant 0, \boldsymbol{1}^{\mathrm{T}}\boldsymbol{s}=1\end{cases} \tag{6.3.9}$$

对应的拉格朗日函数为

$$J=\frac{1}{2}\left(\kappa(\boldsymbol{x},\boldsymbol{x})-2\sum_{i=1}^{r}s_i\kappa(\boldsymbol{x},\boldsymbol{a}_i)+\sum_{i=1}^{r}\sum_{j=1}^{r}s_i s_j\kappa(\boldsymbol{a}_i,\boldsymbol{a}_j)\right)+\sum_{i=1}^{r}\lambda_i(s_i-c_i) \tag{6.3.10}$$

对丰度 s_i 求偏导，得

$$\begin{cases} \dfrac{\partial J}{\partial s_i} = -\kappa(\boldsymbol{x},\boldsymbol{a}_i) + \sum_{k=1}^{r} s_k \kappa(\boldsymbol{a}_i,\boldsymbol{a}_k) + \lambda_i \\ \lambda_i = \sum_{k=1}^{r} s_k \kappa(\boldsymbol{a}_i,\boldsymbol{a}_k) - \kappa(\boldsymbol{x},\boldsymbol{a}_i) \\ s_i = \kappa(\boldsymbol{a}_i,\boldsymbol{a}_k)^{-1}\left[\sum_{k=1,k\neq i}^{r} s_k \kappa(\boldsymbol{a}_i,\boldsymbol{a}_k) - \kappa(\boldsymbol{x},\boldsymbol{a}_i) + \lambda_i\right] \end{cases} \tag{6.3.11}$$

丰度的“和为 1”约束，通过在数据矩阵和端元矩阵最后一行加上全为 1 的行向量实现。最后，可采用二次规划方法和黄金分割算法求解丰度系数。

核函数的选择会对基于核方法的解混算法性能造成直接影响，3 种常用核函数(线性、径向基、多项式)以及根据 Hapke 模型所得到的用于紧密混合物的物理核函数在比较中呈现了不同的解混效果(Broadwater and Banerjee，2009)。因为像元的 SSA 呈线性混合，所以可以利用 Hapke 非线性函数将反射率转换为 SSA，该过程实际上也是向特征空间映射来实现线性光谱解混，可将其内积表示为核函数 $\kappa_\gamma(\boldsymbol{x},\boldsymbol{z}) = \phi^{\mathrm{T}}(\boldsymbol{x},\gamma)\phi(\boldsymbol{z},\gamma)$。通过对紧密混合物进行解混，发现物理核除了物质呈线性混合外，对于非线性混合的情况要比其他 3 种核函数更好，而多项式核函数虽然比线性核及 RBF 核要好些，但是误差依然较大。

另一方面，由于传统的核函数都是针对线性或者紧密混合两者之一情形给出的，难以适用于两种情形。所以可以定义一种广义的核函数(Broadwater and Banerjee，2010)：

$$\kappa_\gamma(\boldsymbol{x},\boldsymbol{z}) = (1-e^{-\gamma\boldsymbol{x}})^{\mathrm{T}}(1-e^{-\gamma\boldsymbol{z}}) \tag{6.3.12}$$

其中，参数 γ 通过使用交叉验证的方法从训练数据中选出。若 γ 很小则该核函数接近于线性核，而当 γ 较大时近似于物理核。这样只要确定正确的参数 γ，就能够用单一核函数实现线性或紧密混合的非线性解混。此外，Rand 等(2015；2016；2017)通过实地测量及利用高光谱图像对基于物理核与广义核的 FCLS 算法解混性能进行比较，结果证实后者能适用于线性与非线性混合场景，而且与 FCLS 算法相比精度要更高。

2) 核化的 SGA 和 SVM

对本书第 2 章中的 SGA 端元提取算法也进行核化，使目标函数中的内积运算替换为核函数，可以得到适用于非线性情况的 KSGA 算法(Zhao et al.，2014)：

$$V(\boldsymbol{a}_1,\cdots,\boldsymbol{a}_r,\boldsymbol{x}) = \frac{1}{r!}\sqrt{\left|\det(\boldsymbol{A}^{\mathrm{T}}\boldsymbol{A})\right|} \Rightarrow \phi(\tilde{\boldsymbol{A}}) = [\phi(\boldsymbol{a}_2)-\phi(\boldsymbol{a}_1),\cdots,\phi(\boldsymbol{a}_r)-\phi(\boldsymbol{a}_1),\phi(\boldsymbol{x})-\phi(\boldsymbol{a}_1)] \tag{6.3.13}$$

$$\begin{cases} V(\boldsymbol{a}_1,\cdots,\boldsymbol{a}_r,\boldsymbol{x}) = \dfrac{1}{r!}\sqrt{\left|\det(\phi(\tilde{\boldsymbol{A}})^{\mathrm{T}}\phi(\tilde{\boldsymbol{A}}))\right|} \\ \phi^{\mathrm{T}}(\tilde{\boldsymbol{A}})\phi(\tilde{\boldsymbol{A}}) = \begin{bmatrix} \boldsymbol{K}_{r-1} & \boldsymbol{K}_{xa}^{\mathrm{T}} \\ \boldsymbol{K}_{xa} & \kappa(\boldsymbol{x},\boldsymbol{x}) + \kappa_{11} - 2\kappa(\boldsymbol{x},\boldsymbol{a}_1) \end{bmatrix} \end{cases} \tag{6.3.14}$$

类似于 SGA，KSGA 最后找到构成最大体积的像元作为端元：$\boldsymbol{a}=\arg\max_{\boldsymbol{x}}\left[V(\boldsymbol{a}_1,\cdots,\boldsymbol{a}_r,\boldsymbol{x})\right]$。

另一方面，SVM 作为一种成功应用核函数的方法，也可用于非线性光谱解混中。基于 SVM 的高光谱混合像元分解方法(吴波等，2006)首先利用投影迭代的方法找到图像中的端元，然后通过预设的核函数将端元矢量核化，像元被认为是核化后的端元线性组合。利用 Hapke 近似模型生成非线性混合的训练与测试数据，对 SVM 进行训练后用于整个图像的丰度估计。

3) *多核改进方法*

传统的核方法都是基于单个特征空间的单核方法，而不同的核函数或者参数不同的相同核函数的性能差异较大(王洪桥等，2014)。当单一核对应的特征映射难以适用于整体数据时，基于核函数的光谱解混算法会受到限制，对于像元间差异较大的复杂情况就更加明显。此外，多数单核方法还需面对根据经验和反复验证的方式来选择核函数与参数的问题(Liu et al.，2015)。多核学习(multiple kernel learning，MKL)构建一组基核函数的凸组合，可以用于代替单核函数，提高算法的鲁棒性。MKL 的优势在于能够直接从数据中得到基核函数的权重系数从而自动解决核函数选择的问题，并且能够同时利用多种不同的核函数来丰富数据的相似性表示。作用一种核方法，MKL 能在高维特征空间中避免线性不可分的问题实现光谱解混，与传统的核解混方法不同之处在于其特征空间由一组基核而不是单一核张成。因此，对应不同核函数的多种相似性测度能够被用来描述数据关系。

MKL 可以与 SVM 相结合并求解各基核的权重系数，实现对高光谱遥感图像的非线性光谱解混(Gu et al.，2013；谭熊等, 2014)。实验的结果显示，MKL 的方法与传统的单核方法相比解混精度更高。Liu 等(2015)通过 MKL 方法将线性光谱分析用于高光谱图像分类，并采用交替优化的方式同时提取丰度与各基核函数的权重系数。MKL 依然需要对基核函数进行合适选择，可以根据具体问题采用高斯核，光谱核与光谱空间核 3 种核函数。该 MKL 方法可以简单描述如下：

给定高光谱图像 $\boldsymbol{X}=[\boldsymbol{x}_1,\boldsymbol{x}_2,\cdots,\boldsymbol{x}_m]\in\mathbb{R}^n$，考虑关于每个像元的 M 个隐式非线性映射 $\boldsymbol{x}_i\mapsto\phi_k(\boldsymbol{x}_i)\in F_k,\ k=1,2,\cdots,M$，存在 M 个核函数满足 $\kappa_k(\boldsymbol{x}_i,\boldsymbol{x}_j)=\left\langle\phi_k(\boldsymbol{x}_i),\phi_k(\boldsymbol{x}_j)\right\rangle$。因为这些核函数将数据映射到不同的空间中，通过对这些空间进行加权平均就可以更好地描述数据。另一方面，因为这些隐式映射可能具有不同的维度，难以直接用线性组合得到最后的组合核函数。考虑笛卡儿积空间，可以从原映射出发构造一组新的隐式映射 $\psi(\boldsymbol{x}_k),\ k=1,2,\cdots,M$，将数据映射到更高维空间 $\mathbb{R}^{\sum_{k=1}^{M}F_k}$ 中：

$$\psi(\boldsymbol{x}_1)=\begin{bmatrix}\phi_1\\ \mathbf{0}\\ \vdots\\ \mathbf{0}\end{bmatrix},\ \psi(\boldsymbol{x}_1)=\begin{bmatrix}\mathbf{0}\\ \phi_2\\ \vdots\\ \mathbf{0}\end{bmatrix},\ \ldots,\ \psi(\boldsymbol{x}_M)=\begin{bmatrix}\mathbf{0}\\ \mathbf{0}\\ \vdots\\ \phi_M\end{bmatrix}\tag{6.3.15}$$

从而得到新特征映射的凸组合

$$\psi(\boldsymbol{x})=\beta_1\psi(\boldsymbol{x}_1)+\beta_2\psi(\boldsymbol{x}_2)+\cdots+\beta_M\psi(\boldsymbol{x}_M),\ \text{s.t.}\ \sum_{k=1}^{M}\beta_k=1,\beta_k\geqslant 0 \tag{6.3.16}$$

此时内积可以表示为

$$\left\langle\psi(\boldsymbol{x}_i),\psi(\boldsymbol{x}_j)\right\rangle=\left\langle\sum_{k=1}^{M}\beta_k\psi_k(\boldsymbol{x}_i),\sum_{k'=1}^{M}\beta_{k'}\psi_{k'}(\boldsymbol{x}_j)\right\rangle=\sum_{k=1}^{M}\beta_k^2\kappa_k(\boldsymbol{x}_i,\boldsymbol{x}_j) \tag{6.3.17}$$

对应的核矩阵为 $\boldsymbol{K}=\sum_{k=1}^{M}\beta_k^2\boldsymbol{K}_k$ 。令 $d_k=\beta_k^2$ ，可得到如下的约束优化问题：

$$\begin{aligned}&\hat{\boldsymbol{s}}=\arg\min_{\boldsymbol{s}}\frac{1}{2}(\kappa(\boldsymbol{x},\boldsymbol{x})-2\boldsymbol{s}^{\mathrm{T}}\kappa(\boldsymbol{x},\boldsymbol{A})+\hat{\boldsymbol{s}}^{\mathrm{T}}\kappa(\boldsymbol{A},\boldsymbol{A})\boldsymbol{s})\\&\text{s.t.}\ \ \kappa(\boldsymbol{x}_i,\boldsymbol{x}_j)=\sum_{k=1}^{M}d_k\kappa_k(\boldsymbol{x}_i,\boldsymbol{x}_j),\ d_k\geqslant 0,\ \sum_{k=1}^{M}d_k=1,\ \boldsymbol{s}\geqslant 0,\ \boldsymbol{1}^{\mathrm{T}}\boldsymbol{s}=1\end{aligned} \tag{6.3.18}$$

式(6.3.1)的最优解可以采用类似于 KFCLS 算法中的优化方法求解。

3. 基于核函数非线性混合模型的方法

在第 5 章中介绍了一种核函数非线性光谱解混模型(Chen et al.，2013)，如果在单核化的情况下进行模型参数求解得到 K-Hype 算法，它具有如下的凸约束优化问题：

$$\begin{aligned}&\phi^*=\arg\min_{\phi}\frac{1}{2}\left(\|\phi_{\mathrm{lin}}\|_{\mathrm{Hlin}}^2+\|\phi_{\mathrm{nlin}}\|_{\mathrm{Hnlin}}^2\right)+\frac{1}{2\mu}\sum_{i=1}^{n}\left(\boldsymbol{z}(i,:)\right)^2,\qquad \phi_{\mathrm{lin}}(\boldsymbol{A}(i,:))=\boldsymbol{s}^T\boldsymbol{A}(i,:)\\&\text{s.t.}\ \ \begin{cases}\boldsymbol{z}(i,:)=\boldsymbol{x}(i,:)-\phi\left(\boldsymbol{A}(i,:)\right)\\ \boldsymbol{s}\geqslant 0,\boldsymbol{1}^{\mathrm{T}}\boldsymbol{s}=1\end{cases}\end{aligned} \tag{6.3.19}$$

引入拉格朗日乘子 $\boldsymbol{\beta}$, $\boldsymbol{\gamma}$, λ ，可得与式(6.3.19)具有相同解的对偶问题的拉格朗日函数：

$$\begin{aligned}G=&\frac{1}{2}\left(\|\boldsymbol{s}\|^2+\|\phi_{\mathrm{nlin}}\|_{\mathrm{Hnlin}}^2\right)+\frac{1}{2\mu}\sum_{i=1}^{n}\left(\boldsymbol{z}(i,:)\right)^2\\&-\sum_{i=1}^{n}\boldsymbol{\beta}(i,:)\left(\boldsymbol{z}(i,:)-\boldsymbol{x}(i,:)+\phi\left(\boldsymbol{A}(i,:)\right)\right)-\sum_{k=1}^{r}\gamma_k s_k+\lambda(\boldsymbol{1}^{\mathrm{T}}\boldsymbol{s}-1)\end{aligned} \tag{6.3.20}$$

式中，$\gamma_k\geqslant 0$ ，$\|\phi_{\mathrm{lin}}\|_{\mathrm{Hlin}}^2=\kappa_{\mathrm{lin}}(\boldsymbol{s},\boldsymbol{s})=\|\boldsymbol{s}\|^2$ 。这里，G 关于原始变量的最优条件为

$$\begin{cases}\boldsymbol{s}^*=\sum_{i=1}^{n}\boldsymbol{\beta}^*(i,:)\boldsymbol{A}(i,:)+\boldsymbol{\gamma}^*-\lambda^*\boldsymbol{1}\\ \phi_{\mathrm{nlin}}^*=\sum_{i=1}^{n}\boldsymbol{\beta}^*(i,:)\kappa_{\mathrm{nlin}}(\bullet,\boldsymbol{A}(i,:))\\ \boldsymbol{z}^*(i,:)=\mu\boldsymbol{\beta}^*(i,:)\end{cases} \tag{6.3.21}$$

核函数取多项式核 $\kappa_{\mathrm{nlin}}(\boldsymbol{A}(i,:),\boldsymbol{A}(j,:))=(1+\boldsymbol{A}(i,:)^{\mathrm{T}}\boldsymbol{A}(j,:))^q$ 或高斯核，将式(6.3.21)代入式(6.3.20)中得到对偶问题：

$$\max_{\boldsymbol{\beta},\gamma,\lambda} G'(\boldsymbol{\beta},\gamma,\lambda) = -\frac{1}{2}\begin{pmatrix}\boldsymbol{\beta}\\ \gamma\\ \lambda\end{pmatrix}^{\mathrm{T}}\begin{pmatrix}\boldsymbol{K}+\mu\boldsymbol{I} & \boldsymbol{A} & -\boldsymbol{A}\boldsymbol{1}\\ \boldsymbol{A}^{\mathrm{T}} & \boldsymbol{I} & -\boldsymbol{1}\\ -\boldsymbol{1}^{\mathrm{T}}\boldsymbol{A}^{\mathrm{T}} & -\boldsymbol{I}^{\mathrm{T}} & r\end{pmatrix}\begin{pmatrix}\boldsymbol{\beta}\\ \gamma\\ \lambda\end{pmatrix} + \begin{pmatrix}\boldsymbol{x}\\ \boldsymbol{0}\\ -1\end{pmatrix}^{\mathrm{T}}\begin{pmatrix}\boldsymbol{\beta}\\ \gamma\\ \lambda\end{pmatrix} \tag{6.3.22}$$
$$\text{s.t.}\quad \gamma \geqslant 0,\quad \boldsymbol{K} = \boldsymbol{A}\boldsymbol{A}^{\mathrm{T}} + \boldsymbol{K}_{\mathrm{nlin}}$$

式(6.3.22)的最优解可以通过二次规划求解，内点法和投影梯度法都能对其求解。最后，在得到最优参数 $\boldsymbol{\beta}^*,\boldsymbol{\gamma}^*,\lambda^*$ 后，估计的丰度为

$$\boldsymbol{s}^* = \boldsymbol{A}^T\boldsymbol{\beta}^* + \boldsymbol{\gamma}^* - \lambda^*\boldsymbol{1} \tag{6.3.23}$$

另一方面，还能通过多核学习对K-Hype改进得到SK-Hype算法，令权重矢量 $\boldsymbol{h}=\theta\boldsymbol{s}$，$\theta=\boldsymbol{1}^{\mathrm{T}}\boldsymbol{h}$，SK-Hype 将具有如下的优化问题：

$$\phi^*,\theta^*,u^* = \underset{\phi,\theta,u}{\arg\min}\frac{1}{2}\left(\frac{1}{u}\|\phi_{\mathrm{lin}}\|_{\mathrm{Hlin}}^2 + \frac{1}{1-u}\|\phi_{\mathrm{nlin}}\|_{\mathrm{Hnlin}}^2\right) + \frac{1}{2\mu}\sum_{i=1}^{n}\left(z(i,:)\right)^2,\ \phi_{\mathrm{lin}}(\boldsymbol{A}(i,:)) = \theta\boldsymbol{s}^T\boldsymbol{A}(i,:)$$
$$\text{s.t.}\quad 0\leqslant u\leqslant 1,\ \theta\in\mathbb{R}_+,\ \boldsymbol{s}\geqslant 0,\ \boldsymbol{1}^{\mathrm{T}}\boldsymbol{s}=1 \tag{6.3.24}$$

此时，式(6.3.24)的对偶问题拉格朗日函数为

$$\begin{aligned}G &= \frac{1}{2}\left(\frac{1}{\mu}\|\boldsymbol{h}\|^2 + \frac{1}{1-\mu}\|\phi_{\mathrm{nlin}}\|_{\mathrm{Hnlin}}^2\right) + \frac{1}{2\mu}\sum_{i=1}^{n}\left(z(i,:)\right)^2\\ &\quad -\sum_{i=1}^{n}\boldsymbol{\beta}(i,:)\left(z(i,:) - \boldsymbol{x}(i,:) + \phi\left(\boldsymbol{A}(i,:)\right)\right) - \sum_{k=1}^{r}\gamma_k h_k\end{aligned} \tag{6.3.25}$$

G 关于原始变量的最优条件为

$$\begin{cases}\boldsymbol{h}^* = \mu\left(\sum_{i=1}^{n}\boldsymbol{\beta}^*(i,:)\boldsymbol{A}(i,:) + \boldsymbol{\gamma}^*\right)\\ \phi_{\mathrm{nlin}}^* = (1-\mu)\sum_{i=1}^{n}\boldsymbol{\beta}^*(i,:)\kappa_{\mathrm{nlin}}(\bullet,\boldsymbol{A}(i,:))\\ z^*(i,:) = \mu\boldsymbol{\beta}^*(i,:)\end{cases} \tag{6.3.26}$$

同样地，将式(6.3.26)代入式(6.3.25)中可以得到式(6.3.24)的对偶问题，然后采用与K-Hype 类似的方法求解最优参数 $\boldsymbol{\beta}^*,\boldsymbol{\gamma}^*$，得到丰度的最优估计值

$$\boldsymbol{s}^* = \frac{\boldsymbol{A}^{\mathrm{T}}\boldsymbol{\beta}^* + \boldsymbol{\gamma}^*}{\boldsymbol{1}^{\mathrm{T}}(\boldsymbol{A}^{\mathrm{T}}\boldsymbol{\beta}^* + \boldsymbol{\gamma}^*)} \tag{6.3.27}$$

此外，在 K-Hype 的基础上，为了进一步考虑图像的空间信息，可以引入空间正则化约束项以提升邻近像元丰度的相似性从而提高解混精度(Chen et al.，2014)。这里的空间正则化项为

$$J_{sp}(\boldsymbol{S}) = \sum_{j=1}^{m}\sum_{k\in N(j)}\left\|\boldsymbol{s}_j - \boldsymbol{s}_k\right\|_1 = \left\|\boldsymbol{S}\boldsymbol{H}\right\|_{1,1} \tag{6.3.28}$$

式中，$N(j)$ 表示像元 j 的近邻。将式(6.3.28)与式(6.3.19)结合，得到对应的优化问题为

$$\boldsymbol{S}^*,\phi^* = \underset{\boldsymbol{S},\phi}{\arg\min}\frac{1}{2}\sum_{j=1}^{m}\left(\left\|\boldsymbol{s}_j\right\|^2 + \left\|\phi_j\right\|_{\mathcal{H}}^2 + \frac{1}{\mu}\left\|\boldsymbol{z}_j\right\|^2\right) + \eta\left\|\boldsymbol{S}\boldsymbol{H}\right\|_{1,1},\ \text{s.t.}\ \boldsymbol{S}\geqslant 0,\ \boldsymbol{S}^{\mathrm{T}}\boldsymbol{1}_r = \boldsymbol{1}_m \tag{6.3.29}$$

上述的优化问题最后可以采用分裂 Brgman 迭代算法求解。这些算法的源代码可参考 http://honeine.fr/paul/Publications.html。

参 考 文 献

蒋刚. 2012. 核函数理论与信号处理. 北京: 科学出版社.

宋梅萍, 张甬荣, 安居白, 包海默. 2014. 基于有效端元集的双线性解混模型. 光谱学与光谱分析, 34(1): 196-200.

谭熊, 余旭初, 张鹏强, 秦进春. 2014. 基于多核支持向量机的高光谱影像非线性混合像元分解. 光学精密工程, 22(7): 1912-1920.

唐晓燕, 高昆, 倪国强. 2014. 基于非线性降维的高光谱混合像元分解算法. 计算机仿真, 31(4): 347-351.

唐晓燕, 高昆, 刘莹, 倪国强. 2014. 基于端元优化的非线性高光谱分解算法. 激光与红外, 44(9): 1050-1054.

王洪桥, 蔡艳宁, 王仕成, 付光远, 孙富春. 2014. 模式分析的多核方法及其应用. 北京: 国防工业出版社.

王华忠, 俞金寿. 2006. 核函数方法及其模型选择. 江南大学学报(自然科学版), 5(4): 500-504.

吴波, 张良培, 李平湘. 2006. 基于支撑向量回归的高光谱混合像元非线性分解. 遥感学报, 10(3): 312-318.

杨斌, 王斌. 2017. 高光谱遥感图像非线性解混方法研究综述. 红外与毫米波学报, 36(2): 173-185.

Altmann Y, Halimi A, Dobigeon N, Tourneret J Y. 2012. Supervised nonlinear spectral unmixing using a postnonlinear mixing model for hyperspectral imagery. IEEE Transactions on Image Processing, 21(6): 3017-3025.

Arican Z, Frossard P. 2011. Joint registration and super-resolution with omnidirectional images. IEEE Transactions on Image Processing, 20(11): 3151-3162.

Bazaraa M, Sherali H, Shetty C. 1993. Nonlinear Programming: Theory and Algorithms, 2nd ed. New York: Wiley.

Boyd S, Parikh N, Chu E, Peleato B, Eckstein J. 2011. Distributed optimization and statistical learning via the alternating direction method of multipliers. Foundations and Trends in Machine Learning, 3(1):1-122.

Broadwater J, Banerjee A. 2009. A comparison of kernel functions for intimate mixture models. 2009 First Workshop on Hyperspectral Image and Signal Processing: Evolution in Remote Sensing. Grenoble: IEEE, 2009: 1-4.

Broadwater J, Banerjee A. 2010. A generalized kernel for areal and intimate mixtures. 2010 2nd Workshop on Hyperspectral Image and Signal Processing: Evolution in Remote Sensing. Reykjavik: 1-4.

Broadwater J, Chellappa R, Banerjee A, Burlina P. 2007. Kernel fully constrained least squares abundance estimates. IEEE International Geoscience and Remote Sensing Symposium (IGARSS), Barcelona, 2007: 4041-4044.

Chen J, Richard C, Honeine P. 2013. Nonlinear unmixing of hyperspectral data based on a linear-mixture/nonlinear-fluctuation model. IEEE Transactions on Signal Processing, 61(2): 480-492.

Chen J, Richard C, Honeine P. 2014. Nonlinear estimation of material abundances in hyperspectral images with l1-norm spatial regularization. IEEE Transactions on Geoscience and Remote Sensing, 52(5): 2654-2665.

Chen X, Chen J, Jia X, Somers B, Wu J, Coppin P. 2011. A quantitative analysis of virtual endmembers' increased impact on the collinearity effect in spectral unmixing. IEEE Transactions on Geoscience and Remote Sensing, 49(8): 2945-2956.

Chi J, Crawford M M. 2013. Selection of landmark points on nonlinear manifolds for spectral unmixing using local homogeneity. IEEE Geoscience and Remote Sensing Letters, 10(4): 711-715.

Chi J, Crawford M M. 2014. Active landmark sampling for manifold learning based spectral unmixing. IEEE Geoscience and Remote Sensing Letters, 11(11): 1881-1885.

Cui J, Li X, Zhao L. 2014. Nonlinear spectral mixture analysis by determining per-pixel endmember sets. IEEE Geoscience and Remote Sensing Letters, 11(8): 1404-1408.

Dijkstra E W. 1959. A note on two problems in connexion with graphs. Num. Math., 1: 269-271.

Dobigeon N, Tourneret J Y, Richard C, Bermudez J C M, McLaughlin S, Hero A O. 2014. Nonlinear unmixing of hyperspectral images: Models and algorithms. IEEE Signal Processing Magazine, 31(1): 82-94.

Fan W, Hu B, Miller J, Li M. 2009. Comparative study between a new nonlinear model and common linear model for analysing laboratory simulated-forest hyperspectral data. International Journal of Remote Sensing, 30(11): 2951-2962.

Gu Y, Wang S, Jia X. 2013. Spectral unmixing in multiple-kernel hilbert space for hyperspectral imagery. IEEE Transactions on

Geoscience and Remote Sensing, 51 (7) : 3968-3981.

Halimi A, Altmann Y, Dobigeon N, Tourneret J Y. 2011. Nonlinear unmixing of hyperspectral images using a generalized bilinear model. IEEE Transactions on Geoscience and Remote Sensing, 49 (11) : 4153-4162.

Heylen R, Burazerovic D, Scheunders P. 2011. Nonlinear spectral unmixing by geodesic simplex volume maximization. IEEE Journal of Selected Topics in Signal Processing, 5 (3) : 534-542.

Heylen R, Parente M, Gader P. 2014. A review of nonlinear hyperspectral unmixing methods. IEEE Journal of Selected Topics in Applied Earth Observations and Remote Sensing, 7 (6) : 1844-1868.

Heylen R, Scheunders P. 2012. Calculation of geodesic distances in nonlinear mixing models: application to the generalized bilinear model. IEEE Geoscience and Remote Sensing Letters, 9 (4) : 644-648.

Honeine P, Richard C. 2011. Preimage problem in kernel-based machine learning. IEEE Signal Processing Magazine, 77 (2) : 77-88.

Itoh Y, Feng S, Duarte M F, Parente M. 2017. Semisupervised endmember identification in nonlinear spectral mixtures via semantic representation. IEEE Transactions on Geoscience and Remote Sensing, 55 (6) : 3272-3286.

Li C, Ma Y, Huang J, Mei X, Liu C, Ma J. 2016. GBM-based unmixing of hyperspectral data using bound projected optimal gradient method. IEEE Geoscience and Remote Sensing Letters, 13 (7) : 952-956.

Liu K, Lin Y, Chen C. 2015. Linear spectral mixture analysis via multiple-kernel learning for hyperspectral image classification. IEEE Transactions on Geoscience and Remote Sensing, 53 (4) : 2254-2269.

Ma L, Chen J, Zhou Y, Chen X. 2016. Two-step constrained nonlinear spectral mixture analysis method for mitigating the collinearity effect. IEEE Transactions on Geoscience and Remote Sensing, 54 (5) : 2873-2886.

Marquardt D W. 1963. An algorithm for least-squares estimation of nonlinear parameters. SIAM J. Appl. Math., 11 (2) : 431-441.

O'Brien R M. 2007. A caution regarding rules of thumb for variance inflation factors. Qual. Quantity, 41 (5) : 673-690.

Pu H, Chen Z, Wang B, Xia W. 2015. Constrained least squares algorithms for nonlinear unmixing of hyperspectral imagery. IEEE Transactions on Geoscience and Remote Sensing, 53 (3) : 1287-1303.

Qing Q, Nasrabadi N M, Tran T D. 2014. Abundance estimation for bilinear mixture models via joint sparse and low-rank representation. IEEE Transactions on Geoscience and Remote Sensing, 52 (7) : 4404-4423.

Raksuntorn N, Du Q. 2010. Nonlinear spectral mixture analysis for hyperspectral imagery in an unknown environment. IEEE Geoscience and Remote Sensing Letters, 7 (4) : 836-840.

Rand R S, Resmini R G, Allen D W. 2015. Characterizing intimate mixtures of materials in hyperspectral imagery with albedo-based and kernel-based approaches. Imaging Spectrometry, 9611: 1-20.

Rand R S, Resmini R G, Allen D W. 2016. Abundance estimation of solid and liquid mixtures in hyperspectral imagery with albedo-based and kernel-based methods. Imaging Spectrometry, 9976: 1-19.

Rand R S, Resmini R G, Allen D W. 2017. Modeling linear and intimate mixtures of materials in hyperspectral imagery with single-scattering albedo and kernel approaches. Journal of Applied Remote Sensing, 11 (1) : 1-28.

Roweis S, Saul L K. 2000. Nonlinear dimensionality reduction by locally linear embedding. Science, 290 (5500) : 2323-2326.

Taylor J S, Cristianini N. 2004. Kernel Methods for Pattern Analysis, Cambridge University Press.

Tenenbaum J B, De Silva V, Langford J C. 2000. A global geometric framework for nonlinear dimensionality reduction. Science, 290 (5500) : 2319-2323.

Van der Meer F D, Jia X. 2012. Collinearity and orthogonality of endmembers in linear spectral unmixing. Int. J. Appl. Earth Observ. Geoinf., 18: 491-503.

Yang B, Wang B, Wu Z. 2018. Nonlinear hyperspectral unmixing based on geometric characteristics of bilinear mixture models. IEEE Transactions on Geoscience and Remote Sensing, 56 (2) : 694-714.

Yokoya N, Chanussot J, Iwasaki A. 2014. Nonlinear unmixing of hyperspectral data using semi-nonnegative matrix factorization. IEEE Transactions on Geoscience and Remote Sensing, 52 (2) : 1430-1437.

Zhao L, Zheng J, Li X, Wang L. 2014. Kernel simplex growing algorithm for hyperspectral endmember extraction. Journal of Applied Remote Sensing, 8 (1) : 1-15.

第 7 章　无监督的非线性光谱解混方法

由于非线性混合相对于线性情况的复杂性，需要减少解混过程中不确定参数的影响。通常意义上的非线性光谱解混算法关注的还只是在端元已知的条件下，利用非线性混合模型或者数据驱动方法估计丰度与非线性参数。然而，与有监督线性解混方法遇到的问题类似，在实际应用中利用其他算法来预先提取端元，必然也会引入额外的计算负担和误差源，而且误差将在先后两个不同的解混阶段中进行传递。尤其是对于非线性解混，端元提取的不准确性将可能对后续的丰度估计带来比线性解混中更严重的问题。在糟糕的情况中，被放大的端元误差会使得利用如双线性混合模型等实现的解混缺乏实际意义。例如，由不同端元间乘积决定的多次散射虚拟端元项会强烈干扰丰度参数的估计，而核方法等数据驱动方法也会遇到由端元额外引起的错误特征映射的问题。换句话说，非线性模型本身就只是对真实情况的十分粗略的近似，即使模型能完美地描述混合像元，不正确的端元也会使算法难以求得精确的丰度。

因此，无监督的非线性解混算法具有其重要的理论与实际价值。除了需要考虑有监督非线性解混中的所有问题外，无监督的非线性解混算法更需要解决的是如何将端元与丰度估计两者有机地结合起来。数据的流形几何特征、统计学方法、以及成功用于无监督线性解混的 NMF 方法等，在经过如与非线性混合模型结合、核化等非线性处理后，都可以被用于实现：在克服高光谱遥感图像非线性混合效应的同时，获取较好的端元与丰度。本章将对这些典型的无监督非线性解混方法进行介绍。

7.1　基于数据流形距离的方法

流形方法是处理非线性数据的重要手段，通过构建数据点间的 K-最近邻图并以测地线(图上最短路径距离)替代传统的欧氏距离度量两点间的距离关系，可以有效地把握数据的非线性结构特征，如图 7.1 所示。在本书第 6 章介绍了将 N-FINDR 与测地线距离结合的非线性端元提取算法，实际上，该非线性数据处理方式也可用于丰度估计。Heylen 和 Scheunders(2014)利用数据流形距离几何的概念，将包括端元数目估计、端元提取和丰度估计的解混三个阶段融合在同一个框架下。流形测地线距离的使用令该方法可以很好地处理非线性混合效应，无需将流形展开到低维的欧氏空间中而是直接对数据流形处理。生成高光谱图像数据的 K-最近邻图后，基于最近邻测地线距离优化，HIDENN 算法(见本书第 2 章)被用于估计端元数目，N-FINDR 被用于提取端元，最后再对 SPU(见本书第 2 章)算法进行非线性化以确定丰度。

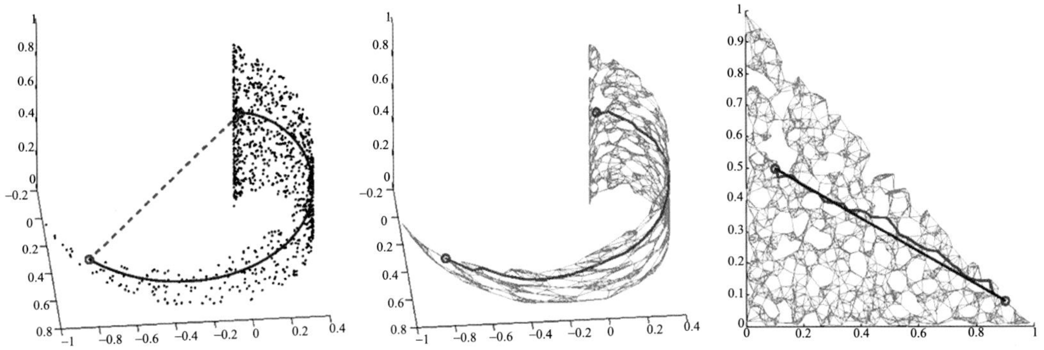

图 7.1　嵌入在螺旋面上的单形体流形与 KNN 图的测地线距离（Heylen and Scheunders，2014）

这里端元数目及端元提取方法在本书前面章节已经介绍，为了使测地线距离用于 SPU，假设仅已知端元相互间和像元点到端元的距离，使 SPU 的步骤重构成距离几何的形式。

对于正交投影步骤：令 $d_{i,k}$ 为端元 $\boldsymbol{a}_i$ 和 $\boldsymbol{a}_k$ 间的距离，则端元 $\boldsymbol{a}_1$ 到由定点 $\{\boldsymbol{a}_2,\cdots,\boldsymbol{a}_r\}$ 张成的平面距离为 $d_{\perp}(\boldsymbol{a}_1;\boldsymbol{a}_2,\cdots,\boldsymbol{a}_r)=(1/2)\boldsymbol{d}_1^{\mathrm{T}}\boldsymbol{C}_{2,\cdots,r}^{-1}\boldsymbol{d}_1$，$\boldsymbol{d}_1=(d_{1,2},\cdots,d_{1,r},1)$。这样利用 Pythagoras 规则可以确定像元到某个端元的新投影距离：

$$d(\boldsymbol{x}_{\perp},\boldsymbol{a}_i)=d(\boldsymbol{x},\boldsymbol{a}_i)-d_{\perp}(\boldsymbol{x};\boldsymbol{a}_1,\cdots,\boldsymbol{a}_r) \tag{7.1.1}$$

令 V_i 为顶点集合 $(\boldsymbol{a}_1,\cdots,\boldsymbol{a}_{i-1},\boldsymbol{a}_{i+1},\cdots,\boldsymbol{a}_r)$ 的子单形体积，则内切圆心的重心坐标为 $s_i^c=V_i/\sum_{i=1}^r V_i$。在此基础上，得到两像元点间的开方距离为

$$d(\boldsymbol{x}_j,\boldsymbol{x}_l)=(\boldsymbol{s}_j-\boldsymbol{s}_l)^{\mathrm{T}}(-\boldsymbol{JDJ}/2)(\boldsymbol{s}_j-\boldsymbol{s}_l) \tag{7.1.2}$$

式中，中心矩阵 $\boldsymbol{J}\in\mathbb{R}^{r\times r}$；$J_{i,k}=\delta_{i,k}-1/r$；$\delta_{i,k}$ 是 Kronecker 符号。

对于由内切圆心和 $(r-1)$ 个端元顶点确定的 r 个双切锥 Z_i，当且仅当像元 $\boldsymbol{x}$ 和对应的 $(r-1)$ 个端元子集位于通过子锥平面的同一侧时，$\boldsymbol{x}$ 位于双切锥 Z_i 中。而通过计算两像元点 $\boldsymbol{x}_j,\boldsymbol{x}_l$ 间的可能距离，并与两者已知可能性相比较，可以判断它们是否位于平面同一侧。具体来说，$\boldsymbol{x}_j,\boldsymbol{x}_l$ 到各端元的距离 $\boldsymbol{d}_j=(d(\boldsymbol{x}_j,\boldsymbol{a}_1),\ \cdots,\ d(\boldsymbol{x}_j,\boldsymbol{a}_r))$ 和 $\boldsymbol{d}_l=(d(\boldsymbol{x}_l,\boldsymbol{a}_1),\ \cdots,\ d(\boldsymbol{x}_l,\boldsymbol{a}_r))$，以及各端元间的距离矩阵 $\boldsymbol{D}$ 是已知的，而 $d(\boldsymbol{x}_j,\boldsymbol{x}_l)$ 是未知的。要计算 $d(\boldsymbol{x}_j,\boldsymbol{x}_l)=z$，就需要判断它们是否位于端元单形体超平面的同一边。这样包括端元在内的 $(r+2)$ 个点嵌入在 r 维空间中，它们构成的单形体体积等于 0，并以 Cayley-Menger 行列式距离的形式计算：

$$\left|\begin{array}{ccc|ccc} 0 & 1 & 1 & 1 & \cdots & 1 \\ 1 & 0 & z & d_{j,1} & \cdots & d_{j,1} \\ 1 & z & 0 & d_{l,1} & \cdots & d_{l,r} \\ \hline 1 & d_{j,1} & d_{l,1} & D_{1,1} & \cdots & D_{1,r} \\ \vdots & \vdots & \vdots & \vdots & \vdots & \vdots \\ 1 & d_{j,r} & d_{l,r} & D_{r,1} & \cdots & D_{1,1} \end{array}\right| = \begin{vmatrix} \boldsymbol{\Phi} & \boldsymbol{\Psi} \\ \boldsymbol{\Psi}^{\mathrm{T}} & \boldsymbol{D} \end{vmatrix} = |\boldsymbol{D}||\boldsymbol{\Phi}-\boldsymbol{\Psi}\boldsymbol{D}^{-1}\boldsymbol{\Psi}^{\mathrm{T}}| = |\boldsymbol{D}||\boldsymbol{\Phi}-\boldsymbol{Q}| = 0 \tag{7.1.3}$$

由上式可得$|\boldsymbol{\Phi}-\boldsymbol{Q}|=0$，更进一步得到二阶方程：

$$B_1 z^2 + B_2 z + B_3 = 0$$
$$\begin{cases} B_1 = -Q_{1,1} \\ B_2 = 2Q_{1,1}Q_{2,3} - 2(Q_{1,2}-1)(Q_{1,3}-1) \\ B_3 = Q_{1,1}Q_{2,2}Q_{3,3} - 2Q_{2,3}(Q_{1,2}-1)(Q_{1,3}-1) \\ -Q_{3,3}(Q_{1,2}-1)^2 - Q_{2,2}(Q_{1,3}-1)^2 - Q_{1,1}Q_{2,3}^2 \end{cases} \tag{7.1.4}$$

式(7.1.4)的两个解分别对应$\boldsymbol{x}_j,\boldsymbol{x}_l$间未知的距离概率，位于同一侧时它们距离较小，否则较大。

最后，也对丰度估计过程进行距离化表示。因为位于单形体中的像元的丰度值可以利用体积比计算$s_i = V_{(\boldsymbol{a}_1,\cdots,\boldsymbol{a}_{i-1},\boldsymbol{x},\boldsymbol{a}_{i+1},\cdots,\boldsymbol{a}_r)} / V_{(\boldsymbol{a}_1,\cdots,\boldsymbol{a}_r)}$，所以需要将其他情况中的像元投影到单形体上。例如，在两个端元的情况下，有$(s_1,s_2)=(\|\boldsymbol{x}-\boldsymbol{a}_2\|,\|\boldsymbol{x}-\boldsymbol{a}_1\|)/\|\boldsymbol{a}_1-\boldsymbol{a}_2\|$；若$s_1>s_2$且$s_1>1$则令$s_1=1,\ s_2=0$，反之亦然。通过将流形距离引入到解混中的端元数目估计、端元提取和丰度估计的各个部分，可以较好地考虑非线性混合效应，该距离几何框架下的无监督非线性解混源代码可以参考 https://sites.google.com/site/robheylenresearch/code。

7.2　基于高斯过程与蒙特卡洛的方法

7.2.1　高斯过程方法

在非线性解混中，像元被描述为关于端元及丰度的非线性函数。在端元及具体的函数形式未知的情况下，利用高斯过程潜在变量模型(Gaussian process latent variable model，GPLVM)能够建立丰度与观测像元间的非线性映射关系(Altmann et al.，2013)。核函数被用在 GPLVM 中对数据流形进行非线性降维，可以适用于许多不同的非线性情况。与传统的解混流程不同，这里先通过尺度化过程估计得到丰度，最后利用高斯过程回归估计端元。

不失一般性，类似于双线性混合模型，可以将丰度到观测像元的非线性映射表示为$\boldsymbol{x}_j=\boldsymbol{W}_0\boldsymbol{\psi}(\boldsymbol{s}_j)+\boldsymbol{\varepsilon}_j$；其中，$\boldsymbol{\psi}(\boldsymbol{s}_j)\in\mathbb{R}^{D\times 1}$取$(s_1,\ \cdots,\ s_r,\ s_1s_2,\ \cdots,\ s_{r-1}s_r)$，$D=r(r+1)/2$，$\boldsymbol{W}_0\in\mathbb{R}^{n\times D}$由端元及它们间相互作用的光谱矢量构成，$\boldsymbol{\varepsilon}_j$为独立同分布的高斯白噪声。首先引入潜在变量$\sum_{i=1}^{r}\mu_i=1$松弛丰度的 ANC 约束，同时满足 ASC 约束条件，而丰度的 ANC 约束将在后续的尺度化过程中满足。

1) Bayesian 模型

在 GPLVM 中丰度$\boldsymbol{s}_j$经过线性映射变为潜在变量$\boldsymbol{\mu}_j$，然后$\boldsymbol{\mu}_j$经过非线性映射为$\boldsymbol{\psi}(\boldsymbol{\mu}_j)$，最后再次经过线性映射$\boldsymbol{W}\boldsymbol{\psi}(\boldsymbol{\mu}_j)$并考虑观测噪声得到观测像元：

$$\boldsymbol{x}_j=\boldsymbol{W}\boldsymbol{\psi}(\boldsymbol{\mu}_j)+\boldsymbol{\varepsilon}_j \tag{7.2.1}$$

式中，$\boldsymbol{W}=[\boldsymbol{w}_1,\cdots,\boldsymbol{w}_n]^{\mathrm{T}}$是$\boldsymbol{W}_0$列矢量的线性组合。由噪声的性质可得

$$\underline{\boldsymbol{X}} \mid \boldsymbol{W}, \boldsymbol{U}, \sigma^2 \sim \prod_{j=1}^{m} \mathcal{N}(\boldsymbol{x}_j \mid \boldsymbol{W}\boldsymbol{\psi}(\boldsymbol{\mu}_j),\ \sigma^2 \boldsymbol{I}) \tag{7.2.2}$$

式中，$\underline{\boldsymbol{X}} \in \mathbb{R}^{m\times n}$ 是图像矩阵的转置；$\boldsymbol{U} \in \mathbb{R}^{m\times r}$ 是潜在变量矩阵转置。GPLVM 中 $\boldsymbol{W}$ 被认为是一个多余(nuisance)参数，在赋予其先验分布 $f(\boldsymbol{W})$ 后，通过边缘化得到联合可能性：

$$f(\underline{\boldsymbol{X}} \mid \boldsymbol{U}, \sigma^2) = \int f(\underline{\boldsymbol{X}} \mid \boldsymbol{W}, \boldsymbol{U}, \sigma^2) f(\boldsymbol{W}) \mathrm{d}\boldsymbol{W} \tag{7.2.3}$$

假设 $\boldsymbol{W}$ 与 $\boldsymbol{U}, \sigma^2$ 先验独立，并选择合适的先验 $f(\boldsymbol{U}, \sigma^2)$，然后最大化后验分布 $f(\boldsymbol{U}, \sigma^2 \mid \underline{\boldsymbol{X}}) \propto f(\underline{\boldsymbol{X}} \mid \boldsymbol{U}, \sigma^2) f(\boldsymbol{U}, \sigma^2)$ 便可得到 $\boldsymbol{U}, \sigma^2$ 的最大后验似然估计值。

先验分布 $f(\boldsymbol{W})$ 决定着边缘可能性与潜在变量，需要合理选择。由式(7.2.1)可知，无噪声的情况下数据位于由 $\boldsymbol{W}$ 列矢量张成的 D 维线性子空间中。同时考虑邻近波段间的相关性降低计算量，可将 $\boldsymbol{W}$ 分解为 $\boldsymbol{W} = \boldsymbol{P}\boldsymbol{V}^{\mathrm{T}}$，$\boldsymbol{P} = [\boldsymbol{p}_1, \cdots, \boldsymbol{p}_n]^{\mathrm{T}} \in \mathbb{R}^{n\times D}$ 的列向量是 $\boldsymbol{W}$ 对应子空间的任意的基向量，$\boldsymbol{V} \in \mathbb{R}^{D\times D}$ 则对 $\boldsymbol{P}$ 进行尺度化。此时的联合可能性为

$$\underline{\boldsymbol{X}} \mid \boldsymbol{P}, \boldsymbol{V}, \boldsymbol{U}, \sigma^2 \sim \prod_{i=1}^{n} \mathcal{N}(\underline{\boldsymbol{x}}_i \mid \boldsymbol{C}\boldsymbol{p}_i,\ \sigma^2 \boldsymbol{I}) \tag{7.2.4}$$

这里 $\boldsymbol{C} = \boldsymbol{\Psi}\boldsymbol{V} \in \mathbb{R}^{m\times D}$；$\boldsymbol{\Psi} = [\boldsymbol{\psi}(\boldsymbol{\mu}_1), \cdots, \boldsymbol{\psi}(\boldsymbol{\mu}_m)]^{\mathrm{T}}$。相比 $f(\boldsymbol{W})$，$f(\boldsymbol{P})$ 更易于考虑波段间的相关性。

考虑到光谱相似的像元也应该具有相似的丰度和潜在变量，LLE 方法被用于给定 $\boldsymbol{U}$ 的先验：首先利用欧氏距离计算每个像元的 K 近邻，然后计算最优权重矩阵 $\boldsymbol{\Lambda} \in \mathbb{R}^{m\times m}$ 给出每个像元以自身近邻像元表示的最优近似，最后得到潜在变量的先验：

$$f(\boldsymbol{U} \mid \boldsymbol{\Lambda},\ \gamma) \propto \exp\left(-\frac{\gamma}{2}\sum_{j=1}^{m}\left\|\boldsymbol{\mu}_i - \sum_{k\in \text{neighbor}_i} \lambda_{i,k}\boldsymbol{\mu}_k\right\|^2 \times \prod_{j=1}^{m} \tau_D(\boldsymbol{\mu}_j)\right) \tag{7.2.5}$$

式中，γ 是需要调整的超参；τ_D 是使潜在变量满足“和为 1”约束的指示函数。

对于 $\boldsymbol{P}$，则是采用 PCA 算法来给定其先验

$$f(\boldsymbol{P} \mid \bar{\boldsymbol{P}},\ \vartheta^2) = \left(\frac{1}{2\pi\vartheta^2}\right)^{\frac{mn}{2}} \prod_{i=1}^{n} \exp\left(-\frac{1}{2\vartheta^2}\|\boldsymbol{p}_i - \bar{\boldsymbol{p}}_i\|^2\right) \tag{7.2.6}$$

式中，$\bar{\boldsymbol{P}} \in \mathbb{R}^{n\times D}$ 是 PCA 确定的，由数据协方差最大 D 个特征值对应的特征向量组成的投影矩阵。ϑ^2 是调整的散度参数。另外的非信息先验需要满足边界取值条件：

$$\begin{cases} f(\sigma^2) \propto \tau_{(0,\delta_{\sigma^2})}(\sigma^2) \\ f(v_{i,k}) \propto \tau_{(-\delta_V,\delta_V)}(v_{i,k}) \\ f(\vartheta^2) \propto \tau_{(0,\delta_{\vartheta^2})}(\vartheta^2) \end{cases} \tag{7.2.7}$$

由此，假设参数 $\boldsymbol{P}, \boldsymbol{V}, \boldsymbol{U}, \sigma^2, \vartheta^2$ 的独立性，$\boldsymbol{\theta} = (\boldsymbol{V}, \boldsymbol{U}, \sigma^2, \vartheta^2)$ 的边缘后验分布为

$$f(\boldsymbol{\theta} \mid \underline{\boldsymbol{X}}, \boldsymbol{\Lambda}, \bar{\boldsymbol{P}},\ \gamma) \propto f(\underline{\boldsymbol{X}} \mid \boldsymbol{\theta}, \bar{\boldsymbol{P}}) f(\boldsymbol{U} \mid \boldsymbol{\Lambda}, \gamma) f(\boldsymbol{V}) f(\sigma^2) f(\vartheta^2) \tag{7.2.8}$$

从而有

$$
\begin{aligned}
f(\underline{\boldsymbol{X}} \mid \boldsymbol{\theta}, \overline{\boldsymbol{P}}) &= \int f(\underline{\boldsymbol{X}} \mid \boldsymbol{\theta}, \boldsymbol{P}) f(\boldsymbol{P} \mid \overline{\boldsymbol{P}}, \vartheta^2) \mathrm{d}\boldsymbol{P} \\
&\propto |\boldsymbol{\Sigma}|^{-\frac{n}{2}} \exp\left(-\frac{1}{2} \operatorname{trace}(\boldsymbol{\Sigma}^{-1} \widehat{\underline{\boldsymbol{X}}} \widehat{\underline{\boldsymbol{X}}}^{\mathrm{T}})\right)
\end{aligned} \tag{7.2.9}
$$

式中，$\boldsymbol{\Sigma} = \vartheta^2 \boldsymbol{C}\boldsymbol{C}^{\mathrm{T}} + \sigma^2 \boldsymbol{I}$；$\widehat{\underline{\boldsymbol{X}}} = \underline{\boldsymbol{X}} - \boldsymbol{C}\overline{\boldsymbol{P}}^{\mathrm{T}}$。令 $\mu_{r,j} = 1 - \sum_{i=1}^{r-1} \mu_{i,j}$，最后利用尺度化对偶梯度方法最大化边缘化的对数后验。在得到参数的最大后验估计 $\hat{\boldsymbol{\theta}} = (\hat{\boldsymbol{V}}, \hat{\boldsymbol{U}}, \hat{\sigma}^2, \hat{\vartheta}^2)$ 后，求得 $\boldsymbol{P}$ 的后验分布

$$
\boldsymbol{P} \mid \underline{\boldsymbol{X}}, \boldsymbol{\theta}, \overline{\boldsymbol{P}} \sim \prod_{i=1}^{n} \mathcal{N}(\boldsymbol{p}_i \mid \hat{\boldsymbol{p}}_i \boldsymbol{M}) \tag{7.2.10}
$$

式中，$\boldsymbol{M}^{-1} = \sigma^{-2} \boldsymbol{C}^{\mathrm{T}} \boldsymbol{C} + \vartheta^{-2} \boldsymbol{I}$；$\hat{\boldsymbol{p}}_i = \boldsymbol{M}(\boldsymbol{C}^{\mathrm{T}} \underline{\boldsymbol{x}}_i - \overline{\boldsymbol{p}}_i)$。由于 $\boldsymbol{P}$ 的条件后验分布是 n 个独立高斯分布的积，$\boldsymbol{P}$ 的最大后验估计为 $\hat{\boldsymbol{P}} = (\underline{\boldsymbol{X}}^{\mathrm{T}} \hat{\boldsymbol{C}} - \overline{\boldsymbol{P}}) \hat{\boldsymbol{M}}$。

2) 尺度化的丰度估计

利用前面的潜在变量估计值进一步估计丰度 $\boldsymbol{S} = [\boldsymbol{s}_1, \cdots, \boldsymbol{s}_m]^{\mathrm{T}} \in \mathbb{R}^{m \times r}$，满足 $\hat{\boldsymbol{U}}_{-r} = \boldsymbol{S}\boldsymbol{O}_1^{\mathrm{T}} + \boldsymbol{E}$，$\boldsymbol{O}_1 \in \mathbb{R}^{(r-1) \times r}$。$\hat{\boldsymbol{U}}_{-r}$ 表示去除第 r 个列向量后的子矩阵。采用 Bayesian 方法可以无监督地实现 $\boldsymbol{S}$（保证非负）和 $\boldsymbol{O}_1$ 的同时估计，此时，再考虑丰度的 ASC 约束，得到 $\hat{\boldsymbol{U}}^{(c)} = \hat{\boldsymbol{S}}\hat{\boldsymbol{O}}_2^{\mathrm{T}}$，$\hat{\boldsymbol{O}}_2 = [\hat{\boldsymbol{O}}_1^{\mathrm{T}}, \boldsymbol{1}_r - \hat{\boldsymbol{O}}_1^{\mathrm{T}} \boldsymbol{1}_{r-1}]^{\mathrm{T}}$。

3) 高斯过程回归的端元估计

在获得估计值 $\hat{\boldsymbol{S}}, \hat{\boldsymbol{O}}_2$ 后，高斯过程可以在非线性混合和图像无纯像元的情况下预测端元。由于式(7.2.9)的边缘化可能性是数据波段 n 个独立高斯过程的积，可以将观测像元写为

$$
\underline{\boldsymbol{x}}_i = \boldsymbol{z}_i + \boldsymbol{\varepsilon}_i, \quad \boldsymbol{z}_i \sim \mathcal{N}(\boldsymbol{z}_i \mid \boldsymbol{\Psi}\boldsymbol{V}\overline{\boldsymbol{p}}_i, \boldsymbol{K}) \tag{7.2.11}
$$

这里的 $\boldsymbol{z}_i$ 是与 $\underline{\boldsymbol{x}}_i$ 相关的隐式矢量，$\boldsymbol{K} = \vartheta^2 \boldsymbol{\Psi}\boldsymbol{V}\boldsymbol{V}^{\mathrm{T}}\boldsymbol{\Psi}^{\mathrm{T}}$ 是 $\boldsymbol{z}_i$ 的协方差矩阵。假设测试与训练数据具有相同的统计特性，可得

$$
\begin{bmatrix} z_i \\ z_i^* \end{bmatrix} \sim \mathbf{N}\left(\begin{bmatrix} z_i \\ z_i^* \end{bmatrix} \middle| \begin{bmatrix} \boldsymbol{\Psi}\boldsymbol{V}\overline{\boldsymbol{p}}_i \\ \boldsymbol{\psi}^{*\mathrm{T}}(\boldsymbol{O}_2\boldsymbol{s}^*)\boldsymbol{V}\overline{\boldsymbol{p}}_i \end{bmatrix}, \begin{bmatrix} \boldsymbol{K} & \kappa(\boldsymbol{s}^*) \\ \kappa(\boldsymbol{s}^*)^{\mathrm{T}} & \sigma_{s^*}^2 \end{bmatrix} \right) \tag{7.2.12}
$$

这里 $\kappa(\boldsymbol{s}^*) = \vartheta^2 \boldsymbol{\psi}^{*\mathrm{T}}(\boldsymbol{O}_2\boldsymbol{s}^*)\boldsymbol{V}\boldsymbol{V}^{T}\boldsymbol{\Psi}$ 包含输入的训练与测试样本的协方差。同样地，z_i^* 的后验分布是高斯的，容易求得其最大后验估计。最后估计的端元就是与 $\boldsymbol{s}^* = [\boldsymbol{0}_{i-1}^{\mathrm{T}}, 1, \boldsymbol{0}_{r-i}^{\mathrm{T}}]^{\mathrm{T}}$ 相关的隐式矢量 $\boldsymbol{z}_i$。完整的高斯过程解混算法源代码可参考 http://dobigeon.perso.enseeiht.fr/publis.html。

7.2.2 基于 PPNM 与蒙特卡洛的方法

为了实现可适用于无纯像元和非线性混合情况下的端元及丰度的同时估计，Altmann 等(2014)在 PPNM 模型基础上，采用 Bayesian 方法估计模型未知变量来完成无监督的非

线性解混。在 Bayesian 框架中，首先为待估参数选择了恰当的先验分布以满足对应的约束条件，并得到它们的联合后验分布。然后，考虑到直接用联合后验分布较难求得对应的估计量，而且待估参数数量庞大，Hamilton 蒙特卡洛方法便被用于对后验条件分布进行 Gibbs 采样和生成样本，以此计算参数的估计值，同时提高方法的收敛性和混合特性。

1) Bayesian 模型

对于由 r 个端元构成的高光谱图像 $\boldsymbol{X}\in\mathbb{R}^{n\times m}$，这里首先用潜在变量 $z_{i,j}$ 对丰度进行转换：

$$s_{i,j}=\left(\prod_{k=1}^{i-1}z_{k,j}\right)\times\begin{cases}1-z_{i,j}, & i<r\\ 1, & i=r\end{cases} \tag{7.2.13}$$

利用式(7.2.13)将丰度 $\boldsymbol{s}_j$ 的求解转换为估计 $\boldsymbol{z}_j=(z_{1,j},\ z_{2,j},\cdots,\ z_{r-1,j})^{\mathrm{T}}$，从而能在采样阶段更容易地满足丰度 ASC 与 ANC 约束条件。

在 PPNM 假设下，像元服从高斯分布，$\boldsymbol{X}$ 的联合可能性为

$$f(\boldsymbol{X}\mid\boldsymbol{A},\boldsymbol{Z},\boldsymbol{b},\sigma^2)\propto|\boldsymbol{\Sigma}|^{-\frac{m}{2}}\operatorname{etr}\left(-\frac{(\boldsymbol{X}-\boldsymbol{Y})^{\mathrm{T}}\boldsymbol{\Sigma}^{-1}(\boldsymbol{X}-\boldsymbol{Y})}{2}\right) \tag{7.2.14}$$

式中，$\operatorname{etr}(\bullet)$ 表示指数迹；$\boldsymbol{Y}=\boldsymbol{AS}+\operatorname{diag}(\boldsymbol{b})((\boldsymbol{AS})\odot(\boldsymbol{AS}))$。

系数 $\boldsymbol{Z}$ 取 Beta 先验 $z_{i,j}\sim\mathcal{B}\mathrm{e}(r-i,1)$，同时考虑独立性假设，得到

$$f(\boldsymbol{Z})=\prod_{i=1}^{r-1}\left(\frac{1}{B(r-i,1)^m}\prod_{j=1}^{m}z_{i,j}^{r-i-1}\right) \tag{7.2.15}$$

每个端元 $\boldsymbol{a}_i\in[0,\ 1]$ 取高斯先验：$\boldsymbol{a}_i\sim\mathcal{N}_{[0,1]}(\overline{\boldsymbol{a}}_i,\ \delta^2\boldsymbol{I}_{n\times n})$，$\overline{\boldsymbol{a}}_i$ 是测地线距离化的 N-FINDR 算法提取的端元均值，方差 δ^2 反映了先验信息的置信度。

非线性参数采用伯努利高斯分布 $f(b_j\mid w,\sigma_b^2)=(1-w)\nu(b_j)+w\mathcal{N}(0,\sigma_b^2)$，$\nu(\bullet)$ 表示 Dirac Delta 函数，超参 $w\in[0,1]$，$\sigma_b^2\in\mathbb{R}^+$。同时考虑独立性假设，得到

$$f(\boldsymbol{b}\mid w,\sigma_b^2)=\prod_{j=1}^{m}f(b_j\mid w,\sigma_b^2) \tag{7.2.16}$$

每个波段的噪声方差采用 Jeffreys 先验，同时考虑独立性假设，得到

$$f(\boldsymbol{\sigma}^2)=\prod_{i=1}^{n}f(\sigma_i^2),\quad f(\sigma_i^2)\propto\frac{1}{\sigma_i^2}\tau_{R^+}(\sigma_i^2) \tag{7.2.17}$$

此外，超参 σ_b^2 取共轭逆 Gama 先验，w 取均匀先验分布：$\sigma_b^2\sim\mathbf{IG}(0.1,0.1)$，$w\sim\mathcal{U}_{[0,1]}(w)$。

最后，未知参数 $\boldsymbol{\theta}=\{\boldsymbol{Z},\boldsymbol{A},\boldsymbol{b},\boldsymbol{\sigma}^2\}$ 和超参 $\boldsymbol{\Phi}=\{\sigma_b^2,w\}$ 的联合后验分布为

$$\begin{aligned}&f(\boldsymbol{\theta},\boldsymbol{\Phi}\mid\boldsymbol{X})\propto f(\boldsymbol{X}\mid\boldsymbol{\theta},\boldsymbol{\Phi})f(\boldsymbol{\theta},\boldsymbol{\Phi})\\&f(\boldsymbol{\theta},\boldsymbol{\Phi})=f(\boldsymbol{\theta}\mid\boldsymbol{\Phi})f(\boldsymbol{\Phi})=f(\boldsymbol{Z})f(\boldsymbol{A})f(\boldsymbol{\sigma}^2)f(\boldsymbol{b}\mid\sigma_b^2,w)f(\sigma_b^2)f(w)\end{aligned} \tag{7.2.18}$$

因为难以得到式(7.2.18)的估计值闭式解，需要采用马尔科夫链蒙特卡洛 MCMC 方法，生成服从其渐进分布的样本，Hamilton 蒙特卡洛(HMC)方法被用于降低其中采样

过程的计算量。在这基础上，就能利用样本计算未知参数 $\{\boldsymbol{\theta}, \boldsymbol{\Phi}\}$ 的最小均方差估计值。

2）约束的 Hamilton 蒙特卡洛方法

令 $\boldsymbol{q} \in \mathbb{R}^D$ 为待求参数，$\pi(\boldsymbol{q})$ 是对应的需要采样的分布，$\pi(\boldsymbol{q})$ 的 Hamilton 函数 $U(\boldsymbol{q})$ 是关于潜能函数与额外动能矢量 $\boldsymbol{p} \in \mathbb{R}^D$ 函数 $K(\boldsymbol{p})$ 的函数：

$$H(\boldsymbol{q}, \boldsymbol{p}) = U(\boldsymbol{q}) + K(\boldsymbol{p}), \qquad \begin{cases} U(\boldsymbol{q}) = -\log(\pi(\boldsymbol{q})) + c \\ K(\boldsymbol{p}) = \boldsymbol{p}^{\mathrm{T}} \boldsymbol{p} / 2 \end{cases} \tag{7.2.19}$$

上式定义了 $(\boldsymbol{q}, \boldsymbol{p})$ 的独立分布 $f(\boldsymbol{q}, \boldsymbol{p}) \propto \exp(-H(\boldsymbol{q}, \boldsymbol{p})) \propto \pi(\boldsymbol{q}) \exp(-\boldsymbol{p}^{\mathrm{T}} \boldsymbol{p} / 2)$，其中 $\boldsymbol{p} \sim \mathcal{N}(\boldsymbol{0}, \boldsymbol{I})$。HMC 算法允许样本可以根据该分布渐进地生成，第 t 次 HMC 迭代以矢量 $(\boldsymbol{q}^{(t)}, \boldsymbol{p}^{(t)})$ 初始化，并包含两个步骤：先根据标准多元高斯分布对初始动量 $\tilde{\boldsymbol{p}}^{(t)}$ 重采样，然后使用 Hamilton 动态过程给出满足概率 $\rho = \min\{\exp(-H(\boldsymbol{q}^*, \boldsymbol{p}^*) + H(\boldsymbol{q}^{(t)}, \tilde{\boldsymbol{p}}^{(t)})), 1\}$ 的候选解。后续采用 leapfrog 方法模拟 Hamilton 动态过程，由与离散步长 α 确定的 N_{LF} 个离散步骤构成，需要经过恰当的参数 α、N_{LF} 调整来提升算法的收敛速度。最后，将 HMC 与 Gibbs 采样过程相结合生成样本用于参数 $\{\boldsymbol{\theta}, \boldsymbol{\Phi}\}$ 的估计。

3）Gibbs 采样

对于系数 $\boldsymbol{Z}$，采样的分布为

$$\begin{aligned} & f(\boldsymbol{Z} \mid \boldsymbol{X}, \boldsymbol{A}, \boldsymbol{b}, \boldsymbol{\sigma}^2, \sigma_b, w) = \prod_{j=1}^{m} f(\boldsymbol{z}_j \mid \boldsymbol{x}_j, \boldsymbol{A}, b_j, \boldsymbol{\sigma}^2) \\ & f(\boldsymbol{z}_j \mid \boldsymbol{x}_j, \boldsymbol{A}, b_j, \boldsymbol{\sigma}^2) \propto \exp\left(-\frac{(\boldsymbol{x}_j - \boldsymbol{y}_j)^{\mathrm{T}} \boldsymbol{\Sigma}^{-1} (\boldsymbol{x}_j - \boldsymbol{y}_j)}{2} \right) \times \tau_{(0,1)}(\boldsymbol{z}_j) \prod_{i=1}^{r-1} z_{i,j}^{r-i-1} \end{aligned} \tag{7.2.20}$$

上式分布对应的潜能函数为

$$U(\boldsymbol{z}_j) \propto \exp\left(-\frac{(\boldsymbol{x}_j - \boldsymbol{y}_j)^{\mathrm{T}} \boldsymbol{\Sigma}^{-1} (\boldsymbol{x}_j - \boldsymbol{y}_j)}{2} \right) \times \prod_{i=1}^{r-1} \log(z_{i,j}^{r-i-1}) \tag{7.2.21}$$

对于端元矩阵 $\boldsymbol{A}$，采样的分布为

$$\begin{aligned} & f(\boldsymbol{A} \mid \boldsymbol{X}, \boldsymbol{Z}, \boldsymbol{b}, \boldsymbol{\sigma}^2, \delta^2, \overline{\boldsymbol{A}}) = \prod_{i=1}^{n} f(\boldsymbol{A}_{i,:} \mid \boldsymbol{x}_{i,:}, \boldsymbol{Z}, \boldsymbol{b}, \sigma_i^2, \delta^2, \overline{\boldsymbol{A}}_{i,:}) \\ & f(\boldsymbol{A}_{i,:} \mid \boldsymbol{x}_{i,:}, \boldsymbol{Z}, \boldsymbol{b}, \sigma_i^2, \delta^2, \overline{\boldsymbol{A}}_{i,:}) \propto \exp\left(-\frac{\left\| \boldsymbol{x}_{i,:} - \boldsymbol{t}_i \right\|^2}{2\sigma_i^2} \right) \times \exp\left(-\frac{\left\| \boldsymbol{A}_{i,:} - \overline{\boldsymbol{A}}_{i,:} \right\|^2}{2\delta^2} \right) \tau_{(0,1)}(\boldsymbol{A}_{i,:}) \end{aligned} \tag{7.2.22}$$

式中，$\boldsymbol{t}_i = \boldsymbol{S}^{\mathrm{T}} \boldsymbol{A}_{i,:} + \mathrm{diag}(\boldsymbol{b})((\boldsymbol{S}^{\mathrm{T}} \boldsymbol{A}_{i,:}) \odot (\boldsymbol{S}^{\mathrm{T}} \boldsymbol{A}_{i,:}))$。此时，与 $\boldsymbol{A}_{i,:}$ 相关的潜能函数为

$$V(\boldsymbol{A}_{i,:}) = \frac{\left\| \boldsymbol{x}_{i,:} - \boldsymbol{t}_i \right\|^2}{2\sigma_i^2} + \frac{\left\| \boldsymbol{A}_{i,:} - \overline{\boldsymbol{A}}_{i,:} \right\|^2}{2\delta^2} \tag{7.2.23}$$

非线性参数的条件分布为：$b_j \mid \boldsymbol{x}_j, \boldsymbol{A}, \boldsymbol{z}_j, \boldsymbol{\sigma}^2, w, \sigma_b^2) \sim (1 - w_j^*) \nu(b_j) + w_j^* \mathcal{N}(\mu_j, \delta_j^2)$；而噪声的条件分布为：$\sigma_i^2 \mid \boldsymbol{X}_{i,:}, \boldsymbol{A}_{i,:}, \boldsymbol{Z}, \boldsymbol{b} \sim \mathbf{IG}(m/2, (\boldsymbol{X}_{i,:} - \boldsymbol{Y}_{i,:})^{\mathrm{T}} (\boldsymbol{X}_{i,:} - \boldsymbol{Y}_{i,:}) / 2)$。对超参的采

样根据下列分布进行：

$$\sigma_b^2 \mid \boldsymbol{b},\gamma,\upsilon \sim \mathcal{IG}(j_1/2+\gamma,\ \sum\nolimits_{j\in I_1} b_j^2+\upsilon),\quad w\mid \boldsymbol{b}\sim \mathcal{B}e(j_1+1,\ j_0+1) \tag{7.2.24}$$

式中，$I_1=\{j \mid b_j \neq 0\}$，$j_0=\|\boldsymbol{b}\|_0$，$j_1=m-j_0$。该算法具体的求解与源代码可以参照 http://dobigeon.perso.enseeiht.fr/publis.html。

7.3 基于非负矩阵分解的方法

NMF 由于本质上具有和 LMM 十分类似的数学形式，已被成功应用于无监督的线性解混，这些方法在本书的第 3 章中进行了较为详细的介绍。然而，当非线性混合效应不能忽略时，NMF 却难以解释像元中存在的非线性成分，这也使得 NMF 无法直接用于非线性解混。因此，要将 NMF 用于非线性解混，其中的一种做法是将现有的非线性混合模型如 BMM 等通过变形后，融入 NMF 框架中再进行解混。此外，还可以将核函数与 NMF 结合，通过选择合适的核函数将原始数据映射到高维的特征空间中，利用 NMF 完成后续的线性解混。另一方面，值得注意的是，原始 NMF 的局部极小问题、 BMM 中的共线性问题以及核函数选择问题等都是基于 NMF 无监督非线性解混算法中需要考虑的关键因素。

7.3.1 非线性混合模型与 NMF 的结合

1. Fan-NMF 无监督非线性解混方法

Fan-NMF 算法将 FM 与 NMF 相结合用于无监督的非线性解混(Eches and Guillaume, 2014)。首先，可以将 FM 表示成矩阵的形式：

$$\boldsymbol{X}=\boldsymbol{AS}+\boldsymbol{A}_b\boldsymbol{S}_b+\boldsymbol{E},\quad \text{s.t. } \boldsymbol{1}_r^{\mathrm{T}}\boldsymbol{S}=\boldsymbol{1}_m^{\mathrm{T}},\ \boldsymbol{S}\geqslant \boldsymbol{0} \tag{7.3.1}$$

式中，$\boldsymbol{A}_b=[\boldsymbol{a}_1\odot\boldsymbol{a}_2,\cdots,\boldsymbol{a}_{r-1}\odot\boldsymbol{a}_r]\in\mathbb{R}^{n\times r(r-1)/2}$，$\boldsymbol{S}_b=[\boldsymbol{s}_1\odot\boldsymbol{s}_2,\cdots,\boldsymbol{s}_{r-1}\odot\boldsymbol{s}_r]^{\mathrm{T}}\in\mathbb{R}^{r(r-1)/2\times m}$，$\boldsymbol{s}_i$ 是端元 $\boldsymbol{a}_i$ 在所有像元中的丰度列矢量。显然，式(7.3.1)无法直接套用在 NMF 框架中，因而需要引入增广矩阵 $\boldsymbol{A}^*=[\boldsymbol{A},\ \boldsymbol{A}_b]$，$\boldsymbol{S}^*=[\boldsymbol{S}^{\mathrm{T}},\ \boldsymbol{S}_b^{\mathrm{T}}]^{\mathrm{T}}$，将 FM 重新写成 $\boldsymbol{X}=\boldsymbol{A}^*\boldsymbol{S}^*+\boldsymbol{E}$。这样使 FM 的非线性部分整合到 NMF 的计算结构中，得到了可以求解的约束优化问题的目标函数：

$$f(\boldsymbol{A},\boldsymbol{S})=\|\boldsymbol{X}-\boldsymbol{A}^*\boldsymbol{S}^*\|_{\mathrm{F}}^2+\delta(\boldsymbol{1}_r^{\mathrm{T}}\boldsymbol{S}-\boldsymbol{1}_m^{\mathrm{T}})(\boldsymbol{1}_r^{\mathrm{T}}\boldsymbol{S}-\boldsymbol{1}_m^{\mathrm{T}})^{\mathrm{T}} \tag{7.3.2}$$

为了使丰度满足 ASC 和 ANC 约束条件，令 $\tilde{\boldsymbol{A}}=[\boldsymbol{A}^{*\mathrm{T}},\ \delta\boldsymbol{1}]^{\mathrm{T}}$，$\tilde{\boldsymbol{X}}=[\boldsymbol{X}^{\mathrm{T}},\ \delta\boldsymbol{1}]^{\mathrm{T}}$，然后利用交替投影梯度法求解(见本书第 3 章)，使丰度的负值置于 0。端元 $\boldsymbol{A}$ 和丰度 $\boldsymbol{S}$ 对应的更新方程如下所示：

$$\boldsymbol{A}^{(t+1)}=P(\boldsymbol{A}^{(t)}-\alpha_{\boldsymbol{A}}^{(t)}\nabla_{\boldsymbol{A}}\boldsymbol{f}),\qquad \boldsymbol{S}^{(t+1)}=P(\boldsymbol{S}^{(t)}-\alpha_{\boldsymbol{S}}^{(t)}\nabla_{\boldsymbol{S}}\boldsymbol{f}) \tag{7.3.3}$$

$$\begin{cases}\nabla_{\boldsymbol{A}}\boldsymbol{f}=-[(\boldsymbol{X}-\boldsymbol{A}^*\boldsymbol{S}^*)\odot(\boldsymbol{AS}+1)]\boldsymbol{S}^{\mathrm{T}}+[(\boldsymbol{X}-\boldsymbol{A}^*\boldsymbol{S}^*)(\boldsymbol{S}\odot\boldsymbol{S})^{\mathrm{T}}]\odot\boldsymbol{A}\\ \nabla_{\boldsymbol{S}}\boldsymbol{f}=-\tilde{\boldsymbol{A}}^{\mathrm{T}}[(\tilde{\boldsymbol{X}}-\tilde{\boldsymbol{A}}^*\boldsymbol{S}^*)\odot(\tilde{\boldsymbol{A}}\boldsymbol{S}+1)]+\boldsymbol{S}\odot[(\tilde{\boldsymbol{A}}\odot\tilde{\boldsymbol{A}})^{\mathrm{T}}(\tilde{\boldsymbol{X}}-\tilde{\boldsymbol{A}}^*\boldsymbol{S}^*)]\end{cases} \tag{7.3.4}$$

在 Fan-NMF 算法迭代中，将利用式(7.3.3)交替更新端元 $\boldsymbol{A}$ 和丰度 $\boldsymbol{S}$，直到满足收敛条件为止。

由于无论线性还是非线性解混，原始 NMF 的局部极小问题总是存在的，因而 Li 等(2016)还向 Fan-NMF 算法的目标函数中引入了丰度稀疏性约束，然后以乘法更新规则实现解混。加入稀疏约束后对应的优化问题为

$$\min_{\boldsymbol{A},\boldsymbol{S}} f(\boldsymbol{A},\boldsymbol{S})=\frac{1}{2}\|\tilde{\boldsymbol{X}}-\tilde{\boldsymbol{A}}\boldsymbol{S}^*\|_{\mathrm{F}}^2+\lambda\frac{1}{r}\sum_{i=1}^{r}\sum_{j=1}^{m}\left(\frac{2}{1+e^{-\theta s_{i,j}}}-1\right),\qquad \theta>0 \tag{7.3.5}$$

2. 基于鲁棒 NMF 的非线性解混

鲁棒的 NMF 解混算法(Robust NMF，RNMF)向 LMM 中引入了一个用于解释非线性效应的额外残差项，得到鲁棒的 LMM。而考虑到图像中的大多数端元主要是线性混合的，该残差项还需要满足稀疏的性质。RNMF 通过对端元、丰度以及非线性残差进行三项交替更新，实现无监督的非线性解混(Fevotte and Dobigeon，2015)。

对于由 r 个端元构成的高光谱图像 $\boldsymbol{X}\in\mathbb{R}^{n\times m}$，引入非线性残差后，模型表示为：$\boldsymbol{X}\approx\boldsymbol{A}\boldsymbol{S}+\boldsymbol{R}$。然后，以欧氏距离的平方(SED)或者 KL 散度(KLD)表示的 $D(\boldsymbol{X}\,|\,\boldsymbol{A}\boldsymbol{S}+\boldsymbol{R})$ 衡量逼近程度，可以得到解混的最优化问题：

$$\begin{aligned}&\min_{\boldsymbol{A},\boldsymbol{S},\boldsymbol{R}} f(\boldsymbol{A},\boldsymbol{S},\boldsymbol{R})=D(\boldsymbol{X}\,|\,\boldsymbol{A}\boldsymbol{S}+\boldsymbol{R})+\lambda\|\boldsymbol{R}\|_{2,1}\\&\text{s.t. } \boldsymbol{A}\geqslant\boldsymbol{0},\ \boldsymbol{S}\geqslant\boldsymbol{0},\ \boldsymbol{R}\geqslant\boldsymbol{0},\quad \|\boldsymbol{s}_i\|=1\end{aligned} \tag{7.3.6}$$

式中，λ 为非负惩罚系数、$\|\boldsymbol{x}\|=\sum_k|x_k|$；$\|\boldsymbol{R}\|_{2,1}=\sum_{j=1}^{m}\|\varsigma_j\|_2$。迭代的 Block-Coordinate 下降算法被用于式(7.3.6)中变量的交替更新。具体地，$\boldsymbol{A},\boldsymbol{R}$ 通过 Majorization-Minimization (MM)算法更新，而 $\boldsymbol{S}$ 则由启发式更新。

给定变量 $\boldsymbol{S},\boldsymbol{R}$，关于端元矩阵 $\boldsymbol{A}$ 的子优化问题为

$$\min_{\boldsymbol{A}} C(\boldsymbol{A})=D(\boldsymbol{X}\,|\,\boldsymbol{A}\boldsymbol{S}+\boldsymbol{R})\quad \text{s.t.}\quad \boldsymbol{A}\geqslant\boldsymbol{0} \tag{7.3.7}$$

MM 算法首先给定 $C(\boldsymbol{A})$ 的一个上界，然后最小化关于 $\boldsymbol{A}$ 的边界得到有效的下降算法。对应的端元更新的闭式解为

$$a_{l,k}=\tilde{a}_{l,k}\frac{\sum_j s_{k,j}x_{l,j}\tilde{x}_{l,j}^{\beta-2}}{\sum_j s_{k,j}\tilde{x}_{l,j}^{\beta-1}},\qquad \text{SED}:\beta=2\text{；}\ \text{KLD}:\beta=1 \tag{7.3.8}$$

其中加波浪号“~”的变量为当前迭代的变量。另外，对于 SED，式(7.3.7)实际上是非负的二次优化问题，还可具有如下的乘法更新规则

$$a_{l,k}=\tilde{a}_{l,k}\frac{\left|\sum_j s_{k,j}(x_{l,j}-\varsigma_{l,j})\right|+\sum_j s_{k,j}(x_{l,j}-\varsigma_{l,j})}{2\sum_j s_{k,j}\tilde{\pi}_{l,j}},\quad \tilde{\pi}_{l,j}=\sum_k\tilde{a}_{l,k}s_{k,j} \tag{7.3.9}$$

给定变量 $\boldsymbol{A},\boldsymbol{S}$，关于非线性残差矩阵 $\boldsymbol{R}$ 的子优化问题为

$$\min_{\boldsymbol{R}} C(\boldsymbol{R})=D(\boldsymbol{X}\,|\,\boldsymbol{A}\boldsymbol{S}+\boldsymbol{R})+\lambda\|\boldsymbol{R}\|_{2,1}\quad \text{s.t. } \boldsymbol{R}\geqslant\boldsymbol{0} \tag{7.3.10}$$

同理，可以得到 $\boldsymbol{R}$ 的更新方程：

$$\varsigma_{l,j}=\tilde{\varsigma}_{l,j}\left(\frac{x_{l,j}\tilde{x}_{l,j}^{\beta-2}}{\tilde{x}_{l,j}^{\beta-1}+\lambda\tilde{\varsigma}_{l,j}/\left\|\tilde{\varsigma}_{j}\right\|_{2}}\right),\ \text{SED}:\beta=2;\ \text{KLD}:\beta=1 \tag{7.3.11}$$

给定变量 $\boldsymbol{A},\boldsymbol{R}$，考虑到丰度的 ASC 约束，令 $s_{k,j}=\mu_{k,j}/\sum_{k}\mu_{k,j}$，构建关于丰度矩阵 $\boldsymbol{S}$（即 $\boldsymbol{U}$）的子优化问题：

$$\min_{\boldsymbol{U}} C(\boldsymbol{U})=D\left(\boldsymbol{X}\mid\boldsymbol{A}\left(\frac{\boldsymbol{\mu}_1}{\left\|\boldsymbol{\mu}_1\right\|_1},\cdots,\frac{\boldsymbol{\mu}_m}{\left\|\boldsymbol{\mu}_m\right\|_1}\right)+\boldsymbol{R}\right)\quad \text{s.t.}\quad \boldsymbol{U}\geqslant\boldsymbol{0} \tag{7.3.12}$$

最后，采用启发式的策略保证丰度的非负性，得到 $\boldsymbol{U}$ 的更新方程：

$$\mu_{k,j}=\tilde{\mu}_{k,j}\frac{\sum_{l}(a_{l,k}x_{l,j}\tilde{x}_{l,j}^{\beta-2}+\tilde{\pi}_{l,j}\tilde{x}_{l,j}^{\beta-1})}{\sum_{l}(a_{l,k}\tilde{x}_{l,j}^{\beta-1}+\tilde{\pi}_{l,j}x_{l,j}\tilde{x}_{l,j}^{\beta-2})},\quad \text{SED}:\beta=2;\ \text{KLD}:\beta=1 \tag{7.3.13}$$

在 RNMF 的解混迭代流程中，分别以式(7.3.9)、式(7.3.11)和式(7.3.13)更新变量 $\boldsymbol{A}$、$\boldsymbol{R}$、$\boldsymbol{S}$ 直到满足收敛条件为止，并输出端元和丰度。详细的 RNMF 算法源代码可以参考 http://dobigeon.perso.enseeiht.fr/publis.html。

7.3.2　核函数与 NMF 的结合

双目标 NMF(biobjective NMF)算法为了解决原始 NMF 只能用于线性解混的问题，在构造目标函数时，同时考虑了原始数据空间中的线性近似项，以及由核函数映射的高维特征空间中的数据近似项(Zhu and Honeine，2016)。然后，利用加权和的多目标优化技术对这两个目标进行权衡，从而找到非支配的 Pareto 最优解，最佳的解混结果就在对应的 Pareto 前沿中确定。

对于由 r 个端元构成的高光谱图像 $\boldsymbol{X}\in\mathbb{R}^{n\times m}$，线性目标函数与核空间中的近似逼近目标为

$$\begin{cases} J_X(\boldsymbol{A},\boldsymbol{S})=\dfrac{1}{2}\sum\limits_{j=1}^{m}\left\|\boldsymbol{x}_j-\sum\limits_{i=1}^{r}\boldsymbol{a}_i s_{i,j}\right\|^2 \\ J_{\mathcal{H}}(\boldsymbol{A},\boldsymbol{S})=\dfrac{1}{2}\sum\limits_{j=1}^{m}\left\|\phi(\boldsymbol{x}_j)-\sum\limits_{i=1}^{r}\phi(\boldsymbol{a}_i)s_{i,j}\right\|_{\mathcal{H}}^2 \end{cases} \tag{7.3.14}$$

式中，$\phi(\bullet)$ 代表由核函数将数据隐式映射到特征空间中；$\|\bullet\|_{\mathcal{H}}$ 表示特征空间中的内积运算。这里的核函数可以取第 6 章中介绍的多项式和高斯核等。$J_X(\boldsymbol{A},\boldsymbol{S})$ 和 $J_{\mathcal{H}}(\boldsymbol{A},\boldsymbol{S})$ 分别反映了端元和丰度对观测像元的线性逼近和非线性逼近程度。由于真实图像像元的混合模式是未知的，通过对两者进行恰当的权衡，就能同时处理线性与非线性混合问题。同时，利用加权和方法，也可得到如下的最优化问题：

$$\begin{aligned} &\min J=\alpha J_X(\boldsymbol{A},\boldsymbol{S})+(1-\alpha)J_{\mathbf{H}}(\boldsymbol{A},\boldsymbol{S}) \\ &\text{s.t.}\quad \boldsymbol{A}\geqslant\boldsymbol{0},\ \boldsymbol{S}\geqslant\boldsymbol{0} \end{aligned} \tag{7.3.15}$$

可见，当 $\alpha=1$ 时，式(7.3.15)对应的就是原始线性 NMF，而当 $\alpha=0$ 时，它对应的

就是经过核变换后的 NMF。再将式(7.3.14)代入式(7.3.15)中，便可得到 J 关于丰度和端元的梯度：

$$\nabla_{s_{i,j}} J=\alpha\left(-\boldsymbol{a}_i^{\mathrm{T}}\boldsymbol{x}_j+\sum_{k=1}^{r}\boldsymbol{a}_i^{\mathrm{T}}\boldsymbol{a}_k s_{k,j}\right)+(1-\alpha)\left(-\kappa(\boldsymbol{a}_i,\boldsymbol{x}_j)+\sum_{k=1}^{r}\kappa(\boldsymbol{a}_i,\boldsymbol{a}_k)s_{k,j}\right) \tag{7.3.16}$$

$$\nabla_{\boldsymbol{a}_i} J=\alpha\sum_{j=1}^{m}s_{i,j}\left(-\boldsymbol{x}_j+\sum_{k=1}^{r}\boldsymbol{a}_k s_{k,j}\right)+(1-\alpha)\sum_{j=1}^{m}s_{i,j}\left(-\nabla_{\boldsymbol{a}_i}\kappa(\boldsymbol{a}_i,\boldsymbol{x}_j)+\sum_{k=1}^{r}\nabla_{\boldsymbol{a}_i}\kappa(\boldsymbol{a}_i,\boldsymbol{a}_k)s_{k,j}\right) \tag{7.3.17}$$

最后，利用投影梯度法对端元 $\boldsymbol{A}$ 进行更新，并且为了降低计算量采用乘法更新规则对丰度 $\boldsymbol{S}$ 进行更新(Zhu and Honeine，2017)：

$$\boldsymbol{A}^{(t+1)}=P[\boldsymbol{A}^{(t)}-\lambda^{(t)}\nabla_{\boldsymbol{A}}J(\boldsymbol{A}^{(t)})] \tag{7.3.18}$$

$$s_{i,j}^{(t+1)}=s_{i,j}^{(t)}\frac{\alpha\boldsymbol{a}_i^{\mathrm{T}}\boldsymbol{x}_j+(1-\alpha)\kappa(\boldsymbol{a}_i,\boldsymbol{x}_j)}{\alpha\sum_{k=1}^{r}\boldsymbol{a}_i^{\mathrm{T}}\boldsymbol{a}_k s_{k,j}^{(t)}+(1-\alpha)\sum_{k=1}^{r}\kappa(\boldsymbol{a}_i,\boldsymbol{a}_k)s_{k,j}^{(t)}} \tag{7.3.19}$$

式中，$\lambda^{(t)}$ 是以回溯 Armijo 线性搜索更新的步长；$P[\bullet]$ 保证端元的非负性。整个算法流程类似于本书第 3 章中的描述，交替更新式(7.3.18)和式(7.3.19)直到满足收敛条件为止，输出端元与丰度。双目标 NMF 算法会通过取一系列不同大小的系数 α 经过多次解混，可以得到由两个目标函数值 $J_X(\boldsymbol{A},\boldsymbol{S})$ 和 $J_{\mathcal{H}}(\boldsymbol{A},\boldsymbol{S})$ 对应的不同解，然后从中选择使两者同时最小的解作为最终的解混结果。该算法详细的源代码可以参考 http://honeine.fr/paul/Publications.html。另一方面，Li 等(2014)考虑到经过核化的 NMF 算法也会遇到局部极小问题，向 $J_{\mathcal{H}}(\boldsymbol{A},\boldsymbol{S})$ 中加入了经过核映射后的端元距离约束，来改善非线性解混性能。

7.4　其他基于非线性混合模型的盲解混方法

7.4.1　基于几何投影和约束 NMF 的非线性解混

双线性混合模型 BMM 能够在一定程度上解释非线性混合效应，但相关算法大多是有监督的。NMF 能较好地应用于线性解混中，但是却难以适用于非线性混合明显的情形。在将两者进行结合时需要考虑的是：如何将 BMM 经过变形融合进 NMF 的计算框架中、BMM 解混中的共线性效应的影响以及加入恰当约束缓解 NMF 固有的局部极小问题。为了解决这些问题，基于 BMM 的约束 NMF 算法(BMM-based constrained NMF, BCNMF)(Yang et al.，2018)利用本书第 6 章 GCBAE 方法思想和 BMM 的几何特点，以初始端元确定 r 维空间中 r 个 $(r-1)$ 维超平面(分别表征缺少一个端元时的二次散射效应)后，利用非线性像元到这些超平面的几何距离直接计算它们的重心坐标，而无需计算具体的非线性端点 $\boldsymbol{p}$。在该过程中，共线性效应被明显地削弱，像元也将被投影为它们近似的线性混合部分。更进一步，BCNMF 就能直接把这些线性混合的投影代入端元距离约束的 NMF 框架 MDC-NMF 中完成丰度与端元的更新。在 MDC-NMF 框架中更新后的端元，将重新被用于计算像元的新投影，然后再次代入 NMF 中进行变量更新，直到满足收敛条件为止。

1) 非线性超平面的构建

如图 7.2 所示，类似于 GCBAE，先根据 BMM 和已知的端元计算各平面上的非线性混合中点 $\boldsymbol{\omega}_1,\ldots,\boldsymbol{\omega}_{r-1},\boldsymbol{\omega}_r$（即各端元丰度相同 $s_{1,\omega_q}=\cdots=s_{q-1,\omega_q}=s_{q+1,\omega_q}=\cdots=s_{r,\omega_q}=1/(r-1)$）：

$$\boldsymbol{\omega}_q=\frac{1}{r-1}\sum_{i=1}^{r}\boldsymbol{a}_i+\frac{1}{(r-1)^2}\sum_{i=1}^{t_1}\sum_{k=t_2}^{r}(\boldsymbol{a}_i\odot\boldsymbol{a}_k) \tag{7.4.1}$$

式中，$i\neq q,\ k\neq q,\quad q=1,\cdots,r$。当 $t_1=r-1$ 且 $t_2=i+1$ 时，式(7.4.1)对应的是 FM 和 GBM，而当 $t_1=r$ 且 $t_2=1$ 时，式(7.4.1)对应的是 PPNM。这样 $(r-1)$ 维超平面 H_q^{r-1} 就由 $(r-1)$ 个端元 $\{\boldsymbol{a}_1,\cdots,\boldsymbol{a}_{q-1},\boldsymbol{a}_{q+1},\cdots,\boldsymbol{a}_r\}$ 以及非线性混合中点 $\boldsymbol{\omega}_q$ 确定。同时，$\boldsymbol{\omega}_1,\boldsymbol{\omega}_2,\ldots,\boldsymbol{\omega}_r$ 的选择也保证了 r 个 r 维非退化单形体的生成。如图 7.2(b)所示，$\{\boldsymbol{a}_1,\boldsymbol{a}_2,\boldsymbol{a}_3,\boldsymbol{\omega}_1\}$、$\{\boldsymbol{a}_1,\boldsymbol{a}_2,\boldsymbol{a}_3,\boldsymbol{\omega}_2\}$ 和 $\{\boldsymbol{a}_1,\boldsymbol{a}_2,\boldsymbol{a}_3,\boldsymbol{\omega}_3\}$ 分别形成了三个三维单形 $\tilde{\Delta}_1^3$、$\tilde{\Delta}_2^3$ 和 $\tilde{\Delta}_3^3$，H_1^2 就是 $\tilde{\Delta}_1^3$ 的一个面。在特征空间中，$\tilde{\Delta}_q^r$ 由点集 $\boldsymbol{M}_q=(\boldsymbol{m}_{1,q},\cdots,\boldsymbol{m}_{l,q},\cdots,\boldsymbol{m}_{r,q},\boldsymbol{m}_{(r+1),q})=(\boldsymbol{a}_1,\cdots,\boldsymbol{a}_r,\boldsymbol{\omega}_q)$ 确定，$\boldsymbol{M}_q\in\mathbb{R}^{n\times(r+1)}$，$l=1,2,\cdots,r+1$。

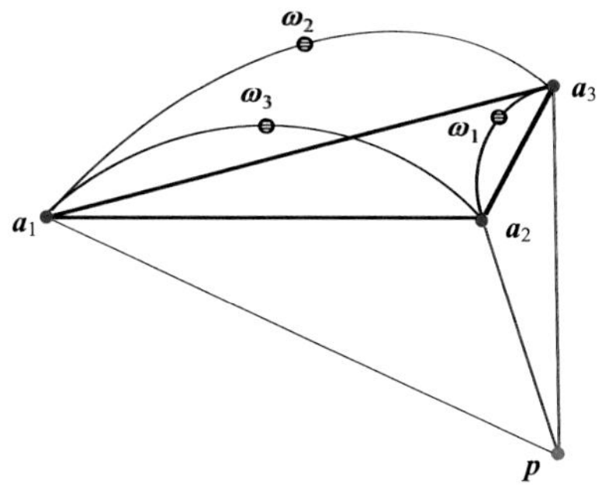

(a) 非线性端点 $\boldsymbol{p}$ 的构建

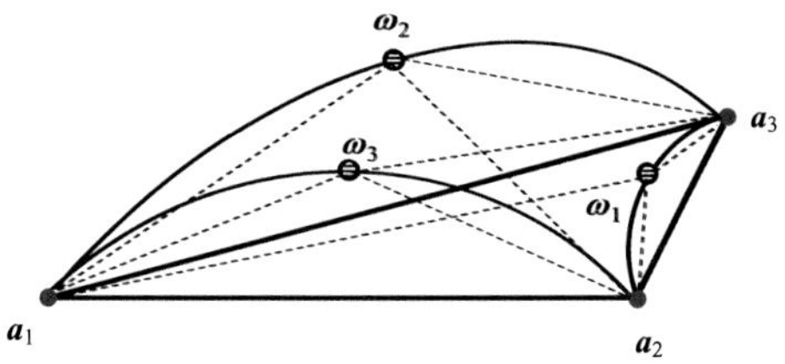

(b) 超平面辅助构成额 r 个 r 维单形

图 7.2 几何投影原理(Yang et al., 2018)

2) 几何投影

在 GCBAE 需要先通过 PCA 对数据降维，在计算非线性端点 $\boldsymbol{p}$ 后，再利用最小二乘法估计像元的重心坐标，产生了较高的计算量。实际上，在构建非线性超平面后，就能直接利用像元到这些平面的几何距离计算它们的重心坐标。距离测度(Wang et al.，2013)被用于前面构建的 r 个单形体 $\tilde{\Delta}_1^r,\tilde{\Delta}_2^r,\ldots,\tilde{\Delta}_r^r$ 中，对于 $\tilde{\Delta}_q^r$ 只需计算所有像元关于端元的投影坐标，对应的距离测度为(如图 7.3 所示)：

$$\begin{cases} \boldsymbol{k}_{l,q}^{\mathrm{T}}\boldsymbol{m}_{l,q}+b_{l,q}=1 \\ \boldsymbol{k}_{l,q}^{\mathrm{T}}\boldsymbol{m}_{\tau,q(\tau\neq l)}+b_{l,q}=0 \end{cases},\quad l=1,\cdots,r+1 \tag{7.4.2}$$

式中，$\boldsymbol{k}_{l,q}\in\mathbb{R}^{n\times1}$表示$\tilde{\Delta}_q^r$的第$l$个权重矢量，$b_{l,q}$是一个标量阈值。根据式(7.4.2)和图7.3(b)，从端元$\boldsymbol{a}_2$到平面 H_2^2 的距离为1，而$\boldsymbol{a}_1,\boldsymbol{\omega}_2,\boldsymbol{a}_3$因为位于$H_2^2$上，它们到$H_2^2$的距离等于 0。所以当计算得到$\boldsymbol{k}_{2,2}$和$b_{2,2}$后，像元$\boldsymbol{x}_j$关于端元$\boldsymbol{a}_2$的投影坐标$\hat{s}_{2,j}$就是$\hat{s}_{2,j}=\boldsymbol{k}_{2,2}^{\mathrm{T}}\boldsymbol{x}_j+b_{2,2}$。

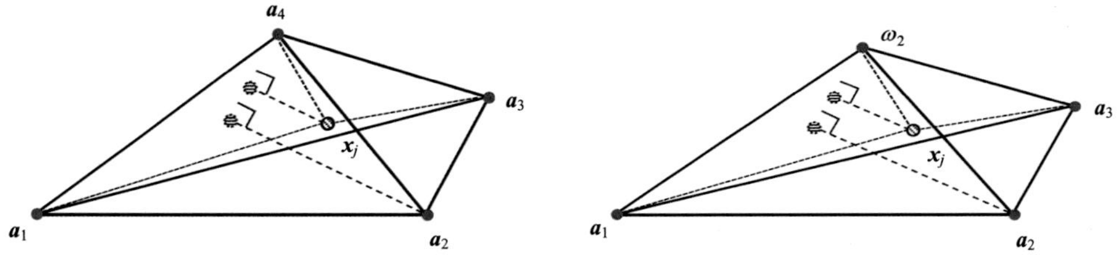

(a) LMM (b) BMM

图7.3 基于距离测度的几何投影(Yang et al., 2018)

令$\boldsymbol{V}_q=(\boldsymbol{m}_{1,q}-\boldsymbol{m}_{(r+1),q},\boldsymbol{m}_{2,q}-\boldsymbol{m}_{1,q},\cdots,\boldsymbol{m}_{(r+1),q}-\boldsymbol{m}_{r,q})\in\mathbb{R}^{n\times r}$，则$\boldsymbol{k}_{l,q}$可以被线性表示为

$$\boldsymbol{k}_{l,q}=\boldsymbol{V}_q\boldsymbol{\beta}_{l,q},\quad \boldsymbol{\beta}_{l,q}=\left(\beta_{l,q}^1,\cdots,\beta_{l,q}^r\right)^{\mathrm{T}}\in\mathbb{R}^{r\times1} \tag{7.4.3}$$

$\boldsymbol{\beta}_{l,q}$为$\boldsymbol{k}_{l,q}$关于$\boldsymbol{V}_q$列矢量的系数。将式(7.4.3)代入式(7.4.2)中，并令$\boldsymbol{K}_q=(\boldsymbol{k}_{1,q},\cdots,\boldsymbol{k}_{(r+1),q})\in\mathbb{R}^{n\times(r+1)}$，$\boldsymbol{b}_q=(b_{1,q},\cdots,b_{(r+1),q})^{\mathrm{T}}\in\mathbb{R}^{(r+1)\times1}$，$\boldsymbol{B}_q=(\boldsymbol{\beta}_{1,q},\cdots,\boldsymbol{\beta}_{(r+1),q})\in\mathbb{R}^{r\times(r+1)}$，得

$$\begin{cases} (\boldsymbol{M}_q^{\mathrm{T}}\boldsymbol{V}_q)\boldsymbol{B}_q+\boldsymbol{b}_q\boldsymbol{1}_{r+1}^{\mathrm{T}}=\boldsymbol{I}_{(r+1)\times(r+1)} \\ \begin{pmatrix}\boldsymbol{B}_q\\ \boldsymbol{b}_q^{\mathrm{T}}\end{pmatrix}=\left(\boldsymbol{M}_q^{\mathrm{T}}\boldsymbol{V}_q,\boldsymbol{1}_{r+1}\right)^{-1},\quad \boldsymbol{K}_q=\boldsymbol{V}_q\boldsymbol{B}_q \end{cases} \tag{7.4.4}$$

像元关于端元$\boldsymbol{a}_q$的投影坐标就是$\boldsymbol{k}_{q,q}^{\mathrm{T}}\boldsymbol{X}+b_{q,q}\boldsymbol{I}_m^{\mathrm{T}}$。此外，令$\boldsymbol{z}_q=\boldsymbol{k}_{q,q}$和$c_q=b_{q,q}$，像元$\boldsymbol{x}_j$的投影坐标矢量$\hat{\boldsymbol{s}}_j$为

$$\hat{\boldsymbol{s}}_j=\boldsymbol{Z}^{\mathrm{T}}\boldsymbol{x}_j+\boldsymbol{c} \tag{7.4.5}$$

式中，$\boldsymbol{Z}=(\boldsymbol{z}_1,\cdots,\boldsymbol{z}_r)\in\mathbb{R}^{n\times r}$和$\boldsymbol{c}=(c_1,\cdots,c_r)^{\mathrm{T}}\in\mathbb{R}^{r\times1}$。最后，像元$\boldsymbol{x}_j$的投影为

$$\boldsymbol{y}_j=\boldsymbol{A}\hat{\boldsymbol{s}}_j \tag{7.4.6}$$

3)基于BMM的约束NMF

由于式(7.4.6)计算得到的像元几何投影呈线性混合，就容易将其直接代入MDC-NMF解混框架(见本书第3章)中完成进一步的丰度和端元的更新。此时的最优化问题为

$$\begin{aligned}&\min_{A,S} f(A,S)=\frac{1}{2}\|Y-AS\|_{\mathrm{F}}^2+\lambda \cdot \mathrm{EMD}(A), \quad \mathrm{EMD}(A)=:\sum_{i=1}^{r}\|a_i-\bar{a}\|_2^2, \quad \bar{a}=\frac{1}{r}\sum_{i=1}^{r}a_i\\&\text{s.t. } A\geqslant 0,\ S\geqslant 0,\ \mathbf{1}_r^{\mathrm{T}}S=\mathbf{1}_n^{\mathrm{T}}\end{aligned} \tag{7.4.7}$$

这里同样可以采用 MDC-NMF 中的投影梯度法实现式(7.4.7)约束优化问题的求解。在获得更新后的端元 $A^{(t+1)}$ 后，再将其代入式(7.4.2)～式(7.4.6)中进一步更新像元的投影 $Y^{(t+1)}$。然后，新的投影 $Y^{(t+1)}$ 也会被再次用于式(7.4.7)中的端元和丰度更新。以这种方式，交替迭代地更新变量 A 、S 和 Y ，直到满足算法收敛条件为止，输出端元和丰度。

7.4.2　基于 MLM 的无监督非线性解混

第 5 章中的 MLM 模型通过引入一个概率参数 P 可以解释不同端元间任意阶的非线性相互作用。为了能够无监督地实现基于 MLM 中的非线性解混，Wei 等(2017)采用 Block Coordinate Descent (BCD)策略求解对应的约束非线性优化问题，使端元、丰度和概率参数 P 交替更新。

此时，非线性优化问题可以描述为

$$\begin{aligned}&\min_{A,S,P} f(A,S,P)=\sum_{j=1}^{m}\|x_j-(1-P_j)y_j-P_jy_j\odot x_j\|_2^2\\&\text{s.t.}\quad y_j=As_j,\ s_j\geqslant \mathbf{0},\ \mathbf{1}_r^{\mathrm{T}}s_j=1,\ A\geqslant \mathbf{0},\ P_j<1\end{aligned} \tag{7.4.8}$$

对于丰度 s_j ，有子优化问题：

$$\min_{s_j} g(s_j)=\|x_j-(1-P_j)As_j-P_j(As_j)\odot x_j\|_2^2 \quad \text{s.t.}\quad s_j\geqslant \mathbf{0},\mathbf{1}_r^{\mathrm{T}}s_j=1 \tag{7.4.9}$$

令 $\tilde{A}=A\odot((1-P_j)\mathbf{1}_{n\times r}+P_jx_j\mathbf{1}_r^{\mathrm{T}})$ ，可以求得式(7.4.9)目标函数关于丰度 s_j 的导数：

$$\nabla_{s_j} g(s_j)=\tilde{A}^{\mathrm{T}}(\tilde{A}s_j-x_j) \tag{7.4.10}$$

然后，通过投影算子在更新丰度的同时使其满足 ASC 与 ANC 的约束条件：

$$s_j=\tau_{\mathrm{conv}}[s_j-\lambda_1\nabla_{s_j}g(s_j)], \quad \eta\leqslant\lambda_1\leqslant 2/\|\tilde{A}^{\mathrm{T}}\tilde{A}\|_{\mathrm{F}}-\eta, \eta\in[0,\min(1,1/\|\tilde{A}^{\mathrm{T}}\tilde{A}\|_{\mathrm{F}})] \tag{7.4.11}$$

另外，非线性概率参数 P_j 的子优化问题为

$$\min_{P_j} g(P_j)=\|x_j-(1-P_j)y_j-P_jy_j\odot x_j\|_2^2 \quad \text{s.t.}\quad P_j<1 \tag{7.4.12}$$

显然，上式具有关于 P_j 的闭式解：

$$P_j=\tau_{(-\infty,1)}\left[\frac{(y_j-y_j\odot x_j)^{\mathrm{T}}(y_j-x_j)}{\|y_j-y_j\odot x_j\|_2^2}\right] \tag{7.4.13}$$

最后，式(7.4.8)关于端元 A 的子优化问题如下：

$$\min_{A} g(A)=\|x_j-(1-P_j)As_j-P_j(As_j)\odot x_j\|_2^2 \quad \text{s.t.}\quad A\geqslant \mathbf{0} \tag{7.4.14}$$

令 $\tilde{\varsigma}_j = ((1-P_j)\boldsymbol{1}_n + P_j\boldsymbol{x}_j)\boldsymbol{s}_j^{\mathrm{T}}$ 且 $\tilde{\varsigma}_j = (\tilde{\boldsymbol{s}}_j^1, \cdots, \tilde{\boldsymbol{s}}_j^r)$，则式(7.4.14)关于端元矩阵 $\boldsymbol{A}$ 的导数为

$$\nabla_A g(\boldsymbol{A}) = \sum_{j=1}^{m}((\boldsymbol{A}\odot\tilde{\varsigma}_j)\boldsymbol{1}_r - \boldsymbol{x}_j)\boldsymbol{1}_r^{\mathrm{T}}\odot\tilde{\varsigma}_j$$

$$= \sum_{j=1}^{m}\begin{bmatrix}(\boldsymbol{a}_1\odot\tilde{\boldsymbol{s}}_j^1\odot\tilde{\boldsymbol{s}}_j^1+\cdots+\boldsymbol{a}_r\odot\tilde{\boldsymbol{s}}_j^r\odot\tilde{\boldsymbol{s}}_j^1)^{\mathrm{T}}\\(\boldsymbol{a}_1\odot\tilde{\boldsymbol{s}}_j^1\odot\tilde{\boldsymbol{s}}_j^2+\cdots+\boldsymbol{a}_r\odot\tilde{\boldsymbol{s}}_j^r\odot\tilde{\boldsymbol{s}}_j^2)^{\mathrm{T}}\\\vdots\\(\boldsymbol{a}_1\odot\tilde{\boldsymbol{s}}_j^1\odot\tilde{\boldsymbol{s}}_j^r+\cdots+\boldsymbol{a}_r\odot\tilde{\boldsymbol{s}}_j^r\odot\tilde{\boldsymbol{s}}_j^r)^{\mathrm{T}}\end{bmatrix}^{\mathrm{T}} - \sum_{j=1}^{m}\begin{bmatrix}(\boldsymbol{x}_j\odot\tilde{\boldsymbol{s}}_j^1)^{\mathrm{T}}\\(\boldsymbol{x}_j\odot\tilde{\boldsymbol{s}}_j^2)^{\mathrm{T}}\\\vdots\\(\boldsymbol{x}_j\odot\tilde{\boldsymbol{s}}_j^r)^{\mathrm{T}}\end{bmatrix}^{\mathrm{T}} \tag{7.4.15}$$

端元矩阵 $\boldsymbol{A}$ 按照行向量 $\varLambda\in\mathbb{R}^{1\times r}$ 逐行求二阶导，容易计算得到

$$\nabla_{\varLambda_k}^2 = \sum_{j=1}^{m}\begin{bmatrix}\tilde{s}_{j,k}^1\tilde{s}_{j,k}^1 & \cdots & \tilde{s}_{j,k}^1\tilde{s}_{j,k}^r\\\tilde{s}_{j,k}^2\tilde{s}_{j,k}^1 & \cdots & \tilde{s}_{j,k}^2\tilde{s}_{j,k}^r\\\vdots & \cdots & \vdots\\\tilde{s}_{j,k}^r\tilde{s}_{j,k}^1 & \cdots & \tilde{s}_{j,k}^r\tilde{s}_{j,k}^r\end{bmatrix} \tag{7.4.16}$$

利用上式就能逐行计算 $\nabla_A g(\boldsymbol{A})$ 的 Hessian 矩阵。最后得到对端元的更新为

$$\varLambda_k = \tau_{[0,+\infty]}[\varLambda_k - \lambda_2\nabla_{\varLambda_k}g(\varLambda_k)],\quad \eta\leqslant\lambda_2\leqslant 2/\left\|\nabla_{\varLambda_k}^2 g(\varLambda_k)\right\|_{\mathrm{F}} - \eta, \eta\in[0, \min(1, 1/\left\|\nabla_{\varLambda_k}^2 g(\varLambda_k)\right\|_{\mathrm{F}})] \tag{7.4.17}$$

算法在利用 VCA 算法和最小二乘方法对端元和丰度初始化后，分别利用式(7.4.11)、式(7.4.13)和式(7.4.17)对丰度矩阵 $\boldsymbol{S}$，非线性概率参数 $\boldsymbol{P}$ 和端元矩阵 $\boldsymbol{A}$ 进行交替更新直到满足算法的收敛条件为止，完成解混。

参 考 文 献

Altmann Y, Dobigeon N, McLaughlin S, Tourneret J-Y. 2013. Nonlinear spectral unmixing of hyperspectral images using Gaussian processes. IEEE Transactions on Signal Processing, 61(10): 2442-2453.

Altmann Y, Dobigeon N, Tourneret J-Y. 2014. Unsupervised post-nonlinear unmixing of hyperspectral images using a hamiltonian Monte Carlo algorithm. IEEE Transactions on Image Processing, 23(6): 2663-2675.

Eches O, Guillaume M. 2014. A bilinear-bilinear nonnegative matrix factorization method for hyperspectral unmixing. IEEE Geoscience and Remote Sensing Letters, 11(4): 778-782.

Fevotte C, Dobigeon N. 2015. Nonlinear hyperspectral unmixing with robust nonnegative matrix factorization. IEEE Transactions on Image Processing, 24(12): 4810-4819.

Heylen R, Scheunders P. 2014. A distance geometric framework for nonlinear hyperspectral unmixing. IEEE Journal of Selected Topics in Applied Earth Observations and Remote Sensing, 7(6): 1879-1888.

Li J, Li X, Zhao L. 2016. Nonlinear hyperspectral unmixing based on sparse non-negative matrix factorization. Journal of Applied Remote Sensing, 10(1): 1-18.

Li X, Cui J, Zhao L. 2014. Blind nonlinear hyperspectral unmixing based on constrained kernel nonnegative matrix factorization. Signal, Image and Video Processing, 8(8): 1555-1567.

Wang L, Liu D, Wang Q. 2013. Geometric method of fully constrained least squares linear spectral mixture analysis. IEEE Transactions on Geoscience and Remote Sensing, 51(6): 3558-3566.

Wei Q, Chen M, Tourneret J-Y, Godsill S. 2017. Unsupervised nonlinear spectral unmixing based on a multilinear mixing model. IEEE Transactions on Geoscience and Remote Sensing, 55(8): 4534-4544.

Yang B, Wang B, Wu Z. 2018. Unsupervised nonlinear hyperspectral unmixing based on bilinear mixture models via geometric projection and constrained nonnegative matrix factorization. Remote Sensing, 10(5): 801, 1-30.

Zhu F, Honeine P. 2016. Biobjective nonnegative matrix factorization: linear versus kernel-based models. IEEE Transactions on Geoscience and Remote Sensing, 54(7): 4012-4022.

Zhu F, Honeine P. 2017. Online kernel nonnegative matrix factorization. Signal Processing, 131: 143-153.

第 8 章　非线性光谱解混的其他方法

当地物间的非线性混合效应是高光谱遥感图像光谱解混中必须考虑的因素时，所需要解决的问题就会变得比线性解混复杂得多，而且这种复杂性的来源也是多方面的。就模型表示来说，由于不同典型环境中的地物本质非线性混合方式不同，因而也造成了对应非线性混合模型的描述差异，这就使得在具体的实际应用中必须针对不同情况进行分析。相对于线性混合模型的单一性，本书的第 5 章中所介绍的包括传统的物理模型、双线性混合模型和多线性混合模型等在内的模型都具有不同的数学形式和具体的适用性。而非线性模型的复杂性也给解混算法的构建和性能提出了更高的要求。类似于线性解混，非线性解混同样包含了在第 6、第 7 章中分别介绍的端元已知和未知情况下的丰度估计与盲解混问题。但是，模型与待估参数的复杂性令线性解混中的常用方法并不能很好地用于非线性问题的求解。

线性解混中的常见问题在非线性解混中通常也是必须考虑的。例如，高光谱遥感图像的多波段特点虽然带来了更精细的光谱信息而更有利于地物识别，但是解混一般却不需要像元所有的波段特征，波段间的强相关性和冗余的波段也给解混过程带来了一定的干扰。因此，在线性和非线性解混中都可以通过波段选择的方式，确定端元光谱中那些更具代表性的波段子集用于解混。无论是线性还是非线性解混，基于梯度的优化方法由于其较为明确的数学求解方式而常作为处理解混中优化问题的主要手段。然而，对于更复杂的约束优化问题、非凸问题等，尤其是在非线性解混的情况下，传统梯度方法自身的缺陷致使其并不能保证结果的高精确性，所以，如粒子群算法、神经网络等鲁棒的启发式方法这时可以作为一种更好的选择。

除此之外，地物的非线性混合实际是波段依赖的，即不同的波段上可能存在显著不同的非线性混合强度。分波段的非线性解混具有其明确的理论和实际意义，要得到准确的非线性解混结果，波段的非线性混合差异必然是不可忽略的因素。另外，虽然大多非线性混合模型通过调整参数可以转换为线性混合模型，然而由于噪声等误差的存在，预先判断像元更可能是线性或是非线性混合，再采用更直接恰当的模型解混也是十分有意义的。同时，把非线性混合效应与端元光谱变异性这两个关键问题的联合处理，也是非线性解混中非常值得研究的方向。因此，本章将主要介绍当前非线性解混中关注于这些特殊问题的部分相关方法。

8.1　与波段选择结合的非线性光谱解混

核函数的非线性解混方法不依赖于具体的非线性混合表示假设，而是在将原始数据隐式地映射到高维再生核希尔伯特空间(RKHS)后，利用线性算法使问题得以求解。如本书第 5 章和第 6 章中所介绍的核函数方法 K-Hype 和 SK-Hype，核技巧的使用令 RKHS 中的内积运算可以通过原始空间中的核函数间接完成。然而，这些核方法通常涉及求解维度等于波段数目的矩阵逆运算，这就给大规模数据的解混带来了显著的计算量，可以通过预先的波段选择来降低。

波段选择的策略以往较多地应用于分类中，包括基于统计信息、光谱距离和流形等的方法，而在线性解混中相对应的是子空间投影的策略。对于非线性解混，波段选择受到更多因素的制约，波段数目的设定和实际波段选择的过程都会影响最终的解混质量。为了解决该问题，Imbiriba 等(2017)基于相干准则(coherence criterion)在 RKHS 中进行波段选择，并应用于核非线性解混。首先，结合相干准则采用一种波段选择的自动参数设定策略，令所选的波段子集能很好地表示 RKHS 中的其他所有波段，而无需额外地选择基元素运算。然后，在此基础上先给出了一种贪婪的波段选择算法(greedy coherence-based band selection，GCBS)，显著降低了计算复杂度；再针对 GCBS 的问题，将波段选择作为最大团(maximum clique)问题求解，得到中心化改进的分批波段选择算法(clique coherence-based band selection，CCBS)。

1)波段选择的参数设定

相干性是描述线性稀疏逼近问题中原子字典的参数。对于由 r 个端元 $\boldsymbol{A}=(\boldsymbol{a}_1,\boldsymbol{a}_2,\cdots,\boldsymbol{a}_r)$ 构成的高光谱图像 $\boldsymbol{X}\in\mathbb{R}^{n\times m}$，考虑 RKHS 空间 $\mathcal{H}$ 中的一组核函数 $\mathcal{D}=\{\kappa(\cdot,\boldsymbol{A}_{i,:})\}_{i=1,\cdots,M}$，$(M<n)$，则 RKHS 的相干性参数定义为：$\mu=\max\limits_{i\neq k}\left|\kappa(\boldsymbol{A}_{i,:},\boldsymbol{A}_{k,:})\right|$，$\kappa$ 是模为 1 的核。μ 表示 Gram 矩阵非对角元素的最大绝对值，反映的是字典 $\mathcal{D}$ 的最大互相关性；当 μ 取很小的值时，字典就被认为是不相关的。如果 $(M-1)\mu<1$，那么字典 $\mathcal{D}$ 中的各核函数是线性独立的。

基于核的字典学习方法通常以近似线性相关性评估候选核函数是否能被字典中的其他核函数线性表示，而贪婪的字典学习方法可以降低计算量。假设 $\kappa(\cdot,\boldsymbol{A}_{i,:})$ 相干性低于阈值 $\max\limits_{k\in\tau_{\mathcal{D}}}\left|\kappa(\boldsymbol{A}_{i,:},\boldsymbol{A}_{k,:})\right|\leqslant\mu_0$，且 $\mu_0\in[0,1)$，那么它将被加入到字典 $\mathcal{D}$ 中（$\tau_{\mathcal{D}}$ 是波段序号集）。相干性准则使得字典中核函数的相关性能受到明显限制。

令 $\boldsymbol{K}_\sigma$ 表示 $n\times n$ 的 Gram 矩阵，它的每个元素由高斯核定义，因此波段选择需要设定：相干性阈值 μ_0、字典基数 $|\mathcal{D}|$ 和高斯核带宽 σ 三个参数。根据字典 $\mathcal{D}$ 的 M 个核函数线性独立的充分条件 $(M-1)\mu<1$，设定相关阈值 $\mu_0=1/(M-1)$。在此基础上，调整 σ 使 $\boldsymbol{K}_\sigma$ 的元素在一定程度上接近于 μ_0，这里令 $\boldsymbol{K}_\sigma$ 的非对角元素均值为 μ_0，σ^2 就是以下优化问题的唯一解：

$$\sigma^2=\arg\min_{\sigma^2}\left(\frac{2}{n^2-n}\sum_{i=1}^{n-1}\sum_{k=i+1}^{n}(\boldsymbol{K}_{1(i,k)})^{1/\sigma^2}-\mu_0\right)^2 \tag{8.1.1}$$

2)GCBS

GCBS 算法初始假定需选择 M 个波段，并计算得到参数 μ_0 和 σ。然后，构建矩阵

$\boldsymbol{K}_{\sigma}$，第一个波段被选择加入到字典序列 $\tau_{\mathcal{D}}$ 中。根据 μ_0，依次分析非字典波段与 $\tau_{\mathcal{D}}$ 中对应波段的相干性，如果小于 μ_0，则将其加入到字典中。GCBS 算法流程如下表所示，尽管该算法能降低计算量，但是对波段序列检验和初始化的依赖使其易得到次优解。

GCBS 基于相干性的贪婪波段选择算法

1. 输入 $n\times n$ 的 Gram 矩阵 $\boldsymbol{K}_1$ 和原子数目 M；
2. 初始化 $\tau_{\mathcal{D}}=\{1\}$，$N_b=1$，$\mu_0=1/(M-1)$，根据式(8.1.1)求解 σ^2，并计算 $\boldsymbol{K}_{\sigma}$；
3. For　$i=2:n$
　　　$\boldsymbol{c}=\boldsymbol{0}_{N_b\times 1}$；
　　For　$k=1:\ N_b$
　　　$c_k=\boldsymbol{K}_{\sigma_i,\tau_{\mathcal{D}i}}$；
　　End
　　If　$\max(|\boldsymbol{c}|)\leqslant\mu_0$，则将序号 i 插入 $\tau_{\mathcal{D}}$，$N_b=N_b+1$；End
　End
4. 输出 σ^2 和 $\tau_{\mathcal{D}}$。

3) CCBS

为了克服 GCBS 需要确定所有满足相干性阈值波段的缺陷，搜索每两两元素对间相干性低于阈值的最大波段子集是更好的选择。考虑核函数集合 $\{\kappa(\cdot,\boldsymbol{A}_{i,:})\}_{i=1,\cdots,n}$，确定满足相干性程度的子集 $\mathcal{D}$ 包括两个步骤。首先，列出所有满足阈值 μ_0 的函数对，得到一个 $n\times n$ 的二值矩阵：

$$B_{i,k}=\begin{cases}1, & \left|\kappa(\boldsymbol{A}_{i,:},\boldsymbol{A}_{k,:})\right|\leqslant\mu_0\\ 0, & \text{其他}\end{cases}\tag{8.1.2}$$

其次，对矩阵 $\boldsymbol{B}$ 的行列同时进行重排列，得到全为 1 的最大子矩阵，该问题可以视作确定无向图 $\mathcal{G}=\{V,E\}$ 最大团的过程。$V=\{1,\cdots,n\}$ 的每个顶点 i 对应一个候选函数 $\kappa(\cdot,\boldsymbol{A}_{i,:})$，$E$ 的每条边连接顶点并由邻接矩阵 $\boldsymbol{B}$ 进行定义。$\mathcal{G}$ 的一个完备子图的顶点是两两相邻的，而最大团问题就是要找到 $\mathcal{G}$ 的最大完备子图。

类似于 GCBS 算法，初始假定需选择 M 个波段，并计算得到参数 μ_0 和 σ。然后，构建矩阵 $\boldsymbol{K}_{\sigma}$，并将其所有元素与 μ_0 相比较得到邻近矩阵 $\boldsymbol{B}$。最后，利用 MaxCLQ 算法(Li and Quan，2010)求解最大团问题，确定所选择的波段。CCBS 算法流程如下表所示，它与 GCBS 算法详细的源代码可以参考 http://cedric-richard.fr。

CCBS 基于相干性的团波段选择算法

1. 输入 $n\times n$ 的 Gram 矩阵 $\boldsymbol{K}_1$ 和原子数目 M；
2. 初始化 $\tau_{\mathcal{D}}=\varnothing$，$\boldsymbol{B}=\boldsymbol{0}_{n\times n}$，$V=\{1,\cdots,n\}$，$\mu_0=1/(M-1)$，根据式(8.1.1)求解 σ^2，并计算 $\boldsymbol{K}_{\sigma}$；
3. For　$i=1:n-1$
　　For　$k=i+1:n$

If $\boldsymbol{K}_{\sigma_{i,k}} \leqslant \mu_0$

$B_{i,k} = 1$；

End

End

End

$\tau_{\mathcal{D}} = MaxCLQ(V, \boldsymbol{B})$

4. 输出 σ^2 和 $\tau_{\mathcal{D}}$。

8.2 基于启发式优化方法的非线性光谱解混

相对于依赖于梯度信息的传统优化算法，启发式的优化方法尤其在处理复杂的不可微约束问题、非凸的非线性问题以及缓解局部极小值的影响方面具有较好的优势。这也就令启发式优化方法自然能被用于处理工程中那些棘手且复杂的问题，并成为给出可接受的尽可能好的解的一种有效手段。在本书的第 4 章中介绍了几种将粒子群算法、进化算法等用于线性解混中的例子，在实际应用中一般都能表现出更好的性能。实际上，将这些鲁棒的启发式优化算法应用在更复杂的非线性解混问题中将更能体现它们的优势。例如，将粒子群算法应用于基于 FM 的无监督非线性解混并考虑端元体积最小约束(Luo et al.，2016)，能降低 Fan-NMF 算法受局部极小的影响，同时也在一定程度上削弱了共线性的负面影响。而神经网络除了能通过其隐层节点中的非线性映射函数很好地学习样本特征的非线性关系从而改善结果精度外，还能在经过恰当的训练后，学习到各种非线性混合情形下像元与丰度对应的本质映射关系，而成为一种数据驱动的非线性解混方法。本节将介绍极限学习机和 Hopfield 神经网络在非线性解混中的应用。

8.2.1 基于集成极限学习回归的方法

人工神经网络 ANN 通过在隐层单元建立描述解混过程的非线性激活函数，可以无须考虑地物具体的混合模型，而容易地实现数据驱动的非线性光谱解混。选取合适的样本数据训练网络，能够学习到数据集的复杂非线性关系以构建网络节点间的权重，从而有效地估计得到各类地物的丰度系数。其中，极限学习机(extreme leaning machines, ELM)(Huang et al.，2006)用于高光谱遥感图像非线性解混回归模型训练的最大优势在于对输入层的权重随机设定过程所带来的速度提升。然而，ELM 训练过程也具有非常明显的不确定性，为了解决该问题，可将多个单独的 ELM 结果进行结合，集成为一个总体输出结果(Ayerdi and Graña，2015；2016)。在该方法中，根据地物真实选取各类地物对应的纯像元，并将其作为 ELM 的输入；在训练过程中，端元在一定程度被嵌入在从输入层到隐层间的权重中，而 ELM 输出的结果就是各像元在[0, 1]范围内的丰度系数。然后，选择每个变量的最大值将 ELM 的输出进行集成作为最后结果。

ELM 是单层前馈神经网络的一种快速的训练算法，其主要特点在于随机初始化网络的隐层节点权重。对于 M 个数据样本 $(\boldsymbol{x}_j, \boldsymbol{y}_j)$ ， $\boldsymbol{x}_j \in \mathbb{R}^n, \boldsymbol{y}_j \in \mathbb{R}^r$ ，具有 N 个隐层神经元节点的网络有以下形式：

$$\boldsymbol{y}_j = \Phi(\boldsymbol{x}_j) = \sum_{i=1}^{N} \boldsymbol{\beta}_i f(\boldsymbol{w}_i \boldsymbol{x}_j + b_i), \quad j = 1, 2, \cdots, M \tag{8.2.1}$$

式中， $f(\bullet)$ 是激活函数； $\boldsymbol{w}_i$ 是隐层第 i 个神经元的权重； b_i 是隐层偏置； $\boldsymbol{\beta}_i$ 是输出权重。对于所有的数据样本，式(8.2.1)具有矩阵形式

$$\boldsymbol{H\beta} = \boldsymbol{Y}, \quad \boldsymbol{H} = \begin{pmatrix} f(\boldsymbol{w}_1 \boldsymbol{x}_1 + b_1) & \cdots & f(\boldsymbol{w}_N \boldsymbol{x}_1 + b_N) \\ \vdots & & \vdots \\ f(\boldsymbol{w}_1 \boldsymbol{x}_M + b_1) & \cdots & f(\boldsymbol{w}_N \boldsymbol{x}_M + b_N) \end{pmatrix} \tag{8.2.2}$$

式中， $\boldsymbol{H}$ 是隐层输出矩阵， $\boldsymbol{\beta} = (\boldsymbol{\beta}_1, \cdots, \boldsymbol{\beta}_N)^{\mathrm{T}}$ 且 $\boldsymbol{Y} = (\boldsymbol{y}_1, \cdots, \boldsymbol{y}_M)^{\mathrm{T}}$ 。该方法首先在随机初始化 $\boldsymbol{w}_i$ 和 b_i 后，根据式(8.2.2)求得输出权重 $\boldsymbol{\beta}$ 的最小二乘解 $\boldsymbol{\beta} = \boldsymbol{H}^{\#}\boldsymbol{Y}$ ， $\boldsymbol{H}^{\#}$ 是 $\boldsymbol{H}$ 的 Moore–Penrose 广义逆矩阵。

对于由 r 个端元 $\boldsymbol{A} = (\boldsymbol{a}_1, \boldsymbol{a}_2, \cdots, \boldsymbol{a}_r)$ 构成的高光谱图像 $\boldsymbol{X} \in \mathbb{R}^{n \times m}$ ，在利用 ELM 进行丰度求解过程中，纯像元对应的输出丰度值是只有某一元素等于 1，其他等于 0 的 r 维矢量。利用原先选取的各类物质纯像元进行训练，就能得到其他混合像元大小在 0 到 1 之间的丰度值。另一方面，为了克服初始化的不确定性，构建多个 ELM 进行训练，然后采用取其中最大值的方式将它们的输出结果进行集成，作为最后的丰度估计值。

8.2.2 基于 Hopfield 神经网络的方法

Hopfield 神经网络(HNN)是一种全连接的反馈型神经网络，其中的能量函数描述了整个网络的状态，而且在稳定的 HNN 中是单调下降的。一般来说，网络的对称性和非减的激活函数保证了 HNN 的稳定性。而 HNN 也包括离散和连续的两种类型，自身的特殊的结构和性能令它们能很好地解决优化问题。

对于有 N 个神经元的连续 HNN，神经元的状态(或输出)定义为以下的微分方程：

$$\frac{\mathrm{d}u_i}{\mathrm{d}t} = \sum_{k} w_{i,k} o_k + \underline{b}_k, \quad o_i(t) = f(u_i(t)), \quad i = 1, 2, \cdots, N \tag{8.2.3}$$

式中， o_i 、 u_i 和 $\underline{b}_i$ 分别是神经元 i 的输出、状态和偏置。 $w_{i,k}$ 是神经元 i 与 k 间的连接权重； $f(\bullet)$ 是激活函数。式(8.2.3)描述了一个动态系统，并存在递减的能量函数：

$$E = -\frac{1}{2} \sum_{i=1}^{N} \sum_{k=1}^{N} w_{i,k} o_i o_k - \sum_{i=1}^{N} o_i \underline{b}_i \tag{8.2.4}$$

在利用 HNN 进行优化时，就是要使问题的目标函数与能量函数相对应来构造 HNN。

HNN 已被成功应用于线性解混，当与 GBM 模型结合时也能用于非线性解混(Li et al.，2016)。在该方法中，两个连续的 HNN 被构建来分别解决 GBM 半非负矩阵分解问题中的丰度估计和非线性参数估计，而且经过一定次数的迭代后都能保持稳定状态。

对于由已知的 r 个端元 $\{\boldsymbol{a}_1, \boldsymbol{a}_2, \cdots, \boldsymbol{a}_r\}$ 构成的高光谱遥感图像 $\boldsymbol{X} \in \mathbb{R}^{n \times m}$ ，引入增广矩

阵来满足丰度的 ASC 约束，得到 GBM 的约束优化问题：

$$\begin{aligned}&\min_{S, B} \frac{1}{2}\left\|X^* - A^*S - M^*B\right\|_F^2\\&\text{s.t. } A \geqslant 0,\ 0 \leqslant B \leqslant S^*\end{aligned} \tag{8.2.5}$$

$$X^* = \begin{bmatrix} X \\ \delta \mathbf{1}_m^T \end{bmatrix},\quad A^* = \begin{bmatrix} A \\ \delta \mathbf{1}_r^T \end{bmatrix},\quad M^* = \begin{bmatrix} M \\ \mathbf{0} \end{bmatrix} \tag{8.2.6}$$

式中，$M = (a_1 \odot a_2, a_1 \odot a_3, \cdots, a_{r-1} \odot a_r) \in \mathbb{R}^{n\times r(r-1)/2}$ 是双线性部分的端元两两 Hadamard 乘积矩阵；$B \in \mathbb{R}^{r(r-1)/2\times m}$ 是非线性参数 $\gamma_{i,k} \in [0,1]$ 与端元对应丰度的乘积，其第 j 个列向量为 $B(:,j) = (\gamma_{1,2,j}s_{1,j}s_{2,j},\ \gamma_{1,3,j}s_{1,j}s_{3,j},\ \cdots,\ \gamma_{r-1,r,j}s_{r-1,j}s_{r,j})^T$。$S^* \in \mathbb{R}^{r(r-1)/2\times m}$ 只是两两端元间丰度的乘积，其第 j 个列向量为 $S^*(:,j) = (s_{1,j}s_{2,j},\ s_{1,j}s_{3,j},\ \cdots,\ s_{r-1,j}s_{r,j})^T$.

类似于本书第 6 章中的 GBM-SemiNMF 算法，分别引入了两个矩阵 $X_1 = X^* - M^*B$ 和 $X_2 = X^* - A^*S$，构建分别对应于变量 S 和 B 的两个交替优化的子问题：$(1/2)\left\|X_1 - A^*S\right\|_F^2$ 和 $(1/2)\left\|X_2 - M^*B\right\|_F^2$。然后，再分别构建两个连续的 HNN 对这两个子问题交替求解(HNN-1 用于丰度 S 估计，HNN-2 用于非线性系数 B 估计)，每个神经元是用于计算 S 或 B 的单元，所有神经元都以不同的权重相连接。此外，HNN-1 和 HNN-2 还通过外部拓扑结构相连接，从而允许它们交换更新后的 S 或 B 和确定神经元的偏置。

对于 HNN-2，神经元的状态方程和能量函数为

$$\begin{cases} \dfrac{dU_{i,k}}{dt} = \displaystyle\sum_{l=1}^{r(r-1)/2}\sum_{j=1}^{m} W_{i,k-l,j}O_{l,j} + \underline{\beta}_{i,k},\quad O_{i,k} = f(U_{i,k}),\quad k = 1,2,\cdots,\dfrac{r(r-1)}{2}, k = 1,2,\cdots,N \\ E = -\dfrac{1}{2}\displaystyle\sum_{i=1}^{r(r-1)/2}\sum_{k=1}^{m}\sum_{l=1}^{r(r-1)/2}\sum_{j=1}^{m} W_{i,k-l,j}O_{i,k}O_{l,j} - \sum_{i=1}^{r(r-1)/2}\sum_{k=1}^{m}\underline{\beta}_{i,k}O_{i,k} \end{cases} \tag{8.2.7}$$

然后，将关于 B 的最优化问题进行展开，得

$$\begin{aligned}\frac{1}{2}\left\|X_2 - M^*B\right\|_F^2 &= \frac{1}{2}\sum_{i=1}^{n}\sum_{j=1}^{m}(X_2)_{i,j}^2 - \sum_{i=1}^{n}\sum_{j=1}^{m}\sum_{k=1}^{r(r-1)/2}(X_2)_{i,j}M_{i,k}^*B_{k,j}\\&+\frac{1}{2}\sum_{i=1}^{n}\sum_{j=1}^{m}\sum_{k=1}^{r(r-1)/2}\sum_{l=1}^{r(r-1)/2}(X_2)_{i,k}M_{i,l}^*B_{k,j}B_{l,j}\end{aligned} \tag{8.2.8}$$

忽略上式的第一个常数项后，将其与式(8.2.7)匹配，以神经元 O 对应 B 并计算 $W_{i,k-l,j}$ 和 $\underline{\beta}_{i,k}$，得到 HNN-2 的状态方程：

$$\frac{dU_2}{dt} = -M^{*T}M^*B + M^{*T}(X^* - A^*S),\quad B = f(U_2),\quad f(U_{i,k}) = \frac{\phi_{i,k}}{1 + e^{-U_{i,k}/\lambda}} \tag{8.2.9}$$

式中，λ 是随输入 $U_{i,k}$ 变化的尺度参数；$\phi_{i,k}$ 控制 $U_{i,k}$ 的上界；$f(U_{i,k})$ 能自然保证 B 的非负性。最后，HNN-2 的状态更新为

$$U_2' = U_2 + \eta\frac{dU_2}{dt} \tag{8.2.10}$$

这里的$\boldsymbol{U}_2'$是更新后的状态矩阵，η表示学习率。类似于 HNN-2，HNN-1 关于 $\boldsymbol{S}$ 的更新也有对应的状态方程和更新方式

$$\frac{\mathrm{d}\boldsymbol{U}_1}{\mathrm{d}t}=-\boldsymbol{A}^{*\mathrm{T}}\boldsymbol{A}^*\boldsymbol{S}+\boldsymbol{A}^{*\mathrm{T}}(\boldsymbol{X}^*-\boldsymbol{M}^*\boldsymbol{B}),\quad \boldsymbol{S}=f(\boldsymbol{U}_1),\quad \boldsymbol{U}_1'=\boldsymbol{U}_1+\eta\frac{\mathrm{d}\boldsymbol{U}_1}{\mathrm{d}t} \tag{8.2.11}$$

在该方法的两个网络交替迭代求解过程中，HNN-1 根据式(8.2.11)经过T_1次迭代后，将更新后的$\boldsymbol{S}$作为已知量通过两个网络的外部连接代入 HNN-2 中，根据式(8.2.9)和式(8.2.10)进行T_2次迭代更新$\boldsymbol{B}$，并以此交替进行直到收敛为止。在算法的初始阶段，采用均匀分布随机初始化$\boldsymbol{S}$并使其满足ASC约束，然后以此初始化$\boldsymbol{B}$。HNN-1 和 HNN-2 的状态初始化为$\boldsymbol{U}_1=-\boldsymbol{A}^{*\mathrm{T}}\boldsymbol{A}^*\boldsymbol{S}+\boldsymbol{A}^{*\mathrm{T}}(\boldsymbol{X}^*-\boldsymbol{M}^*\boldsymbol{B})$，$\boldsymbol{U}_2=-\boldsymbol{M}^{*\mathrm{T}}\boldsymbol{M}^*\boldsymbol{B}+\boldsymbol{M}^{*\mathrm{T}}(\boldsymbol{X}^*-\boldsymbol{A}^*\boldsymbol{S})$。

8.3 波长依赖的非线性光谱解混

遥感中的光线辐射传输过程总是波长的函数，不同波段上的电磁波实际以不同的方式与地物发生相互作用(赵英时，2003)。由于这种波段依赖的光线散射和吸收性质，各类地物在各个波段上通常也具有显著不同的反射特征。自然地，在与辐射传输密切相关的光谱混合过程中，不同程度的多次散射很可能同时发生在观测像元的不同波长上，表现为不同强度的非线性作用(Ammanouil et al.，2017)。例如，叶绿素在植被对可见光的吸收中扮演着重要的角色，而这些部分波长上对应的光线反射和透射将相较于其他波段更弱(赵英时，2003；童庆禧等，2006)。但是，因为植被叶片的特殊结构和散射性质的影响，在近红外区域则相反地会表现出强烈的光线反射与透射行为(Gates et al.，1965；Stuckens et al.，2009；Thenkabail et al.，2011)。这样，近红外光谱域中的光线会有更多的机会在不同层次的植被冠层、土壤等不同地物间发生更为复杂的多次散射，从而使更高阶的非线性混合效应出现在近红外波段中。

另一方面，第 5 章中所描述的大多数非线性混合模型虽然能通过调整非线性参数来解释不同像元中的非线性强度差异，但是，它们具有的一个隐式假设是认为像元所有的波段都服从相同的一种非线性混合模式。该假设与真实情况的差异性，必然会给解混带来除了用端元乘积简单表示多次散射外的模型本质误差，限制丰度的精确估计和精细的定量应用。而且，从第 5 章关于植被覆盖区域的非线性解混实验结果(Somers et al.，2014；Dobigeon et al.，2014)，其实也可以很明显地看到，利用这些非线性模型解混后，在近红外区域的重构误差明显要高于其他波段，波段依赖的模型误差降低了结果的精确性。

由此看来，波段依赖的非线性混合效应是非线性解混中需要考虑一个重要因素。最直接的做法是要对每个波段上的非线性混合效应有区分并尽可能准确地建模解释，然后在此基础上实现非线性解混。因为具体的非线性混合形式和强度未知，这就需要所建立的模型应有足够的鲁棒性，能解释包括线性混合、双线性混合乃至高阶非线性混合下的不同情形，并且能够通过恰当的优化求解与之而来的复杂问题。本节介绍的是一种在核非线性混合模型基础上，按波段有区分地矢量化核函数后的解混算法，以及一种对多线性混合模型 MLM 进行按波段扩展改进后分波段非线性解混算法。

8.3.1　矢量核模型方法

前面章节中介绍的核非线性混合模型及 SK-Hype 算法(见本书第 6 章)，不对非线性成分作具体的特定假设，而是在 RKHS 中利用核函数表示复杂的非线性混合作用。该方法为描述广泛的非线性提供了有效的途径，通过选择合适的核函数能够应对多种不同类型的非线性效应，但是依然对所有波段只考虑了相同的标量非线性映射函数。为了克服该问题，非线性邻域和波段依赖的解混 (nonlinear neighbor and band dependent unmixing，NDU) 方法(Ammanouil et al.，2017)，将非线性函数转化为矢量核函数定义的 RKHS 中，从而允许不同波段上可以具有不同波长依赖的非线性贡献。同时，由于相邻表面的太阳辐射光也可能被反射进入传感器的当前瞬时视场角中，NDU 方法还继续考虑了来源于各像元邻域像元的非线性贡献，并将其加入到非线性函数的构建中。相应地，NDU 采用了一个考虑邻近效应的可变换(transformable)矢量核，以及一种考虑邻近效应并加入邻近波段非线性强度平滑变化的可分离(separable)矢量核。最后，利用 ADMM 方法对构建的解混凸约束优化问题求解。

1) 矢量核模型与矢量核

对于由已知的 r 个端元 $\{\boldsymbol{a}_1, \boldsymbol{a}_2, \cdots, \boldsymbol{a}_r\}$ 构成的高光谱遥感图像 $\boldsymbol{X} \in \mathbb{R}^{n\times m}$，假设整个图像可以分为若干个像元团块，每个分块 $\underline{\boldsymbol{X}} = (\boldsymbol{x}_1, \boldsymbol{x}_2, \cdots, \boldsymbol{x}_N)$ 中的所有像元对应于一个矢量的非线性函数 $\boldsymbol{f}$ 。块不能过大或过小，这样由线性混和与非线性混合部分构成的模型为

$$\boldsymbol{x}_j = \boldsymbol{x}_j^{\text{lin}} + \boldsymbol{f}(\boldsymbol{v}_j) + \boldsymbol{\varepsilon}_j \tag{8.3.1}$$

式中，$\boldsymbol{x}_j^{\text{lin}} = \sum_{i=1}^{r} \boldsymbol{a}_i s_{i,j}$ ，假设 $\boldsymbol{f}(\boldsymbol{v}_j)$，$\boldsymbol{\varepsilon}_j$ 相对于 $\boldsymbol{x}_j^{\text{lin}}$ 具有更小的值，$\boldsymbol{v}_j = \text{col}(\{\boldsymbol{x}_i\}_{i\in \boldsymbol{C}_j})$ 是将像元 $\boldsymbol{x}_j$ 及其 $c-1$ 个相邻像元(如 $\boldsymbol{C}_j = \{j-1, j, j+1\}$)进行堆叠成的矢量。而且 $\boldsymbol{f}(\boldsymbol{v}_j) = (f_1(\boldsymbol{v}_j), \cdots, f_n(\boldsymbol{v}_j))^{\mathrm{T}}$ 隐含地反映了每个波段都可以对应有一个标量的函数，表示对应的非线性贡献。

然后，假设 $\boldsymbol{f}$ 属于矢量函数的 RKHS $\tilde{\mathcal{H}}_\kappa$ 中，经过映射后的内积由对应的矢量核函数表示：

$$\begin{aligned} \tilde{\boldsymbol{\kappa}}:\ & \mathbb{R}^{nc} \times \mathbb{R}^{nc} \to \mathbb{R}^{n} \times \mathbb{R}^{n} \\ & (\boldsymbol{v}_j, \boldsymbol{v}_{j'}) \to \tilde{\boldsymbol{\kappa}}(\boldsymbol{v}_j, \boldsymbol{v}_{j'}) \end{aligned} \tag{8.3.2}$$

与标量的情况不同，$\tilde{\boldsymbol{\kappa}} \in \mathbb{R}^{n\times n}$ 是半正定的矩阵，而与 $\boldsymbol{f}$ 相关的 Gram 矩阵 $\tilde{\boldsymbol{K}} \in \mathbb{R}^{nN\times nN}$ 是一个包含 $N\times N$ 个分块的大型分块矩阵，第 (j, j') 个块为矩阵 $\tilde{\boldsymbol{K}}_{j,j'} = \tilde{\boldsymbol{\kappa}}(\boldsymbol{v}_j, \boldsymbol{v}_{j'})$ 。另外，为了把对非线性函数的估计转化为对系数 $\{\boldsymbol{\alpha}_{j'}\}_{j'=1}^{N}$ 的估计，可将 $\boldsymbol{f}(\boldsymbol{v}_j)$ 表示为核函数的扩展形式，并得到对应的模：

$$\boldsymbol{f}(\boldsymbol{v}_j) = \sum_{j'=1}^{N} \tilde{\boldsymbol{\kappa}}(\boldsymbol{v}_j, \boldsymbol{v}_{j'})\boldsymbol{\alpha}_{j'}\ ,\quad \|\boldsymbol{f}\|_{\tilde{\mathcal{H}}_\kappa}^2 = \sum_{j=1}^{N}\sum_{j'=1}^{N} \boldsymbol{\alpha}_j^T \tilde{\boldsymbol{\kappa}}(\boldsymbol{v}_j, \boldsymbol{v}_{j'})\boldsymbol{\alpha}_{j'} \tag{8.3.3}$$

2) 矢量核设计

第一个可变核利用标量核定义其每个元素

$$\tilde{\kappa}(\boldsymbol{v}_j, \boldsymbol{v}_{j'})_{i,i'} = \kappa(\boldsymbol{T}_i \boldsymbol{v}_j, \boldsymbol{T}_{i'} \boldsymbol{v}_{j'}), \quad \boldsymbol{T}_i \boldsymbol{v}_j = \mathrm{col}(\{x_{i,l}\}_{l \in \boldsymbol{C}_j}), \quad i,\ i' = 1, 2, \cdots, n \tag{8.3.4}$$

这里的 $\boldsymbol{T}_i$ 将第 i 波段上 $\boldsymbol{v}_j$ 的 c 个值堆叠成矢量。可分核的 Gram 矩阵对各波段上的所有像元对的相似性进行编码，然后利用该相关性估计 $\boldsymbol{f}$ 的 n 个成分。

第二个可分核允许 $\boldsymbol{f}$ 的不同成分间具有相似性，定义为一个标量核 $\kappa(\boldsymbol{v}_j, \boldsymbol{v}_{j'})$ 与一个描述不同波段上非线性贡献相似性的 $n \times n$ 半正定矩阵 $\boldsymbol{\Theta}$ 乘积：

$$\tilde{\boldsymbol{\kappa}}(\boldsymbol{v}_j, \boldsymbol{v}_{j'}) = \kappa(\boldsymbol{v}_j, \boldsymbol{v}_{j'})\boldsymbol{\Theta}, \quad \|\boldsymbol{f}\|_{\tilde{\mathcal{H}}_\kappa}^2 = \sum_{i=1}^{N}\sum_{i'=1}^{N} \Theta_{i,i'}^{\#} \langle f_i, f_{i'} \rangle_{\mathcal{H}_\kappa} \tag{8.3.5}$$

此时，整体 Gram 矩阵为 $\tilde{\boldsymbol{K}} = \boldsymbol{K} \otimes \boldsymbol{\Theta}$（$\otimes$ 是 Kronecker 积，$\boldsymbol{K}$ 是标量核 $\kappa(\boldsymbol{v}_j, \boldsymbol{v}_{j'})$ 的 Gram 矩阵）。接下来，利用图方法来表示不同波段上的非线性贡献 $f_1, \cdots, f_n$ 间的关系从而构建 $\boldsymbol{\Theta}$：定义邻接矩阵 $\boldsymbol{W} \in \mathbb{R}^{n \times n}$，当两个波段具有相似的非线性贡献时，对应的节点相连接并具有相似性权重 $w_{i,i'} > 0$，否则 $w_{i,i'} = 0$。将 $\boldsymbol{\Theta}^{\#}$（$\boldsymbol{\Theta}$ 广义逆）与 $\boldsymbol{W}$ 相联系，有

$$\begin{cases} \Theta_{i,i'}^{\#} = -w_{i,i'} & i \neq i' \\ \Theta_{i,i}^{\#} = \sum\limits_{i'}^{N} w_{i,i'} & i = i' \end{cases}, \qquad \|\boldsymbol{f}\|_{\tilde{\mathcal{H}}_\kappa}^2 = \sum_{i=1}^{n} \|f_i\|_{\mathcal{H}_\kappa}^2 w_{i,i} + \frac{1}{2}\sum_{i=1}^{n}\sum_{i'=1}^{n} \|f_i - f_{i'}\|_{\mathcal{H}_\kappa}^2 w_{i,i'} \tag{8.3.6}$$

上式中的 $\|\boldsymbol{f}\|_{\tilde{\mathcal{H}}_\kappa}^2$ 类似于图正则项，使得一对波段函数间变得相似，根据图的先验信息 $\boldsymbol{W}$ 完成对不同波段间的非线性贡献相似性程度的调整。可以简单地令相邻波段以单位权重保持相似和平滑性，也可以赋予某些波段区间更复杂的图结构。由于可变核与可分核的构建都依赖于标量基核的定义，需要先选择传统的标量核，此时依然可以采用本书第 6 章中介绍的多项式核与高斯核。

3) 优化求解方法

在式 (8.3.1) 的基础上，假设噪声为高斯零均值白噪声，并分别加入矢量函数 $\boldsymbol{f}$ 的 2 范数正则项 $\|\boldsymbol{f}\|_{\tilde{\mathcal{H}}_\kappa}^2$ 和丰度 $J(\boldsymbol{S}) = (1/2)\|\boldsymbol{S}\|_F^2$ 保证目标函数的凸性，得到一个团块中像元解混的约束优化问题：

$$\begin{aligned} &\min_{\boldsymbol{S}, \boldsymbol{f}} \frac{1}{2}\sum_{j=1}^{N} \|\boldsymbol{x}_j - \boldsymbol{A}\boldsymbol{s}_j + \boldsymbol{f}(\boldsymbol{v}_j)\|^2 + \frac{\lambda_1}{2}\|\boldsymbol{f}\|_{\tilde{\mathbf{H}}_\kappa}^2 + \lambda_2 J(\boldsymbol{S}) \\ &\text{s.t.} \quad \boldsymbol{S} \geqslant \boldsymbol{0}, \quad \mathbf{1}_r^{\mathrm{T}} \boldsymbol{S} = \mathbf{1}_N^{\mathrm{T}} \end{aligned} \tag{8.3.7}$$

针对上式，采用 ADMM 方法 (Boyd et al.，2011) 引入对偶变量，构建增广拉格朗日函数：

$$\begin{aligned} L(\boldsymbol{Q}, \boldsymbol{Z}, \boldsymbol{f}, \boldsymbol{\Lambda}) = &\frac{1}{2}\sum_{j=1}^{N} \|\boldsymbol{x}_j - \boldsymbol{A}\boldsymbol{q}_j + \boldsymbol{f}(\boldsymbol{v}_j)\|^2 + \frac{\lambda_1}{2}\|\boldsymbol{f}\|_{\tilde{\mathbf{H}}_\kappa}^2 + \lambda_2 J(\boldsymbol{Z}) \\ &+ \mathrm{trace}(\boldsymbol{\Lambda}^{\mathrm{T}}(\boldsymbol{G}\boldsymbol{Q} + \boldsymbol{P}\boldsymbol{Z} - \boldsymbol{D})) + \frac{\rho}{2}\|\boldsymbol{G}\boldsymbol{Q} + \boldsymbol{P}\boldsymbol{Z} - \boldsymbol{D}\|_F^2 \end{aligned} \tag{8.3.8}$$

$$\boldsymbol{G}=\begin{pmatrix}\boldsymbol{I}_{r\times r}\\ \boldsymbol{1}_r^{\mathrm{T}}\end{pmatrix},\ \boldsymbol{P}=\begin{pmatrix}-\boldsymbol{I}_{r\times r}\\ \boldsymbol{0}_r^{\mathrm{T}}\end{pmatrix},\ \boldsymbol{D}=\begin{pmatrix}\boldsymbol{0}_{r\times N}\\ \boldsymbol{1}_N^{\mathrm{T}}\end{pmatrix} \tag{8.3.9}$$

令 $\boldsymbol{\theta}_j=\boldsymbol{x}_j-\boldsymbol{A}\boldsymbol{q}_j+\boldsymbol{f}(\boldsymbol{v}_j)$，$\boldsymbol{\theta}=(\boldsymbol{\theta}_1,\boldsymbol{\theta}_2,\cdots,\boldsymbol{\theta}_N)$，忽略变量 $\boldsymbol{Z}$ 相关项，通过对式(8.3.8)求导得到变量 $\boldsymbol{Q}$, $\boldsymbol{f}$ 关于对应拉格朗日乘子 $\boldsymbol{\Gamma}=(\boldsymbol{\Gamma}_1,\boldsymbol{\Gamma}_2,\cdots,\boldsymbol{\Gamma}_N)$ 的函数为

$$\begin{cases}\boldsymbol{Q}^*=\dfrac{(\boldsymbol{G}^{\mathrm{T}}\boldsymbol{G})^{-1}}{\rho}\left(\boldsymbol{A}^{\mathrm{T}}\boldsymbol{\Gamma}^*-\boldsymbol{G}^{\mathrm{T}}\boldsymbol{\Lambda}-\rho\boldsymbol{G}^{\mathrm{T}}(\boldsymbol{P}\boldsymbol{Z}-\boldsymbol{D})\right)\\ \boldsymbol{f}^*=\dfrac{1}{\lambda_1}\displaystyle\sum_{j=1}^{N}\tilde{\boldsymbol{\kappa}}(\bullet,\boldsymbol{v}_j)\boldsymbol{\Gamma}_j^*\\ \boldsymbol{\theta}^*=\boldsymbol{\Gamma}^*\end{cases} \tag{8.3.10}$$

然后，将式(8.3.10)代入式(8.3.8)中得到对偶问题：

$$\max_{\boldsymbol{\Gamma}}-\frac{1}{2}\mathrm{vec}(\boldsymbol{\Gamma})^{\mathrm{T}}\boldsymbol{M}\mathrm{vec}(\boldsymbol{\Gamma})+\mathrm{vec}(\boldsymbol{\Gamma})^{\mathrm{T}}\boldsymbol{h},\quad \begin{cases}\boldsymbol{M}=\boldsymbol{I}_{nN\times nN}+\dfrac{1}{\lambda_1}\tilde{\boldsymbol{K}}+\dfrac{1}{\rho}\boldsymbol{I}_{N\times N}\otimes\boldsymbol{A}(\boldsymbol{G}^{\mathrm{T}}\boldsymbol{G})^{-1}\boldsymbol{A}^{\mathrm{T}}\\ \boldsymbol{h}=\mathrm{vec}(\boldsymbol{X}+\dfrac{1}{\rho}\boldsymbol{A}(\boldsymbol{G}^{\mathrm{T}}\boldsymbol{G})^{-1}\boldsymbol{A}^{\mathrm{T}}(\boldsymbol{\Lambda}+\rho(\boldsymbol{P}\boldsymbol{Z}-\boldsymbol{D})))\end{cases} \tag{8.3.11}$$

最后，通过求解线性方程组 $\boldsymbol{M}\mathrm{vec}(\boldsymbol{\Gamma}^*)=\boldsymbol{h}$ 得到 $\boldsymbol{\Gamma}^*$ 便能代入式(8.3.10)中用于 $\boldsymbol{Q}$, $\boldsymbol{f}$ 的更新。

类似地，忽略式(8.3.8)中与变量 $\boldsymbol{Z}$ 无关的项，可得到 $\boldsymbol{Z}$ 的更新方式。当 $J(\boldsymbol{Z})$ 取 Frobenius 范数和 1 范数时，$\boldsymbol{Z}$ 的更新分别如式(8.3.12)和式(8.3.13)中所示：

$$\boldsymbol{Z}=\max\left(\frac{\rho}{\rho+\lambda_2}(\boldsymbol{Q}+\frac{1}{\rho}\boldsymbol{\Lambda}),\ 0\right) \tag{8.3.12}$$

$$\boldsymbol{Z}=\max\left(\boldsymbol{Q}+\frac{1}{\rho}\boldsymbol{\Lambda}-\frac{\lambda_2}{\rho},\ 0\right) \tag{8.3.13}$$

每次迭代的最后还需更新拉格朗日乘子：

$$\boldsymbol{\Lambda}=\boldsymbol{\Lambda}+\rho(\boldsymbol{G}\boldsymbol{Q}+\boldsymbol{P}\boldsymbol{Z}-\boldsymbol{D}) \tag{8.3.14}$$

NDU 算法在初始化各变量，并设置好迭代的收敛条件后，将以交替迭代的方式，根据式(8.3.10)、式(8.3.12)、式(8.3.13)和式(8.3.14)更新变量 $\boldsymbol{Q}$, $\boldsymbol{Z}$, $\boldsymbol{f}$, $\boldsymbol{\Lambda}$ 直至收敛为止。具体的算法源代码可以参考 http://cedric-richard.fr。

8.3.2 扩展的多线性混合模型方法

本书第 5 章中介绍的多线性混合模型 MLM 通过引入一个概率参数 P 描述入射光线与地物发生进一步作用的可能性，可以用于解释从线性混合到无穷阶的任意多次散射，具有较好的鲁棒性。然而，MLM 中的 P 也只是像元依赖的，虽然每个像元对应有不同的标量参数 P 表示其非线性强度，但却依然认为一个像元中所有波段都服从相同的非线性混合模式，限制了其对波段依赖非线性效应的解释能力。为了改善该问题，使其能够

用于分波段非线性解混的建模，扩展的 MLM 模型(extended MLM，EMLM)(Yang and Wang，2018)将原始标量的参数 P 矢量化为 $\boldsymbol{P}=(P_1,P_2,\cdots,P_n)^{\mathrm{T}}$ ，如图 8.1 所示，给每个像元的不同波段都赋予了一个特定的标量 P ，用于表示该波段对应的非线性强度。对于由已知的 r 个端元 $\{\boldsymbol{a}_1,\boldsymbol{a}_2,\cdots,\boldsymbol{a}_r\}$（可由 VCA 等算法提取）构成的高光谱遥感图像 $\boldsymbol{X}\in\mathbb{R}^{n\times m}$ ，EMLM 具有如下的形式：

$$\boldsymbol{x}_j=\left(\boldsymbol{1}_n-\boldsymbol{P}_j\right)\odot\boldsymbol{y}_j+\boldsymbol{P}_j\odot\boldsymbol{y}_j\odot\boldsymbol{x}_j+\boldsymbol{\varepsilon}_j,\quad \boldsymbol{y}_j=\sum_{i=1}^{r}\boldsymbol{a}_i s_{i,j} \tag{8.3.15}$$

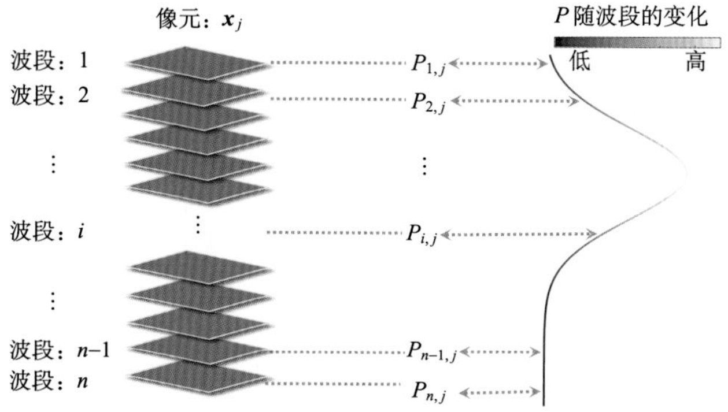

图 8.1　EMLM 模型示意图（Yang and Wang，2018）

由式(8.3.15)可得非线性解混的约束优化问题：

$$\begin{aligned}\min_{\boldsymbol{S},\tilde{\boldsymbol{P}}} f(\boldsymbol{S},\tilde{\boldsymbol{P}})&=\frac{1}{2}\sum_{j=1}^{m}\left\|\left(\mathbf{1}_n-\boldsymbol{P}_j\right)\odot\boldsymbol{y}_j+\boldsymbol{P}_j\odot\boldsymbol{y}_j\odot\boldsymbol{x}_j-\boldsymbol{x}_j\right\|_F^2\\&=\frac{1}{2}\sum_{j=1}^{m}\left\|\left(\boldsymbol{A}\odot\left(\left(\mathbf{1}_n-\boldsymbol{P}_j+\boldsymbol{P}_j\odot\boldsymbol{x}_j\right)\mathbf{1}_r^T\right)\right)\boldsymbol{s}_j-\boldsymbol{x}_j\right\|_F^2\\\text{s.t.}\ \ & s_{i,j}\geqslant 0,\ \sum_{i=1}^{r}s_{i,j}=1,\ P_{i,j}<1\end{aligned} \tag{8.3.16}$$

式中， $\tilde{\boldsymbol{P}}=\left(\boldsymbol{P}_1,\boldsymbol{P}_2,\cdots,\boldsymbol{P}_m\right)\in\mathbb{R}^{n\times m}$ 是与图像数据大小相同的概率参数矩阵。显然，随着像元数目的增加，待估参数数目将会增加，从而降低计算的效率和精度。此外，式(8.3.16)虽然关于丰度矩阵 $\boldsymbol{S}$ 或 $\tilde{\boldsymbol{P}}$ 是凸的，但对于两者是非凸的并且对应的方程组也是欠定的，导致容易得到较差的局部最优解。因此，可以再向式(8.3.16)中加入丰度的稀疏约束，以及以拉普拉斯图表示的概率参数 $\tilde{\boldsymbol{P}}$ 平滑性正则项约束，令相邻的波段对应相似的非线性强度，得到如下的约束优化问题：

$$\begin{aligned}&\min_{\boldsymbol{S},\tilde{\boldsymbol{P}}}\frac{1}{2}\sum_{j=1}^{m}\left\|\left(\boldsymbol{A}\odot\left(\left(\mathbf{1}_n-\boldsymbol{P}_j+\boldsymbol{P}_j\odot\boldsymbol{x}_j\right)\mathbf{1}_r^T\right)\right)\boldsymbol{s}_j-\boldsymbol{x}_j\right\|_F^2+\lambda_1\left\|\boldsymbol{S}\right\|_{1,1}+\frac{\lambda_2}{2}\mathrm{trace}(\tilde{\boldsymbol{P}}^T\boldsymbol{L}\tilde{\boldsymbol{P}})\\&\text{s.t.}\ \ s_{i,j}\geqslant 0,\ \sum_{i=1}^{r}s_{i,j}=1,\ P_{i,j}<1\end{aligned} \tag{8.3.17}$$

$$\frac{1}{2}\text{trace}(\tilde{\boldsymbol{P}}^T\boldsymbol{L}\tilde{\boldsymbol{P}})=\frac{1}{2}\sum_{j=1}^{m}\sum_{i=1}^{n}\sum_{k=1}^{n}\left(P_{i,j}-P_{k,j}\right)^2 W_{i,k}\text{ ， }W_{i,k}=\begin{cases}e^{-\frac{\|\boldsymbol{X}(i,:)-\boldsymbol{X}(k,:)\|_F^2}{\theta^2}}, & \text{波段}i\text{和}k\text{相邻}\\ 0, & \text{其他}\end{cases}\tag{8.3.18}$$

式中，λ_1 和 λ_2 是两个正则化参数。然后，同样可以采用 ADMM 算法(Boyd et al.，2011)对式(8.3.17)中的变量 $\boldsymbol{S}$ 和 $\tilde{\boldsymbol{P}}$ 进行交替更新。

首先，引入新变量 $\boldsymbol{G},\boldsymbol{H}$，得到式(8.3.17)的拉格朗日函数形式：

$$L\left(\boldsymbol{S},\tilde{\boldsymbol{P}},\boldsymbol{G},\boldsymbol{H},\boldsymbol{V}_1,\boldsymbol{V}_2\right)=\frac{1}{2}\sum_{j=1}^{m}\left\|\left(\boldsymbol{A}\odot\left(\left(\mathbf{1}_n-\boldsymbol{P}_j+\boldsymbol{P}_j\odot\boldsymbol{x}_j\right)\mathbf{1}_r^{\mathrm{T}}\right)\right)\boldsymbol{s}_j-\boldsymbol{x}_j\right\|_F^2$$
$$+\lambda_1\|\boldsymbol{G}\|_{1,1}+\frac{\lambda_2}{2}\text{trace}(\boldsymbol{H}^{\mathrm{T}}\boldsymbol{L}\boldsymbol{H})+\tau_B\left(\boldsymbol{S}\right)+\tau_C\left(\tilde{\boldsymbol{P}}\right)+\frac{\rho}{2}\left(\left\|\boldsymbol{S}-\boldsymbol{G}+\boldsymbol{V}_1\right\|_F^2+\left\|\tilde{\boldsymbol{P}}-\boldsymbol{H}+\boldsymbol{V}_2\right\|_F^2\right)\tag{8.3.19}$$

这里的 $\tau_B\left(\boldsymbol{S}\right)$、$\tau_C\left(\tilde{\boldsymbol{P}}\right)$ 分别使变量 $\boldsymbol{S}$ 和 $\tilde{\boldsymbol{P}}$ 满足式(8.3.17)中的约束条件。

对于变量 $\boldsymbol{S},\boldsymbol{G}$，在忽略其他无关变量后，以式(8.3.17)对其求导得到对应第 $(t+1)$ 次迭代中的更新方式：

$$\begin{cases}\boldsymbol{s}_j^{(t+1)}=\left(\left(\tilde{\boldsymbol{A}}^{(t)}\right)^{\mathrm{T}}\tilde{\boldsymbol{A}}^{(t)}+\rho\boldsymbol{I}_{r\times r}\right)^{-1}\left(\tilde{\boldsymbol{A}}^{(t)}\boldsymbol{x}_j+\rho\left(\boldsymbol{g}_j^{(t)}-\boldsymbol{v}1_j^{(t)}\right)\right)\\ \boldsymbol{S}^{(t+1)}=\max\left(\boldsymbol{S}^{(t+1)},\boldsymbol{0}\right),\quad \boldsymbol{S}^{(t+1)}=\boldsymbol{S}^{(t+1)}./\left(\boldsymbol{1}_{r\times r}\boldsymbol{S}^{(t+1)}\right)\end{cases}\tag{8.3.20}$$

采用软阈值方法更新 $\boldsymbol{G}$：

$$\begin{aligned}\boldsymbol{G}^{(t+1)}&=\text{soft}\left(\boldsymbol{S}^{(t+1)}+\boldsymbol{V}_1^{(t)},\lambda_1/\rho\right)\\ &=\max\left(\left|\boldsymbol{S}^{(t+1)}+\boldsymbol{V}_1^{(t)}\right|-\left(\lambda_1/\rho\right)\boldsymbol{1}_{r\times m},\boldsymbol{0}\right)\odot\text{sign}\left(\boldsymbol{S}^{(t+1)}+\boldsymbol{V}_1^{(t)}\right)\end{aligned}\tag{8.3.21}$$

类似地，对于变量 $\tilde{\boldsymbol{P}},\boldsymbol{H}$ 也将具有更新方式：

$$\begin{aligned}\tilde{\boldsymbol{P}}^{(t+1)}=&\left(\rho\left(\boldsymbol{H}^{(t)}-\boldsymbol{V}_2^{(t)}\right)-\boldsymbol{Y}^{(t+1)}\odot\left(\mathbf{1}_{r\times m}-\boldsymbol{X}\right)\odot\left(\boldsymbol{X}-\boldsymbol{Y}^{(t+1)}\right)\right)\\ &./\left(\left(\boldsymbol{Y}^{(t+1)}\right)^2\odot\left(\mathbf{1}_{r\times m}-\boldsymbol{X}\right)^2+\rho\mathbf{1}_{n\times m}\right)\end{aligned}\text{ ， }\tilde{\boldsymbol{P}}^{(t+1)}=\min\left(\tilde{\boldsymbol{P}}^{(t+1)},0.99\right)\tag{8.3.22}$$

$$\boldsymbol{H}^{(t+1)}=\left(\lambda_2\boldsymbol{L}+\rho\boldsymbol{I}_{n\times n}\right)^{-1}\left(\rho\left(\tilde{\boldsymbol{P}}^{(t+1)}+\boldsymbol{V}_2^{(t)}\right)\right)\tag{8.3.23}$$

最后，更新尺度化的对偶变量：

$$\begin{cases}\boldsymbol{V}_1^{(t+1)}=\boldsymbol{V}_1^{(t)}+\boldsymbol{S}^{(t+1)}-\boldsymbol{G}^{(t+1)}\\ \boldsymbol{V}_2^{(t+1)}=\boldsymbol{V}_2^{(t)}+\tilde{\boldsymbol{P}}^{(t+1)}-\boldsymbol{H}^{(t+1)}\end{cases}\tag{8.3.24}$$

在不满足收敛条件时，将根据式(8.3.20)至式(8.3.24)更新各变量，从而得到分波段的非线性光谱解混(band-wise non-linear spectral unmixing，BNLSU)算法。相比 NDU 算法，BNLSU 具有更加明确的波段依赖的非线性解混物理表达和数学求解方式，尤其是无须如 NDU 一样计算庞大的核矩阵，能够带来精度和计算速度上的提升。

8.4 考虑光谱变异性的非线性光谱解混

光谱变异性问题普遍存在于实际场景中，由于光照、采集条件、地物构成的复杂性和物质的固有属性等因素的影响，构成每个像元的端元光谱具有一定的差异。LMM 假设下的光谱变异性问题已受到部分关注并产生了一些有效的方法(见本书第 4 章)，但是在非线性混合效应显著的复杂场景中，就不但要开展非线性光谱解混研究，也要同时考虑场景中的光谱变异性。这两方面的问题在解混中都具有相当的复杂性和难度，但在实际应用中却具有重要的意义。据此，考虑光谱变异性的带平滑约束的无监督非线性光谱解混(unsupervised nonlinear spectral unmixing with smoothness constraints for dealing with spectral variability, UNSUSC-SV)算法(智通祥等，2018)首先利用核函数将原始高光谱数据映射到高维特征空间，然后在高维空间中考虑光谱变异系数进行线性解混。同时，根据地物分布的空间连续性，丰度和变异系数的变化应具有空间平滑性，对应加入了丰度和变异系数的局部平滑约束，使得解混结果陷入局部极小的概率变小。

在该方法中，先通过核函数将原始高光谱数据映射到高维核特征空间，然后，类似于 ELMM 模型(见本书第 4 章)，使基础端元矩阵乘上对应的比例系数向量来描述光谱变异性。因此，在通过核方法忽略具体的非线性混合形式的同时，也能顾及光谱变异性的影响。对于 r 个端元 $\{\boldsymbol{a}_1, \boldsymbol{a}_2, \cdots, \boldsymbol{a}_r\}$ 构成的高光谱遥感图像 $\boldsymbol{X} \in \mathbb{R}^{n\times m}$：

$$\phi(\boldsymbol{x}_j) = \phi(\boldsymbol{A})\mathbf{diag}(\boldsymbol{z}_j)\boldsymbol{s}_j = \phi(\boldsymbol{A})(\boldsymbol{z}_j \odot \boldsymbol{s}_j) \tag{8.4.1}$$

式中，$\boldsymbol{z}_j \in \mathbb{R}^{r\times 1}$ 为像元对应的光谱变异系数矢量。ϕ 是非线性映射函数，将原始数据映射到高维特征空间，并以核函数(取高斯径向基核函数)表示相关的内积(见本书第 6 章)。另外，考虑到物质在空间中分布的连续性，对丰度和光谱变异系数添加局部平滑约束，使得中心像元的丰度和光谱变异系数与邻域 $N(j)$ 内像元之间的差值尽量小。在此基础上结合式(8.4.1)，并引入一个新的变量 $\boldsymbol{B}$ 使目标函数便于求解，得到约束优化问题：

$$\begin{gathered}\min_{\boldsymbol{A},\boldsymbol{B},\boldsymbol{S},\boldsymbol{Z}} f(\boldsymbol{A},\boldsymbol{B},\boldsymbol{S},\boldsymbol{Z}) = \sum_{j=1}^{m}\frac{1}{2}\left\|\phi(\boldsymbol{x}_j) - \phi(\boldsymbol{A})\boldsymbol{b}_j\right\|_F^2 + \lambda\sum_{j=1}^{m}\frac{1}{2}\left\|\boldsymbol{b}_j - \boldsymbol{z}_j \odot \boldsymbol{s}_j\right\|_F^2 + \alpha\varphi(\boldsymbol{S}) + \beta\psi(\boldsymbol{Z}) + \tau_C(\boldsymbol{S}) \\ \varphi(\boldsymbol{S}) = \frac{1}{2}\sum_{j=1}^{m}\sum_{k\in \mathrm{N}(j)}\left\|\boldsymbol{s}_j - \boldsymbol{s}_k\right\|_{\mathrm{F}}^2 w_{j,k}, \quad \psi(\boldsymbol{Z}) = \frac{1}{2}\sum_{j=1}^{m}\sum_{k\in \mathrm{N}(j)}\left\|\boldsymbol{z}_j - \boldsymbol{z}_k\right\|_{\mathrm{F}}^2 w_{j,k} \\ w_{j,k} = \exp\left(\frac{-\left\|\boldsymbol{x}_j - \boldsymbol{x}_k\right\|_{\mathrm{F}}^2}{2\sigma^2}\right), \quad C = \left\{\boldsymbol{s}_j \mid 0 \leqslant \boldsymbol{s}_{i,j} \leqslant 1, \sum_{i=1}^{r}\boldsymbol{s}_{i,j} = 1\right\}\end{gathered} \tag{8.4.2}$$

式中，约束参数 λ 衡量了所引入变量 $\boldsymbol{b}_j$ 与 $\boldsymbol{z}_j \odot \boldsymbol{s}_j$ 间的差异。约束参数 α 和 β 分别是丰度和光谱变异系数局部平滑约束的正则化参数。最后，采用变量交替更新的方式完成解混。

对于端元矩阵 $\boldsymbol{A}$，具有核矩阵形式的优化子问题：

$$\hat{\boldsymbol{A}} = \arg\min_{\boldsymbol{A}} \frac{1}{2}\mathrm{tr}(\boldsymbol{K}_{\boldsymbol{XX}}) + \frac{1}{2}\mathrm{tr}(\boldsymbol{B}^{\mathrm{T}}\boldsymbol{K}_{\boldsymbol{AA}}\boldsymbol{B}) - \mathrm{tr}(\boldsymbol{K}_{\boldsymbol{XA}}\boldsymbol{B}) \tag{8.4.3}$$

式中，$\boldsymbol{K}_{XX}=\phi(\boldsymbol{X})^{\mathrm{T}}\phi(\boldsymbol{X})$；$\boldsymbol{K}_{AA}=\phi(\boldsymbol{A})^{\mathrm{T}}\phi(\boldsymbol{A})$；$\boldsymbol{K}_{XA}=\phi(\boldsymbol{X})^{\mathrm{T}}\phi(\boldsymbol{A})$ 是对应的核矩阵。采用投影梯度法对端元矩阵 $\boldsymbol{A}$ 进行更新：

$$\begin{cases}\boldsymbol{A}^{(t+1)}=\max(\boldsymbol{A}^{(t)}-\eta^{(t)}\nabla_{A}f_{\kappa}(\boldsymbol{A}^{(t)},\boldsymbol{B}^{(t)}),0)\\ \nabla_{\boldsymbol{a}_i}f_{\kappa}(\boldsymbol{A}^{(t)},\boldsymbol{B}^{(t)})=\dfrac{1}{\sigma^2}\displaystyle\sum_{j=1}^{m}\boldsymbol{K}_{XA}(j,i)\boldsymbol{B}(i,j)(\boldsymbol{a}_i-\boldsymbol{x}_j)\\ \qquad\qquad-\dfrac{1}{\sigma^2}\displaystyle\sum_{k=1}^{r}\boldsymbol{K}_{AA}(k,i)\left\langle\boldsymbol{B}\boldsymbol{B}^{\mathrm{T}}\right\rangle(i,k)(\boldsymbol{a}_i-\boldsymbol{a}_k)\end{cases}\tag{8.4.4}$$

这里的步长 $\eta^{(t)}$ 采用回溯 Armoji 搜索法(Lin，2007)进行更新(见本书第 3 章)。

变量矩阵 $\boldsymbol{B}$ 的更新按逐像元进行：

$$\hat{\boldsymbol{b}}_j=(\boldsymbol{Q}+\lambda\boldsymbol{I}_{r\times r})^{-1}(\boldsymbol{c}_j+\lambda\boldsymbol{z}_j\odot\boldsymbol{s}_j)\tag{8.4.5}$$

式中，$\boldsymbol{Q}_{i,k}=\kappa(\boldsymbol{a}_i,\boldsymbol{a}_k)$; $\boldsymbol{c}_{i,j}=\kappa(\boldsymbol{a}_i,\boldsymbol{x}_j)$。

对于丰度矩阵 $\boldsymbol{S}$，引入两个变量 $\boldsymbol{g}^1$ 和 $\boldsymbol{g}^2$ 后，采用 ADMM 方法(Boyd et al.，2011)对其更新。此时的子优化问题为

$$\hat{\boldsymbol{S}}=\arg\min_{\boldsymbol{S}}\ \lambda\sum_{j=1}^{m}\frac{1}{2}\left\|\boldsymbol{b}_j-\boldsymbol{z}_j\odot\boldsymbol{s}_j\right\|_F^2+\frac{1}{2}\alpha\sum_{j=1}^{m}\sum_{k\in\mathrm{N}(j)}\left\|\boldsymbol{g}_j^1-\boldsymbol{g}_k^1\right\|_{\mathrm{F}}^2w_{j,k}+\tau_C(\boldsymbol{g}^2)\tag{8.4.6}$$
$$\text{s.t. } \boldsymbol{S}=\boldsymbol{g}^1,\ \boldsymbol{S}=\boldsymbol{g}^2$$

上式对应的增广拉格朗日函数为

$$\begin{aligned}L(\boldsymbol{s}_j,\boldsymbol{g}_j^1,\boldsymbol{g}_j^2,\boldsymbol{v}_j^1,\boldsymbol{v}_j^2)=&\lambda\sum_{j=1}^{m}\frac{1}{2}\left\|\boldsymbol{b}_j-\boldsymbol{z}_j\odot\boldsymbol{s}_j\right\|_F^2+\frac{1}{2}\alpha\sum_{j=1}^{m}\sum_{k\in\mathrm{N}(j)}\left\|\boldsymbol{g}_j^1-\boldsymbol{g}_k^1\right\|_{\mathrm{F}}^2w_{j,k}+\tau_C(\boldsymbol{g}^2)\\&+\frac{\rho}{2}\sum_{j=1}^{m}(\left\|\boldsymbol{s}_j-\boldsymbol{g}_j^1+\boldsymbol{v}_j^1\right\|_{\mathrm{F}}^2+\left\|\boldsymbol{s}_j-\boldsymbol{g}_j^2+\boldsymbol{v}_j^2\right\|_{\mathrm{F}}^2)\end{aligned}\tag{8.4.7}$$

利用式(8.4.7)对各变量分别求导，得到它们各自对应的更新方式

$$\begin{cases}\hat{\boldsymbol{s}}_j=(\lambda\mathbf{diag}(\boldsymbol{z}_j)^{\mathrm{T}}\mathbf{diag}(\boldsymbol{z}_j)+2\rho\boldsymbol{I}_{r\times r})^{-1}(\lambda\mathbf{diag}(\boldsymbol{z}_j)^{\mathrm{T}}\boldsymbol{b}_j+\rho(\boldsymbol{g}_j^1-\boldsymbol{v}_j^1+\boldsymbol{g}_j^2-\boldsymbol{v}_j^2))\\ \boldsymbol{g}^1=\rho(\boldsymbol{S}+\boldsymbol{v}^1)(\alpha\boldsymbol{L}+\rho\boldsymbol{I}_{m\times m})^{-1}\\ \hat{\boldsymbol{g}}_j^2=\max(\boldsymbol{s}_j+\boldsymbol{v}_j^2,0),\qquad \hat{\boldsymbol{g}}_j^2=\hat{\boldsymbol{g}}_j^2\Big/\left(\mathbf{1}_{r\times1}^{\mathrm{T}}\hat{\boldsymbol{g}}_j^2\right)\\ \boldsymbol{v}_j^1=\boldsymbol{v}_j^1+\boldsymbol{s}_j-\boldsymbol{g}_j^1\\ \boldsymbol{v}_j^2=\boldsymbol{v}_j^2+\boldsymbol{s}_j-\boldsymbol{g}_j^2\end{cases}\tag{8.4.8}$$

最后，同样采用 ADMM 算法优化变量：

$$\hat{\boldsymbol{Z}}=\arg\min_{\boldsymbol{Z}}\ \lambda\sum_{j=1}^{m}\frac{1}{2}\left\|\boldsymbol{b}_j-\boldsymbol{z}_j\odot\boldsymbol{s}_j\right\|_{\mathrm{F}}^2+\frac{1}{2}\beta\sum_{j=1}^{m}\sum_{k\in\mathrm{N}(j)}\left\|\boldsymbol{g}_j^3-\boldsymbol{g}_k^3\right\|_{\mathrm{F}}^2w_{j,k}\ \text{s.t.}\boldsymbol{Z}=\boldsymbol{g}^3\tag{8.4.9}$$

通过构建上式对应的增广拉格朗日函数后，经过求导易得到变量的更新：

$$\begin{cases}\boldsymbol{z}_j=(\lambda\mathbf{diag}(\boldsymbol{s}_j)^{\mathrm{T}}\mathbf{diag}(\boldsymbol{s}_j)+\theta\boldsymbol{I}_{r\times r})^{-1}(\lambda\mathbf{diag}(\boldsymbol{s}_j)^{\mathrm{T}}\boldsymbol{b}_j+\theta(\boldsymbol{g}_j^3-\boldsymbol{v}_j^3))\\ \boldsymbol{g}^3=\theta(\boldsymbol{Z}+\boldsymbol{v}^3)(\beta\boldsymbol{L}+\theta\boldsymbol{I}_{m\times m})^{-1}\\ \boldsymbol{v}_j^3=\boldsymbol{v}_j^3+\boldsymbol{z}_j-\boldsymbol{g}_j^3\end{cases}\tag{8.4.10}$$

式中，$\boldsymbol{L}=\boldsymbol{D}-\boldsymbol{W}$；$\boldsymbol{D}$ 的对角元素满足 $d_{j,j}=\sum_{k\in \mathrm{N}(j)} w_{j,k}$。

在 UNSUSC-SV 算法的整体流程中，分别通过式(8.4.4)、式(8.4.5)、式(8.4.8)和式(8.4.10)交替地迭代更新各个变量直至满足收敛条件为止，最后得到各像元的端元矩阵和丰度。

8.5 非线性混合检测方法

线性混合与非线性混合是高光谱遥感图像中混合像元存在的两个主要形式。在一幅观测图像中，可能同时广泛存在这两种类型的像元。如果利用线性解混算法来分解非线性混合像元必然会因为无法解释非线性混合效应而产生较大的解混误差。而另一方面，如果只将单一的非线性混合模型用于所有像元的解混，虽然从前面来看，这些模型通过调整自身的非线性参数也可以转换为 LMM，但是，对于那些以简单线性混合形式存在的像元，特别是在噪声等误差影响较大的情况下，非线性混合模型中的非线性项将可能被用于拟合这些干扰性误差，产生过拟合等现象，也降低解混的精度。而且非线性解混算法通常也比线性解混算法要更加复杂，需要消耗更多的计算时间。因此，对高光谱遥感图像中的像元按线性与非线性混合进行区分，并采用相对应的模型和算法进行后续解混具有一定的实际意义。

8.5.1 基于 PPNM 的非线性探测

本书第 5 章中介绍的 PPNM 双线性混合模型[$\boldsymbol{x}_j=\boldsymbol{A}\boldsymbol{s}_j+b_j(\boldsymbol{A}\boldsymbol{s}_j)\odot(\boldsymbol{A}\boldsymbol{s}_j)+\boldsymbol{\varepsilon}_j$]，给每个像元赋予了一个特定的非线性标量参数 b_j，当其取 0 时，PPNM 实际上就是 LMM。由此可见，该参数容易被用于构建非线性的探测算子。通过对 b_j 的估计量建立广义似然检验，可以判断是线性混合模型还是 PPNM 更适合描述像元(Altmann et al.，2013)。在方法中，本书第 6 章介绍的次梯度算法被用于估计 PPNM 的模型参数(包括丰度 $\boldsymbol{s}_j$，一个非线性参数 b_j 以及噪声方差 σ^2)，然后利用约束的 Cramér–Rao 边界逼近估计非线性参数方差，并作为检验依据。

为了选择恰当的阈值以保证给定的虚警率和探测率，在广义最大似然估计检验和高光谱众多波段的基础上，可以使逐像元的估计 $\hat{b}_j$ 近似于高斯分布：

$$\hat{b}_j\sim\mathcal{N}\left(b_j,\delta^2(\boldsymbol{s}_j,b_j,\sigma^2)\right) \tag{8.5.1}$$

式中，$\delta^2(\boldsymbol{s}_j,b_j,\sigma^2)$ 是估计量 $\hat{b}_j$ 的方差。从而非线性检测可以转换为一个二值假设检验问题：

$$\begin{cases}H_0:\hat{b}_j\sim\mathcal{N}\left(0,\delta_0^2\right), & \boldsymbol{x}_j\text{服从LMM}\\ H_1:\hat{b}_j\sim\mathcal{N}\left(b_j,\delta_1^2\right), & \boldsymbol{x}_j\text{服从PPNM}\end{cases},\quad \begin{cases}\delta_0^2=\delta^2(\boldsymbol{s}_j,0,\sigma^2)\\ \delta_1^2=\delta^2(\boldsymbol{s}_j,b_j,\sigma^2),\ b_j\neq 0\end{cases} \tag{8.5.2}$$

假设 $\boldsymbol{s}_j,\sigma^2$ 已知，对上式应用经典的广义似然检验，将检验统计

$\sup_b \; p(\hat{b}_j \mid H_1) / p(\hat{b}_j \mid H_0)$ 与恰当的阈值相比较，得到检验策略：

$$T = \frac{\hat{b}_j^2}{\delta_0^2} \underset{H_0}{\overset{H_1}{\gtrless}} \eta \tag{8.5.3}$$

式中，η 是与检验虚警率 $P_{FA} = p(\hat{b}_j^2 \big/ \delta_0^2 \mid H_0) = 2\phi(-\sqrt{\eta})$（$\phi$ 是正态高斯分布的累积分布函数）相关的阈值。如果广义似然率 T 大于阈值，则接收假设 H_1 否则接收假设 H_0。而对于给定的 b_j，探测率大小为 $P_D = p(\hat{b}_j^2 \big/ \delta_0^2 \mid b_j \neq 0) = 1 + \phi(-\delta_0\sqrt{\eta} - b_j / \delta_1) - \phi(\delta_0\sqrt{\eta} - b_j / \delta_1)$。要计算 P_{FA} 和 P_D 就需要知道 δ_0 和 δ_1，然而因为实际中的 $\boldsymbol{s}_j, \sigma^2$ 是未知的，所以采用由约束的 CRLB（Cramér–Rao lower bound）方法在 H_0 假设下确定的近似估计 $\hat{\delta}_0$，得到

$$\hat{T} = \frac{\hat{b}_j^2}{\hat{\delta}_0^2} \underset{H_0}{\overset{H_1}{\gtrless}} \eta^* \tag{8.5.4}$$

在无约束的 CRLB 方法中考虑丰度的 ASC 与 ANC 约束，得到与 $\boldsymbol{\theta}_j = (\boldsymbol{s}_j^{\mathrm{T}}, b_j, \sigma^2)^{\mathrm{T}}$ 任意约束的无偏估计的协方差相关的 CCRLB：

$$\mathrm{CCRLB}(\boldsymbol{\theta}) = \boldsymbol{Q}\boldsymbol{J}_F^{-1}, \quad \boldsymbol{Q} = \boldsymbol{I}_{r+2} - \boldsymbol{J}_F^{-1}\boldsymbol{c}(\boldsymbol{c}^{\mathrm{T}}\boldsymbol{J}_F^{-1}\boldsymbol{c})\boldsymbol{c}^{\mathrm{T}}, \quad \boldsymbol{c} = (\boldsymbol{1}_r^{\mathrm{T}}, 0, 0)^{\mathrm{T}} \tag{8.5.5}$$

式中，$\boldsymbol{J}_F$ 是 Fisher 信息矩阵。在利用次梯度方法得到最大似然估计 $\hat{\boldsymbol{s}}_j, \hat{\sigma}^2$ 后，得到 δ_0 的估计值 $\hat{\delta}_0 = \mathrm{CCRLB}(0; \hat{\boldsymbol{s}}_j, \hat{\sigma}^2)$。最后，方法根据式(8.5.4)完成非线性检验。

此外，Altmann 等(2014)还使用残余成分分析(residual component analysis，RCA)的方法将非线性解混和非线性检测相结合。首先，将广义的非线性混合模型定义为 $\boldsymbol{x}_j = \boldsymbol{A}\boldsymbol{s}_j + \boldsymbol{\phi}_j + \boldsymbol{\varepsilon}_j$，其中 $\boldsymbol{\phi}_j$ 是像元中的一个未知非线性扰动向量。用 Bayesian 方法确定参数 $\boldsymbol{A}, \sigma^2$ 的先验，然后假设给定像元中的非线性混合效应与邻近的非线性效应相关，而将所有像元分为 K 类，以向量 $\boldsymbol{z} = [z_1, \ldots, z_m]^{\mathrm{T}}$（$z_j = 0, \ldots, K-1$）表示。每类具有不同的先验，类中的像元都具有相同的非线性混合程度。$\boldsymbol{\phi}_j$ 的先验分布通过高斯过程给出：$\boldsymbol{\phi}_j \mid \boldsymbol{A}, z_j = k, \delta_k^2 \sim \mathcal{N}(\boldsymbol{0}, \delta_k^2 \boldsymbol{K}_{\boldsymbol{A}})$，$\boldsymbol{K}_{\boldsymbol{A}}$ 是端元矩阵的协方差矩阵。然后对 $\boldsymbol{K}_{\boldsymbol{A}}$ 取二阶多项式核函数以考虑多次散射：$\boldsymbol{K}_{\boldsymbol{A}} = \boldsymbol{Q}\boldsymbol{Q}^{\mathrm{T}}$，$\boldsymbol{Q} = [\boldsymbol{a}_1 \odot \boldsymbol{a}_1, \ldots, \boldsymbol{a}_r \odot \boldsymbol{a}_r, \sqrt{2}\boldsymbol{a}_1 \odot \boldsymbol{a}_2, \ldots, \sqrt{2}\boldsymbol{a}_{r-1} \odot \boldsymbol{a}_r]$，再得到标记向量 $\boldsymbol{z}$ 的先验。最后，根据后验分布用 MCMC 生成 Gibbs 采样的样本以对各参数实现估计。这两个算法的源代码都能通过 http://dobigeon.perso.enseeiht.fr/publis.html 下载。

8.5.2　非线性混合像元的非参数检验与端元提取

高光谱遥感图像中的非线性混合像元检测与解混是交叉相关的。基于如 PPNM 等有参模型中的非线性参数估计可以被用于非线性像元检测，但是，实际场景中的像元非线性混合机制是未知的，难以保证检测的准确性。这就促使了需要利用核函数来解释非线性混合效应并用于非线性像元检测。另一方面，在非线性像元检测中，端元通常是假设

已知或者由现有方法提取的，这些方法虽能够较好地应用在线性混合像元的情形中，但对于非线性混合数据的端元提取精度较差。因此，Imbiriba 等(2016)将非线性像元检测与端元提取结合，并把高斯过程与线性模型的重构误差结合为一个探测统计量，其概率密度函数可以被合理近似，实现非参数检验。然后，根据探测结果，利用基于 MVES 算法(见本书第 3 章)的迭代地从线性混合像元中提取端元。

1) 高斯过程回归

对于混合机制未知的像元 $\boldsymbol{x}=\boldsymbol{\psi}(\boldsymbol{A})+\boldsymbol{\varepsilon}$，第 $\boldsymbol{i}$ 个波段有 $x_i=\psi(\boldsymbol{A}_{i,:})+\varepsilon_i$，$\psi$ 是 RKHS 中的一个实值函数。高斯过程能够通过核函数以数据驱动的方式求解端元的丰度系数，是任意有限的联合高斯分布随机变量的集合。给定 ψ 服从高斯先验：

$$E(\psi(\boldsymbol{A}_{i,:}))=0，\quad E(\psi(\boldsymbol{A}_{i,:})\psi(\boldsymbol{A}_{i',:}))=\kappa(\boldsymbol{A}_{i,:},\boldsymbol{A}_{i',:}) \tag{8.5.6}$$

式中，κ 是正定核(见本书第 6 章)。因此，观测像元的先验为 $\boldsymbol{x}\sim\mathcal{N}(\boldsymbol{0},\boldsymbol{K}+\sigma_{\text{noise}}^2\boldsymbol{I}_n)$，$\boldsymbol{K}$ 是 Gram 矩阵[$K_{i,i'}=\kappa(\boldsymbol{A}_{i,:},\boldsymbol{A}_{i',:})$]，σ_{noise}^2 是噪声方差。由于 $\boldsymbol{x}$ 和 $\psi_*\triangleq\psi(\boldsymbol{A}_{*,:})$ 可以有联合分布：

$$\begin{bmatrix}\boldsymbol{x}\\ \psi_*\end{bmatrix}\sim\boldsymbol{\mathcal{N}}\left(\boldsymbol{0},\begin{bmatrix}\boldsymbol{K}+\sigma_{\text{noise}}^2\boldsymbol{I}_n & \boldsymbol{\kappa}_*\\ \boldsymbol{\kappa}_*^{\text{T}} & \kappa_{*,*}\end{bmatrix}\right) \tag{8.5.7}$$

式中，$\boldsymbol{\kappa}_*=(\kappa(\boldsymbol{A}_{*,:},\boldsymbol{A}_{1,:}),\cdots,\kappa(\boldsymbol{A}_{*,:},\boldsymbol{A}_{n,:}))^{\text{T}}$，$\kappa_{*,*}=\kappa(\boldsymbol{A}_{*,:},\boldsymbol{A}_{*,:})$。因此，可以推得 ψ_* 的多元后验分布：

$$\boldsymbol{\psi}_*\mid\boldsymbol{x},\boldsymbol{A},\boldsymbol{A}_*\sim\mathcal{N}\left(\boldsymbol{K}_*^{\text{T}}(\boldsymbol{K}+\sigma_{\text{noise}}^2\boldsymbol{I}_n)^{-1}\boldsymbol{x},\ \boldsymbol{K}_{**}-\boldsymbol{K}_*^{\text{T}}(\boldsymbol{K}+\sigma_{\text{noise}}^2\boldsymbol{I}_n)^{-1}\boldsymbol{K}_*\right) \tag{8.5.8}$$

这里，$\boldsymbol{A}_*=(\boldsymbol{A}_{*1,:},\cdots,\boldsymbol{A}_{*n,:})^{\text{T}}$。最后，高斯过程回归最小均方根误差下的估计为

$$\hat{\boldsymbol{\psi}}_*=E(\boldsymbol{\psi}_*\mid\boldsymbol{x},\boldsymbol{A},\boldsymbol{A}_*)=\boldsymbol{K}_*^{\text{T}}(\boldsymbol{K}+\sigma_{\text{noise}}^2\boldsymbol{I}_n)^{-1}\boldsymbol{x} \tag{8.5.9}$$

在高斯过程回归中，需要最大化边缘概率 $p(\boldsymbol{x}\mid\boldsymbol{A},\sigma_{\text{noise}}^2,\boldsymbol{\theta})$ 估计噪声方差 σ_{noise}^2 和核参数，而这里核函数的具体形式是高斯径向基核函数。

2) 非线性像元探测

给定观测像元 $\boldsymbol{x}$，非线性探测就是如下的二值检验问题：

$$\begin{cases}H_0:\boldsymbol{x}=\boldsymbol{A}\boldsymbol{s}+\boldsymbol{\varepsilon}, & \text{其他}\\ H_1:\boldsymbol{x}=\boldsymbol{\psi}(\boldsymbol{A})+\boldsymbol{\varepsilon}, & \boldsymbol{x}\text{是非线性混合}\end{cases} \tag{8.5.10}$$

通过比较式(8.5.9)的非线性拟合误差和线性解混拟合误差，可以判断像元是否是非线性混合的。在 H_0 假设下，两种误差都较小；而在 H_1 假设下，线性拟合误差显著大于非线性拟合误差。

对于线性混合情况，无约束的丰度估计为 $\hat{\boldsymbol{s}}=(\boldsymbol{A}^{\text{T}}\boldsymbol{A})^{-1}\boldsymbol{A}^{\text{T}}\boldsymbol{x}$，对应的线性拟合误差为

$$\boldsymbol{\xi}_{\text{lin}}=\boldsymbol{x}-\hat{\boldsymbol{x}}_{\text{lin}}=(\boldsymbol{I}_n-\boldsymbol{A}(\boldsymbol{A}^{\text{T}}\boldsymbol{A})^{-1}\boldsymbol{A}^{\text{T}})\boldsymbol{x}=\boldsymbol{P}\boldsymbol{x} \tag{8.5.11}$$

式中，投影矩阵 $\boldsymbol{P}$ 的秩为 $\rho=n-r$。为了判断像元是否是线性混合，需要得到最优线性估计量，在 H_1 和 H_0 的假设下，有

$$\xi_{\text{lin}} \mid H_1 \sim \mathcal{N}(\boldsymbol{P\psi}, \sigma_{\text{noise}}^2 \boldsymbol{P}), \quad \xi_{\text{lin}} \mid H_0 \sim \mathcal{N}(0, \sigma_{\text{noise}}^2 \boldsymbol{P}) \tag{8.5.12}$$

经过标准化得到条件分布：

$$\frac{\xi_{\text{lin},i}^2}{\sigma_{\text{noise}}^2 \boldsymbol{P}_{i,:} \boldsymbol{P}_{i,:}^T} \mid H_1 \sim \chi_1^2\left(\frac{(\boldsymbol{P}_{i,:}\boldsymbol{\psi})^2}{\sigma_{\text{noise}}^2 \boldsymbol{P}_{i,:} \boldsymbol{P}_{i,:}^{\mathrm{T}}}\right), \qquad \frac{\xi_{\text{lin},i}^2}{\sigma_{\text{noise}}^2 \boldsymbol{P}_{i,:} \boldsymbol{P}_{i,:}^{\mathrm{T}}} \mid H_0 \sim \chi_1^2(0) \tag{8.5.13}$$

因为 $\boldsymbol{P}$ 是等幂的，所以 $\|\xi_{\text{lin}}\|^2 = \boldsymbol{x}^T \boldsymbol{P} \boldsymbol{x}$ ，并有

$$\left.\frac{\|\xi_{\text{lin}}\|^2}{\sigma_{\text{noise}}^2}\right| H_0 \sim \chi_\rho^2(0) \tag{8.5.14}$$

另一方面，高斯过程的非线性拟合误差为

$$\xi_{\text{nlin}} = \boldsymbol{x} - \hat{\boldsymbol{\psi}}_*\big|_{\boldsymbol{A}*=\boldsymbol{A}} = (\boldsymbol{I}_n - \boldsymbol{K}^{\mathrm{T}}(\boldsymbol{K} + \sigma_{\text{noise}}^2 \boldsymbol{I}_n)^{-1})\boldsymbol{x} = \boldsymbol{Qx} \tag{8.5.15}$$

在 H_1 和 H_0 的假设下，有

$$\xi_{\text{nlin}} \mid H_1 \sim \mathcal{N}(\boldsymbol{Q\psi}, \sigma_{\text{noise}}^2 \boldsymbol{QQ}^{\mathrm{T}}), \qquad \xi_{\text{nlin}} \mid H_0 \sim \mathcal{N}(\boldsymbol{QAs}, \sigma_{\text{noise}}^2 \boldsymbol{QQ}^{\mathrm{T}}) \tag{8.5.16}$$

同样，经过标准化并假设在 H_0 下线性与高斯过程方法具有相同的精度，则

$$\left.\frac{\|\xi_{\text{nlin}}\|^2}{\sigma_{\text{noise}}^2}\right| H_0 = \chi_\rho^2(0) \tag{8.5.17}$$

最后，给定一个探测阈值 η ，并比较 $\|\xi_{\text{lin}}\|^2$ 和 $\|\xi_{\text{nlin}}\|^2$ 来作出对 H_1 和 H_0 的假设检验：

$$T = \frac{2\|\xi_{\text{nlin}}\|^2}{\|\xi_{\text{nlin}}\|^2 + \|\xi_{\text{lin}}\|^2} \underset{H_1}{\overset{H_0}{\gtrless}} \eta \tag{8.5.18}$$

考虑到 T 在 H_0 下有 Beta 分布，可将阈值根据虚警率 PFA 定义为：$\eta = \mathcal{B}_{\alpha,\beta}^{-1}(PFA)$ ；$\mathcal{B}_{\alpha,\beta}$ 是由参数 α, β 定义的累积分布函数。

该方法最后将非线性像元检测结果与端元提取相结合，假设端元数目已知并且图像中存在小部分线性混合的像元，在迭代框架中，先根据初始端元和阈值筛选线性混合的像元，然后，利用 MVES 算法从这些像元中提取端元，并作为下一次探测的新端元，直到算法收敛为止。该方法的详细源代码可以参考 http://cedric-richard.fr。

8.5.3　线性混合物检测的预解混框架

前面介绍的非线性混合像元探测方法利用线性或非线性模型求得误差分布后，根据该分布的统计量进行非线性探测，存在需要特定的统计假设和计算复杂度高等问题。另一方面，本书第 5 章中介绍的 p-阶线性混合模型可灵活地表示线性到 p 阶高次非线性散射作用，在对城市人工建筑的检测中起着重要的作用(Marinoni and Gamba，2016)。为了揭示各像元内线性混合可能性，Marinoni 等(2017)分别对端元的线性与阶数 $p = 2$ 时的组合情况进行最小二乘估计，利用非正交投影性质和各子空间体积间的关系构建了一个评估像元是否是线性混合的测度，并同时分析所选端元集的线性解混能力。

考虑由 r 个端元 $\boldsymbol{A}=(\boldsymbol{a}_1,\boldsymbol{a}_2,\cdots,\boldsymbol{a}_r)$ 构成的高光谱图像 $\boldsymbol{X}\in\mathbb{R}^{n\times m}$，分别在线性和二阶混合（$p=2$）假设下利用 FCLS 算法（见本书第 2 章）对各个像元解混有

$$\begin{cases}\boldsymbol{x}_j=\hat{\boldsymbol{x}}_j^L+\hat{\boldsymbol{\varepsilon}}_j=\sum\limits_{i=1}^{r}\boldsymbol{a}_i\hat{s}_{i,j}+\hat{\boldsymbol{\varepsilon}}_j,\quad \sum\limits_{i=1}^{r}\hat{s}_{i,j}=1,\hat{s}_{i,j}\geqslant 0\\ \boldsymbol{x}_j=\hat{\boldsymbol{x}}_j'^L+\hat{\boldsymbol{x}}_j'^{NL}+\hat{\boldsymbol{\varepsilon}}_j'=\sum\limits_{i=1}^{r}\boldsymbol{a}_i\hat{s}_{i,j}'+\sum\limits_{i'=1}^{r(r-1)/2}\tilde{\boldsymbol{A}}_{i'}\hat{\beta}_{i',j}'+\hat{\boldsymbol{\varepsilon}}_j',\quad \sum\limits_{i=1}^{r}\hat{s}_{i,j}+\sum\limits_{i'=1}^{r(r-1)/2}\hat{\beta}_{i',j}'=1,\hat{s}_{i,j}\geqslant 0,\hat{\beta}_{i',j}'\geqslant 0\end{cases}\tag{8.5.19}$$

式中，$\tilde{\boldsymbol{A}}=(\boldsymbol{a}_1\odot\boldsymbol{a}_2,\boldsymbol{a}_1\odot\boldsymbol{a}_3,\cdots,\boldsymbol{a}_{r-1}\odot\boldsymbol{a}_r)$；$\hat{\boldsymbol{x}}_j^L$ 和 $\hat{\boldsymbol{x}}_j'^L$ 分别表示线性和二阶假设下的最优线性近似；$\hat{s}_{i,j}$ 和 $\hat{s}_{i,j}'$ 表示线性和二阶假设下的线性混合系数；$\hat{\boldsymbol{\varepsilon}}_j$ 和 $\hat{\boldsymbol{\varepsilon}}_j'$ 分别是线性和二阶假设下的噪声残差；$\hat{\boldsymbol{x}}_j'^{NL}$ 是非线性成分。

对于理想的线性混合像元，可忽略非线性贡献 $\hat{\boldsymbol{x}}_j'^{NL}$，并有 $\lim_{\|\boldsymbol{\varepsilon}\|^2\downarrow 0}\left\|\hat{\boldsymbol{x}}_j^L-\hat{\boldsymbol{x}}_j'^L\right\|^2\approx 0$。而如果噪声误差为 $\|\boldsymbol{\varepsilon}\|^2\downarrow\boldsymbol{\varepsilon}^*>0$，则 $\lim_{\|\boldsymbol{\varepsilon}\|^2\downarrow\boldsymbol{\varepsilon}^*}\left\|\hat{\boldsymbol{x}}_j^L-\hat{\boldsymbol{x}}_j'^L\right\|^2=\delta^*\geqslant 0$，可用于判别线性或非线性混合。

而从几何的角度分析 $\hat{\boldsymbol{x}}_j^L$ 和 $\hat{\boldsymbol{x}}_j'^L$ 间差异，可令 $\hat{\boldsymbol{x}}_j^L-\hat{\boldsymbol{x}}_j'^L=\hat{\boldsymbol{d}}_j=\sum_{i=1}^{r}\boldsymbol{a}_i\hat{\delta}_{i,j}$，$\hat{\delta}_{i,j}=\hat{s}_{i,j}-\hat{s}_{i,j}'$ 且 $\left\|\hat{\boldsymbol{\delta}}_j\right\|^2=\delta^*$，这里 $\hat{\delta}_{i,j}$ 可视为偏移 $\hat{s}_{i,j}-\hat{s}_{i,j}'$ 在端元集 $\boldsymbol{A}$ 构成的子空间中的第 i 个端元方向上的投影。然后，由式(8.5.19)可得

$$\hat{\boldsymbol{d}}_j=\hat{\boldsymbol{x}}_j'^{NL}+\delta_j^{\text{noise}}=\hat{\boldsymbol{x}}_j'^{NL}+(\hat{\boldsymbol{\varepsilon}}_j'-\hat{\boldsymbol{\varepsilon}}_j)\tag{8.5.20}$$

由上式可知，如果 $\hat{\boldsymbol{d}}_j$ 的绝大部分由 $\hat{\boldsymbol{x}}_j'^{NL}$ 确定时，像元 $\boldsymbol{x}_j$ 是端元的非线性组合；而如果 $\hat{\boldsymbol{d}}_j$ 主要由噪声残差差异 $\hat{\boldsymbol{\varepsilon}}_j'-\hat{\boldsymbol{\varepsilon}}_j$ 决定时，像元是线性混合的。为了在相同域上进行体积比较，评估 δ_j^{noise} 和 $\hat{\boldsymbol{x}}_j'^{NL}$ 对特征空间中各端元基向量的贡献，需对 $\hat{\boldsymbol{d}}_j$ 进行投影表示：

$$\hat{\boldsymbol{d}}_j=\sum\nolimits_{i=1}^{r}\boldsymbol{a}_i\hat{\delta}_{i,j}=\hat{\boldsymbol{x}}_j'^{NL}+\delta_j^{\text{noise}}=\sum\nolimits_{i=1}^{r}\boldsymbol{a}_i\pi_i(\hat{\boldsymbol{x}}_j'^{NL})+\sum\nolimits_{i=1}^{r}\boldsymbol{a}_i\pi_i(\delta_j^{\text{noise}})\tag{8.5.21}$$

式中，$\pi_i(\boldsymbol{z})$ 为 $\boldsymbol{z}$ 在第 i 个端元方向上的非正交投影。根据 Clifford 代数性质，假设 $\boldsymbol{z}=\sum_{i=1}^{r}\boldsymbol{a}_i\pi_i(\boldsymbol{z})$，并考虑线性方程组 $\boldsymbol{a}_k^{\mathrm{T}}\boldsymbol{z}=\sum_{i=1}^{r}(\boldsymbol{a}_k^{\mathrm{T}}\boldsymbol{a}_i)\pi_i(\boldsymbol{z}),\ \ \forall k=1,2,\cdots,r$，即：

$$\boldsymbol{M}(\boldsymbol{\pi}(\boldsymbol{z}))^{\mathrm{T}}=\boldsymbol{b}^{\mathrm{T}}\tag{8.5.22}$$

式中，$\boldsymbol{M}=\{M_{i,k}\}_{(i,k)\in\{1,2,\cdots,r\}^2}$；$M_{i,k}=\boldsymbol{a}_i^{\mathrm{T}}\boldsymbol{a}_k$；$\boldsymbol{\pi}(\boldsymbol{z})=[\pi_i(\boldsymbol{z})]_{i=1,2,\cdots,r}$；$\boldsymbol{b}=[b_i]_{i=1,2,\cdots,r}$，$b_i=\boldsymbol{a}_i^{\mathrm{T}}\boldsymbol{z}$。接下来，令 $\boldsymbol{M}_i$ 为 $\boldsymbol{M}$ 的第 i 列，$\boldsymbol{M}^{(i)}$ 为将 $\boldsymbol{M}$ 中的 $\boldsymbol{M}_i$ 替换为 $\boldsymbol{b}^{\mathrm{T}}$ 后的子矩阵，则根据格莱姆准则可以容易求解 $\boldsymbol{\pi}(\boldsymbol{z})$：

$$\pi_i(\boldsymbol{z})=\frac{\left|\det(\boldsymbol{M}^{(i)})\right|}{\left|\det(\boldsymbol{M})\right|}\tag{8.5.23}$$

矩阵 $\boldsymbol{M}=\boldsymbol{A}\boldsymbol{A}^{\mathrm{T}}$ 实际上为端元的互相关矩阵，为半正定的格莱姆矩阵。而 $\left|\det(\boldsymbol{M})\right|$ 为格莱姆行列式，几何上等价于由各列矢量构成的超平形体体积的平方。当且仅当各列矢量线性无关时（即格莱姆矩阵非奇异），值非 0。因此，可以令端元子空间体积为

$V=\sqrt{|\det(\boldsymbol{M})|}$，满足：

$$0 \leqslant V \leqslant \sqrt{\prod_{i=1}^{r} M_{i,i}} \tag{8.5.24}$$

当端元相互正交时，$V=\sqrt{\prod_{i=1}^{r} M_{i,i}}$；而至少两端元线性相关时，$V \downarrow 0$。由此，利用$V$可以得到端元集$\boldsymbol{A}$和非线性残差$\hat{\boldsymbol{x}}_j'^{NL}$的准确关系。令$\boldsymbol{\Theta}_j=\boldsymbol{A}\cup\hat{\boldsymbol{x}}_j'^{NL}$，则其对应有格莱姆矩阵：

$$\boldsymbol{M}_{\boldsymbol{\Theta}_j}=\{(M_{\boldsymbol{\Theta}_j})_{i,k}\}_{(i,k)\in\{0,1,\cdots,r\}^2}=\begin{bmatrix}\zeta_{00,j} & \boldsymbol{\zeta}_{0,j}\\ \boldsymbol{\zeta}_{0,j}^{\mathrm{T}} & \boldsymbol{M}\end{bmatrix} \tag{8.5.25}$$

式中，$\boldsymbol{\zeta}_{0,j}=[\zeta_{0i,j}]_{i=1,2,\cdots,r}$，$\zeta_{0i,j}=\boldsymbol{a}_i^{\mathrm{T}}\hat{\boldsymbol{x}}_j'^{NL}$，$\zeta_{00,j}=(\hat{\boldsymbol{x}}_j'^{NL})^{\mathrm{T}}\hat{\boldsymbol{x}}_j'^{NL}$。此时的体积满足$0\leqslant V_{\boldsymbol{\Theta}_j}\leqslant(\zeta_{00,j}\prod_{i=1}^{r}M_{i,i})^{(1/2)}$，当$V_{\boldsymbol{\Theta}_j}\to(\zeta_{00,j}\prod_{i=1}^{r}M_{i,i})^{(1/2)}$时，非线性残差$\hat{\boldsymbol{x}}_j'^{NL}$与所有端元正交；而当$V_{\boldsymbol{\Theta}_j}\downarrow 0$时，非线性残差$\hat{\boldsymbol{x}}_j'^{NL}$与至少一端元线性相关，端元集符合对应的线性解混要求。

此外，因为$V_{\boldsymbol{\Theta}_j}^2=\zeta_{00,j}V^2\psi_j$，$\psi_j=1+\sum_{i=1}^{r}(-1)^i(\zeta_{0i,j}/\zeta_{00,j})\pi_i(\hat{\boldsymbol{x}}_j'^{NL})$，$0\leqslant\sqrt{\psi_j}\leqslant 1$，所以$\sqrt{\psi_j}$可以用于估计探测线性混合物的全局精度，得到端元集$\boldsymbol{A}$用于线性解混性能的评价因子：

$$\eta=1-E(\phi)\text{，}\quad \phi=[\sqrt{\psi_j}]_{j=1,2,\cdots,m} \tag{8.5.26}$$

如果$E(\phi)\to 1$，则$\eta\downarrow 0$，此时$\boldsymbol{A}$与所有非线性残差正交。在求得系数$\boldsymbol{\pi}(\boldsymbol{z})$后，根据 Cayley - Menger 规则计算$\hat{\boldsymbol{d}}_j$，$\boldsymbol{y}_j'=\sum_{i=1}^{r}\boldsymbol{a}_i\pi_i(\hat{\boldsymbol{x}}_j'^{NL})$和$\boldsymbol{d}_j^{(\text{noise})}=\sum_{i=1}^{r}\boldsymbol{a}_i\pi_i(\delta_j^{(\text{noise})})$的多胞形体积，最后通过它们的体积差值比，构建像元为线性混合的可能性度量指标：

$$L_j=1-\frac{\left|V(\hat{\boldsymbol{d}}_j)-V(\boldsymbol{d}_j^{(\text{noise})})\right|}{\left|V(\hat{\boldsymbol{d}}_j)-V(\boldsymbol{y}_j')\right|+\left|V(\hat{\boldsymbol{d}}_j)-V(\boldsymbol{d}_j^{(\text{noise})})\right|} \tag{8.5.27}$$

考虑到$V(\hat{\boldsymbol{d}}_j)=V(\hat{\boldsymbol{\delta}}_j)\cdot V$，$V(\boldsymbol{d}_j^{(\text{noise})})=V(\boldsymbol{\pi}(\boldsymbol{d}_j^{(\text{noise})}))\cdot V$且$V(\boldsymbol{y}_j')=V(\boldsymbol{\pi}(\hat{\boldsymbol{x}}_j'^{NL}))\cdot V$，则式(8.5.27)可以进一步表示成：

$$L_j=1-\frac{\left|V(\hat{\boldsymbol{\delta}}_j)-V(\boldsymbol{\pi}(\boldsymbol{d}_j^{(\text{noise})}))\right|}{\left|V(\hat{\boldsymbol{\delta}}_j)-V(\boldsymbol{\pi}(\hat{\boldsymbol{x}}_j'^{NL}))\right|+\left|V(\hat{\boldsymbol{\delta}}_j)-V(\boldsymbol{\pi}(\boldsymbol{d}_j^{(\text{noise})}))\right|} \tag{8.5.28}$$

在取一定的阈值τ后，就能利用上式判断当满足$L_j>\tau$时，像元$\boldsymbol{x}_j$为线性混合像元。

参 考 文 献

童庆禧, 张兵, 郑兰芬. 2006. 高光谱遥感——原理、技术与应用. 北京: 高等教育出版社: 1-407.

赵英时. 2003. 遥感应用分析原理与方法. 北京: 科学出版社: 1-334.

智通祥, 杨斌, 王斌. 2018. 一种考虑光谱变异性的高光谱图像非线性解混算法. 红外与毫米波学报, 已录用（即将刊出）.

Altmann Y, Dobigeon N, McLaughlin S, Tourneret J-Y. 2014. Residual Component Analysis of hyperspectral images—application to joint nonlinear unmixing and nonlinearity detection. IEEE Transactions on Image Processing, 23 (5) : 2148-2158.

Altmann Y, Dobigeon N, Tourneret J-Y. 2013. Nonlinearity detection in hyperspectral images using a polynomial post-nonlinear mixing model. IEEE Transactions on Image Processing, 22 (4) : 1267-1276.

Ammanouil R, Ferrari A, Richard C, Mathieu S. 2017. Nonlinear unmixing of hyperspectral data with vector-valued kernel functions. IEEE Transactions on Image Processing, 26 (1) : 340-354.

Ayerdi B, Graña M. 2015. Hyperspectral image nonlinear unmixing by ensemble ELM regression. Proceedings in Adaptation, Learning and Optimization, 4: 289-297.

Ayerdi B, Graña M. 2016. Hyperspectral image nonlinear unmixing and reconstruction by ELM regression ensemble. Neurocomputing, 174: 299-309.

Bin Yang, Bin Wang. 2018. Band-wise nonlinear unmixing for hyperspectral imagery using an extended multilinear mixing model. IEEE Transactions on Geoscience and Remote Sensing, 1-16.

Boyd S, Parikh N, Chu E, Peleato B, Eckstein J. 2011. Distributed optimization and statistical learning via the alternating direction method of multipliers. Foundations and Trends in Machine Learning, 3 (1) :1-122.

Dobigeon N, Tits L, Somers B, Altmann Y, Coppin P. 2014. A comparison of nonlinear mixing models for vegetated areas using simulated and real hyperspectral data. IEEE Journal of Selected Topics in Applied Earth Observations and Remote Sensing, 7 (6) : 1869-1878.

Gates D M, Keegan H J, Schleter J C, et al. 1965. Spectral properties of plants. Applied Optics, 4 (1) : 11-22.

Huang G, Zhu Q, Siew C K. 2006. Extreme learning machine: Theory and applications. Neurocomputing, 70 (1-3) : 489-501.

Imbiriba T, Bermudez J C M, Richard C. 2017. Band selection for nonlinear unmixing of hyperspectral images as a maximal clique problem. IEEE Transactions on Image Processing, 26 (5) : 2179-2191.

Imbiriba T, Bermudez J C M, Richard C, Tourneret J-Y. 2016. Nonparametric detection of nonlinearly mixed pixels and endmember estimation in hyperspectral images. IEEE Transactions on Image Processing, 25 (3) : 1136-1151.

Li C and Quan Z. 2010. An efficient branch-and-bound algorithm based on maxsat for the maximum clique problem. in Proc. AAAI, 10: 128-133.

Li J, Li X, Huang B, Zhao L. 2016. Hopfield neural network approach for supervised nonlinear spectral unmixing. IEEE Geoscience and Remote Sensing Letters, 13 (7) : 1002-1006.

Lin C J. 2007. Projected gradient methods for nonnegative matrix factorization. Neural Computation, 19 (10) : 2756-2779.

Luo W, Gao L, Plaza A, Marinoni A, Yang B, Zhong L, Gamba P, Zhang B. 2016. A new algorithm for bilinear spectral unmixing of hyperspectral images using particle swarm optimization. IEEE Journal of Selected Topics in Applied Earth Observations and Remote Sensing, 9 (12) : 5776-5790.

Marinoni A, Gamba P. 2016. Accurate detection of anthropogenic settlements in hyperspectral images by higher order nonlinear unmixing. IEEE Journal of Selected Topics in Applied Earth Observations and Remote Sensing, 9 (5) : 1792-1801.

Marinoni A, Plaza A, Gamba P. 2017. A novel preunmixing framework for efficient detection of linear mixtures in hyperspectral images. IEEE Transactions on Geoscience and Remote Sensing, 55 (8) : 4325-4333.

Somers B, Tits L, Coppin P. 2014. Quantifying nonlinear spectral mixing in vegetated areas: Computer simulation model validation and first results. IEEE Journal of Selected Topics in Applied Earth Observations and Remote Sensing, 7 (6) : 1956-1965.

Stuckens J, Somers B, Delalieux S, Verstraeten W W, Coppin P. 2009. The impact of common assumptions on canopy radiative transfer simulations: A case study in citrus orchards. J. Quant. Spectrosc. Radiat. Transfer, 110 (1-2) : 1-21.

Thenkabail P S, Lyon J G, Huete A. 2011. Hyperspectral Remote Sensing of Vegetation, Boca Raton, USA: CRC Press.